건축
BIM 입문
Revit

가이드북 GUIDE BOOK

시대에듀

건축 BIM 입문 Revit 가이드북

Always **with you**

사람의 인연은 길에서 우연하게 만나거나 함께 살아가는 것만을 의미하지는 않습니다.
책을 펴내는 출판사와 그 책을 읽는 독자의 만남도 소중한 인연입니다.
시대에듀는 항상 독자의 마음을 헤아리기 위해 노력하고 있습니다. 늘 독자와 함께하겠습니다.

저자_양승규
yangkoon.com
GodofCAD@gmail.com

대학에서 건축공학을 전공하고 건축설계 실무를 익혔다. 건축사 자격을 취득한 후 한국전력공사에 입사하여 전력설비와 사옥 건설의 설계·시공 감독 및 건축사 업무를 수행하고 있다. 'AUTOCAD 실무 무작정 따라하기'의 저자이며, '건축사, 건축공학기술자 어떻게 되었을까?' 도서의 공동 집필에 참여했다. '전력설비 BIM VR&AR' 주제로 2019 디지털 건축대전에서 대한건축학회장상을 수상했으며, 기술평가 및 심사 전문가로서 정부·공공기관·지자체의 다양한 위원회에서 활동하고 있다.

- 한국전력공사 차장
- 서강대학교 기술경영학 박사과정
- 한양대학교 도시부동산개발전공 공학석사
- 강원대학교 건축공학 학사
- 광주광역시 건설기술심의위원
- 새만금개발청, 한국공항공사, 한국수력원자력 기술자문위원
- 행정중심복합도시건설청, 광주광역시 설계공모 심사위원
- 국토교통과학기술원, 한국산업기술평가관리원 평가위원
- 전) 경기주택도시공사 BIM분야 기술자문위원
- 전) 대전광역시, 전라북도, 충청북도 건설기술심의위원
- 전) 국토교통부 서울지방국토관리청 기술자문위원
- 전) 행정안전부 정부청사관리본부 설계공모 심사위원
- BIM운용전문가, 데이터분석준전문가, 녹색건축인증전문가
- ISO 9001/140001/45001 Auditor
- Revit, AUTOCAD, SketchUp Certified Professional
- AUTODESK Expert Elite Member

자격증·공무원·금융/보험·면허증·언어/외국어·검정고시/독학사·기업체/취업
이 시대의 모든 합격! 시대에듀에서 합격하세요!
www.youtube.com ➔ 시대에듀 ➔ 구독

머리말 PREFACE

군대에 다녀와 학부 복학생이었던 2005년 5월, 서울 코엑스 컨벤션 센터에서 진행된 '오토데스크 솔루션 데이 2005'에서 Revit 5를 처음 접했었습니다. 당시에는 정말 생소했던 BIM이란 용어를 처음 알게 되었던 것도 그때였습니다. BIM의 첫 기억은 신기하고 흥미로운 것이었으나, 막상 써보려니 쉽지 않았다는 것이었습니다. 국내 개발사의 특별교육과정, AUTODESK의 세미나 등을 찾아다니며 정보를 접하며 배우고자 하였지만 실제로 활용하기에는 많은 어려움이 있었습니다. 대학을 졸업하고 건축사사무소에 근무하던 시절에도 실제 업무에서 BIM을 활용하는 곳은 많지 않았습니다. 사용할 라이센스도 없다보니 체험판으로 PC를 포맷해가며 여러 차례 설치하면서 사용했었습니다. 그러면서 활용보다는 기능을 익히는 것이 주된 목적이었습니다. 그러다가 지하철 역사 설계에 참여했던 프로젝트를 Revit으로 BIM 모델을 작성해보았던 것이 저의 첫 BIM 활용사례였습니다. 2D 도면만 그리고 편집하다가 BIM 모델을 어설프게라도 작성해보니 그 형태가 명확하게 이해되는 신기한 경험을 하게 되었습니다. 그때부터 부분적이더라도 조금씩 업무에 활용해 보았습니다. 설계 감독 업무를 하면서 용역사의 설계 내용을 BIM으로 직접 작성하여 도면의 오류를 체크하고, 시공 감독 업무를 하면서 골조 모델을 BIM으로 작성하여 정합성을 확인하고, 더 나아가 관계자들의 교육용 목적으로 BIM 데이터를 활용하여 VR, AR 연동 영상도 제작하게 되었습니다. 이러한 결과물들 덕분에 2019 디지털건축대전에서 BIM 활용사례로 최우수상을 받게 되었습니다. 그 과정에서 BIM 활용 능력도 증대되어 BIM 관련 자격도 취득했고, 현재는 공공기관의 BIM 분야 기술자문위원으로도 활동하고 있습니다.

저는 BIM을 설명할 때 Excel에 비유하곤 합니다. SUM, AVERAGE와 같은 간단한 함수 기능부터, 다양한 DATA SHEET를 관리하는 필터 기능과 피벗 테이블, 고급 함수, 매크로와 같은 고급 기능까지 다양한 기능을 제공합니다. 그중 고수들만 아는 고급 함수나 매크로와 같은 고급 기능은 엄청난 퍼포먼스를 보여주지만 배워서 활용하기에는 쉽지 않습니다. Excel의 모든 함수와 매크로 기능까지 다 알고 있어야 Excel을 쓸 줄 아는 것일까요? 그렇지는 않습니다. A4 1장짜리 TABLE을 만들어 합계, 평균값 산출을 위해 쓰더라도 효용성만 있다면 Excel을 잘 활용한다고 할 수 있을 것입니다. BIM도 그러합니다. 공정 관리, 공사비 연동, 간섭 체크 등 모든 기능을 다 알고 있어야 할 필요는 없습니다. 기능을 학습하는 것에 그치지 않고, 자신에게 필요한 부분에 조금이라도 적용하여 '활용'할 수 있다면 BIM 유저가 될 수 있을 것입니다. 2005년의 저처럼 BIM을 어렵게만 생각하고 활용에 고민을 가진 분들께 조금이라도 도움이 되고자 이 책을 쓰게 되었습니다. 이 책 한 권으로 BIM의 모든 것을 배울 수는 없습니다. 하지만 이 책을 통해 독자가 BIM에 대한 흥미를 가지고 '아! 이런 것이구나.'하는 감과 그 다음, NEXT를 위한 영감을 얻게 된다면 저자로서 큰 기쁨을 얻을 수 있지 않을까 기대합니다.

부족한 원고를 책으로 만드는 데 도움 주신 많은 분들께 감사드립니다. 정성 어린 추천의 글을 적어주신 강태욱 박사님, 함남혁 교수님, 최경화 국장님, 신종화 대표님, 조영건 소장님, David Yang, 박해용 실무관님께 감사드립니다. 언제나 고마운 아버지, 어머니, 누나와 매형, 그리고 집필기간 동안 기도로 함께하며 응원해준 사랑하는 아내와 아이들에게 감사를 전합니다. 모든 것을 인도하신 창조주 하나님께 감사와 영광을 드립니다.

양승규

추천의 글 RECOMMENDATION

함남혁 교수

- 한양사이버대학교 디지털건축도시공학과, 한국BIM학회 교육운영위원회 위원장 -

건설시장에 BIM이 도입된 지 벌써 15년이 훌쩍 넘었습니다. 현재 건설산업은 다양한 스마트 건설기술과의 융합을 통해 디지털 전환이 활발하게 이뤄지고 있습니다. 그리고 그 중심에 BIM이 자리 잡고 있다고 해도 과언이 아닙니다. BIM은 스마트 건설기술의 핵심이 되는 3차원 설계와 빅데이터의 융복합 기술로서, 기획부터 설계, 시공, 유지관리 단계에서 발생하는 정보를 활용 및 공유하여 설계·시공·유지관리 단계의 오류와 낭비요소를 사전에 검토함으로써 건설공사의 생산성과 안전성을 극대화할 것으로 기대되고 있습니다. BIM은 건축, 엔지니어링, 건설, 그리고 시설물 관리 분야에서 프로젝트 참여자들에게 풍부한 정보를 제공하는 도구로서 다양한 성공 사례가 나오는 데 큰 기여를 하고 있습니다.

하지만, 이러한 시장의 분위기와는 달리 BIM을 구축하고, 운용할 수 있는 전문 인력은 굉장히 부족한 실정입니다. 그동안 많은 BIM 소프트웨어 활용서들이 출간되었지만, 아직까지 다양한 수요자들을 만족시키기에는 부족했던 것 같습니다. 그런 의미에서 본 도서는 정부의 BIM 활성화 정책과 더불어 BIM 교육의 저변을 넓히는 데 있어서 좋은 촉매제가 될 것으로 기대합니다. 대표적인 BIM 저작 도구인 Revit을 활용해 BIM을 구축하고, 활용하기 위한 많은 지식 및 기술이 담겨 있습니다. BIM의 개념과 기능을 한눈에 살펴볼 수 있도록 Micro House를 통해 Quick Start 가이드를 제공하고 있으며, 건축 분야에 Revit이라는 소프트웨어를 도입하기 위한 전문화된 설명을 담고 있습니다. 뿐만 아니라, 표준도면을 활용하여 BIM 모델을 구축하고, 활용하기 위한 따라하기 실습을 제공합니다. 이 밖에도 부록을 통해 웹 뷰어의 활용, BIM 자격증에 대한 안내 등 BIM을 처음 시작하는 데 필요한 내용들도 충실하게 구성되어 있습니다.

BIM 도입 초기 오토데스크사의 파워유저 활동을 통해서 만나게 된 저자는 오토데스크 소프트웨어에 대한 지속적인 사용 및 관련 활동을 활발하게 이어왔습니다. 이를 통해 오토데스크 앰버서더 플래티넘 레벨에 오를 정도로 오토데스크 소프트웨어의 사용자 인터페이스, 주요 기능, 호환성 등에 대한 전문성 및 이해도가 굉장히 높은 분입니다. 건축 분야의 실무에 BIM을 도입하려는 실무자, 학생들을 대상으로 BIM 교육을 하려는 교수님, 독학으로 BIM 소프트웨어의 기능을 학습하려는 다양한 분야의 BIM 학습자들에게 적극 추천합니다. 본 도서를 집필하신 저자분께 감사의 마음을 전합니다.

강태욱 박사

- 한국BIM학회 부회장, 빌딩스마트협회 부편집위원, 국가기술표준위원회 위원, ISO 19166 리더 -

BIM을 공부하는 좋은 방법 중 하나는 실제로 본인이 살고 싶은 건물을 직접 설계해 보는 것입니다. 설계하는 도중에 모델이 마음에 들지 않는 것이 있을 수도 있고, 중간에 포기하고자 하는 마음이 들 수도 있습니다. 하지만, 본인이 상상한 건물을 마음속에 그리며, 하나씩 BIM으로 완성해 나가다 보면, 그 속에 본인이 걷고 싶은 공간이 나타나고, 그 속을 탐험하며, 하나씩 맘에 드는 구조, 부재와 마감을 배치하는 본인의 모습을 발견하게 될 것입니다. 이 책은 이러한 방법을 하나씩 잘 알려주는 기본과 응용에 충실한 콘텐츠입니다. 저자는 오랫동안 실무와 이론을 놓지 않고, 전문성을 높이기 위해 노력해왔습니다. 책을 읽어 보면 이런 전문성이 콘텐츠에 잘 녹아 있는 것을 알 수 있을 것입니다.

BIM은 단순히 기술적 도구로 사용되면 효과를 얻기 어렵습니다. BIM을 경험해 보면, 화려한 3차원 모델보다 프로젝트 목표를 향해 참여자들이 함께 화합하여 결과물을 만들어나가는 협업 프로세스가 더 중요하다는 것을 느끼게 됩니다. 그리고 신뢰를 바탕으로 일하는 문화가 BIM 성공의 핵심이라는 것을 알게 됩니다. 그래서 BIM은 기술이 아닌 신뢰의 문화이자 협업의 도구입니다. 이 책을 통해 BIM이 지향하는 가치가 무엇인지 느껴보는 기회를 가져보시길 바랍니다.

최경화 국장

- 캐드앤그래픽스 -

이 책의 저자는 국내 유일의 CAD전문 잡지인 캐드앤그래픽스의 오랜 필자로서, 다년간 건축 실무를 통해 얻은 경험과 얼리어답터(Early Adopter)이자 지식 전도자(Technical Evangelist)로서 지식의 나눔을 통해 업계 발전에 기여해 왔습니다. 이 책은 BIM의 핵심 개념, Revit의 주요 기능과 실무 적용 노하우를 담았기 때문에 여러분의 업무 프로세스를 개선하며 생산성을 향상시키는 데 도움을 줄 것입니다. 대한민국 대표 공기업의 건설 실무자이자 지식을 전달하는 데 있어 언제나 적극적으로 실천하며 다양하고 유용한 정보들을 제공하는 저자의 활동을 앞으로도 기대합니다.

추천의 글 RECOMMENDATION

신종화 대표
- 아브로소프트코리아 -

소프트웨어 개발 분야에서 볼 때 BIM에 관한 수요는 꾸준히 증가하고 있습니다. 의무규정들에 따른 수요 뿐 아니라 자발적인 BIM 사용에 의한 수요들이 전 세계적으로 늘어가고 있습니다. 메타버스 기술의 확장으로 BIM의 중요도는 더욱 커질 것입니다. 저자는 건축사사무소, 건설IT 벤처기업과 발주청에 다년간 근무하며 건축 분야의 오랜 경험을 가진 건축사이며, CAD와 BIM의 전문자격을 보유한 강사이면서, BIM 소프트웨어의 개발 기획을 담당했던 전문가이기도 합니다. 이 책은 저자가 건축가, 엔지니어, 개발자, 사용자의 다양한 시각을 통해 바라본 BIM에 대하여 설명하고 있어 BIM을 찾는 이들에게 훌륭한 길잡이가 되어 줄 것입니다.

조영건 소장
- TEEPFF Architects, 건축사 -

건물의 형태가 복잡해지고, 분야 간 협업이 점점 중요해지고 있습니다. 또한, 소규모 사무소가 늘어남에 따라 BIM 설계 필요성이 높아지고, 의무화되고 있습니다. 사무소에서 설계를 시작할 때 회사를 통해 Revit 교육을 받은 기억이 있습니다. 그게 벌써 십수 년 전 일입니다. 하지만 당시 교재는 아직 책장 한쪽에 먼지와 함께 꽂혀 있습니다. 아직도 BIM 설계가 실무에 자리 잡고 있지 못하는 이유는 아마도 실무현장에 BIM을 적용하기가 어렵기 때문일 것입니다. 본 도서는 실제 실무 과정에서 문제가 되는 부분들을 쉽게 풀어서 설명하고 있습니다. 오랜 실무 경험이 현장과의 괴리감을 좁히고 있었습니다. Revit의 전체 기능을 알 수도 없고, 알 필요도 없습니다. 실제로 우리는 CAD 기능 절반도 사용하지 못하고 있습니다. 아직 BIM을 시작하지 못하고 있다면 묻고 따질 필요 없이 추천합니다.

David Yang 책임매니저

- 케이씨아이엠(주) 솔루션그룹 솔루션팀 -

바야흐로 BIM의 요소가 건설, 건축, 토목 분야에 반드시 필요한 업무 프로세스로 자리 잡은 이 시기에 실무를 위한 Revit 학습과 BIM Project를 보다 효율적으로 수행하고 품질을 검토하는 노하우가 비중 있게 부각되고 있습니다. 개인적으로 BIM과 Revit에 대하여 보다 기본에 집중하여 학습할 수 있는 책을 드디어 만났습니다. 현재 Revit 학습을 병행하며 반도체 시설 BIM Project의 품질검토와 Autodesk 솔루션 사업 실무를 수행하고 있는데, 만약 이 책을 빨리 만났더라면 더 많은 학습 시간을 줄일 수 있었을 것이라 판단됩니다.

박해용 실무관

- 조달청 시설사업국, BIM 설계관리 담당 -

건설분야의 4차 산업혁명을 이끌 BIM. 우리에게 4차 산업혁명 시대가 도래한 만큼 건설산업에서의 BIM은 전 세계적으로 선택이 아닌 필수적인 사항이라고 해도 무방한 상태입니다. 이 책의 저자는 다년간의 실무와 사업 관리의 경험을 토대로 누구나 쉽게 Revit에 접근할 수 있도록 안내하고 있습니다. 또한, 세부적인 기능까지 나열하고 있어 BIM을 찾는 학생 및 실무자들에게 '종합 비타민' 역할을 할 것입니다.

이 책의 구성과 특징 STRUCTURES

1 시작

▌ 1.1 BIM 개요

◩ BIM(Building Information Modeling)

3차원 정보 CAD라고 불리는 BIM은 건물의 설계부터 시공, 유지관리, 철거 단계까지 전 생애주기 동안 사용되는 모든 정보를 3D 형상과 Data(Information)로 통합 관리하는 기술체계로 건설 프로세스의 최적화와 생산성 개선에 효과적인 플랫폼입니다. 특정 소프트웨어나 프로그램, 회사나 단체를 지칭하지 않고 일련의 과정(플랫폼)을 의미합니다. 국내의 BIM 관련 대표적 협회인 빌딩스마트협회에서는 "Building Information Modelling(BIM)은 시설물의 물리적, 기능적 특성을 디지털로 표현한 것입니다. BIM은 건축물의 초기 디자인 컨셉부터 철거에 이르는 생애주기 동안 필요한 의사 결정에 대하여 신뢰할 수 있는 근거를 제시하는 기능의 정보를 공유하는 데이터입니다."라고 소개하고 있습니다. 한국BIM학회에서 주관하는 BIM운용전문가 자격 교육기관인 한국BIM교육평가원에서는 "BIM은 객체의 속성정보를 가진 3D 모델링으로 가상 시뮬레이션을 통해 공사를 예측하고 준비하여 시행착오를 줄이고 양질의 건물을 만드는 일련의 과정"이라고 소개하고 있습니다. 대표적인 BIM프로그램으로는 Revit, ArchiCAD, Tekla 등이 있습니다.

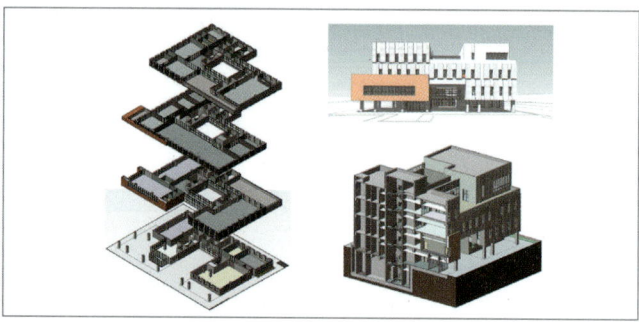

1장   시작

BIM과 Revit에 대한 핵심 개념을 다루고 있습니다. BIM 개념에 대한 이해와 Revit 설치 방법에 대한 설명이 주요 내용입니다. 부담 없이 쭉 읽어보세요.

2 Quick Start : Micro House

2.1 Micro House

Revit의 기본기능을 이용하여 2층 소형 주택을 모델링 해보도록 하겠습니다. Revit에서 사용되는 가장 기초적인 기능들을 이용하여 Revit으로 어떤 작업들을 할 수 있는지를 빠르게 체험해 보는 과정입니다. 우선, 벽(Wall), 바닥(Slab), 창문(Window), 문(Door), 계단(Stair) 객체를 이용하여 빠르게 건물을 만들 것입니다. 그다음 평면 view, 단면 view, 3D view를 생성하여 작성한 객체들이 어떻게 보이는지 확인할 것입니다.

Sample 폴더에서 Micro House.rvt 파일을 엽니다.

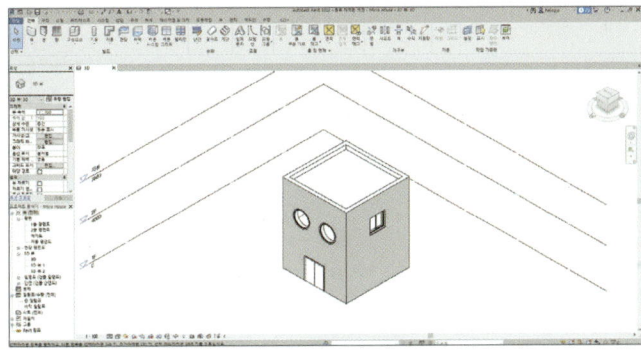

2장 Quick Start : Micro House

Revit 프로그램에 대한 부가적인 설명 없이 보고 따라하기만 하면 되는 Quick Start입니다. 2층 소형 주택 만들기를 순서대로 따라하다 보면 Revit의 핵심 기능을 체험하면서 익힐 수 있습니다. LEGO 블록의 조립 설명서를 보고 따라하듯이 해보면 완성되는 모델을 보면서 '아! 이렇게 되는 거구나'하고 감을 잡을 수 있습니다.

이 책의 구성과 특징 STRUCTURES

3 Revit 기능 설명

3.1 Revit 인터페이스

3.1.1 홈

Revit을 처음 실행하면 나타나는 홈 화면입니다. 모델(프로젝트), 패밀리를 열거나 새로 작성할 수 있으며 Autodesk Docs라는 온라인 저장공간의 파일을 바로 열 수도 있습니다. 우측화면에는 최근에 작업한 모델 파일과 패밀리 파일들의 미리보기가 표기됩니다. 해당 이미지를 클릭하면 해당 파일을 바로 열 수 있습니다.

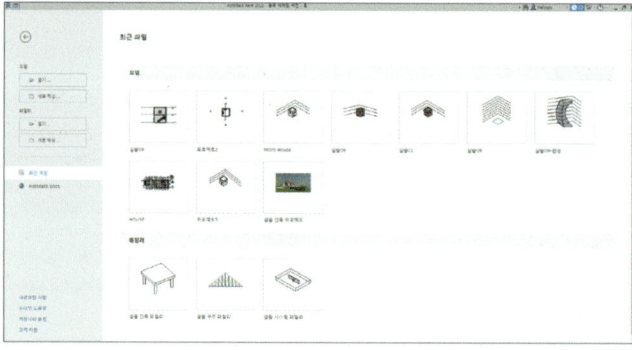

80 건축 BIM 입문 REVIT 가이드북

3장 Revit 기능 설명

Revit의 화면 구성부터 객체의 작성, 수정, 공동작업, 해석 작업까지 광범위한 기능들 중 사용자라면 반드시 알아야 할 주요 내용만 선별하여 다루었습니다. Revit이 제공하는 다양한 기능들에 대해서 학습할 수 있습니다.

4 주택 만들기 실습

4.1 농어촌표준주택

농어촌표준주택은 2012년에 국토해양부(現 국토교통부)에서 공개한 농어촌 지역에 건축할 수 있도록 표준형 도면을 제작한 자료입니다. 농어촌표준주택의 '젊은 세대 농업가구형 1'을 이용해 모델링을 진행하겠습니다. Sample 폴더 내부의 '도면.pdf' 파일을 열면 전체 도면을 확인할 수 있습니다.

모델의 작성은 실제 건물이 지어지는 순서에 맞추어 진행하도록 하겠습니다. 지표면 하부에서 건물의 하중을 지반에 전달해 주는 기초를 먼저 만들고, 1층과 2층 구조 부분인 골조를 만들겠습니다. 이후에 바닥, 벽, 문, 창, 계단, 지붕의 순서로 모델링을 진행하도록 합니다. Sample 폴더에서 House.rvt 파일을 열어 최종 완성된 모델을 확인할 수 있습니다.

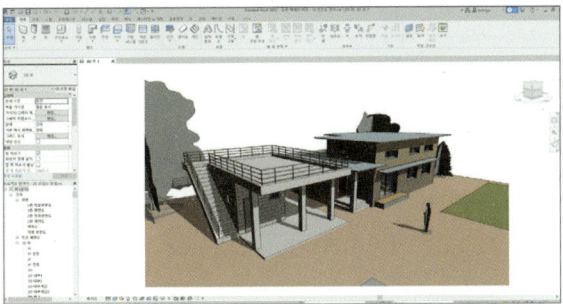

4장 주택 만들기 실습

국토교통부에서 제공하는 표준도면을 활용하여 주택의 BIM 모델 만들기를 실습합니다. DWG 가져오기부터 시작하여 기초 – 구조 – 창호 – 천장 – 계단 – 지붕 – 가구 – 룸 만들기와 태그 – 치수 – 일람표 – 도면 SHEET 작성까지 모델링부터 도면화까지의 전 과정을 다루고 있습니다. 각 과정의 단계별로 완성된 파일을 실습파일로 제공하여 원하는 부분만 선택하여 학습할 수도 있습니다. 익숙한 부분의 단계는 넘어가고 다음 단계의 과정을 선택적으로 학습하는 것도 가능합니다.

이 책의 구성과 특징 STRUCTURES

5 부록

5.1 웹 뷰어

웹 뷰어는 Revit 파일과 같은 BIM 또는 CAD 파일을 웹의 저장공간에 저장해 Revit이나 관련 프로그램이 PC에 설치되어 있지 않은 환경에서도 파일을 조회할 수 있는 도구입니다. 대부분의 웹 뷰어에서는 대용량의 파일도 경량화해 처리되므로 프로젝트에 참여하는 다른 관계자와의 협업 용도나 프레젠테이션을 위한 기능으로 활용할 수 있습니다.

▲ 웹뷰어

5.1.1. AUTODESK 뷰어

Autodesk 뷰어는 DWG, STEP, DWF, RVT 및 SolidWorks를 포함해 대부분의 2D 및 3D 파일을 지원하며 모든 장치에서 80개가 넘는 파일 형식을 사용할 수 있습니다. Autodesk Viewer의 주석 및 도면 도구를 사용하여 필요한 피드백을 얻을 수 있으므로 온라인 공동 작업이 용이합니다.

▣ 뷰어 종류
- AUTODESK DRIVE   https://drive.autodesk.com/
- AUTODESK VIEWER https://viewer.autodesk.com/

5장   부록

PC에 프로그램을 설치하지 않고 BIM 파일을 볼 수 있는 웹 뷰어를 소개합니다. 앞서 실습한 주택 만들기 완성 파일을 이용하여 웹 뷰어 사용법을 실습합니다. 집이나 사무실에서 만든 BIM 파일을 장소에 구애받지 않고 열어 볼 수 있는 새로운 경험을 체험해 보세요. BIM 자격시험에 대한 소개를 다룹니다. BIM 전문가로 인정받을 수 있는 자격증에도 도전해 보세요.

Sample 데이터 다운로드 받는 방법

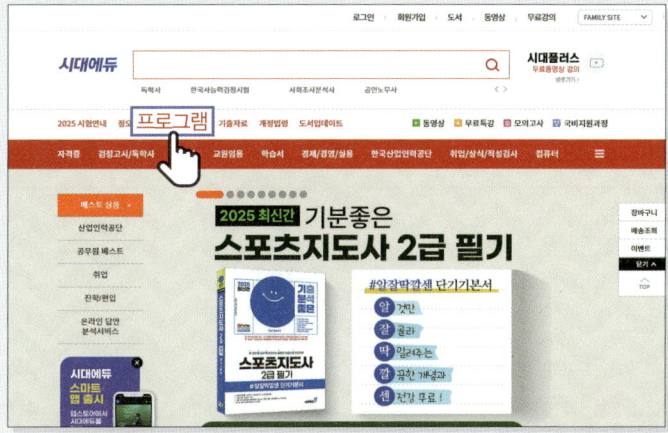

1

www.sdedu.co.kr/book에 접속 후 화면 상단에 있는 「프로그램」을 누릅니다.

2

검색창에 「건축 BIM 입문 Revit 가이드북」을 검색합니다.

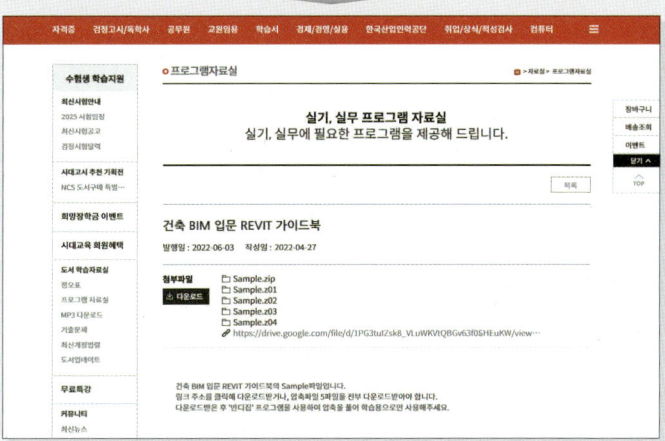

3

첨부파일인 「Sample.zip」을 다운로드 받습니다.

이 책의 차례 CONTENTS

1 시작

1.1. BIM 개요 — 018
1.2. BIM의 이해 — 019
1.3. Revit — 022
1.4. Revit 2022 설치 — 025

2 Quick Start : Micro House

2.1. Micro House — 030
2.2. View 조절 — 031
2.3. 시작 — 033
2.4. 벽체 생성 — 037
2.5. 바닥 생성 — 040
2.6. 문 생성 — 045
2.7. 창문 생성 — 048
2.8. 2D View 생성 — 052
2.9. 계단 생성 — 056
2.10. 3D 단면 — 061
2.11. 3D View — 064
2.12. Sheet 생성 — 068
2.13. 객체 수정 — 075

3 Revit 기능 설명

3.1. Revit 인터페이스 — 080
3.2. 요소의 구성 — 102
3.3. 객체 작성 — 110
3.4. 건축 객체 — 128
3.5. 구조 객체 — 140
3.6. 삽입 — 144
3.7. 주석 — 149
3.8. Mass — 159
3.9. 대지 — 178
3.10. 공동작업 — 182
3.11. 뷰 — 183
3.12. 관리 — 202

	3.13. 수정	222
	3.14. 해석	248

4 주택 만들기 실습

4.1.	농어촌표준주택	256
4.2.	시작	257
4.3.	DWG 가져오기	258
4.4.	그리드 만들기	265
4.5.	기초 그리기	268
4.6.	지형 만들기	277
4.7.	구조 바닥 만들기	280
4.8.	구조 벽체 만들기	287
4.9.	문 만들기	300
4.10.	창 만들기	305
4.11.	개구부 만들기	311
4.12.	건축 벽 만들기	318
4.13.	건축 바닥 만들기	335
4.14.	천장 만들기	346
4.15.	계단, 난간 만들기	350
4.16.	지붕 만들기	364
4.17.	가구 만들기	372
4.18.	룸 만들기	378
4.19.	외부 객체 생성	384
4.20.	태그 작성	389
4.21.	치수 작성	399
4.22.	일람표 작성	404
4.23.	Revit 링크	416
4.24.	조감도, 내부투시도 만들기	419
4.25.	도면 SHEET 작성	425

5 부록

5.1.	웹 뷰어	442
5.2.	BIM운용전문가 자격시험	460
5.3.	BIM 활용 사례	469

건축 BIM 입문 REVIT 가이드북

1

시작

1.1. BIM 개요
1.2. BIM의 이해
1.3. Revit
1.4. Revit 2022 설치

BIM과 REVIT에 대한 핵심 개념을 다루고 있습니다. BIM 개념에 대한 이해와 REVIT 설치 방법에 대한 설명이 주요 내용입니다. 부담 없이 쭉 읽어보세요.

1 시작

1.1 BIM 개요

■ BIM(Building Information Modeling)

3차원 정보 CAD라고 불리는 BIM은 건물의 설계부터 시공, 유지관리, 철거 단계까지 전 생애주기 동안 사용되는 모든 정보를 3D 형상과 Data(Information)로 통합 관리하는 기술체계로 건설 프로세스의 최적화와 생산성 개선에 효과적인 플랫폼입니다. 특정 소프트웨어나 프로그램, 회사나 단체를 지칭하지 않고 일련의 과정(플랫폼)을 의미합니다. 국내의 BIM 관련 대표적 협회인 빌딩스마트협회에서는 "Building Information Modelling(BIM)은 시설물의 물리적, 기능적 특성을 디지털로 표현한 것입니다. BIM은 건축물의 초기 디자인 컨셉부터 철거에 이르는 생애주기 동안 필요한 의사 결정에 대하여 신뢰할 수 있는 근거를 제시하는 기능의 정보를 공유하는 데이터입니다."라고 소개하고 있습니다. 한국BIM학회에서 주관하는 BIM운용전문가 자격 교육기관인 한국BIM교육평가원에서는 "BIM은 객체의 속성정보를 가진 3D 모델링으로 가상 시뮬레이션을 통해 공사를 예측하고 준비하여 시행착오를 줄이고 양질의 건물을 만드는 일련의 과정"이라고 소개하고 있습니다. 대표적인 BIM프로그램으로는 Revit, ArchiCAD, Tekla 등이 있습니다.

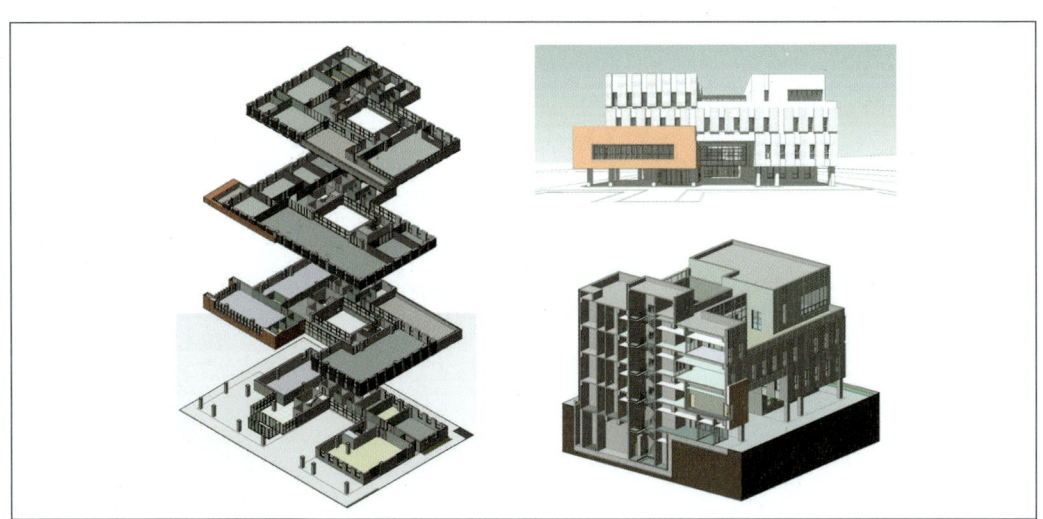

▣ BIM 관련 site

- **buildingSMART International** https://www.buildingsmart.org/
  BIM 관련 표준인 IFC를 위한 국제기관. 개방형 표준, 소프트웨어, 교육의 인증을 수행
- **빌딩스마트협회** http://www.buildingsmart.or.kr/
  buildingSMART의 한국협회. BIM 관련 R&D를 수행하며 업체들의 BIM실적을 관리
- **한국BIM학회** http://www.kibim.or.kr/
  BIM 관련 국내 유일 학회. BIM 관련 학술대회를 진행하며, BIM운용전문가 자격과정 시행, 교육 주관
- **한국BIM교육평가원** https://www.bimkorea.or.kr
  한국BIM학회, 한솔아카데미가 공동 주관하는 BIM운용전문가 자격과정에 관한 교육 및 자격검정 시행
- **The BIM Principle and philosophy** https://sites.google.com/site/bimprinciple/
  한국건설기술연구원 강태욱 연구원님이 운영하는 BIM 전문 웹사이트
- **연세대학교 BIG lab** http://big.yonsei.ac.kr
  BIM의 BIBLE이라고 불리는 'BIM Handbook' 3판의 저자인 이강 교수님의 건설IT연구실
- **경희대학교 Italab** http://italab.khu.ac.kr/
  한국CDE학회(구, CAD/CAM 학회) 회장을 역임한 김인한 교수님의 건설정보연구실
- **AUTODESK BIM GUIDEBOOK** http://www.bimguidebook.co.kr/
  Revit 개발사인 AUTODESK에서 제공하는 BIM 관련 가이드북 제공

1.2 BIM의 이해

누구나 어렸을 적에 한 번쯤은 만져보거나 가지고 놀아본 블록이 있습니다. 바로 LEGO입니다. LEGO는 덴마크 회사의 이름이면서 그 회사에서 만든 블록 상품 이름이기도 합니다. LEGO를 만들 때 어떤 사람은 정확하게 자기가 만들고자 하는 이미지를 머릿속으로 그려보거나, 다른 그림이나 이미지를 참조해서 만들게 됩니다.

혹자는 그냥 전반적인 방향만 생각하고 무계획적으로 만들기도 합니다. 잘된 이미지 또는 좋은 가이드 이미지가 있다면, 보다 정확하게 원하는 모형을 만들 수 있습니다. 그래서 LEGO는 어린이들이 쉽게 따라 할 수 있는 3D 기반의 제작가이드를 제품과 함께 제공합니다. 어떤 단계에서 어떤 색깔, 모형의 블록을 어디에 위치시켜야 하는지를 직관적으로 볼 수 있습니다.

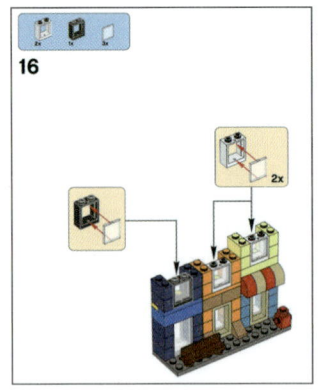 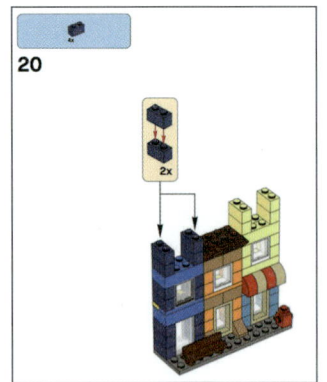

아래의 그림 A처럼 2D의 개략적인 스케치만 주어진다면, 왼쪽과 같이 멋진 건물 모형을 만드는 것은 LEGO 전문가가 아니면 불가능할 것입니다.

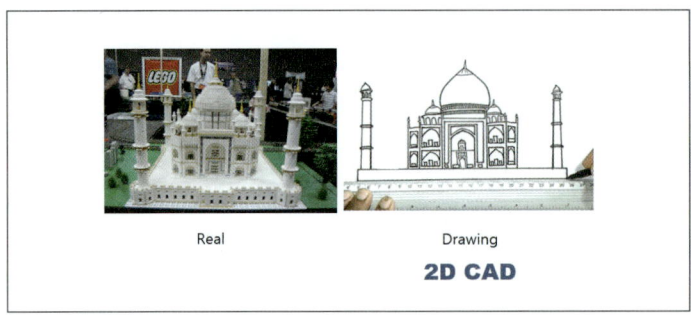

▲ 그림 A. 2D 도면 기반

하지만 그림 B처럼 3D 기반의 실제와 동일한 그림을 제공해준다면 보다 수월하게 왼쪽 그림과 같은 멋진 건물 모형을 만들 수 있을 것입니다. 스케치나 2D CAD 도면 기반 작업환경에서 3D 기반의 작업환경으로 전환하여 생산성을 향상시키는 것이 바로 BIM의 핵심 기능입니다.

▲ 그림 B. 3D 기반

LEGO는 이러한 3D 기반의 디자인을 LEGO Digital Designer라는 프로그램을 이용합니다.(현재는 업데이트가 중단되고 BrickLink Studio 서비스를 제공하고 있습니다. https://www.lego.com/en-us/ldd) LEGO Digital Designer에서는 LEGO에서 만들어지는 모든 블록들을 다양한 색상을 넣어서 가상의 공간에 자신이 만들고자 하는 작품을 만들 수 있도록 도와줍니다. 실제 사용되는 블록을 사용하여 가상의 공간에 먼저 만들어 볼 수 있는 것입니다. 최종적으로 내가 만든 작품에 어떤 블록이 몇 개가 들어가는지 색상별로는 몇 개씩 필요한지를 명확하게 알 수 있게 됩니다. 또한 최종결과물의 정확한 가로길이와 세로길이, 높이에 대한 정보도 얻을 수 있습니다. 만약 블록의 개별 가격정보가 있다고 하면 전체를 완성할 때 필요한 비용도 계산할 수 있으며, 블록 1개에 대한 무게 정보가 있다면 최종 작품의 전체 중량도 추정이 가능합니다. 블록을 10개 조립하는데 걸리는 절대적 시간이 있다고 하면 최종 작품을 완성할 때까지 필요한 시간도 추정할 수 있습니다. LEGO Digital Designer를 이용하여 사용자에게 보다 직관적인 3D 가이드를 제공하여 모델을 정확하게 만들 수 있도록 하며, 사용자에게 필요한 다양한 정보들을 제공하여 최종 작품을 만드는 데 있어 다양한 도움을 주는 것이 LEGO Digital Designer 사용을 통해 얻을 수 있는 장점입니다.

이것을 그대로 건설분야에 적용하면 BIM이 되는 것이라고 이해하면 됩니다. BIM은 앞서 정의에서 본 것과 같이 Model + Information으로 표현할 수 있습니다.

- 가상의 공간에 3D 모델링 = Model
- 블록의 종류별·색상별 개수 추정 = 물량 정보(Information)
- 전체를 완성할 때 필요한 비용 계산 = 비용 정보(Information)
- 최종 작품을 완성할 때까지 필요한 시간 추정 = 공정 정보(Information)

즉, 형상정보(Model)와 다양한 DATA(Information)를 이용하여 건설분야의 정확도와 생산성을 향상시키고, 시각화를 통한 커뮤니케이션 효과를 극대화시키는 것이 BIM이라고 할 수 있겠습니다.

1.3. Revit

▣ Revit 2022 소개

Revit은 국내에서 가장 널리 사용되고 있는 BIM 소프트웨어입니다. 건축·기계·전기분야에서 모두 사용가능한 BIM 모델 제작 도구입니다. CAD의 저장용 파일인 DWG 포맷과 AUTOCAD를 개발한 AUTODESK사에서 제공하는 프로그램으로 AUTOCAD 사용자들에게는 다른 BIM 소프트웨어에 비하여 상대적으로 익숙한 환경을 제공합니다. 2000년에 Revit version 1.0이 최초로 출시되었으며, 2004년에 Revit 7.0이 출시되었습니다. 제품 개발사인 AUTODESK는 2008부터 Revit의 Release 번호를 연도 표기로 바꾸어 Release 2009를 출시한 이래 매년 새로운 버전의 제품을 선보이고 있습니다.

1.3.1 주요 기능

▣ 건축 디자인

- **건축 모델링** : 건물 모델에 벽, 문, 창, 구성요소 등 건축 요소를 작성할 수 있습니다.
- **개념 설계 도구** : 자유형 모델을 스케치 및 작성하고 매스 견본을 작성할 수 있습니다.
- **건물 에너지 성능 최적화** : Insight 도구를 사용하여 성능 데이터 및 고급 분석 엔진에 대한 중앙 집중식 액세스를 통해 건물 성능을 최적화할 수 있습니다.
- **포인트 클라우드 작업** : 건물 모델에 벽, 문, 창, 구성요소 등 건축 요소를 추가할 수 있습니다.
- **3D 설계 시각화** : 디자인을 검토, 결정, 공유합니다. Autodesk Raytracer 렌더링 엔진을 사용하여 더 빠르고 정확한 렌더링을 지원합니다.

◨ 구조 모델링 및 엔지니어링

- **분석 모델** : 구조 분석을 위한 연관된 분석 모델을 작성할 수 있습니다.
- **철근 배근 상세 설계** : 현장타설 및 프리캐스트 콘크리트 구조용 3D 철근 배근 설계를 만들 수 있습니다. 보강 철근 일람표와 철근 배근 시공도면을 함께 작성할 수 있습니다.
- **구조용 강재 모델링** : 다양한 파라메트릭 방식의 철골 연결방식으로 상세한 수준의 철골 접합 부위를 모델링할 수 있습니다.
- **Advance Steel 연계** : Revit과 Advance Steel 간의 상호운용성을 확보하여 철골 설계에서 제작까지 완벽한 BIM 워크플로우를 제공합니다.

◨ MEP 모델링 및 엔지니어링

- **HVAC 설계 및 문서화** : 복잡한 덕트 및 파이프 시스템의 설계를 통해 설계자의 의도를 표현하고, 기계 설계 컨텐츠로 덕트 및 파이프 시스템을 모델링할 수 있습니다.
- **전기 설계 및 문서화** : 전기 시스템을 설계, 모델링 및 문서화할 수 있습니다.

◨ 파라메트릭 모델링

파라메트릭 모델링은 Revit에서 제공하는 좌표 및 변경 관리를 가능하게 하는 프로젝트의 모든 요소들 간의 관계를 말합니다. 이러한 관계는 사용자가 작업하면서 만들거나 소프트웨어가 자동으로 만듭니다. 수학 및 기계 CAD에서 이러한 종류의 관계를 정의하는 숫자나 특징을 매개변수(Parameter)라고 합니다. 따라서 소프트웨어의 작업은 파라메트릭(Parametric)이 됩니다. 이 기능을 사용하면 Revit에서 제공하는 조정 및 생산성의 기본적인 이점을 누릴 수 있습니다. 프로젝트의 어느 부분을 언제 변경하는지에 상관없이 Revit은 전체 프로젝트에 걸쳐 변경사항을 조정합니다.

◨ 일람표 생성

프로젝트에 사용된 구성요소 및 재료를 정량화하고 해석하기 위한 일람표, 수량 및 재료 수량 산출을 작성합니다.

◨ 도면 주석 작성

도면화를 위한 치수, 문자 참고, 키노트, 태그 및 기호 기능을 제공합니다.

◨ IFC 지원

Revit에서는 buildingSMART®IFC 데이터 교환 표준에 따라 완전히 인증된 IFC 가져오기 및 내보내기를 제공합니다. 가져오기(IFC 파일 열기 또는 연결)를 위해 Revit에서는 bSI(buildingSMART International) 데이터 교환 표준(IFC2x3, IFC2x2 및 IFC2x)을 기반으로 한 IFC 파일을 지원합니다. 가져오기(연결 전용)를 위해 Revit에서도 bSI IFC4 표준을 기반으로 한 IFC 파일을 지원합니다.

▣ 작업 공유

작업 공유는 여러 팀원이 동시에 같은 프로젝트 모델에서 작업할 수 있는 설계 방법입니다.

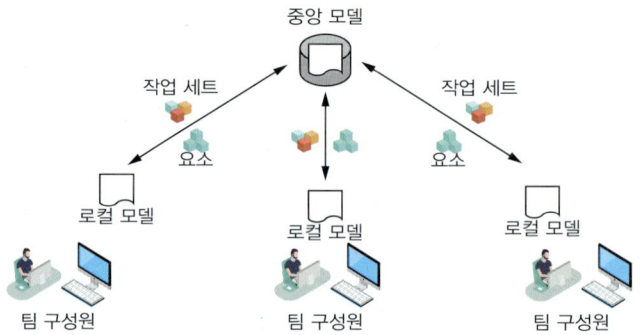

▣ 제너레이티브 디자인

사용자가 정의한 목표와 제약 조건에 따라 신속하게 설계 대안을 작성합니다. Revit 내 제너레이티브 디자인을 사용하여 목표, 구속조건 및 입력을 기반으로 설계 대안을 신속하게 생성하여 설계 문제를 살펴보고 최적화한 다음 정보를 토대로 설계 문제를 해결할 수 있습니다. AEC Collection 서브스크립션 구매 고객에게만 제공됩니다.

1.3.2 시스템 사양

▣ Revit 2022 권장 사양

운영 체제	64비트 Microsoft® Windows® 10 또는 Windows 11.
CPU 유형	Intel® i-Series, Xeon®, AMD® Ryzen, Ryzen Threadripper PRO. 2.5GHz 이상
메모리	최소 : 8GB RAM 권장 : 16GB RAM
비디오 디스플레이 해상도	최소 : 1280 x 1024 트루컬러 권장 : 1680 x 1050 트루컬러
비디오 어댑터	DirectX 11 지원 그래픽 카드(Shader Model 5 및 최소 4GB 비디오 메모리 포함)
디스크 공간	30GB의 여유 디스크 공간
포인팅 장치	MS 마우스 또는 3Dconnexion® 호환 장치
.NET Framework	.NET Framework 버전 4.8 이상
브라우저	Microsoft Internet Explorer 10 이상
연결	라이선스 등록 및 필수 구성요소 다운로드를 위한 인터넷 연결

1.4. Revit 2022 설치

AUTODESK 홈페이지의 Revit 페이지에 접속하여 '무료 체험판 다운로드' 버튼을 누르면 설치파일을 다운로드할 수 있습니다.

- 접속주소 https://www.autodesk.co.kr/products/Revit/overview

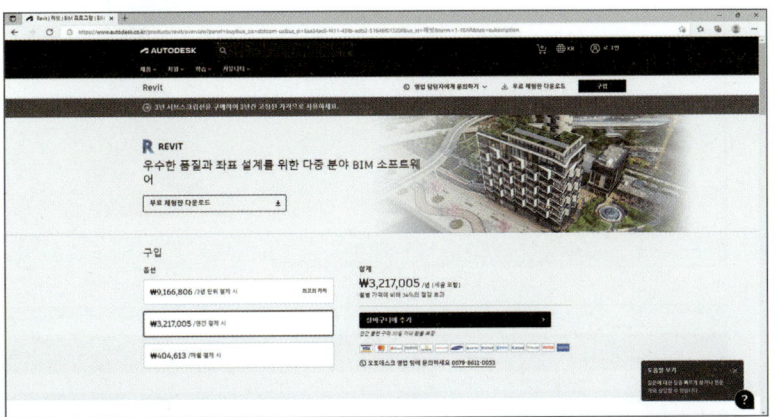

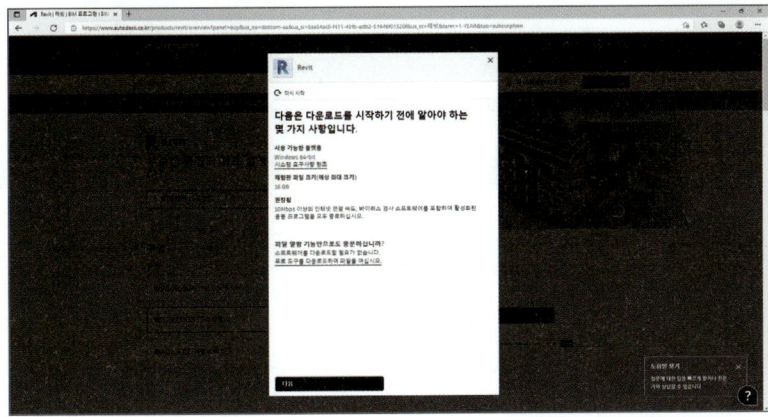

1 시작 25

학생의 경우 교육 커뮤니티에 가입하여 1년간 제품 및 서비스를 무료로 이용할 수 있습니다.

● **접속주소** https://www.autodesk.co.kr/education

AUTODESK 교육 커뮤니티에서 다운로드 받은 설치파일과 AUTODESK 무료 체험판의 설치파일은 모두 AUTODESK 정품 설치파일과 동일합니다. 제품을 실행하고 활성화할 때 필요한 로그인 정보를 통해서 제품의 사용기능이 부여되는 것으로 설치파일 자체는 모두 동일하게 구성되어 있습니다. 설치 제품을 다운로드하여 설치 순서에 맞게 설치를 완료하면 Revit을 사용할 수 있습니다. 무료체험판으로 실행한 경우 무료체험 기간이 지나면 새로운 활성화 아이디로 접속해야 제품을 사용할 수 있습니다.

건축 BIM 입문 REVIT 가이드북

2

Quick Start : Micro House

- 2.1. Micro House
- 2.2. View 조절
- 2.3. 시작
- 2.4. 벽체 생성
- 2.5. 바닥 생성
- 2.6. 문 생성
- 2.7. 창문 생성
- 2.8. 2D View 생성
- 2.9. 계단 생성
- 2.10. 3D 단면
- 2.11. 3D View
- 2.12. Sheet 생성
- 2.13. 객체 수정

REVIT 프로그램에 대한 부가적인 설명 없이 보고 따라하기만 하면 되는 Quick Start입니다. 2층 소형 주택 만들기를 순서대로 따라 하다 보면 REVIT의 핵심 기능을 체험하면서 익힐 수 있습니다. LEGO 블록의 조립 설명서를 보고 따라하듯이 해보면 완성되는 모델을 보면서 '아! 이렇게 되는 거구나'하고 감을 잡을 수 있습니다.

2 Quick Start : Micro House

2.1 Micro House

Revit의 기본기능을 이용하여 2층 소형 주택을 모델링 해보도록 하겠습니다. Revit에서 사용되는 가장 기초적인 기능들을 이용하여 Revit으로 어떤 작업들을 할 수 있는지를 빠르게 체험해 보는 과정입니다. 우선, 벽(Wall), 바닥(Slab), 창문(Window), 문(Door), 계단(Stair) 객체를 이용하여 빠르게 건물을 만들 것입니다. 그다음 평면 view, 단면 view, 3D view를 생성하여 작성한 객체들이 어떻게 보이는지 확인할 것입니다.

Sample 폴더에서 Micro House.rvt 파일을 엽니다.

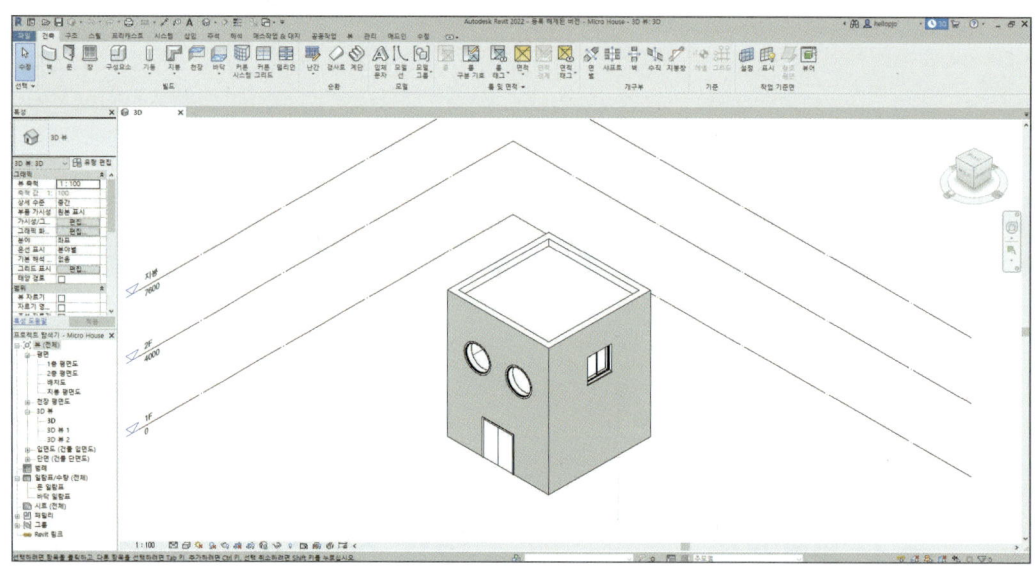

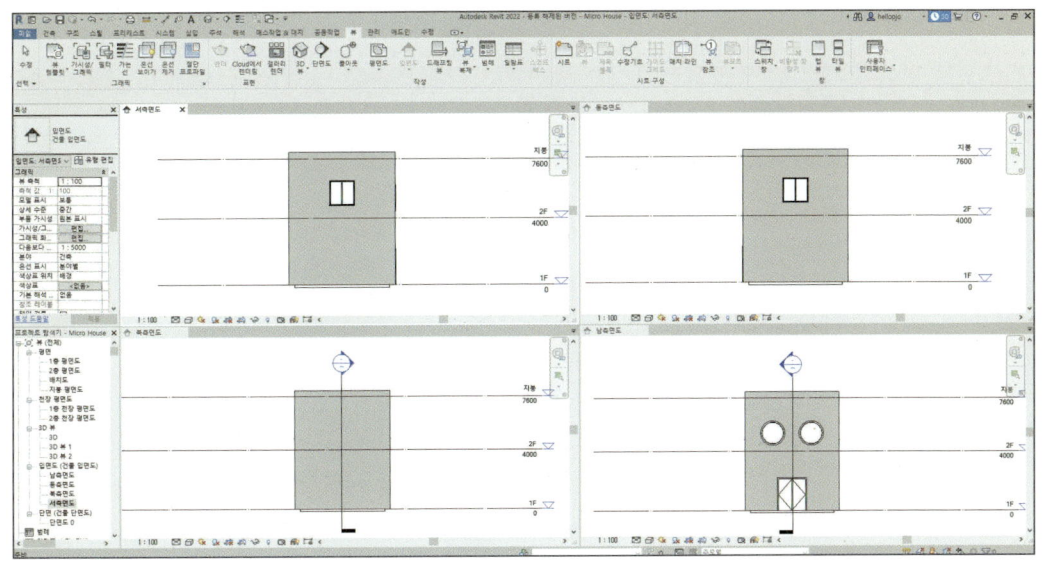

2.2 View 조절

1. 뷰 화면 아래의 아이콘 중 왼쪽에서 두 번째 육면체 아이콘을 누르면 그래픽 화면표시 옵션의 스타일을 조절할 수 있습니다. '와이어프레임'을 선택하면 모든 면이 투명하게 처리되고, 객체의 모서리만 보입니다.

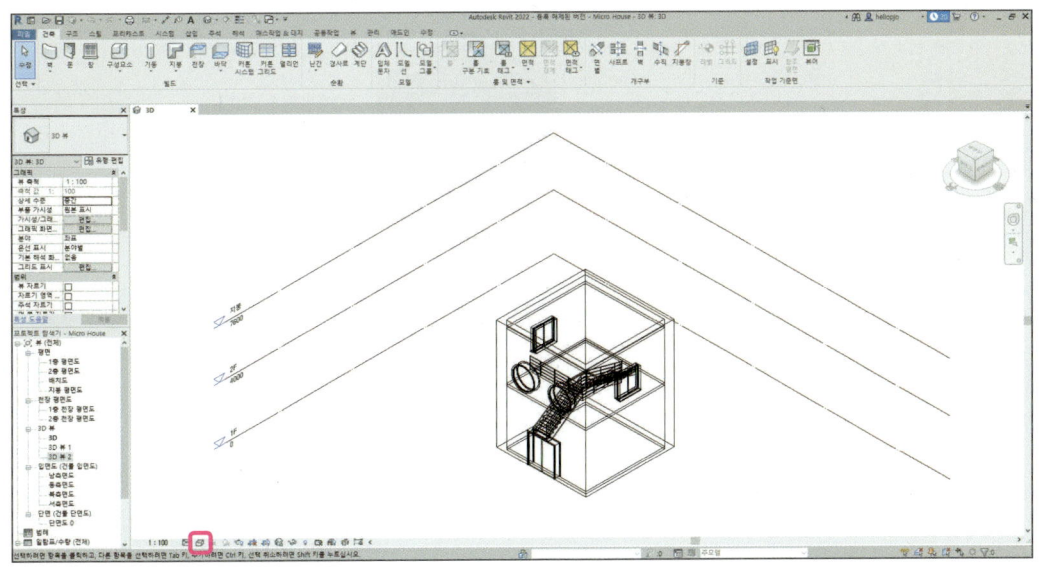

2 Quick Start : Micro House 31

2. '은선'을 선택하면 면이 회색으로 처리되어 객체가 입체적인 흑백으로 보입니다.

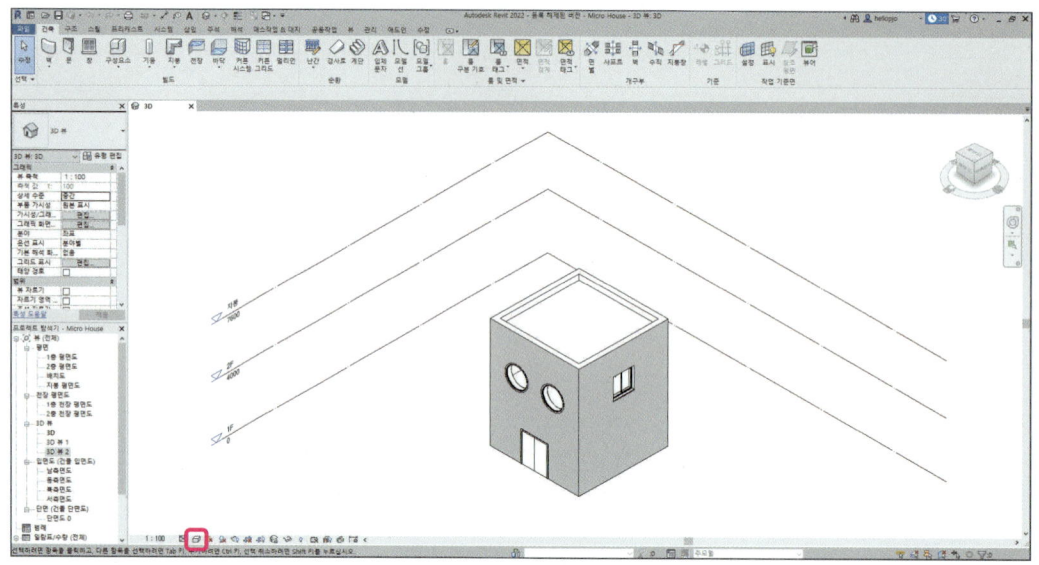

3. '색상일치'를 선택하면 객체들이 가지고 있는 재료 정보에서 표기되는 색상이 적용되어 보입니다.

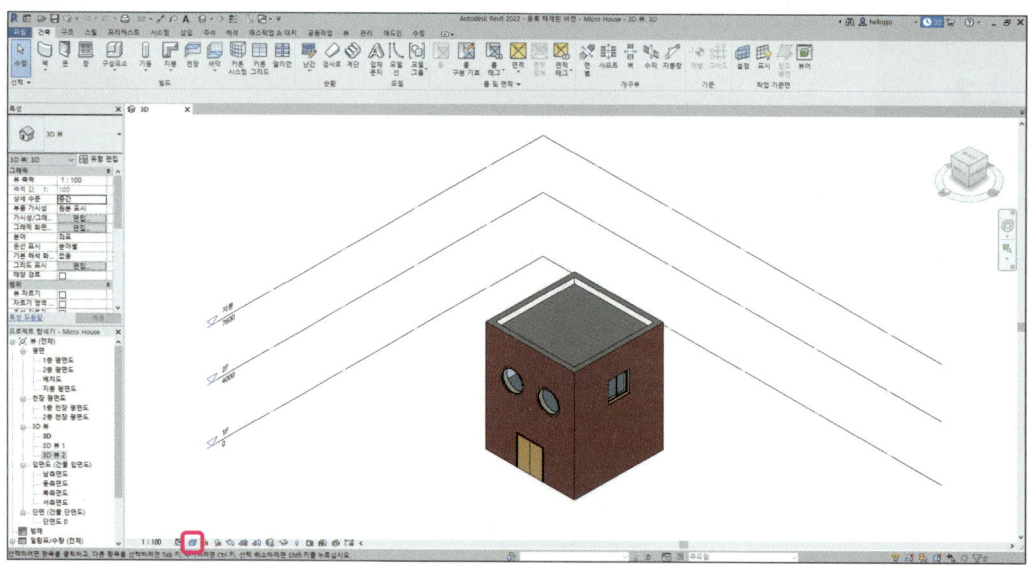

2.3 시작

1. '새로 작성' 버튼을 누릅니다.

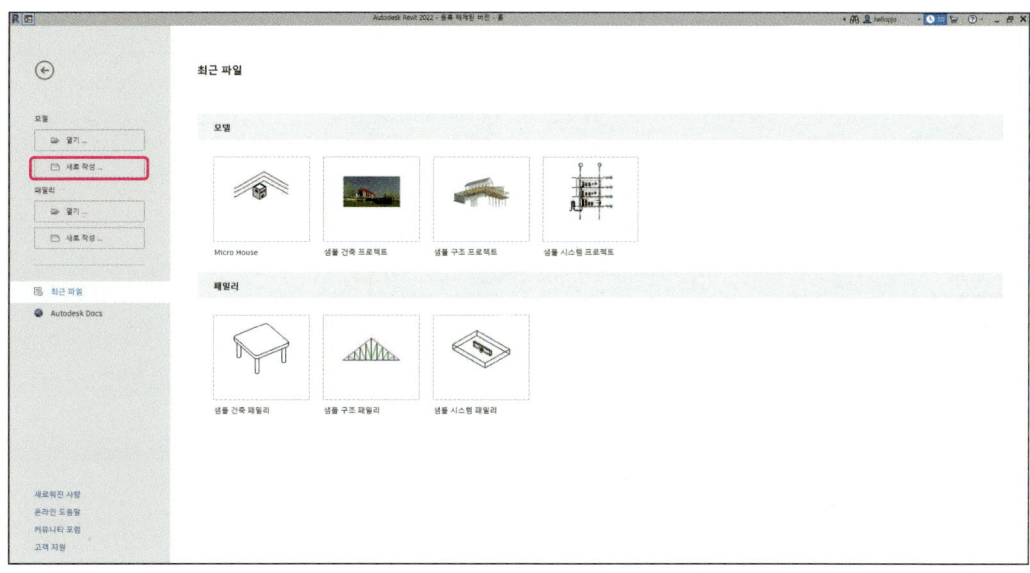

2. 새 프로젝트에서 '건축 템플릿'을 선택하고 '확인'을 클릭합니다.

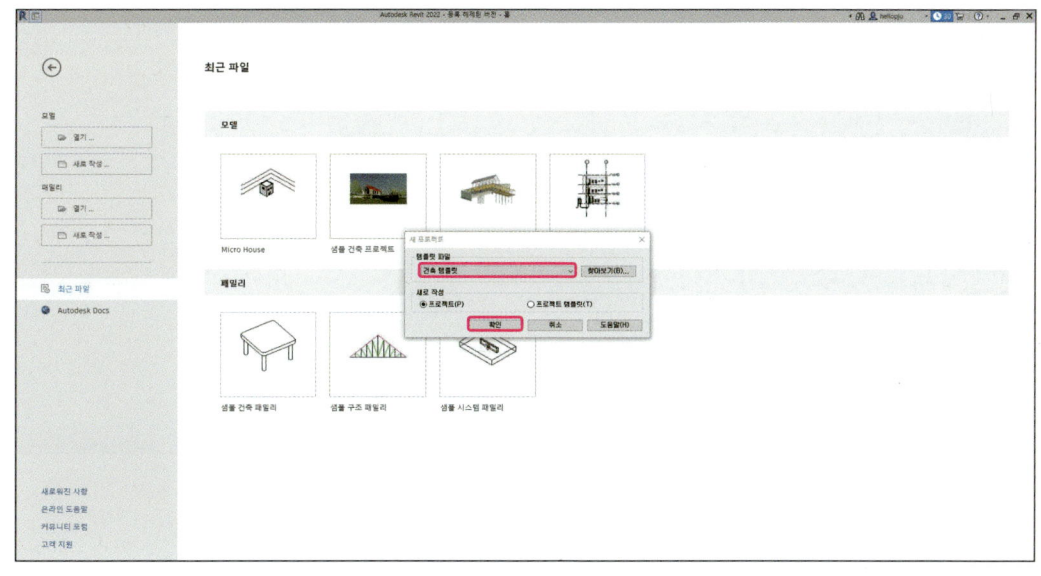

3. 빈 화면이 나타납니다.

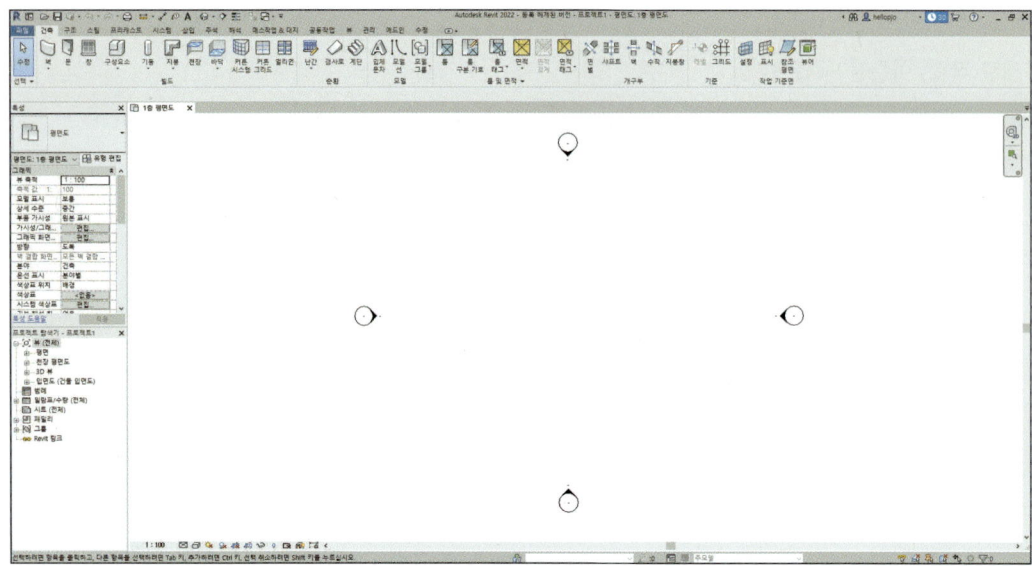

4. '뷰' 탭에서 '작성' 그룹의 '3D 뷰' 버튼을 선택합니다.

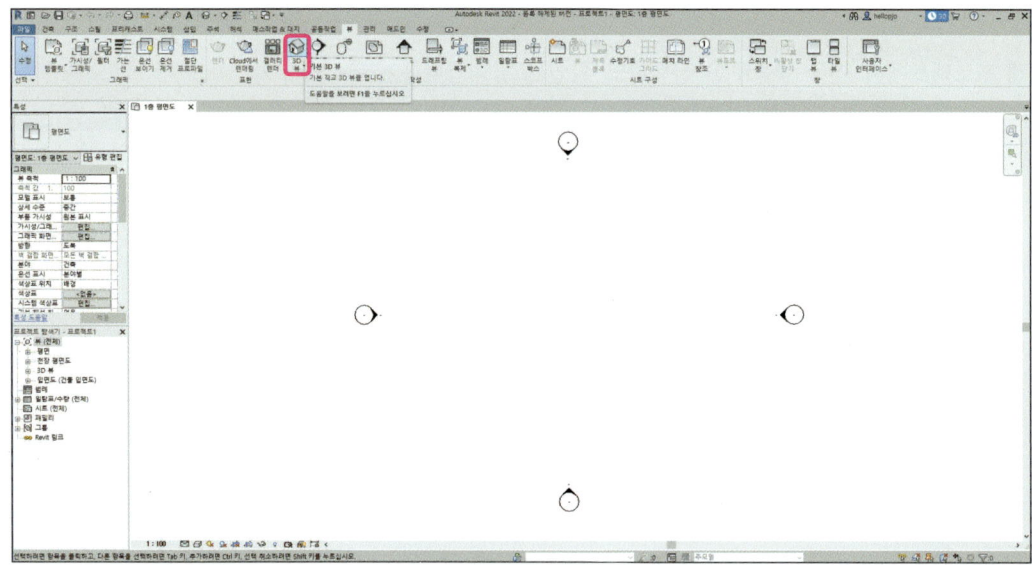

5. 화면에 3D 기본 뷰가 나타납니다. 1점 쇄선으로 보이는 선은 레벨을 표기한 선으로 지붕, 바닥, 천장 등의 수직 위치를 지정하는 데 사용하는 수평 기준면입니다. 프로젝트의 수직 기준 높이 0에서 일정 높이에 위치한 수평면을 나타냅니다.

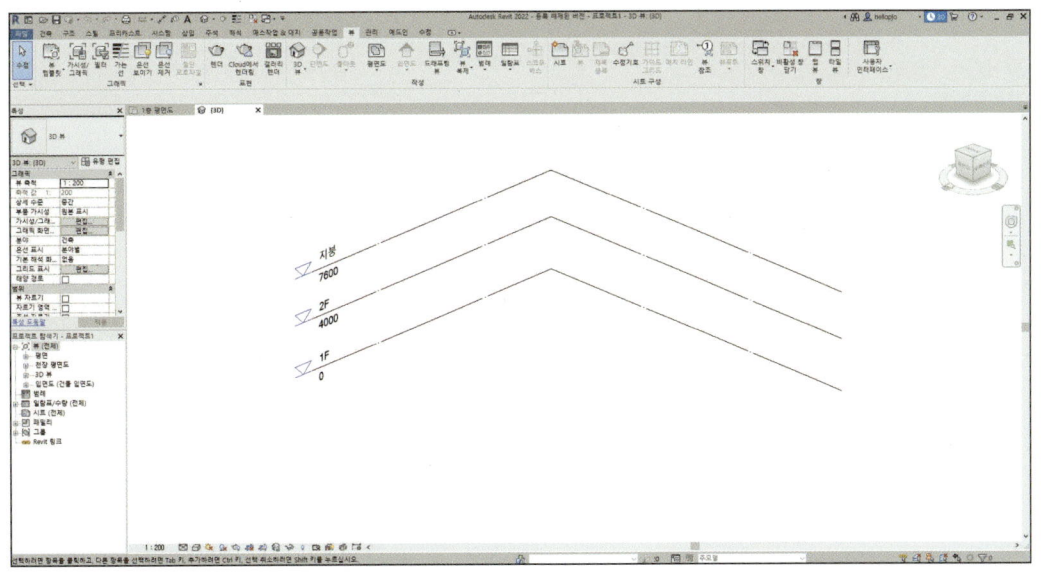

6. '뷰' 탭에서 '창' 그룹의 '타일뷰' 버튼을 선택합니다. 화면에서 보이는 두 개의 뷰창이 동일한 크기로 정렬됩니다.

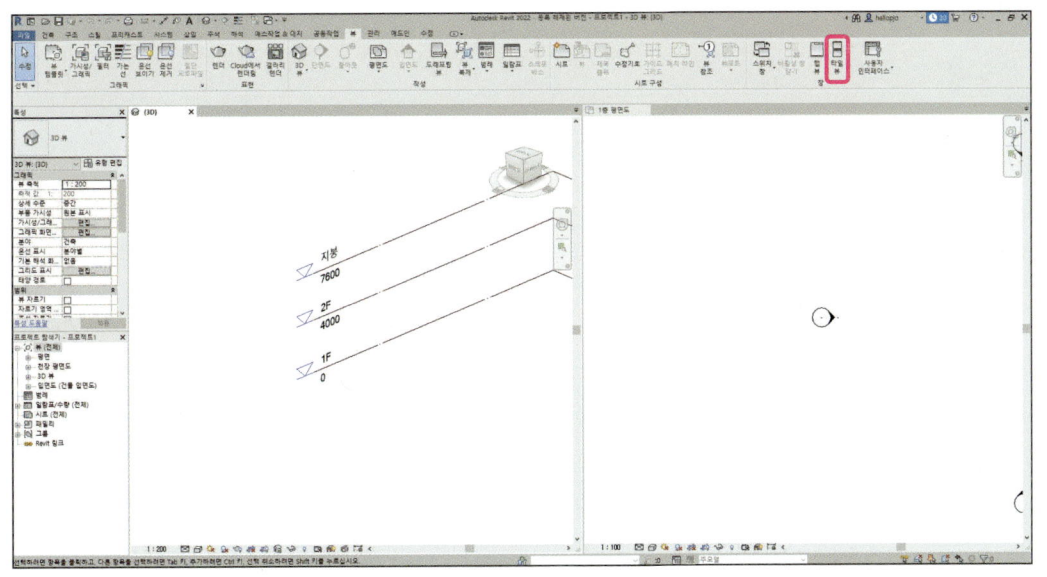

7. 좌측의 3D와 우측의 1층 평면도 화면에서 각각 키보드에 `Z` `E`를 입력하여 화면의 크기를 조정합니다. `Z` `E`는 Zoom Extend의 단축키로 화면 내에 모든 객체가 들어오도록 zoom의 배율과 화면의 위치를 조절해 주는 기능입니다.

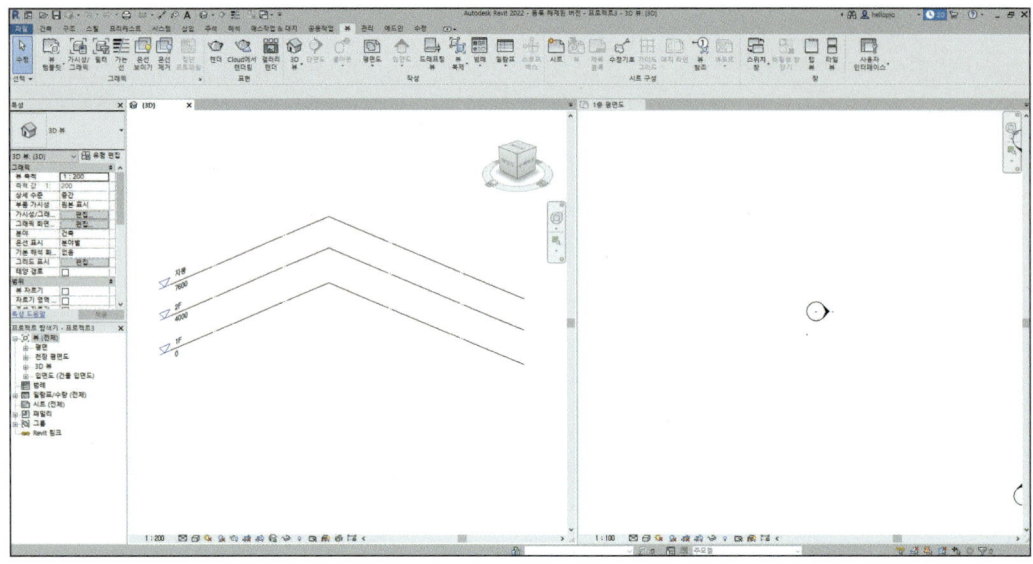

2.4 벽체 생성

1. 평면뷰에서 두 번의 클릭으로 벽체를 생성할 수 있습니다. 벽체의 시작점과 끝점을 선택하면 해당 점을 선으로 연결하는 부분에 지정된 높이의 벽체가 생성됩니다.
리본메뉴에서 '건축' 탭의 '벽'을 선택합니다.

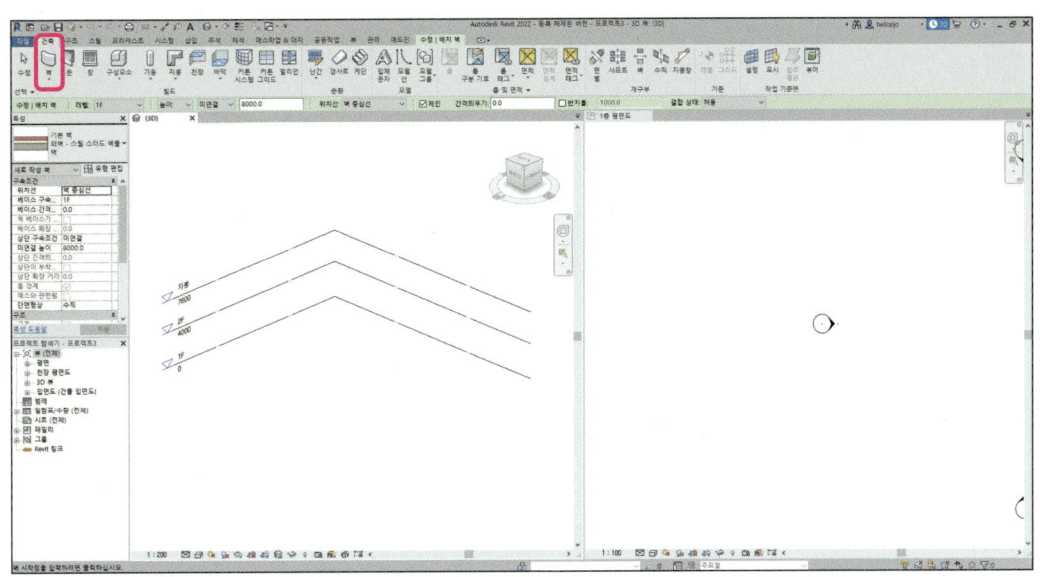

2. 벽은 두께와 재질을 가진 여러 가지 종류 중 하나를 선택하여 생성합니다. 벽의 종류는 특성창의 최상단에서 선택할 수 있습니다. 좌측 특성창의 상단을 클릭하여 목록 중 '외벽 - 스틸 스터드 벽돌벽'을 선택합니다.

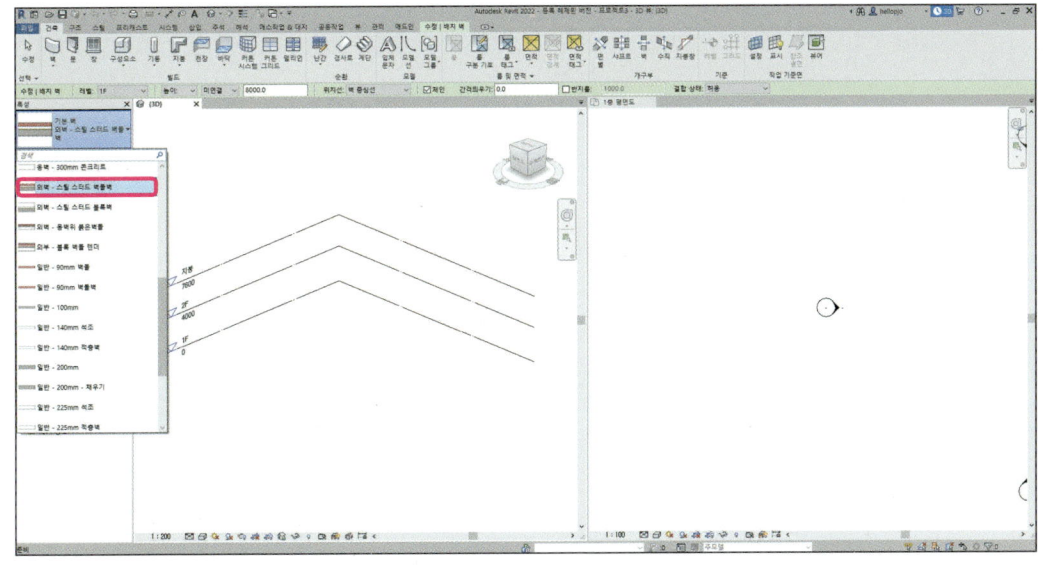

2 Quick Start : Micro House 37

3. 벽의 높이는 벽의 바닥 레벨과 벽의 상단 레벨을 각각 지정하여 조절합니다. 특성창에 보이는 속성 중 '베이스 구속'은 벽의 바닥 레벨, '미연결 높이'는 벽의 상단 레벨을 의미합니다. 각각의 레벨을 직접 입력할 수도 있고 만들어져 있는 레벨 항목을 선택할 수도 있습니다.
'베이스 구속'은 '1F', '상단 구속조건'은 '미연결', '미연결 높이'는 '8000'을 선택합니다. 리본 메뉴의 '그리기'에서 사각형 모양의 아이콘을 선택합니다.

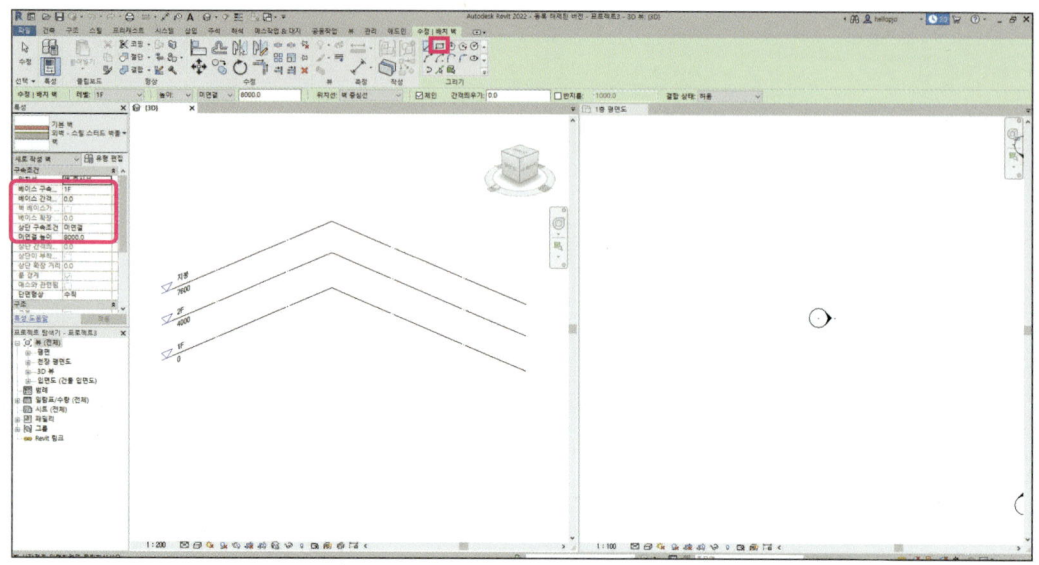

4. '1층 평면도' 뷰에서 사각형의 상단 좌측 모서리(A)와 우측 하단 모서리(B) 2곳을 순서대로 클릭합니다. 화면에 표시되는 임시 치수선을 보면서 크기를 조절할 수 있습니다. 사각형의 크기는 6000mm×6000mm로 합니다.

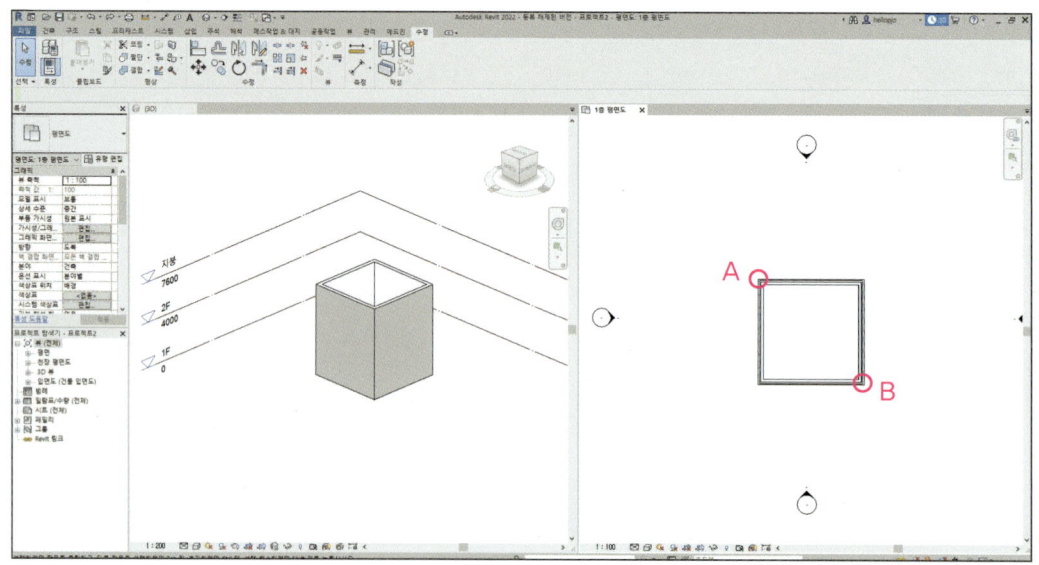

5. 1층 평면도 뷰와 3D 뷰에서 함께 벽이 생성된 것을 볼 수 있습니다. 한쪽 뷰에서 객체를 선택하면 모든 뷰에서 선택된 객체가 동일하게 선택된 상태(파란색 하이라이트)로 보입니다.

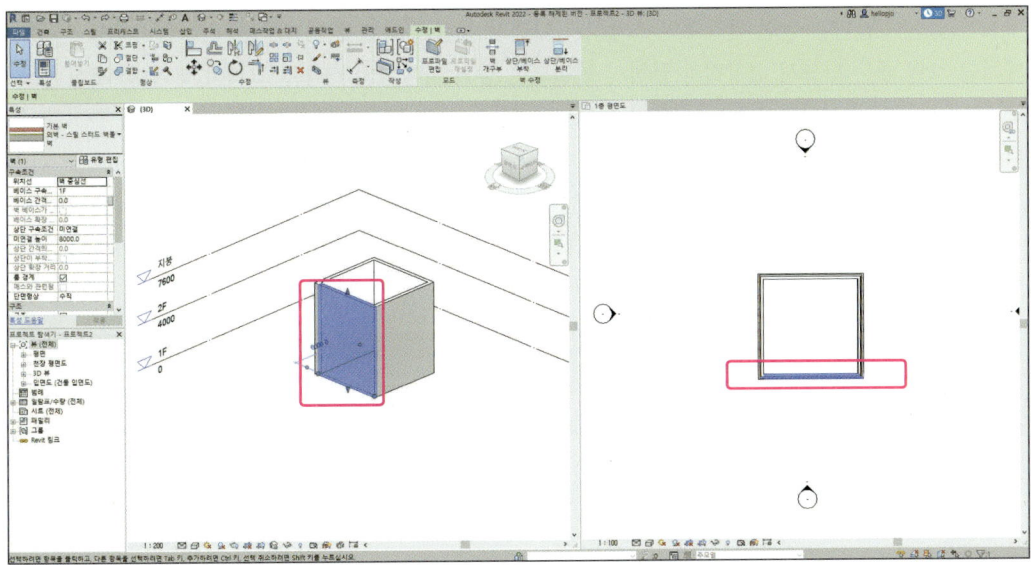

2.5 바닥 생성

시작점과 끝점이 만나는 닫힌 다각형의 스케치를 그려서 해당 다각형에 두께를 지정하여 바닥을 만듭니다. 스케치를 그릴 때는 반드시 시작점과 끝점이 연결되는 닫힌 다각형의 형태로 그려야 합니다. 또한, 스케치를 그리는 선들이 중첩되거나 교차하면 안 됩니다. 선들이 겹치거나 중첩되는 경우 스케치를 완성할 수 없습니다.

1. 리본메뉴에서 '건축' 탭의 '바닥'을 선택하고, '바닥: 건축' 항목을 선택합니다. '특성' 창에 보이는 속성 중 '레벨'은 바닥이 만들어지는 수직 높이와 연관된 레벨을 의미합니다. 해당 레벨을 상단 기준면으로 하여 아래쪽으로 방향으로 두께만큼의 바닥이 생성됩니다.

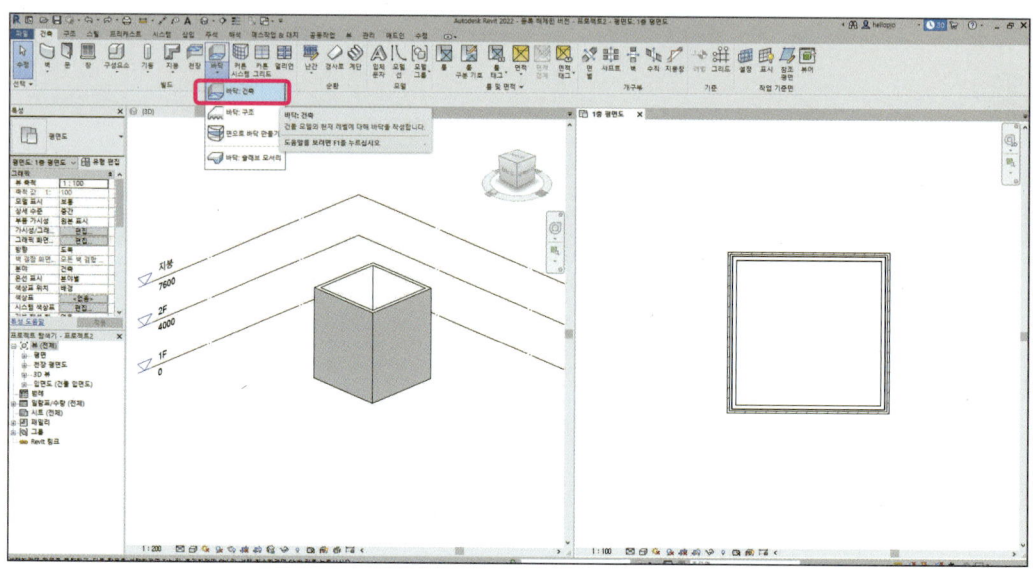

2. '레벨'이 '1F'로 되어 있는 것을 확인합니다. 리본메뉴의 '수정' 탭에서 '그리기'의 사각형 아이콘을 선택합니다.

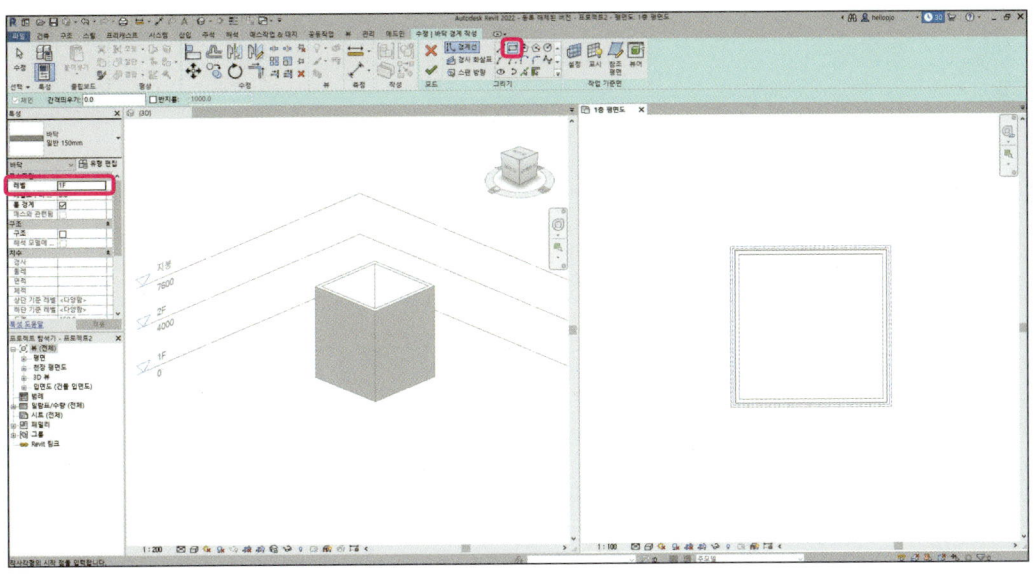

3. '1층 평면도' 뷰에서 벽체 내부를 기준으로 좌측 상단 모서리와 우측 하단 모서리를 순차적으로 선택합니다. 보라색으로 사각형 스케치가 그려진 것을 확인합니다. 리본 메뉴의 '수정' 탭에서 녹색 체크버튼을 눌러 스케치를 완료합니다.

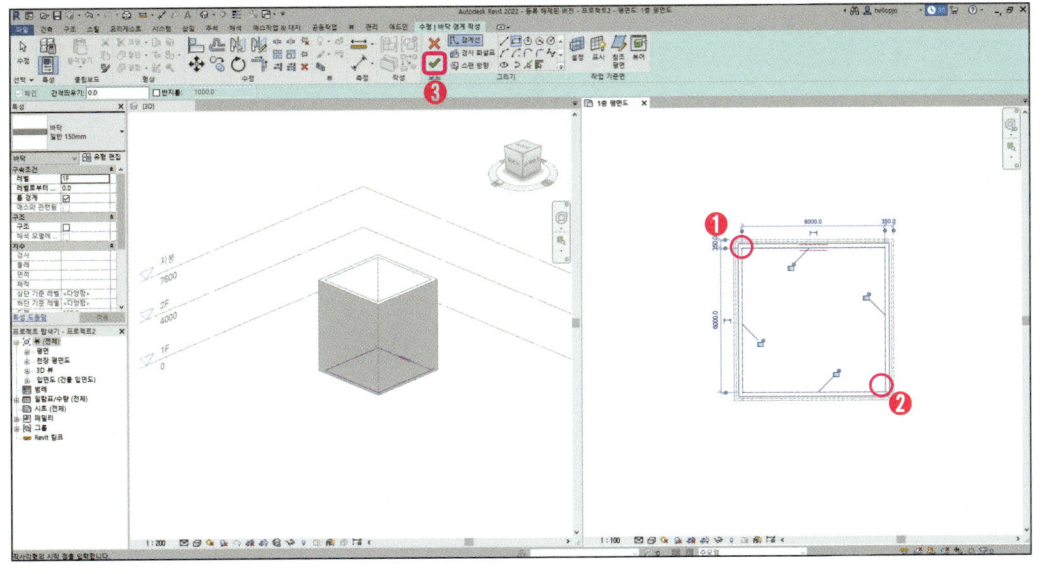

2 Quick Start : Micro House 41

4. 3D 뷰에서 마우스 휠 버튼을 누른 상태에서 화면을 드래그하면 뷰가 이동합니다. 마우스 휠 버튼을 누른 상태에서 키보드의 Shift 키를 같이 누르고 화면을 드래그하면 3차원 뷰가 회전(3D ORBIT)합니다. 3D 뷰를 조절하여 벽의 하단에 바닥이 생성된 것을 확인합니다. Esc 키를 눌러 선택된 바닥 객체를 해제합니다.

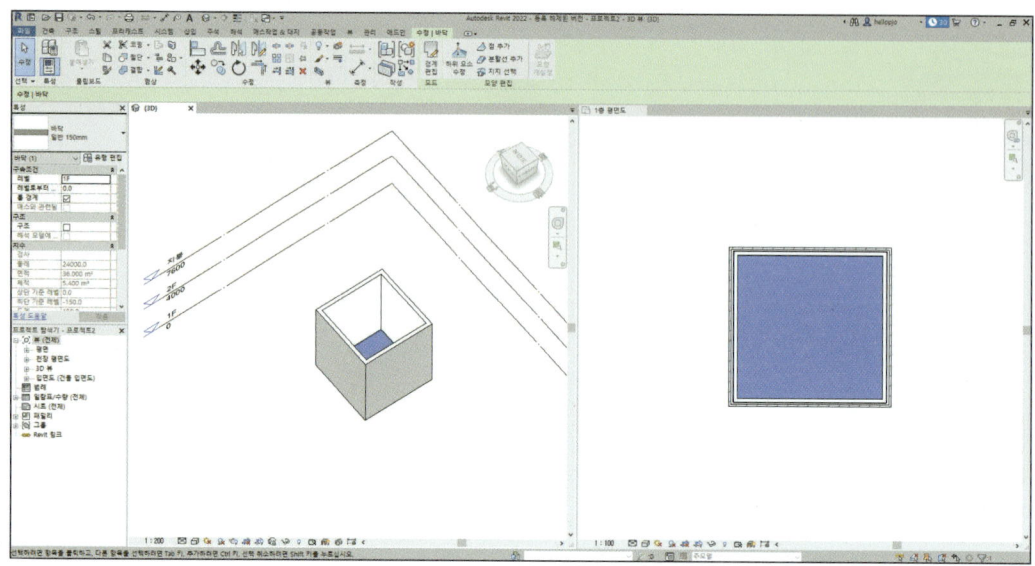

5. 화면 좌측 '프로젝트 탐색기'에서 뷰−평면−2층 평면도를 더블클릭합니다. '2층 평면도' 뷰가 활성화되었습니다.

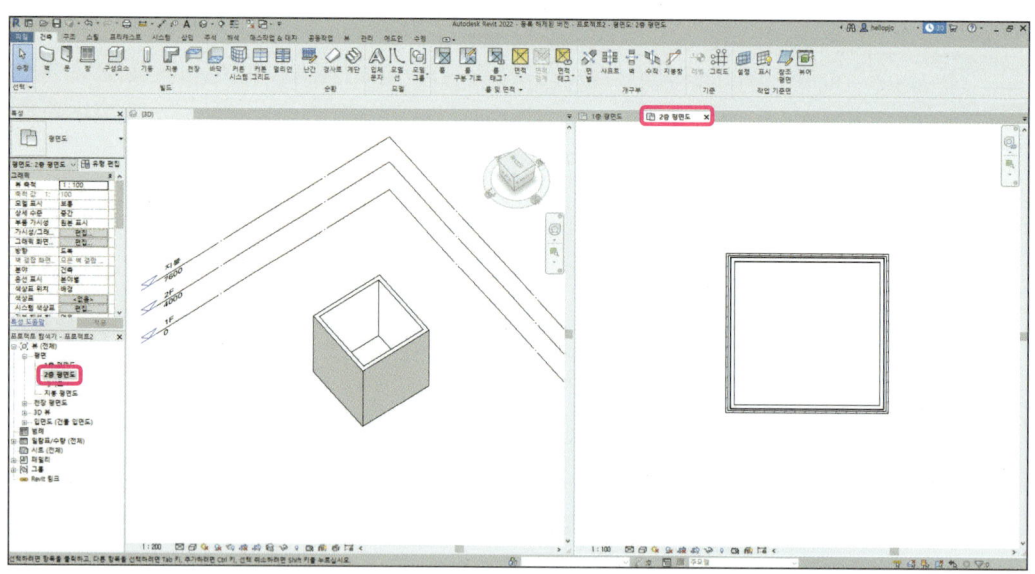

6. 1층 바닥과 동일하게 2층에도 바닥을 만듭니다. 리본메뉴에서 '건축' 탭의 '바닥'을 선택하고, '바닥: 건축' 항목을 선택합니다. 2층 레벨에 바닥을 만들어야 하므로 특성창의 '레벨'을 '2F'로 바꿉니다.

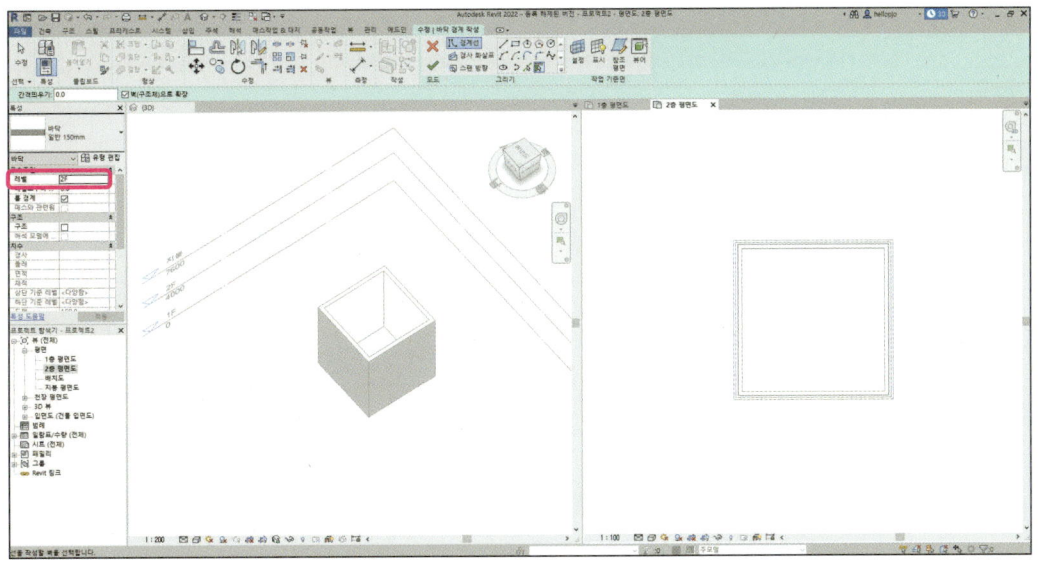

7. 리본메뉴의 '수정' 탭에서 '그리기'의 사각형 아이콘을 선택하여 바닥을 그립니다. '2층 평면도' 뷰에서 벽체 내부를 기준으로 좌측 상단 모서리와 우측 하단 모서리를 순차적으로 선택합니다. 보라색으로 사각형 스케치가 그려진 것을 확인하고 리본 메뉴의 '수정' 탭에서 녹색 체크버튼을 눌러 스케치를 완료하여 바닥을 완성합니다.

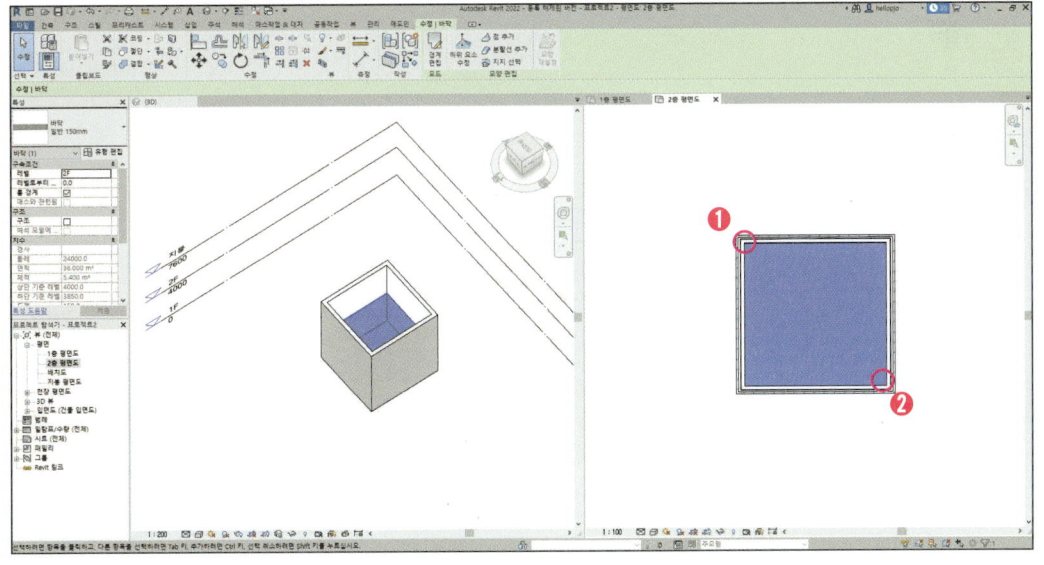

8. 1층, 2층과 동일한 방법으로 지붕 평면도에도 바닥을 생성합니다.

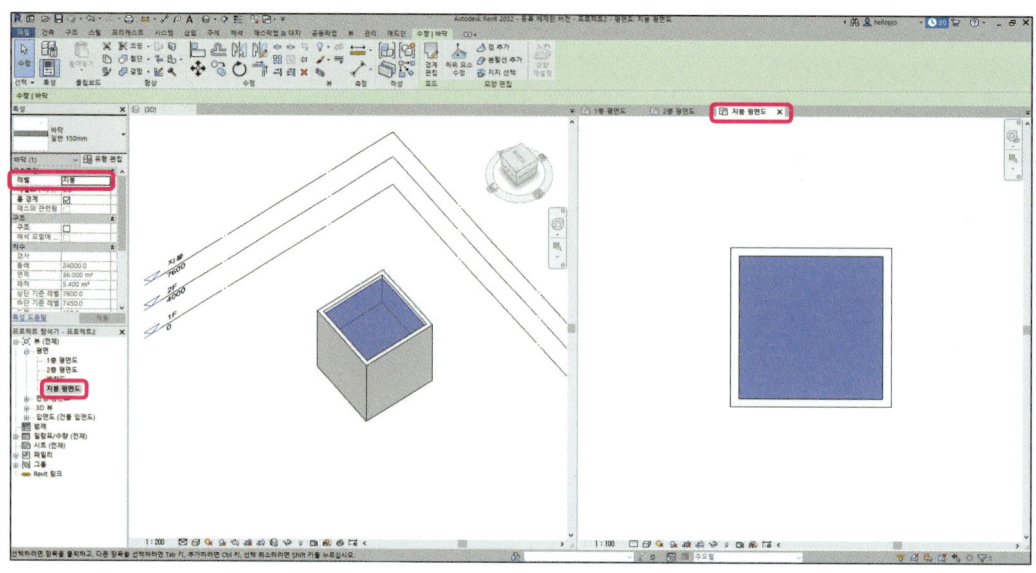

9. 3D 뷰에서 벽체를 하나 선택하여 마우스 우클릭을 합니다. '모든 인스턴스(instance) 선택'을 누르고 '뷰에 나타남'을 선택합니다.

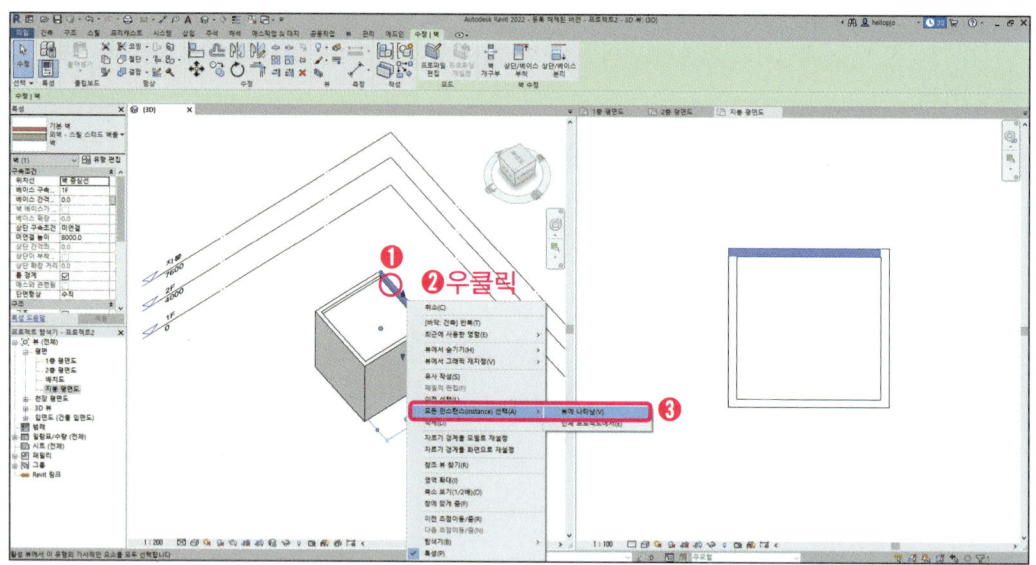

10. 뷰에서 보이는 모든 벽이 선택되어 하이라이트 처리됩니다. 선택한 벽이 반투명하게 보이면서 내부에 생성된 1층 바닥, 2층 바닥, 지붕 바닥을 볼 수 있습니다.

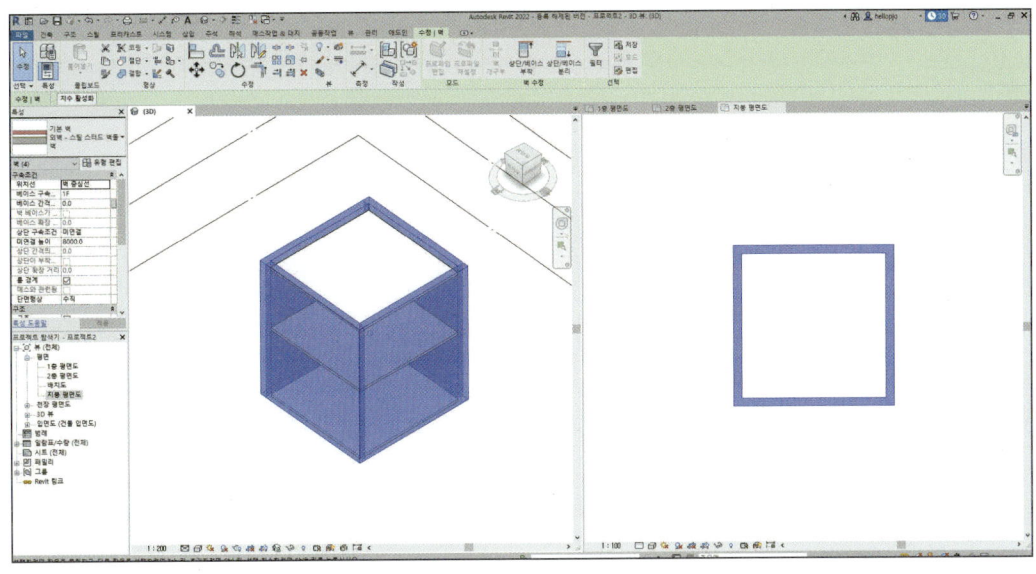

2.6 문 생성

문은 벽에 종속되어 있는 객체입니다. 즉, 벽이 없는 곳에 문을 독립적으로 만들 수는 없습니다. 벽을 선택하여 해당 벽에 문을 생성할 수 있습니다. 문의 종류는 특성창의 최상단에서 선택할 수 있습니다. 문의 종류를 선택한 다음 원하는 벽의 위치를 선택해 주면 해당 벽에 창문이 생성됩니다. 기본적으로 선택되어 있는 창문을 먼저 생성한 다음 원하는 종류로 변경해 줄 수도 있습니다.

1. 리본메뉴의 '건축' 탭에서 '문'을 선택합니다.

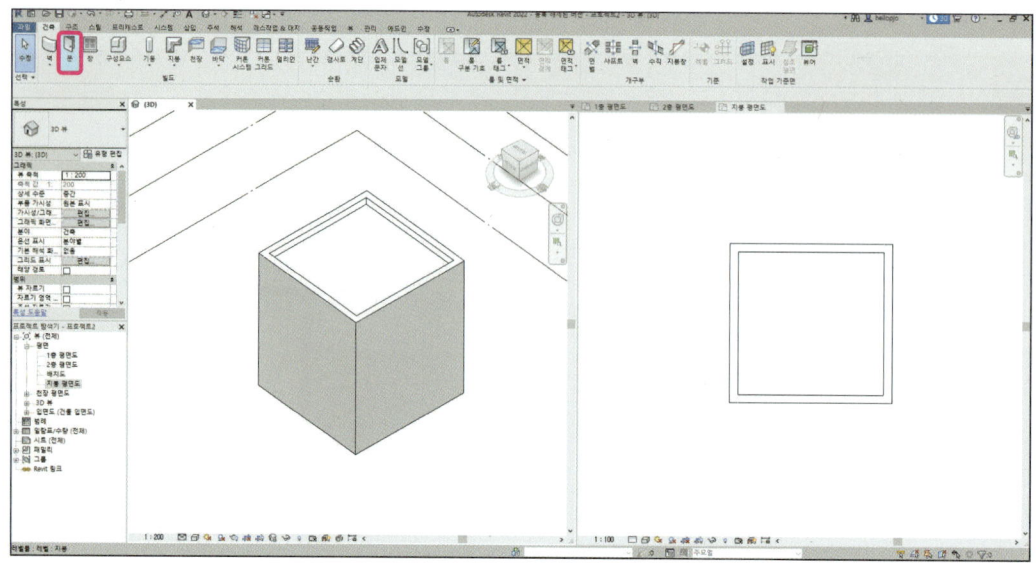

2. 문의 종류는 특성창의 최상단에서 선택할 수 있습니다. 특성창의 최상단을 클릭하여 '목재 양여닫이문 − 1800×2100mm'을 선택합니다.

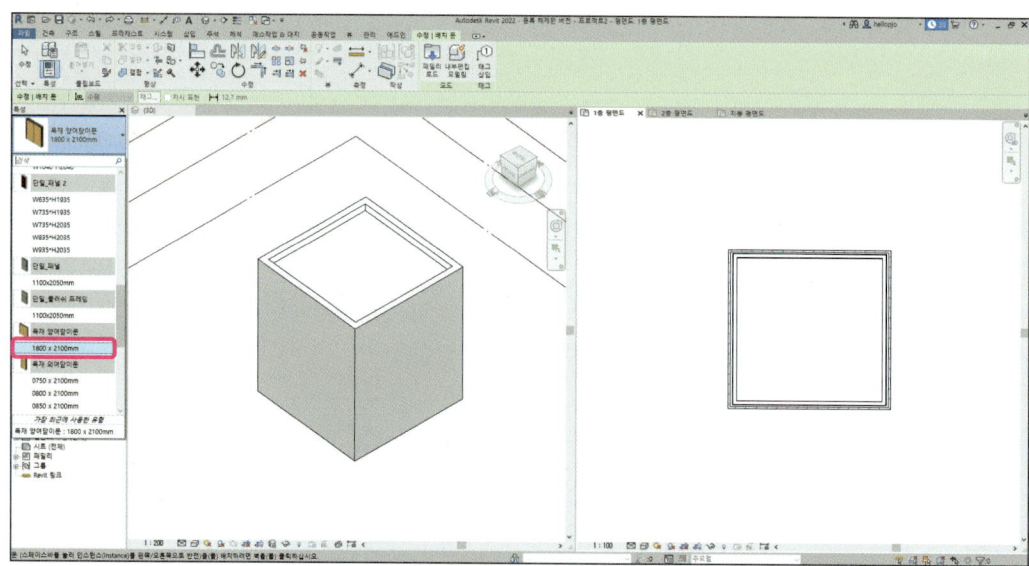

3. 1층 평면도에서 아래쪽 벽체의 중간 부분을 선택하여 문을 생성합니다.

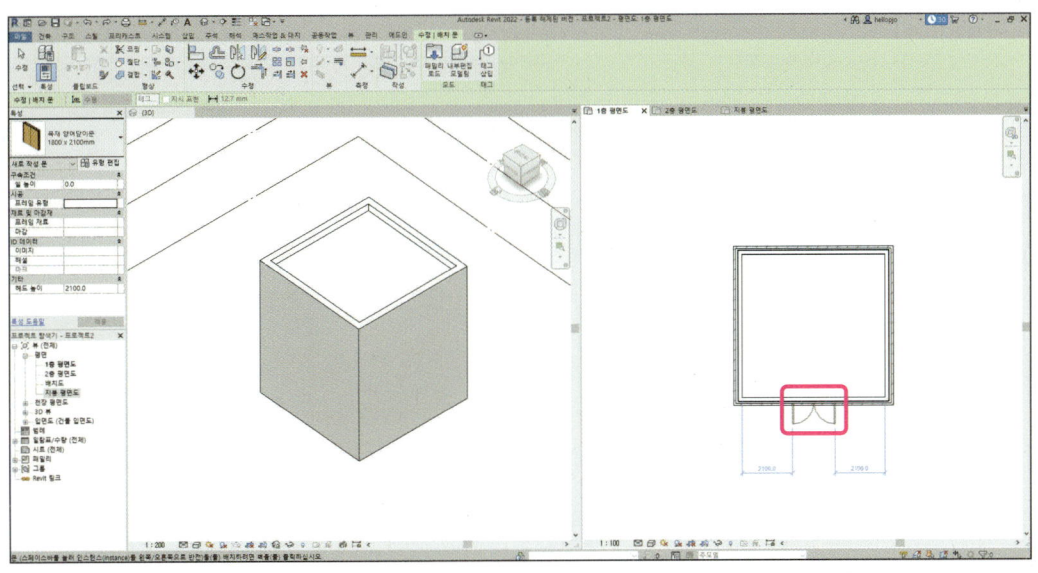

4. 1층 남쪽 벽에 양여닫이문이 생성된 것을 1층 평면도 뷰와 3D 뷰에서 확인할 수 있습니다.

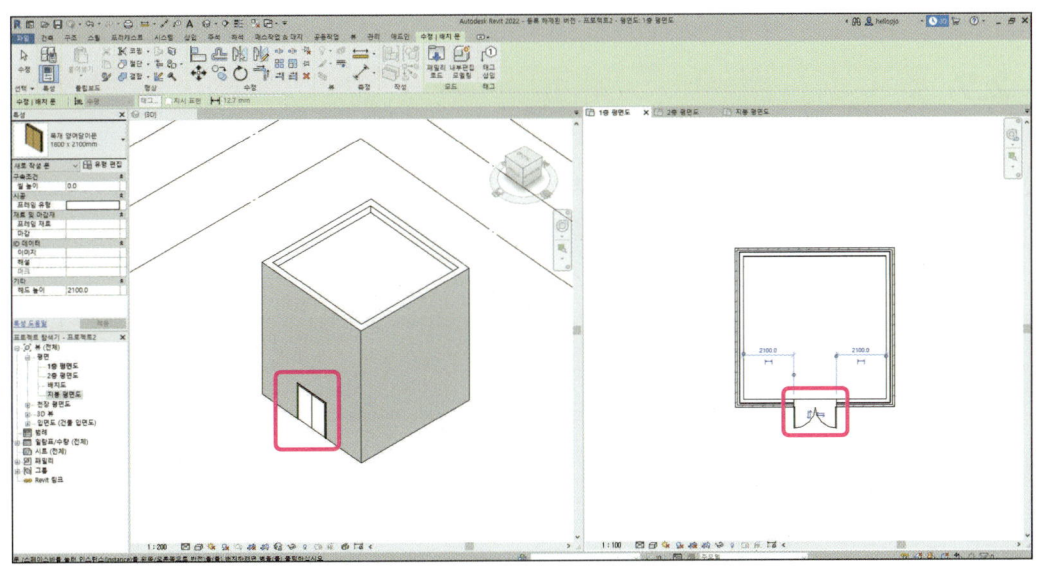

5. 생성된 문을 선택하고 1층 평면도 뷰에서 파란색의 위아래 화살표(↕)를 누르면 문의 방향이 안쪽에서 바깥쪽으로, 바깥쪽에서 안쪽으로 바뀝니다. 좌우 화살표(⇌)를 누르면 좌우로 반전됩니다.

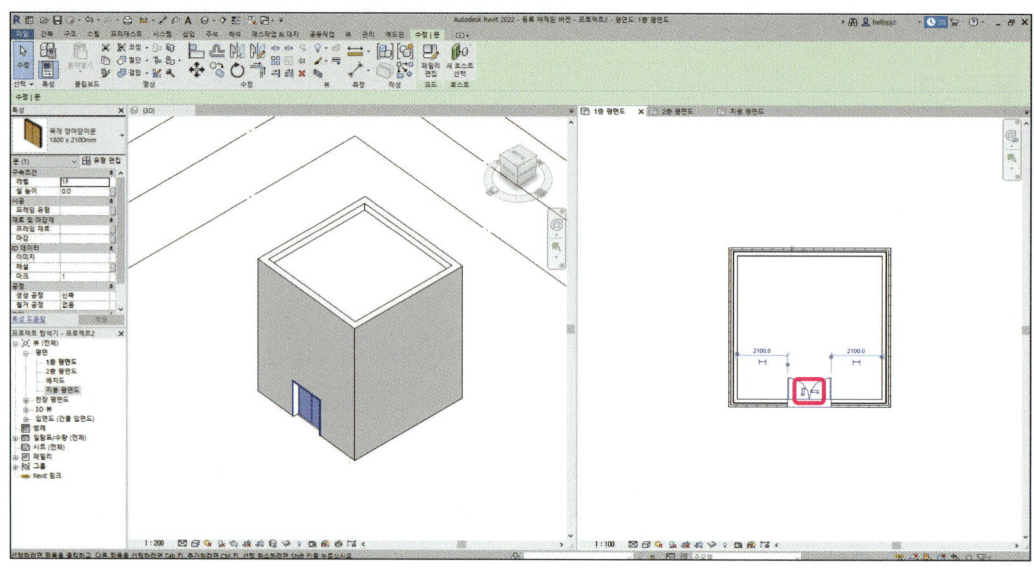

2.7 창문 생성

창문도 문과 같이 벽에 종속되어 있는 객체입니다. 창문도 문과 마찬가지로 벽이 없는 곳에 독립적으로 만들 수 없습니다. 벽을 선택하여 해당 벽에 창문을 생성할 수 있습니다.

1. 리본메뉴의 '건축' 탭에서 '창'을 선택합니다.

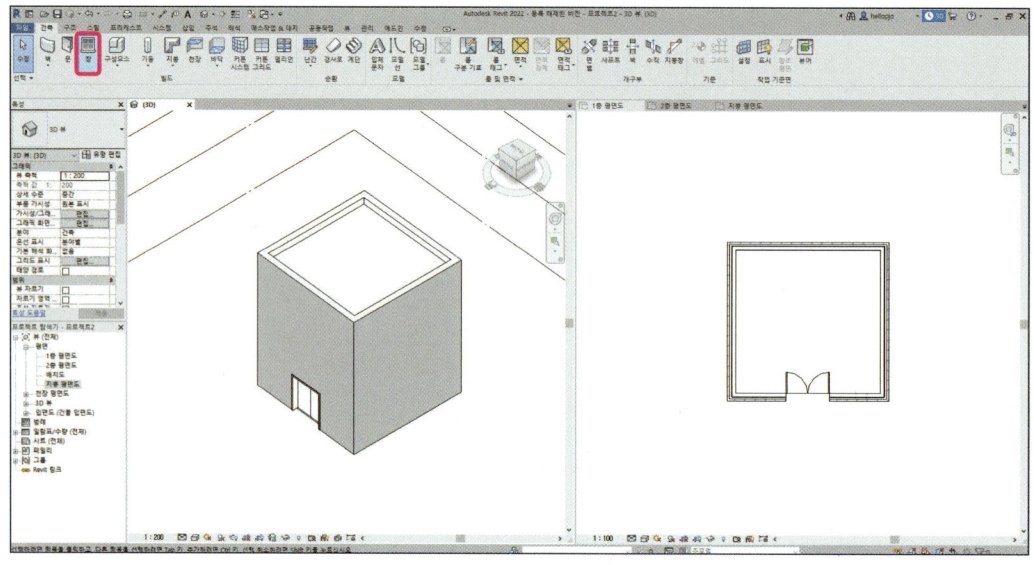

2. 창문의 종류는 특성창의 최상단에서 선택할 수 있습니다. 특성창의 최상단을 클릭하여 '미닫이 1500× 1500mm'을 선택합니다.

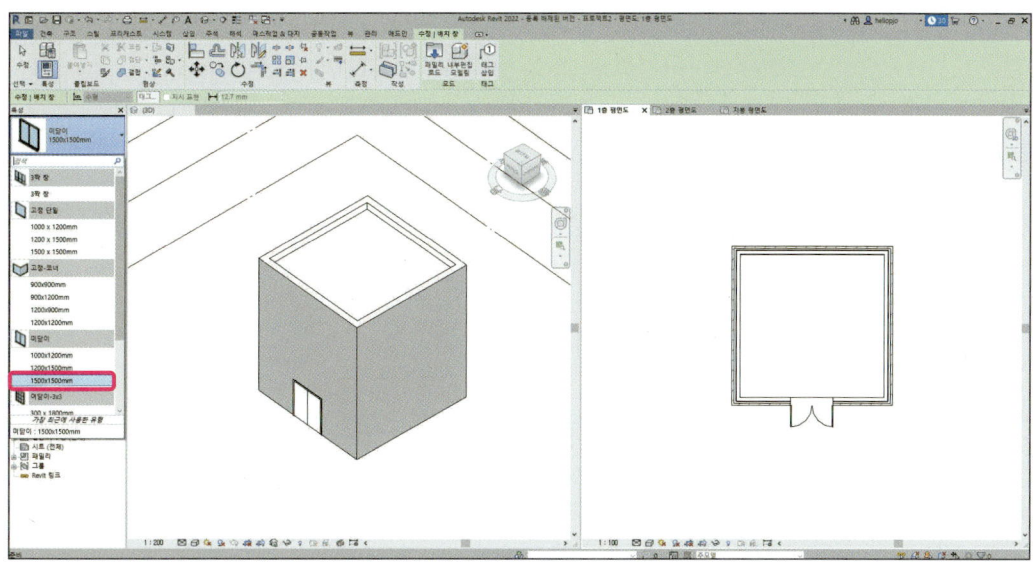

3. 2층 평면도 뷰에서 우측 벽의 중간 부분과 좌측 벽의 중간 부분을 차례대로 선택합니다.

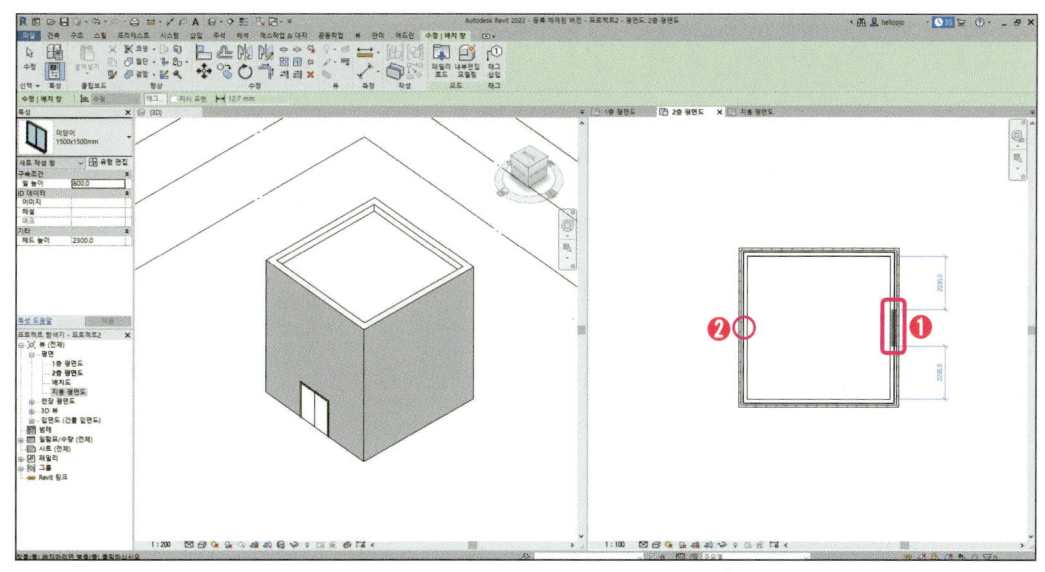

2 Quick Start : Micro House **49**

4. 우측 벽과 좌측 벽에 미닫이 창문이 생성된 것을 2층 평면도 뷰와 3D 뷰에서 확인합니다.

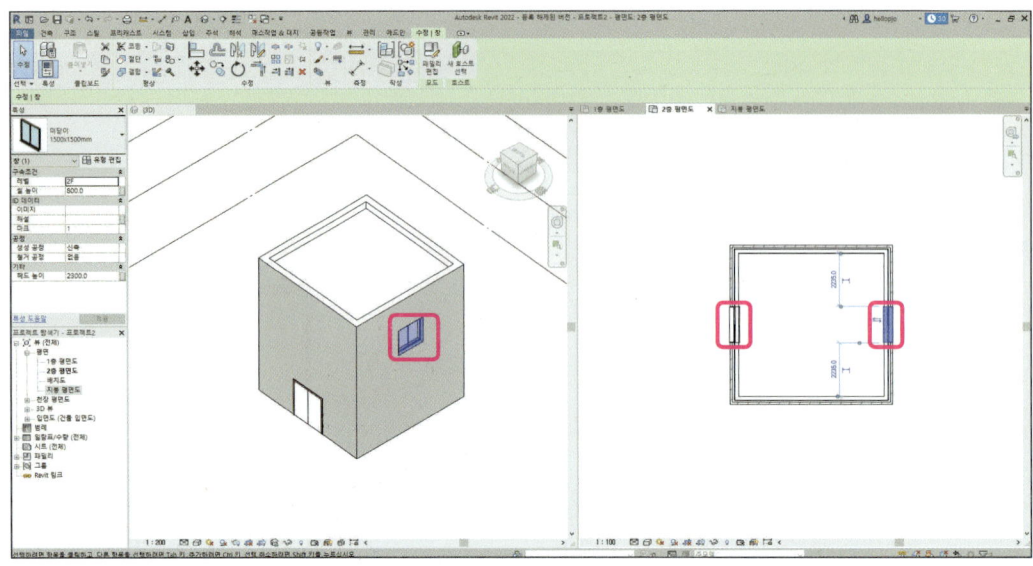

5. 남측 벽에 원형 창문을 만들겠습니다. 리본메뉴의 '건축' 탭에서 '창'을 선택하고, 특성창의 최상단을 클릭하여 '원형 트림포함 1525mm 지름'을 선택합니다.

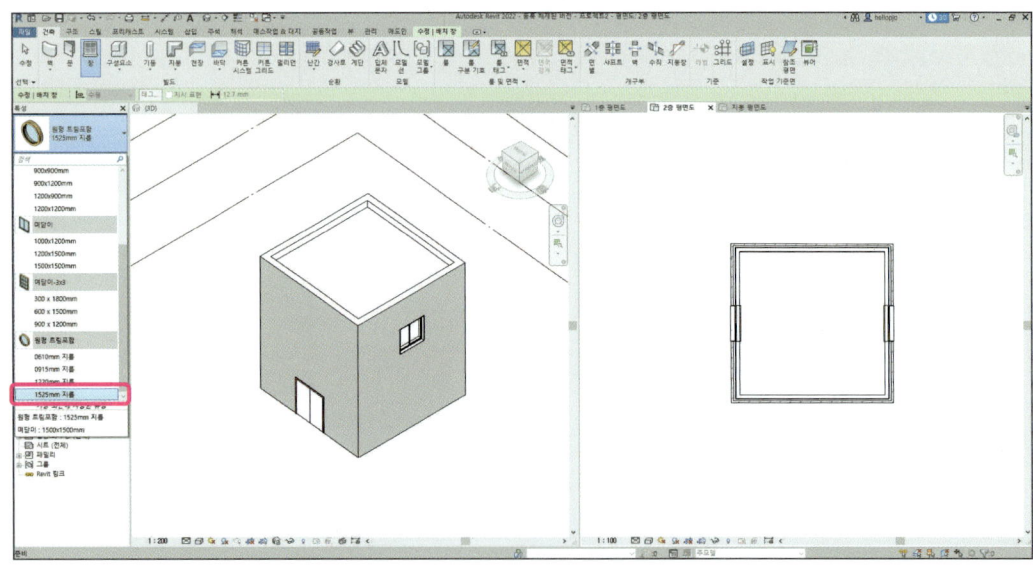

6. 2층 평면도 뷰에서 아래쪽 벽의 1/3 지점과 2/3 지점을 순차적으로 선택합니다.

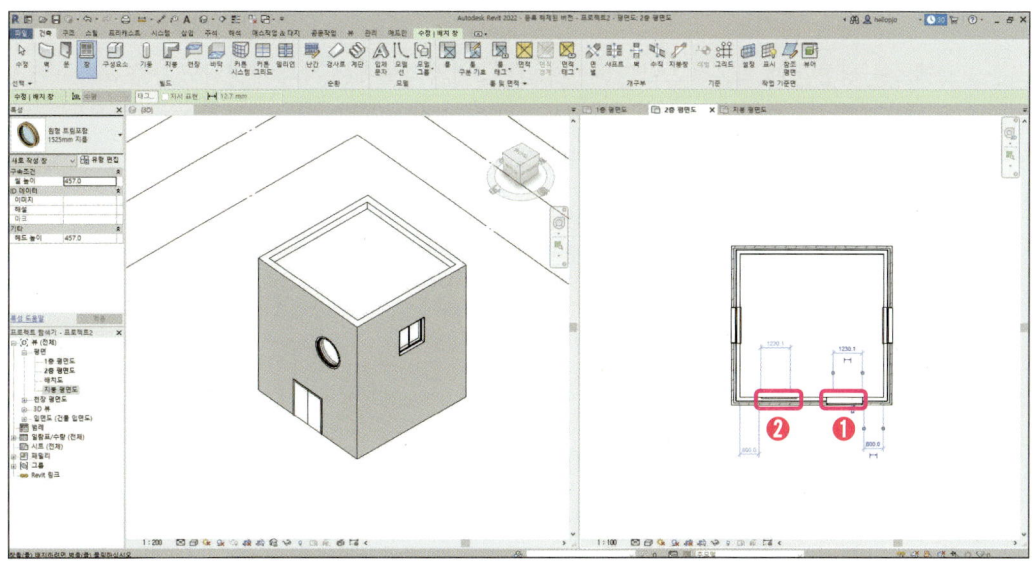

7. 남측 벽에 원형 창문이 생성된 것을 2층 평면도 뷰와 3D 뷰에서 확인합니다.

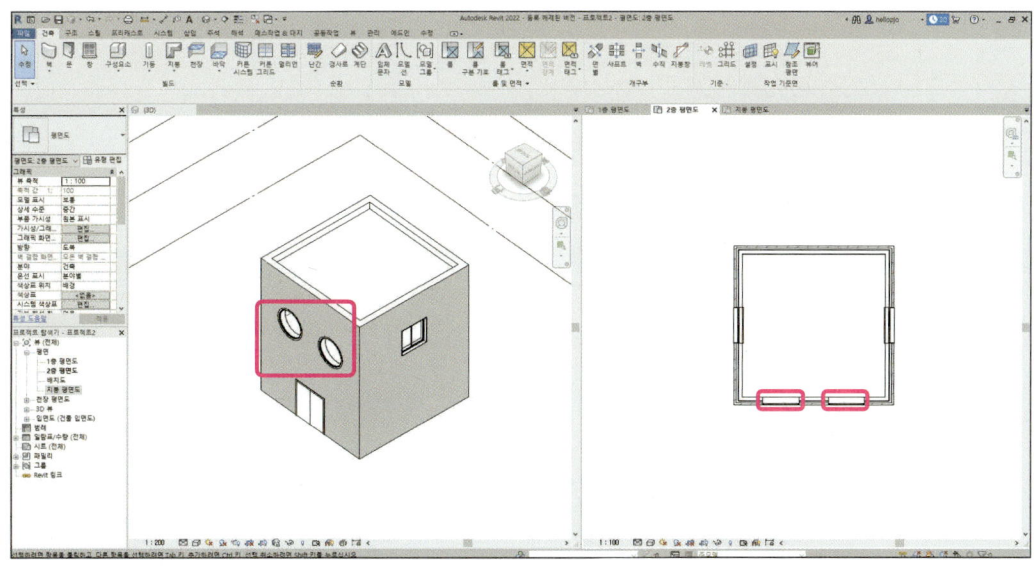

2 Quick Start : Micro House **51**

2.8 2D View 생성

새로운 프로젝트를 생성할 때 기본적으로 만들어져 있는 3개의 레벨에는 각각의 평면도 뷰를 포함하여 4개의 입면도가 기본으로 제공합니다. 그외의 뷰는 사용자가 추가할 수 있습니다.

1. 수직으로 절단된 건물의 내부를 볼 수 있는 단면도 뷰를 생성해보겠습니다. 리본메뉴의 '뷰' 탭에서 '단면도'를 선택합니다.

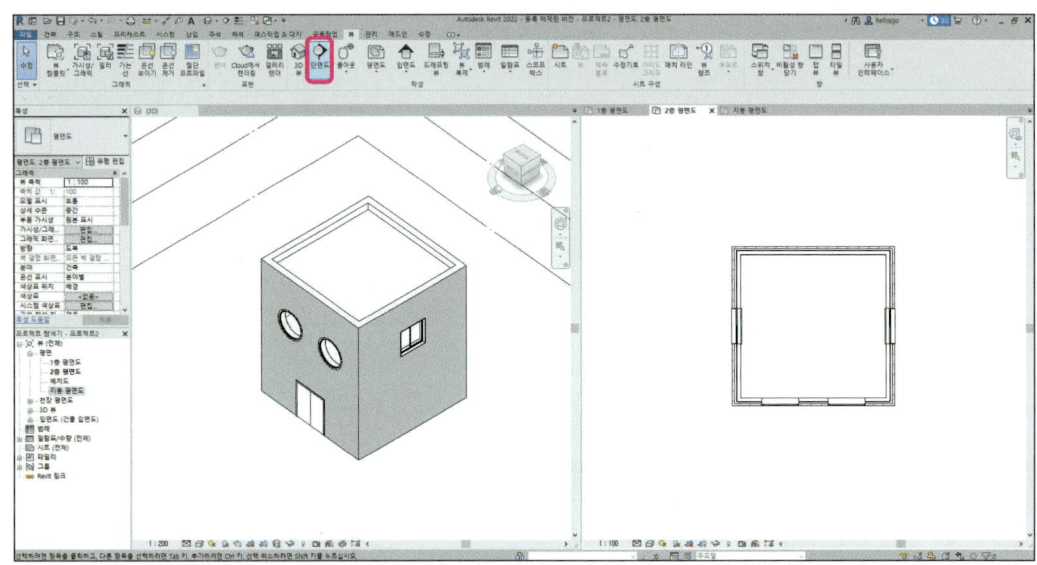

2. 1층 평면도 뷰에서 건물의 위쪽 중간 부분 상부와 하부를 순차적으로 선택합니다.

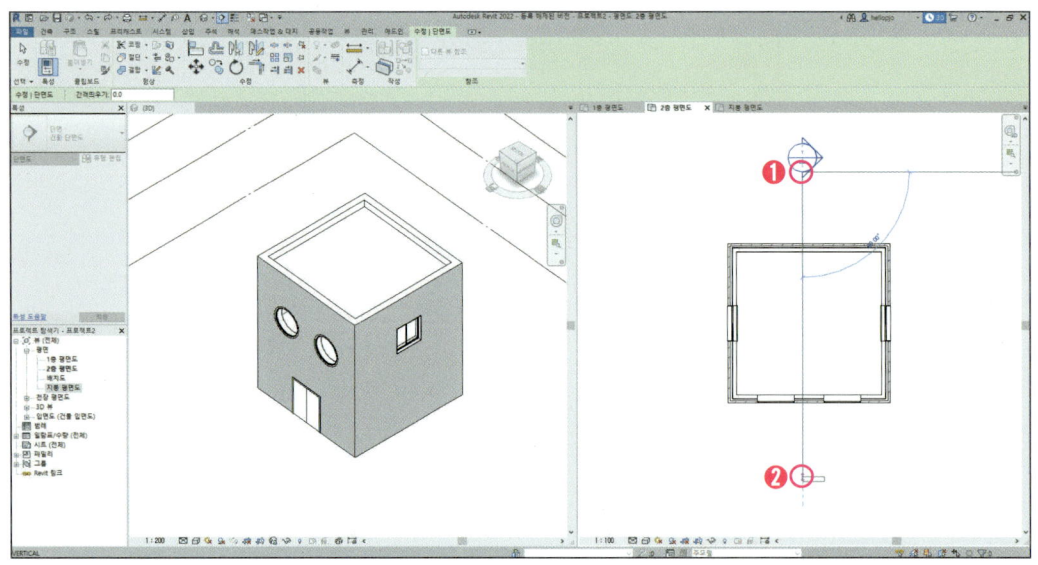

3. 생성된 단면 기호를 선택하여 우클릭합니다. 뷰로 이동을 선택합니다.

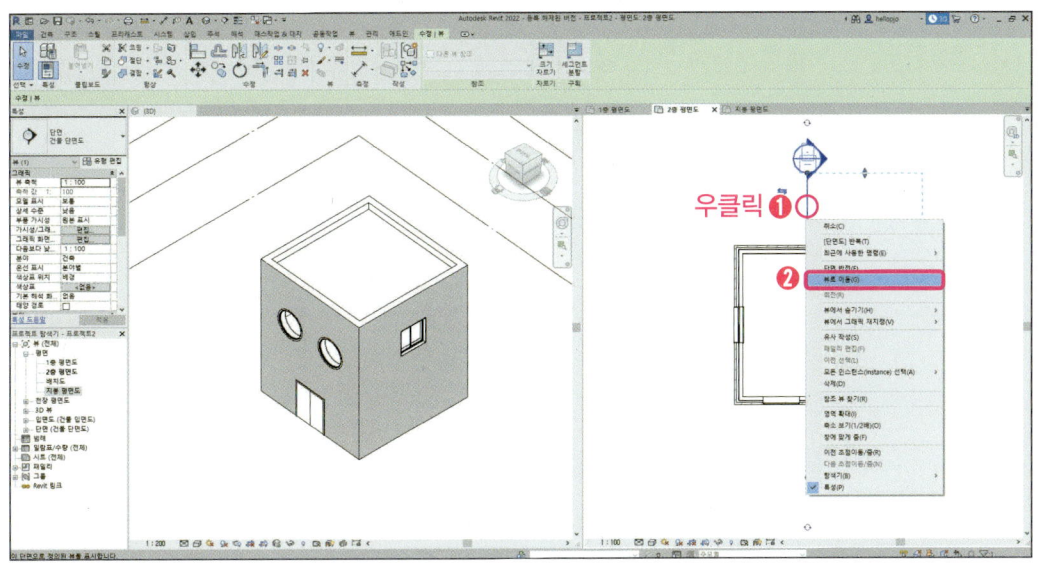

4. 생성된 단면도 뷰가 활성화됩니다.

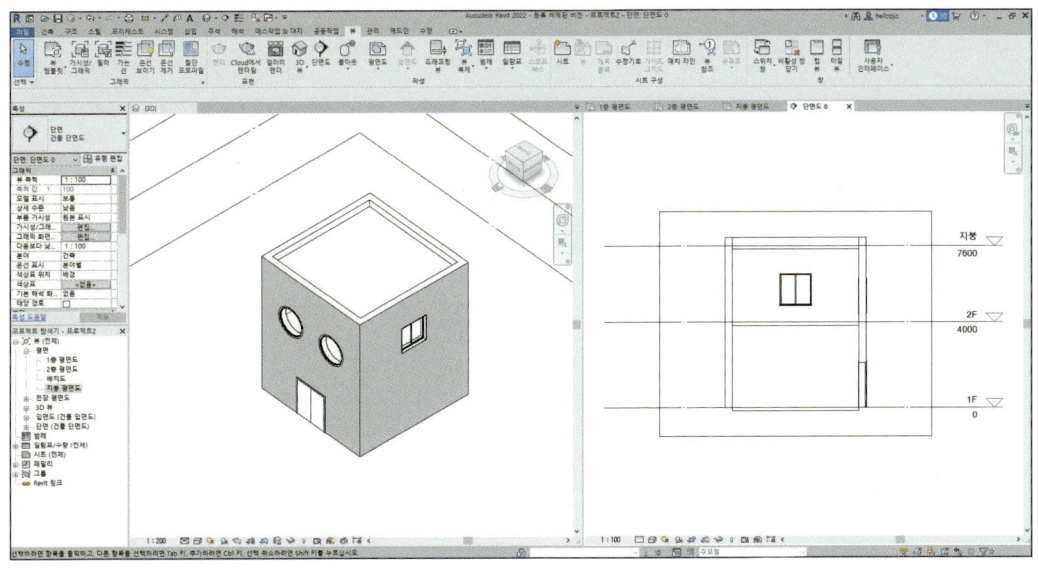

5. 단면도 뷰 위의 탭을 선택한 상태에서 마우스를 드래그하여 왼쪽 뷰 영역으로 이동시킵니다.

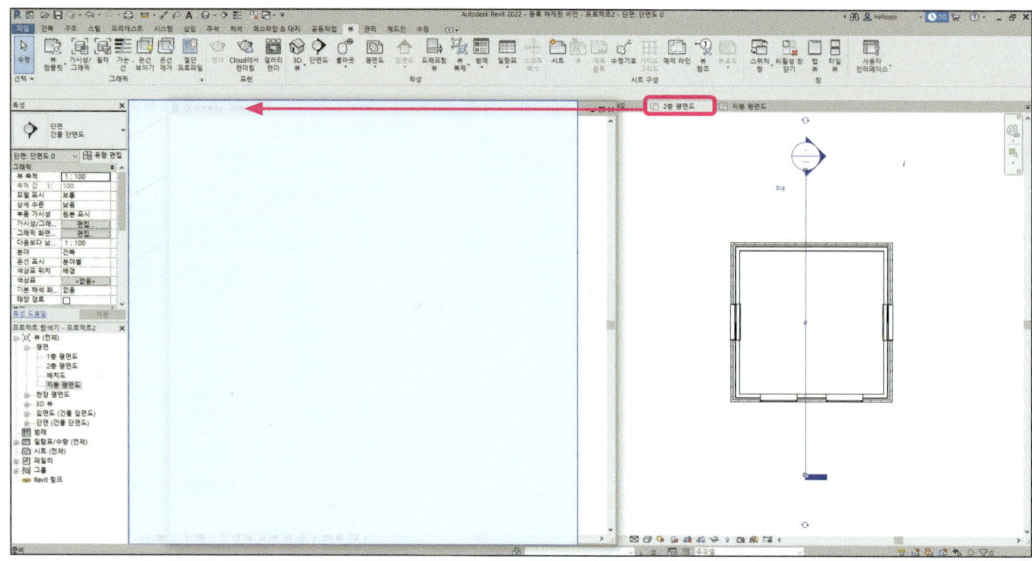

6. 단면도 뷰가 우측영역에서 좌측영역으로 이동되었습니다. 평면도 뷰에서 단면 기호를 선택합니다.

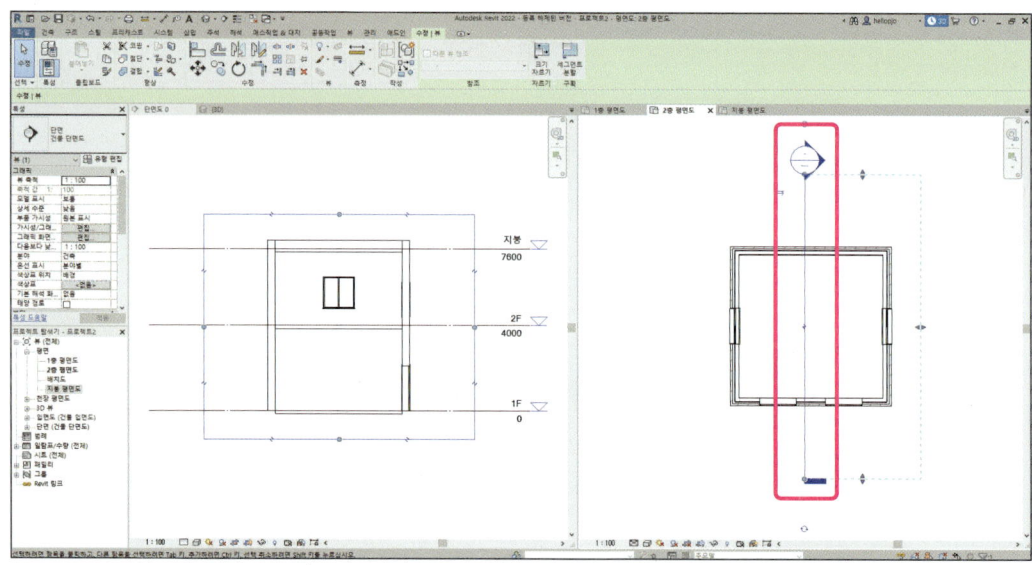

7. 기호 상단 부분에 좌우화살표 모양(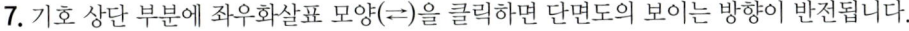)을 클릭하면 단면도의 보이는 방향이 반전됩니다.

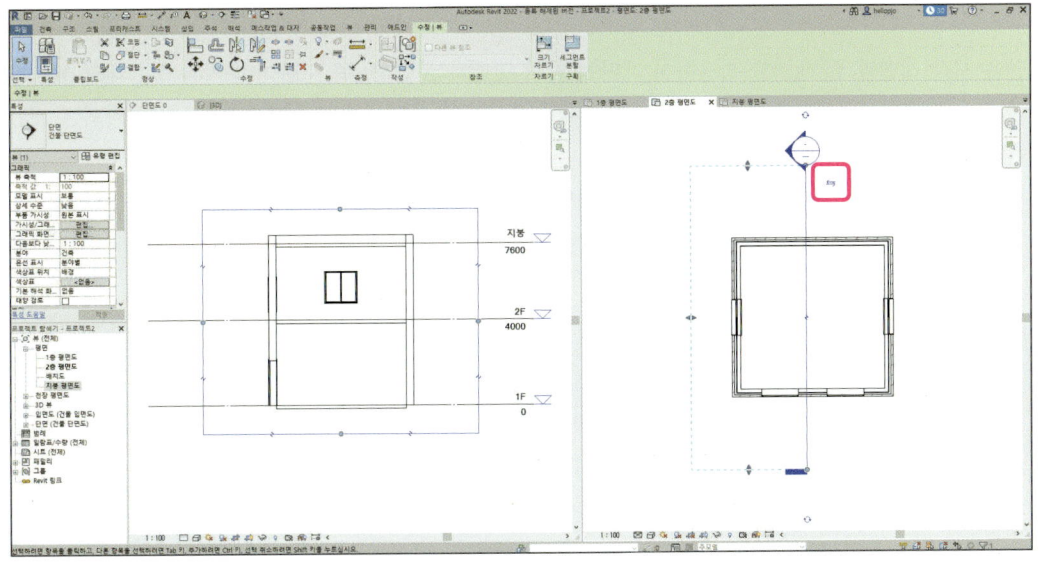

2.9 계단 생성

계단은 시작 레벨과 끝 레벨을 지정하여 계단이 참이 진행하는 방향, 즉 사람이 올라가거나 내려가는 방향을 설정하면 해당 높이에 맞는 단, 폭이 만들어지고 계단이 생성됩니다. 1층에서 2층으로 연결되는 계단을 만들겠습니다.

1. 1층 평면도 뷰를 선택하고 Esc 키를 눌러 선택된 객체들을 취소합니다. 리본메뉴의 '건축' 탭에서 '계단'을 선택합니다. 특성창에서 보이는 '베이스 레벨'은 하부에서 계단이 시작되는 레벨, '상단 레벨'은 상부에서 계단이 끝나는 레벨을 나타냅니다.

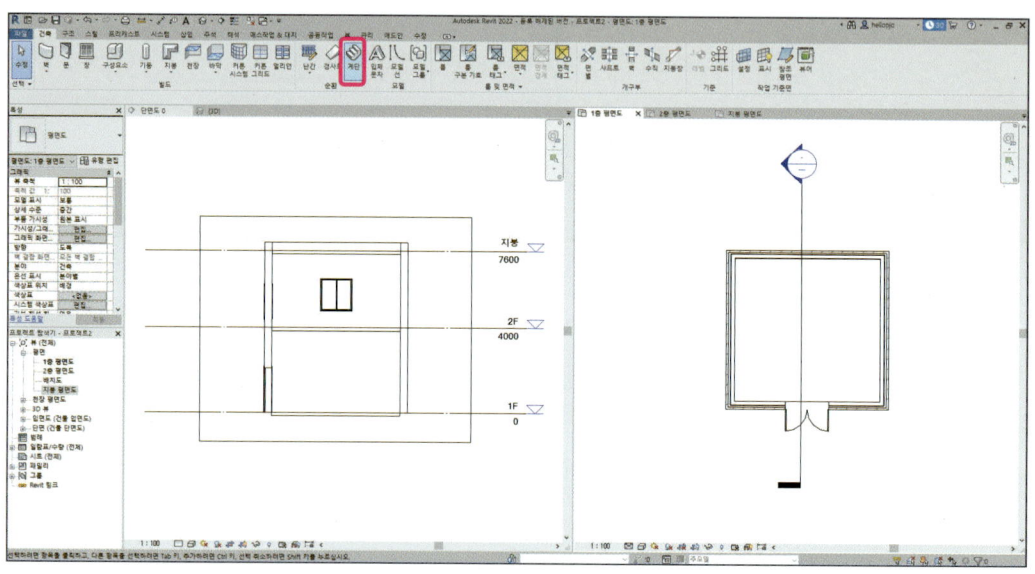

2. 1층 평면도에서 1층에서 2층으로 올라가는 계단의 진행 방향을 그립니다. 1층 평면도 뷰에서 A지점을 클릭하여 계단의 시작점을 선택합니다. 마우스를 상단으로 이동시키면 '0개의 챌판이 작성됨, 0개 남음'이라고 표기되면서 계단의 형상이 미리보기로 표기됩니다. 11개의 챌판이 완성되는 지점(B)을 클릭합니다. A－B까지 진행되는 중간 참까지의 계단이 생성됩니다.

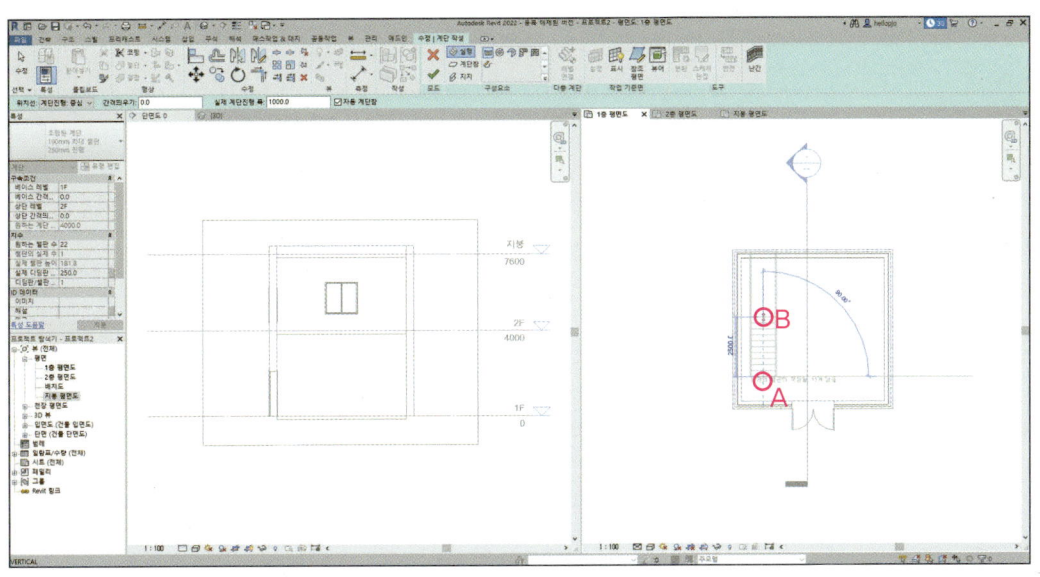

3. C 지점을 클릭하여 중간 참 이후 계단의 시작점을 선택합니다. 우측으로 마우스를 이동해 계단 참의 진행방향을 선택하고, D 지점을 선택해 2층까지 도달하기 위한 계단참을 생성합니다. 리본 메뉴의 '수정 | 계단 작성' 탭의 '모드' 그룹에서 녹색의 '편집모드 완료' 버튼을 눌러서 계단 작성을 완료합니다.

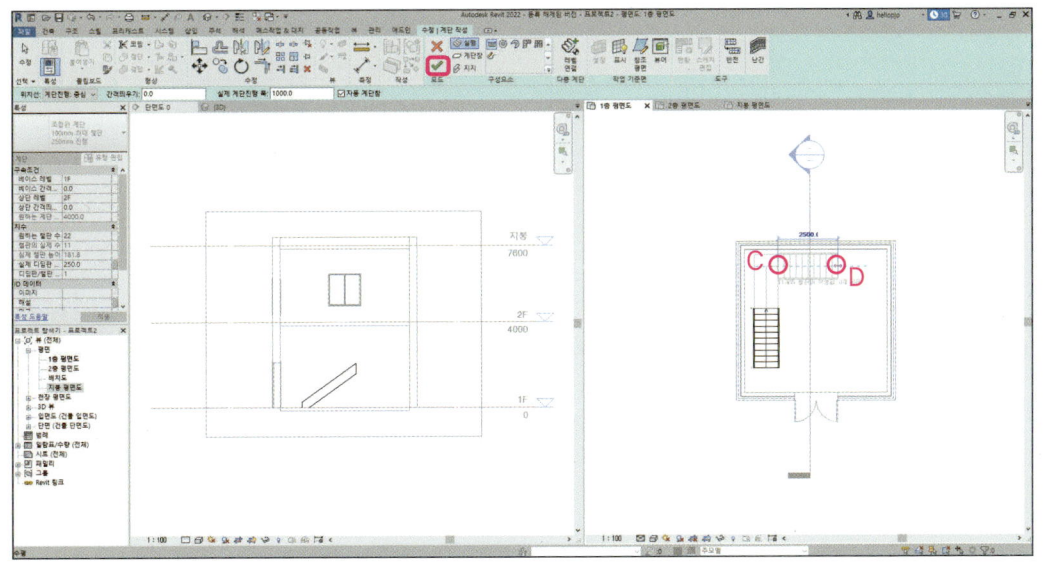

4. 평면도 뷰와 단면도 뷰에서 계단이 만들어진 형상을 확인합니다.

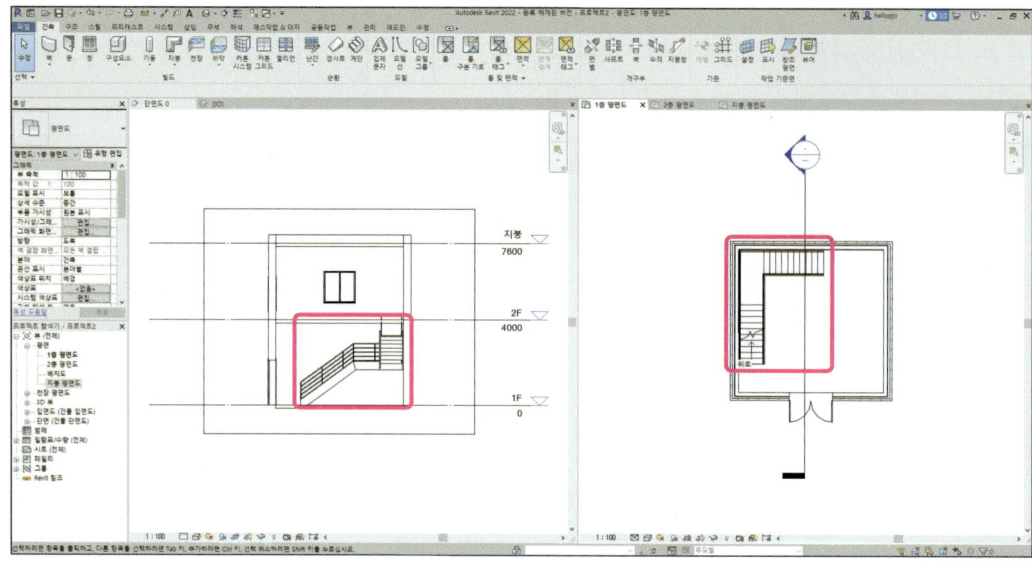

5. 단면도 뷰에서 2층 바닥을 선택하고 좌측 프로젝트 탐색기에서 '2층 평면도'를 더블클릭해 2층 평면도 뷰로 이동합니다. 리본 메뉴의 '수정 | 바닥'에서 '경계 편집'을 선택합니다.

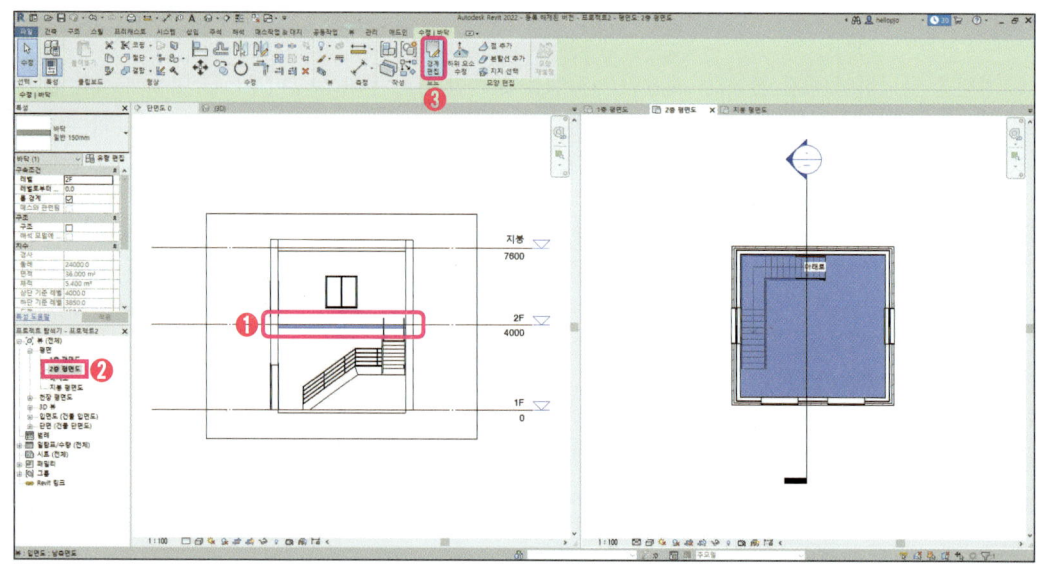

6. 2층 바닥을 만들었을 때 사용한 스케치 형상이 활성화됩니다. 리본 메뉴의 '수정 | 바닥 > 경계편집' 탭의 그리기에서 사각형을 선택하고 계단의 형상 부분에 맞추어 2개의 지점(A-B)을 클릭하여 사각형을 그립니다. 리본메뉴의 녹색의 '편집모드 완료' 버튼을 눌러서 편집을 완료합니다.

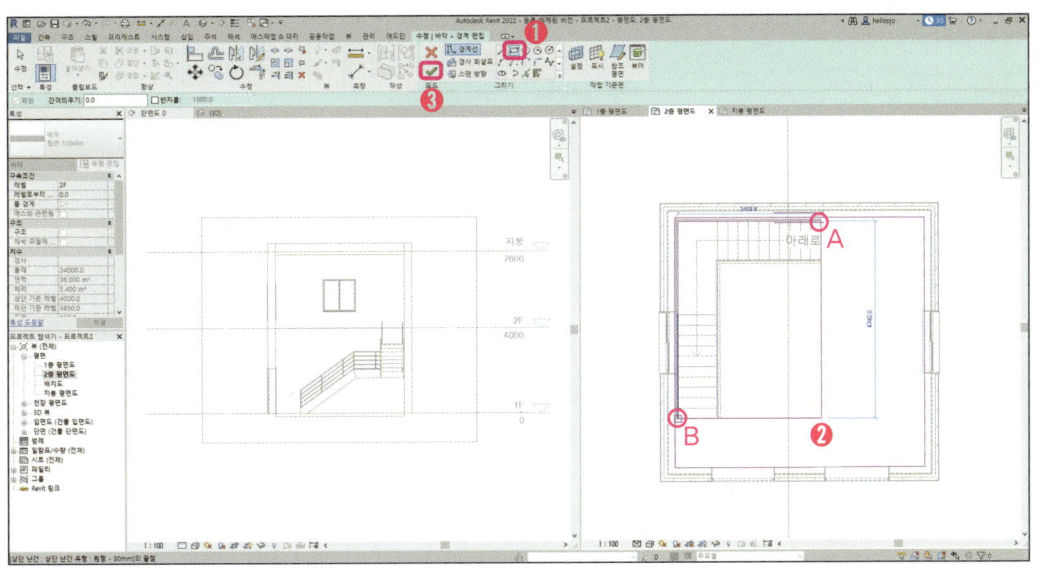

7. 2층 평면도 뷰에서 2층 바닥에 사각형 모양으로 뚫린 형상(open 영역)이 만들어진 것을 확인할 수 있습니다.

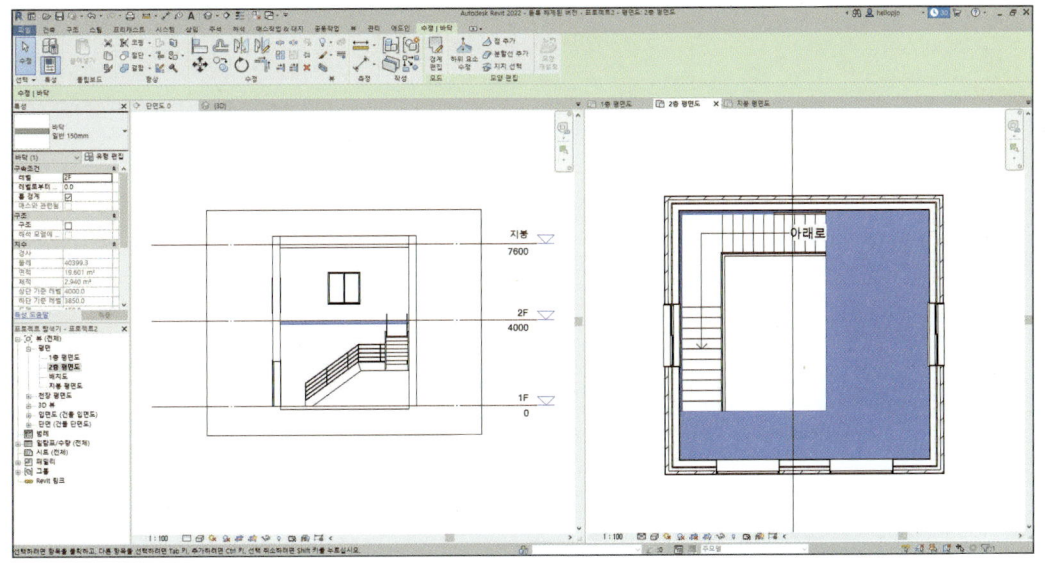

2 Quick Start : Micro House **59**

8. 2층 바닥과 계단이 만나는 지점을 제외한 나머지 영역에 난간을 만들겠습니다. '2층 평면도' 뷰에서 리본 메뉴의 '건축' 탭에서 '난간'을 선택합니다.

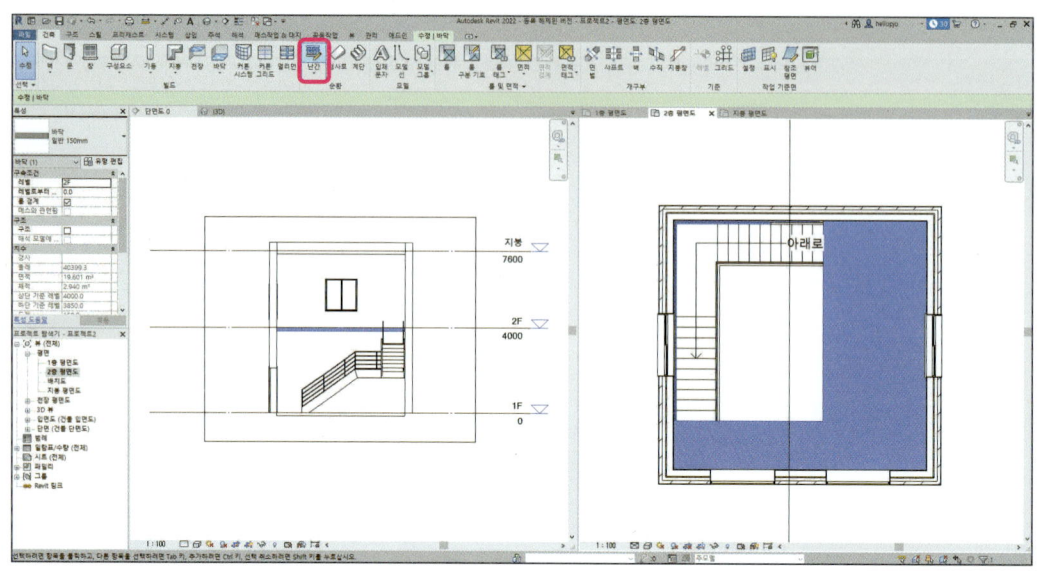

9. 리본 메뉴의 '수정 | 난간 경로' 탭에서 '그리기'의 직선 아이콘을 선택합니다. 리본 메뉴의 하부의 옵션 막대에서 '체인'을 체크합니다. '2층 평면도' 뷰의 A, B, C 지점을 순차적으로 선택합니다. 리본 메뉴의 '수정 | 난간'의 '편집 모드 완료' 버튼을 눌러 난간 생성을 완료합니다.

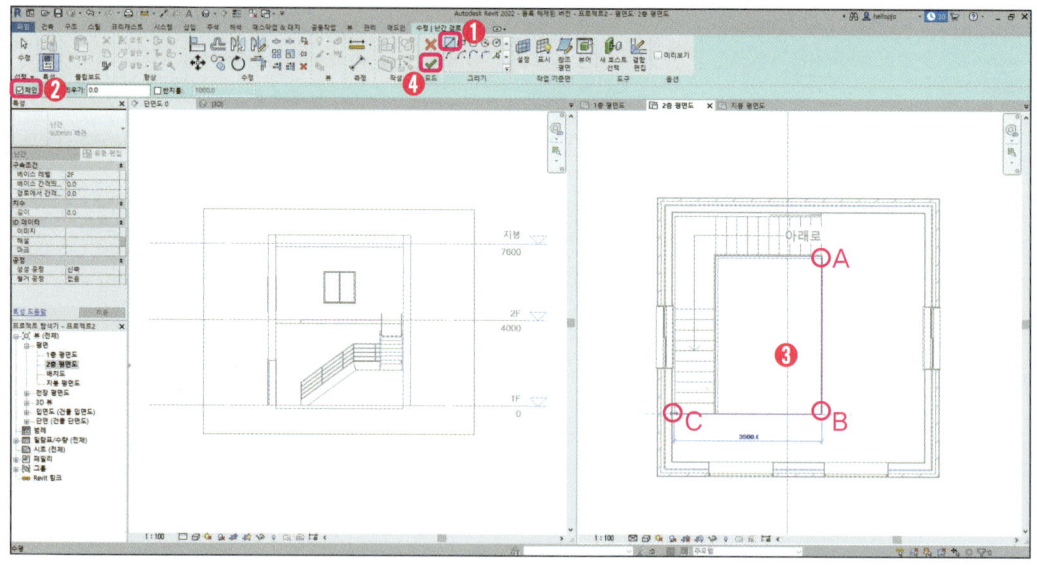

10. 평면도 뷰와 단면도 뷰에서 2층 바닥의 뚫린 형상(open 영역) 주변으로 난간이 생성된 것을 확인할 수 있습니다.

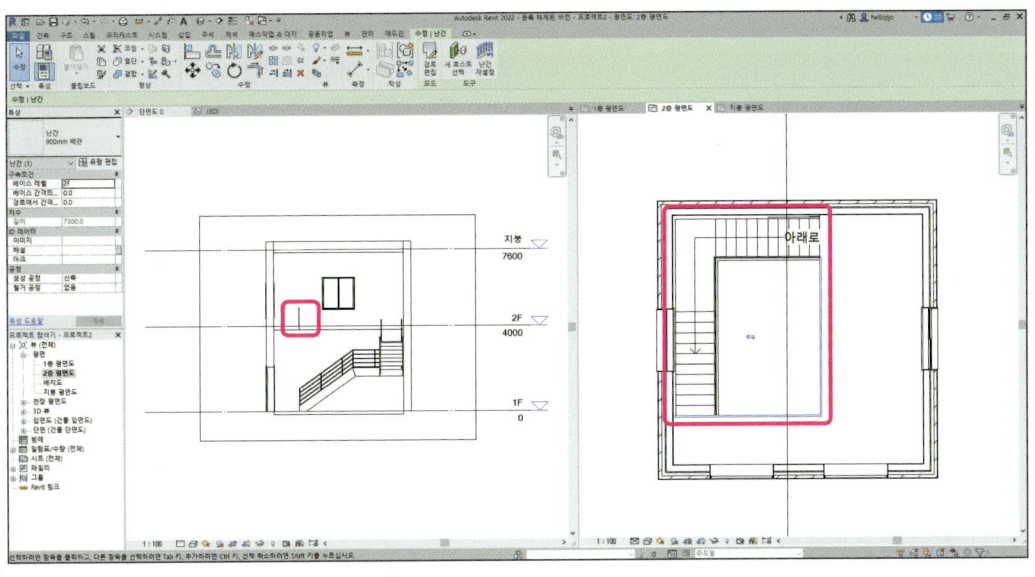

2.10 3D 단면

3D 뷰에서 건물 내부를 볼 수 있도록 일부 영역을 잘라내는 뷰 형태를 만들 수 있습니다.

1. 3D 뷰의 탭을 선택하여 3D 뷰를 활성화합니다. 키보드에서 Z E 를 입력하여 뷰를 정렬합니다. 모든 객체가 화면에 보이도록 뷰가 조정됩니다. 화면 왼쪽 특성창의 중간 부분에 '범위' 그룹 내 '단면 상자'의 체크 버튼을 선택합니다. 건물 주변을 감싸는 와이어 프레임 형태의 파란색 단면상자가 표기됩니다.

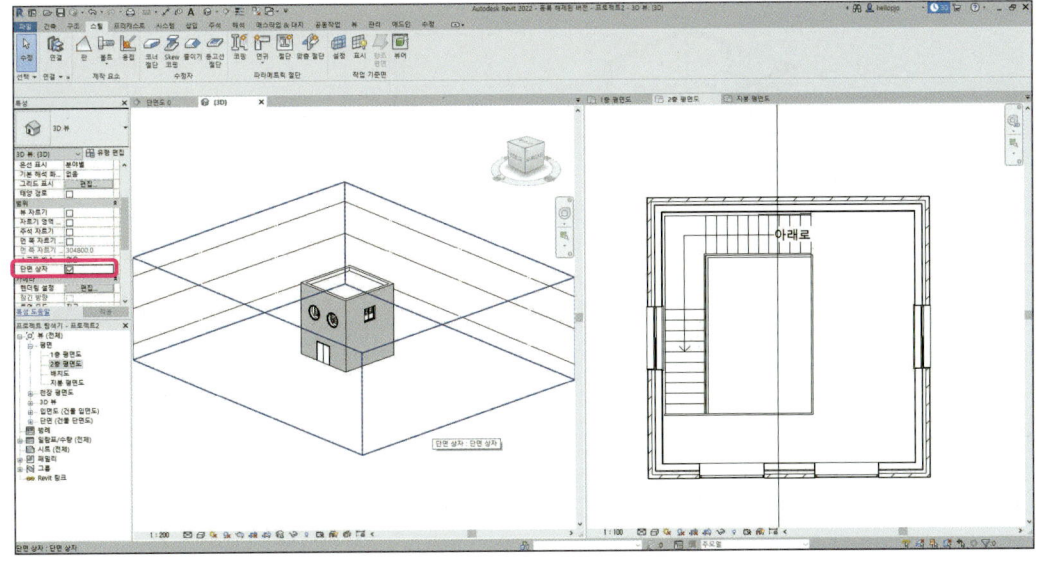

2. 파란색 단면 상자를 선택하면 면 주변에 화살표가 활성화됩니다. 단면 상자 윗면의 위아래 화살표(↑)를 누른 상태에서 위아래로 움직이면 면이 움직임에 따라 건물이 절단되는 형상이 변경되는 것을 확인할 수 있습니다.

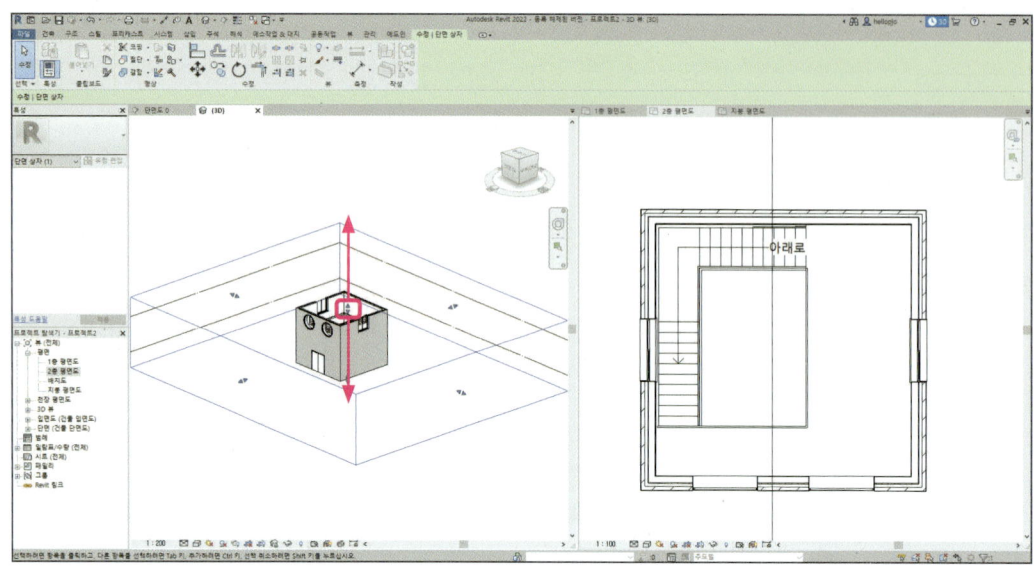

3. 단면 상자 측면의 좌우 화살표(↔)를 선택하여 움직이면 옆면의 단면 형상을 조절할 수 있습니다.

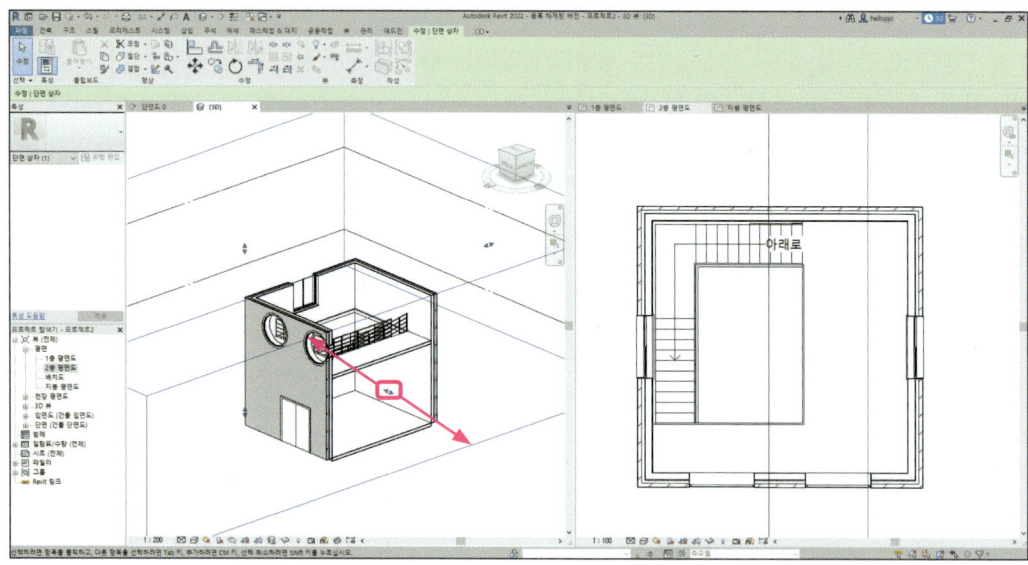

4. 3D 뷰에서 키보드의 Shift 키와 마우스 휠 버튼을 같이 누른 상태에서 화면을 드래그해 다양한 뷰에서 계단이 보이는 형상을 확인할 수 있습니다. 불필요한 벽 쪽 계단 난간을 선택하여 키보드의 Delete 키를 눌러서 삭제합니다.

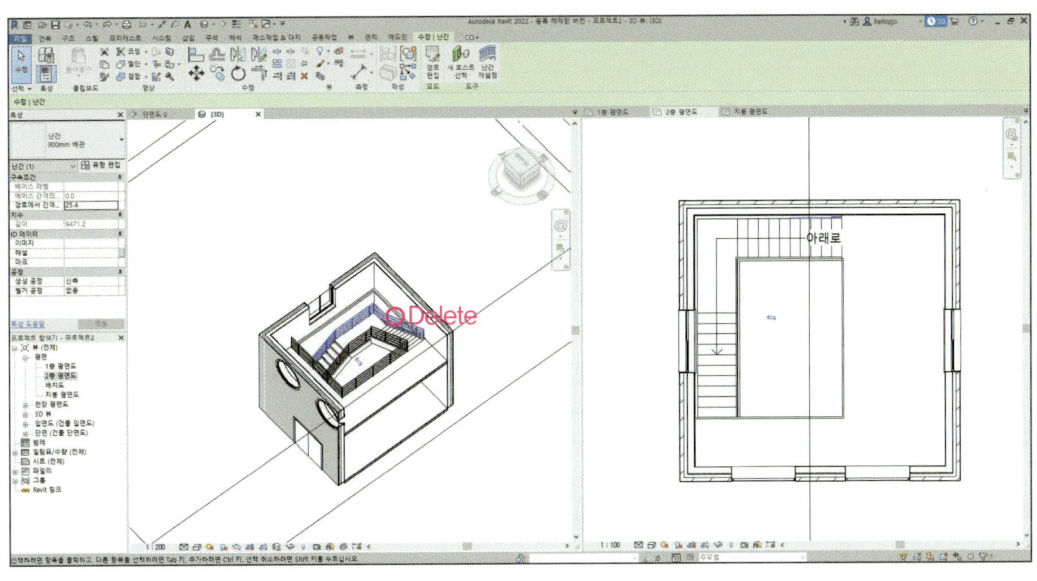

5. 3D 뷰의 하단 부분의 뷰 조절막대에서 왼쪽 두 번째에 위치한 '비쥬얼스타일' 버튼을 누르고 '색상 일치'를 선택합니다. 객체가 가진 색상이 표현되어 객체들을 구분하기 쉽게 화면이 변경됩니다. 2층 평면도 뷰에서도 동일하게 뷰 스타일을 변경합니다.

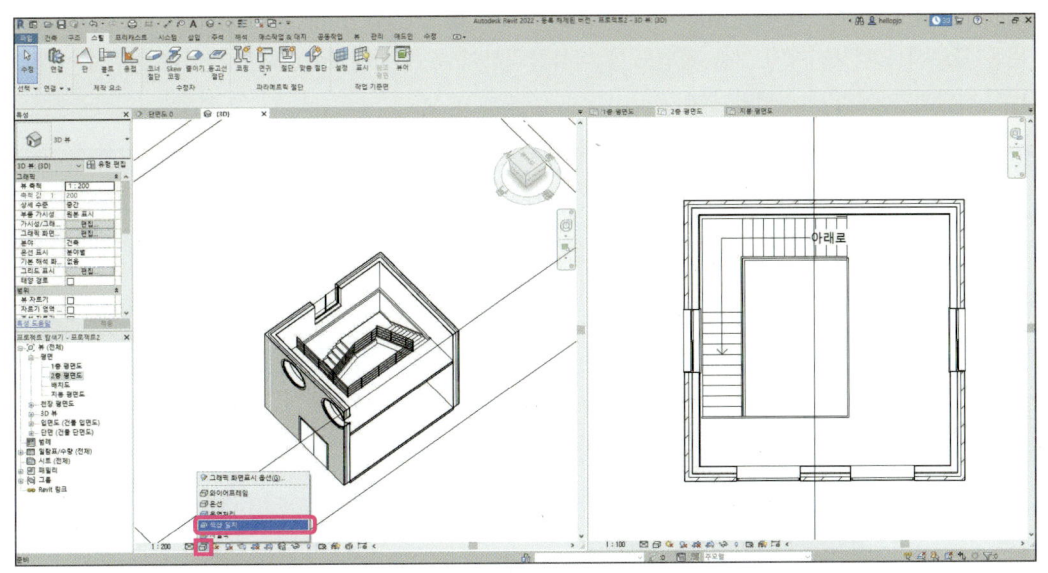

6. 3D 뷰의 하단에 위치한 뷰 조절막대에서 '비쥬얼스타일' 버튼 우측의 '그림자 켜기'를 눌러 그림자를 활성화하면 보다 입체적인 형태로 뷰를 조절할 수 있습니다.

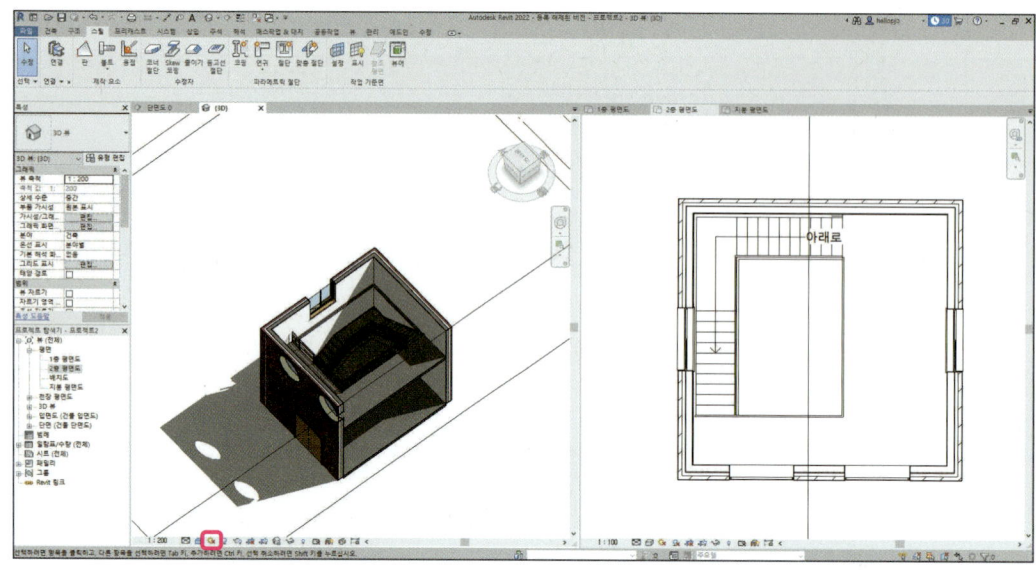

2.11 3D View

기본 3D 뷰 외에 카메라 위치를 설정하여 특정 3D 뷰를 만들 수 있습니다.

1. 왼쪽 프로젝트 탐색기에서 '2층 평면도'를 더블클릭하여 뷰를 활성화합니다. 리본 메뉴의 '뷰' 탭에서 '3D 뷰' 하단의 '카메라'를 선택합니다.

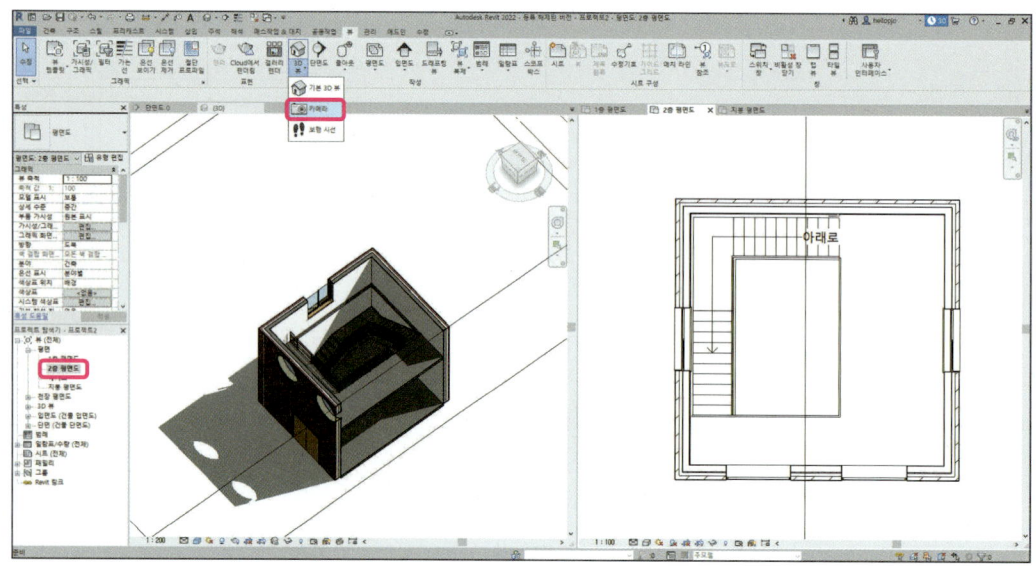

2. 카메라의 위치와 바라보는 지점을 지정하여 해당뷰를 생성합니다. '2층 평면도' 뷰에서 카메라의 배치 지점(A)과 카메라의 바라보는 위치(B)를 순차적으로 선택합니다.

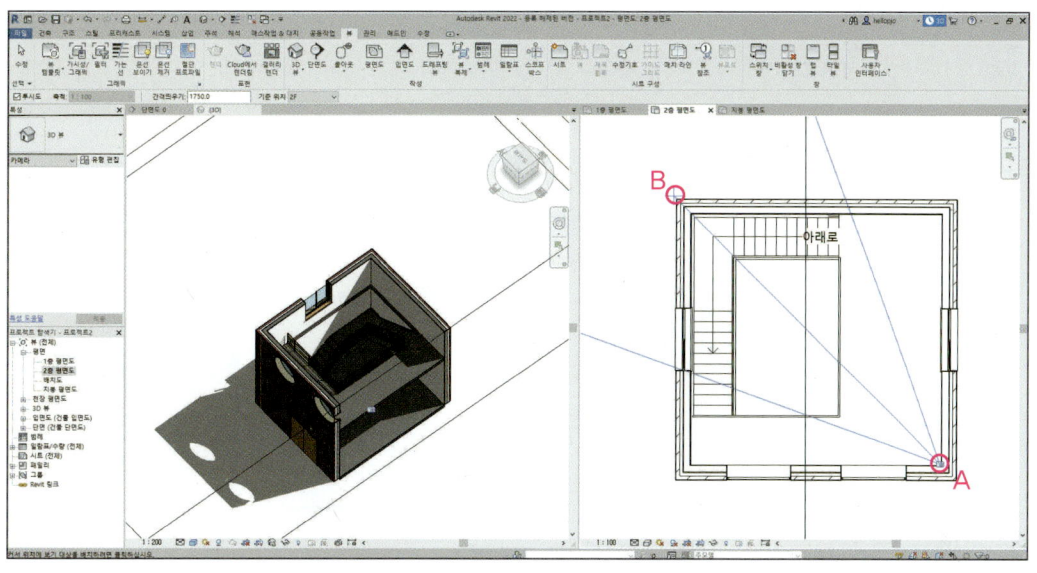

3. '2층 평면도' 뷰가 표시되었던 화면 위치에 실내투시도가 생성되어 표기된 것을 확인할 수 있습니다. 실내투시도 뷰의 주변 경계 부분(파란색 사각형)을 선택하면 좌측 3D 뷰에서 해당 실내투시도 뷰의 카메라 위치와 바라보는 영역이 파란색 선으로 표시됩니다.

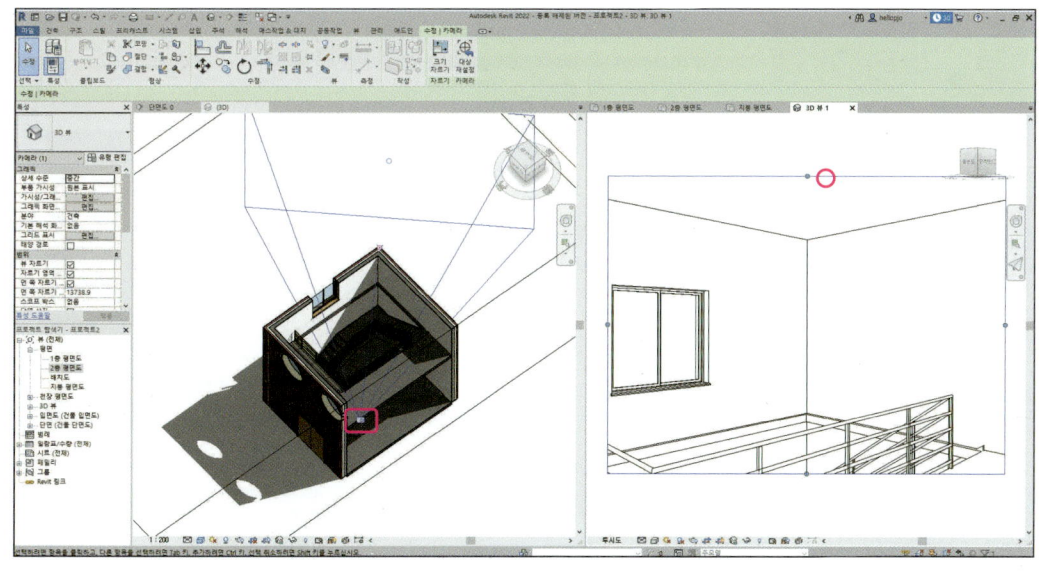

2 Quick Start : Micro House **65**

4. 실내투시도 뷰 하단 뷰 조절막대에서 '비쥬얼스타일' 버튼을 눌러 '음영처리'를 선택합니다. 자연광에 의한 음영처리가 적용됩니다.

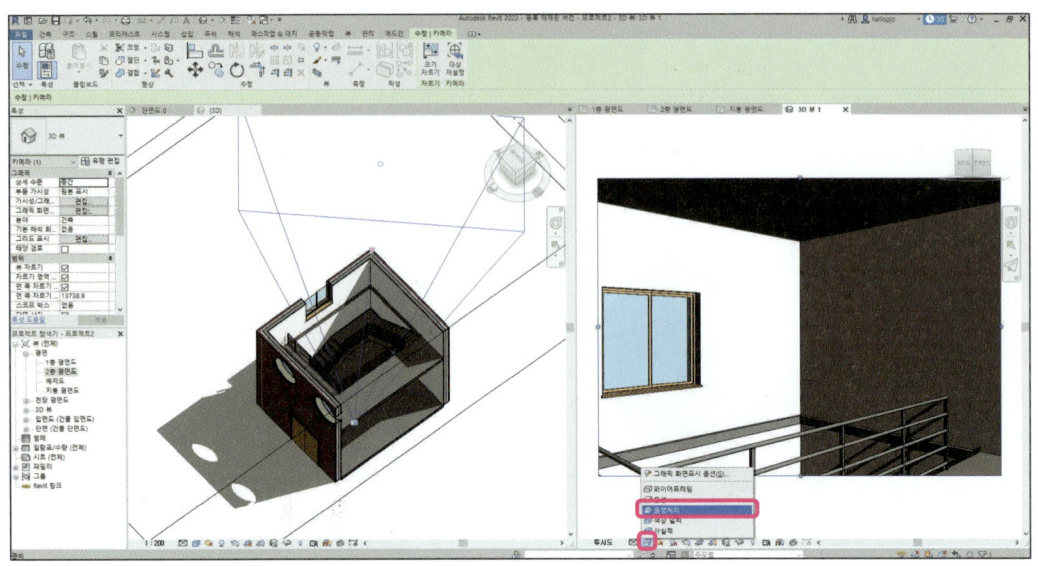

5. 실내투시도 뷰의 우측 네비게이션 메뉴의 종이비행이 버튼을 선택합니다. 실내투시도 뷰 영역 안에서 마우스를 드래그하면 카메라가 상하좌우로 회전하면서 뷰가 변경됩니다.

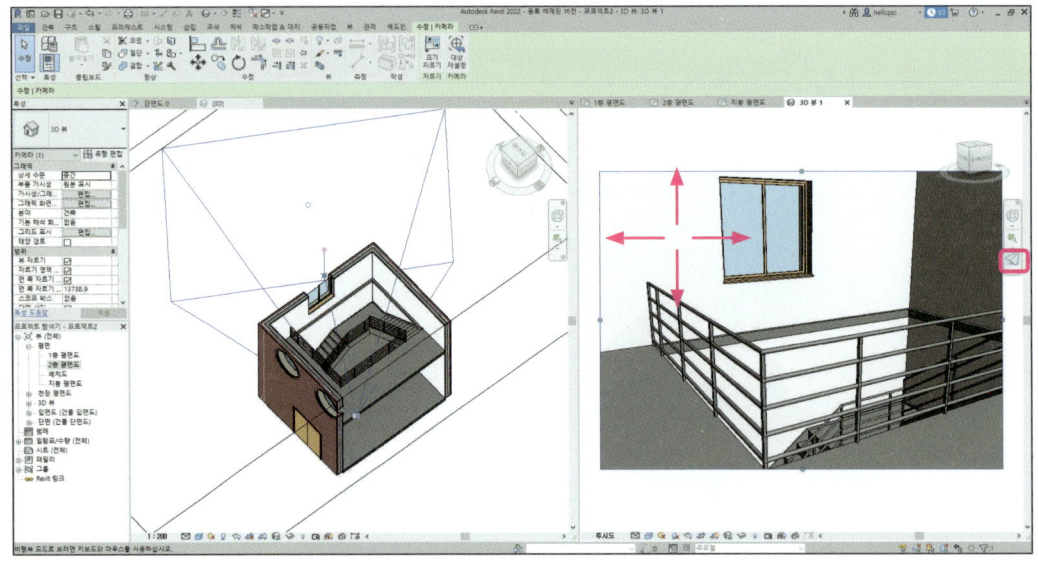

6. 키보드 `Page Up` 키를 누르면 카메라가 위로, `Page Down` 키를 누르면 카메라가 아래로 이동합니다. 키보드 화살표의 상하좌우 키를 누르면 카메라가 앞뒤좌우로 움직이면서 뷰가 변경됩니다.

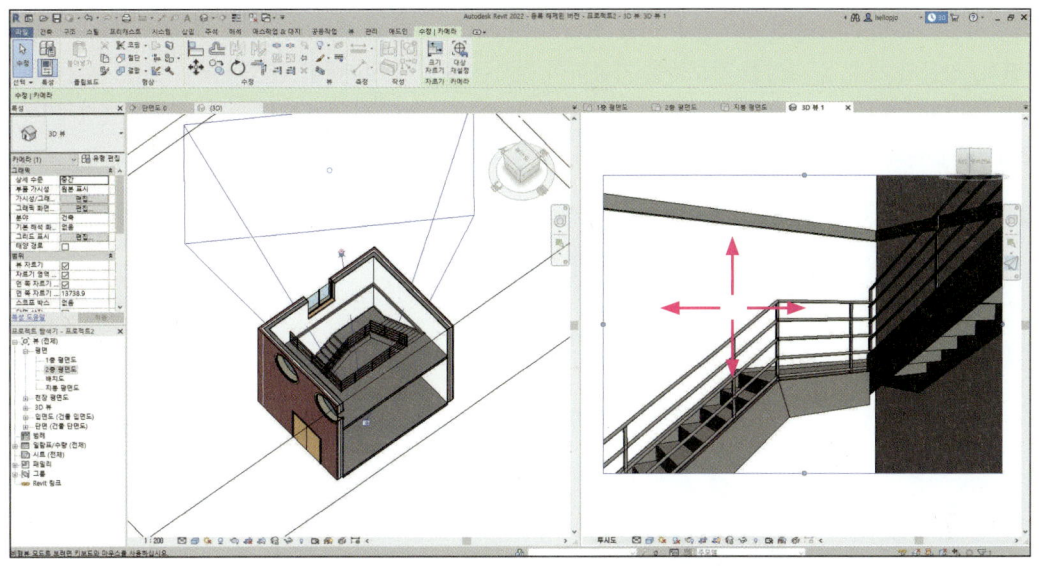

2 Quick Start : Micro House **67**

2.12 Sheet 생성

지금까지 만들었던 객체들의 정보를 테이블 형태의 Sheet로 만들 수 있습니다. 전체 벽의 체적이나 바닥의 면적, 창문의 개수 등 다양한 정보들을 가공하여 원하는 데이터 Sheet를 만듭니다.

1. 바닥에 대한 정보를 sheet로 만들어 보겠습니다. 좌측 '프로젝트 탐색기'에서 '일람표/수량 (전체)'을 선택하고, 우클릭해 '새 일람표/수량'을 선택합니다.

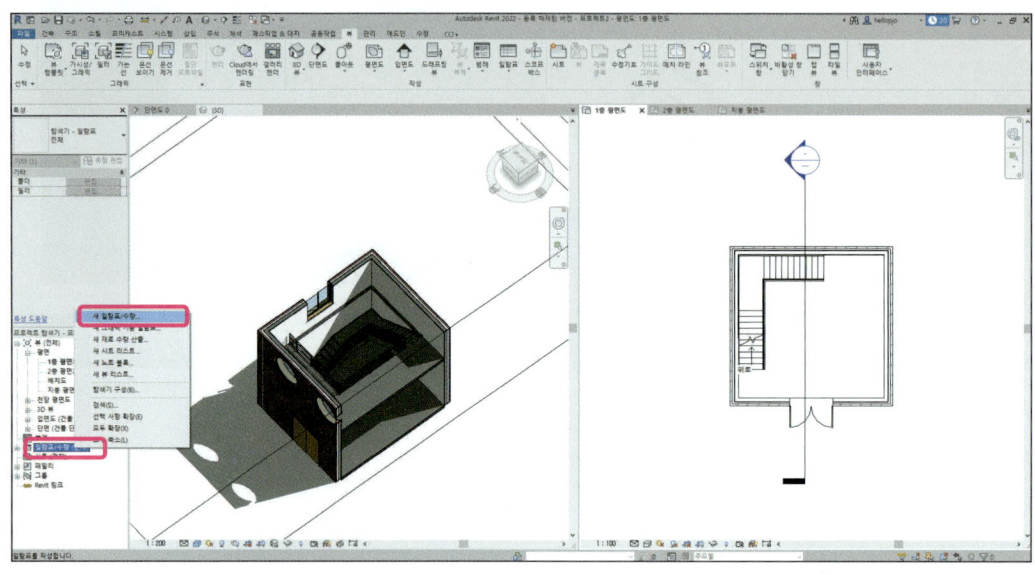

2. 새 일람표 창의 '카테고리'에서 '바닥'을 선택하고 '확인' 버튼을 누릅니다.

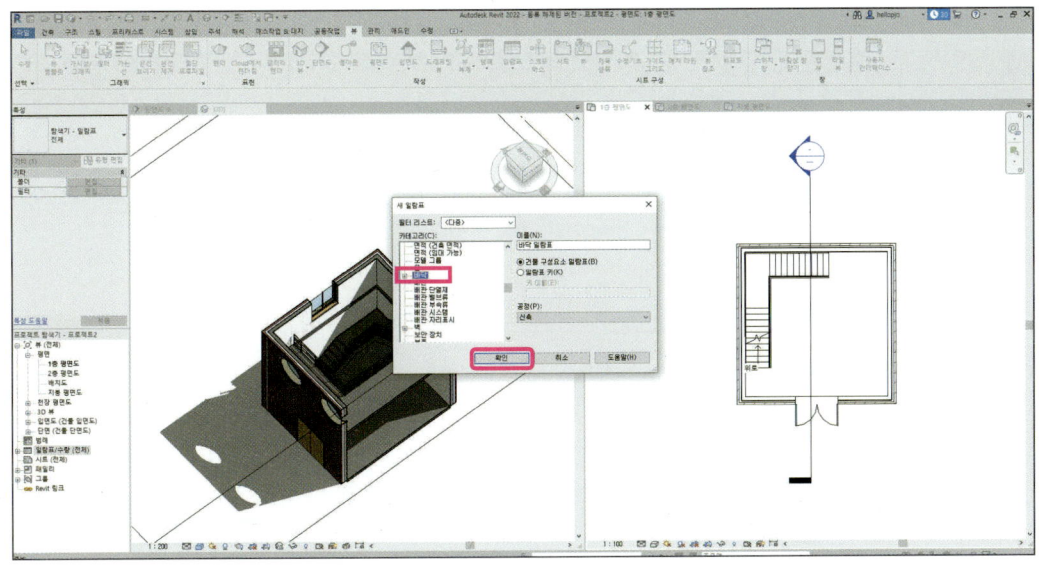

3. 일람표 특성 창 '필드' 탭의 '사용 가능한 필드'에서 Ctrl 키를 누른 상태에서 유형, 둘레, 레벨, 면적, 체적을 선택하고 '매개변수 추가' 버튼을 누릅니다.

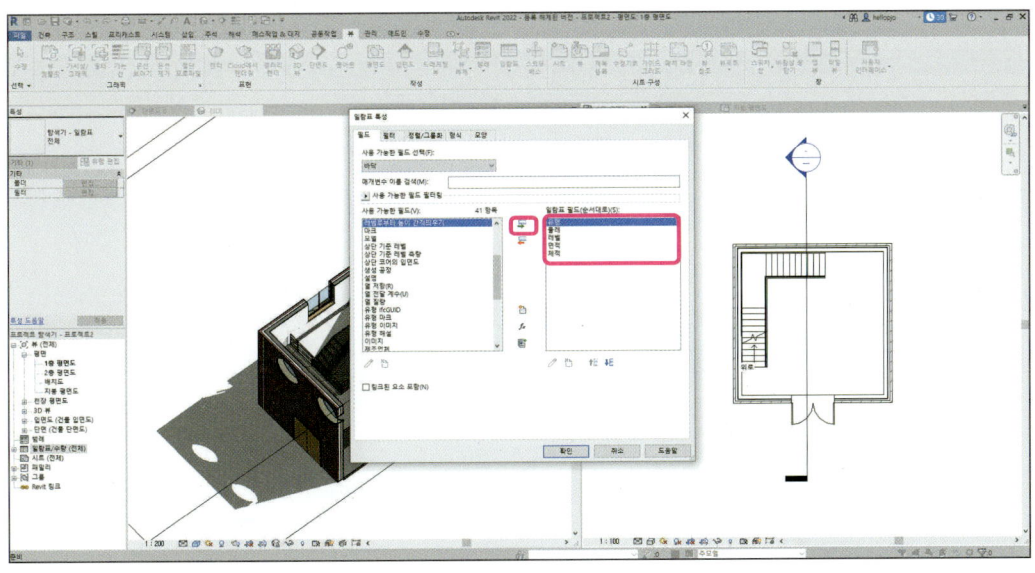

4. 일람표 특성 창 '정렬/그룹화' 탭의 '정렬 기준'에서 '레벨'을 선택합니다. 총계를 체크하고 '제목, 개수 및 합계'를 선택합니다.

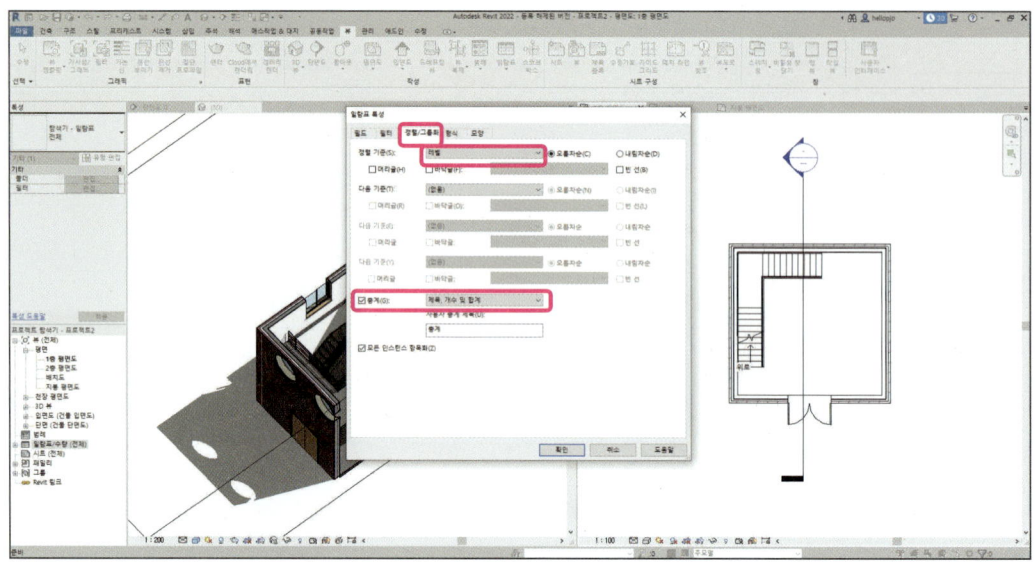

5. 일람표 특성 창 '형식' 탭의 '필드'에서 '둘레'를 선택하고 우측의 '계단 없음' 값을 '총합 계산'으로 변경합니다. 면적, 체적도 동일하게 '총합 계산'으로 변경하고 '확인' 버튼을 누릅니다.

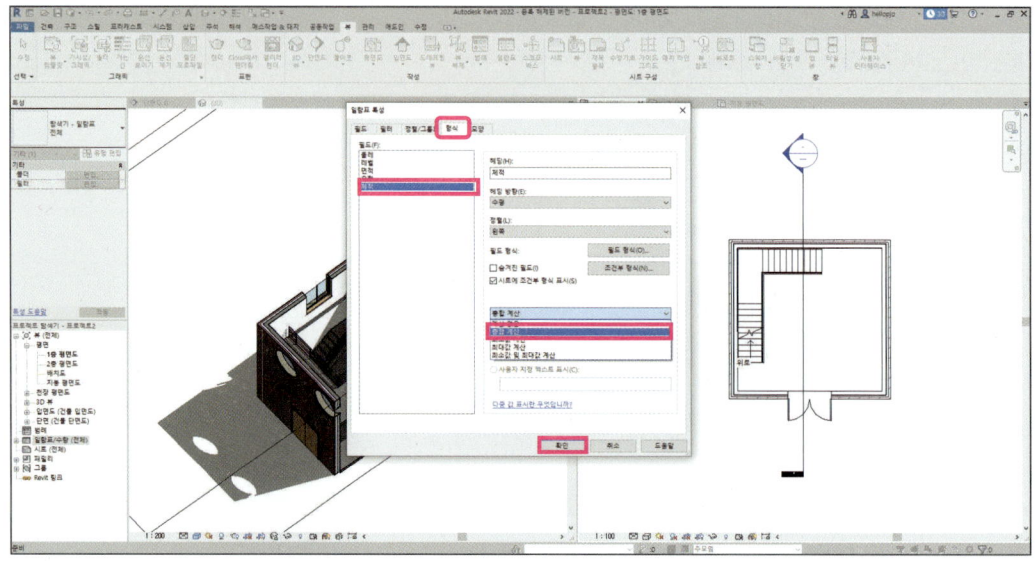

6. 바닥 객체의 수량 정보가 표기된 바닥 일람표로 활성화됩니다. 앞서 선택한 유형, 둘레, 레벨, 면적, 체적 정보가 표기되고, 하단에 전체 합계 값도 표기됩니다.

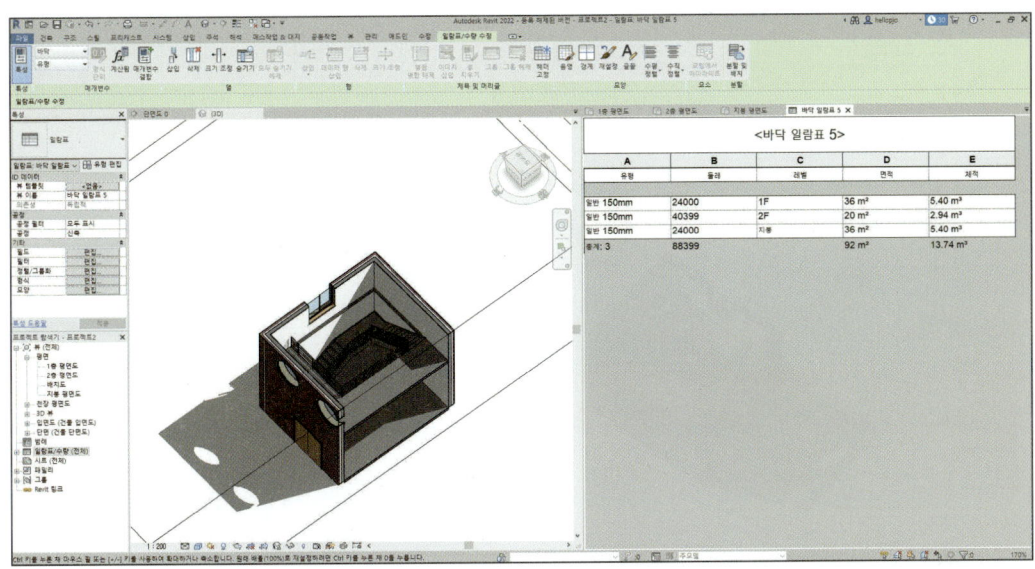

7. 일람표에서 행을 선택하면 해당 객체가 좌측 3D 뷰에서도 선택되어 하이라이트되는 것을 확인할 수 있습니다.

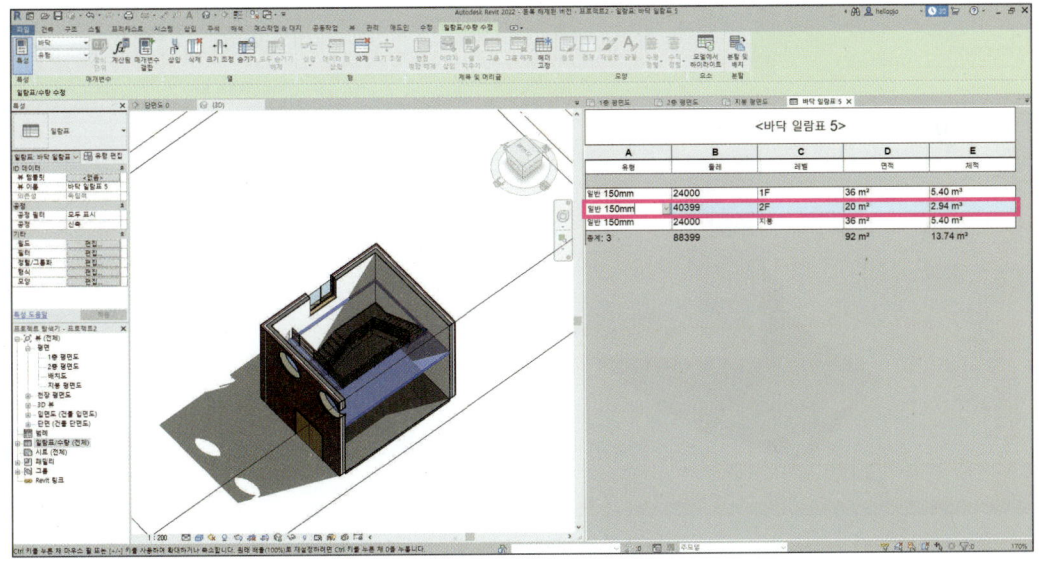

8. 생성된 일람표는 엑셀형태로 저장할 수도 있습니다. 풀 다운 메뉴에서 '파일' – '내보내기' – '보고서' – '일람표'를 선택합니다.

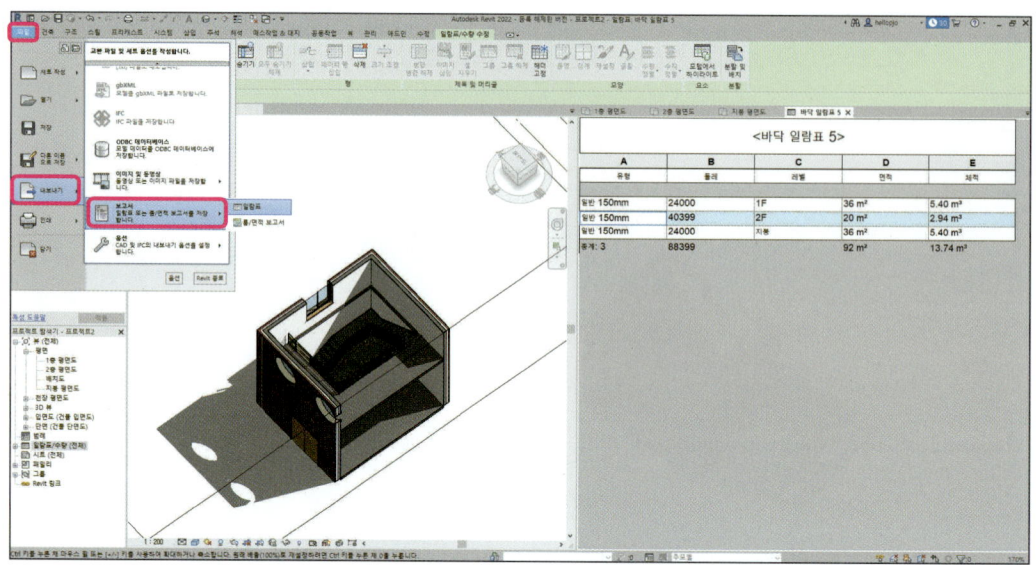

9. 저장할 위치와 이름을 입력하고 저장 버튼을 누릅니다.

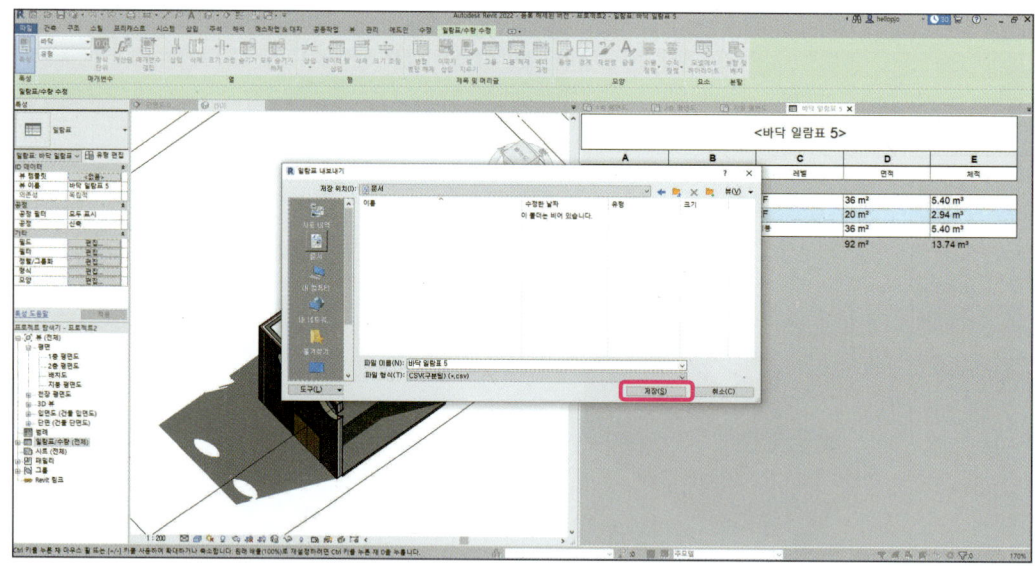

10. 일람표 내보내기 스타일을 설정하고 '확인' 버튼을 누릅니다.

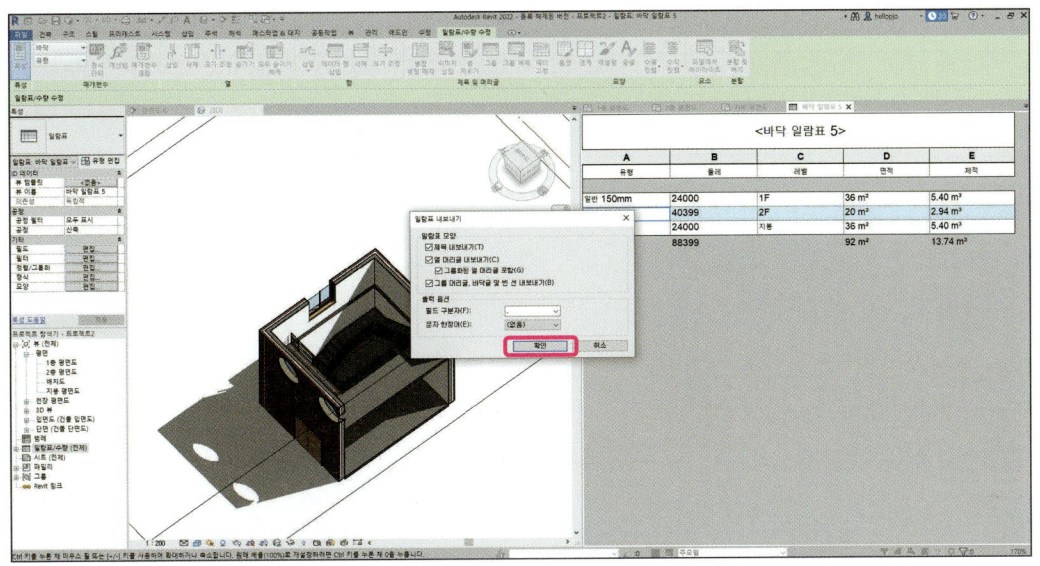

11. 지정한 위치에 CSV 파일이 생성된 것을 확인합니다.

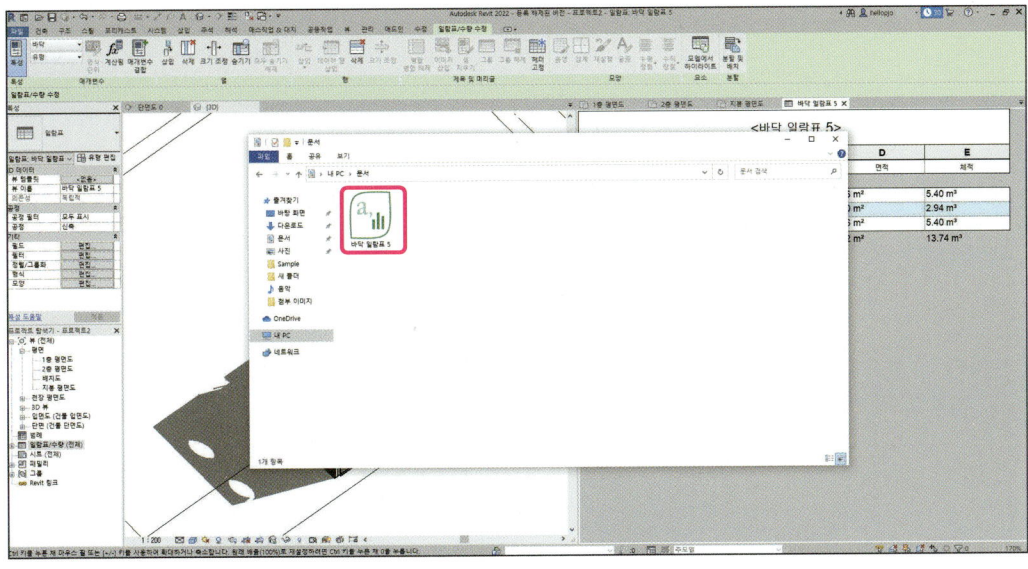

2 Quick Start : Micro House 73

12. 생성된 CSV 파일을 엑셀에서 열면 Revit에서 본 일람표와 동일한 형태로 구성된 정보를 확인할 수 있습니다.

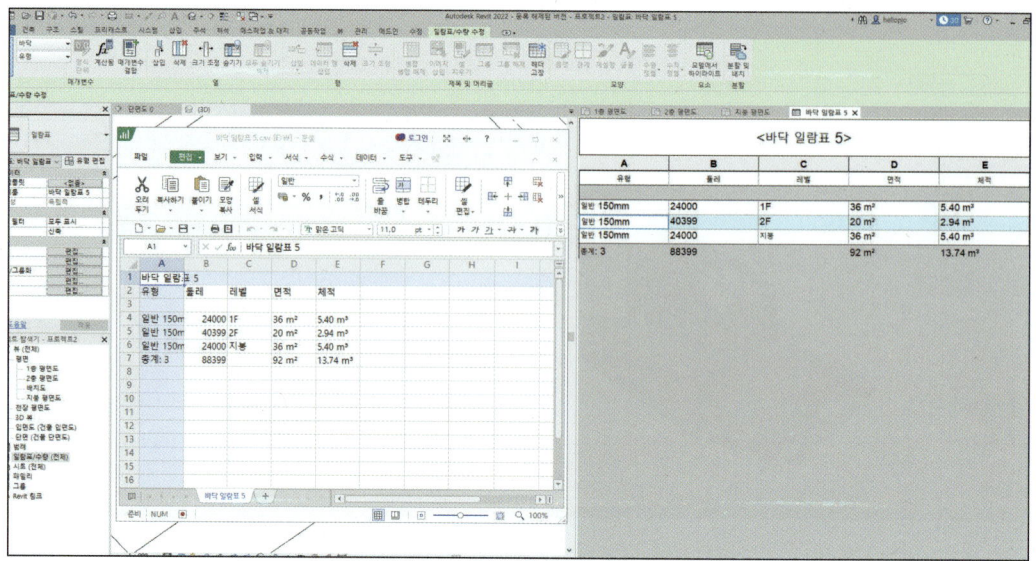

2.13 객체 수정

Revit은 작성된 객체를 수정하면 모든 뷰와 데이터 SHEET에 변경된 사항이 일괄적으로 반영됩니다. 바닥의 레벨을 변경할 경우 입면도가 변경되며, 바닥 슬라브의 모양을 변경하면 바닥일람표의 수량이 변경되는 것을 확인할 수 있습니다.

1. Sample 폴더에서 실습08.rvt 파일을 엽니다.

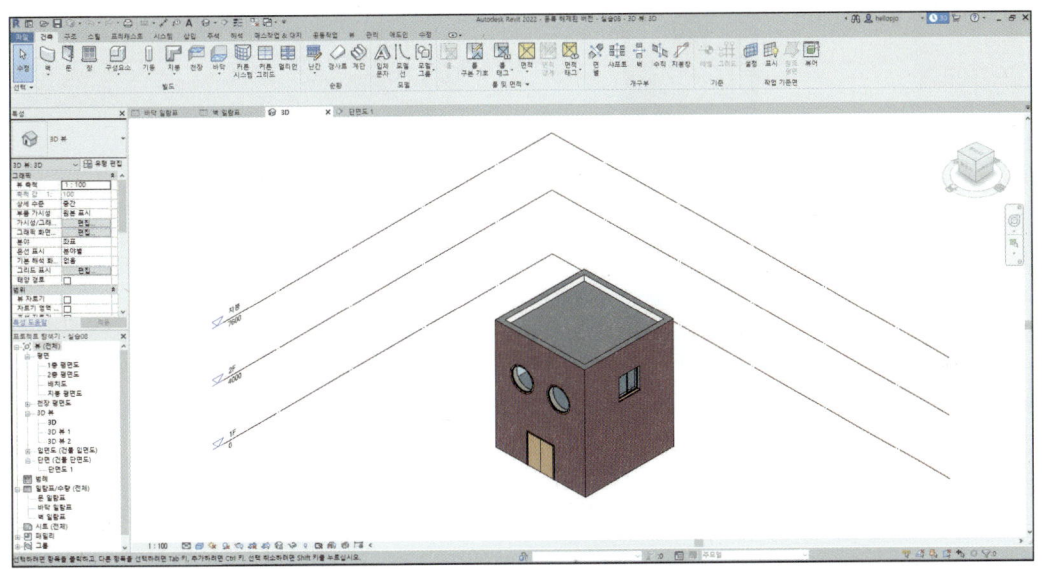

2. 프로젝트 탐색기에서 '뷰' – '단면' – '단면도 1', '뷰' – '일람표/수량' – '바닥 일람표', '뷰' – '일람표/수량' – '벽 일람표'를 더블클릭하여 '단면도 1' 뷰와 '바닥 일람표', '벽 일람표' 뷰를 활성화합니다. 리본 메뉴의 '뷰' 탭에서 '타일 뷰'를 눌러 뷰를 정렬합니다.

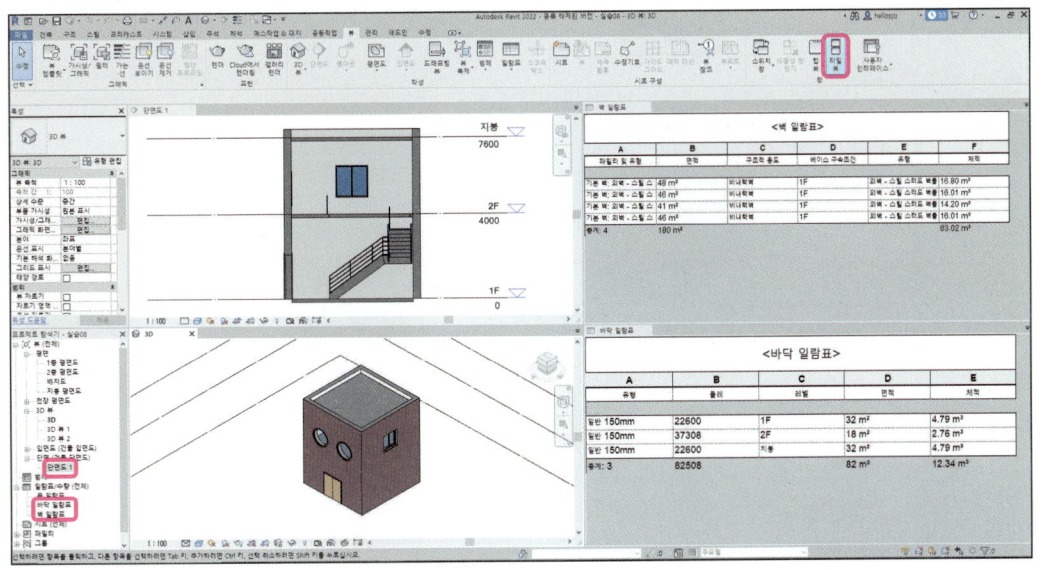

2 Quick Start : Micro House **75**

3. 외벽을 선택하여 벽의 상단 구속조건이 '상위 레벨: 지붕'으로 되어 있는 것을 확인합니다. 지붕의 레벨 값이 변경되면 지붕 레벨에 따라서 벽의 상단 높이가 자동으로 변경되는 상태입니다. 벽 일람표에서 벽의 면적 합계는 180m², 체적 합계는 63.02m³인 것을 확인합니다.

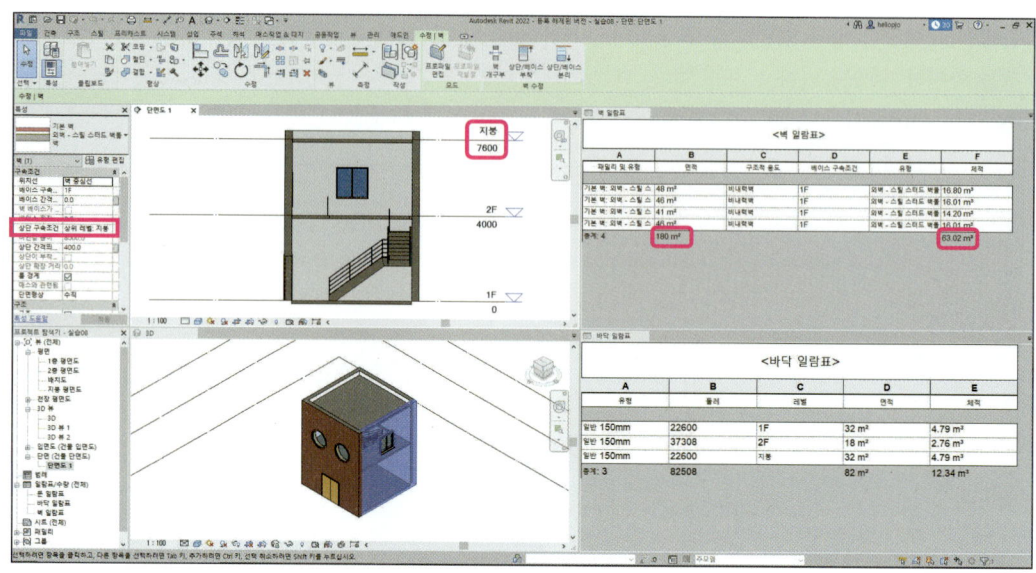

4. 단면도 1 뷰에서 지붕 레벨을 선택하고 특성창에서 입면도 값을 11000으로 변경하고 '적용' 버튼을 누릅니다.

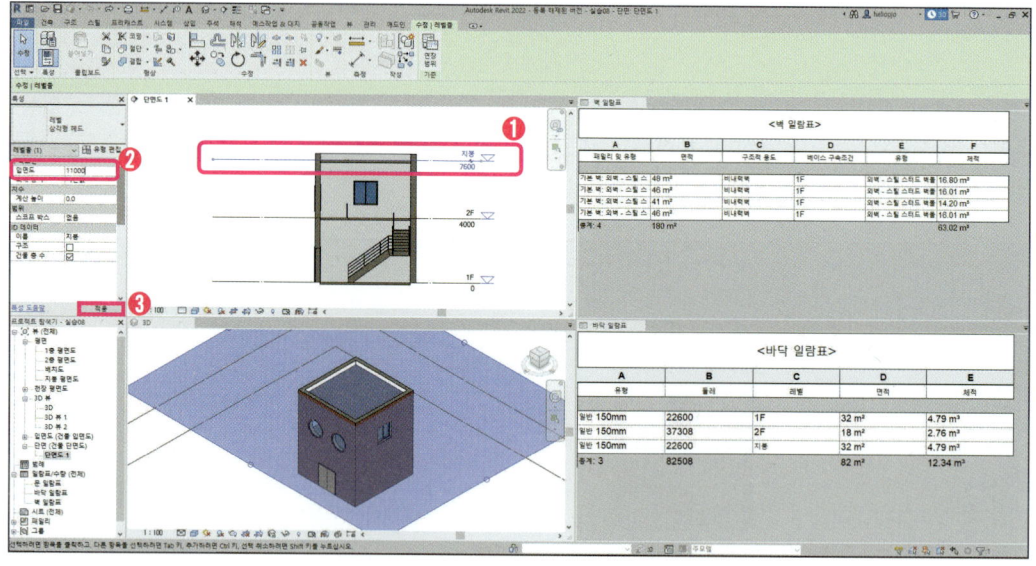

5. 지붕 레벨이 7600에서 11000으로 변경되면서 벽의 길이도 함께 길어진 것을 3D 뷰와 단면도 뷰에서 확인할 수 있습니다. 벽 일람표에서 벽의 면적 합계는 180m²에서 262m²로 82m²가 증가하고, 체적 합계는 63.02m³에서 91.58m³로 28.56m³가 증가한 것을 확인할 수 있습니다.

객체의 수정에 대한 형상 변경사항과 수량 정보 변경사항이 즉각적으로 관련된 뷰와 관련된 SHEET에 반영되었습니다.

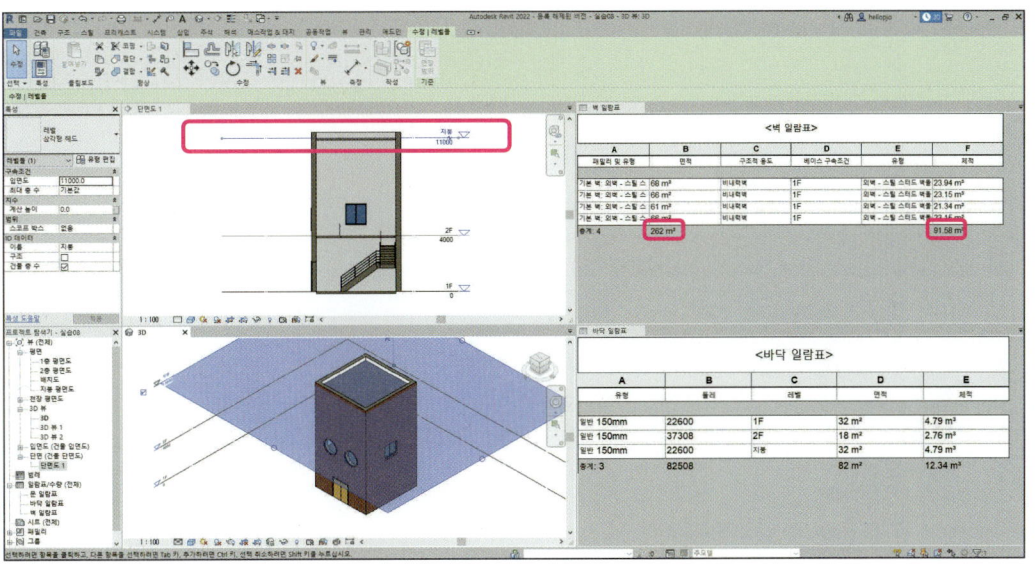

2 Quick Start : Micro House 77

건축 BIM 입문 REVIT 가이드북

3

Revit 기능 설명

- 3.1. Revit 인터페이스
- 3.2. 요소의 구성
- 3.3. 객체 작성
- 3.4. 건축 객체
- 3.5. 구조 객체
- 3.6. 삽입
- 3.7. 주석
- 3.8. Mass
- 3.9. 대지
- 3.10. 공동작업
- 3.11. 뷰
- 3.12. 관리
- 3.13. 수정
- 3.14. 해석

REVIT의 화면 구성부터 객체의 작성, 수정, 공동작업, 해석 작업까지 광범위한 기능들 중 사용자라면 반드시 알아야 할 주요 내용만 선별하여 다루었습니다. REVIT이 제공하는 다양한 기능들에 대해서 학습할 수 있습니다.

3. Revit 기능 설명

3.1 Revit 인터페이스

3.1.1 홈

Revit을 처음 실행하면 나타나는 홈 화면입니다. 모델(프로젝트), 패밀리를 열거나 새로 작성할 수 있으며 Autodesk Docs라는 온라인 저장공간의 파일을 바로 열 수도 있습니다. 우측화면에는 최근에 작업한 모델 파일과 패밀리 파일들의 미리보기가 표기됩니다. 해당 이미지를 클릭하면 해당 파일을 바로 열 수 있습니다.

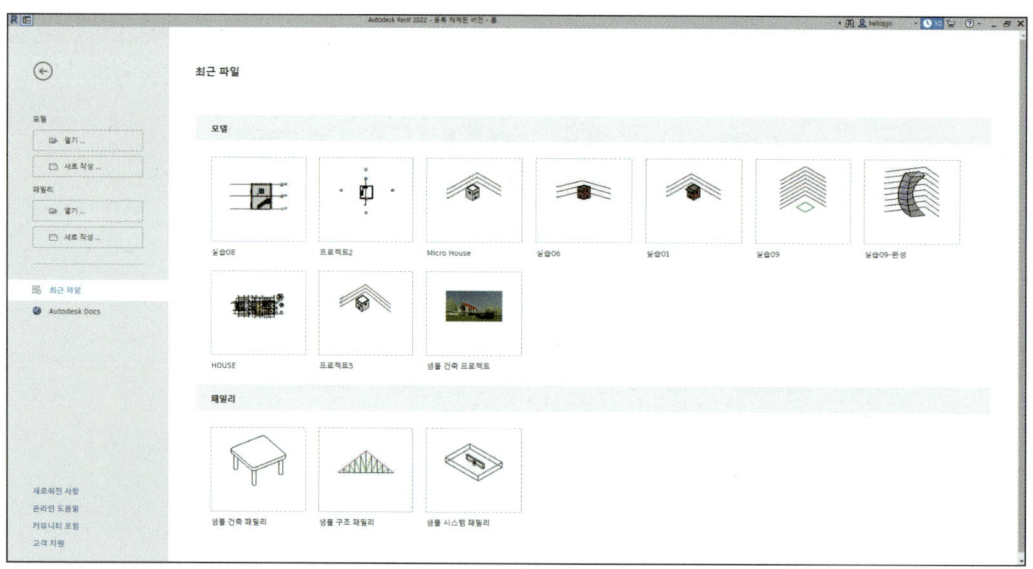

3.1.2. 리본

리본은 파일을 작성하거나 열면 표시되고, 프로젝트나 패밀리 작성에 필요한 모든 도구를 제공합니다. 파일, 건축, 구조, 스틸, 프리캐스트, 시스템, 삽입, 주석, 해석, 매스작업&대지, 공동작업, 뷰, 관리, 애드인, 수정 탭이 있습니다. 객체 작성하는 중, 객체를 선택한 경우에 따라 리본에 표기되는 메뉴가 각각 다르게 나타납니다.

리본메뉴 하부의 옵션막대는 필요한 정보를 추가로 입력할 때 사용합니다.

■ 건축

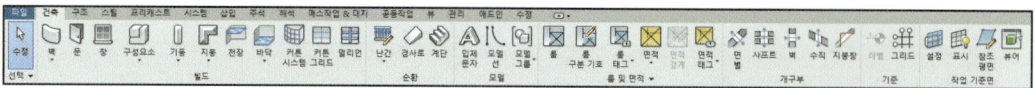

벽, 문, 창 등 건축 요소를 작성하는 데 사용합니다. 이 책에서 가장 많이 다루는 부분입니다.

■ 구조

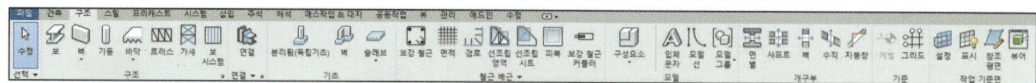

기둥, 보, 트러스 등 건축물의 구조 부분을 담당하는 요소를 작성하는 데 사용합니다.

■ 스틸

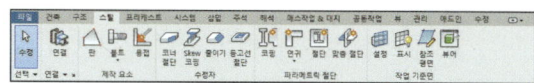

구조 부분 중 철골 구조에 대한 부분을 수정하는 데 사용합니다.

■ 프리캐스트

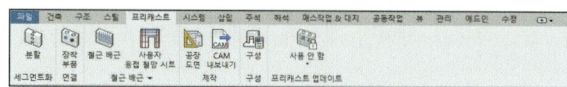

프리캐스트 구조에 대한 부분을 수정하는 데 사용합니다.

■ 시스템

건축, 구조 외 HVDC 설비 요소를 작성하는 데 사용합니다.

◨ 삽입

Revit의 프로젝트, 패밀리 파일이나, CAD의 DWG 파일 등을 가져오는 데 사용합니다.

◨ 주석

치수, 문자 등 도면화를 위한 주석을 생성하는 데 사용합니다.

◨ 해석

구조, HVDC의 부하, 에너지 등을 해석하는 데 사용합니다.

◨ 매스작업&대지

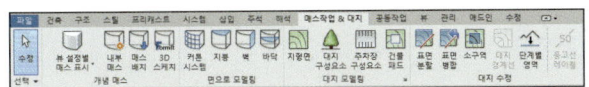

매스, 대지의 요소를 생성하고 관리하는 데 사용합니다.

◨ 공동작업

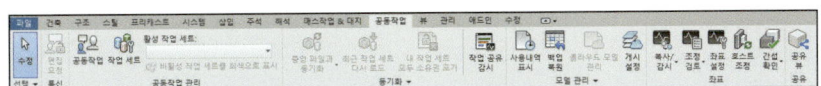

다중 사용자의 협업을 지정하고 관리하는 데 사용합니다.

◼ 뷰

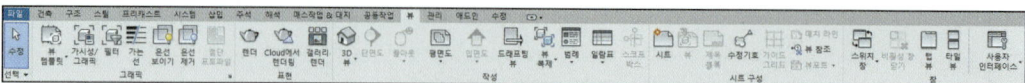

새로운 뷰를 생성하고 뷰의 특성을 관리하는 데 사용합니다.

◼ 관리

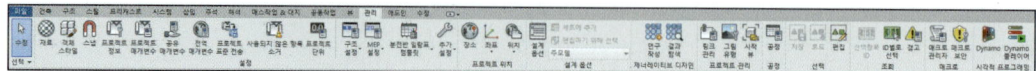

Revit의 프로젝트 정보, 재질, 객체스타일 등을 관리하는 데 사용합니다.

◼ 애드인

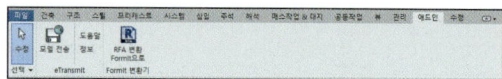

Revit의 기본기능 외 추가로 설치해 사용가능한 애드인 기능을 관리합니다.

◼ 수정

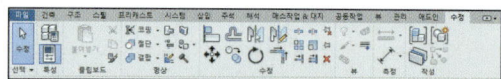

객체, 뷰, 패밀리 등 다양한 요소들의 정보를 수정하는 데 사용합니다.

◼ 리본 툴팁

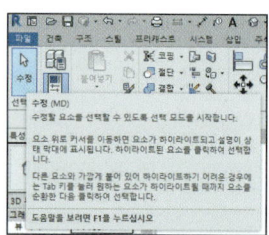

리본에 있는 도구 위에 마우스 커서를 올려놓으면 툴팁이 표시됩니다. 툴팁에서는 도구에 대해 간략한 설명이 표기됩니다.

3.1.3. 파일 탭

파일 탭에서는 새로 만들기, 열기 및 저장과 같은 저장되는 파일에 관한 작업을 수행합니다. 각 메뉴 항목에 대한 선택사항을 표시하려면 오른쪽에 있는 화살표가 있어 클릭하면 메뉴가 확장됩니다. 열려 있는 모델 또는 패밀리를 닫기 위해서는 맨 아래 '닫기'를 선택하면 됩니다.

❶ **새로 작성**

프로젝트, 패밀리, 개념 매스, 제목 블록, 주석 기호를 새롭게 작성합니다.

❷ **열기**

Revit과 호환되는 파일을 엽니다. 클라우드 모델, 프로젝트, 패밀리(RFT), Revit 파일(RFA), 건물 구성요소, IFC, IFC 옵션, 샘플파일을 열 수 있습니다.

❸ **저장**

현재 프로젝트, 패밀리, 주석, 템플릿 파일을 저장합니다. 현재 파일의 사본을 저장하려면 다른 이름으로 저장을 사용합니다.

단축키 : Ctrl + S

❹ **다른 이름으로 저장**

현재 프로젝트, 패밀리를 저장하거나 현재 프로젝트를 템플릿으로 저장합니다. 모든 패밀리, 그룹, 뷰를 라이브러리에 저장할 수 있습니다.

※ Revit은 하위버전에서 작성된 파일은 상위버전에서 열 수 있으나, 상위버전에서 작성한 파일을 하위버전에서 열 수 없습니다. 하위버전 파일을 상위버전에서 열 때는 파일을 업그레이드해야 합니다. 버전에 따라 저장하는 기능은 없으며, 한 번 업그레이드 한 파일은 다운그레이드할 수 없습니다.

❺ **내보내기**

교환 파일 및 세트 옵션을 작성합니다. DWG, DXF, DGN과 같은 CAD 형식 및 PDF, DWF, IFC 형태로 내보내기 할 수 있습니다.

❻ **인쇄**

현재 도면 영역 또는 선택한 뷰와 시트를 미리보고 인쇄합니다.

❼ **닫기**

파일 또는 패밀리를 닫습니다.

단축키 : Ctrl + W

❽ **옵션**

사용자 인터페이스, 그래픽, 하드웨어, 파일 위치, 렌더링, 맞춤법 검사, SteeringWheels, ViewCube에 대한 설정을 제어합니다.

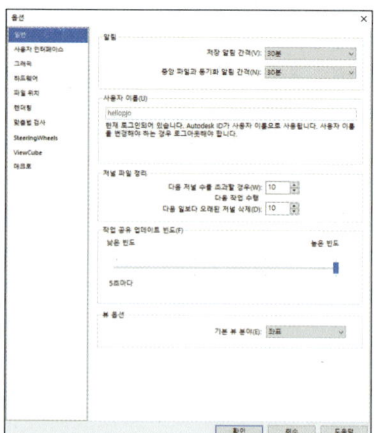

3.1.4. 상태 막대

상태 막대는 응용프로그램 창의 하단에 위치해 있습니다. 상태 막대는 수행할 작업에 대한 추가 정보 또는 참고할 만한 팁들을 제공합니다. 객체를 선택하면 뷰에서 하이라이트 처리되며 상태 막대에 패밀리 및 유형 이름이 표시됩니다.

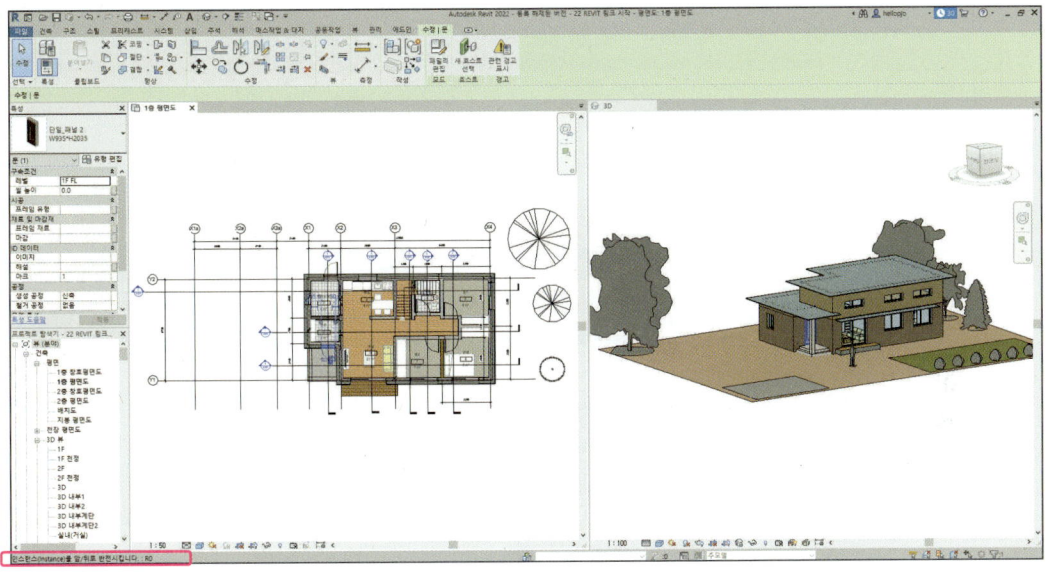

3.1.5. 특성창

현재의 뷰 또는 선택된 객체의 정보를 표기합니다. 보이는 정보를 직접 수정할 수도 있고, 새로운 정보를 입력할 수도 있습니다. AUTOCAD의 특성창과 매우 유사합니다.

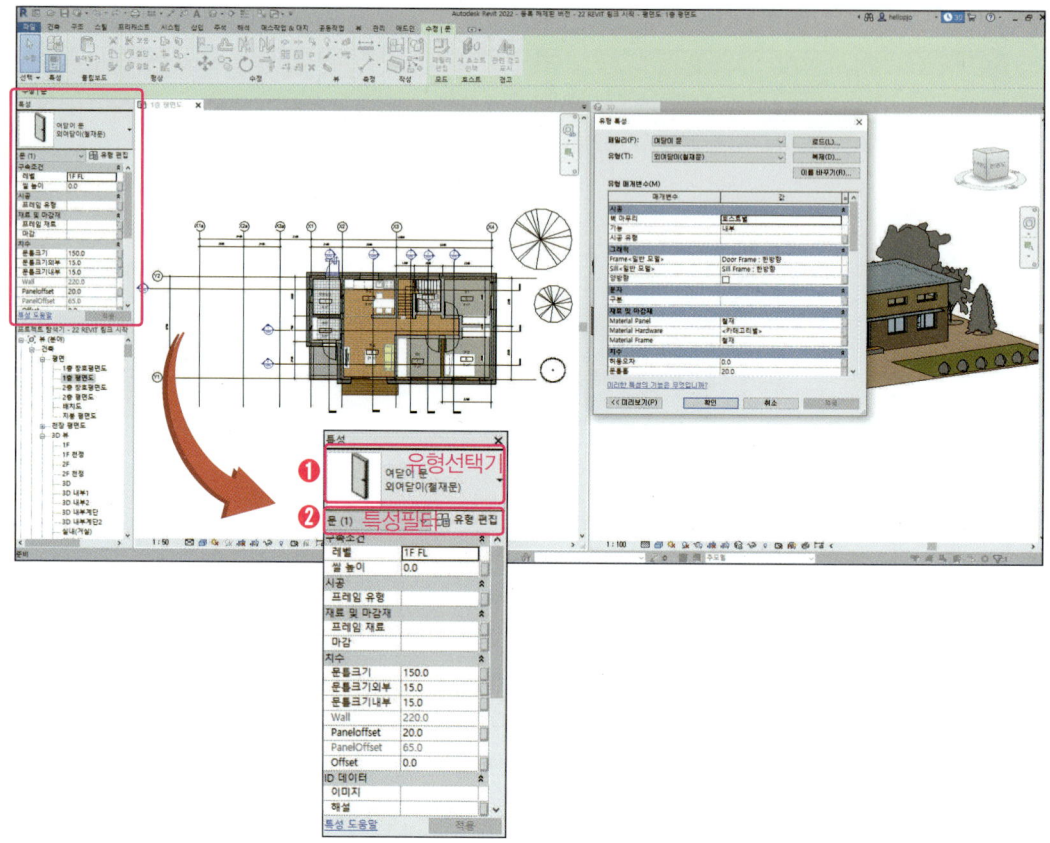

❶ 유형선택기

같은 카테고리의 패밀리 내에서 유형을 선택하는 영역입니다. 유형선택기를 누르면 현재 프로젝트에 로드해 있는 패밀리 중에서 현재 카테고리 내에서 사용가능한 목록이 나타납니다. 객체를 선택한 상태에서 유형선택기로 유형을 변경하면 선택한 객체의 유형으로 바뀝니다.

❷ 특성 필터

유형 선택기 바로 아래에는 도구에서 배치할 요소의 카테고리 또는 도면 영역에서 선택된 요소의 카테고리 및 번호를 식별하는 필터가 있습니다. 여러 카테고리 또는 유형을 선택하는 경우 모두에 공통되는 인스턴스(instance) 특성만 팔레트에 표시됩니다. 여러 카테고리를 선택하면 필터의 드롭다운을 사용해 특정 카테고리 또는 뷰 자체에 대한 특성만 봅니다.

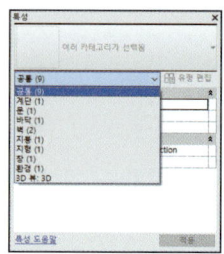

◨ **특성 팔레트 열기**

Revit을 처음 시작하면 특성 팔레트가 왼쪽에 열려 있는 상태로 고정되어 있습니다. 실수로 닫은 경우 다음의 방법으로 다시 열 수 있습니다.

- 수정 탭 > 특성 패널 > 🗒 (특성)을 클릭합니다.
- 뷰 탭 > 창 패널 > 사용자 인터페이스 드롭다운 > 특성을 클릭합니다.
- 도면 영역에서 마우스 오른쪽 버튼을 클릭한 후 특성을 클릭합니다.

3.1.6. 신속 접근 도구막대

신속 접근 도구막대는 자주 사용하는 기능을 화면 최상단에 모아 놓는 기능입니다. 이 도구막대를 사용자화해 가장 자주 사용하는 도구들을 모아서 표시할 수 있습니다.

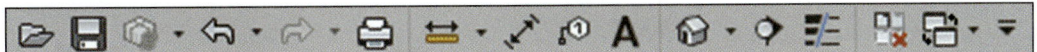

◨ **신속 접근 도구막대에 도구 추가하는 방법**

리본을 탐색해 추가할 도구를 표시합니다. 도구를 마우스 오른쪽 버튼으로 클릭하고 신속 접근 도구막대에 추가를 클릭합니다.

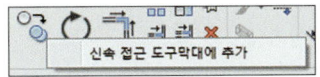

3.1.7. 프로젝트 탐색기

프로젝트 탐색기는 현재 프로젝트의 모든 뷰, 일람표, 시트, 그룹, 패밀리의 구성 정보를 계층 구조로 표시합니다. + 버튼을 누르면 아래의 레벨로 확장시키고, - 버튼을 누르면 숨깁니다.

프로젝트 탐색기를 열거나 닫으려면 뷰 탭 > 창 패널 > 사용자 인터페이스 드롭다운 > 프로젝트 탐색기를 클릭하거나, 응용프로그램 창의 아무 곳이나 마우스 오른쪽 버튼으로 클릭한 후 탐색기 > 프로젝트 탐색기를 클릭합니다.

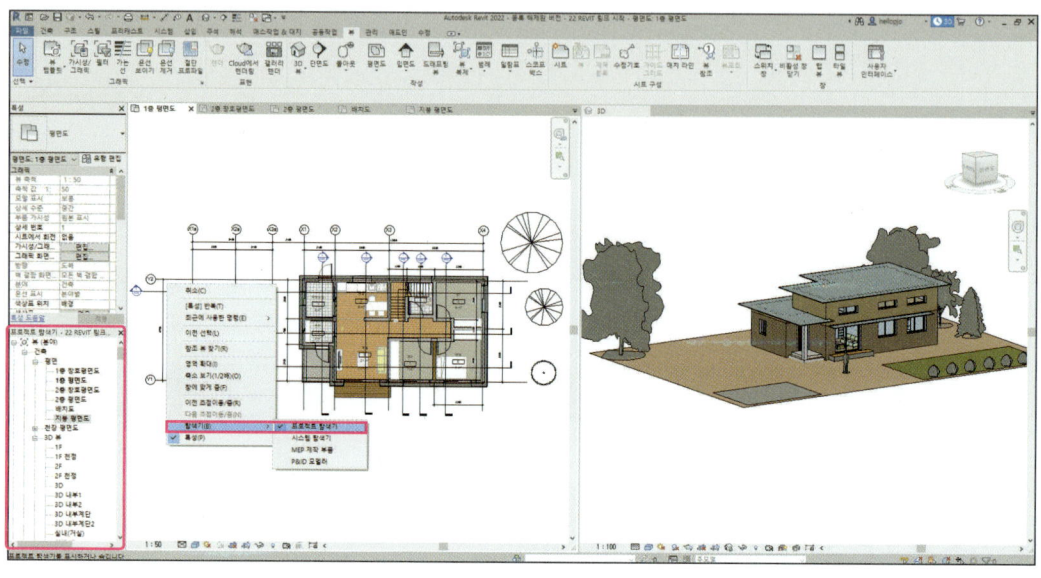

3.1.8. 뷰 조절 막대

뷰 조절 막대는 상태 막대 위에 있는 뷰 창 하단에 있으며, 다음 도구를 포함합니다.

❶ **축척** 1 : 100

뷰 축척은 도면에서 객체를 나타내는 데 사용하는 비율 시스템입니다. 실체 객체의 크기와 화면에 보이는 크기의 비율을 나타냅니다. 프로젝트의 각 뷰에 서로 다른 축척을 지정할 수 있으며, 목록에 표기되지 않는 사용자축척 값을 설정할 수도 있습니다.

❷ **상세 수준**

뷰 축척에 기반해 새로 작성된 뷰의 상세 수준을 설정할 수 있습니다. 상세 수준은 낮음, 중간, 높음 단계로 구성되어 있어 뷰 별로 적정 상세 수준을 선택하면 됩니다.

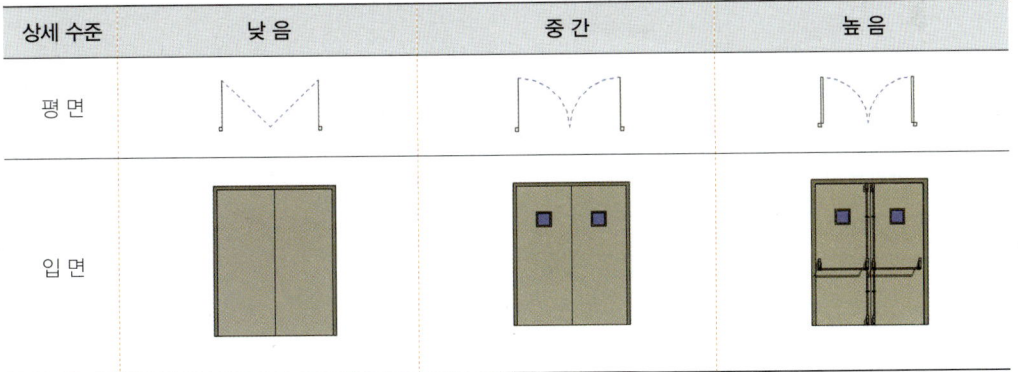

❸ **비주얼 스타일**

프로젝트 뷰에 대해 여러 개의 다른 그래픽 스타일을 지정할 수 있습니다. 비주얼 스타일은 모델 표시, 그림자, 조명, 사실적, 배경 옵션으로 구분됩니다. 비주얼 스타일을 사용해 모델 화면표시를 제어할 수 있습니다.

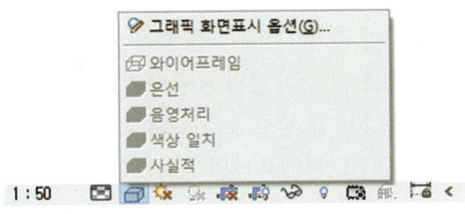

와이어프레임	은선
음영처리	색상 일치
사실적	

그래픽 화면표시 옵션

모델 화면 표시, 그림자 스케치선, 깊이 큐, 조명, 사실적, 배경에 관한 값은 '그래픽 화면표시 옵션'에서 조절할 수 있습니다.

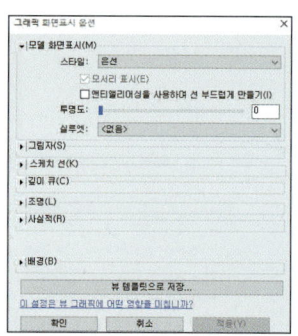

❹ 태양 경로 켜기/끄기

태양의 경로를 켜거나 끄도록 조절합니다. 태양 경로 및 그림자의 가시성은 각 뷰별로 제어합니다. 특정 뷰에서 태양 경로 또는 그림자를 켜거나 끄면 다른 뷰는 영향을 받지 않습니다. 3D 뷰에는 2D 뷰보다 그림자 투사 요소가 더 많으므로 자연광, 음영 요구 사항, 자연형 일조 설계 가능성 및 재생 가능 에너지 가능성에 대해 훨씬 더 많은 정보를 얻을 수 있습니다. 건물과 대지에서 조명과 그림자의 효과를 연구할 때 최상의 결과를 얻으려면 3D 뷰에서 태양 경로와 그림자 화면표시를 모두 켭니다.

태양경로 켜기	태양경로 끄기
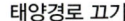	

일조 연구에 대한 세부 설정 또는 태양의 위치는 '태양 설정'에서 조절할 수 있습니다.

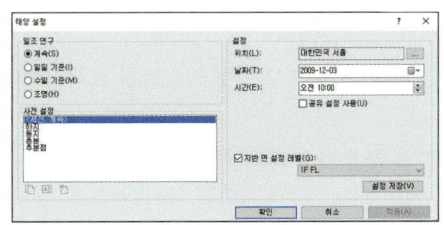

❺ 그림자 켜기/끄기

태양경로에 의한 그림자를 켜거나 끄는 기능입니다.

그림자 켜기	그림자 끄기

❻ 렌더링 대화상자 표시/숨기기

3D 뷰를 렌더링하기 전에 조명, 노출, 해상도, 배경 및 이미지 품질을 제어하는 설정을 정의합니다. 원하면 대부분의 경우 지능적이고 만족스러운 결과를 생성하도록 설계된 기본 설정을 사용해 뷰를 렌더링합니다.(도면 영역에 3D 뷰가 표시된 경우에만 사용할 수 있습니다)

❼ 뷰 자르기

자르기 영역은 프로젝트 뷰의 경계를 정의합니다. 모든 그래픽 프로젝트 뷰에서 모델 자르기 영역과 주석 자르기 영역을 표시할 수 있습니다. 투시도 3D 뷰는 주석 자르기 영역을 지원하지 않습니다.

❽ 자르기 영역 표시/숨기기

필요에 따라 자르기 영역을 표시하거나 숨길 수 있습니다.

❾ 임시 숨기기/분리

뷰에서 몇 개의 요소나 특정 카테고리만 보거나 편집하려는 경우, 요소 또는 요소 카테고리를 임시로 숨기거나 분리하는 기능이 유용할 수 있습니다. 숨기기 도구는 뷰에서 선택된 요소를 숨기고, 분리 도구는 선택된 요소를 표시하며, 그 밖의 모든 요소를 뷰에서 숨깁니다. 이 도구는 도면 영역에 있는 활성 뷰에만 영향을 미칩니다. 변경 사항을 영구적으로 만들지 않은 경우, 프로젝트를 닫으면 요소 가시성이 원래 상태로 돌아갑니다. 임시 숨기기/분리는 인쇄에 영향을 주지 않습니다.

❿ 숨겨진 요소 표시

숨겨진 요소를 잠시 살펴보거나 숨김을 해제합니다.

⓫ 임시 뷰 특성

뷰 조절 막대에서 임시 뷰 특성을 클릭해 사용 가능한 뷰 옵션 리스트를 표시합니다.

- 임시 뷰 특성 사용 : 임시 뷰 모드로 전환하려면 이 옵션을 선택합니다. 뷰 인스턴스(instance)의 변경 사항은 취소되거나 뷰 특성 복원을 선택할 때까지 표시됩니다.
- 템플릿 특성 임시 적용 : 뷰 템플릿을 적용하거나 지정 또는 작성할 수 있는 템플릿 특성 임시 적용 대화상자를 엽니다.
- 최근 템플릿 : 마지막으로 사용한 5개 뷰 템플릿 리스트를 표시합니다. 하나를 선택해 임시 뷰에 다시 적용합니다.
- 뷰 특성 복원 : 임시 뷰 모드를 종료하고 현재 프로젝트 뷰를 표시하려면 이 옵션을 선택합니다.

⓬ 해석 모델 표시 또는 숨기기

모든 뷰에 해석 모델을 표시할 수 있습니다.(구조 해석에만 해당)

⓭ 구속조건 표시

뷰의 치수 및 정렬 구속조건을 잠시 살펴보고 모델의 문제를 해결하거나 요소를 수정합니다.

⓮ 미리보기 가시성

패밀리 편집기를 종료하지 않고 패밀리 형상 가시성 설정 및 매개변수의 효과를 미리 볼 수 있습니다. 패밀리 형상은 형상 및 주석의 각 부분과 관련되고, 경우에 따라 서로 다른 패밀리 유형과 관련되기도 합니다. 가시성 미리보기를 활성화해 사용 중인 패밀리 유형 및 관련된 설정을 표시합니다.(패밀리 편집기에서만 사용 가능)

3.1.9. ViewCube

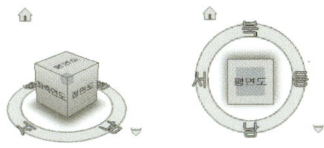

ViewCube는 3D 뷰의 우측 상단에서 사용가능한 뷰를 조절하는 도구입니다. 바라보는 방향을 Cube의 면, 모서리, 꼭지점을, 화살표를 선택해 주변의 회전 버튼을 눌러 뷰를 회전할 수 있습니다. 또한 소점이 적용된 투시도 뷰와 소점이 적용되지 않은 등각투영 뷰로 뷰를 전환할 수도 있습니다.

■ **ViewCube 선택 위치별 뷰**

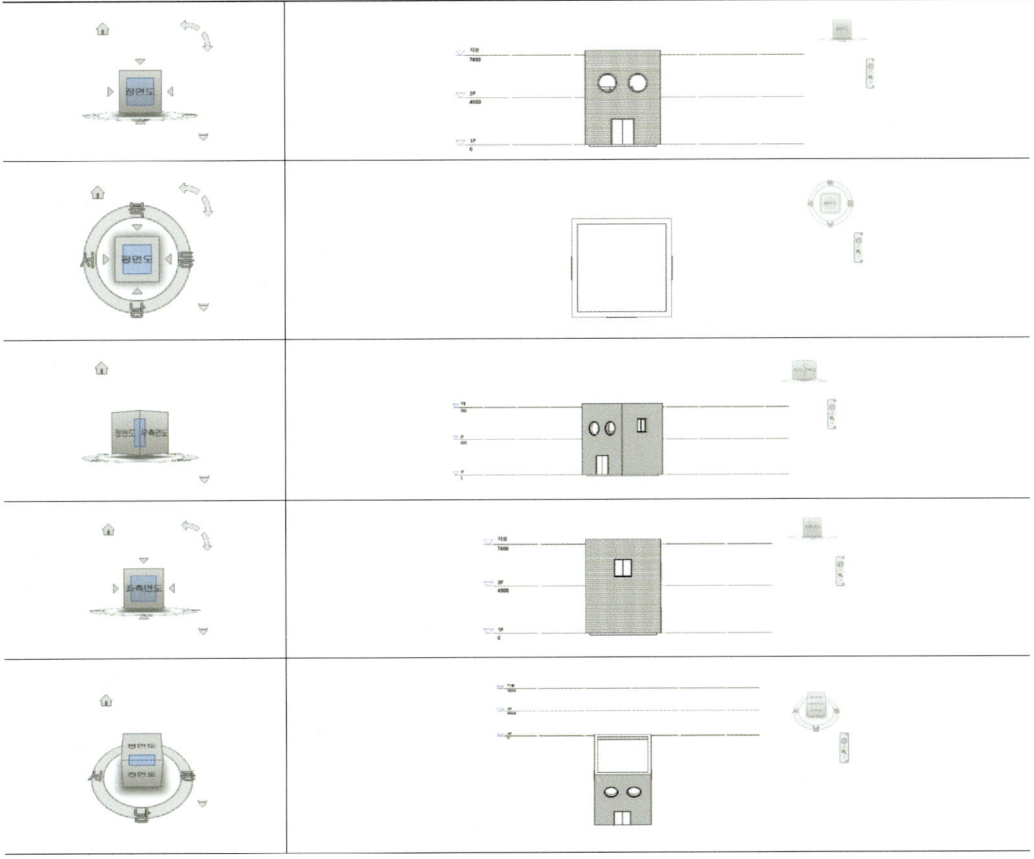

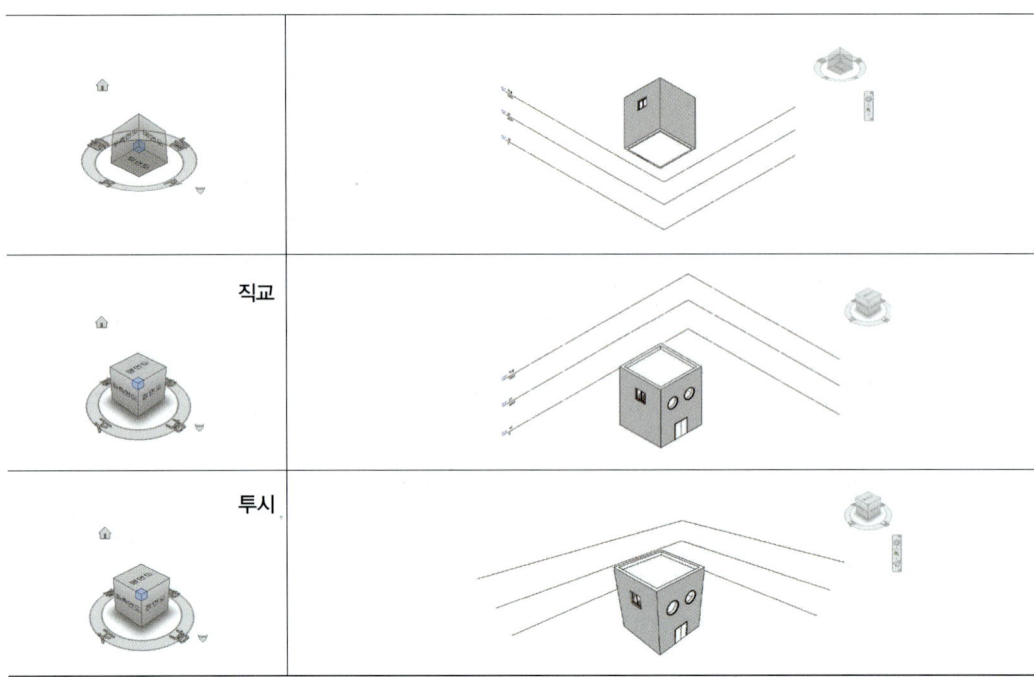

▣ 나침반 사용

나침반은 ViewCube 아래에 표시되어 모델에 대해 정의된 북쪽 방향(보통 평면뷰의 위쪽)을 나타냅니다. 나침반의 빨간색 방향 문자를 클릭해 모델을 회전하거나, 빨간색 방향 문자 또는 나침반 고리를 클릭하고 드래그해 3D 뷰의 피벗 점 주위로 회전할 수 있습니다.

▣ ViewCube 표시/숨기기

ViewCube를 가리고 싶은 경우에는 ViewCube를 숨기고 필요에 따라서 다시 나타나도록 할 수 있습니다. 3D 뷰에서 뷰 탭 ❯ 창 패널 ❯ 사용자 인터페이스 드롭다운 ❯ ViewCube를 클릭합니다. 선택해 ViewCube를 표시하거나 선택 취소해 ViewCube를 숨깁니다.

3.1.10. 스케치

스케치는 Revit에서 요소를 그리는 과정입니다. 스케치 기반 요소는 일반적으로 스케치 모드를 사용해 작성되는 바닥, 천장 및 돌출 등의 요소입니다. 스케치 모드는 지붕 또는 바닥을 작성할 때 또는 지붕 또는 바닥의 스케치를 편집할 때 요소를 스케치하는 상태를 말합니다. 스케치 모드에 들어가면 리본에는 작성하거나 편집할 스케치 유형에 필요한 도구가 표시됩니다.

스케치 일반 옵션

옵 션	작 업
그리기	스케치를 그립니다.
선택 옵션	기존 벽, 선 또는 모서리를 선택합니다. 선 선택을 사용할 경우 일부 요소에는 선택한 선을 모서리에 잠그는 잠금 옵션이 옵션 막대에 표시됩니다. ☞ 팁 : Tab 키를 사용해 사용 가능한 체인으로 전환할 수 있습니다.
면 선택	매스 요소 또는 일반 구성요소의 면을 선택해 벽을 추가합니다. 이 옵션은 벽 또는 커튼월을 스케치할 때만 사용할 수 있습니다.
체인	이전 선의 마지막 점이 다음 선의 첫 번째 점이 되도록 스케치할 때 선 세그먼트를 연결(체인)합니다. 닫힌 순환(원, 다각형) 또는 모깎기는 연결(체인)할 수 없습니다.
간격띄우기	지정한 값만큼 스케치 선의 배치를 간격띄우기합니다. 선 선택 옵션의 간격띄우기를 사용하면 요소 또는 스케치 선이 요소에 특정한 선(예: 벽에 있는 위치선)에서 간격띄우기가 됩니다. 새 요소의 모양과 길이는 선택한 선과 같습니다. 스케치를 그릴 때 간격띄우기를 사용하면 요소 또는 스케치가 커서 위치에서 간격띄우기가 됩니다. 간격띄우기를 사용해 스케치를 그리는 경우 길이나 모양 요소를 작성할 수 있습니다. 위치선 드롭다운에서 옵션을 선택해 벽에 대한 간격띄우기 위치선을 지정할 수도 있습니다.
반지름	반지름 값을 사전 설정합니다. 이 옵션은 직사각형, 원, 호 또는 다각형을 그리는 경우 벽이나 선에 사용할 수 있습니다. 반지름은 다음 경우에 사용합니다. • 원, 다각형이 내접 또는 외접되어 있는 원, 중심과 끝점에서의 호나 접선 호 등에 고정 반지름을 지정하는 경우 • 사전 설정된 반지름은 요소 또는 스케치에 구속조건을 적용해 몇 번의 클릭만으로도 완성시킬 경우 • 사전 설정된 반지름을 사용하면 클릭 한 번으로 원을 작성하거나, 두 번 클릭해 모깎기를 작성할 경우 • 선을 결합하거나(체인 옵션 사용 또는 사용 안 함), 직사각형을 그리거나, 모깎기 호 스케치 옵션을 사용해 모깎기를 수행할 때 코너의 올림(모깎기 반지름)을 지정하는 경우

❶ **선 스케치**

선의 시작점과 끝점을 지정하거나 선 길이를 지정합니다

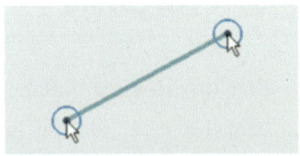

❷ **직사각형 스케치**

반대쪽 코너 두 개를 선택해 직사각형 형태의 스케치를 작성합니다. 직사각형에 대해 간격띄우기를 지정할 수 있고, 모깎기에 반지름을 지정하면 코너가 곡선이 되도록 할 수 있습니다.

❸ **내접 다각형 스케치**

중심에서 지정된 거리에 있는 원에 내접하는 다각형을 스케치합니다. 옵션 막대에서 다각형에 대해 측면 수, 간격띄우기, 반지름을 지정할 수 있습니다.

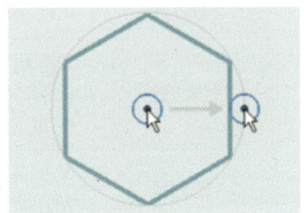

❹ **외접 다각형 스케치**

중심에서 지정된 거리에 있는 원에 외접하는 다각형을 스케치합니다. 옵션 막대에서 다각형에 대해 측면 수, 간격띄우기, 반지름을 지정할 수 있습니다.

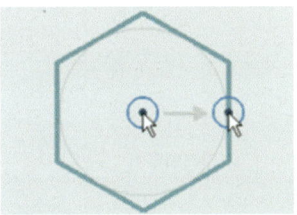

❺ **원 스케치**

중심점 및 반지름을 지정해 원을 그립니다. 원에 대해 간격띄우기를 지정할 수 있고, 옵션 막대에서 반지름을 지정하는 경우 한 번의 클릭으로 원을 배치할 수 있습니다.

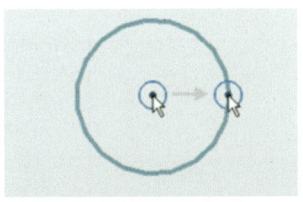

❻ **시작-끝-반지름 호 스케치**

시작점, 끝점, 호 반지름을 지정해 곡선을 작성합니다.

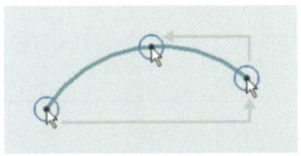

❼ **중간-끝 호 스케치**

호의 중심점, 시작점, 끝점을 지정해 곡선을 스케치합니다. 시작점을 선택하면 반지름도 함께 정의됩니다. 180°를 초과해 커서를 이동하면 호는 반대쪽으로 반전됩니다.

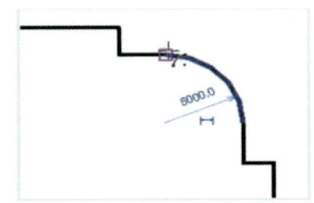

❽ 접선 끝 호 스케치

기존 선의 끝에 연결되는 곡선을 작성합니다. 호의 시작점은 기존 선의 끝에 스냅됩니다. 스냅 점에서 호를 클릭해 시작점을 지정한 다음 끝점을 클릭해 지정하고, 호의 반지름은 자동으로 조정됩니다.

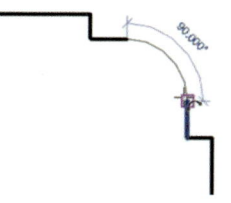

❾ 모 깍기 호 스케치

교차하는 선 두 개로 작성된 코너를 둥글게 처리해 호를 생성합니다. 모깍기할 선을 선택하고 커서를 이동해 다른 선을 클릭하고 반지름을 지정해 모깍기 호를 생성합니다.

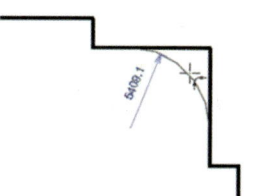

❿ 타원 스케치

타원의 중심과 긴축 방향과 반지름, 짧은 축 방향과 반지름을 지정해 타원을 작성합니다. 타원을 그리거나 기존 타원을 선택하고 간격띄우기를 지정할 수 있습니다.

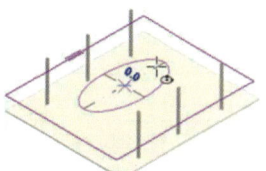

⓫ 스플라인 스케치

지정된 점을 지나거나 근처를 지나는 매끄러운 곡선을 작성합니다. 하나의 스플라인을 이용해 단일 루프(닫힌 다각형)를 작성할 수 없습니다.

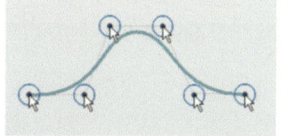

⓬ 선 선택

도면 영역에서 선택한 기존 벽이나 선 또는 모서리를 기준으로 선을 작성합니다. 선 체인을 선택하려면 커서를 선 세그먼트 위로 이동하고 탭키를 눌러 전체 체인을 하이라이트한 후 클릭합니다.

⓭ 편집 모드 취소

스케치 작성을 취소하려는 경우 취소 버튼을 누르면 작성된 내용이 적용되지 않고 스케치 모드가 종료됩니다.

⓮ 편집 모드 완료

스케치를 완료한 경우 완료 버튼을 누르면 스케치 모드가 종료됩니다.

3.1.11. 요소 선택

Revit에서는 요소를 선택하는 방법으로 객체를 직접 클릭해 객체를 선택할 수 있으며, 아래의 다양한 방법으로 요소를 선택할 수도 있습니다.

용어/개념	정의
수정	기본 활성 도구입니다. 커서가 일반적인 마우스 포인터(화살표)로 표시되면 수정 도구가 활성화된 것입니다. 수정 도구가 활성화된 상태여야 모델에서 요소를 선택할 수 있습니다. 도면 영역의 빈 공간을 클릭하거나 Esc 키를 눌러 리본의 첫 번째 탭에서 수정 도구에 액세스합니다. 또한 수정 도구를 사용해 활성 명령을 종료할 수 있습니다.
모서리/면 선택	요소의 면을 클릭해 요소를 선택하도록 할지 여부를 선택합니다. 수정 도구에서 "면별 요소 선택" 옵션을 선택하지 않은 경우 요소 모서리 위에 커서를 놓고 클릭해 요소를 선택해야 하고, 요소의 면은 선택할 수 없습니다. 예를 들어, 벽의 면을 선택해 벽을 선택할 수 없습니다. 벽을 선택하려면 커서가 벽의 상단 또는 하단 모서리 또는 끝 모서리 중 하나에 있어야 합니다. 수정 도구에서 "면별 요소 선택"옵션을 선택한 경우 프로젝트에서 커서를 요소의 면 위로 이동하고 클릭해 요소를 선택합니다.
탭 선택	요소를 선택하면 Tab 키를 눌러 커서 근처의 선택 가능한 후보 항목 사이를 순환 이동할 수 있습니다.(Tab 을 클릭하면 상태 막대가 업데이트되어 현재 선택을 나타냅니다) 연결된 요소의 체인이 커서 근처에 있는 경우 해당 요소 체인이 후보 항목으로 포함되어 체인의 모든 요소를 동시에 선택할 수 있습니다.
Shift 및 Ctrl	Ctrl 키를 누른 상태에서 요소를 선택해 선택 세트에 추가할 수 있고, Shift 키를 누른 상태에서 항목을 선택해 선택 세트에서 제거할 수 있습니다.
창 선택	수정 도구가 활성화된 상태에서 클릭하고 마우스를 끌어 사각형 형태의 창을 그려 요소를 선택합니다. 왼쪽에서 오른쪽으로 창 선택 상자를 그리는 경우 경계가 실선으로 표시되고 창에 완전히 포함된 요소가 선택됩니다.(선택 상자 영역에 완전히 포함된 요소만 선택되며, 부분적으로 걸쳐 있는 요소는 선택되지 않습니다) 오른쪽에서 왼쪽으로 창 선택 상자를 그리는 경우 경계가 점선으로 표시되고 창에 포함된 요소와 창의 경계를 지나는 요소가 선택됩니다.(선택 상자 영역에 완전히 포함되거나, 경계에 걸쳐 있는 요소가 모두 선택됩니다)

3.1.12. [TIP] 모든 인스턴스(instance) 선택

같은 종류의 요소를 빠르게 선택하려면 '모든 인스턴스 선택' 기능을 사용하면 됩니다.

객체를 선택한 다음 마우스 우클릭해 '모든 인스턴스 선택'을 클릭합니다. 뷰 또는 프로젝트 내부에 선택한 요소와 같은 인스턴스가 모두 선택됩니다.

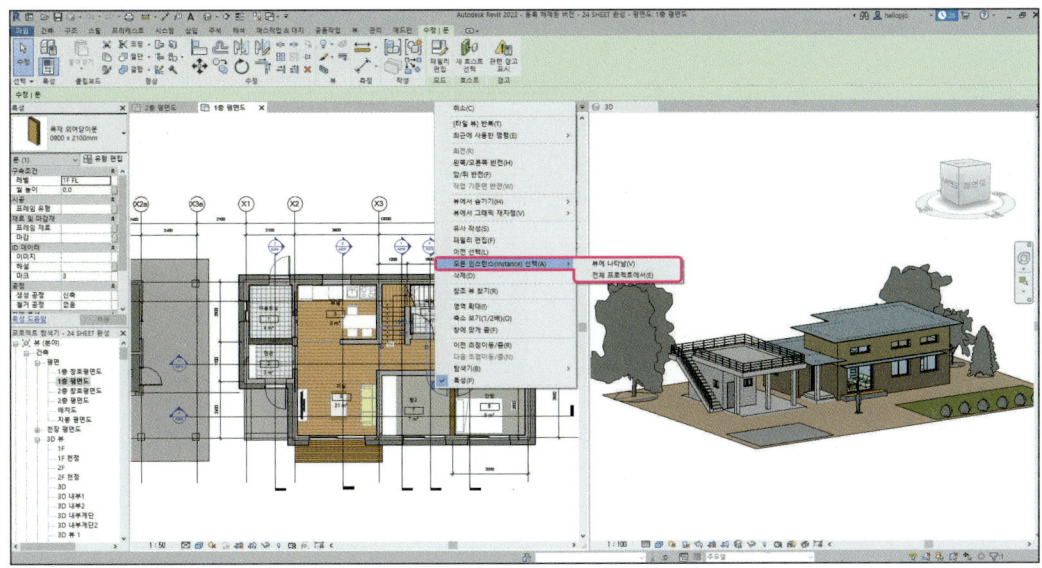

▣ 뷰에 나타남(V)

해당 뷰 내에서만 해당 객체와 동일한 인스턴스가 모두 선택됩니다.

▣ 전체 프로젝트에서(E)

해당 뷰 내에서뿐만 아니라 전체 프로젝트에 사용된 객체 중 동일한 인스턴스가 모두 선택됩니다.

3.2 요소의 구성

Revit에서 다루는 객체들은 요소라고 정의하며 요소는 카테고리 – 패밀리 – 유형의 계층 구조에 따른 정보들을 가지고 있습니다.

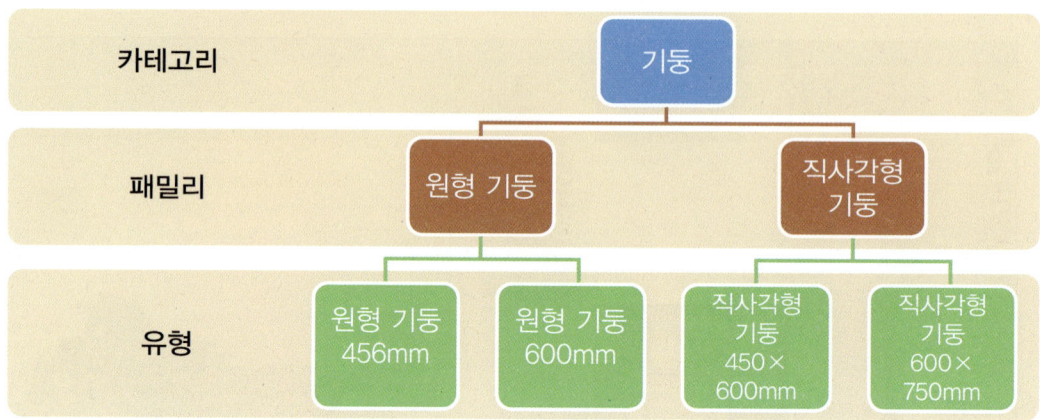

3.2.1. 카테고리

카테고리는 객체를 작성하거나 문서화하는 데 사용하는 요소들의 그룹입니다. 예를 들어 모델 요소의 카테고리에는 벽, 기둥, 바닥, 보 등이 있으며, 주석 요소의 카테고리에는 태그, 치수, 문자 참고 등이 있습니다.

3.2.2 패밀리

패밀리는 카테고리 내에 있는 요소 클래스입니다. 패밀리는 공통 매개변수 세트(특성), 동일한 용도 및 유사한 그래픽 표시를 갖는 요소를 그룹화합니다. 패밀리 내의 여러 요소의 특성 값은 일부 또는 모두가 다를 수 있습니다. 패밀리가 가진 고유정보를 변경하면 해당 패밀리를 사용한 모든 요소들에 변경된 내용이 적용됩니다.

▣ **시스템 패밀리**

기본 건물 요소(예 벽, 지붕 및 바닥)를 작성하기 위해 사용되는 Revit 환경의 일부입니다.

▣ 로드할 수 있는 패밀리

모델별로 독립적으로 작성되며 필요에 따라 모델에 로드되는 패밀리, 문 및 설비와 같은 설치된 건물 구성요소 및 주석 요소를 작성하기 위해 사용되는 패밀리입니다.
시스템 패밀리에 의해 자주 호스트되는 패밀리, 예를 들어 문과 창은 벽에 의해 호스트됩니다.

▣ 내부 패밀리

모델의 컨텍스트에서 작성하는 사용자 요소, 모델에 재사용하지 않을 고유한 형상이 필요하거나 다른 모델 형상과 관계를 유지해야 하는 형상이 필요할 때 내부 패밀리를 작성합니다. 내부 요소는 모델에서 제한적으로 사용하기 위한 것이므로 각 내부 패밀리에는 단일 유형만 포함되어 있습니다.

▣ 모델링 패밀리

실제 객체(예 문, 바닥 또는 가구)로 로드할 수 있는 패밀리입니다. 이러한 패밀리는 모든 뷰에 표시됩니다.

▣ 주석 패밀리

주석 용도의 로드할 수 있는 패밀리입니다.(예 문자, 치수 또는 태그) 이러한 패밀리는 3D용이 아니며 패밀리를 배치하는 뷰에만 표시됩니다

3.2.3. 유형

각 패밀리에는 여러 가지 유형이 있을 수 있습니다. 유형은 '600mm×600mm 기둥' 또는 '400mm× 400mm 기둥'과 같이 특정 크기로 나뉜 패밀리가 될 수 있습니다. 유형은 패밀리가 가지고 있는 정보들을 가지고 있고, 유형이 가진 고유정보를 변경하면 해당 유형을 가진 모든 요소들에 변경된 내용이 적용됩니다.

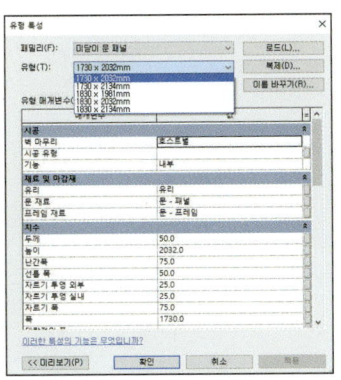

3.2.4. 인스턴스(instance)

인스턴스는 카테고리 내 패밀리를 적용한 유형으로 작성된 개별 요소입니다. 각 인스턴스는 패밀리와 패밀리의 유형에서 가지고 있는 정보들을 공통되게 가지고 있으면 해당 정보를 개별 인스턴스에만 적용되도록 수정할 수 없습니다. 개별 인스턴스에만 적용되도록 정보를 수정하기 위해서는 개별 인스턴스가 가진 고유정보를 수정해야 합니다.

3.2.5. [실습] 유형 변경 및 패밀리 편집

1. Sample 폴더에서 실습06.rvt 파일을 엽니다.

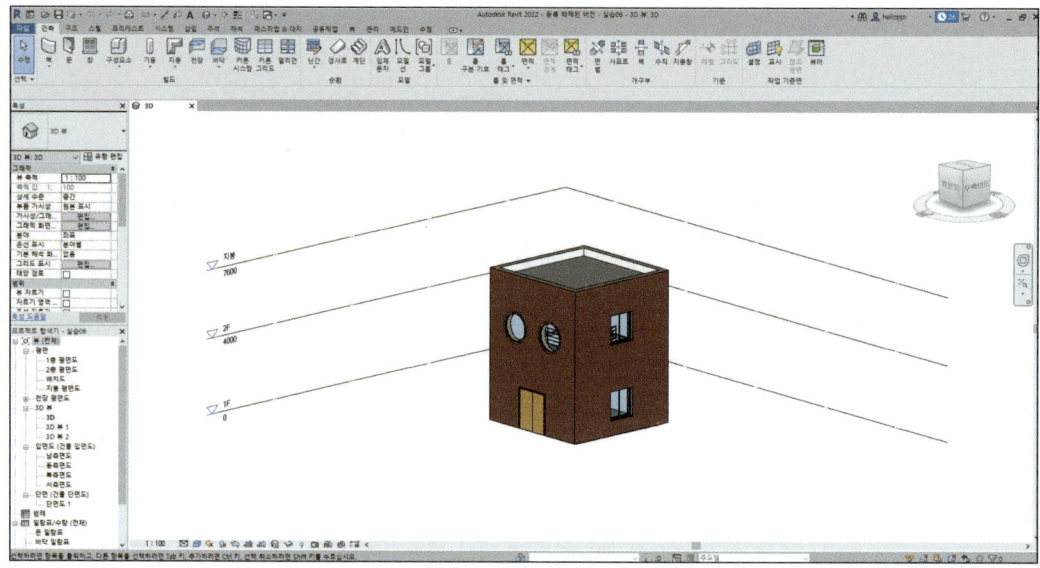

2. 프로젝트 탐색기에서 '뷰' – '입면도' – '동측면도'를 더블클릭하고, '뷰' – '입면도' – '서측면도' 뷰를 더블클릭해 '동측면도' 뷰와 '서측면도' 뷰를 활성화합니다. 열려 있던 '3D' 뷰의 이름 옆 'X' 표시를 눌러서 뷰를 닫은 다음, 리본 메뉴의 '뷰' 탭에서 '타일 뷰'를 눌러 뷰를 정렬합니다.

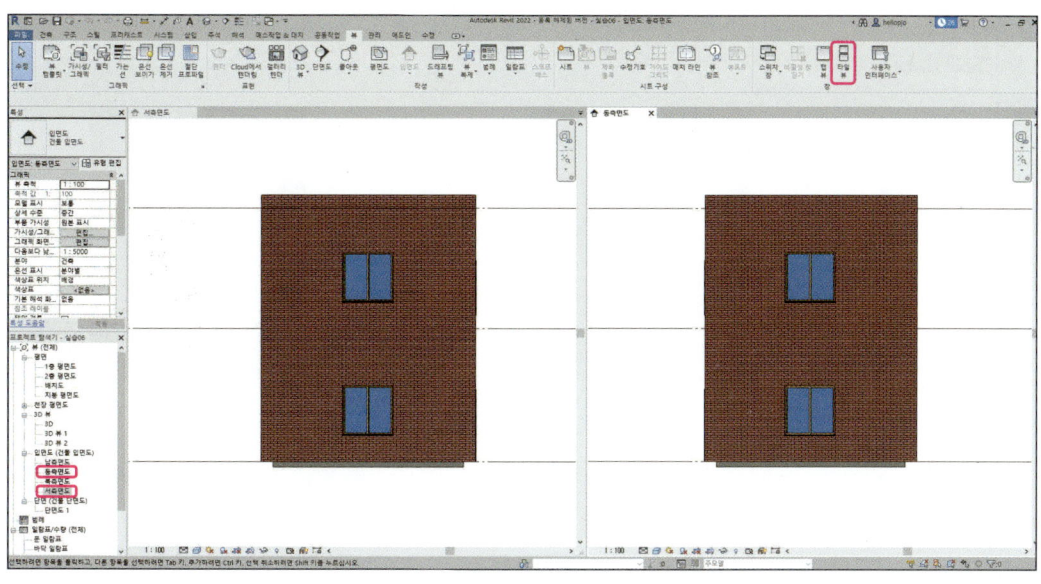

3. 서측면도 뷰와 동측면도 뷰에 각각 2개씩 보이는 창은 모두 패밀리는 '미닫이', 유형은 '1500× 1500mm'입니다.

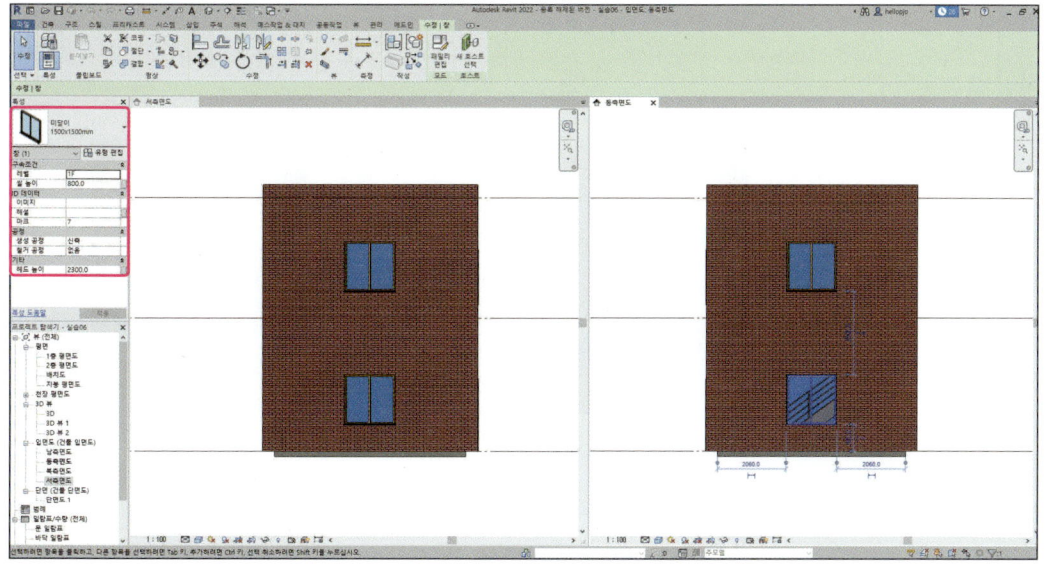

3 Revit 기능 설명 **105**

4. 동측면도 뷰의 2층 창을 선택해 특성창에서 유형을 '미닫이 - 1000×1200mm'로 변경합니다.

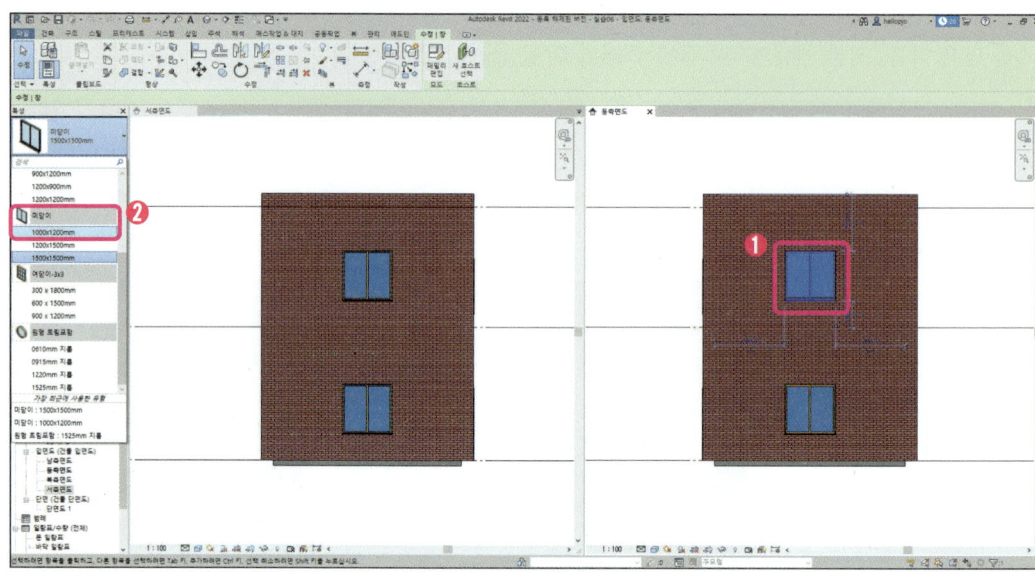

5. 동측면도 뷰의 2층 창이 작게 변경된 것을 확인합니다. 특성창에서 표기되는 유형도 '미닫이 - 1000× 1200mm'로 바뀐 것을 확인할 수 있습니다. 화면에 보이는 창 모두 동일한 패밀리(미닫이)를 사용한 창이지만, 선택해 유형을 변경한 창에만 변동 사항이 적용되었습니다.

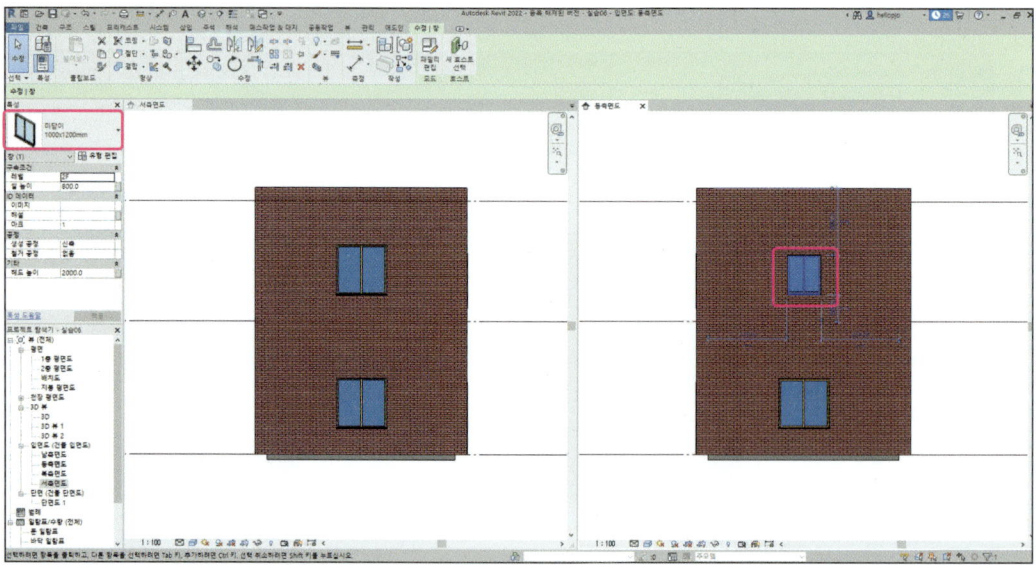

6. 이번에는 '미닫이' 패밀리를 수정해 해당 패밀리를 사용해 프로젝트에 사용된 창호들이 어떻게 변화되는지 확인해 보겠습니다. '동측면도' 뷰의 1층 창을 선택하고 리본메뉴 '수정' 탭의 '패밀리 편집'을 선택합니다.

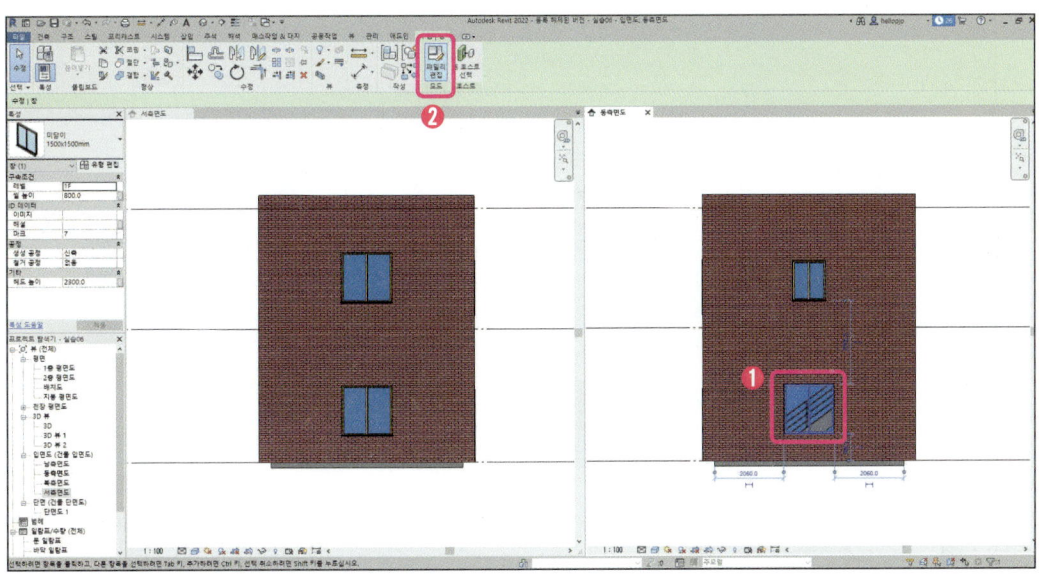

7. 패밀리 편집기로 전환된 상태로 '미닫이' 패밀리의 3D 형상 뷰가 보이는 것을 확인합니다. '뷰1'에서 A 지점을 클릭한 상태에서 B지점으로 드래그해 창문 객체를 선택하고, 리본 메뉴의 '필터'를 선택합니다.

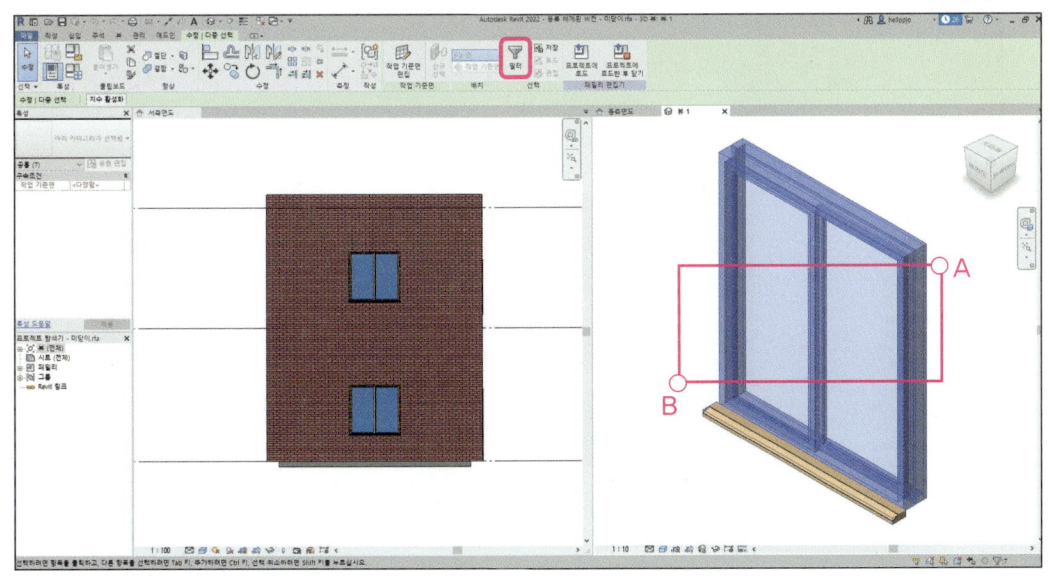

8. 필터 창에서 '유리' 항목만 체크하고 나머지는 체크 해제를 합니다. '적용' 버튼을 누르고 '확인'을 눌러 필터 창을 닫습니다.

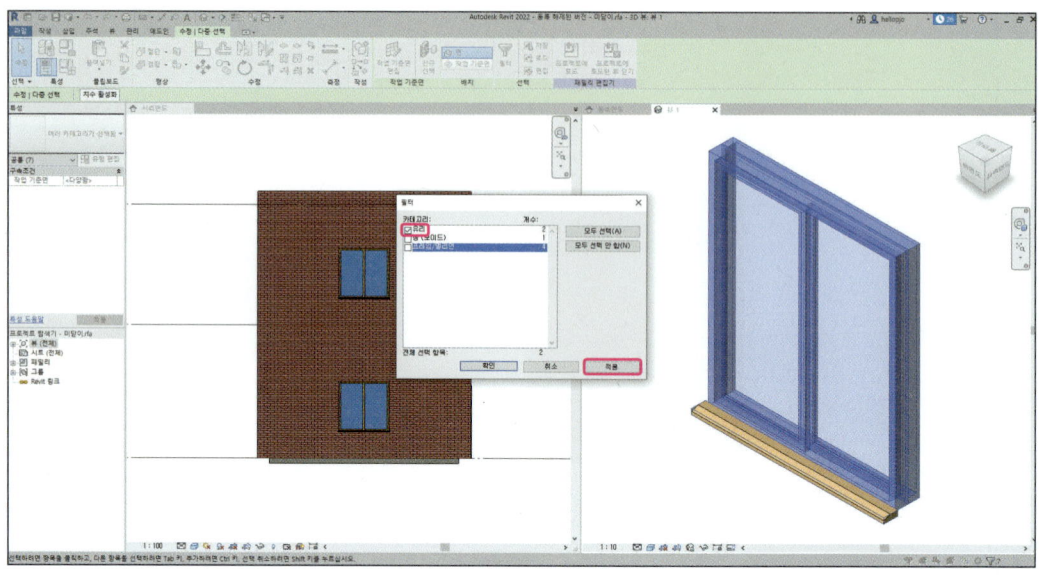

9. 유리 요소 2개가 화면에 선택된 것을 확인할 수 있습니다. 키보드의 Delete 키를 눌러 선택한 유리 요소를 삭제합니다.

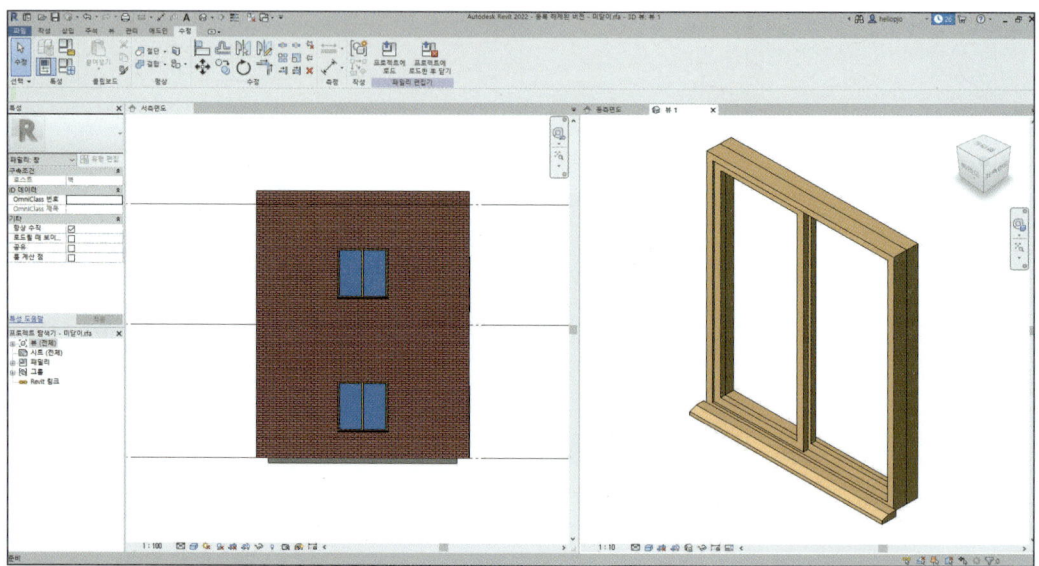

10. 리본 메뉴 '수정' 탭에서 '프로젝트에 로드'를 선택합니다.

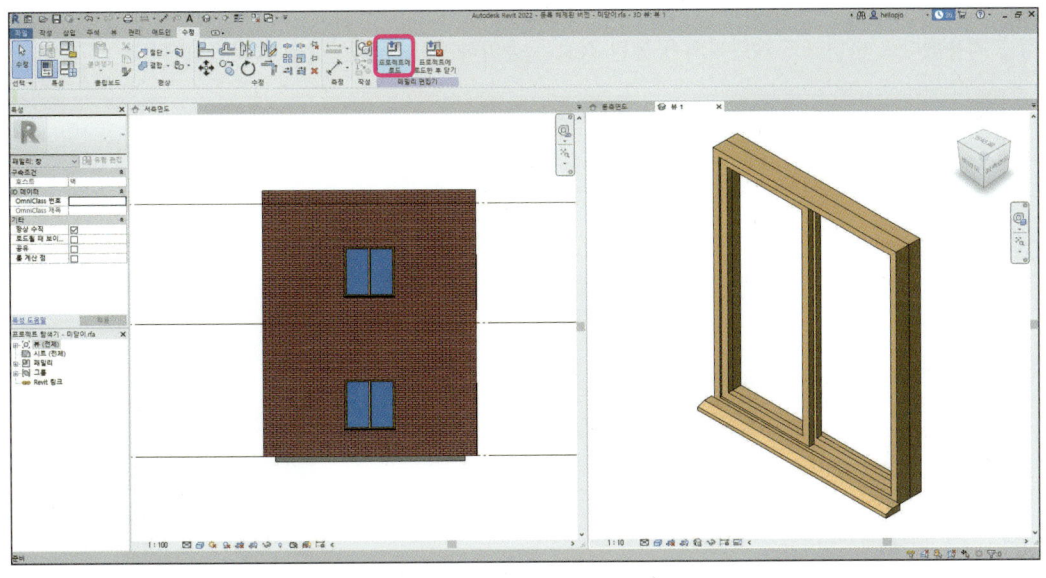

11. '패밀리가 이미 있음' 창에서 '기존 버전과 해당 매개변수 값 덮어쓰기'를 선택합니다.
- 기존 버전 덮어쓰기
  패밀리 정의를 덮어쓰지만(형상) 프로젝트에 지정된 매개변수 값은 동일하게 유지됩니다.
- 기존 버전과 해당 매개변수 값 덮어쓰기
  기존 패밀리의 유형 매개변수 값은 로드 중인 패밀리의 매개변수 값으로 덮어씁니다. 예를 들어 이 패밀리의 새 버전을 프로젝트에 로드할 때 프로젝트의 패밀리에 URL 매개변수가 설정된 경우 패밀리 편집기에 지정된 URL 값이 프로젝트의 값을 대체합니다.

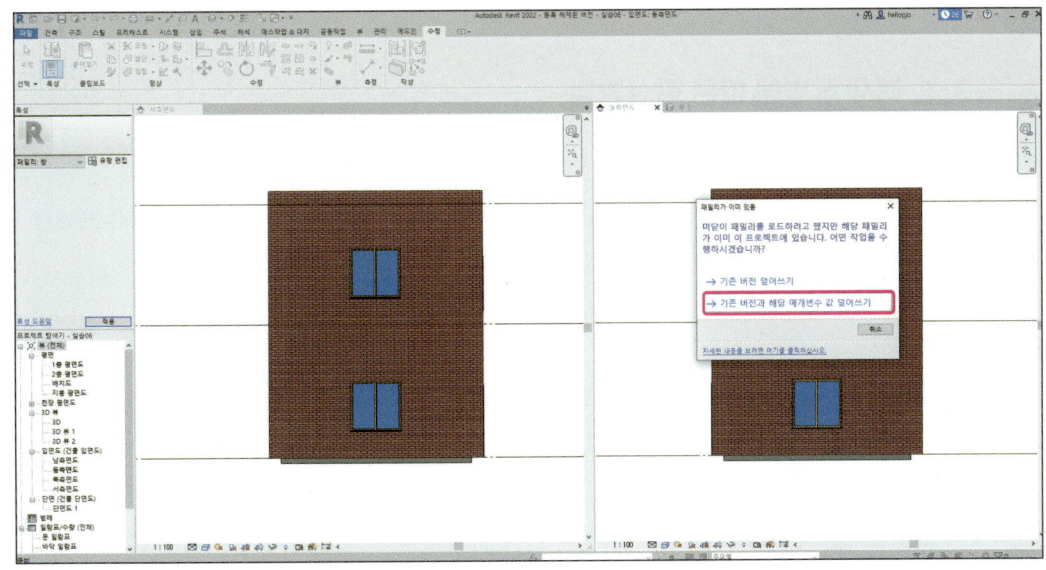

3 Revit 기능 설명 **109**

12. 패밀리 편집기에서 '미닫이' 창호의 형상에서 유리를 삭제하였기 때문에 해당 패밀리를 사용하고 있는 모든 창에서 유리가 사라진 것을 확인할 수 있습니다. 이처럼 패밀리를 수정할 경우 패밀리 내에서 다른 유형을 적용했다고 하더라도 패밀리의 공통된 정보는 동일하게 적용되는 것을 알 수 있습니다.

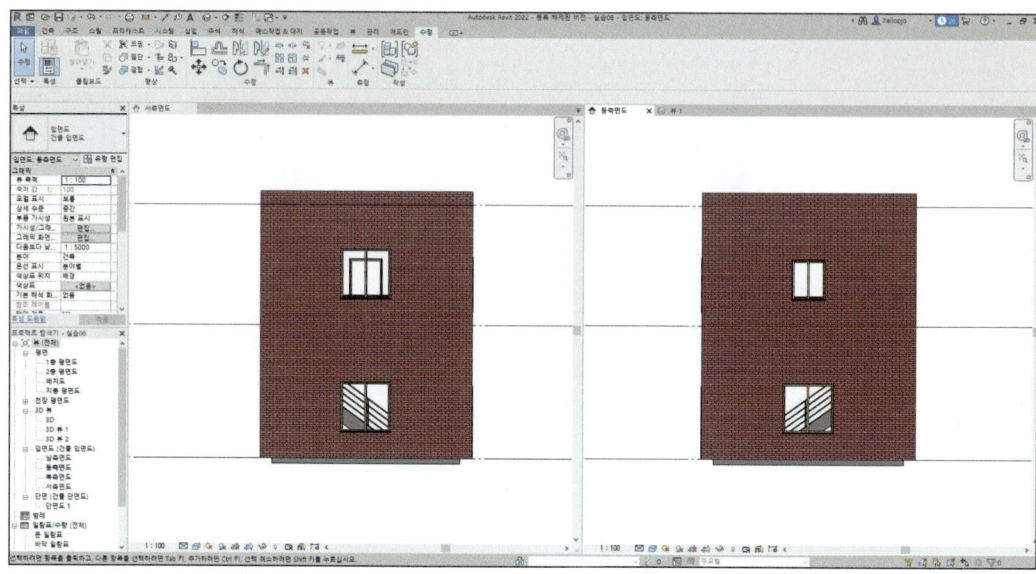

3.3 객체 작성

3.3.1. 객체 유형에 따른 작성방법

Revit의 객체들은 작성 방법에 따라 크게 점 유형, 선 유형, 면 유형, 입체 유형으로 나눌 수 있습니다. 이외의 방식으로 작성되는 객체들도 있으나 크게 3가지의 유형만 파악을 하면 Revit에서 객체를 작성 및 편집하는 주요 원리를 이해할 수 있습니다.

▣ 점 유형

평면이나 3D상에 하나의 포인트를 정해 해당 위치에 객체를 생성하는 방법입니다. 기둥, 가구 패밀리와 나무 패밀리의 배치 등이 이러한 방식으로 작성됩니다.

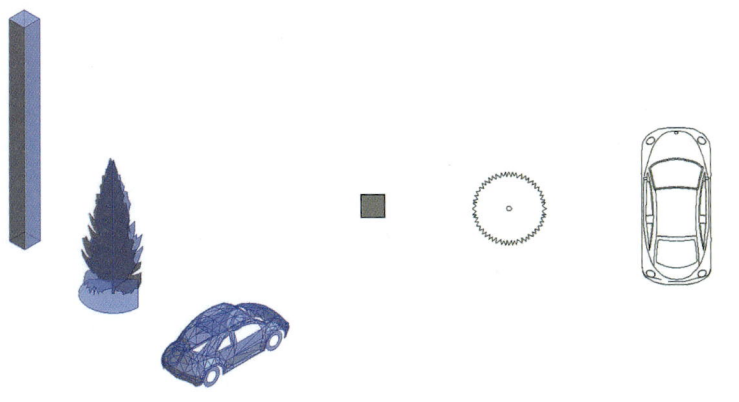

▣ 선 유형

시작하는 지점과 끝나는 지점을 지정해 선의 형태를 만들에 해당 선을 기준으로 객체를 생성하는 방법입니다. 벽, 그리드, 주석 선 등의 객체가 이러한 방식으로 작성됩니다.

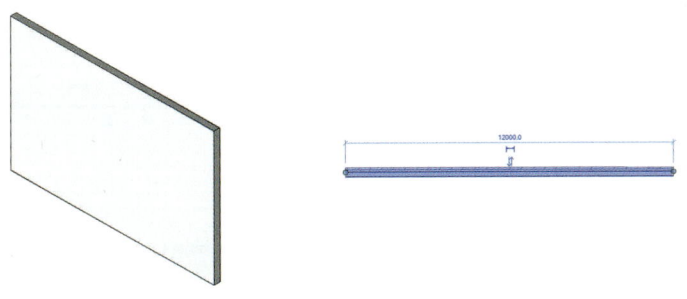

▣ 면 유형

스케치로 사각형 또는 다각형태의 면을 만들어서 해당 면을 기준으로 하는 두께를 가진 객체를 생성하는 방법입니다. 바닥, 지붕 기초 등의 객체가 이러한 방식으로 작성됩니다.

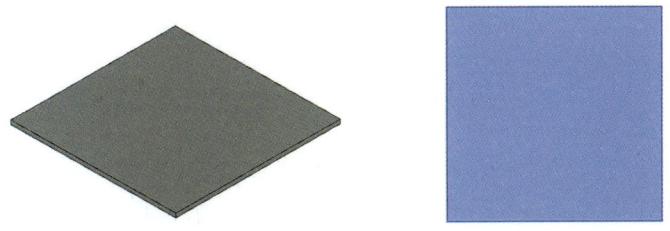

3.3.2. [실습] 선 유형 객체 작성, 편집

1. Sample 폴더에서 실습04.rvt 파일을 엽니다.
프로젝트 탐색기에서 '뷰' – '평면' – '1층 평면도'를 더블 클릭하고, '뷰' – '3D 뷰' – '3D' 뷰를 더블클릭해 '1층 평면도' 뷰와 '3D' 뷰를 활성화합니다. 리본 메뉴의 '뷰' 탭에서 '타일 뷰'를 눌러 뷰를 정렬합니다.

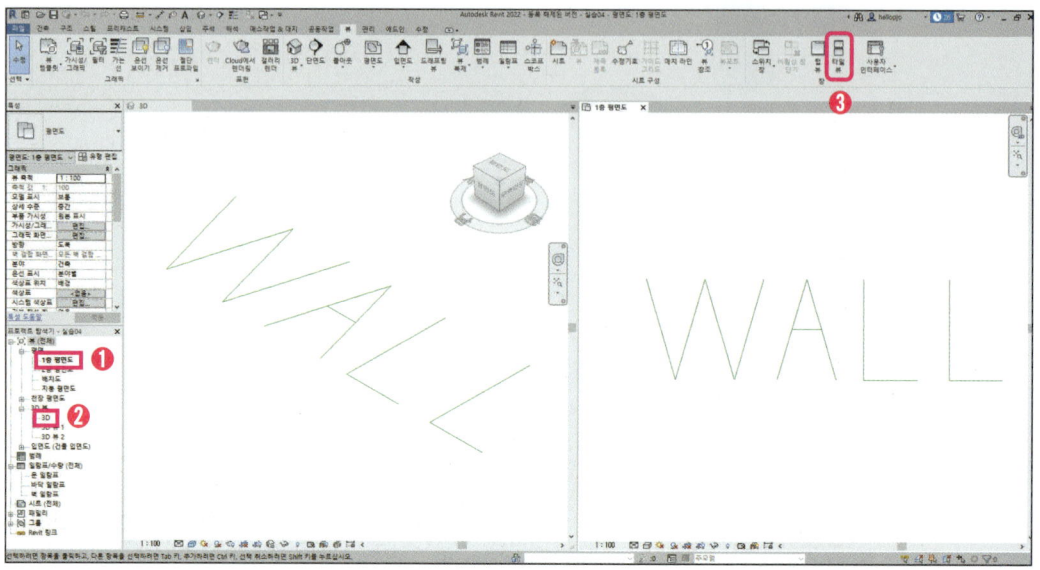

2. 리본 메뉴 '건축' 탭에서 '벽'을 선택합니다.

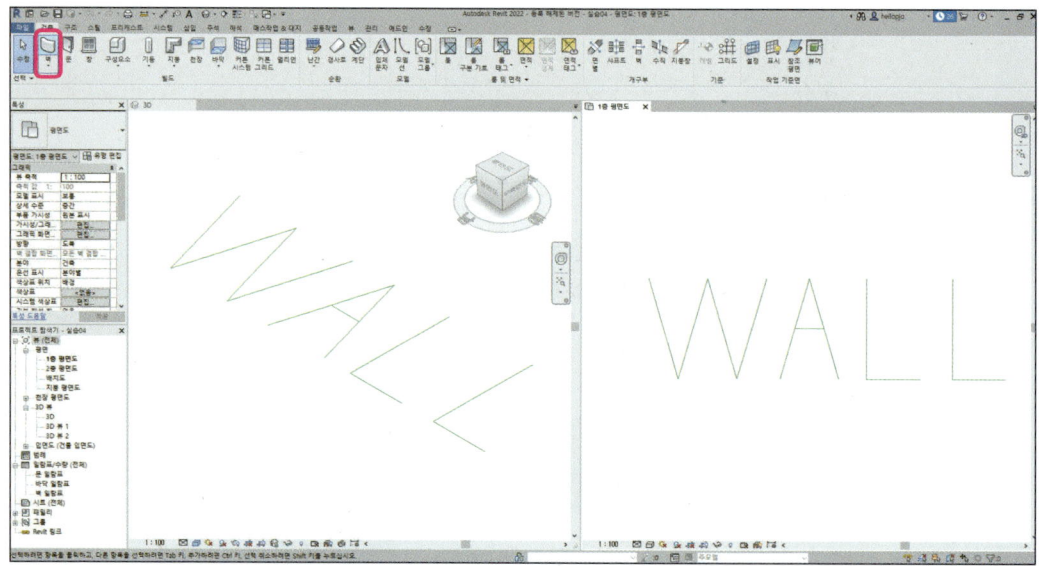

3. 리본메뉴 수정 탭에서 그리기의 '선 그리기'가 선택된 것을 확인합니다. 리본 메뉴 하단 옵션 막대의 '체인' 부분을 체크한 상태에서 '1층 평면도' 뷰의 W 모양에 맞게 A-B-C-D-E를 순차적으로 클릭해 벽체를 생성합니다. 체인이 활성화되어 있으면 마지막에 작성한 벽의 끝점이 다음 생성되는 벽의 시작점으로 자동 인식되어 연속된 벽을 생성할 수 있습니다.

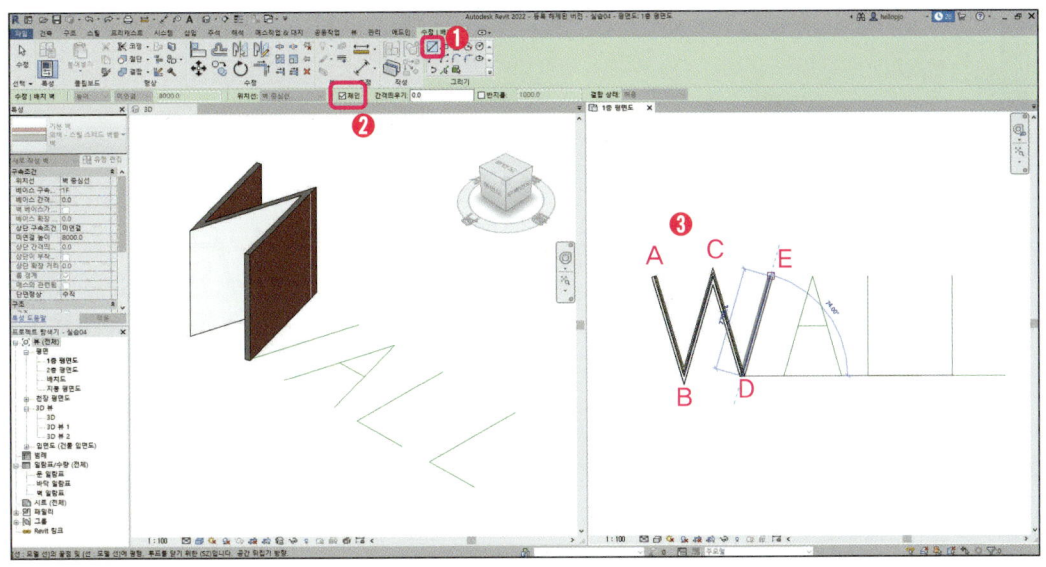

4. 이번엔 리본 메뉴 하단 옵션 막대의 '체인'을 해제한 상태에서 A-B, B-C, D-E를 순차적으로 선택해 벽을 생성합니다. 체인이 활성화되어 있지 않으면 벽의 시작점-끝점을 순차적으로 선택해 벽을 생성할 수 있습니다.

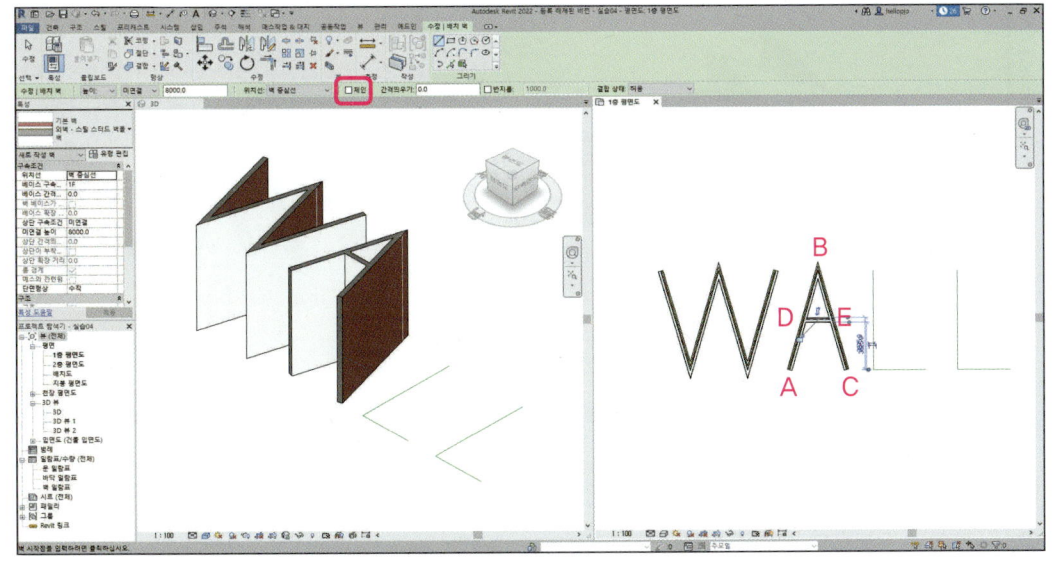

5. 리본 메뉴 하단 옵션 막대의 '체인'이 체크된 상태에서 F-G-H, Esc 키, I-J-K를 순차적으로 선택, 입력해 벽을 생성합니다.

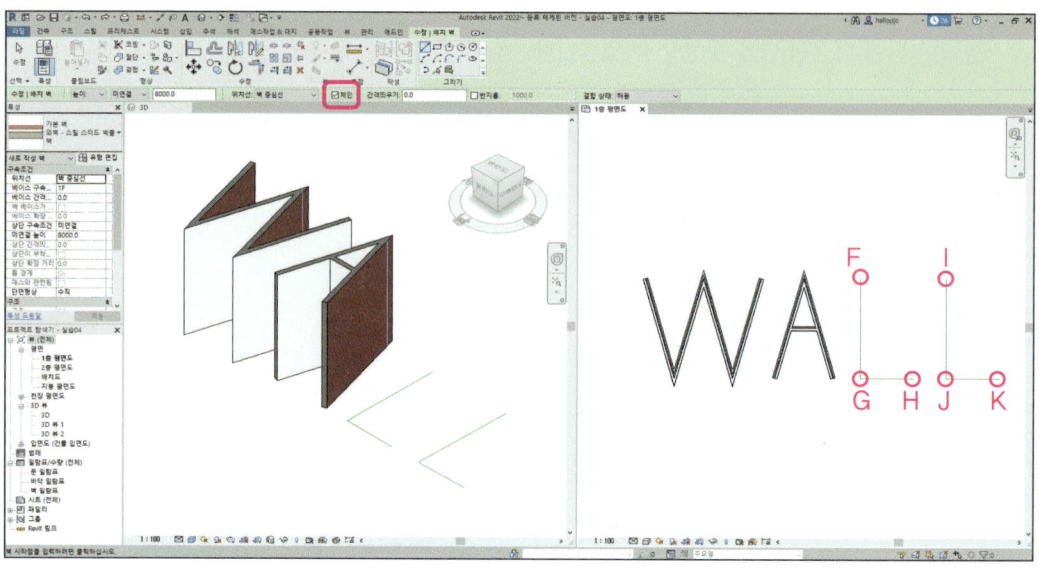

6. '1층 평면도' 뷰 하단의 뷰 조절 막대에서 '그림자 켜기' 버튼을 눌러 그림자를 활성화합니다. 바닥의 알파벳 WALL의 선형 모양에 따라 벽이 생성된 것을 확인할 수 있습니다.

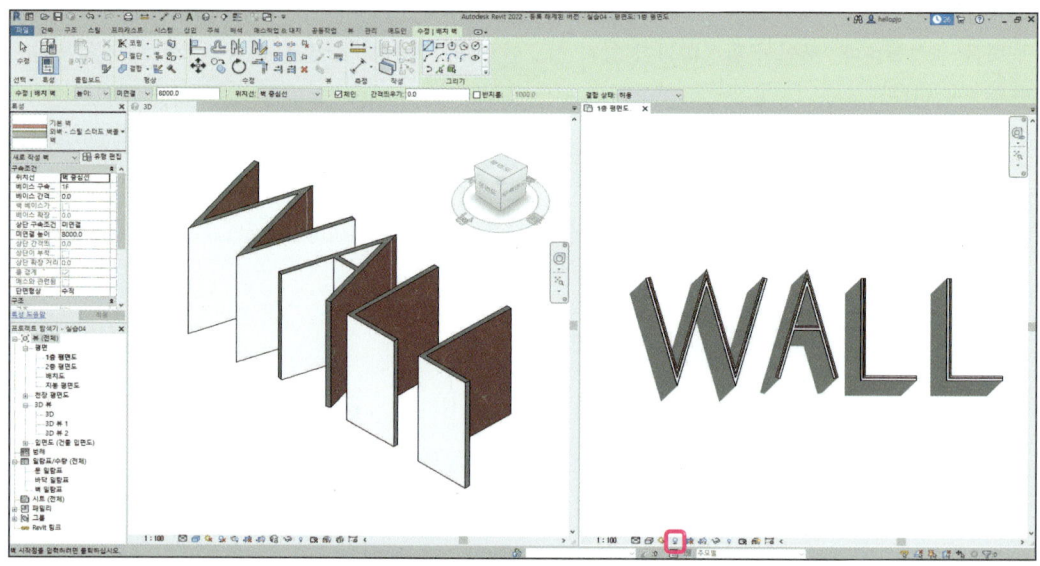

7. 뷰 조절 막대의 '그림자 끄기' 버튼을 선택해 그림자를 끕니다. 1층 평면도 뷰에서 A와 L 사이의 L 모양 벽을 선택하고 키보드의 Delete 키를 눌러 삭제합니다.

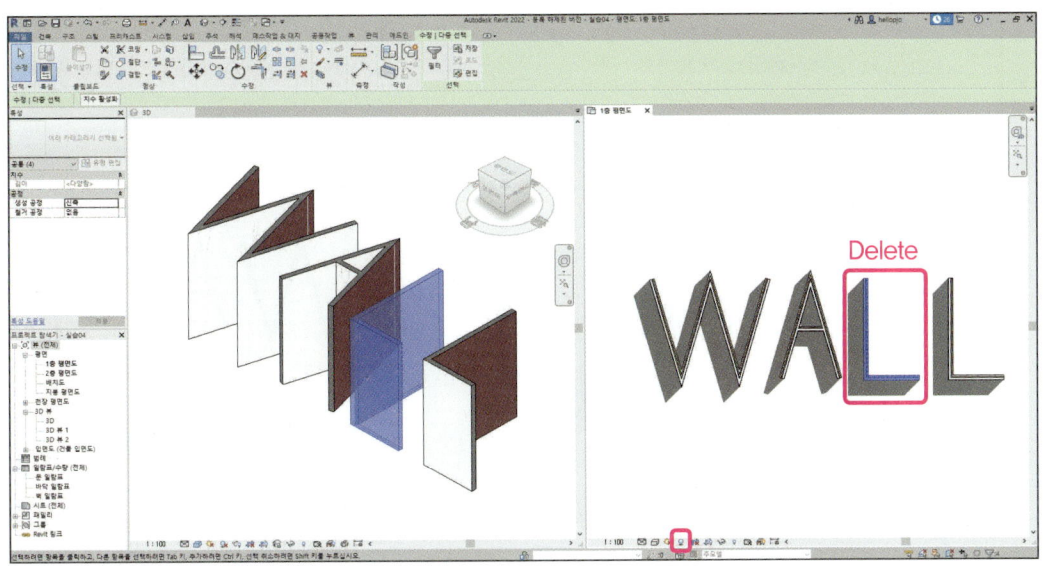

8. '1층 평면도' 뷰에서 알파벳 L형상의 아래쪽 벽을 선택한 다음 벽의 좌측 끝점(A)을 선택합니다. 점이 선택된 상태에서 원 지점(A)에서 좌측(B)으로 드래그합니다.

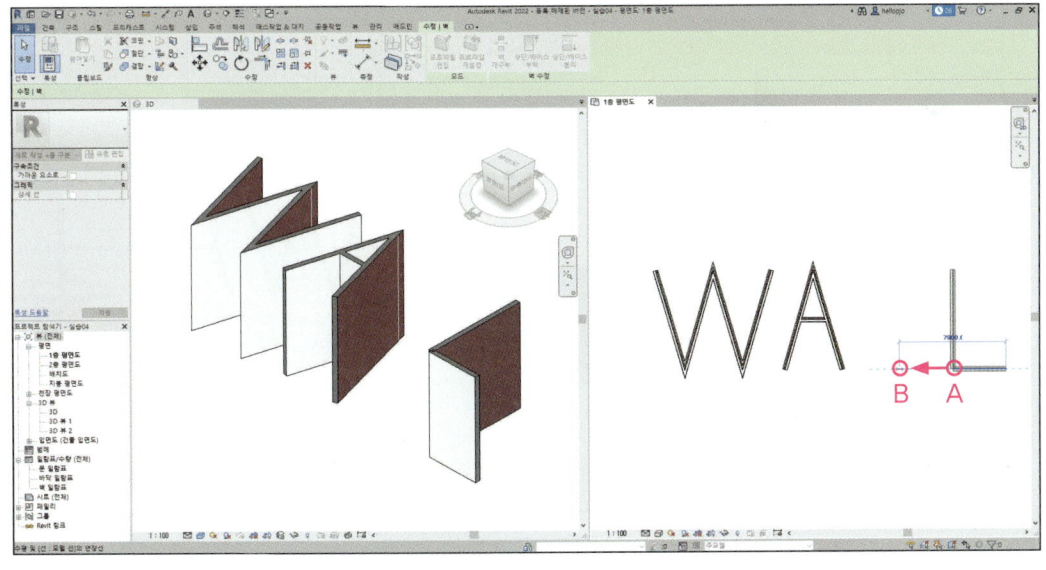

9. 드래그한 지점에 따라 벽의 길이가 변경된 것을 확인할 수 있습니다.

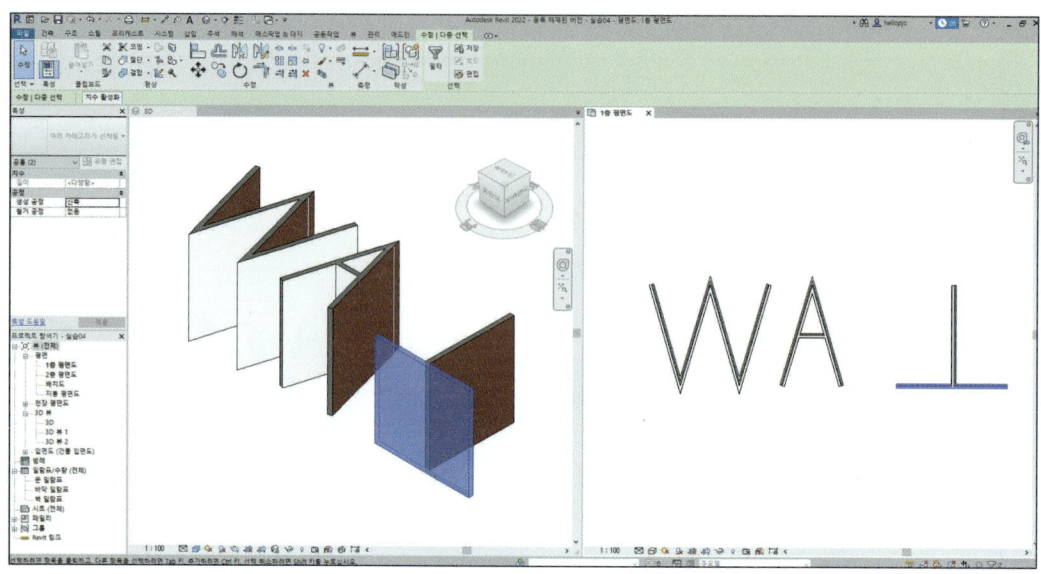

10. 길이를 조절한 벽을 선택하고, 1층 평면도 뷰에서 벽 옆에 있는 반전 화살표(↕)를 선택합니다.

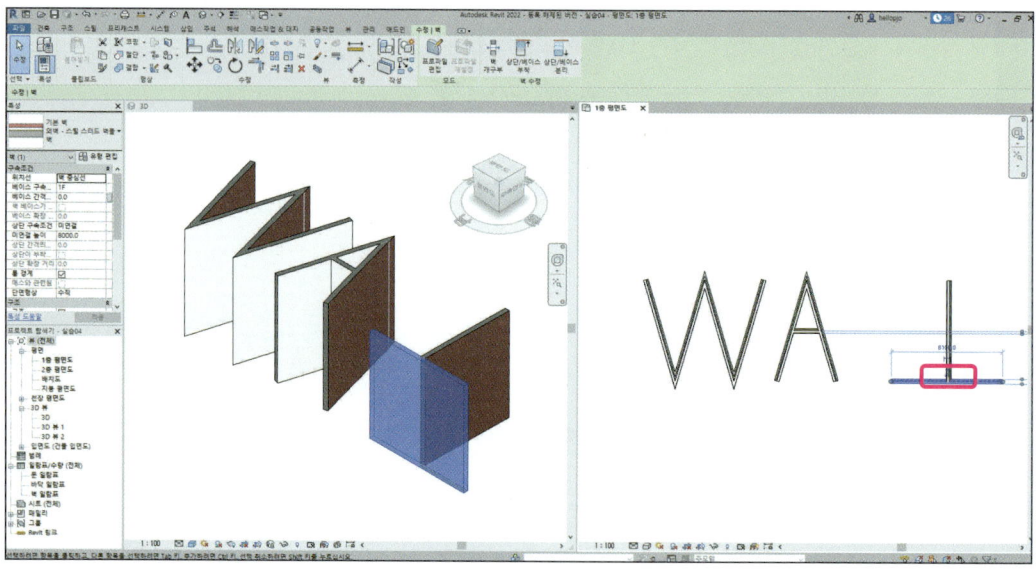

11. 3D 뷰에서 보이는 면의 앞뒤가 바뀐 것을 확인합니다. 벽의 내 – 외부 반전 기능으로 외부와 내부의 면 방향이 변경된 것을 알 수 있습니다.

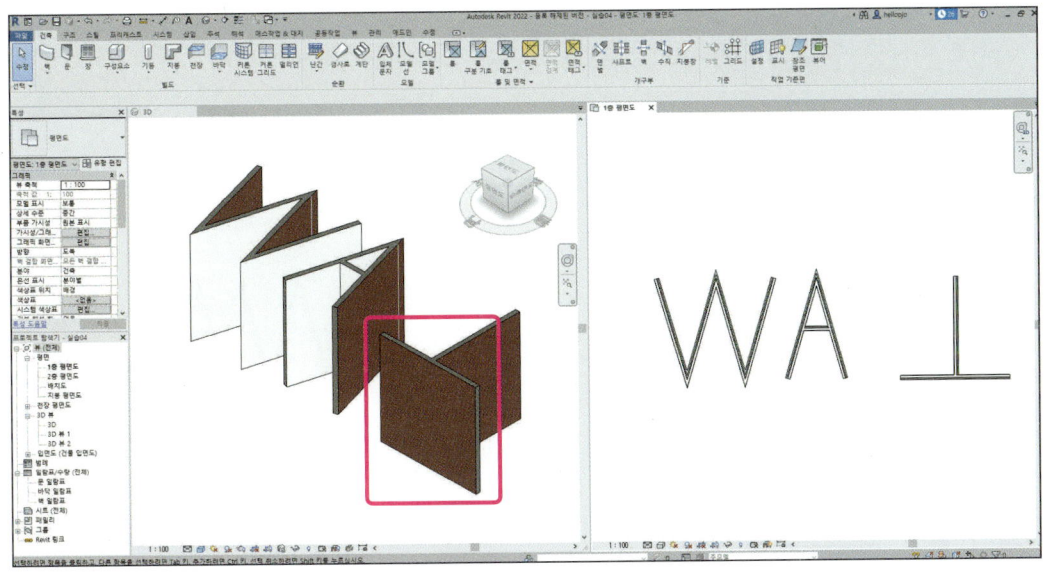

12. 키보드에서 Ctrl + Z 를 두 번 눌러 편집을 취소합니다. 알파벳 A 모양의 벽에서 우측벽의 아래쪽 모서리 지점을 선택합니다. 선택점(A)을 마우스로 우측으로 드래그해 B지점까지 이동합니다.

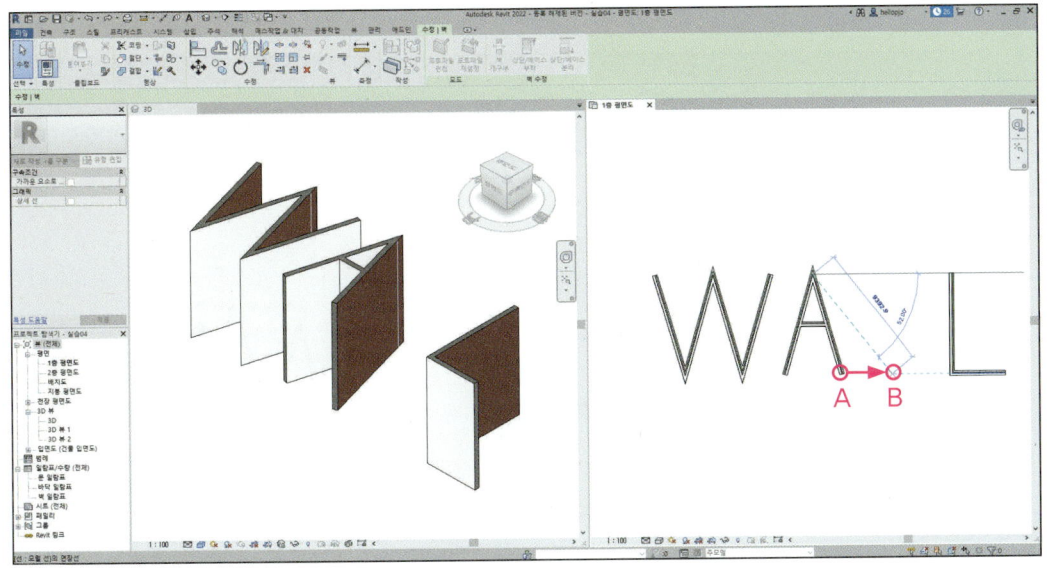

13. 마우스로 드래그한 지점까지 벽의 끝점이 이동된 것을 확인할 수 있습니다. 또한 알파벳 A형태의 가운데 가로 벽의 길이가 측면 벽의 이동에 따라 길이가 늘어난 것도 확인할 수 있습니다.

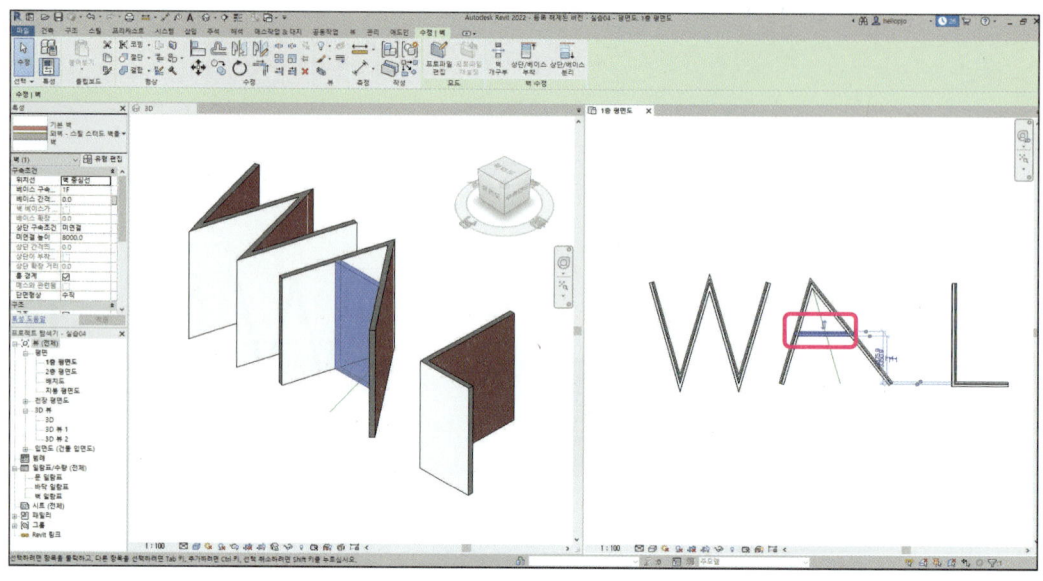

14. 알파벳 A형태의 가운데 벽(C)을 선택하고 아래쪽(D)으로 드래그합니다. 벽이 아래로 이동한 형태의 미리보기가 나타납니다. 벽의 수평은 유지한 채로 길이가 변화하면서 이동되는 것을 확인할 수 있습니다. 위로 드래그하면 수평은 유지한 상태에서 벽의 길이는 짧아지면서 이동하게 됩니다.

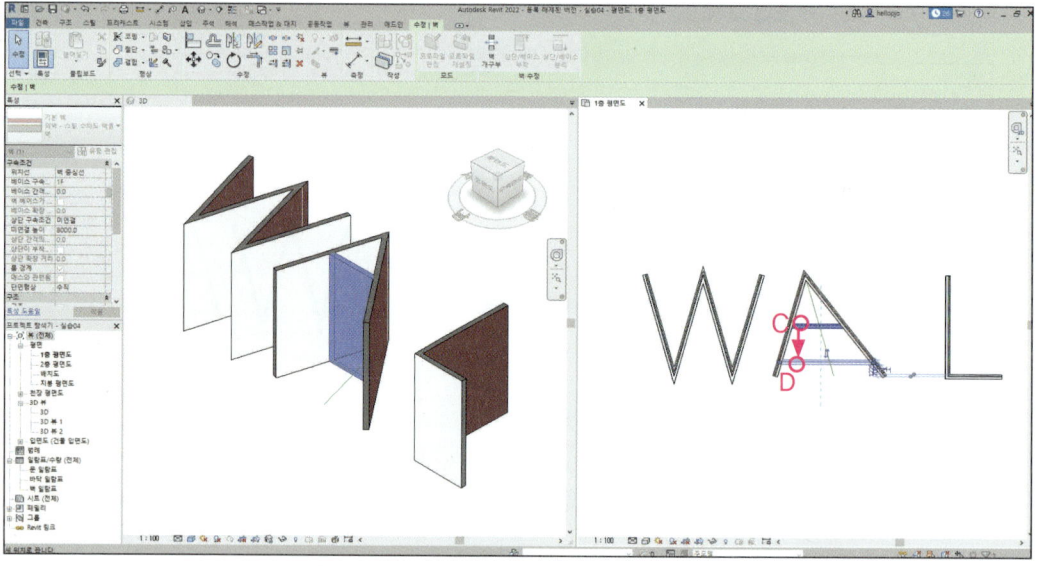

15. 벽을 아래쪽으로 드래그한 상태에서 마우스의 클릭을 해제하면 벽이 이동됩니다.

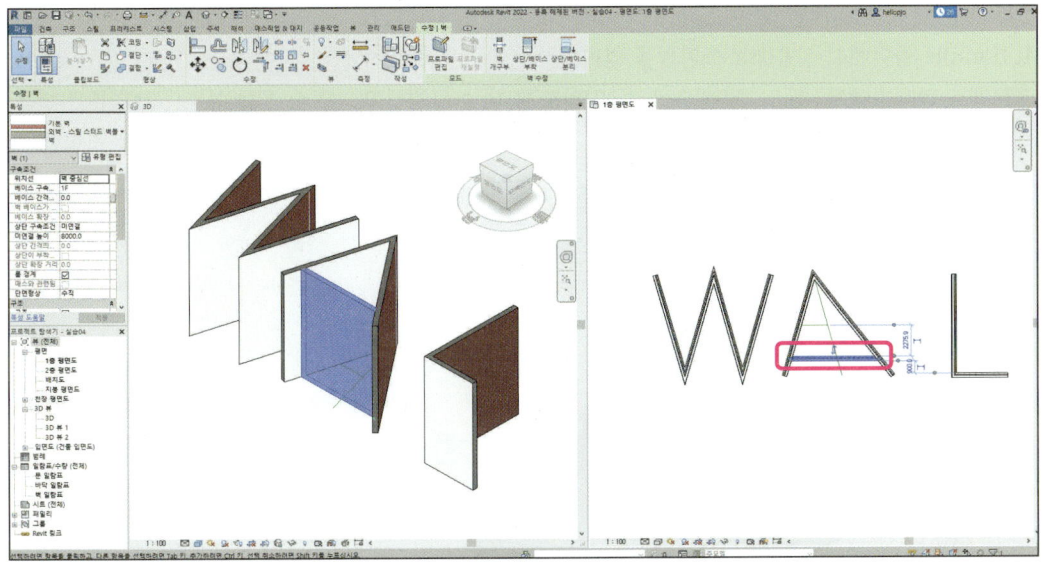

3.3.3 [실습] 면 유형 객체 편집

1. Sample 폴더에서 실습03.rvt 파일을 엽니다.

프로젝트 탐색기에서 '뷰' – '평면' – '1층 평면도'를 더블 클릭하고, '뷰' – '3D 뷰' – '3D' 뷰를 더블클릭해 '1층 평면도' 뷰와 '3D' 뷰를 활성화합니다. 리본 메뉴의 '뷰' 탭에서 '타일 뷰'를 눌러 뷰를 정렬합니다.

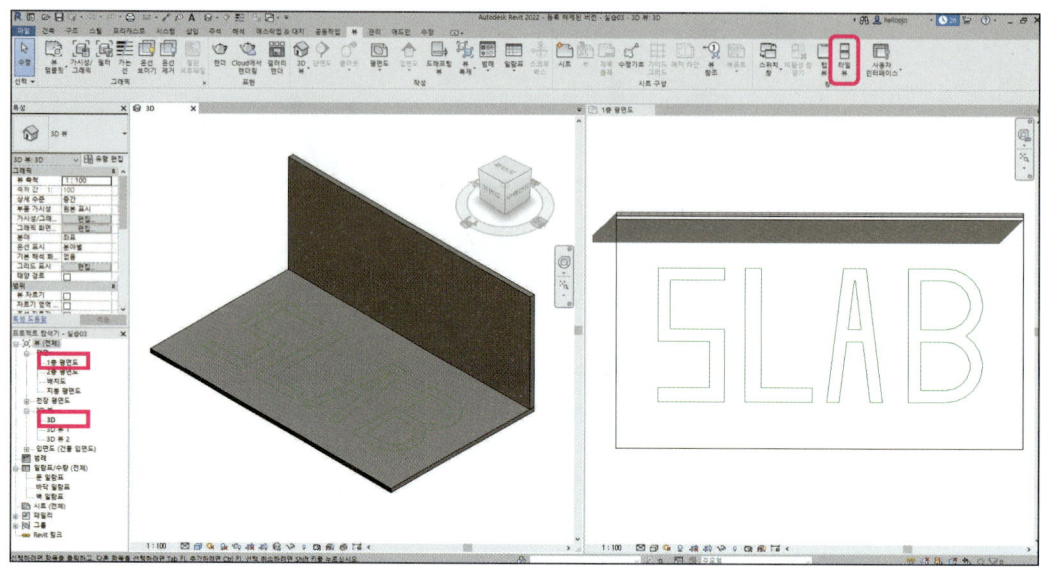

2. 1층 평면도 뷰에서 바닥 객체를 선택하고, 리본 메뉴의 '수정' 탭에서 '경계 편집'을 선택합니다.

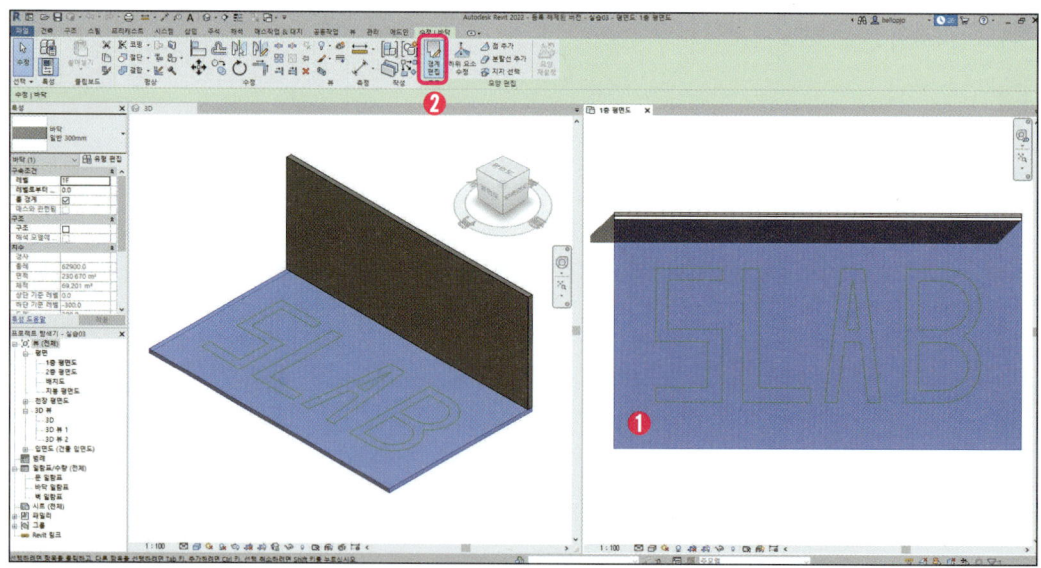

3. 선 그리기 스케치 도구를 이용해 S, L 부분의 외곽선을 따라 스케치를 작성합니다.

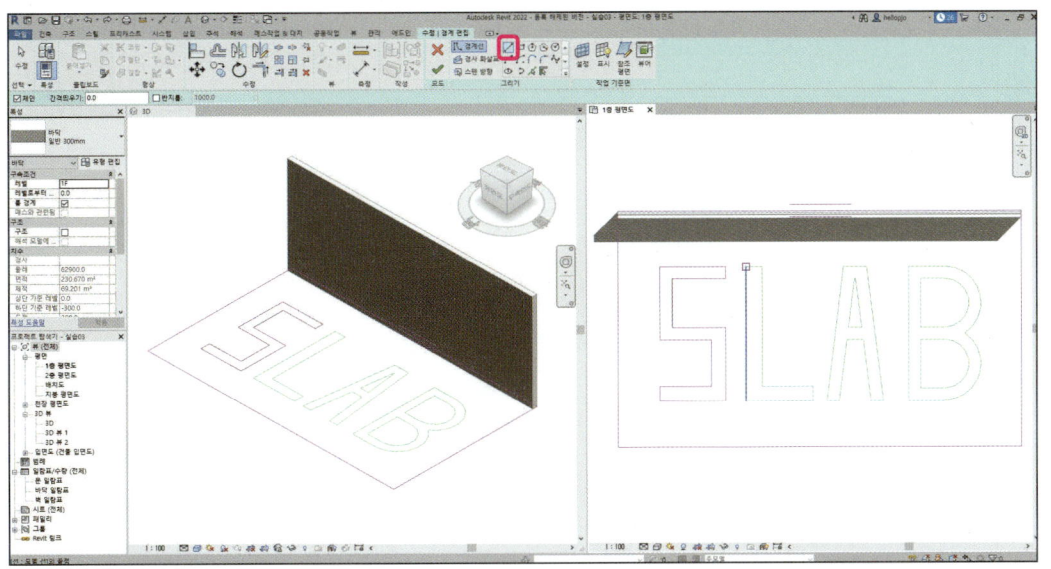

4. 이번에는 '선 선택' 스케치 도구를 이용해 A, B의 외곽에 해당하는 선들을 모두 선택합니다.

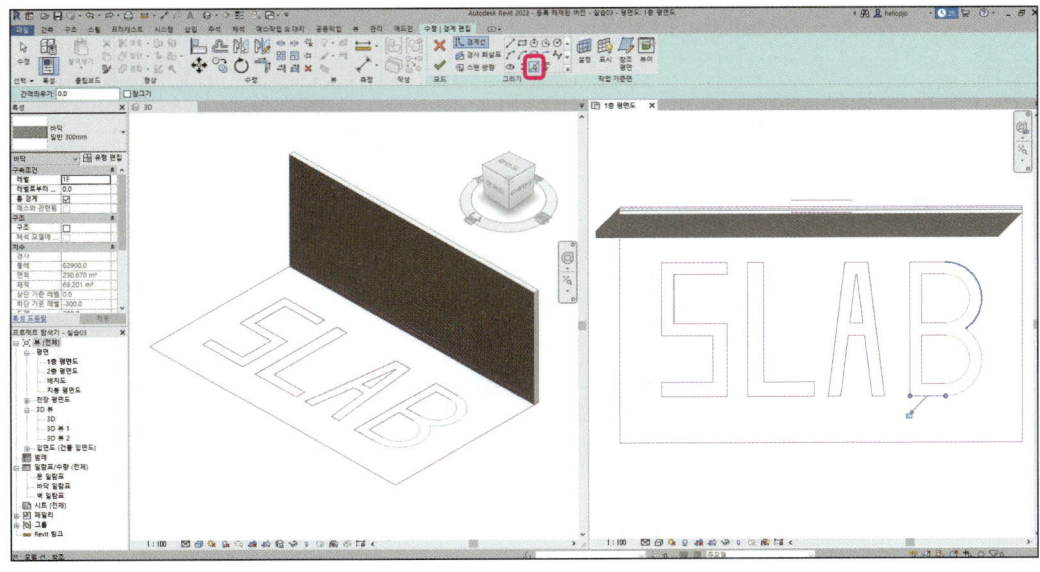

5. '편집 모드 완료' 버튼을 눌러 스케치 편집을 완료합니다.

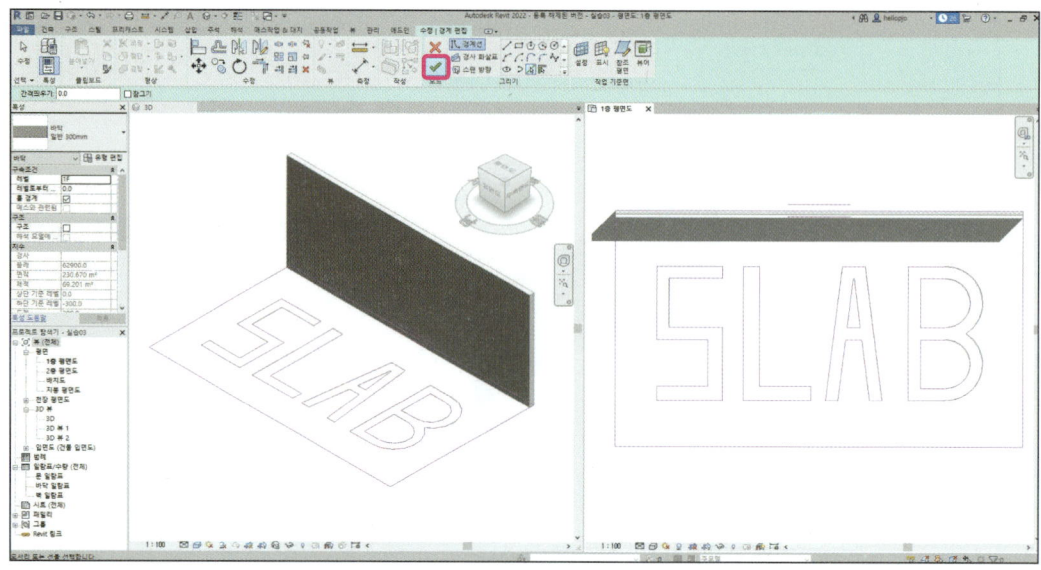

6. 바닥 슬라브가 알파벳 SLAB의 형상으로 파인 형상으로 수정된 것을 확인할 수 있습니다.

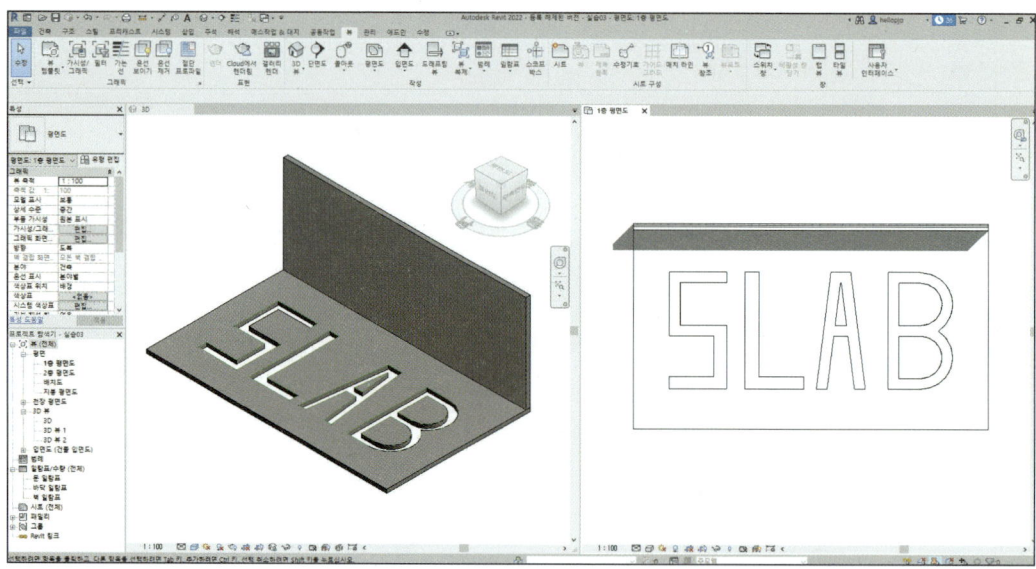

7. 이번에는 바닥에 파인 형상이 아닌 알파벳 SLAB 형상만 유지한 바닥으로 수정해 보겠습니다. 바닥을 선택하고 리본 메뉴 '수정' 탭의 '경계 편집'을 선택합니다.

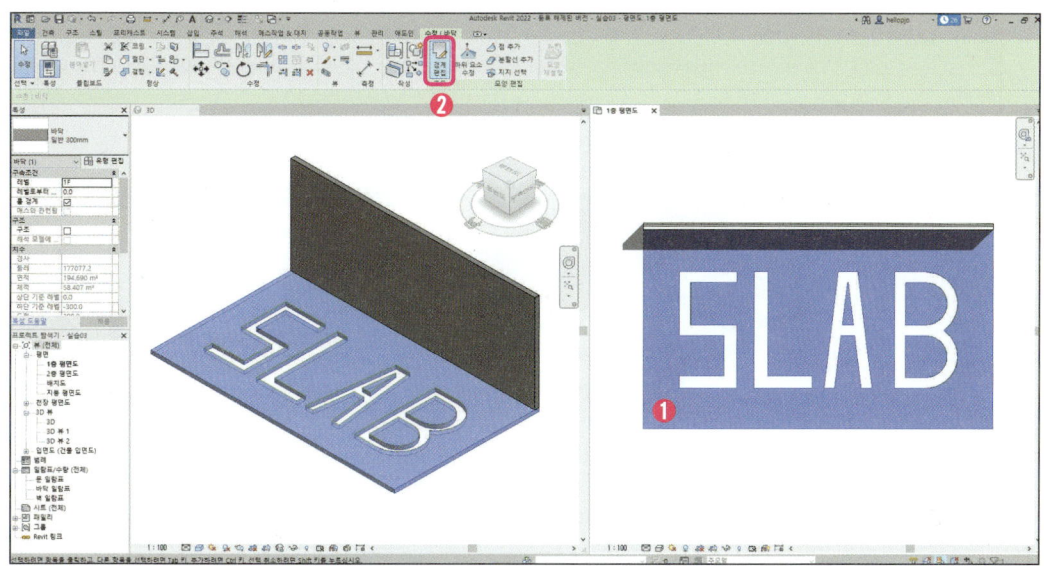

8. 바닥 슬라브의 테두리 선을 선택하고 키보드의 Delete 키를 눌러 삭제합니다. 4개의 선을 모두 삭제하고 '편집 모드 완료' 버튼을 눌러 스케치 편집을 완료합니다.

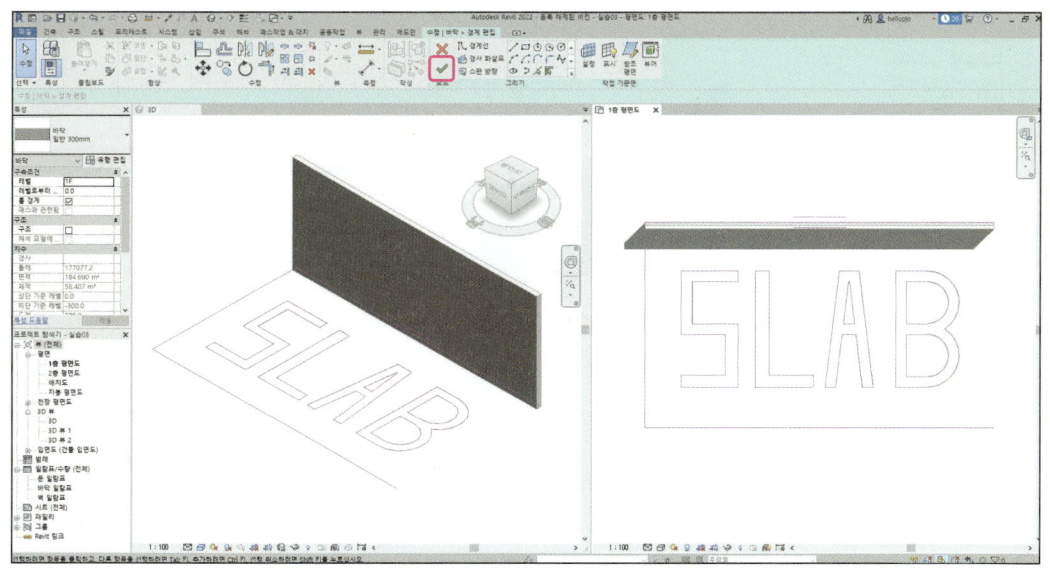

9. 바닥에 음각 형태로 되어 있던 알파벳 형상이 양각 형태로 변경된 것을 확인할 수 있습니다.

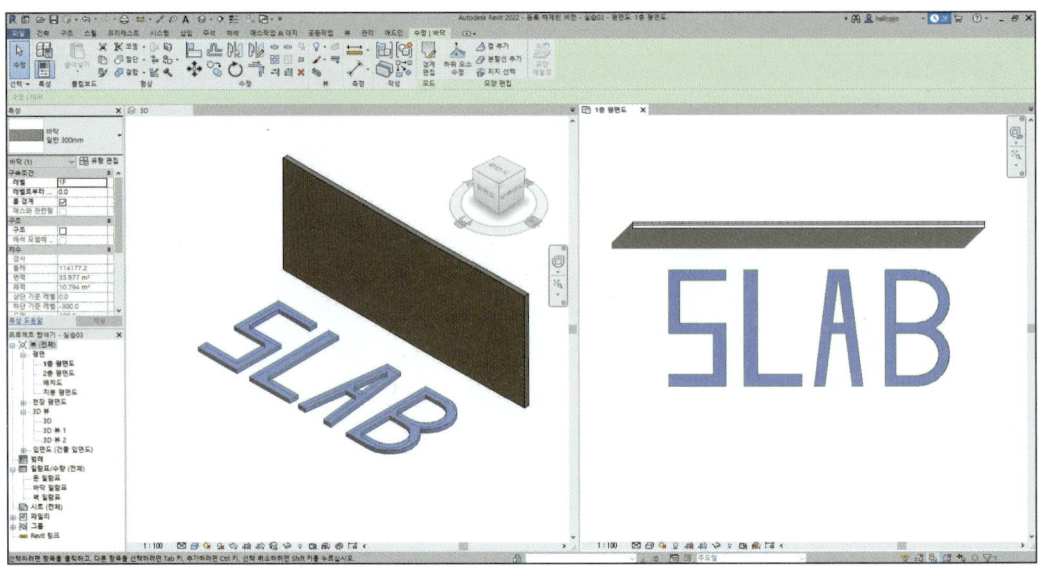

10. 이번엔 동일한 편집 방식으로 벽의 형상을 수정해 보겠습니다. 3D 뷰에서 벽을 선택하고 리본 메뉴의 '수정' 탭에서 '경계 편집'을 선택합니다.

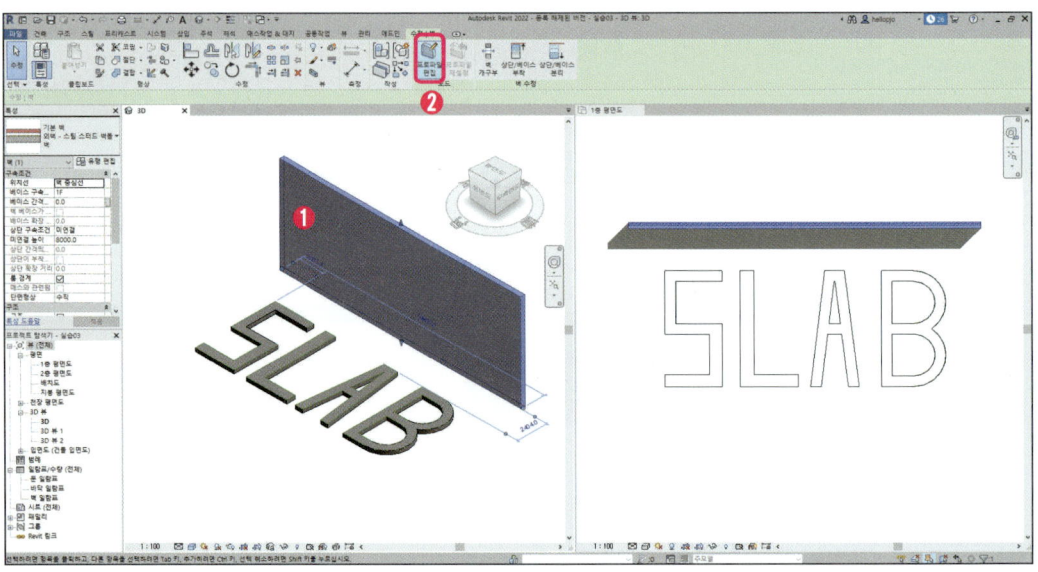

11. 리본 메뉴의 '간격 띄우기'를 선택하고, 옵션 막대에서 '숫자'를 선택하고, '간격띄우기' 값은 '2000'을 입력합니다. '복사'는 체크한 상태에서 3D 뷰의 벽 모서리 A−B−C−D를 순차적으로 선택해 벽 내부에 2000mm만큼 떨어진 지점에 선을 복사합니다.

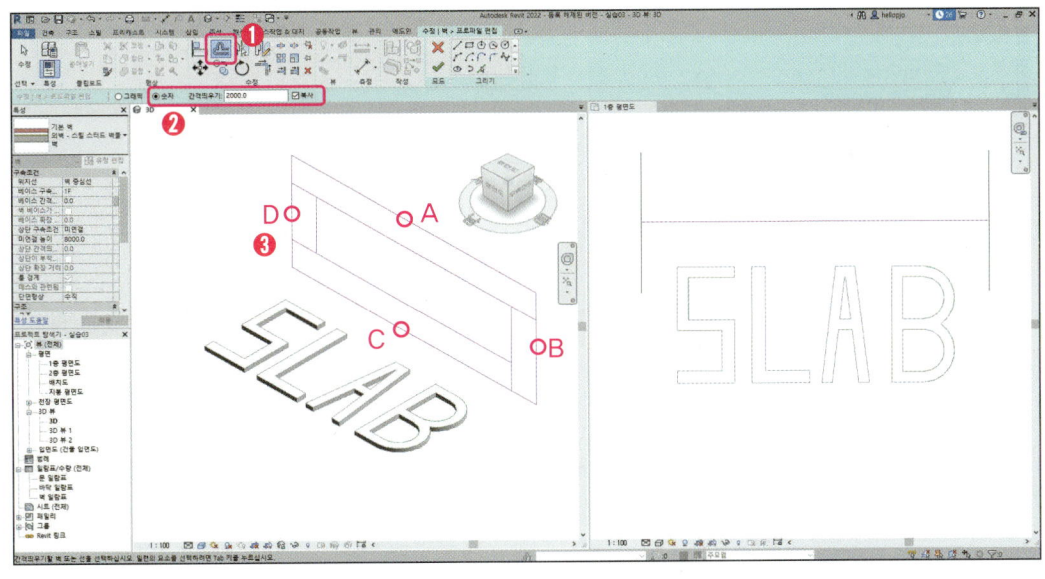

12. 키보드의 Esc 키를 눌러 간격띄우기 상태를 해제합니다. 리본 메뉴의 '코너로 자르기/연장'을 선택하고 3D 뷰에서 A−B, C−D, E−F, G−H를 순차적으로 선택해 불필요한 선들을 정리합니다.

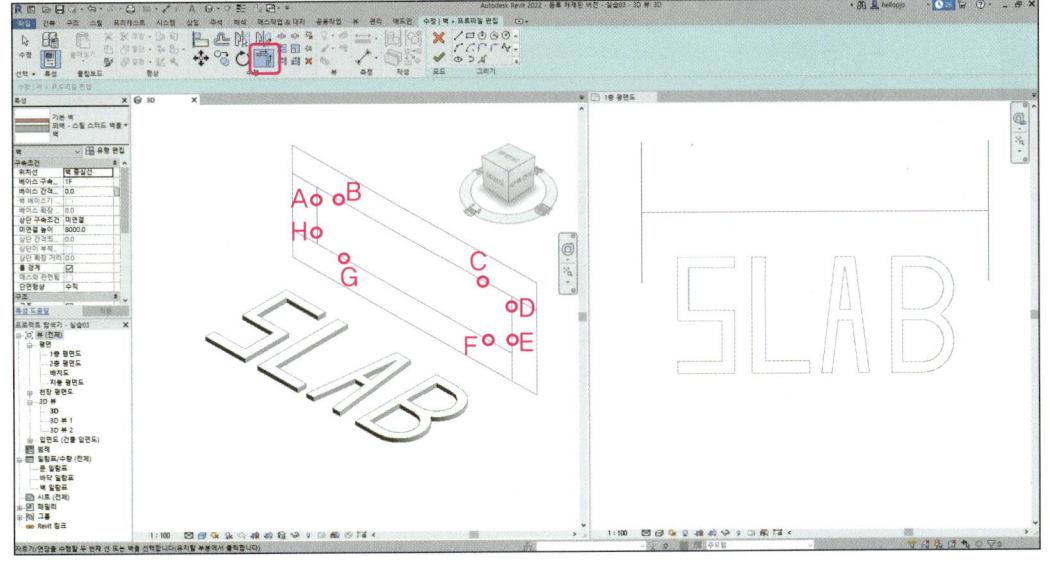

13. '편집 모드 완료' 버튼을 눌러 스케치 편집을 완료합니다.

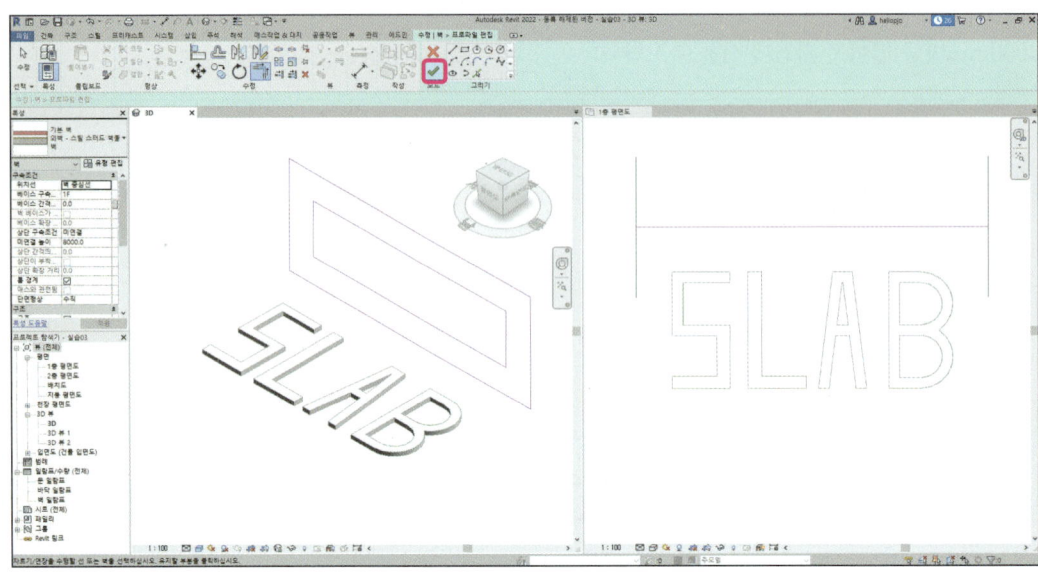

14. 벽의 형상을 정의하는 다각형(프로파일)의 스케치를 편집해 내부에 모서리에 2000mm만큼 떨어진 거리의 영역만 남기고 나머지 부분이 뚫린 형상으로 변경된 것을 확인할 수 있습니다. 이처럼 벽은 선형으로 작성된 객체이지만 입면 또는 3D 뷰에서 벽의 프로파일을 면 형태로 편집할 수 있습니다.

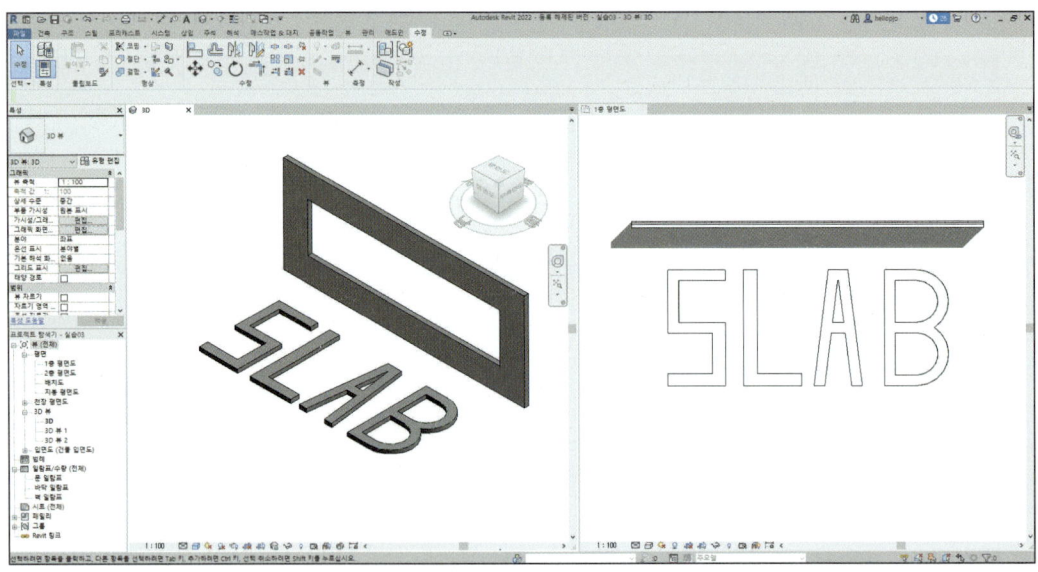

3.3.4. [TIP] 유사객체 작성하기

원하는 객체를 프로젝트 내부에서 선택하여 해당 객체와 유사한 객체를 빠르게 생성할 수 있습니다. 뷰에서 객체를 선택한 다음 마우스 우클릭을 해 '유사 작성'을 선택하면 해당 객체와 동일한 유형을 가진 개체를 신속하게 만들 수 있습니다.

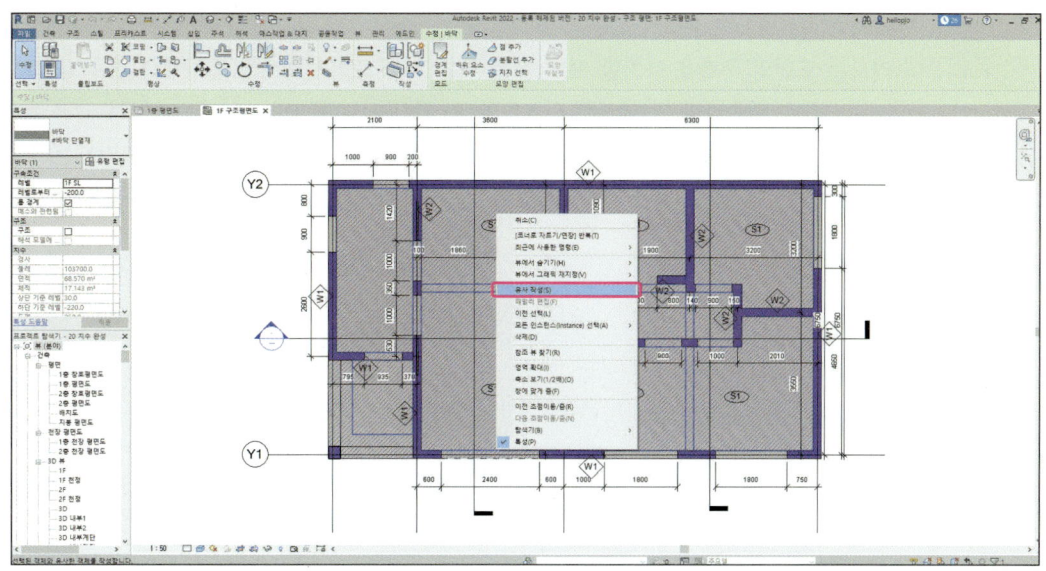

3.3.5. 구속조건

기둥을 생성할 때 시작 높이를 0, 끝나는 높이를 +3200으로 입력할 수도 있지만, Revit에서는 구속조건을 이용해 정의할 수 있습니다. GL(+0), 2층 SL(+3200) 레벨을 생성해 해당 레벨을 구속조건으로 지정해 기둥을 생성할 수 있습니다. 이러한 경우의 기둥은 GL, 2층 SL 레벨이 변경되면 그 길이도 함께 변경됩니다. 2층 SL의 레벨 값을 3500으로 변경하게 되면 2층 SL 레벨을 구속조건으로 연결해 놓은 기둥의 길이는 3200에서 3500으로 변경됩니다.

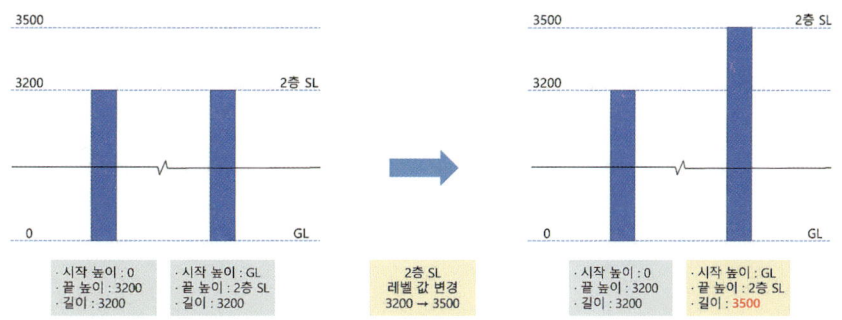

3.4 건축 객체

3.4.1. 그리드(Grid)

단축키 : G R

그리드는 도면의 축렬을 표기할 때 사용합니다. 기둥 중심선으로 사용하게 되면 그리드 선을 따라 기둥을 추가할 수 있습니다. 그리드는 CAD의 XLINE처럼 무한한 길이를 가지지 않고 유한한 기준면을 가집니다. 입면뷰에서 범위를 조정해 표기되면 영역을 조절할 수 있습니다. 그리드는 그리드 범위를 교차하는 뷰에서만 볼 수 있는 3D 요소입니다. 구조 기둥의 경우 그리드 교차점에 자동으로 결합합니다.

▣ 그리드의 생성

그리드는 리본메뉴 건축 또는 구조탭에서 사용가능합니다. 그리드를 선택 후 스케치기능을 이용해 선형의 그리드를 평면뷰에서 그리면 그리드가 생성됩니다. Revit에서 자동으로 각 그리드에 번호를 지정하고, 그리드 번호를 변경하려면 해당 번호를 클릭하고 새 값을 입력한 후 Enter 키를 누릅니다.

3.4.1. 벨(Level)

단축키 : L L

단면도 또는 입면도를 사용해 모델에 레벨을 추가합니다. 레벨을 추가해 연관된 평면도를 작성할 수 있습니다. 3D 뷰 및 레벨 경계가 교차하는 뷰(입면도, 단면도)에 레벨 객체가 표시됩니다.

3.4.3 기둥(Column)

 건물 모델에 기둥을 추가하는 기능입니다. 기둥의 높이를 정의하려면 해당 특성을 편집하고 베이스 레벨, 베이스 간격띄우기, 상단 레벨 및 상단 간격띄우기 매개변수를 조정하면 됩니다.

기둥은 슬라브의 하중을 보에서 기초로 전달해 건물이 하중을 견디게 하는 주요 부재입니다. 기둥은 보통 기초에서부터 옥상까지 모두 동일한 위치에 놓이게 되는 경우가 일반적입니다. Revit에서도 기둥을 기초부터 옥상까지 모든 층이 연결되게 해 하나의 기둥으로 만들 수도 있습니다. AUTODESK에서 제공하는 BIM GUIDEBOOK에 따르면 기둥은 모델 관리의 편의성을 위해 층별로 구분해 모델링할 것을 추천합니다.

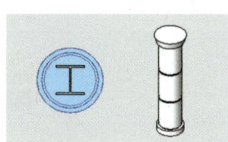

3.4.4. 벽(Wall)

 단축키 : W A

건물 모델에 벽을 생성하는 기능입니다. 유형 선택기를 사용해 작성할 벽 유형을 지정하거나, 기본 유형을 사용해 일반 벽을 작성하고 나중에 다른 벽 유형으로 변경할 수 있습니다.

Revit에서 가장 중요한 객체라고 할 수 있는 것이 벽입니다. Wall은 건축물은 구성하는 가장 기본적인 요소라고 할 수 있습니다. 2층 이상의 건물의 경우 바닥이 존재해야 하지만, 1층 건물의 경우 지반에 벽체만을 세워도 건물로서의 역할을 할 수 있습니다. 건물의 외부를 둘러쌓아 외피를 만들고, 건물 내부에 벽을 통해 실을 구분합니다.

벽은 건축법에서 정의하는 건축물의 면적(건축법 시행령 제119조) 산정 기준이 되는 중요한 요소이기도 합니다. Door와 window는 벽체의 내에만 생성이 가능합니다. 선을 그리면 선의 시작점부터 끝점까지를 진행 방향으로 일정한 높이를 가진 벽체가 생성됩니다. 일반적인 경우는 바닥면에서 수직으로 서 있는 벽을 사용하고, 바닥에서 수직으로 서 있는 벽이 아닌 기울어서 서 있는 벽의 경우에는 매스 기능을 이용해 만들어진 매스의 일부분을 벽으로 전환하는 방법으로 생성할 수 있습니다. 만들어진 벽을 선택해 형상을 편집하는 경우에는 기본적으로 평면상에서 벽체의 시작점과 끝점을 조절해 길이와 위치를 조절할 수 있습니다. 입면, 단면, 3D view에서 벽을 선택해 편집하는 경우에는 벽체의 입면상의 형상을 스케치를 통해서 변경할 수 있습니다. 입면의 형태를 정사각형, 직사각형 형상 외 마름모, 사다리꼴, 자유형으로 수정할 수 있으며 입면상 내부에 개구부를 생성할 수도 있습니다.

일반적인 벽은 벽 전체를 단일 재료를 이용한 벽으로 형성되는데, 입면상 하부와 상부의 재료를 다르게 적용해 생성할 수도 있습니다. 또한, 평면상에서 여러 개의 재료를 적층한 형태의 복합벽체를 생성할 수도 있습니다.

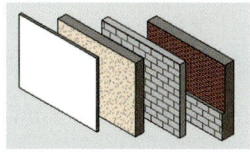

🔲 옵션막대 정보

- 레벨 : 벽의 베이스 구속조건에 대해 레벨을 선택합니다.
- 높이 : 벽의 상단 구속조건에 대해 레벨을 선택하거나 기본 설정 미연결에 값을 입력합니다.
- 위치선 : 벽을 그릴 때 커서에 정렬하거나 도면 영역에서 선택할 선 또는 면에 정렬할 벽의 수직 기준면을 선택합니다.

벽 중심선 (기본값)	전체 벽 중심선 기준	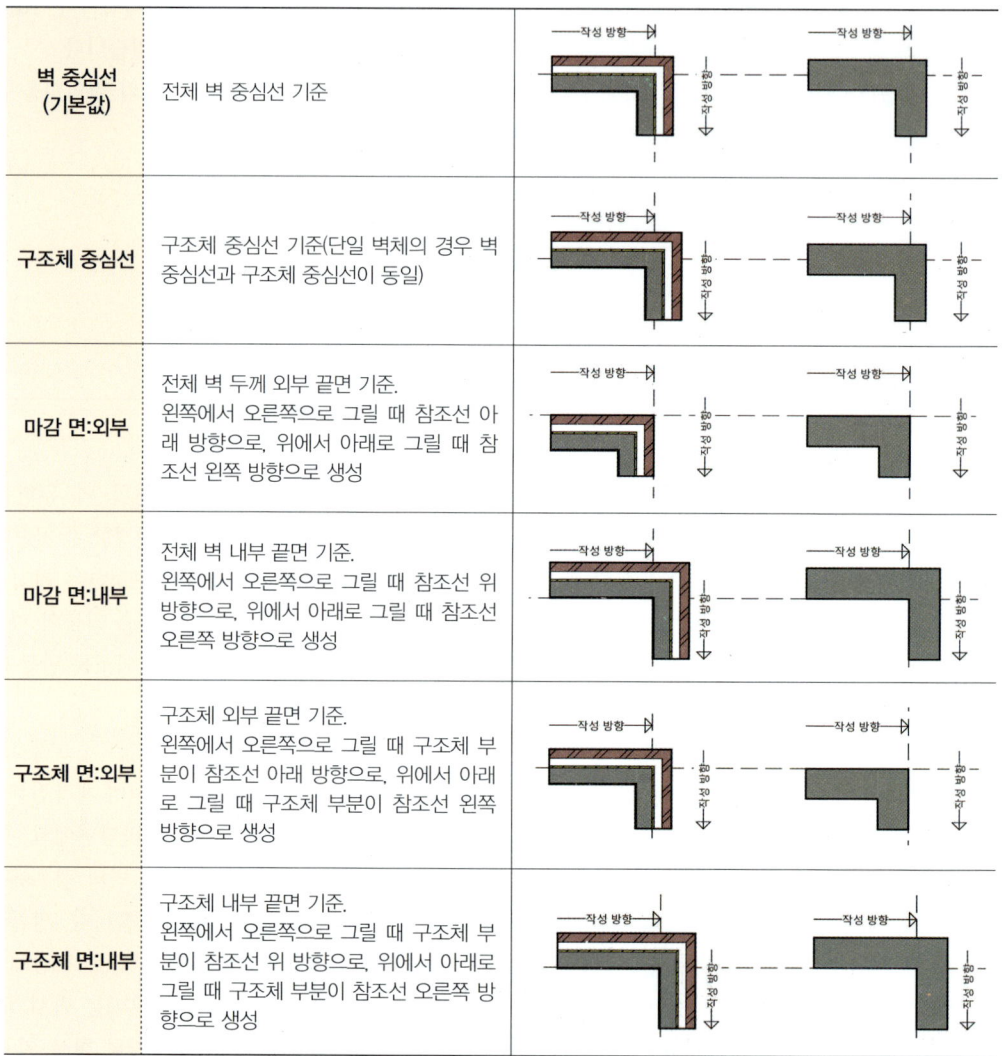
구조체 중심선	구조체 중심선 기준(단일 벽체의 경우 벽 중심선과 구조체 중심선이 동일)	
마감 면:외부	전체 벽 두께 외부 끝면 기준. 왼쪽에서 오른쪽으로 그릴 때 참조선 아래 방향으로, 위에서 아래로 그릴 때 참조선 왼쪽 방향으로 생성	
마감 면:내부	전체 벽 내부 끝면 기준. 왼쪽에서 오른쪽으로 그릴 때 참조선 위 방향으로, 위에서 아래로 그릴 때 참조선 오른쪽 방향으로 생성	
구조체 면:외부	구조체 외부 끝면 기준. 왼쪽에서 오른쪽으로 그릴 때 구조체 부분이 참조선 아래 방향으로, 위에서 아래로 그릴 때 구조체 부분이 참조선 왼쪽 방향으로 생성	
구조체 면:내부	구조체 내부 끝면 기준. 왼쪽에서 오른쪽으로 그릴 때 구조체 부분이 참조선 위 방향으로, 위에서 아래로 그릴 때 구조체 부분이 참조선 오른쪽 방향으로 생성	

- 체인 : 끝점에서 연결되는 일련의 벽 세그먼트를 그리려면 이 옵션을 선택합니다.
- 간격띄우기 : 선택적으로 거리를 입력해 커서 위치 또는 선택한 선 또는 면으로부터 벽의 위치 선을 간격띄우기할 거리를 지정합니다.
- 결합 상태 : 벽이 교차하는 지점에서 결합 상태를 정의합니다. 버트, 연귀, 사각 정리 방식 중 하나로 선택할 수 있습니다.

3.4.5. 바닥(Slab)

단축키 : S B

모델의 현재 레벨에 바닥(슬래브)을 생성합니다. 바닥은 작성된 레벨에서 아래로 두께만큼이 이격되어 간격띄우기가 됩니다.

바닥은 벽과 함께 건축물을 구성하는 중요한 객체로, 건물 내부의 사용자와 각종 장비, 설비 등의 하중을 받는 역할을 합니다. 바닥은 건축물의 층수를 규정하는 기준(건축법 시행령 제119조)이 되는 중요한 요소입니다. 바닥이 구성하는 수직 구간의 개수를 기준으로 일반적인 건물의 층수가 결정됩니다. 층과 층 사이를 구분하는 판을 바닥이라고 할 수 있으며, 가장 아래층 바닥에 설치되는 기초 부분도 바닥 객체로 작성할 수 있고, 최상층의 평지붕도 바닥 객체로 작성할 수 있습니다.

바닥(슬라브)은 시작점과 끝점이 같은 닫힌 형태의 스케치를 작성해 생성합니다. 닫힌 형태의 스케치 내부에 개구부를 만드는 것도 가능합니다.

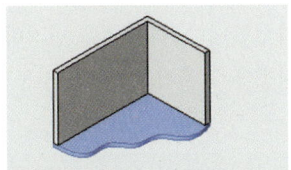

3.4.6. 지붕(Roof)

모델에 지붕 객체를 생성합니다. 지붕을 생성하는 방법은 3가지가 있습니다.

■ 외곽설정으로 지붕 만들기

건물 외곽설정으로 지붕을 작성해 해당 지붕의 경계를 정의합니다. 외곽설정으로 지붕을 작성하려면 평면도 또는 반사된 천장 평면도를 엽니다. 지붕을 작성할 때 지붕에 대해 경사는 기본값으로 작성한 다음에 변경할 수도 있습니다.

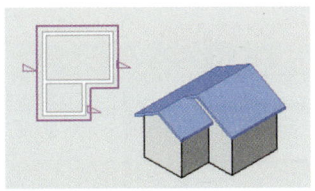

▣ 돌출로 지붕 만들기

입면에서 스케치한 프로파일을 돌출시켜 지붕을 작성합니다. 돌출을 이용해 지붕을 작성하려면 입면도, 3D 뷰 또는 단면도를 엽니다. 지붕 프로파일을 스케치할 때 참조 평면뿐만 아니라 직선과 호의 조합을 사용할 수 있습니다.

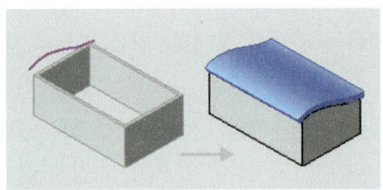

▣ 면으로 지붕 만들기

매스의 비수직면을 사용해 지붕을 작성합니다. 매스면을 변경하는 경우 이 도구를 통해 작성된 지붕은 자동으로 업데이트되지 않습니다. 지붕을 업데이트하려면 지붕을 선택하고 면에 대한 업데이트를 클릭해야 합니다.

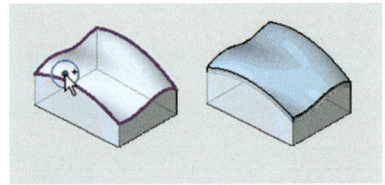

3.4.7. 천장(Ceiling)

지정된 레벨의 위쪽 방향으로 두께만큼 돌출된 천장을 생성합니다. 바닥객체와 유사한 형태이지만 기준 레벨에서 아래 방향(바닥), 위 방향(천장)으로 생성되는 것이 차이가 있습니다. 생성된 천장은 해당 레벨의 RCP(반사된 천장 평면도) 뷰를 열어 확인할 수 있습니다.

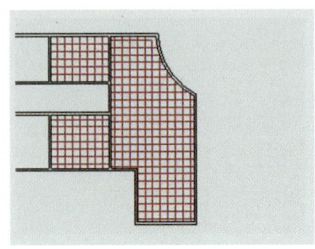

3.4.8. 문(Door)

단축키 : D R

벽에 설치되는 문은 벽으로 구획된 건물의 내부와 외부를 연결해 출입이 가능하도록 하는 역할을 합니다. 벽의 원하는 부분에 문을 설치하게 되면 자동으로 문이 설치되는 영역만큼 벽이 삭제되고, 해당 부분에 문이 생성됩니다. 문은 벽에 종속되어 있어서 벽이 없는 곳에서는 생성할 수 없고, 문과 문 또는 문과 창문은 서로 중첩되거나 일부가 겹치게 생성할 수 없습니다. 문을 추가하려면 유형 선택기에서 추가할 문의 유형을 지정하거나 원하는 문 패밀리를 프로젝트에 로드해야 합니다.

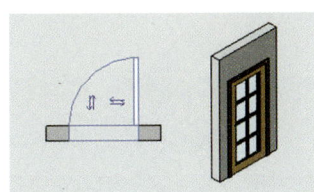

3.4.9. 창(Window)

단축키 : W N

벽에 설치되는 창문은 벽으로 구획된 건물의 내부와 외부를 연결해 외부의 햇빛과 바람이 실내로 유입되고, 내부에서 외부를 바라볼 수 있도록 하는 역할을 합니다. 벽의 원하는 부분에 창문을 설치하게 되면 자동으로 창문이 설치되는 영역만큼 벽이 삭제되고 해당 부분에 창이 생성됩니다. 창문은 벽에 종속되어 있어 벽이 없는 곳에는 생성할 수 없고, 창문과 창문 또는 창문과 문은 서로 중첩되거나 일부가 겹치게 생성할 수 없습니다. 문과 마찬가지로 창문을 추가하려면 유형 선택기에서 추가할 창문의 유형을 지정하거나 원하는 창문 패밀리를 프로젝트에 로드해야 합니다.

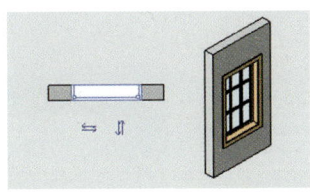

3.4.10. 계단(Stair)

계단은 건물의 층과 층 사이를 이동할 때 이용하는 객체로, 건물의 층과 층을 연결하는 동선의 역할을 담당합니다. 지금은 아파트와 같이 5층 이상의 건물에서는 엘리베이터가 있어서 계단보다는 엘리베이터를 많이 사용하지만, 여전히 건축물에서 계단은 매우 중요한 역할을 담당합니다. 모든 건축물은 건축법에 의해 지상이나 피난층으로 연결하는 동선을 확보해야 합니다. 계단의 추가는 평면도 또는 3D 뷰에서 작성이 가능하고, 계단 진행의 디딤판 수는 바닥과 계단 유형 특성에 정의된 최대 챌판 높이 사이의 거리를 기반으로 계산됩니다. 기본적으로 계단에 필요한 난간도 함께 만들어집니다.

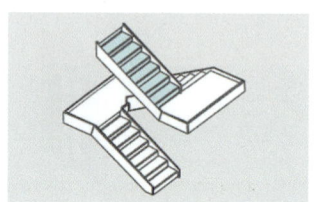

3.4.11. 경사로(Solpe)

경사로는 계단을 설치하기에는 적합하지 않은 높이이지만, 바닥 높이의 단차를 해결하기 위해 설치합니다. 그리고 건물 입구 부분에 외부 지표면과 건물 1층의 높이 차이 부분에서 장애인의 휠체어를 통한 접근을 확보하기 위해서 설치하기도 하는데, 이 경우의 경사로는 법에서 정한 폭과 기울기를 만족해야 합니다. 지상에서 지하주차장으로 들어가는 부분에 위치한 내리막길도 경사로며, 이 경우에도 법에서 정의하는 폭과 기울기 등의 조건을 만족해야 합니다. 경사로는 평면도 또는 3D 뷰에서 작성이 가능합니다. 상단 레벨 및 상단 간격띄우기 특성을 조절해 경사로의 길이를 조절할 수 있습니다.

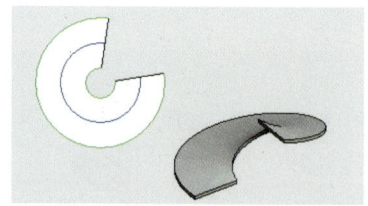

3.4.12. 난간(Rail)

난간은 계단이나 경사로의 측면에 설치해 높이 차이가 발생하는 부분에서 보행자가 추락하는 것을 방지하는 목적으로 설치합니다. 보통 바닥면에서 1.2m 높이가 되도록 설치하는 것이 일반적입니다. 상부층 바닥에 개구부를 만들어 2개 층의 연속된 층고를 만드는 부분에서 상부층 바닥의 개구부와 접하는 부분에도 난간을 설치합니다.

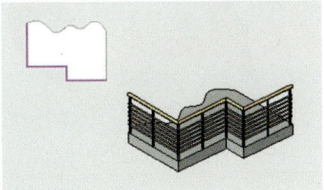

3.4.13. 커튼월(Curtain Wall)

도심의 고층건물들을 보면 외피를 모두 유리로 구성해 투명하고 경쾌한 입면을 나타냅니다. 이러한 건물들은 건물의 테두리 부분에 외피를 구성하는 유리가 커튼처럼 매달려 있는데 이를 커튼월이라고 합니다. 콘크리트나 벽돌로 이뤄진 벽에 필요한 만큼의 개구부를 만들어 창을 설치하는 방식과는 다르게 건물의 외피 입면의 전부를 유리로 구성하여 미려한 외관을 구성할 수 있고, 내부에서는 채광이 유리하고 확 트인 개방감을 얻을 수 있습니다.

구조적으로 커튼월은 건물의 하중을 외벽 부분이 부담하지 않고, 기둥과 보, 바닥 등의 구조 부재가 하중을 담당합니다. 이는 마치 커튼을 치듯 외벽 마감재를 두르는 형식입니다. 커튼월 구조의 외벽은 금속재, 유리, 석재, 판넬 등을 사용해 구성하고, 커튼월은 외부의 비와 바람을 막고 소음이나 열을 차단하는 기본기능 외에도 시공단계의 공기단축, 건물의 경량화 등의 특성을 갖습니다.

■ 커튼 그리드

커튼월에 그리드 선을 작성하는 기능입니다. 커튼 그리드를 작성하면 그리드의 각 구획은 별도의 커튼월 패널로 채워집니다.

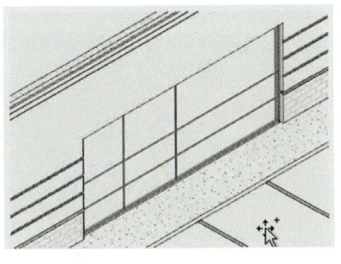

■ 면으로 커튼 시스템 만들기

작성된 매스의 면(surface)를 이용해 해당 면을 커튼월 시스템으로 만드는 기능입니다. 자하하디드가 디자인한 우주선처럼 보이는 동대문디자인파크와 같은 곡선형 면, 이중외피 구조의 면으로 구성된 형태를 구성할 때 사용할 수 있습니다.

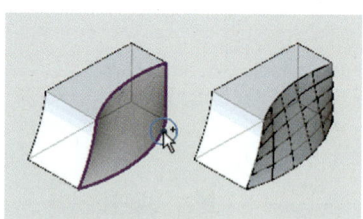

3.4.14. 입체문자

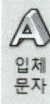 건물 모델에 3D 형태의 돌출된 문자를 생성하는 기능입니다. 건물의 간판이나 외벽에 문자를 표기할 때 사용할 수 있고, 문자의 폰트, 크기, 깊이와 재료를 지정할 수도 있습니다.

3.4.15. 모델선

 단축키 : L I
3D 뷰에서도 볼 수 있는 선을 작성하는 기능입니다. 모델선은 평면뷰, 입면뷰, 단면뷰에서만 보이는 주석의 선 객체와는 다르게 모든 3D 뷰에서도 볼 수 있는 것이 특징입니다. 특정 뷰에서만 볼 수 있는 상세선을 작성하려면 상세선 도구를 사용합니다.

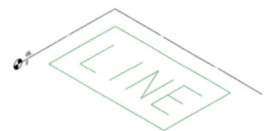

3.4.16. 모델그룹

정의된 요소 그룹을 현재 뷰에서 작성하거나 배치하는 기능입니다. 요소 그룹을 작성한 다음 해당 그룹을 프로젝트나 패밀리에 배치할 수 있습니다. 요소 그룹화 기능은 동일한 형상이나 유닛을 여러 번 반복 배치하는 경우에 유용하게 사용합니다.

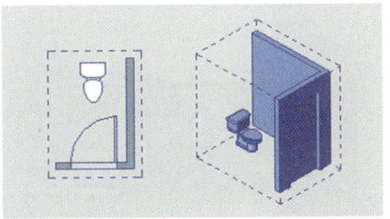

3.4.17. 룸(Room)

단축키 : R M

바닥과 벽을 이용해 건물 내부에 실을 만들면 그 내부에는 공간이 생깁니다. 일반적으로 우리가 사는 집에서 방의 바닥에서 천정까지 한쪽 벽 끝에서 반대쪽 벽 끝까지로 느껴지는 방의 영역을 공간이라고 보면 됩니다. Revit에서는 바닥과 벽을 만들면 방의 내부처럼 보이는 영역이 만들어지기는 하지만 Revit은 해당 영역을 공간으로 인식하지 못합니다. 룸(Room)이라는 객체를 이용해 벽, 바닥, 천창으로 이뤄진 사이 영역에 룸(Room)을 만들어 주어야 비로소 공간이 생성됩니다. 공간은 실의 높이, 면적, 체적에 대한 정보를 포함하고 있습니다. 건물 전체의 공간들이 면적을 모두 합치면 건물에서 사용가능한 실의 전체 면적을 알 수 있습니다. Revit에서 룸 경계는 벽, 바닥, 천장에 의해 자동으로 탐지합니다. 자동으로 탐지되지 않는 영역을 룸으로 구분하려면 룸 경계를 추가해 경계를 직접 작성할 수 있습니다.

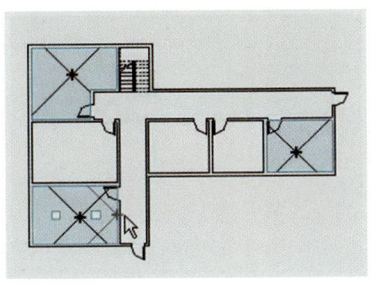

3.4.18. 면적

벽과 경계선으로 정의된 면적을 작성하는 기능입니다. 면적 평면도를 열고 뷰를 클릭해 면적을 배치할 수 있습니다. 면적 경계 내부에 면적을 배치하는 경우 경계의 범위가 확장됩니다. 빈 공간이나 완전히 둘러싸여 있지 않은 공간에 면적을 배치한 다음 나중에 면적 경계를 정의할 수도 있습니다.

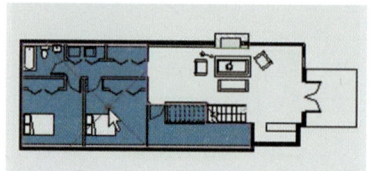

3.4.19. 개구부

▣ 벽 개구부

직선 또는 곡선 벽에 직사각형 형태의 개구부를 생성하는 기능입니다. 입면도 또는 단면도 등 절단할 벽의 표면을 표시하는 뷰에서 사용이 가능합니다. 개구부를 작성하고 벽 개구부 특성을 사용해 상단 간격띄우기 및 베이스 간격띄우기를 조정해 개구부의 위치를 조정할 수 있습니다. 벽에 대해서는 직사각형 형태의 개구부만 작성할 수 있으며, 원형 또는 다각형 형태의 개구부를 작성하려면 벽을 선택하고 프로파일 편집 기능을 이용해 벽의 형상을 변경해야 합니다.

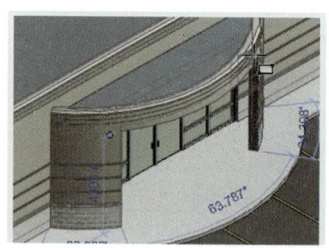

◨ 면별 개구부

지붕, 바닥 또는 천장의 면에 면의 돌출 방향에 수직인 개구부를 작성합니다. 면이 아닌 바닥, 레벨에 수직인 개구부를 작성하려면 수직 개구부 기능을 사용합니다.

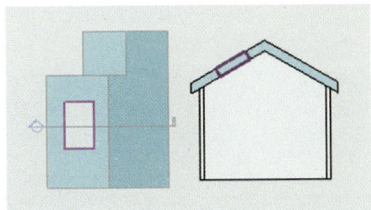

◨ 수직 개구부

지붕, 바닥 또는 천장의 면에 바닥, 레벨에 수직인 개구부를 작성합니다. 선택한 면에 수직인 개구부를 작성하려면 면별 개구부 기능을 사용합니다.

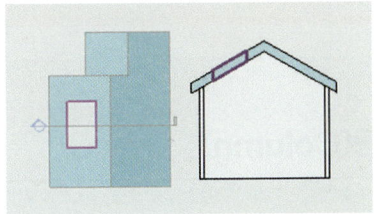

3.4.20. 작업기준면

◨ 작업기준면 설정

현재 뷰 또는 선택한 작업 기준면 기반 요소에 대해 작업 기준면을 지정합니다. 스케치할 때 작업 기준면 그리드에 스냅할 수 있지만 정렬하거나 치수를 지정할 수는 없습니다.

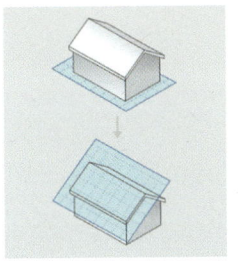

■ 작업기준면 표시

 뷰에서 활성 작업 기준면을 표시하거나 숨깁니다. 작업 기준면은 돌출된 지붕 작성과 같은 스케치 작업을 하고, 3D 뷰와 같은 특정 뷰에서 회전 및 대칭 등의 도구를 사용하는 데 필요합니다.

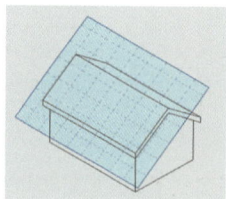

3.5 구조 객체

3.5.1. 구조 기둥(Column)

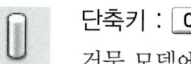 단축키 : C L

건물 모델에 수직 하중을 담당하는 구조 벽을 추가하는 기능입니다. 평면도 또는 3D 뷰를 열어 구조 기둥을 추가할 수 있습니다. 각 기둥을 수동으로 배치하거나 그리드에서 도구를 사용해 선택한 그리드 교차점에 기둥을 추가할 수 있습니다. 구조 기둥은 보, 가새 및 독립기초와 같은 구조 요소에 결합할 수 있습니다.

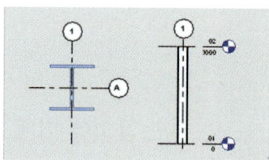

3.5.2. 보(Girder, Beam)

단축키 : B M
그리드에 따라 구조 프레임 보를 작성하는 기능입니다. 구조 프레임 보를 작성하기 위해서는 그리드 및 기둥이 먼저 작성되어야 합니다.

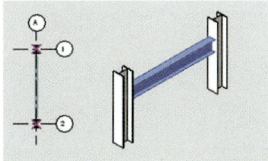

3.5.3. 구조 벽

건물 모델에 하중을 담당하는 구조벽을 작성하는 기능입니다. 벽의 구조 기능을 변경하기 위해 벽의 요소 특성에서 구조 벽 매개변수를 수정할 수 있습니다.

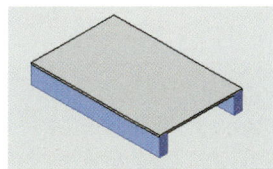

3.5.4. 구조 바닥

단축키 : S B
건물 모델의 현재 레벨에 하중을 담당하는 구조 바닥(슬래브)을 작성합니다. 벽 선택 도구를 사용하면 기존 벽을 구조 바닥에 정렬할 수 있습니다.

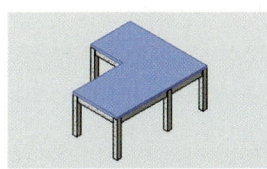

◪ **구조 기초 : 독립**

 독립기초 형식의 기초를 생성합니다. 독립기초는 기둥 하단에 자동으로 부착되고, 건물 모델에 생성하려면 먼저 독립기초 패밀리를 로드해야 합니다.

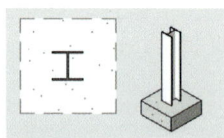

◪ **구조 기초 : 벽**

 단축키 : F T
줄기초 형식의 기초를 생성합니다. 벽 기초는 벽의 하단에 구속되고, 벽을 이동하는 경우 기초도 함께 이동됩니다.

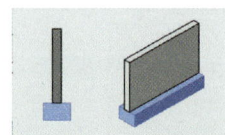

◪ **구조 기초 : 슬래브**

 온통기초(MAT 기초) 형식의 기초를 생성합니다.

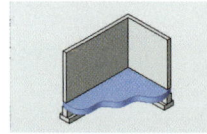

3.5.5. [TIP] 건축객체 만들고 구조객체로 전환

건축 벽, 바닥을 만들고 특성에서 '구조'를 체크하면 구조 벽, 구조 바닥으로 그 속성이 바뀝니다. 구조 객체를 처음부터 만들고 수정할 때는 슬라브 스팬 방향 입력 등의 구조적 특성에 대한 정보 입력이 추가로 필요합니다. 그러므로 건축객체를 만들고 해당 객체의 정보에서 구조를 체크해 구조객체로 바꾸는 방법이 훨씬 편리합니다.

아래 그림의 '2층 평면도' 뷰에서 선택된 객체는 건축 벽입니다. 왼쪽 '2층 평면도' 뷰에서는 보이지만 우측 '2층 구조평면도' 뷰에서는 보이지 않습니다. 특성창의 구조 값이 체크되어 있지 않은 것을 확인할 수 있습니다.

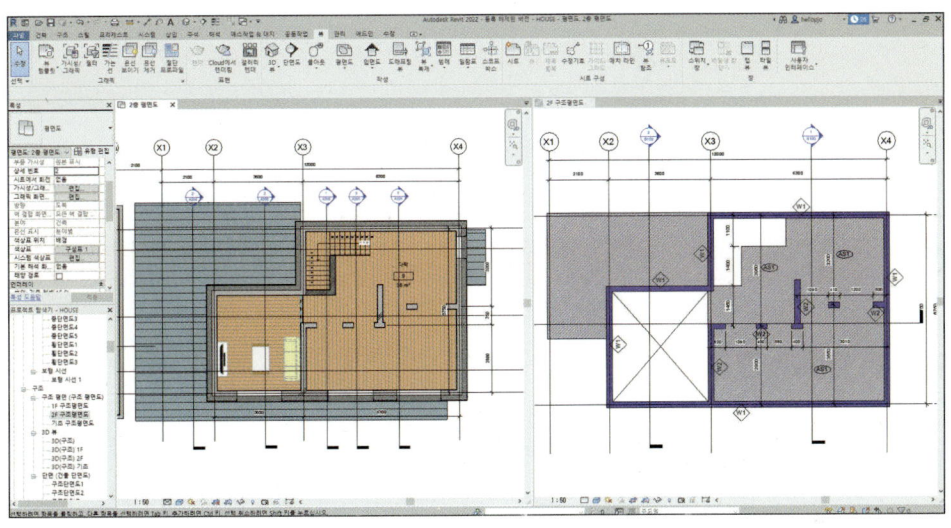

특성창의 구조 값을 체크해 주면 구조객체로 인식되어 2층 구조평면도에서 볼 수 있게 됩니다.

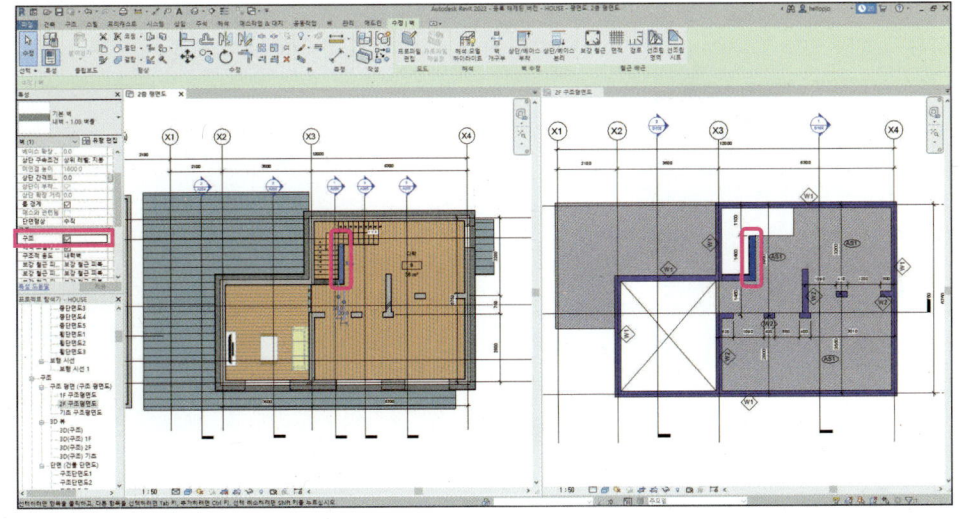

3.5.6. 구성요소 배치

단축키 : C M

가구나 위생기구와 같은 요소들을 건물 모델에 배치하는 기능입니다. 특성창의 유형 리스트에서 배치하고자 하는 요소 유형을 선택해 배치할 수 있습니다. 원하는 유형이 리스트에 없을 때는 패밀리 로드 도구를 이용해 사용합니다.

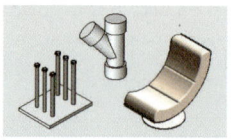

3.6 삽입

3.6.1. Revit 링크

다른 Revit 모델을 현재 모델에 링크합니다. Revit 링크는 협업을 위한 작업 구분이나, 공종에 의한 구분에 사용됩니다. 예를 들어, 아파트 단지의 프로젝트일 경우 개별 동의 모델을 링크해 단지 전체에서 개별 동의 상대 위치를 지정해 사용할 수 있습니다. 또는 공종별 링크로 건축, 구조, MEP 분야 간 협업을 조정할 수 있습니다.

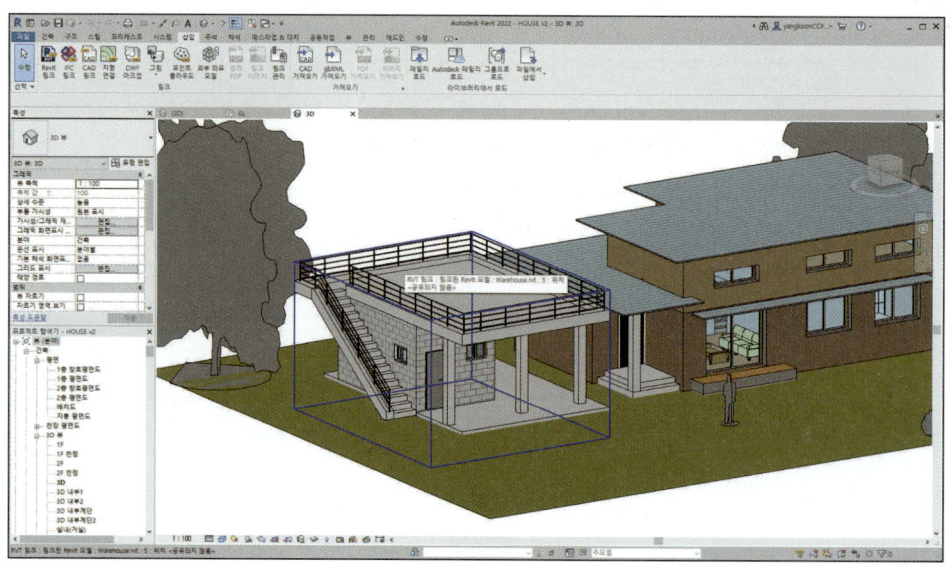

3.6.2. IFC 링크

 IFC 파일을 현재 Revit 프로젝트에 링크해 해당 정보를 프로젝트에서 참조하는 기능입니다. 링크한 IFC 파일을 변경하고 링크를 다시 로드하면 프로젝트가 IFC 파일의 변경사항을 반영하도록 자동 업데이트됩니다. IFC 파일을 링크하기 전에 파일 탭의 열기 – IFC 옵션을 사용해 IFC의 클래스를 Revit의 카테고리에 매핑시켜야 합니다.

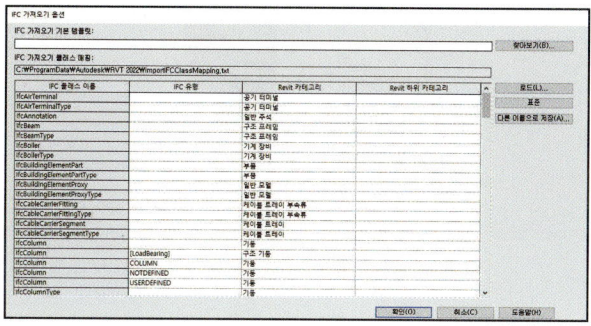

3.6.3. CAD 링크

 현재 Revit 프로젝트에 CAD 파일(DWG)을 링크합니다. 링크는 AUTOCAD의 외부참조 (x-Reference)와 유사합니다. 원래 링크되었던 파일이 변경되면 프로젝트를 다시 로드할 때 변경된 사항이 반영됩니다.

3.6.4. 지형 연결

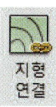 기존 지형을 현재 Revit 모델에 링크합니다. AUTODESK CIVIL 3D와 같은 토목 엔지니어링 소프트웨어에서 작성한 지형을 연결해 사용할 수 있게 합니다.

3.6.5. DWF 마크업

 마크업된 DWF 파일을 Revit 프로젝트에 링크해 해당 시트에 마크업을 표시할 수 있습니다. DWF 마크업은 가져오기 기호로 Revit 프로젝트의 시트에 배치됩니다. 마크업은 위치가 고정되어 있어 이동하거나 조작이 불가합니다.

3.6.6. 그림 배치

 재질의 색상만으로 표현이 제한적인 경우에 렌더링을 위해 건물 모델의 표면에 이미지를 배치하는 기능입니다. 그림은 2D 및 3D직교 뷰의 표면 또는 원통형 표면에 배치할 수 있습니다. 그림을 배치하려면 먼저 건물 모델에서 사용할 각 이미지에 대해 그림 유형을 작성해야 합니다.

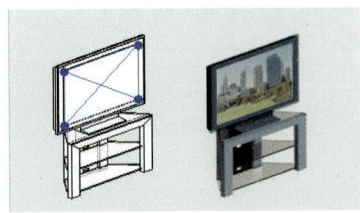

3.6.7. 포인트 클라우드

 현재 프로젝트에 포인트 클라우드 파일(rcp, rcs 포맷)을 링크합니다. 포인트 클라우드 도구는 프로젝트에서 링크된 포인트 클라우드를 모델 요소에 배치하거나 편집하는 경우 참조로 제공될 수 있도록 지원합니다.

3.6.8. 링크 PDF

 현재 프로젝트의 뷰에 PDF 링크를 배치합니다. 2D 뷰에만 PDF를 링크할 수 있고, 3D 뷰에는 링크할 수 없습니다.

3.6.9. 링크 이미지

 현재 프로젝트의 뷰에 이미지 링크를 삽입합니다. 이미지는 3D 뷰에는 링크할 수 없고, 2D 뷰에만 링크할 수 있습니다.

3.6.10. CAD 가져오기

AUTOCAD와 같은 CAD 프로그램에서 작성한 DWG 파일을 가져옵니다. CAD 파일은 모델과 패밀리 내부에 가져올 수 있습니다. 링크와는 다르게 가져온 CAD 파일이 수정되어도 수정된 사항이 가져온 모델과 패밀리에 업데이트되어 적용되지 않습니다.

3.6.11. PDF 가져오기

현재 프로젝트의 뷰에 PDF를 삽입합니다. 2D 뷰에만 삽입할 수 있고, 3D 뷰에는 삽입할 수 없습니다. 링크와는 다르게 가져온 PDF 파일이 수정되어도 수정된 사항이 가져온 모델과 패밀리에 업데이트되어 적용되지 않습니다.

3.6.12. 이미지 가져오기

현재 프로젝트의 뷰에 이미지를 삽입합니다. 이미지는 3D 뷰에는 링크할 수 없고, 2D 뷰에만 링크할 수 있습니다. 링크와는 다르게 가져온 이미지 파일이 수정되어도 수정된 사항이 가져온 모델과 패밀리에 업데이트되어 적용되지 않습니다.

3.6.13. 패밀리 로드

현재 파일에 Revit 패밀리를 로드합니다. 내 PC의 저장 공간 또는 네트워크 드라이브에서 패밀리를 로드할 수 있습니다. 패밀리가 없는 경우 설치용 컨텐츠를 다운받아 설치하거나, 패밀리 파일을 웹에서 다운로드해 로드할 수 있습니다. 패밀리를 로드 하지 않으면 Revit 파일 내에서 사용할 수 없습니다. 패밀리를 배치하기 위해서는 반드시 패밀리를 로드해야 합니다. 한번 로드한 패밀리는 소거 기능으로 삭제하거나 프로젝트 탐색기에서 지정해 삭제하지 않는 이상 파일 내에 존재해 계속 사용할 수 있습니다.

3.6.14. Autodesk 패밀리 로드

내 PC의 Revit에 설치된 패밀리 컨텐츠가 없는 경우에는 Autodesk 패밀리 로드에서 선택해 바로 로드할 수 있습니다. 미리보기 형태가 제공되어 즉각적인 패밀리의 검색 및 로드가 가능합니다.

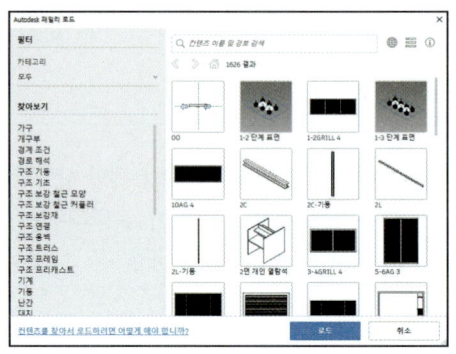

3.6.15. 그룹으로 로드

Revit 파일을 그룹으로 로드합니다. 요소 그룹을 작성한 다음 해당 그룹을 프로젝트나 패밀리에 배치할 수 있도록 지원합니다. RVT 파일을 프로젝트에 그룹으로 로드할 수 있으며, RFA 파일을 패밀리 편집기에 그룹으로 로드할 수 있습니다. 그룹을 로드하면 프로젝트 탐색기의 그룹 하위에 표기됩니다.

3.6.16. 파일에서 삽입

일람표, 드래프팅 뷰 및 2D 상세와 같은 다른 프로젝트의 뷰를 파일에 삽입해 사용할 수 있습니다. 일반적으로 사용하는 2D 상세 요소, 드래프팅 뷰 및 일람표 템플릿의 라이브러리를 작성하고 Revit 파일에 저장할 수 있습니다. 저장한 다음 삽입 도구를 사용해 저장한 내용을 다른 프로젝트에서 사용할 수 있습니다.

3.7 주석

건물 모델에 형태와 내부 구성요소에 영향을 미치지 않는 정보들을 추가하는 기능입니다. 치수, 문자 등으로 구성되어 있습니다.

3.7.1. 치수

건물 모델에 형태와 내부 구성요소에 영향을 미치지 않는 정보들을 추가하는 기능입니다. 치수, 문자 등으로 구성되어 있습니다.

■ 정렬

단축키 : D I
평행 참조 사이 또는 여러 점 사이에 치수를 배치합니다. 도면 영역 위로 커서를 이동하면 치수에 사용할 수 있는 참조점이 하이라이트됩니다. TAB 키를 눌러 서로 가까이 있는 요소의 여러 참조점들을 순환선택할 수도 있습니다.

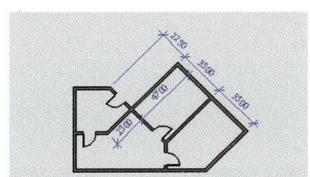

■ 선형

참조점 사이의 거리를 측정하는 수평 또는 수직 치수를 배치합니다. 치수는 뷰의 수평 또는 수직축에 맞춰 정렬됩니다.

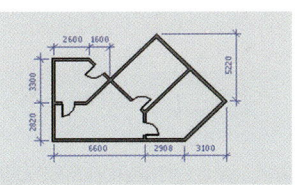

◨ **각도**

 객체 사이의 각도를 측정하는 치수를 생성합니다.

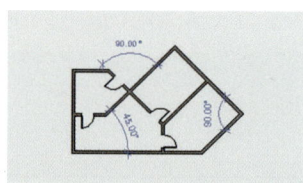

◨ **반지름**

 내부 곡선 또는 모깎기의 반지름을 측정하는 치수를 생성합니다. 벽면과 벽 중심선 간에 치수 참조점을 전환하려면 Tab 키를 눌러 선택되는 지점을 순환선택할 수 있습니다.

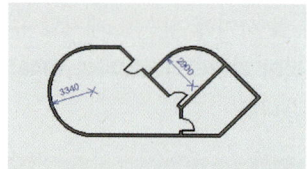

◨ **지름**

 호 또는 원의 지름을 측정하는 치수를 생성합니다. 벽면과 벽 중심선 간에 치수 참조점을 전환하려면 Tab 키를 눌러 선택되는 지점을 순환선택할 수 있습니다.

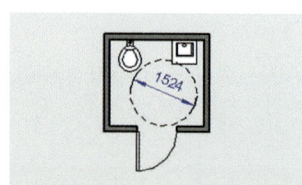

◨ **호 길이**

 곡선 벽 또는 호 형태의 요소 길이를 측정하는 치수를 생성합니다. 치수가 벽면, 벽 중심선, 구조체면 또는 구조체 중심의 호 길이 등의 치수를 생성할 수 있습니다.

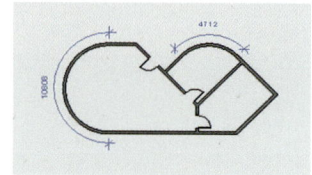

▣ 지정점 레벨

 단축키 : E L

선택한 점의 입면 레벨을 표시하는 기능입니다. 평면도, 입면도 및 3D 뷰에서 지정점의 높이를 생성할 수 있습니다. 일반적으로 지정점 높이는 경사로, 도로, 지형면 및 계단참에 대한 고도를 표기하는 데 사용합니다.

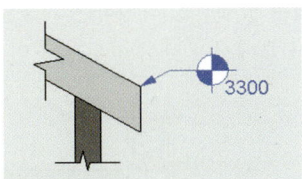

▣ 지정점 좌표

 프로젝트에 있는 점의 동서남북 좌표를 표시하는 기능입니다. 지정점 좌표를 바닥, 벽, 지형면 및 경계선에 생성할 수 있습니다. 수평이 아닌 표면 및 평평하지 않은 모서리에도 생성이 가능합니다.

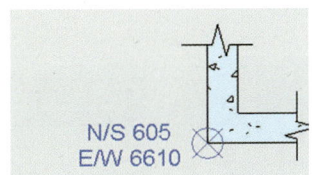

▣ 지정점 경사

 모델 요소의 면 또는 모서리의 특정 점에 경사를 표시하는 기능입니다. 지정점 경사는 평면도, 입면도 및 단면도 뷰에서 생성할 수 있습니다.

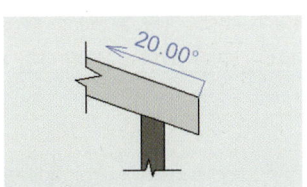

3.7.2. 상세정보

▣ **상세선**

단축키 : D L
작성한 뷰에서만 가시화되는 상세선을 작성하는 기능입니다. 모델 선 도구는 모든 뷰에서 볼 수 있지만 상세선을 작성한 뷰에서만 보이는 특성이 있습니다.

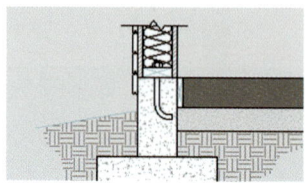

▣ **채워진 영역**

경계선과 채우기 패턴을 사용해 패턴으로 채워진 영역을 작성하는 기능으로 CAD의 HATCH 기능과 유사합니다.

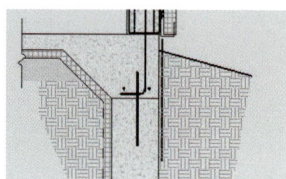
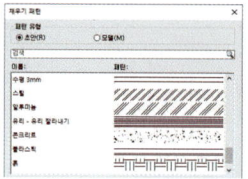

▣ **마스킹 영역**

프로젝트 또는 패밀리의 요소를 가리는 그래픽 요소를 작성하는 기능입니다. 2D 패밀리(주석, 상세정보 또는 제목 블록)를 작성할 때 프로젝트 또는 패밀리 편집에서 2D 마스킹 영역을 작성할 수 있습니다. 모델 패밀리를 작성할 때 패밀리 편집기에서 3D 마스킹 영역을 작성할 수도 있습니다.

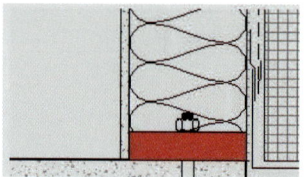

▣ 상세 구성요소

 뷰에 뷰 특정 상세 구성요소를 추가하는 기능입니다. 상세 구성요소 패밀리가 프로젝트에 로드되지 않는 경우 라이브러리에서 상세 패밀리를 로드하거나 상세 패밀리를 직접 작성합니다. 상세 구성요소에 키노트를 추가할 수도 있습니다.

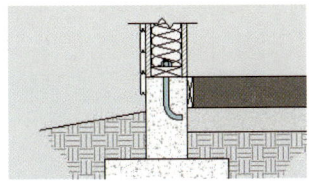

▣ 반복 상세정보 구성요소

수직 방향으로 블록을 연속해서 쌓는 것과 같이 경로를 따라 상세 구성요소를 반복하는 기능입니다. 반복 상세정보 구성요소는 주로 평면도와 단면도에서 유용하게 사용합니다. 반복 상세정보의 배치와 간격을 지정해 사용합니다.

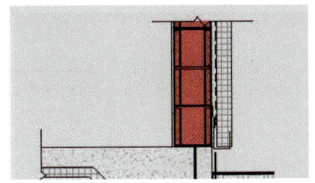

▣ 구름형 수정기호

 현재 뷰 또는 시트에 구름형 수정기호를 추가하는 기능입니다. 구름형 수정기호는 도면의 변경사항을 표기하는 주석 도구입니다. 선 또는 직사각형과 같은 스케치 도구를 사용해 구름형 수정기호를 그릴 수 있습니다. 스케치를 하는 동안 스페이크바를 누르면 구름 모양의 호 방향이 반전됩니다. 리본메뉴의 관리 탭의 시트 발행/수정기호 대화상자에서 프로젝트의 구름형 수정기호에 대한 최소 호 길이를 지정할 수 있습니다.

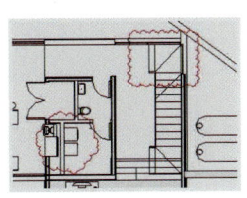 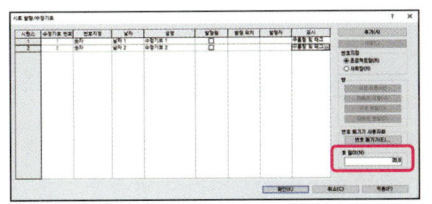

▣ 상세그룹

상세그룹을 작성하거나 인스턴스(instance)를 뷰에 배치합니다. 상세그룹에는 문자 채워진 영역과 같은 뷰 특정 요소가 포함되며 모델 요소는 포함되지 않습니다.

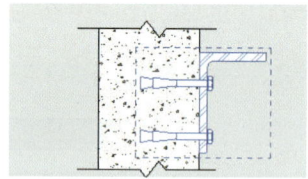

▣ 단열재

평면 뷰 또는 단면 뷰에서 보여지는 단열재의 단면 패턴을 생성하는 기능입니다. 단열재의 폭과 길이를 조정하고 단열 선 사이의 돌출 크기를 조정해 생성할 수 있습니다.

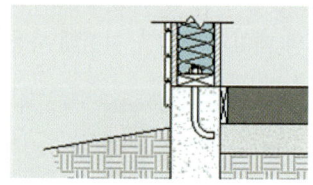

3.7.3. 문자

▣ 문자

단축키 : T X
현재 뷰에 문자 주석을 생성하는 기능입니다. 문자 참고는 뷰에 따라 자동으로 축척이 적용됩니다. 뷰 축척을 변경하는 경우 문자 크기가 자동으로 조정됩니다.

▣ 맞춤법 검사

단축키 : F7
선택한 항목이나 현재 뷰 또는 시트에 있는 문자 참고의 맞춤법을 검사합니다. 그룹에서 문자 참고의 맞춤법을 검사하려면 편집할 그룹을 엽니다. 작업 세트에서 문자 참고의 맞춤법을 검사하려면 뷰 및 시트 작업 세트를 편집가능으로 지정합니다.

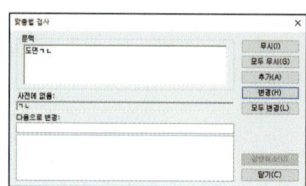

◻ 찾기/대치

단축키 : F R

열려 있는 프로젝트 파일에서 문자를 찾아 대치합니다. 문자 참고 및 상세그룹에서 문자를 검색합니다.

3.7.4. 태그

◻ 카테고리별 태그

요소 카테고리를 기준으로 요소에 태그를 부착합니다. 태그 도구를 사용하기 전에 원하는 태그를 프로젝트에 로드해야 합니다.

◻ 모든 항목 태그

한 번에 뷰에 포함된 모든 요소에 태그를 추가합니다. 모든 항목 태그 도구를 사용하기 전에 프로젝트에 원하는 태그 패밀리를 로드해야 합니다. 태그는 2D 뷰에서 작성합니다. 태그를 지정할 요소 카테고리, 각 카테고리에 사용할 태그를 지정할 범위를 선택할 수 있고, 벽과 같은 일부 요소는 태그를 별도로 지정해야 합니다.

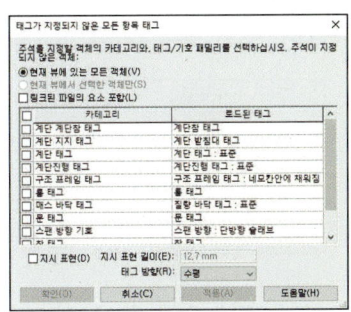

◻ 보 주석

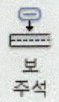

여러 개의 보 태그, 주석 및 지정점 높이를 생성하는 기능입니다. 구조 평면도 또는 천장 평면도의 선택한 보 또는 모든 보를 보 주석에 사용할 수 있습니다. 대화상자를 시작하려면 구성요소와 함께 회전으로 설정된 구조 프레임 태그를 로드해야 합니다.

3 Revit 기능 설명 **155**

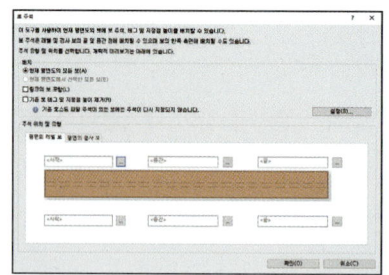

▣ 다중 카테고리

공유 매개변수를 기준으로 다중 카테고리 요소에 태그를 부착하는 기능입니다. 이 도구를 사용하려면 먼저 다중 카테고리 태그를 작성해 프로젝트에 로드해야 합니다. 태그를 지정할 요소 카테고리에는 다중 카테고리 태그에서 사용되는 공유 매개변수가 포함되어야 합니다.

▣ 재료 태그

재료에 지정된 설명을 사용해 선택한 요소에 태그를 지정합니다. 태그에 표시된 재료는 재료 대화상자의 ID 탭에 있는 설명 필드 값을 기준으로 합니다. 물음표(?)가 재료 태그에 표시되는 경우 더블클릭해 값을 입력하면 설명 필드가 해당 값으로 업데이트됩니다.

▣ 면적 태그

선택한 면적에 태그를 지정합니다. 이 도구를 사용해 아직 태그가 지정되지 않은 선택한 면적에 태그를 추가하거나 모든 항목 태그 도구를 사용합니다.

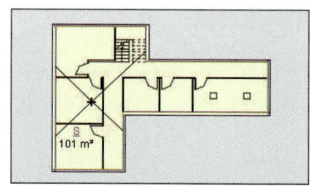

▣ 룸 태그

단축키 : R T

선택한 룸에 태그를 지정합니다. 룸을 생성하면 기본적으로 룸 태그가 같이 생성되는데, 추가로 작성하고자 하는 경우 추가할 수 있습니다.

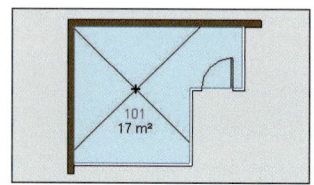

▣ 공간 태그

프로젝트의 공간에 레이블을 지정합니다. 공간 태그에서 이름을 더블클릭해 이름을 바꿀 수 있습니다. 공간 태그의 유형 특성에서 태그에 표시할 룸 이름, 영역 및 체적 정보를 지정할 수 있습니다. 태그 위치를 변경하려면 태그를 클릭해 새 위치로 이동시키면 됩니다. 옵션 막대에서 태그의 지시 표현 여부를 지정할 수 있습니다.

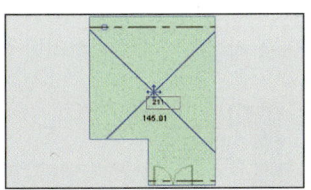

▣ 디딤판 번호

평면도, 입면도, 단면도에서 계단진행의 디딤판 또는 챌판 번호를 1번부터 순서대로 작성합니다. 디딤판 또는 챌판 번호를 표시하기 위해 계단 경로로부터 간격띄우기 거리를 지정할 수 있습니다. 시작 번호를 변경할 수 있고 번호 순서는 자동으로 업데이트됩니다.

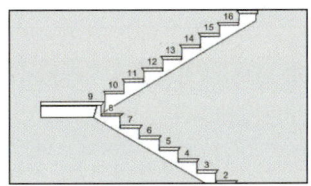

3.7.5. 키노트

요소 유형에 대해 지정된 키노트를 사용해 선택된 요소에 태그를 지정하는 기능입니다. 요소 유형에 대해 키노트를 변경하려면 유형 특성에서 키노트 필드의 값을 변경합니다.

3.7.6. 색상 채우기

▣ 색상 채우기 범례

뷰에 범례를 배치해 룸이나 면적에 대한 색상 채우기의 의미를 나타냅니다. 평면도 또는 단면도를 열어 색상 채우기 범례를 배치합니다. 색상표를 뷰에 아직 지정하지 않은 경우 색상표를 선택하라는 메시지가 표시됩니다. 색상표를 작성하거나 수정하려면 색상표 편집 도구를 사용합니다.

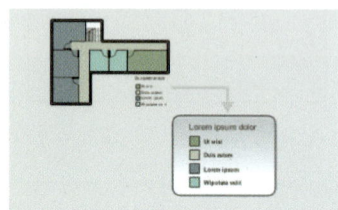

3.7.7. 기호

 2D 주석 도면 기호를 현재 뷰에 배치합니다. 기호는 뷰 특정 주석 요소이며 기호가 배치된 뷰에만 표시됩니다.

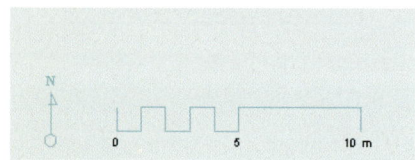

▣ 스팬 방향

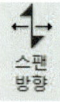 구조 바닥에 스팬 방향 기호를 배치합니다. 스팬 방향 기호는 구조 바닥과 함께 평면도에 배치됩니다. 이 구성요소는 평면도에서 스틸 데크의 방향을 변경하는 데 사용합니다.

▣ 계단 경로

 계단의 경사 방향 및 보행시선에 주석을 추가합니다. 시작 기호 및 화살촉 유형과 같이 주석 화면표시를 제어하는 계단 경로 유형 특성을 수정합니다.

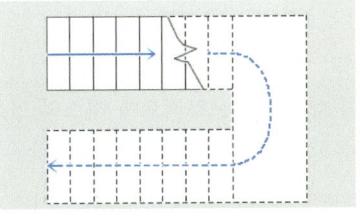

3.8 Mass

매스는 건물의 외형을 조각이나 부조와 같은 방식으로 형태를 잘라내거나 붙여 전체 형상 디자인을 만들어 가는 기능입니다. 돌출, 결합 등의 기능을 이용해 MASS를 완성한 다음, 해당 MASS의 일부분을 지붕, 벽, 바닥으로 전환해 바로 건축물로 만들 수 있습니다. 해당 매스의 형상을 바꾼 경우에는 바뀐 형상에 맞게 연결된 지붕, 벽, 바닥의 형상도 자동으로 변경됩니다.

3.8.1. 개념매스

▣ 뷰 설정별 매스 표시

현재 뷰의 설정을 기반으로 매스를 표시합니다. 기본적으로 매스는 꺼져 있습니다.

▣ 내부 매스

건물 모델을 개념화하기 위한 매스를 생성합니다. 동일한 매스의 여러 인스턴스(instance)를 프로젝트에 배치하거나 동일한 매스를 여러 프로젝트에 사용하려는 경우 매스 패밀리를 작성합니다.

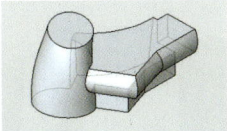

▣ 매스 배치

프로젝트에 매스 패밀리의 인스턴스(instance)를 작성합니다. 프로젝트 외부에서 매스 패밀리를 작성한 경우 매스를 배치하고 프로젝트에 매스의 인스턴스(instance)를 배치할 수 있습니다. 이 프로젝트에 고유한 매스를 작성하려는 경우 내부 매스 도구를 사용합니다.

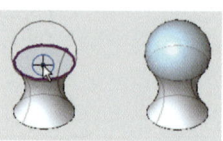

3.8.2. 솔리드 양식 작성

선택한 선형을 기반으로 솔리드 형상을 작성합니다. 양식을 작성하려면 먼저 선 또는 기존 형상의 모서리를 선택한 다음 양식 작성을 클릭합니다. 이 기능을 사용해 로프트, 돌출, 회전, 스윕 등의 다양한 매스 양식을 작성할 수 있습니다.

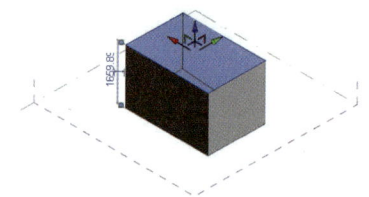

3.8.3. 표면 양식 작성

선 또는 형상 모서리에서 표면 양식을 작성합니다. 개념 설계 환경에서는 닫힌 프로파일이 아닌 열린 선이나 모서리에서 표면이 작성됩니다.

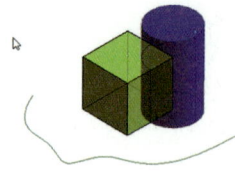 

3.8.4. 회전 양식 작성

작업 기준면을 공유하는 선 및 2D 프로파일에서 회전 양식을 작성합니다. 회전의 선은 모양이 회전되어 3D 양식을 작성하는 중심축을 정의합니다.

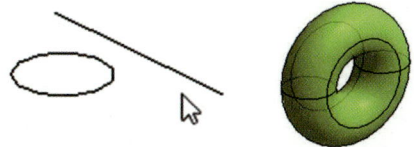

3.8.5. 스윕 양식 작성

선과 선에 수직으로 스케치된 2D 프로파일에서 스윕을 작성합니다. 스윕의 선은 3D 양식을 작성하기 위해 2D 프로파일이 스윕하는 경로를 정의합니다. 이 프로파일은 경로를 정의하는 선이나 일련의 선에 수직으로 그려진 선작업으로 구성됩니다. 프로파일이 닫힌 순환에서 형성된 경우 다중 세그먼트 경로를 사용해 스윕을 작성할 수 있습니다. 프로파일이 닫혀 있지 않으면 다중 세그먼트 경로를 따라 스윕되지 않습니다. 경로가 단일 선 세그먼트인 경우 열려 있는 프로파일을 사용해 스윕을 작성할 수 있습니다.

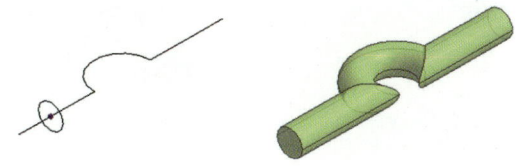

3.8.6. 스윕 혼합 양식 작성

선 또는 선에 수직으로 스케치된 2개 이상의 2D 프로파일에서 스윕 혼합 양식을 작성합니다. 스윕 혼합 양식의 선은 2D 프로파일이 스윕 및 혼합되어 3D 양식을 작성하는 경로를 정의합니다. 이 프로파일은 경로를 정의하는 선이나 일련의 선에 수직으로 그려진 선작업으로 구성됩니다. 스윕 양식과 달리 스윕 혼합 양식은 다중 세그먼트 경로를 따라 작성할 수 없지만, 프로파일을 열거나 닫을 수 있습니다.

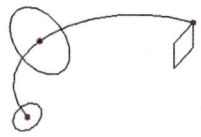 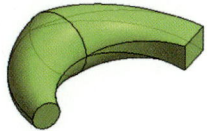

3.8.7. 로프트 양식 작성

개별 작업 기준면에 스케치된 2개 이상의 2D 프로파일에서 로프트 양식을 작성합니다. 로프트된 형상을 만들 때 프로파일이 열려 있거나 닫혀 있을 수 있습니다.

3.8.8. 보이드 양식 작성

선택한 선에서 보이드를 작성합니다. 솔리드에서 형상을 잘라내기 한 형태의 매스를 작성합니다. 보이드를 작성한 후 절단 도구를 사용해 교차 솔리드 형상에서 제거합니다.

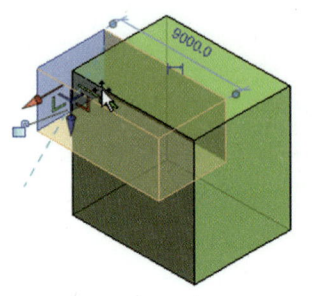 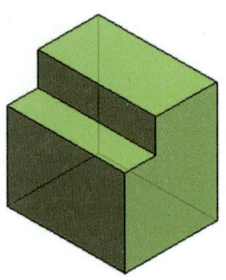

3.8.9. 면으로 모델링

▣ 면으로 커튼 시스템 만들기

 일반 모델 또는 매스면에 커튼 시스템을 작성합니다.

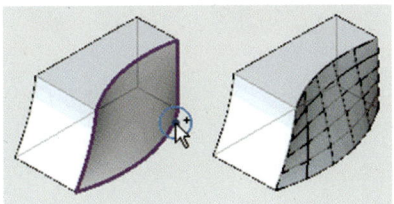

▣ 면으로 지붕 만들기

 매스의 비수직면을 사용해 지붕을 작성합니다. 매스면을 변경하는 경우 이 기능을 통해 작성된 지붕은 자동으로 업데이트되지 않습니다. 지붕을 업데이트하려면 지붕을 선택하고 면에 대한 업데이트를 클릭해야 합니다.

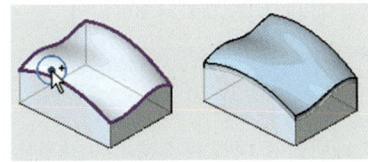

▣ 면으로 벽 만들기

 일반 모델 또는 매스면을 사용해 벽을 작성합니다. 매스면을 변경하는 경우 이 기능을 통해 작성된 벽은 자동으로 업데이트되지 않습니다. 벽을 업데이트하려면 벽을 선택하고 면에 대한 업데이트를 클릭해야 합니다.

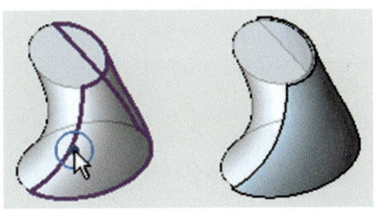

▣ 면으로 바닥 만들기

 매스 바닥을 건물 모델의 바닥으로 변환합니다. 면으로 바닥 만들기 도구를 사용하려면 매스를 선택하고 매스 바닥 도구를 사용해 매스 바닥을 작성해야 합니다.

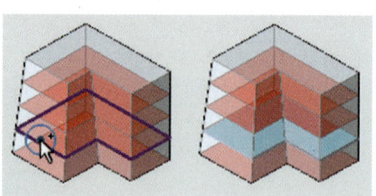

3.8.10. 선

▣ 모델선

 단축키 : L I
3D 공간에 있으며 프로젝트의 모든 뷰에서 볼 수 있는 선을 작성합니다. 특정 뷰에서만 볼 수 있는 상세선을 작성하려면 상세선 도구를 사용합니다.

▣ 참조선

 새 패밀리를 작성하거나 패밀리에 대해 구속조건을 작성할 때 사용할 수 있는 참조선을 작성합니다. 직선 참조선에는 스케치할 4개의 참조 평면을 제공합니다. 한 평면은 선 자체의 작업 기준면에 평행하고, 다른 평면은 해당 평면에 수직입니다. 두 평면은 모두 참조선을 지닙니다.

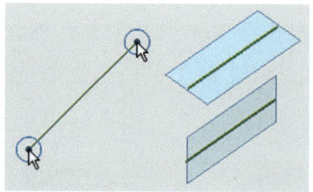

면에 그리기

기존 표면에 선을 그립니다. 이 도구는 커서를 표면 위로 움직일 때 해당 면이 하이라이트됩니다. 원하는 표면이 하이라이트되면 클릭해 표면에서 그리기를 할 수 있습니다.

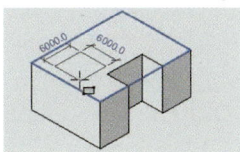

3.8.11. 작업 기준면

평면뷰, 입면뷰, 단면뷰의 면외 다른 면을 객체 생성, 편집을 위한 기준면으로 사용하는 기능입니다. 건축 객체의 '작업 기준면'의 내용과 동일합니다.

작업 기준면 설정

이름으로 또는 평면을 선택하거나 선택할 평면에서 선을 선택해 작업 기준면을 선택합니다.

작업 기준면 표시

작업 기준면이 뷰에서 그리드로 표시됩니다.

작업 기준면 뷰어

작업 기준면 뷰어를 활성화합니다. 작업 기준면 뷰어를 임시 뷰로 사용해 선택한 요소를 편집할 수 있습니다. 뷰에는 선택한 작업 기준면의 요소가 표시되며 프로젝트 탐색기에 뷰가 저장되지 않습니다.

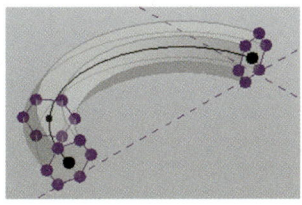 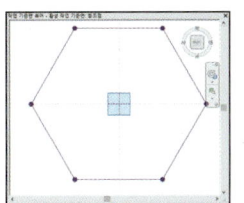

■ 작업 기준면에 그리기

 활성 작업 기준면에 선을 그립니다. 이 도구는 활성 작업 기준면을 하이라이트합니다. 하이라이트된 작업 기준면을 클릭하면 해당 면에서 그리기를 할 수 있습니다.

3.8.12. [실습] 매스 모델링

1. Sample 폴더에서 실습09.rvt 파일을 엽니다.

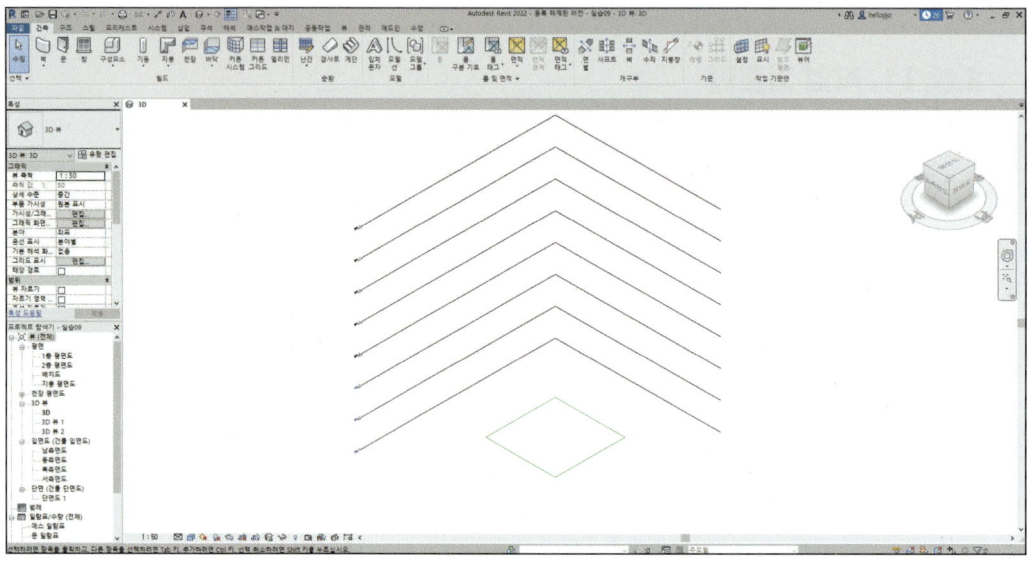

2. 리본 메뉴 '매스작업&대지' 탭에서 '내부매스'를 선택합니다. '매스작업－매스 표시 사용' 창에서 '닫기'를 누릅니다.

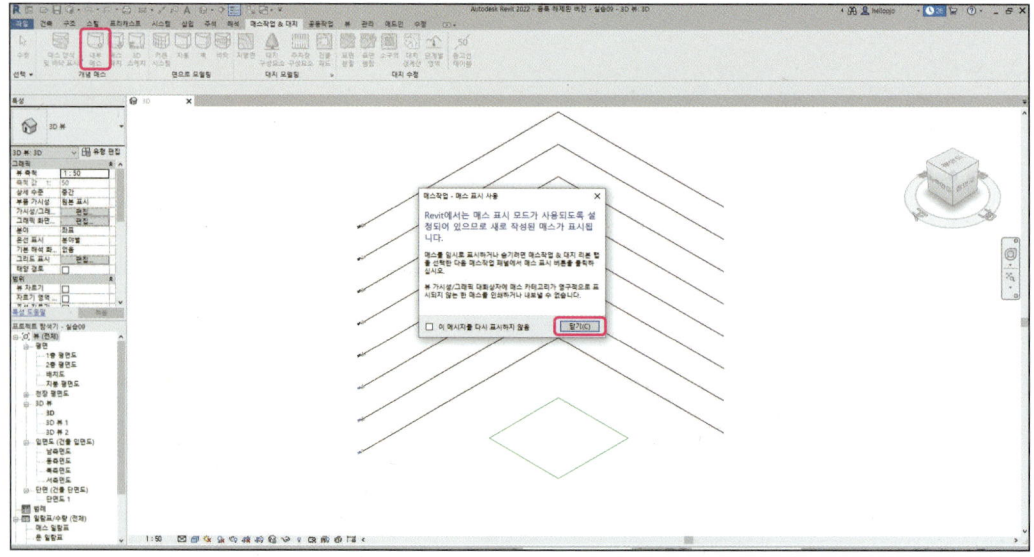

3. 매스 이름을 '건물1'로 입력하고 '확인'을 누릅니다.

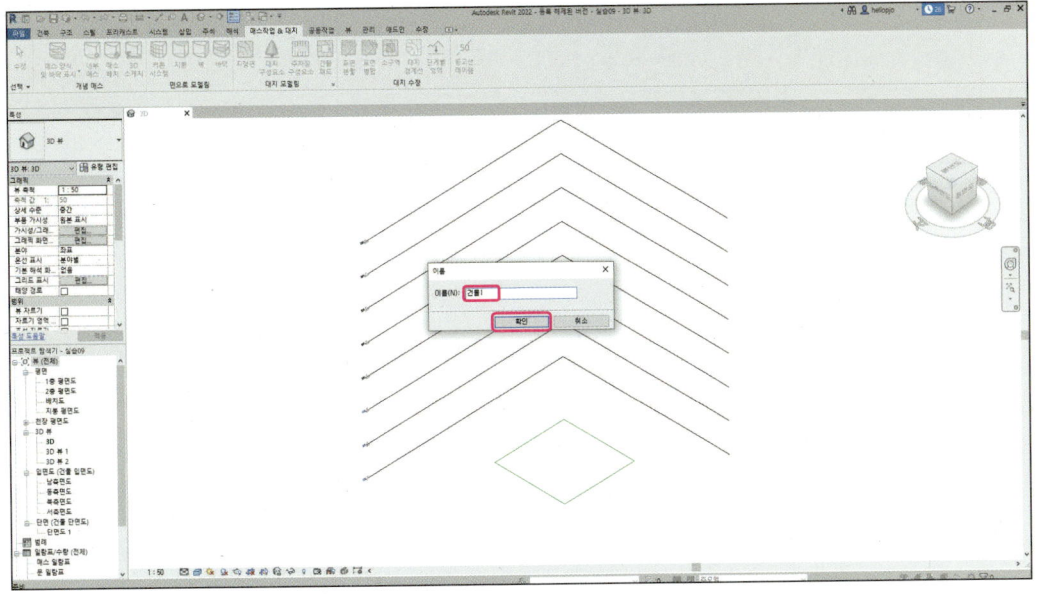

4. 리본 메뉴의 그리기 도구에서 사각형을 선택하고 1F 레벨의 작업 기준면의 선형을 따라서 사각형을 그립니다.

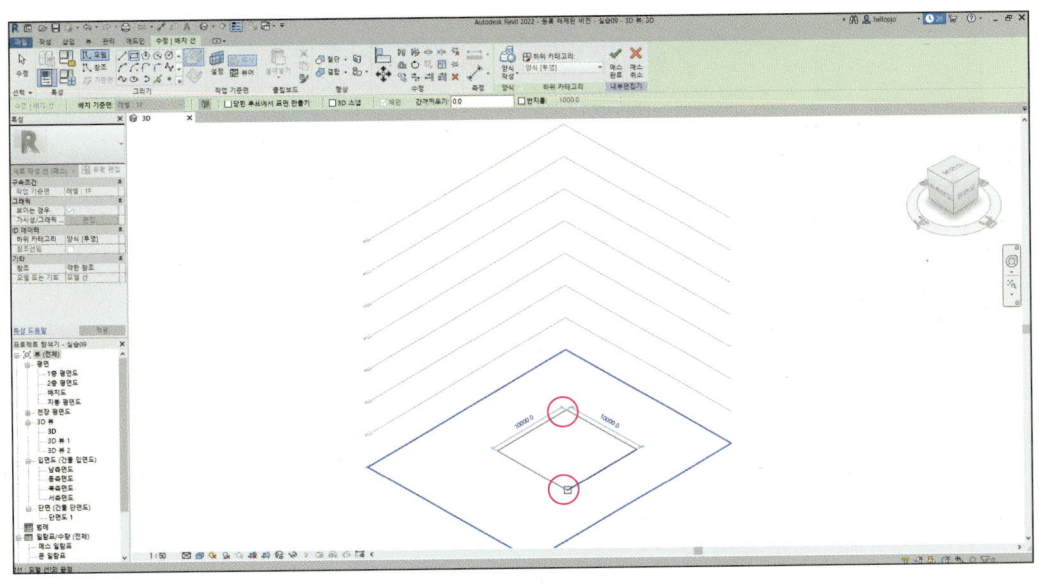

5. 리본 메뉴의 '양식 작성' - '솔리드 양식'을 선택합니다.

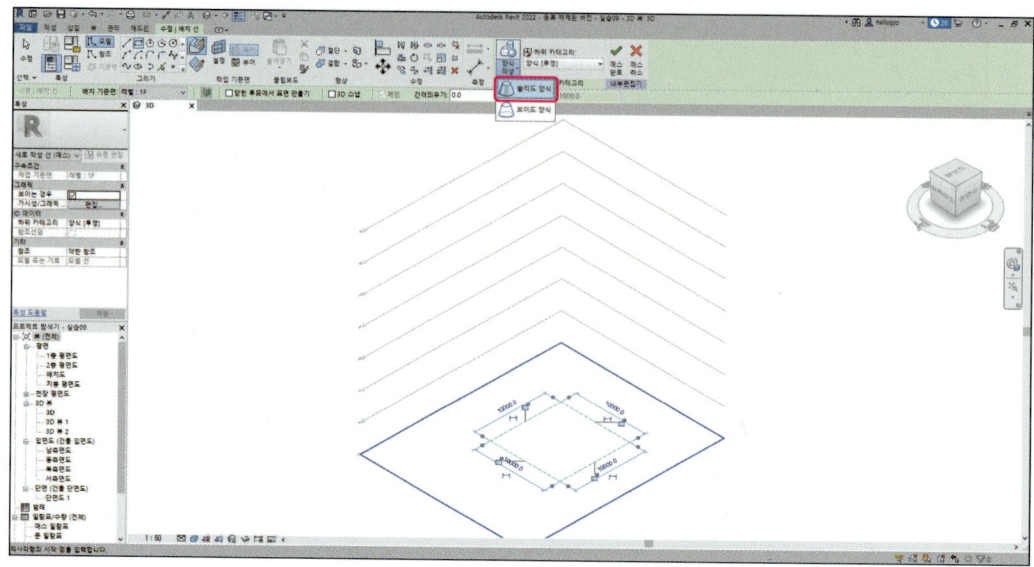

6. 파란색 화살표를 선택하고 위로 드래그해 8F 레벨까지 상부 면을 이동시킵니다.

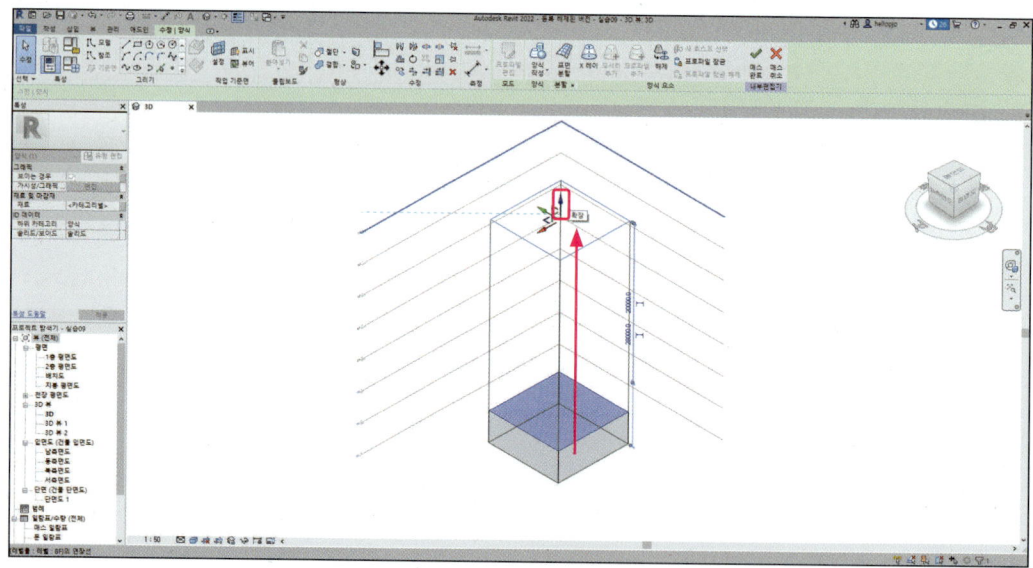

7. 사각 기둥형 매스가 생성된 것을 확인합니다. 매스의 상부면 가운데를 클릭해 면을 선택합니다.

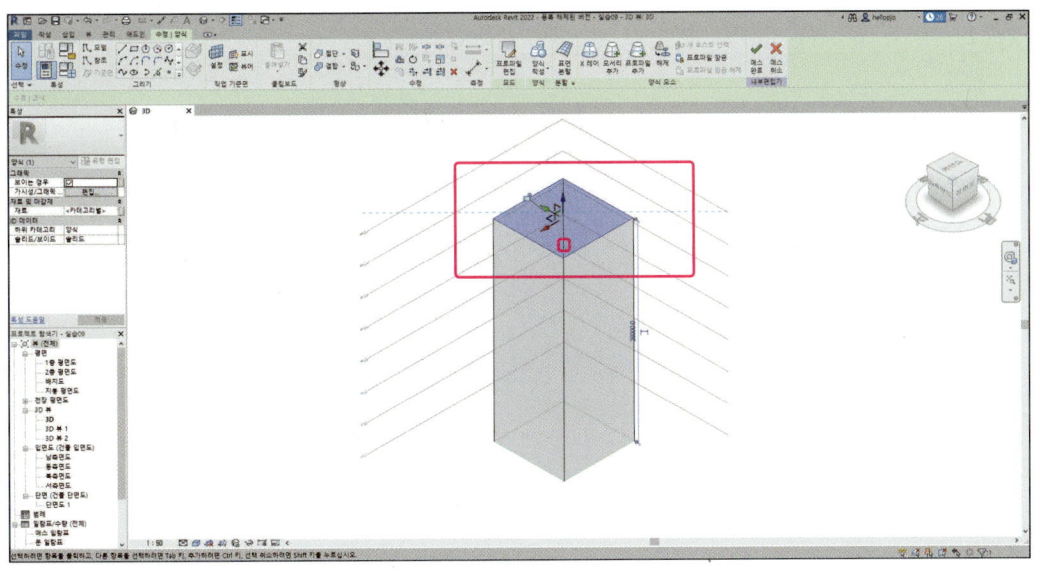

8. 리본 메뉴의 '수정 | 양식' 탭에서 '회전'을 선택합니다. A점을 선택 후 각도 표시가 90°가 되는 지점 B를 선택해 면을 시계방향으로 90° 회전시킵니다.

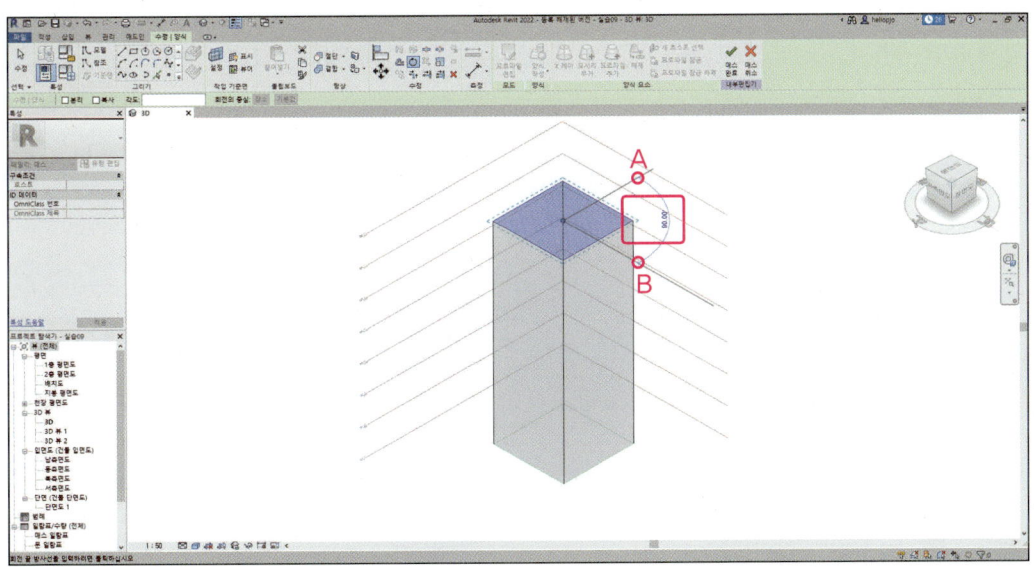

9. 매스 상부 면이 90° 회전해 기둥 형태 형상이 트위스트된 모양으로 변경된 것을 확인할 수 있습니다. 리본 메뉴의 '매스완료'를 선택합니다.

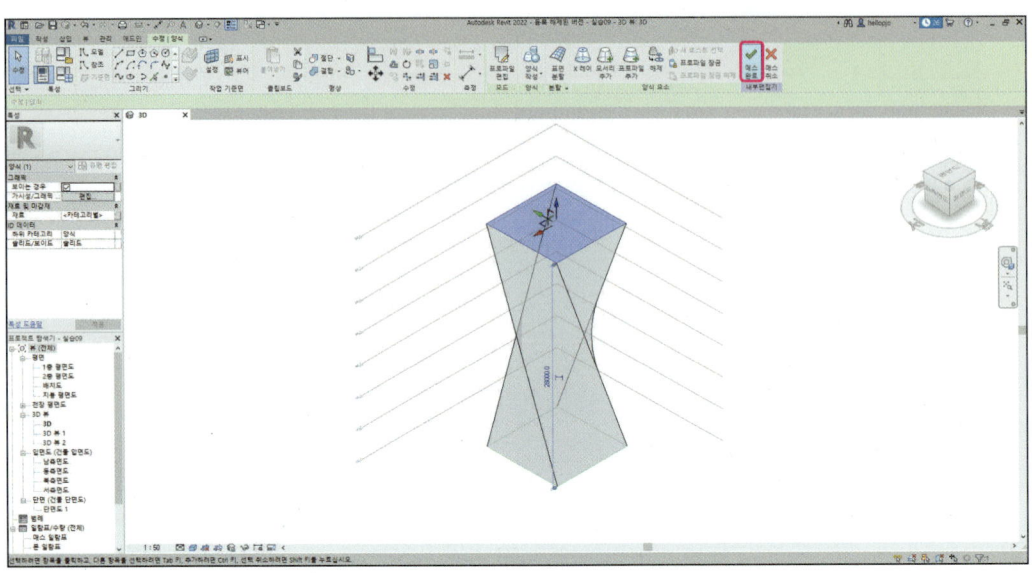

10. 생성된 매스를 선택합니다. 좌측 특성창의 '전체 바닥 면적' 값이 비어있는 것을 확인합니다. 리본 메뉴의 '수정 | 매스' 탭에서 '매스 바닥'을 선택합니다. '매스 바닥' 창에서 1F~8F의 모든 레벨을 선택하고 '확인'을 누릅니다.

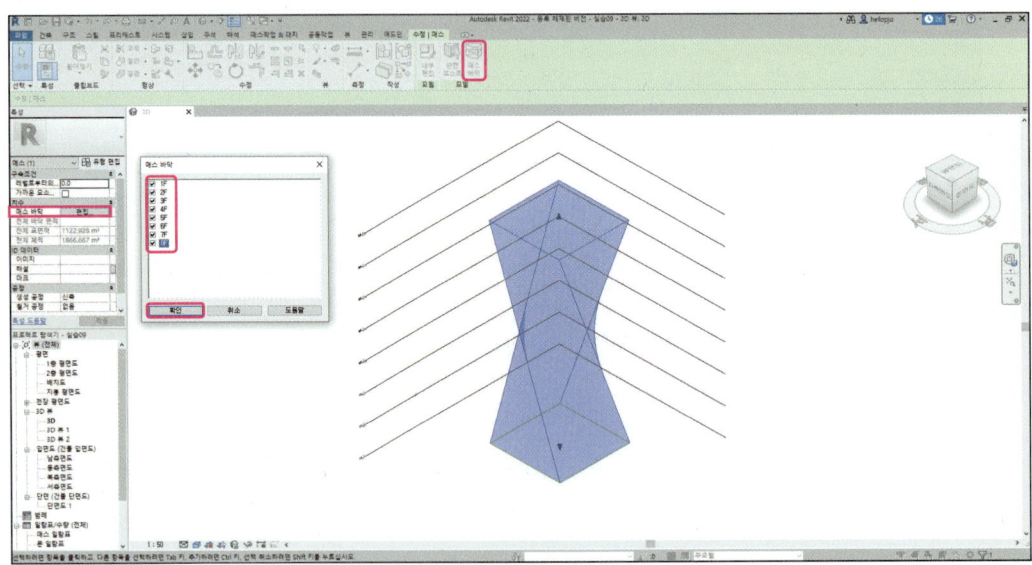

11. 매스를 각 레벨 높이에서 수평으로 절단한 형상에 따라 각 레벨이 매스의 바닥이 생성되었습니다. 좌측 특성창의 '전체 바닥 면적'에 매스 바닥 면적의 합계가 표기되는 것을 확인할 수 있습니다.

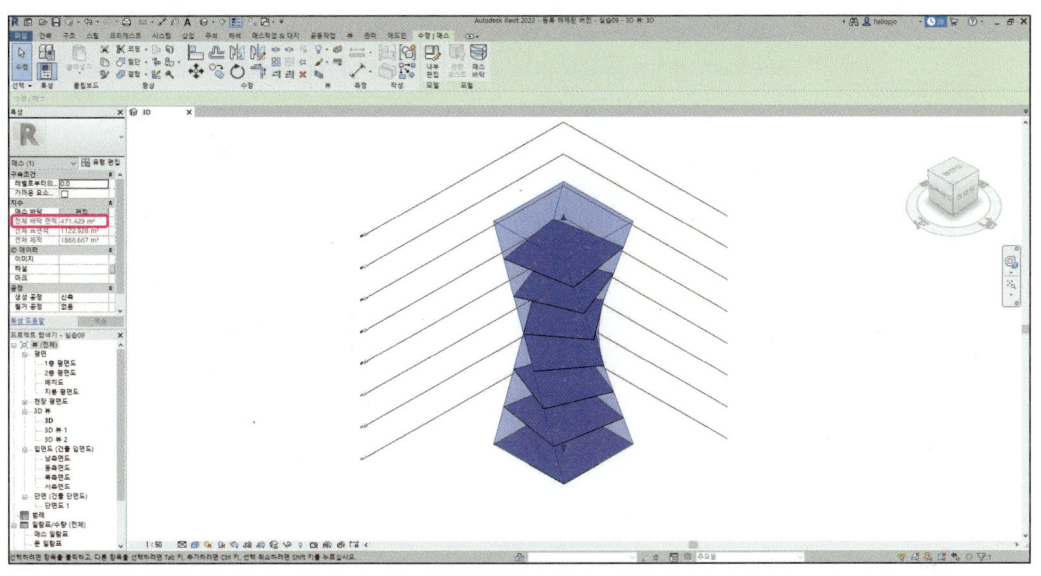

12. 프로젝트 탐색기에서 '뷰' – '입면도' – '남측면도'를 더블클릭합니다. 리본 메뉴 '뷰' 탭에서 '타일뷰'를 선택해 뷰를 정렬합니다.

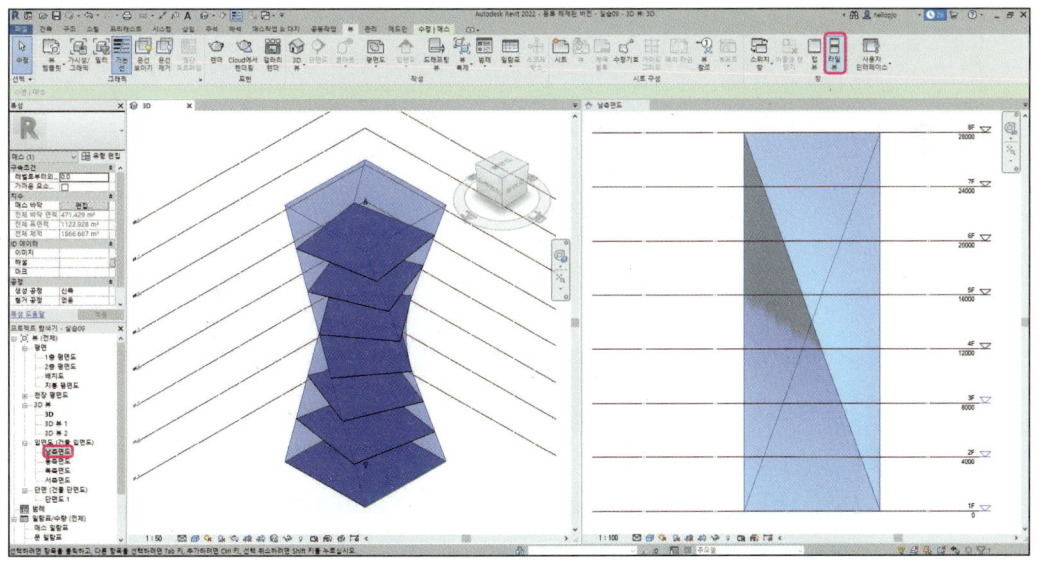

13. 리본 메뉴 '건축' 탭에서 '벽' – '면으로 벽 만들기'를 선택합니다.

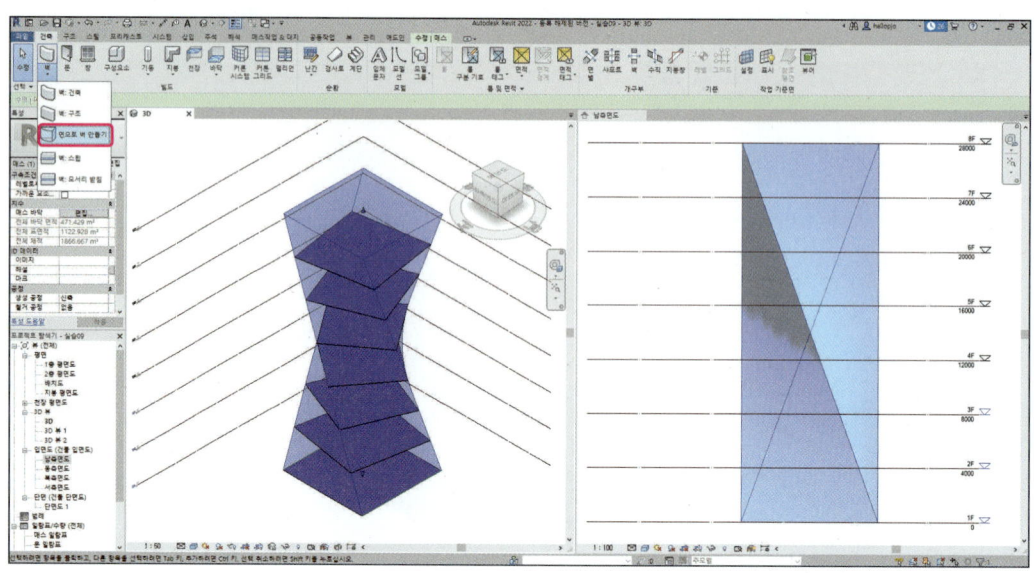

14. 특성창에서 유형을 '기본 벽 | 일반 – 225mm 석조'를 선택합니다. 3D 뷰에서 A면과 B면을 선택해 매스의 면을 기준으로 벽돌재질의 벽을 생성합니다.

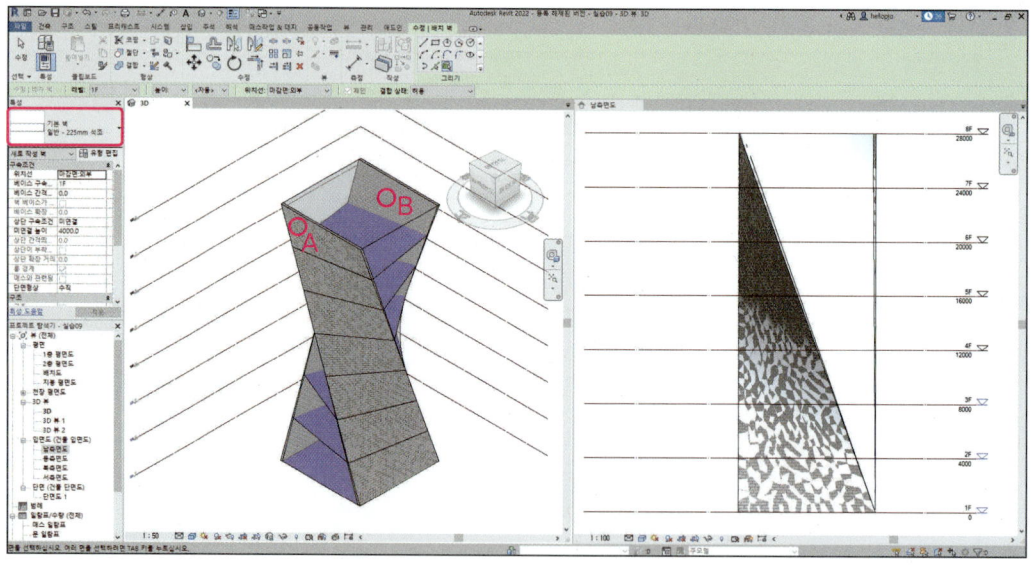

15. 나머지 2면에도 벽을 생성하겠습니다. 리본 메뉴 '건축' 탭에서 '벽' – '면으로 벽 만들기'를 선택한 상태에서 특성창의 유형을 '기본 벽 | 유리 – 100mm'를 선택합니다. 3D 뷰에서 C면과 D면을 선택해 매스의 면을 기준으로 유리재질의 벽을 생성합니다.

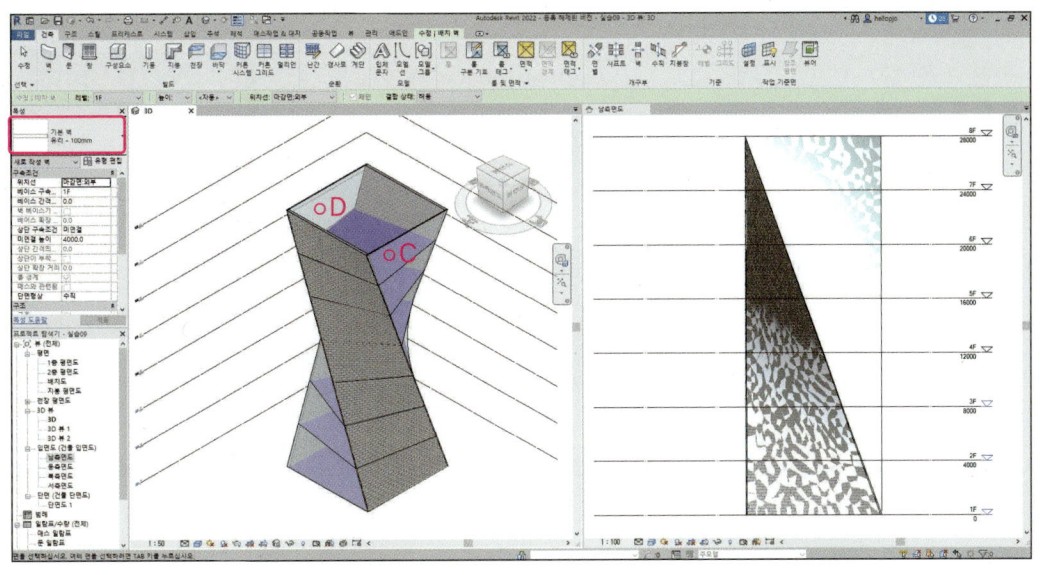

16. 매스면을 기준으로 4면에 모두 벽이 생성되었습니다. 마우스로 3D 뷰 상의 두 개 지점을 사각형 형태로 드래그해 매스를 선택하고 리본 메뉴의 '필터'를 클릭합니다. 필터 창에서 '매스'만 체크되게 한 상태에서 '확인'을 누릅니다.

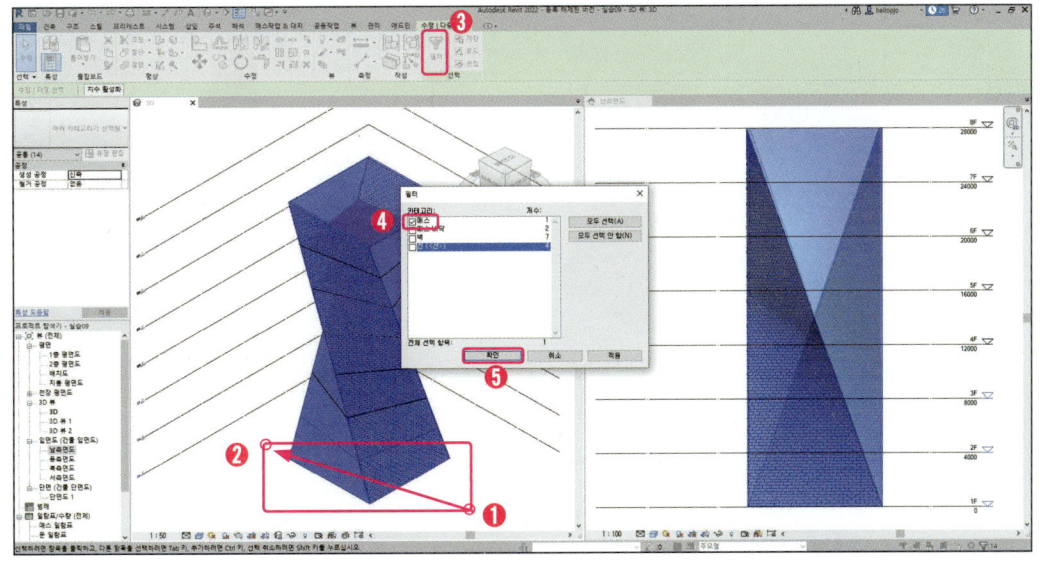

3 Revit 기능 설명 **173**

17. 매스가 선택된 상태에서 리본 메뉴의 '내부편집'을 선택합니다.

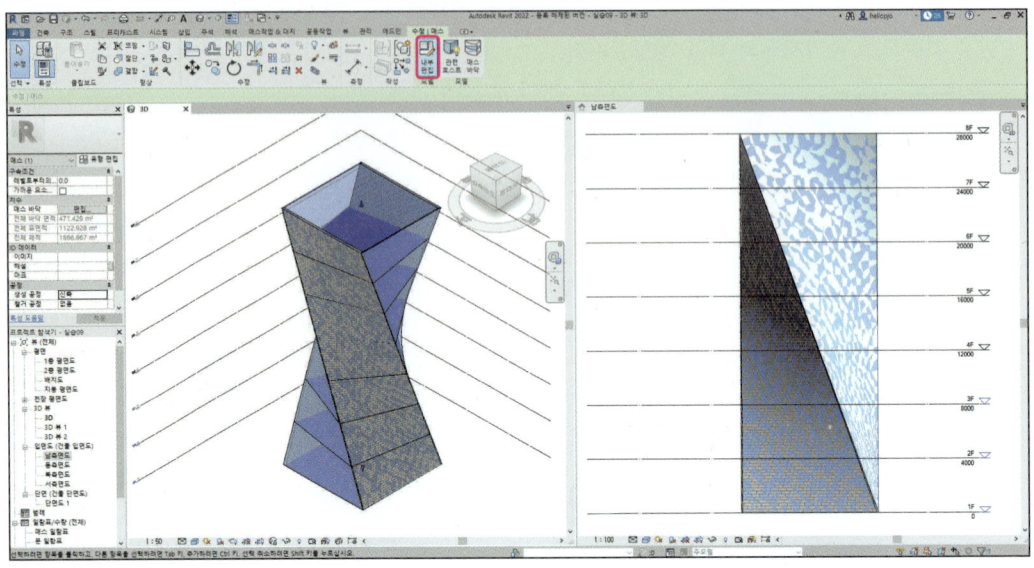

18. 매스의 상단 면을 선택하고 리본 메뉴의 '프로파일 추가'를 클릭합니다.

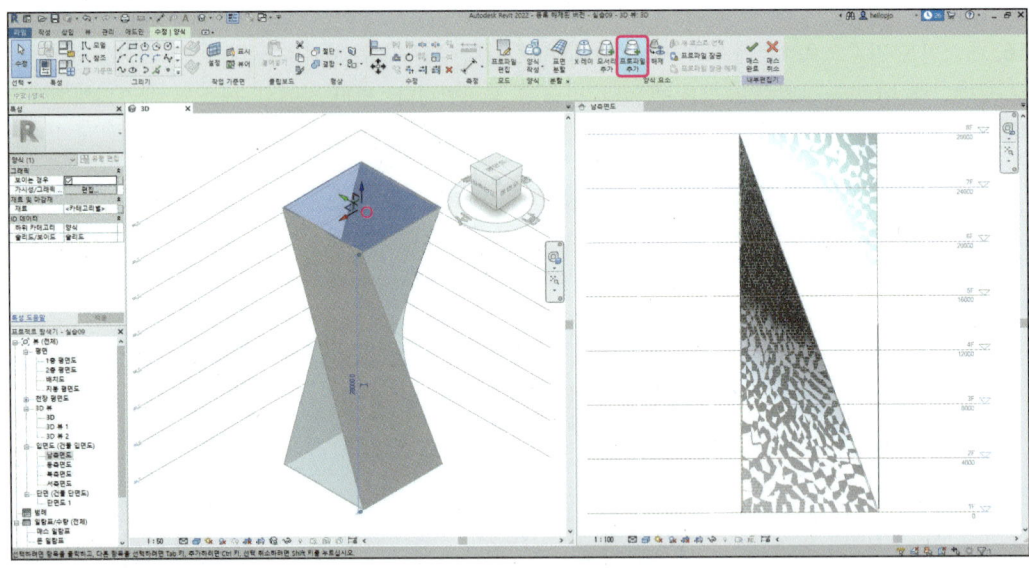

19. 3D 뷰에서 매스의 중간부분을 선택하면 사각형 프로파일이 중간부분에 추가됩니다.

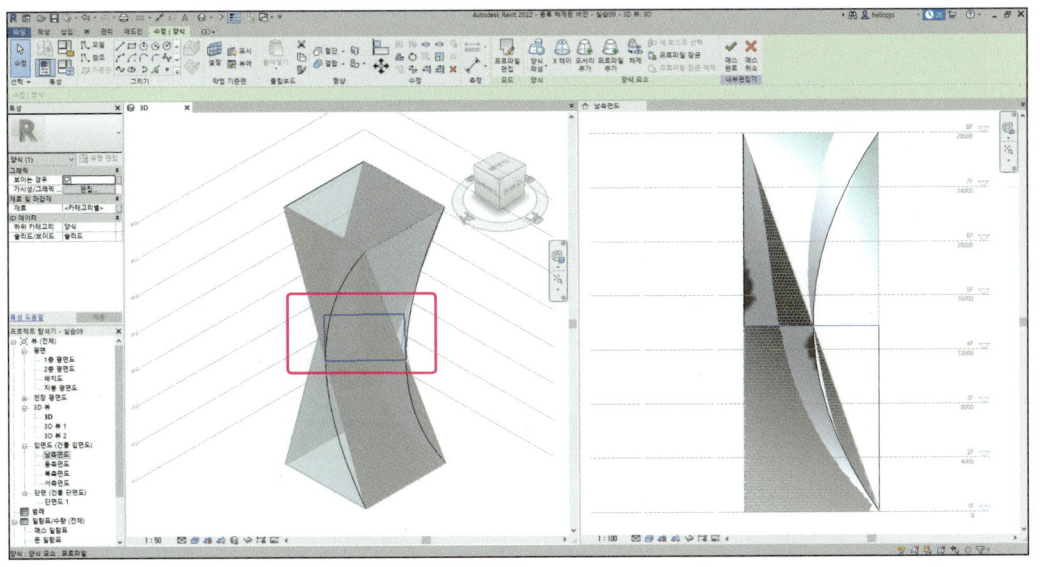

20. 남측면도 뷰로 마우스를 옮긴 상태에서 마우스 가운데 휠버튼을 클릭하면 남측면도 뷰가 활성화됩니다. 남측면도 뷰에서 새로 추가한 중간부분 프로파일이 선택된 상태가 됩니다. 마우스를 프로파일의 중간부분에 가져가면 4방향 이동 아이콘이 나타납니다. 해당 아이콘을 클릭한 상태에서 좌측으로 드래그합니다. 드래그한 상태에서 A지점에서 마우스 클릭을 해제하면 매스의 형상이 굴절된 형태로 변경됩니다.

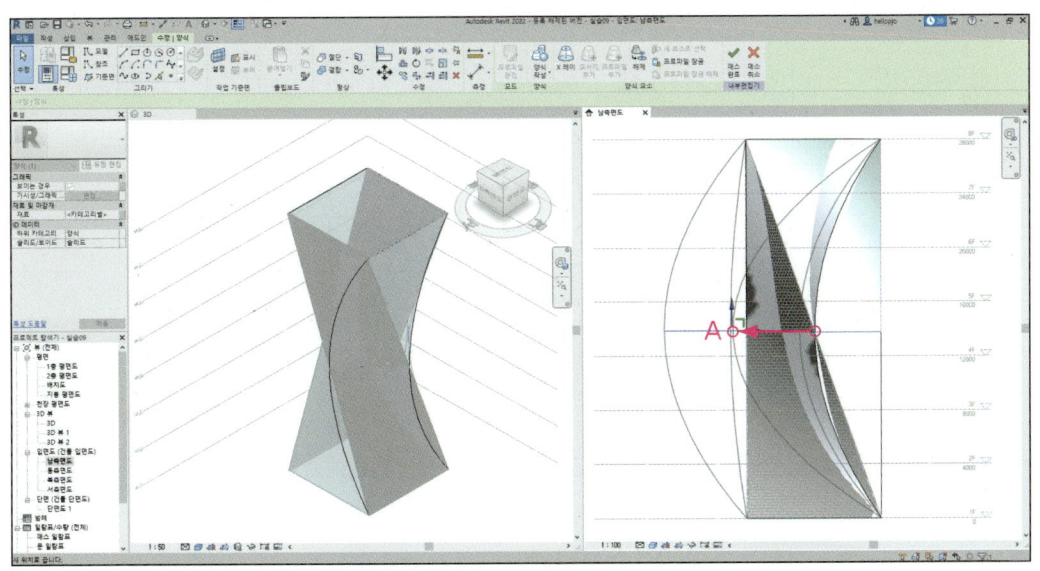

21. 리본 메뉴의 '매스 완료'를 선택해 매스의 편집을 종료합니다.

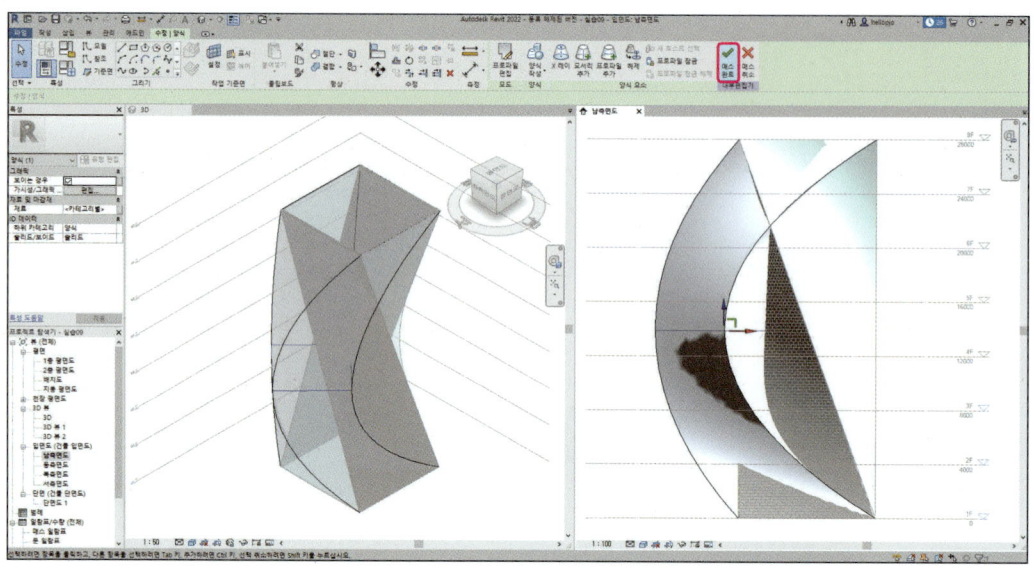

22. 매스의 변경된 형태에 따라 매스 바닥은 자동적으로 변경된 것을 확인할 수 있습니다. 또한, 매스의 바닥과는 다르게 매스의 면으로 만든 벽에는 변경된 형상이 적용되지 않은 것을 확인할 수 있습니다.

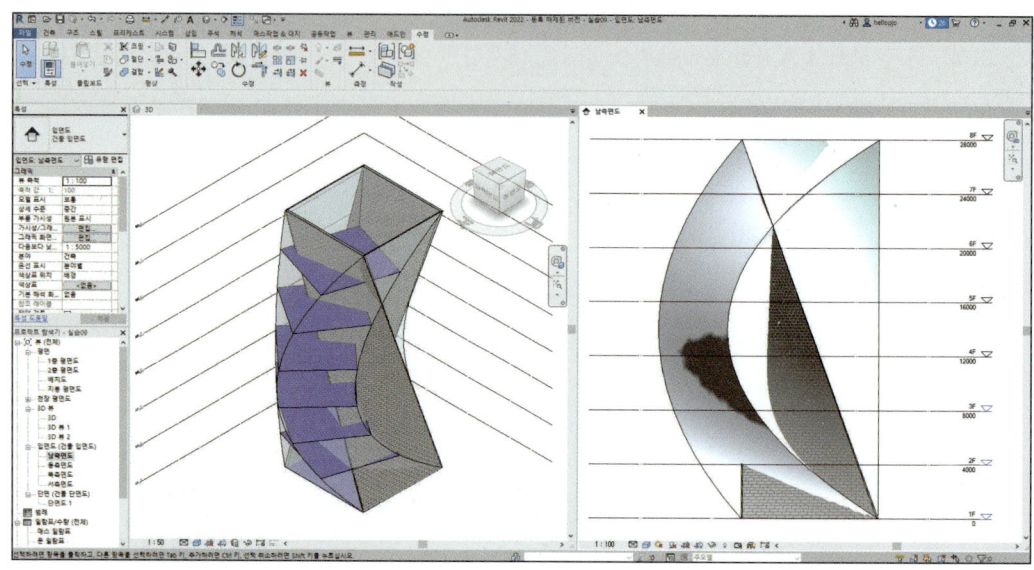

23. 매스를 선택한 상태에서 리본 메뉴의 '관련 호스트'를 선택합니다.

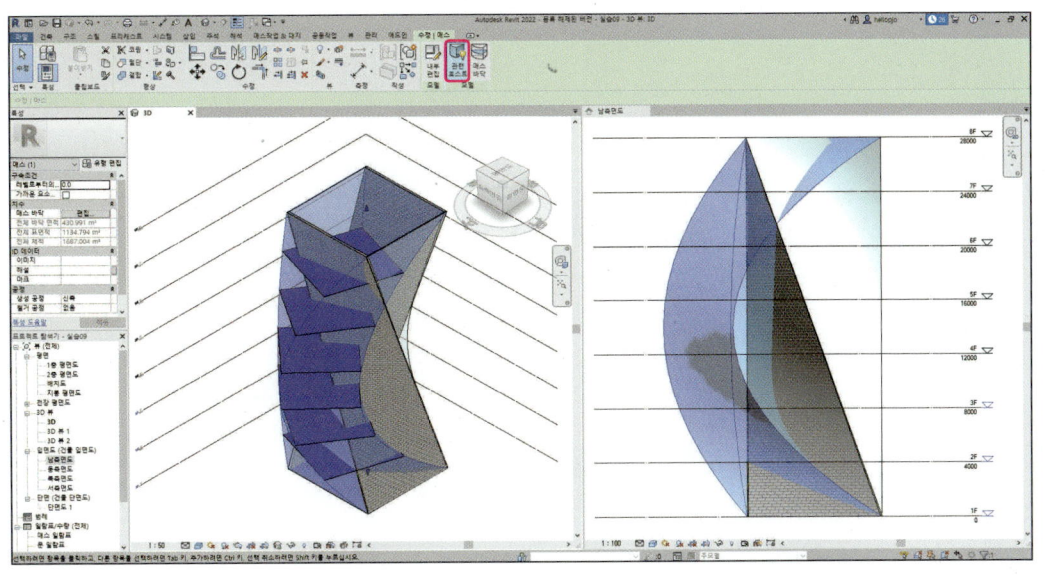

24. 리본 메뉴의 '수정 | 벽' 탭에서 '면에 대한 업데이트'를 선택합니다.

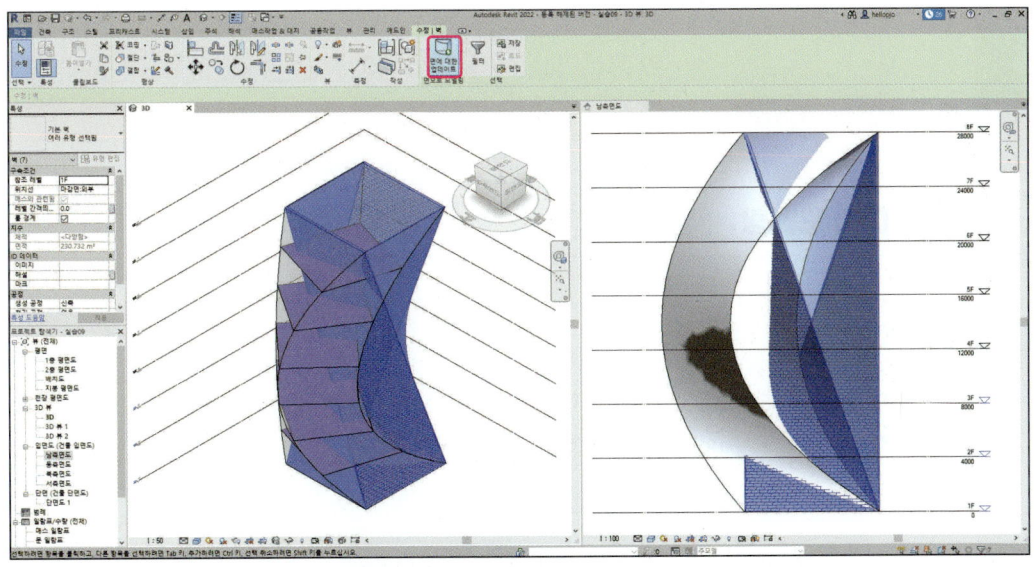

25. 수정한 매스에 따라 매스의 면으로 작성했던 벽의 형상이 변경된 것을 확인할 수 있습니다.

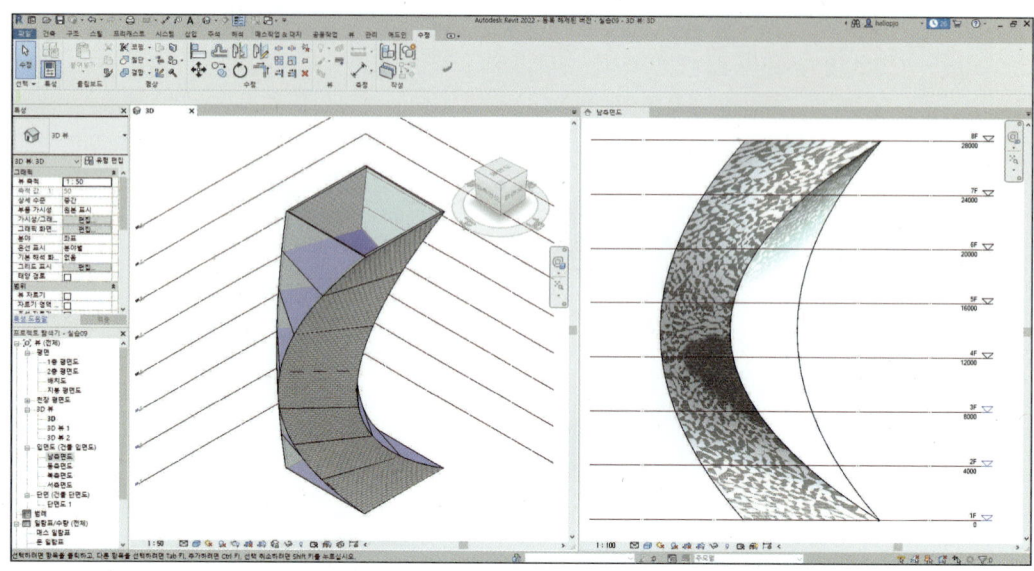

3.9. 대지

3.9.1. 대지 모델링

■ 지형면

대지 평면 또는 3D 뷰에서 지형면을 작성합니다. 점을 선택하고 해당 입면을 지정하거나 3D 데이터 또는 point 정보 파일을 가져와 지형면을 만들 수 있습니다.

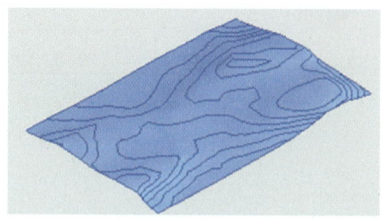

▣ 대지 구성요소

 나무, 주차장, 소화전 같은 대지 특성 요소를 모델에 추가하는 기능입니다. 유형 선택기를 사용해 배치할 대지 요소의 유형을 지정하거나 원하는 대지 패밀리를 프로젝트에 로드해 사용합니다.

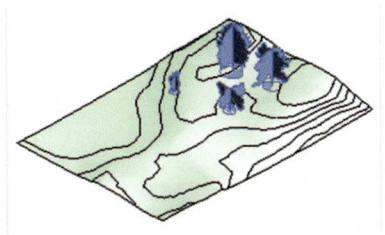

▣ 주차장 구성요소

 지형면에 주차장 요소를 추가합니다. 주차장을 추가하려면 지형면이 표시되는 뷰에서 작성해야 합니다. 문 객체가 벽에 종속되듯이 주차장 구성요소는 지형면에 종속됩니다.

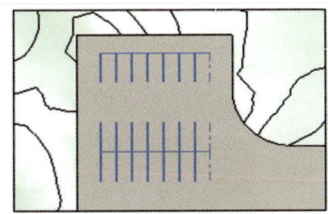

▣ 건물 패드

 지형면에서 스케치한 닫힌 다각형(루프)에서 건물 패드를 추가합니다. 건물 패드를 추가하기 전에 지형면을 먼저 정의합니다. 패드를 스케치한 후 경사를 정의하고 레벨로부터의 높이 간격 띄우기를 제어할 수 있습니다.

3.9.2. 대지 수정

▣ 표면 분할

지형면을 두 개의 다른 표면으로 분할해 각 표면을 독립적으로 편집할 수 있도록 합니다. 예를 들어 표면을 분할한 후 표면별로 다른 재료를 지정해 도로 및 조경 구간을 나타낼 수 있습니다. 지형면을 별도의 표면으로 분할하지 않고 지형면 내에 영역을 작성하려면 소구역 도구를 사용합니다.

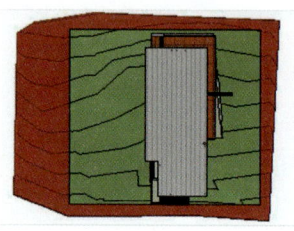

▣ 소구역

지형면 내에 영역을 정의합니다. 소구역을 작성하면 별도의 표면이 분할되어 만들지 않고 대지 내 다른 재료와 같은 특성을 정의해서 사용할 수 있는 영역을 만들 수 있습니다.

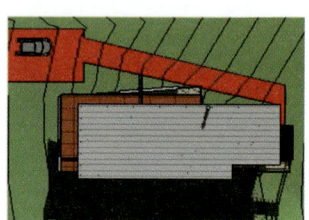

▣ 대지 경계선

평면도에 대지 경계선을 작성합니다. 스케치를 하거나 거리를 입력해 대지 경계선을 작성할 수 있습니다.

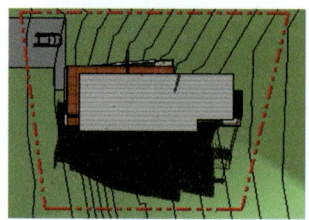

◙ **단계별 영역**

 시공 프로세스의 변경사항을 나타내도록 지형면을 수정합니다.

◙ **등고선 레이블**

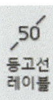 등고선의 레벨을 표시합니다. 입면이 다른 지형면을 포함하는 대지 평면도를 엽니다. 등고선을 교차하는 선을 스케치한 후 레이블을 표시하려면 확대해야 할 수 있습니다.

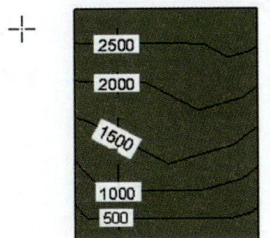

3.10. 공동작업

3.10.1. 공동작업

다중이 이용자가 모델에서 동시에 작업할 수 있도록 설정합니다. 클라우드, LAN, WAN에서 모델을 편집하고 동기화할 수 있습니다.

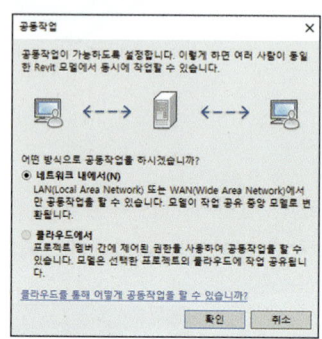

3.10.2. 작업 세트

작업 세트를 만들고 요소를 추가합니다. 지정된 사용자만 특정 작업 세트의 요소를 편집할 수 있습니다.

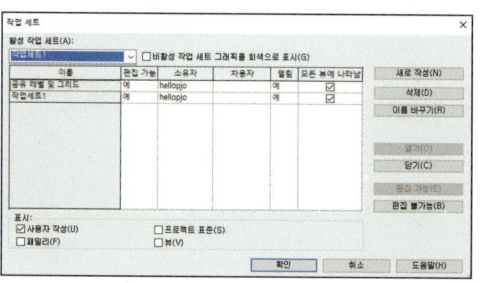

3.11. 뷰

3.11.1. 뷰 템플릿

뷰에 대해 표준화된 설정을 작성, 편집 또는 적용합니다. 뷰 템플릿은 뷰 유형에 공통적인 뷰 축척, 분야, 상세 수준 및 가시성 설정과 같은 뷰 특성들의 모음입니다. 뷰 템플릿을 사용해 프로젝트의 뷰에 대한 설정을 표준화합니다.

3.11.2. 가시성/그래픽

단축키 : V G 또는 V V

화면제어(Visual Graphic Setting) 화면에 보이는 정보의 종류, 유형, 방식을 조절하는 기능입니다. 현재 뷰에서 모델 요소 및 주석의 기본 가시성과 그래픽 화면 표시를 재지정합니다. 평면, 입면, 단면, 3D view 등 모든 뷰에서 일부 종류의 객체, 몇 개의 특정 객체의 가시성을 조절할 수 있습니다. 단면 view에서 잘린 벽체의 내부에 색상을 적용해 채워지게 보이게 하거나, 일부 객체를 뷰에서 보이지 않게 조절하거나, 평면 뷰의 바닥으로부터 잘린 높이를 조절하는 등 세부적인 조절이 가능합니다.

Revit을 사용하면서 가장 많이 사용하는 기능 중 하나로, 화면제어 기능만 잘 활용하면 같은 영역을 보여주는 뷰라고 하더라도 보이는 정보의 종류, 색상, 보이는 방식을 다르게 해 참조용 뷰를 다양하게 만들 수 있습니다.

3.11.3. [TIP] 객체 흐릿하게 보이게 설정

원하는 뷰의 가시성/그래픽 재지정에서 객체의 중간색 값을 체크하면 화면에서 표기되는 객체에 투명도가 적용되어 객체가 흐릿하게 보이게 할 수 있습니다. DWG 객체를 가져온 경우에 중간색으로 설정하면 모델 객체와 구별되어 작업에 용이합니다.

아래 그림은 배치도의 DWG 가져온 객체의 중간색이 미적용된 상태입니다. DWG 가져온 객체와 모델 내부의 객체를 시각적으로 구분하기가 어렵습니다.

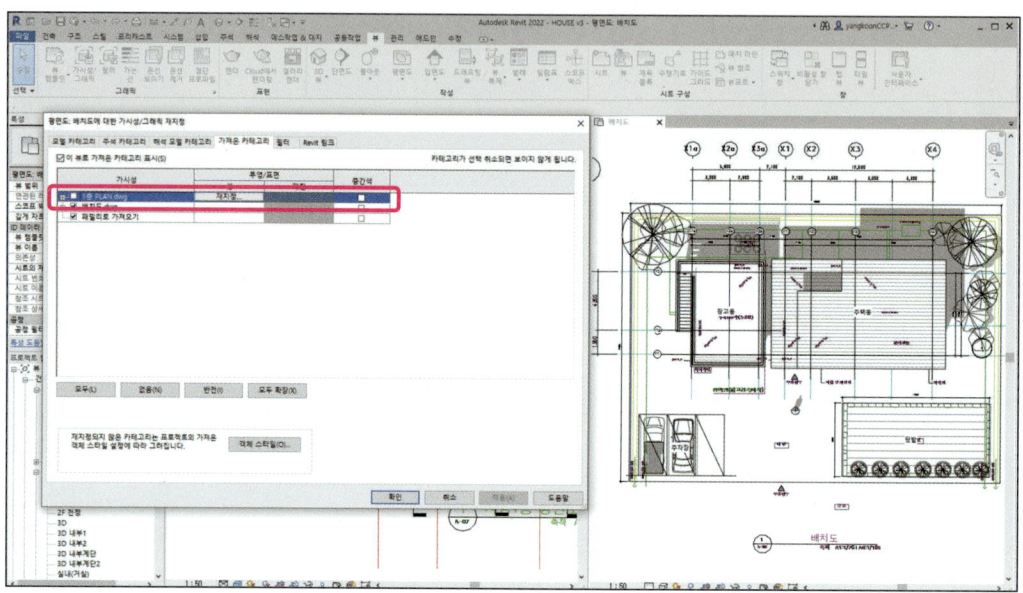

다음 그림은 배치도의 DWG 가져온 객체의 중간색이 적용된 상태입니다. DWG 가져온 객체의 색상이 흐릿하게 변해 모델 내부의 객체와 시각적으로 구분이 용이합니다.

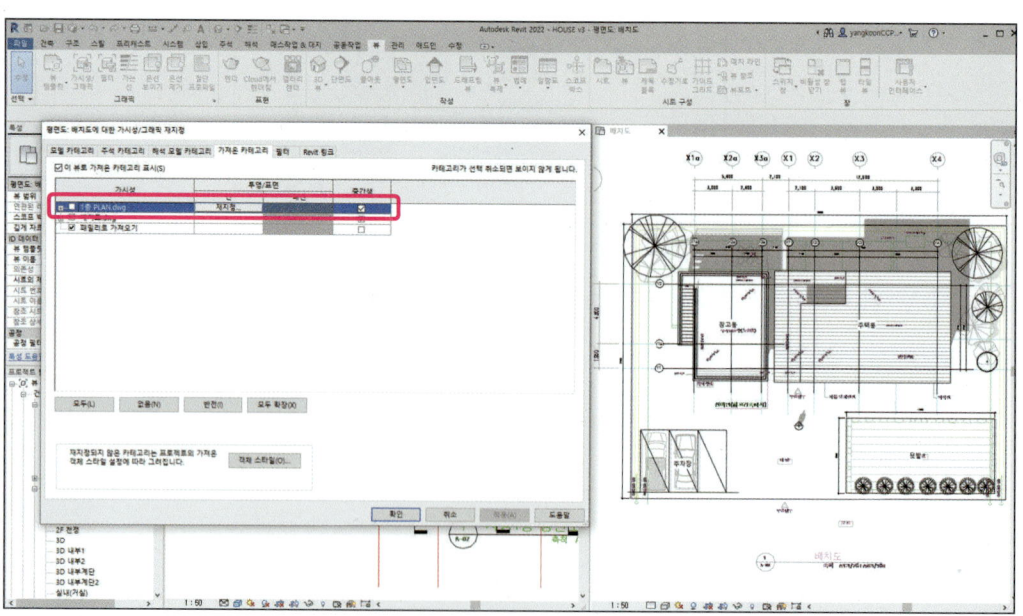

3.11.4. 필터

 요소 매개변수를 기준으로 뷰에서 요소의 가시성 및 그래픽을 수정하는 필터를 작성합니다. 필터를 작성해 여러 뷰에 적용할 수 있고, 뷰에 여러 개의 필터를 적용하는 경우 필터가 나열되는 순서가 우선순위를 나타냅니다.

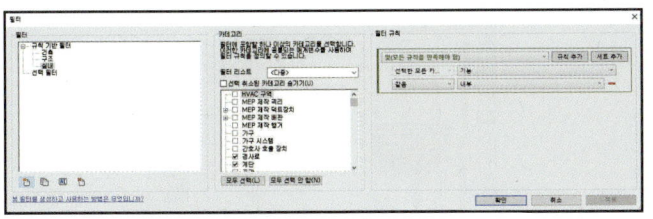

3.11.5. 가는 선

 단축키 : T L
화면의 모든 선을 줌 레벨에 관계없이 단일 폭으로 표시합니다. 이 기능을 사용하지 않으면 모든 선이 인쇄될 때처럼 선 두께가 적용되어 화면에 표시됩니다.

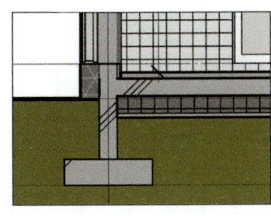 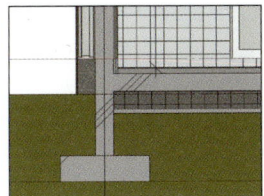

가는 선 적용 전   가는 선 적용 후

3.11.6. 은선 보이기

 현재 뷰의 다른 요소에 의해 가려진 개별 모델 요소 및 상세 요소에 대한 은선을 표시합니다. 먼저 숨겨진 요소를 가리는 요소를 선택합니다. 숨겨진 요소를 선택하려면 스타일을 와이어프레임으로 변경하거나 다른 뷰에서 요소를 선택해야 합니다.

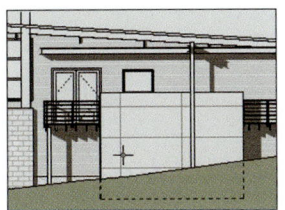

3.11.7. 은선 제거

 다른 요소에 의해 가려진 모델 요소 및 상세 요소에 대한 은선을 현재 뷰에서만 제거합니다. 이 기능은 요소별 은선 표시 기능의 반대 기능입니다.

3.11.8. 절단 프로파일

 지붕, 벽, 바닥 및 복합 구조의 레이어와 같이 뷰에서 잘라낸 요소의 모양을 변경합니다. 잘라낸 프로파일의 편집은 평면도 또는 단면도 뷰에서 작업이 가능하고, 프로파일 변경사항은 해당 뷰에서만 나타납니다.

 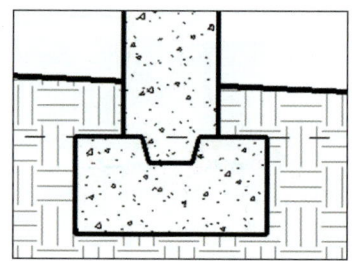

3.11.9. 표현(렌더)

▣ 렌더

단축키 : R R

건물 모델의 사실적 이미지를 작성합니다. 조명 및 환경과 같은 다양한 효과 및 내용으로 3D 뷰를 렌더링할 수 있습니다.

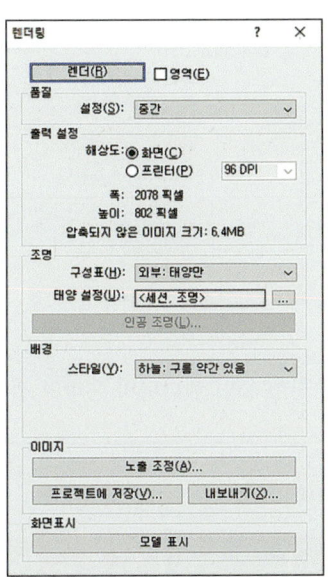

은선	음영처리	렌더링-중간

3 Revit 기능 설명 187

▣ Cloud에서 렌더링

단축키 : R D

3D 뷰를 온라인으로 렌더링해 스틸 이미지 또는 대화식 파노라마를 작성합니다. PC의 하드웨어를 사용하지 않고 AUTODESK 클라우드의 자원을 이용해 렌더링하므로 PC의 사양에 상관없이 고화질의 결과물을 얻을 수 있습니다.

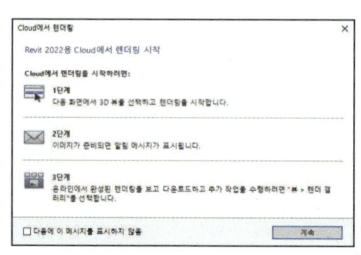

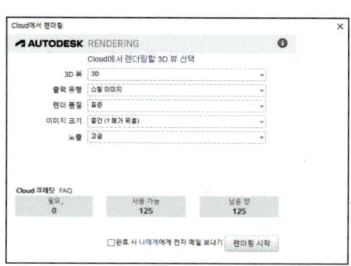

▣ 갤러리 렌더

단축키 : R G

웹 브라우저에서 완료 및 진행 중인 렌더링의 온라인 갤러리를 표시합니다.

3.11.10. 3D 뷰

■ **기본 3D 뷰**

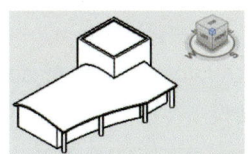
기본 직교 3D 뷰를 활성화합니다. BIM은 3차원 모델에 대한 형상을 다룹니다. 기본적으로 평면에서 객체를 작성하더라도 실제 형상은 3D로 작성됩니다. 3D view에서 작성하고 있는 모델의 형상을 3차원 형태로 확인할 수 있습니다. 평면, 입면, 단면과 같은 기본적인 2차원 view에서 객체의 작성과 편집이 가능하며, 3D view에서도 객체의 생성, 편집이 가능합니다. 작업의 특성에 따라 view를 이동해 가면서 작업이 가능하며, 경우에 따라 여러 가지 view를 한꺼번에 열어놓고 작업도 가능하고, ViewCube를 사용해 뷰의 방향을 변경할 수 있습니다.

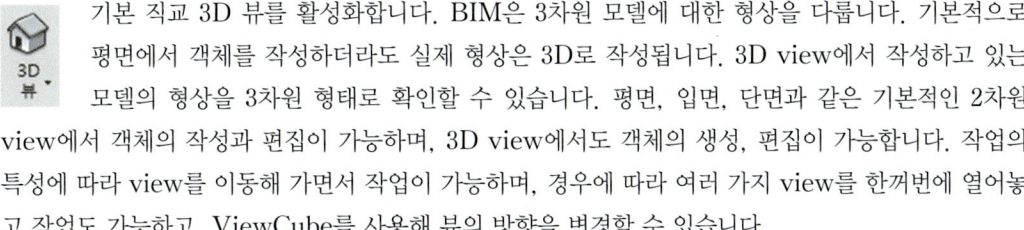

■ **카메라**

뷰에 배치된 카메라의 위치와 바라보는 영역의 설정에 따라 해당 뷰로 보여지는 장면을 3D 뷰로 작성합니다. 간격 띄우기 및 레벨 옵션을 사용해 투시도를 지정하며, 눈높이 및 대상 높이 뷰 특성을 편집해 투시도를 변경할 수 있습니다.

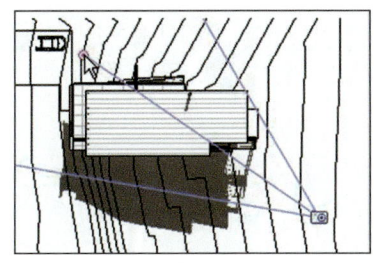 

■ **보행시선**

3D 보행 시선을 작성합니다. 모델 내 경로를 작성해 해당 경로를 따라 이동하는 뷰를 애니매이션 형태로 만들어 줍니다. 보행 시선을 이미지 파일로 내보낼 경우, 보행 시선의 각 프레임이 개별 파일로 저장됩니다. 모든 프레임 또는 프레임의 범위를 내보낼 수 있습니다.

3.11.11. [TIP] 3D 뷰 저장

3D 뷰에서 ORBIT이나 PAN으로 화면을 원하는 형태로 조정한 다음 해당 뷰의 보이는 상태를 저장하려면 뷰의 우측 상단에 위치한 CUBE BOX에 마우스를 올린 상태에서 우클릭해 '뷰 저장'을 선택하면 됩니다. 뷰를 저장한 이후에 파일을 저장하고 다시 열면 해당 뷰 상태가 저장되어 있습니다.

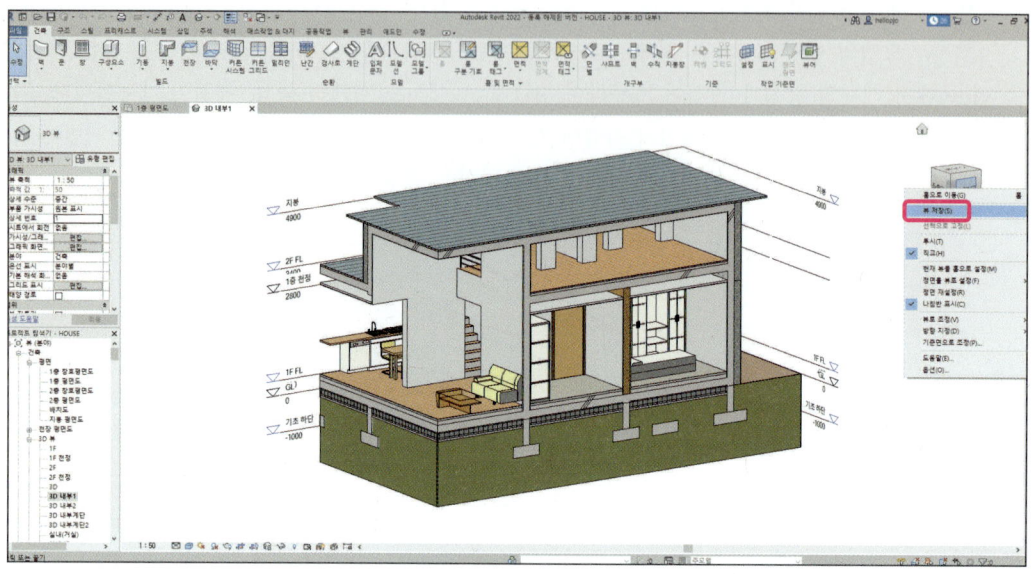

3.11.12. [TIP] 3D 투시 / 직교뷰

3D 뷰는 카메라로 만드는 뷰를 제외하고는 기본이 '직교' 형태로 보입니다. 이를 눈에 보이는 것처럼 소점에 의한 왜곡을 적용하려면 '투시' 형태로 변경하면 됩니다.

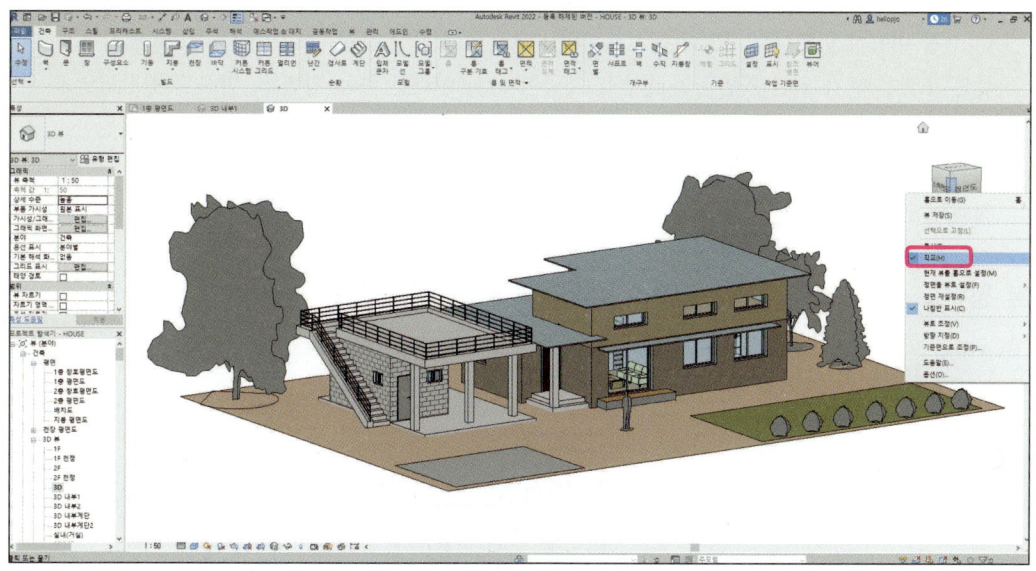

3D 뷰의 우측 상단 ViewCube에 마우스를 올린 상태에서 우클릭해 '직교'가 선택되어있는 것을 '투시'로 바꾸면 됩니다. 소점이 적용된 투시도 형태로 변경된 것을 확인할 수 있습니다.

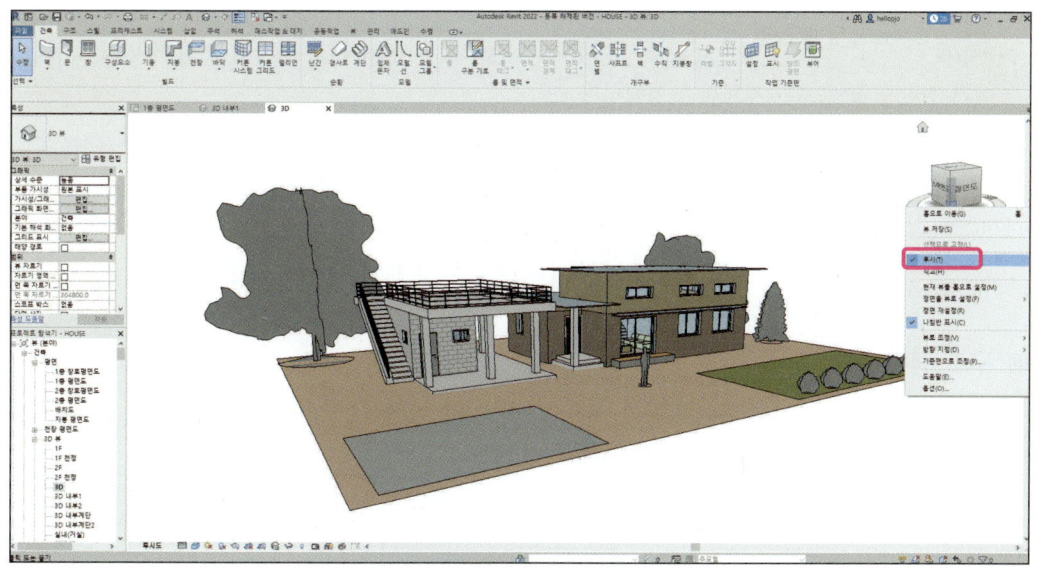

3.11.13. 평면도

 바닥에 수직으로 서 있는 벽체를 하늘에서 내려다본 view를 기본으로 합니다. 일정 높이(보통 바닥에서 1.2m 정도)에서 객체들을 모두 잘라서 단면을 표시하고 그 아래 잘려있지 않은 부분까지 보여주는 view가 평면도 view입니다. 건축도면에서 가장 많이 쓰이는 평면도를 이 평면도 view를 이용해 만듭니다. Revit에서도 평면도 view는 가장 작업 빈도가 높은 view입니다.

뷰는 모델을 보기 위한 일반적인 방법을 제공합니다. 이러한 뷰는 평면도, 반사된 천장평면도, 구조평면도를 포함합니다. 뷰를 작성하기 위해서는 뷰 탭 > 작성 패널 > 평면 뷰 드롭다운 > 원하는 종류 선택의 방법으로 하면 됩니다. 선택이 가능한 뷰는 평면, 반사된 천장 평면도, 구조 평면, 평면 영역, 면적 평면도가 있습니다.

■ 평면도

레벨에 해당하는 평면도를 작성합니다. 평면도는 프로젝트에 새 레벨을 추가할 때 자동으로 작성됩니다.

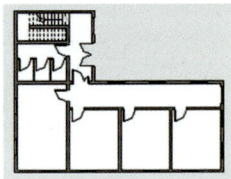

■ 반사된 천장 평면도

반사된 천장 평면도를 작성합니다. 반사된 천장 평면도는 프로젝트에 새 레벨을 추가할 때 자동으로 작성됩니다. 반사된 천장 평면도의 뷰는 하부에서 천장을 올려 보는 것처럼 구성됩니다.

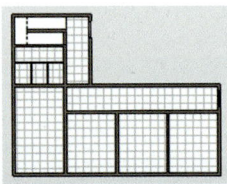

■ 구조 평면

구조 평면도를 작성합니다. 뷰 방향 유형 매개변수를 사용해 구조 평면을 해당 수준에서 위로 또는 아래로 조회할지 여부를 지정합니다.

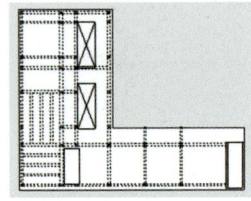

◨ 평면 영역

뷰 내에 평면 영역을 작성합니다. 평면 내에 닫힌 영역을 스케치하고 다른 뷰 범위를 지정해 절단 기준면 위 또는 아래에 삽입물을 표시합니다. 뷰에서 여러 평면 영역은 서로 겹칠 수 없지만, 일치하는 모서리를 가질 수 있습니다.

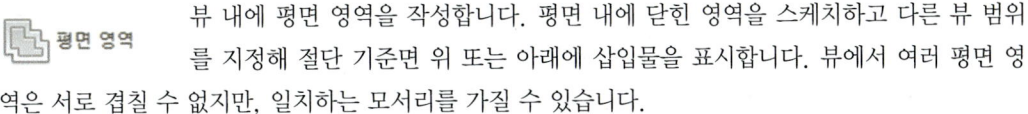

◨ 면적 평면도

면적 평면도 뷰를 작성합니다. 면적 평면도는 건물에 공간 관계를 정의합니다. 면적 양식을 작성해 평면에 면적을 정의한 후 면적 평면도의 각 면적에 면적 유형을 지정할 수 있습니다.

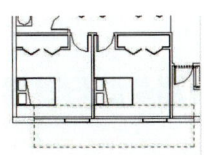

3.11.14. 입면도

건물의 정면, 배면, 우측면, 남측면에서 건물을 바라보는 형태를 표현하는 view입니다. 건물의 배면의 북측인 경우에는 동, 서, 남, 북 방향에서 바라본 건물의 형태로 표현하기도 합니다. 하늘에서 내려다본 건물의 형상이 4각형 형태인 경우에 정면, 배면, 우측, 남측면의 4개의 입면을 대표적으로 사용합니다. 건물의 형상이 5각형, 6각형, 비정형의 경우에는 5개 이상의 입면을 사용하기도 합니다.

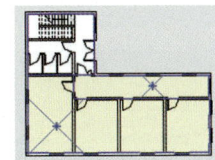

3.11.15. 단면도

단면도를 작성해 건물이 수직으로 잘린 형태를 보여주는 뷰를 생성합니다. 바라보는 위치가 입면도와 유사한 view이지만 평면 view처럼 일정 view 깊이에서 건물의 객체를 잘라서 단면을 표현해 줍니다.

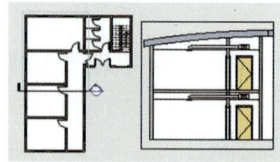

3.11.16. [TIP] 가시성 그래픽 재설정 단면 색상 변경

가시성/그래픽 재지정에서 잘라내기 패턴의 배경을 '<솔리드 채우기>'로 선택하고 '색상'을 지정하면 뷰에서 해당 객체의 잘린 부분이 색상으로 채워져서 표기됩니다. 단면도에서 사용하면 직관적으로 잘린 부분의 형상을 확인할 수 있습니다. 재료 탐색기에서 이미 색상이 채워져 있는 경우에는 가시성/그래픽에서 재지정을 한 경우가 우선적으로 적용됩니다.

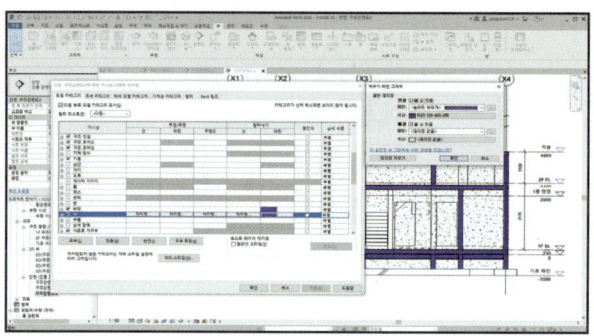

3.11.17. 콜아웃

뷰에 직사각형 콜아웃을 작성합니다. 콜아웃(평면 또는 상세)은 모델 형상의 특정 부분을 분리해 더 높은 상세 수준을 표시합니다.

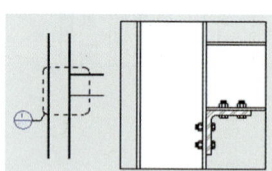

3.11.18. 드래프팅 뷰

건물 모델과 직접 연관되지 않은 상세정보를 보여주는 뷰를 작성합니다. 이 도구를 사용해 상세선, 상세 영역, 상세 구성요소, 단열재, 참조 평면, 치수, 기호 및 문자와 같은 2D 상세 도구를 사용해 다양한 뷰 축척(낮음, 중간, 높음)으로 연관되지 않은 뷰 특정 상세정보를 작성합니다.

3.11.19. 뷰 복제

현재 뷰 복사에 대한 옵션을 제공합니다. 모델과 뷰 특정 요소의 포함 여부를 다르게 설정할 수 있습니다.

▣ 뷰 복제

현재 뷰에서 모델 형상만 포함하는 뷰를 작성합니다. 새 뷰에서는 주석, 치수 및 상세정보와 같은 뷰 특정 요소가 삭제됩니다. 뷰 특정 요소를 포함하는 뷰의 사본을 작성하려면 상세 복제 도구를 사용합니다.

▣ 상세 복제

현재 뷰에서 모델 형상 및 뷰 특성 요소를 포함하는 뷰를 작성합니다. 뷰별 요소에는 주석, 치수, 상세 구성요소, 상세선, 반복 상세 정보 및 채워진 영역이 포함됩니다.

▣ 의존적으로 복제

원본 뷰에 의존적인 뷰를 작성합니다. 원본 뷰와 사본은 동기화된 상태로 유지됩니다. 한 뷰에서 변경한 사항(예 축척 또는 뷰 특성)은 다른 뷰에서도 자동으로 변경됩니다. 여러 의존적 사본을 사용해 확장된 평면의 세그먼트를 표시합니다.

3.11.20. 범례

범례 작성에 대한 옵션을 제공합니다. 범례는 프로젝트에 사용된 다양한 건물요소 및 주석 리스트를 표시합니다. 예를 들어, 기호, 선 스타일, 프로젝트 단계 및 키노트에 대해 범례를 작성할 수 있습니다.

3.11.21. 스코프 박스

특정 뷰에서 기준 요소(그리드, 레벨, 참조 평면 등)의 가시성을 제어합니다. 스코프 박스를 작성해 기존 요소에 적용한 다음 원하는 뷰에 적용합니다.

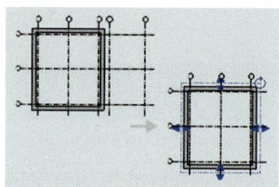

3.11.22. 시트구성

▣ 시트

모델 파일 내부에 시트를 작성합니다. 시트를 프로젝트에 추가할 경우 프로젝트 탐색기의 시트 아래에 표기됩니다.

▣ 뷰

시트에 뷰를 추가하는 기능입니다. 뷰 대화상자에서 뷰를 선택하고 시트에 뷰를 추가합니다. 프로젝트 탐색기에서 뷰를 선택하고 도면 영역의 시트 위로 끌어 시트에 뷰를 배치할 수 있습니다.

▣ 제목 블록

시트 뷰에 제목 블록 요소를 작성합니다. 이 도구는 시트에서 제목 블록을 삭제한 다음 시트에서 새 제목 블록을 배치하지 않고 다른 작업을 수행한 경우에 사용합니다.

▣ 수정기호

프로젝트에 대해 수정기호 정보를 지정합니다. 이 도구를 사용해 수정기호에 대한 정보를 입력하거나 수정기호를 발행됨으로 표시합니다.

▣ 가이드 그리드

활성 시트에서 새 가이드 요소를 작성해 시트 내부와 시트 간에 요소를 정렬할 수 있도록 합니다. 다른 시트 뷰에 동일한 가이드 그리드를 표시하려면 각 시트에서 가이드 그리드 시트 특성을 원하는 가이드 그리드 이름으로 설정합니다. 레벨, 그리드, 참조 평면, 모델 자르기 경계 및 일람표 범위 참조가 됩니다.

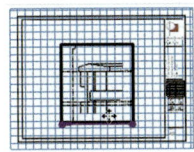

▣ 매치 라인

매치 라인을 추가해 뷰가 분할된 위치를 나타냅니다. 시트 내에 배치한 도면을 임의로 잘라내어 표시하는 방법에 사용합니다. 객체 스타일 대화상자에서 선 두께, 색상 및 패턴을 편집해 매치 라인의 모양을 사용자화합니다.

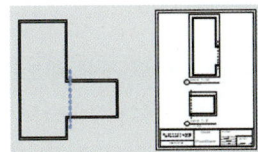

▣ 뷰 참조

선택한 뷰에 대해 시트 번호 및 상세 번호를 나타내는 주석을 추가하는 기능입니다. 의존적 뷰의 경우 매치 라인은 뷰가 분할된 위치를 나타내고, 뷰 참조는 의존적 뷰의 시트 번호와 상세 번호를 나타냅니다.

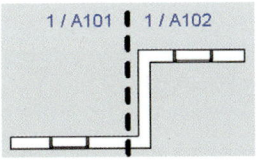

▣ 뷰 활성화

시트를 종료하지 않고 선택한 뷰를 수정할 수 있도록 합니다. 시트에 위치해 있지만, 뷰에서 작업하는 것과 동일한 형태로 변경됩니다. 뷰가 활성화되어 있으면 시트 제목 블록 및 내용이 중간색으로 표시되며, 활성 뷰의 내용만 정상적으로 표시됩니다. 뷰에서 작업하는 것과 동일한 상태에서 원하는 객체나 정보를 수정할 수 있습니다.

3.11.23. 창

▣ 스위치 창

화면에 작업하고 있는 창을 현재 창에 가려진 창들과 위치를 전환시킵니다. 뷰를 전환할 경우, 열려 있는 다른 뷰가 활성화 상태인 뷰의 뒤로 이동합니다.

▣ 비활성 창 닫기

활성 뷰를 제외한 열린 뷰를 닫습니다. 현재 뷰는 도면 영역에 열린 상태로 유지됩니다. 도면 영역에 여러 뷰를 포함하고 있는 여러 개의 창이 있는 경우, 각자 타일에서 강조되어있는 뷰만 남기고 나머지 뷰는 닫힙니다. 하나 이상의 모델 또는 패밀리가 열려 있는 경우, 각각 하나의 뷰만 열린 상태로 유지됩니다.

▣ 탭 뷰

도면 영역에 열려 있는 모든 뷰를 하나의 창에 탭으로 배열합니다. 탭이 창 상단에 모두 표시되지 않은 경우 나머지 뷰를 보려면 드롭다운 리스트를 사용합니다.

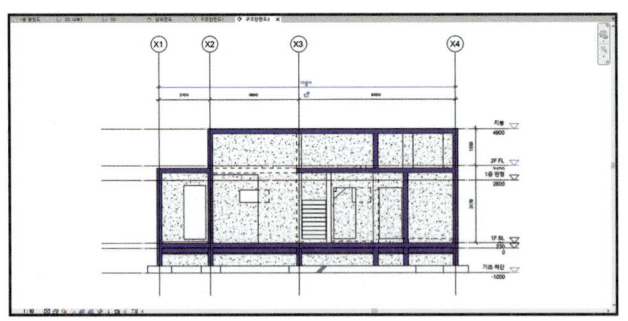

▣ 타일 뷰

도면 영역에서 각각을 볼 수 있도록 응용프로그램 창 내의 모든 열린 뷰를 타일 형태로 정렬시킵니다. 타일 뷰는 여러 뷰에서 특정 작업의 결과를 동시에 보는 데 유용합니다. 예를 들어 평면도에서 작업한 내용이 3D 뷰, 입면도, 단면도에서 어떻게 보이는지를 즉각적으로 확인할 수 있습니다.

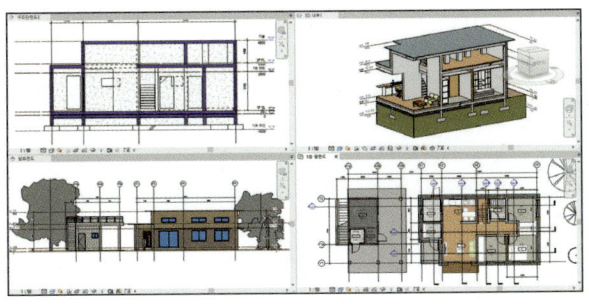

▣ 사용자 인터페이스

사용 박대 및 프로젝트 탐색기를 포함해 사용자 인터페이스 구성요소의 화면 표시를 제어합니다. 사용자 인터페이스 구성요소를 표시하려면 해당 확인란을 체크합니다. 반대로 구성요소를 제거하려면 체크를 해제하면 됩니다.

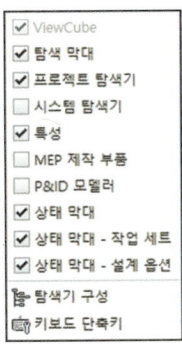

3.11.24. [TIP] 타일 뷰 위치 전환

타일 뷰로 2개의 뷰가 정렬되어 있을 때 원하는 뷰를 마우스로 클릭한 상태에서 ENTER 키를 입력하면 해당 뷰가 왼쪽으로 이동합니다.

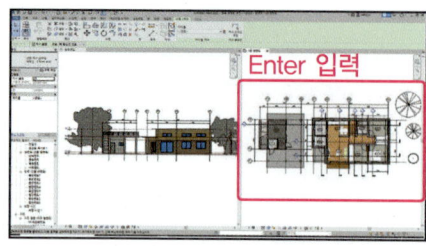 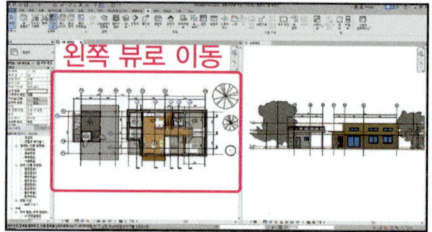

타일 뷰로 3개 이상의 뷰가 정렬되어 있을 때 원하는 뷰를 마우스로 클릭한 상태에서 ENTER 키를 입력하면 해당 뷰가 왼쪽 최상단으로 이동합니다.

3.11.25. 뷰 범위

뷰 범위는 평면 뷰에서 객체의 가시성 및 화면표시를 제어하는 일련의 수평 기준면입니다. 모든 평면 뷰에는 뷰 범위라는 특성이 있습니다.

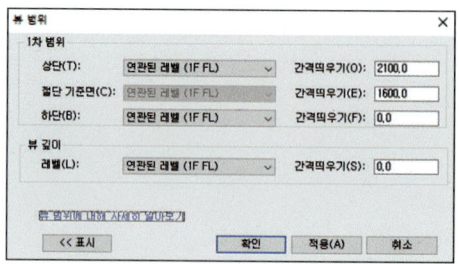

뷰 범위를 정의하는 수평 기준면은 상단, 절단 기준면 및 하단이 있습니다. 상단 및 하단 자르기 기준면은 뷰 범위의 최상단 및 최하단 위치를 나타냅니다. 절단 기준면은 뷰의 특정 요소가 절단으로 표시되는 높이를 결정하는 기준면입니다. 이 세 기준면이 뷰 범위의 1차 범위를 정의합니다. 뷰 깊이는 1차 범위 밖의 추가 기준면입니다. 기본적으로 뷰 깊이는 하단 자르기 기준면과 일치합니다.
아래의 단면도에는 평면뷰의 뷰 범위(⑦)와 뷰 범위를 설정하는 정보들에 관해 표기되어 있습니다.

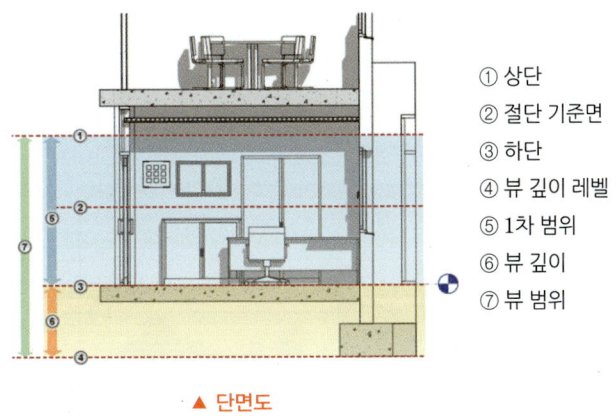

① 상단
② 절단 기준면
③ 하단
④ 뷰 깊이 레벨
⑤ 1차 범위
⑥ 뷰 깊이
⑦ 뷰 범위

▲ 단면도

평면뷰는 이 뷰 범위에 대한 결과를 보여줍니다.

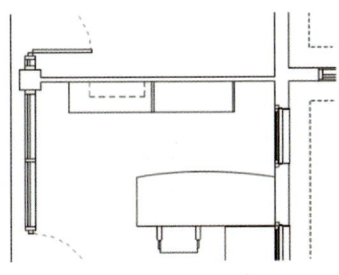

▲ 뷰 깊이가 적용된 평면도

❶ 상단

1차 범위의 위쪽 경계를 설정합니다. 위쪽 경계는 지정된 레벨과 해당 레벨에서의 간격 띄우기로 정의됩니다. 간격 띄우기 값보다 높은 레벨에 위치한 객체는 표시되지 않습니다.

❷ 절단 기준면

평면도에서 객체를 자르는 높이 기준면입니다. 절단 기준면 아래의 건물 구성요소는 투영된 형태로 표시되고 절단 기준면과 교차하는 요소는 잘린 형태로 표시됩니다. 절단 기준면 높이는 보통 바닥에서 1.2m 떨어진 곳을 평면도의 절단면 높이로 적용합니다. 절단으로 표시되는 건물 구성요소에는 벽, 지붕, 천장, 바닥 및 계단이 있습니다.

❸ 하단

기본 범위의 하위 경계 레벨을 설정합니다.

❻ 뷰 깊이

지정된 레벨 사이에서 요소의 가시성에 대한 수직 범위를 설정합니다. 평면에서는 뷰 깊이가 절단 기준면 아래에 있어야 하며, 반사된 천장 평면도(RCP)에서는 뷰 깊이가 절단 평면 위에 있어야 합니다. 구조 평면에서 뷰 깊이는 뷰 방향에 따라 절단 기준면 아래 또는 위에 있습니다.

3.11.26. 언더레이

언더레이는 현재 보여지는 뷰 범위에서 보이지 않는 정보 중 다른 레벨과 연관이 있는 정보들을 보여줄 때 유용한 기능입니다. 예를 들어, 언더레이를 사용해 2층 평면도의 바닥 일부가 OPEN 형태로 되어 있는 경우 2층 평면도에 1층 평면도 뷰를 언더레이로 적용할 경우 2층에서 OPEN된 바닥 구간으로 보여지는 1층의 형상을 확인할 수 있습니다. 언더레이로 표기되는 객체는 중간색(약간의 투명도를 준 정도)으로 나타납니다.

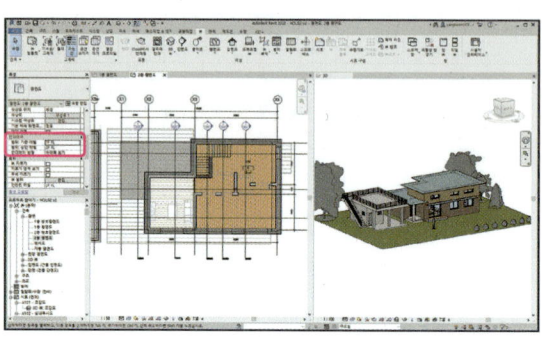

3.12. 관리

3.12.1. 재료

 모델 요소 또는 패밀리에 적용할 재료 및 연관된 특성을 지정합니다. 재료 탐색기를 사용해 패밀리 또는 모델 요소에 적용할 재료를 찾습니다. 렌더링된 뷰 및 렌더링되지 않은 뷰에서 재료의 모양을 변경하거나 재료의 기타 특성을 변경합니다.

3.12.2. 객체 스타일

모델 객체, 주석 객체 및 가져온 객체에 대해 선 두께, 색상, 패턴, 재료를 지정합니다. 특정 뷰에 대해 이러한 프로젝트 전체 설정을 재정하려면 가시성/그래픽 기능을 사용합니다.

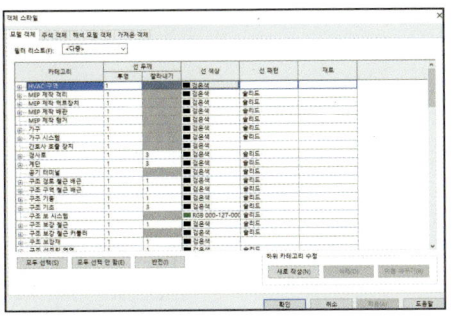

3.12.3. [TIP] 재료 재질 및 색상 변경

요소를 선택하고 특성창에서 '유형 편집' 창을 열어 재료 항목을 선택하면 '재료 탐색기' 창이 나타납니다. 재질을 선택해 적용되는 재질을 변경할 수 있으며, 재질 별로 음영처리, 표면패턴, 절단패턴을 지정할 수 있습니다.

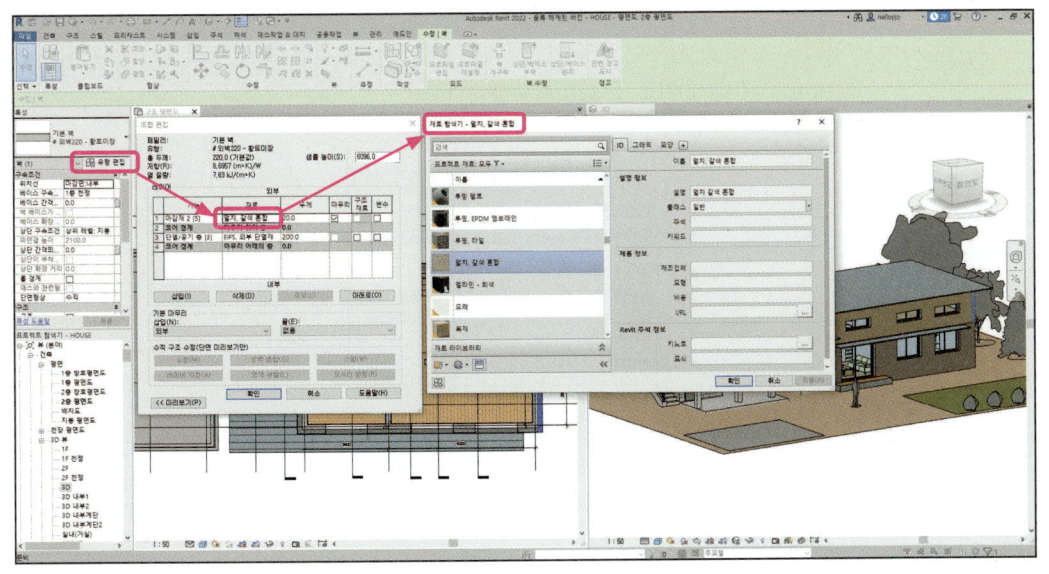

3.12.4. 스냅

 객체를 작성하거나 수정할 때 화면상에서 마우스가 스냅되는 증분을 지정하고 스냅 점을 사용하거나 사용하지 않도록 설정합니다. 키보드 단축키 또는 컨텍스트 메뉴를 사용해 객체 스냅 설정을 임시로 재 정할 수 있습니다.

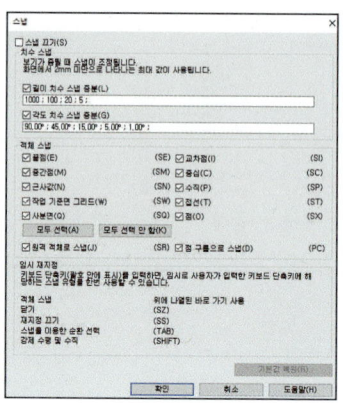

3.12.5. 프로젝트 정보

 프로젝트 상태 및 클라이언트 정보를 포함해 프로젝트에 대한 기본 정보를 지정합니다. 이곳에서 입력된 정보 중 일부는 시트의 제목 블록에 표시됩니다. 프로젝트 정보에 사용자 필드를 추가하려면 공유 매개변수 도구를 사용합니다.

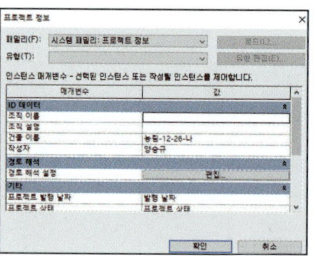

3.12.6. 프로젝트 매개변수

프로젝트의 요소 카테고리에 추가하고 일람표에서 사용할 수 있는 매개변수를 지정합니다. 프로젝트 매개변수는 다른 프로젝트 또는 패밀리에 공유할 수 없습니다. 공유 매개변수를 작성하려면 공유 매개변수 도구를 사용합니다.

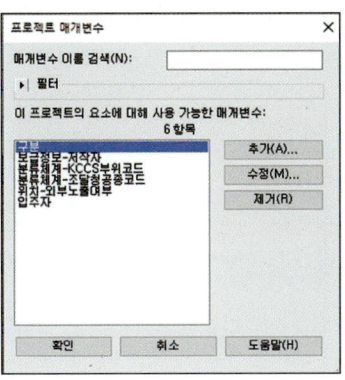

3.12.7. 공유 매개변수

여러 패밀리 및 프로젝트에서 사용할 수 있는 매개변수를 지정합니다. 공유 매개변수를 사용해 패밀리 파일이나 프로젝트 템플릿에 아직 정의되지 않은 특정 데이터를 추가합니다. 공유 매개변수는 패밀리 파일이나 프로젝트에 독립적인 파일에 저장됩니다.

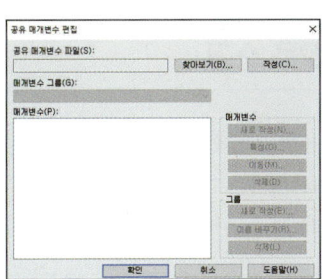

3.12.8. 전역 매개변수

단축키 : G L
프로젝트에 추가하고, 다른 매개변수의 값을 정의하기 위해 사용할 수 있는 매개변수를 지정합니다. 전역 매개변수는 한 매개변수의 값을 보고하거나 다른 매개변수로 이동하기 위해 사용할 수 있습니다. 요소 특성의 전역 매개변수에는 액세스할 수 없으며 일람표의 전역 매개변수는 사용할 수 없습니다.

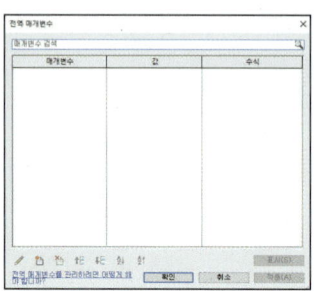

3.12.9. 프로젝트 표준 전송

다른 열린 프로젝트에서 선택한 프로젝트 설정을 현재 프로젝트에 복사합니다. 프로젝트 표준은 패밀리 유형, 선 두께, 재료, 뷰 템플릿 및 객체 스타일을 포함합니다.

3.12.10. 사용되지 않은 항목 소거

프로젝트에서 사용하지 않은 패밀리 및 유형을 제거합니다. 이 기능을 사용해 프로젝트의 파일 크기를 줄일 수 있습니다. AUTOCAD에서 사용하지 않은 객체와 LAYER 등을 삭제하는 PURGE 기능과 유사합니다.

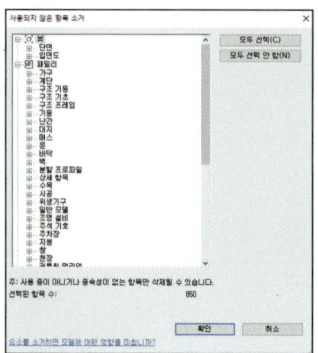

3.12.11. 프로젝트 단위

단축키 : U N

프로젝트에서 사용하는 측정 단위에 대한 표시 형식을 지정하는 기능입니다. 단위를 선택하고 프로젝트에 단위를 표시할 때 사용하는 정밀도 및 기호를 지정합니다.

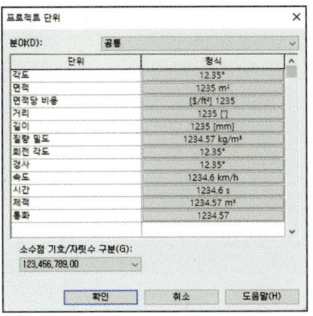

3.12.12. 구조 설정

프로젝트에 대한 구조 관련 설정을 정의합니다. 기호 표현 설정, 하중 케이스, 하중 조합, 해석 모델 설정, 경계 조건 설정에 대한 매개변수를 지정합니다.

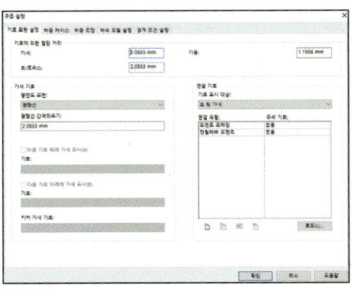

3.12.13. 추가 설정

■ **선 스타일**

선 스타일을 추가하거나 수정합니다. 선 두께, 선 색상, 선 패턴을 지정할 수 있습니다.

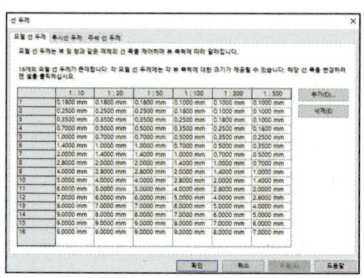

■ **선 두께**

선 두께를 작성하거나 수정합니다. 모델 선, 투시 선, 주석 선의 선 두께를 제어합니다. 모델 요소의 경우 선 두께는 뷰 축척에 따라 달라집니다.

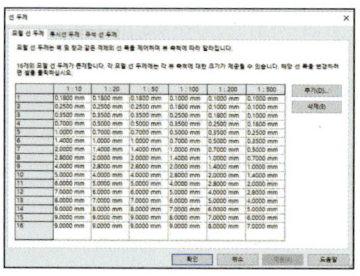

■ **선 패턴**

선 패턴을 작성하거나 수정합니다. 요소에 선 패턴을 적용하려면 객체 스타일 도구를 사용합니다.

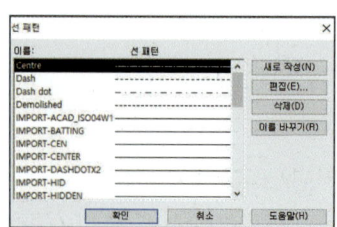

▣ 시트 발행/수정기호

프로젝트에 대해 수정기호 정보를 지정합니다. 이 도구를 사용해 수정기호에 대한 정보를 입력하거나 수정기호를 발행됨으로 표기합니다. 수정기호에 대해 번호 지정 스키마를 변경하고 도면의 각 수정기호에 대해 구름 수정기호 및 태그의 가시성을 제어할 수도 있습니다.

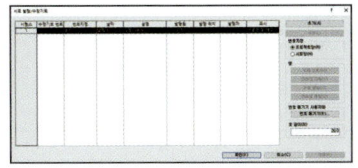

▣ 채우기 패턴

패턴 유형 중 초안, 모델 패턴을 작성하거나 수정합니다. 모델 패턴 및 초안 패턴을 표면 및 패밀리에 배치할 수 있습니다. 초안 패턴은 평면도 또는 단면도의 절단 구성요소 표면에 사용할 수 있습니다.

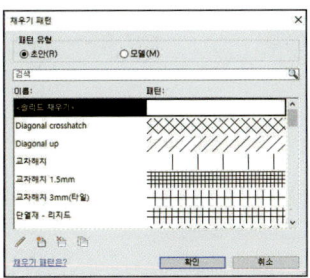

▣ 주석

- 화살촉

주석 화살표에 대해 선 두께, 채우기 및 스타일을 지정합니다. 태그 및 문자 참고 패밀리 유형에 사용할 화살표의 유형을 변경하려면 해당 유상 특성을 수정하고 지시 표현 화살표 매개변수를 사용합니다.

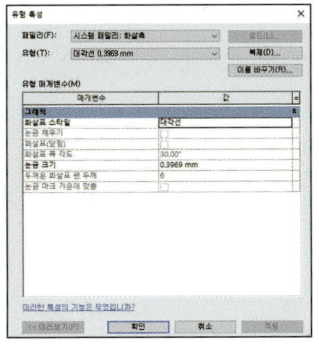

3 Revit 기능 설명 **209**

— 임시 치수

임시 치수에 대해 배치 및 구성요소 참조를 지정합니다. 임시 치수는 가장 가까운 수직 구성요소에 대해 작성되며 스냅 증분에 지정된 증분 값만큼 증분됩니다.

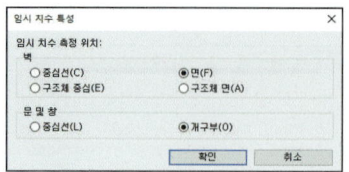

— 단면 태그

단면 태그의 머리와 꼬리 모양을 지정합니다. 세그먼트 단면의 선 패턴도 지정할 수 있습니다.

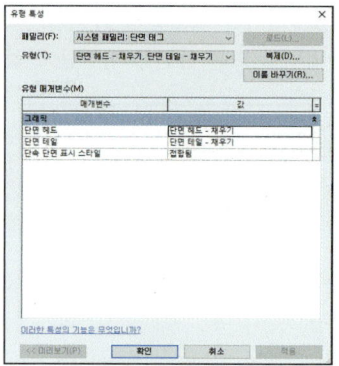

— 입면 태그

입면 태그에 대해 특성을 정의합니다. 특성에서 문자 글꼴 및 크기, 태그 모양, 화살표 각도와 선 두께, 색상, 패턴이 포함됩니다.

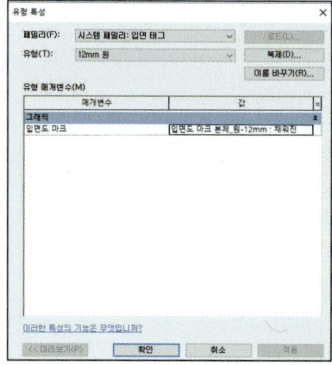

— 콜아웃 태그 　콜아웃 태그

콜아웃 태그에 대해 콜아웃 헤드를 지정하고 콜아웃 버블의 반지름을 지정합니다. 선 두께, 색상 및 콜아웃 버블이나 지시선의 스타일을 지정하려면 객체 스타일 도구를 사용합니다.

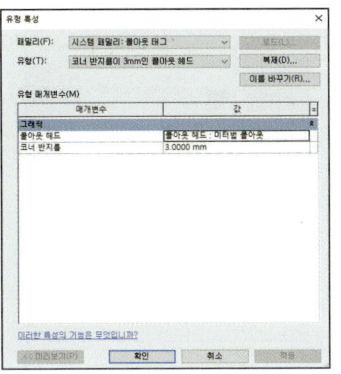

■ 중간색/언더레이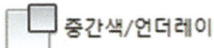

뷰의 중간색 및 언더레이 요소를 사용자화합니다. 이러한 설정은 모든 언더레이 및 중간색 요소에 적용됩니다.

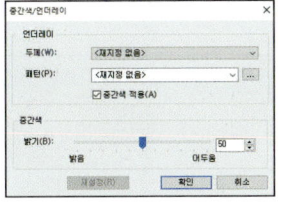

■ 태양 설정

단축키 : S U

일조 연구, 보행 시선 및 렌더링된 이미지에 적용되는 태양의 위치를 지정합니다. 태양의 위치에 따라 빛의 방향 및 그림자의 방향이 설정됩니다. 빛과 그림자의 방향은 두 가지 중 하나를 선택할 수 있습니다. 첫 번째는 날짜, 시간, 지리적 위치별로 태양의 위치를 지정하는 방법입니다. 정확한 지리정보와 날짜 정보를 바탕으로 빛, 그림자의 방향을 도출합니다. 두 번째는 방위각, 고도 값을 입력해 임의로 표현되는 그림자를 설정하는 방법입니다. 3D 이미지에서 그림자의 표현 위치를 원하는 형태로 조절할 때 사용할 수 있습니다.

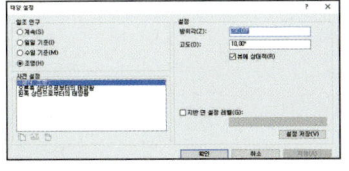

3 Revit 기능 설명 211

■ 재료 렌더링 모양 맵소스 재료 렌더링 모양 맵소스

재료를 정의하는 렌더링 모양의 정보(맵소스)를 관리합니다. 해당 아이콘을 선택하면 렌더링 모양 맵소스 편집기가 열리고, 이를 사용해 편집합니다.

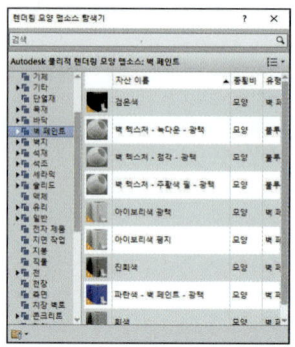

■ 해석 화면표시 스타일 해석 화면표시 스타일

해석 결과 시각화를 위한 프레젠테이션 형식을 지정합니다. 유형, 색상 특성, 범례를 설정해 해석 화면표시 스타일을 정의할 수 있습니다. 저장한 후에는 이러한 스타일을 적용해 다른 형식으로 같은 해석 결과를 볼 수 있습니다.

▣ 상세 수준

각 뷰의 축척에 적용되는 상세 수준을 지정합니다. 낮음, 중간, 높음에 따라 적용된 스케일 값을 지정할 수 있습니다. 뷰 조절 막대의 상세 수준 도구를 사용해 특정 뷰에 대해 상세 수준을 재지정할 수 있습니다.

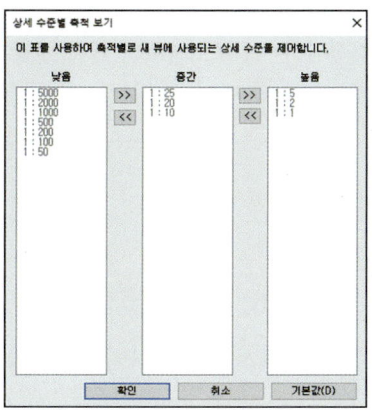

▣ 조합 코드

조합 코드 파일의 위치를 지정하거나 현재 파일에서 조합 코드 테이블을 다시 로드합니다. 조합 코드 파일은 모델 요소의 조합 코드 특성에 통합식 코드를 지정할 때 사용합니다.

▣ 다중 값 표시

매개변수 값이 서로 다른 여러 요소를 선택한 경우 매개변수에 대해 표시되는 값을 지정합니다. 지정된 다중 값 표시가 특성 팔레트, 태그 및 일람표에 표시됩니다.

3.12.14. 프로젝트 위치

◼ 장소

프로젝트의 지리적 위치를 지정합니다. 프로젝트의 대지 주소 또는 경도와 위도 검색을 통해 프로젝트 위치를 시각화합니다. 이 프로젝트의 대지 설정은 일조 연구, 보행 시선, 렌더링 된 이미지의 그림자 생성에 영향을 주게 됩니다.

◼ 좌표

링크된 모델에 대해 좌표를 관리합니다. 공유 좌표는 여러 개의 링크된 파일의 위치를 서로 기억하기 위해 사용합니다. 링크된 파일은 모두 Revit 파일(RVT), DWG, DXF을 사용할 수 있습니다.

— 좌표 획득

링크된 프로젝트에 사용된 좌표를 확인하고 현재 프로젝트에 해당 좌표를 사용합니다. 링크된 프로젝트의 공유 좌표 원점은 호스트 프로젝트의 공유 좌표 원점이 됩니다. 또한 호스트 프로젝트는 링크된 프로젝트로부터 정북 정보를 가지고 옵니다.

— 좌표 게시

현재 모델에 사용된 좌표를 확인하고 링크된 모델에 해당 좌표를 사용합니다. 호스트 모델의 진북과 공유 원점은 링크된 인스턴스의 현재위치를 기반으로 링크된 모델에 기록됩니다. 이 위치는 이제 호스트 모델 및 링크된 모델 모두에 지정됩니다.

— 공유 좌표 재설정

호스트 모델에서 공유 좌표를 제거합니다. 획득한 좌표, 지리 위치 데이터 및 다른 모델과 연결된 좌표 관계가 제거됩니다. 현재 모델의 측량 점은 내부 원점으로 다시 이동하고 진북 각도는 재설정됩니다.

— 점에서 좌표 지정

모델을 재배치하고 동서남북 및 입면에 대해 좌표를 지정하고 모델을 진북방향으로 회전합니다.

― 공유 좌표 보고

호스트 모델 내에 있는 링크된 모델의 공유 좌표를 표시합니다. 보고된 좌표를 사용해 좌표 지정 도구로 프로젝트를 재배치할 수 있습니다.

▣ 위치

대지에서 모델의 위치를 제어합니다.

― 프로젝트 재배치

공유 좌표계에 대해 상대적으로 모델을 이동합니다. 공유된 원점에서의 값을 나타낼 레벨 또는 지정점 높이를 설정한 경우 해당 값이 업데이트됩니다.

― 진북 회전

진북으로 프로젝트의 각도를 변경합니다. 옵션 막대에서 각도를 지정하거나 뷰를 클릭해 각도를 정의합니다. 특정 뷰에 반영된 변경사항을 표시하려면 뷰 특성을 편집해 방향 매개변수를 '진북'으로 변경합니다.

― 프로젝트 대칭

선택한 축을 중심으로 프로젝트의 위치를 반전합니다. 프로젝트를 대칭하는 경우 모델 요소, 모든 뷰 및 주석이 대칭됩니다.

― 도북 회전

평면도에서 도북(도면 영역의 상단)을 기준으로 요소의 관계를 변경합니다. 모델 요소 및 상세 요소는 도면 영역에서 지정된 각도를 회전합니다. 뷰의 방향 특성은 '도북'으로 설정되어야 합니다.

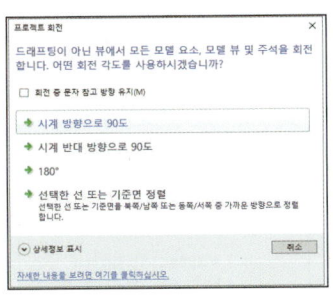

3.12.15. 설계 옵션

설계 옵션 세트 및 프로젝트에 대한 각 설계 옵션을 작성하고 관리합니다. 설계 옵션을 사용해 설계를 탐색합니다. 각 설계 옵션 세트에서 하나의 주요 옵션과 하나 이상의 2차 옵션이 포함됩니다.

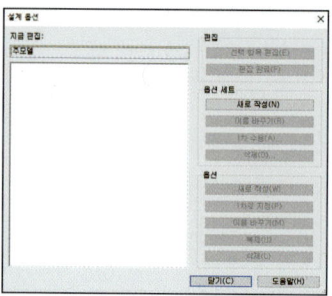

3.12.16. 제너레이티브 디자인

▣ 연구 작성

기준에 따라 대체 설계를 생성합니다. 수행할 연구의 유형을 선택하고 기준을 정의해 연구를 시작합니다. 연구 유형은 Autodesk 건축 엔지니어링 및 시공 컬렉션 액세스 권한이 있어야 사용 가능합니다.

◨ 결과 탐색

연구에 의해 생성된 설계를 표시합니다. 각 설계에 해당 매개변수를 살펴보고 설계를 비교해 최적의 솔루션을 찾거나 허용되는 대안의 리스트를 좁힙니다. 원하는 경우 선택한 설계를 모델에 통합할 수 있습니다.

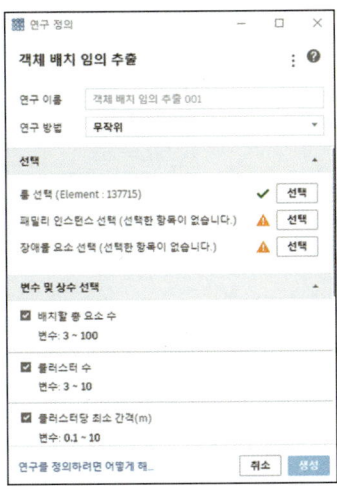

3.12.17. 프로젝트 관리

◨ 링크 관리

Revit 링크, IFC 링크, CAD 형식 링크, PDF 링크, 이미지 링크를 관리합니다. 링크된 경로의 변경, 링크의 삭제, 다시로드, 언로드, 추가 기능을 사용해 링크를 관리할 수 있습니다.

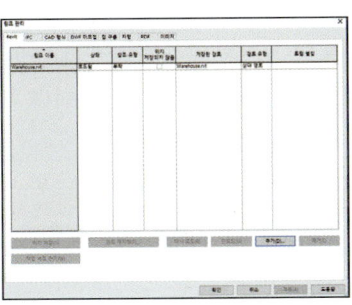

◨ 그림 유형

렌더링을 위해 건물 모델의 표면에 이미지를 배치하는 데 사용할 수 있는 그림을 작성합니다. 건물 모델에서 사용할 각 이미지에 대해 그림 유형을 작성합니다. 이후 그림 배치 도구를 사용해 그림 유형의 인스턴스를 모델에 배치합니다.

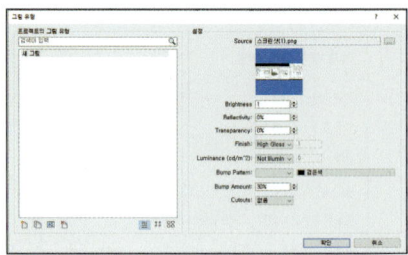

◨ 시작 뷰

모델을 열었을 때 처음 표시되는 뷰를 지정합니다. 작업 세트를 사용할 수 있는 경우 이 설정을 중앙 모델에 저장한 후에는 중앙 파일과 동기화 후 모든 로컬 모델에 이 설정을 공유하게 됩니다.

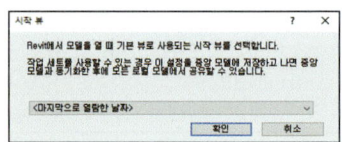

3.12.18. 공정

프로젝트 단계, 공정 필터 및 공정에 대한 그래픽 재지정을 설정합니다. 필요한 개수의 공정을 작성하고 모델 요소를 특정 공정에 할당할 수 있습니다. 뷰의 여러 사본을 작성해 다양한 공정과 공정 필터를 다른 사본에 적용할 수 있습니다.

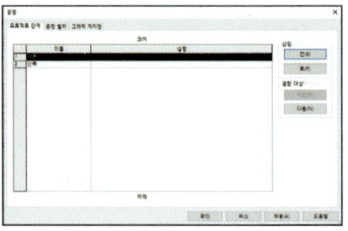

3.12.19. 선택

▣ 저장

현재 선택한 요소를 세트로 저장합니다. 요소 그룹을 선택하면 해당 그룹을 세트로 저장해 나중에 검색할 수 있습니다. 저장 시 나중에 참조할 수 있도록 세트 이름을 지정합니다.

▣ 로드

이전에 저장한 선택 세트를 로드합니다. 선택 세트를 로드하려면 필터 대화상자의 리스트에서 세트를 선택합니다.

▣ 편집

이전에 저장한 선택 세트를 편집합니다. 선택 세트를 편집하려면 필터 대화상자의 리스트에서 세트를 선택합니다. 세트에서 요소를 추가 및 제거하려면 편집을 클릭해 선택 편집 모드를 시작합니다.

3.12.20. 조회

▣ 선택항목 ID

선택한 요소의 고유 식별 ID를 표시합니다.

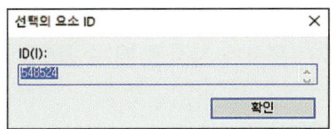

▣ ID별로 선택

요소의 고유 식별 ID를 사용해 현재 뷰에서 요소를 찾아 선택합니다. 오류 메시지에서 문제가 있는 요소의 ID가 표시되면 이 도구를 사용해 요소를 찾을 수 있습니다.

■ 경고

무시하거나 해결할 수 있는 메시지 리스트가 표시됩니다. 건물 모델에서 작업하고 있는 동안에는 문제가 있을 때 경고 메시지가 표시됩니다.

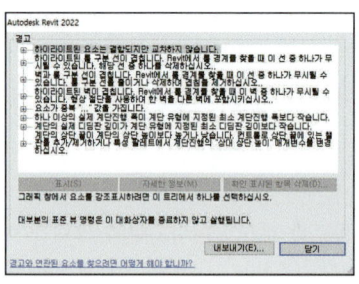

3.12.21. 매크로

■ 매크로 관리자

매크로의 실행, 작성, 삭제의 기능을 지원합니다.

■ 매크로 보안

Revit 응용프로그램 또는 문서에서 매크로에 대해 기본 보안 설정을 지정합니다. 기본적으로 매크로를 로드해 사용할지, 문서가 시작될 때 수동으로 매크로를 사용할지를 선택할 수 있도록 지정할 수도 있습니다.

3.12.22. 시각적 프로그래밍

■ Dynamo

시각적인 요소를 활용한 코딩방법을 사용하는 모델링 도구입니다. RHINO의 시각적 요소를 활용한 코딩방법의 모델링 도구인 Grasshopper와 유사한 기능을 지원합니다.

■ Dynamo 플레이어

단일 대화상자에서 Dynamo 플레이어를 선택해 실행합니다. 미리보기 기능도 지원합니다.

3.13. 수정

Revit과 같은 BIM툴은 기본적으로 파라메트릭 모델링을 지원하며 객체의 정보들이 서로 연결되어 있어 형상과 객체가 가진 정보들이 서로 연결되어 있습니다. 형상을 변경할 경우 형상과 길이, 체적, 높이, 위치들에 대한 연결된 정보들이 바로 변경됩니다. 또한 객체의 정보를 변경하더라도 하나의 객체나 카테고리의 전체 객체에 변경사항이 적용됩니다.

3.13.1 유형특성

선택한 요소가 속한 패밀리 유형에 대한 특성을 표시합니다. 유형 특성은 프로젝트에 있는 해당 패밀리의 모든 인스턴스(instance, 개별요소)와 프로젝트에 배치할 모든 인스턴스에 영향을 줍니다. 단일 요소 또는 패밀리 유형에 속하는 요소의 하위 세트에 대한 특성을 변경하려면 특성 팔레트를 사용합니다.

3.13.2. 특성

단축키 : P P
인스턴스 특성을 보고 편집할 수 있는 팔레트를 표시하거나 숨깁니다. 팔레트에는 현재 뷰, 선택한 요소 또는 배치할 요소의 인스턴스 특성이 표시됩니다.

3.13.3. 붙여넣기

단축키 : Ctrl + V
클립보드에서 현재 뷰로 요소를 붙여넣습니다. 요소를 클릭해 원하는 위치에 배치한 후 이동, 회전, 정렬을 사용해 원하는 위치로 조정합니다.

3.13.4. 클립보드로 잘라내기

단축키 : Ctrl + X , Shift + Delete
선택한 요소를 복사 후 삭제하고, 해당 내용을 클립보드에 저장합니다. 클립보드에 저장된 항목은 다른 곳에 붙여넣기 할 수 있습니다. 요소를 클립보드에 배치한 후 붙여넣기 도구 또는 정렬로 붙여넣기 도구를 사용해 요소를 현재 뷰, 다른 뷰 또는 다른 프로젝트에 붙여넣습니다.

3.13.5. 클립보드로 복사

단축키 : Ctrl + C , Ctrl + Insert

선택한 요소를 복사해 해당 내용을 클립보드에 저장합니다. 클립보드에 저장된 항목은 다른 곳에 붙여넣기 할 수 있습니다. 요소를 클립보드에 배치한 후 붙여넣기 도구 또는 정렬로 붙여넣기 도구를 사용해 요소를 현재 뷰, 다른 뷰 또는 다른 프로젝트에 붙여넣을 수 있습니다.

3.13.6. 유형 일치 특성

단축키 : M A

동일한 뷰에 있는 다른 요소의 유형과 일치하도록 하나 이상의 요소를 변환합니다. 유형 일치는 하나의 뷰에서만 작동하고, 프로젝트 뷰 사이에서 유형을 일치시킬 수 없습니다. 선택한 요소는 동일한 카테고리에 속해야 합니다. AUTOCAD의 Match Properties 기능과 유사한 기능입니다.

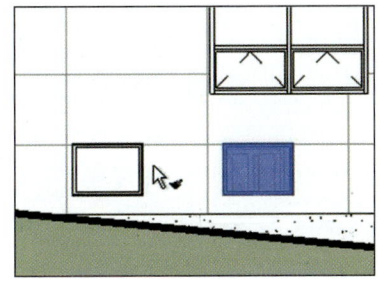

3.13.7. 코핑

단축키 : C P

스틸 보 및 기둥에 코핑을 추가합니다. 코핑은 보 프레임이 대들보에 배치되는 위치처럼 스틸 보와 기둥에 적용됩니다. 코핑을 보려면 뷰 상세 레벨이 중간 이상이어야 합니다.

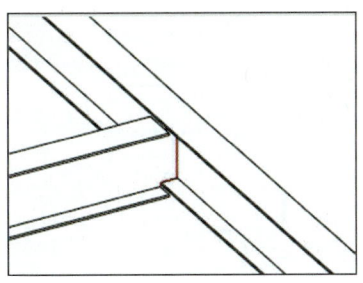

3.13.8. 형상 절단

절단 겹쳐 있는 객체의 중첩된 형상을 선택해 절단합니다. 이 기능은 솔리드에서 솔리드를 절단하거나 솔리드에서 보이드를 절단하고자 할 때 유용합니다.

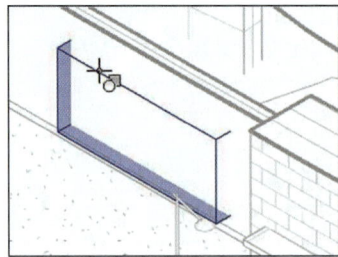 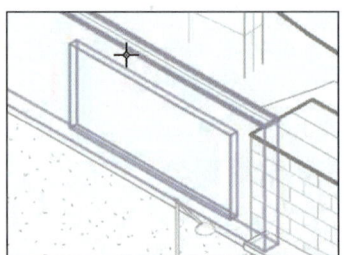

3.13.9. 형상 결합

결합 벽 및 바닥과 같은 공통 면을 공유하는 두 개 이상의 호스트 요소 사이에서 결합 마무리를 작성합니다. 형상 결합 도구는 결합된 요소 사이에서 보이는 모서리를 제거합니다. 객체를 겹쳐 그린 경우 형상을 결합시키지 않으면 화면상에서 중첩되어 표기되고 물량도 중복으로 체크됩니다.

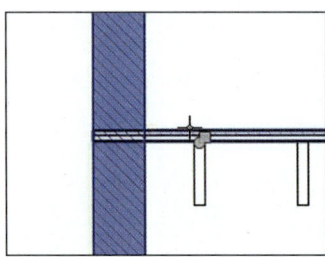 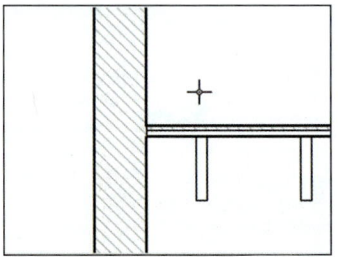

3.13.10. [실습] 형상 결합

1. Sample 폴더에서 실습01.rvt 파일을 엽니다. 좌측 프로젝트 탐색기에서 '단면도 1', '3D', '벽 일람표'를 더블클릭해 뷰를 활성화합니다.

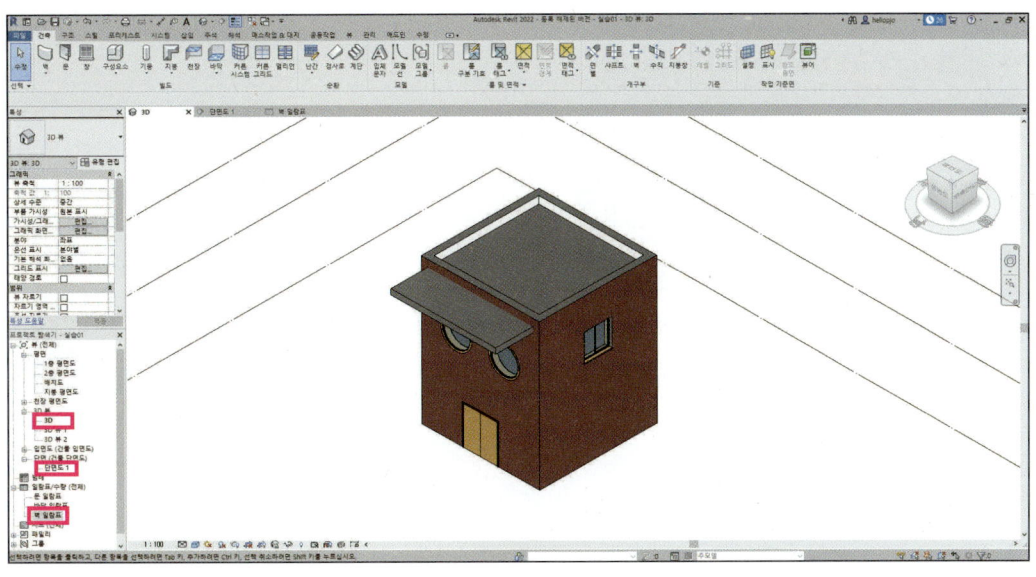

2. 리본 메뉴의 '뷰' – '타일 뷰'를 눌러서 뷰를 정렬합니다.

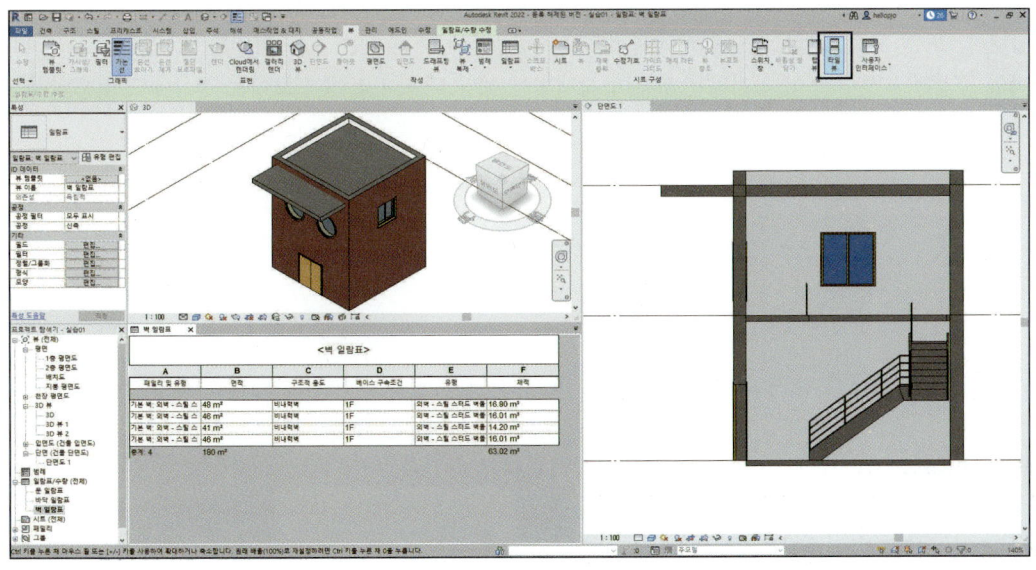

3. 옥상 부분 바닥 슬라브가 단면에서 벽과 중첩되어 표기된 형상을 확인합니다. 현재 벽 일람표의 면적 합계가 180m², 체적 합계가 63.02m³로 표기된 것을 확인합니다. 이제 중첩된 벽과 함께 형상 결합을 시키겠습니다. 리본 메뉴의 '수정' 탭에서 '결합'을 선택합니다. 단면도 뷰에서 옥상 슬라브를 선택하고 중첩된 벽을 순차적으로 선택합니다.

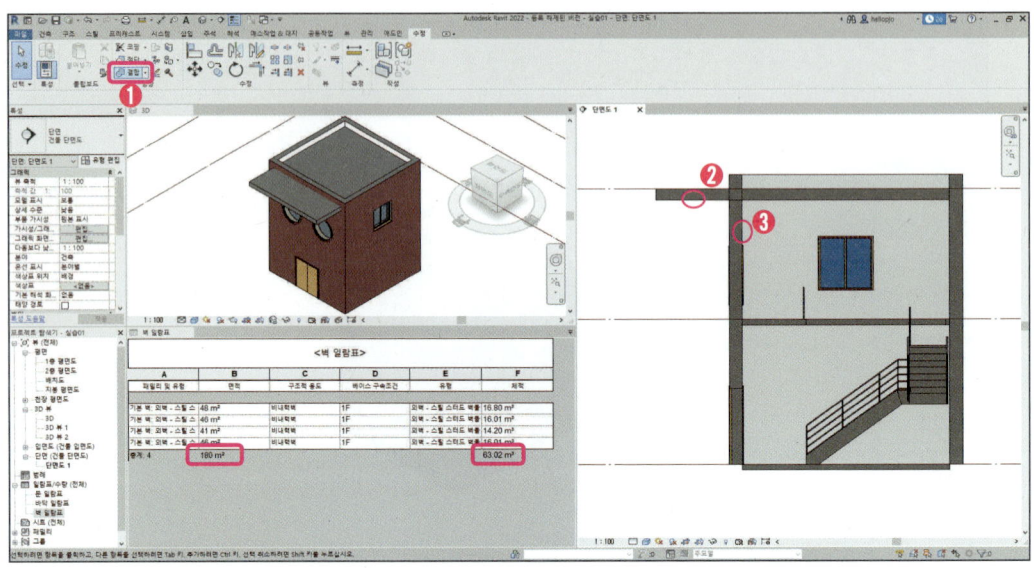

4. 옥상 슬라브와 벽의 중첩 부분이 형상 결합되어 단면도에서 겹치는 형상이 사라진 것을 확인할 수 있습니다. 또한 벽 일람표에서 면적의 합계가 180m²에서 178m²로 변경되어 2m²가 줄어든 것을 확인할 수 있습니다. 또한 체적 합계도 63.02m³에서 62.42m³로 0.6m³가 줄어든 것을 확인할 수 있습니다. 슬라브와 벽의 중첩된 부분이 벽이 차지하던 부분이 삭제되어 해당 내용이 뷰에서 보이는 형상에도 적용되며, 일람표 상의 수량에도 반영됩니다.

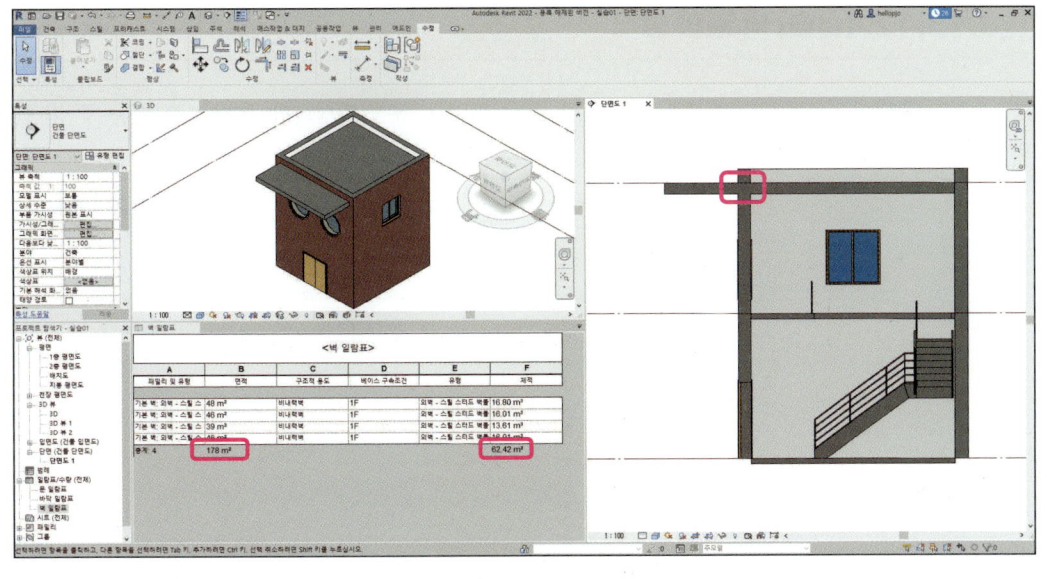

3.13.11. 벽 결합

벽이 결합되는 방식을 변경합니다. 버트, 연귀, 사각 정리 방식 중 하나로 선택할 수 있습니다.

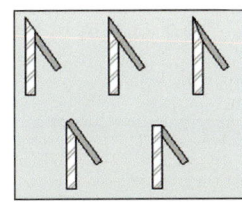

3.13.12. [실습] 벽 결합 방식

1. Sample 폴더에서 실습02.rvt 파일을 엽니다. '1층 평면도' 뷰를 활성화합니다. 리본 메뉴 '수정' 탭에서 '벽 결합'을 선택합니다.

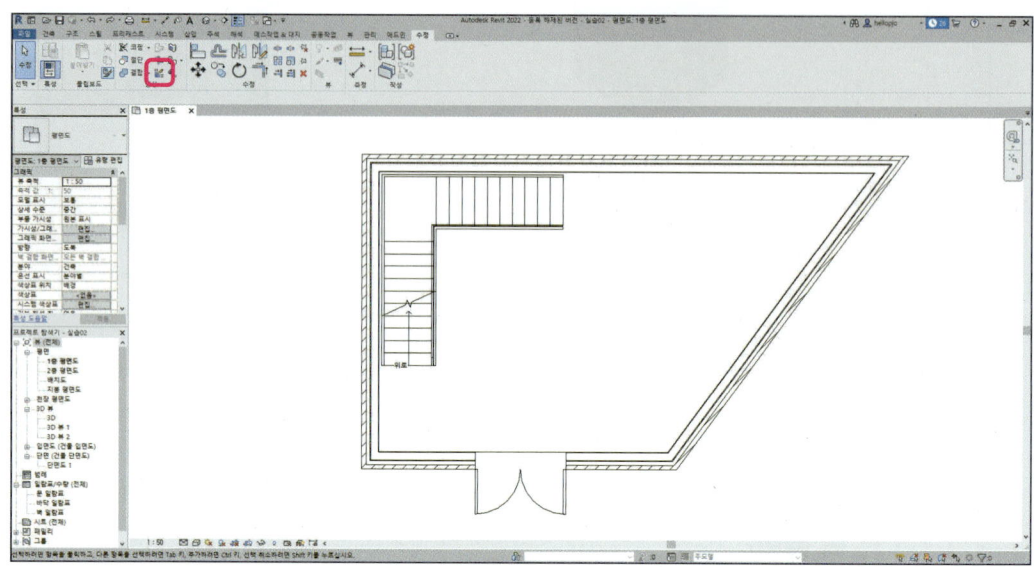

2. 90°로 만나는 벽의 벽 결합 방식을 살펴보겠습니다. 왼쪽 상단 벽체 모서리를 선택하고 리본 메뉴 하단의 옵션 막대에서 구성 방식을 '충돌', '연귀', '사각 정리'로 변경하면서 벽의 결합 형상 모양이 어떻게 바뀌는지를 확인합니다.

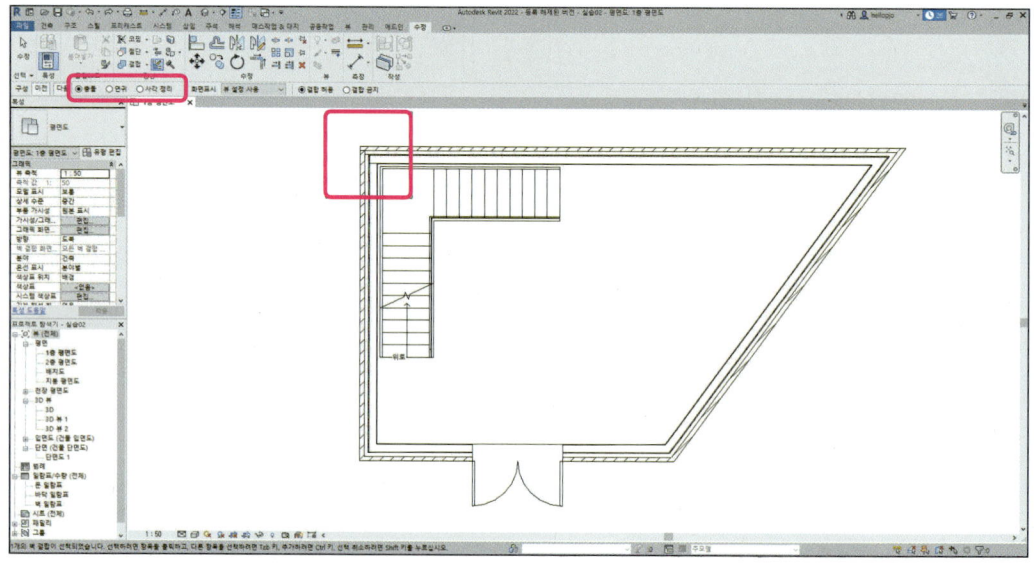

3. 이번에는 90°보다 작은 각도로 만나는 벽의 벽 결합 방식을 살펴보겠습니다. 오른쪽 상단 벽체 모서리를 선택하고 리본 메뉴 하단의 옵션 막대에서 구성 방식을 '충돌', '연귀', '사각 정리'로 변경하면서 벽의 결합 형상 모양이 어떻게 바뀌는지를 확인합니다.

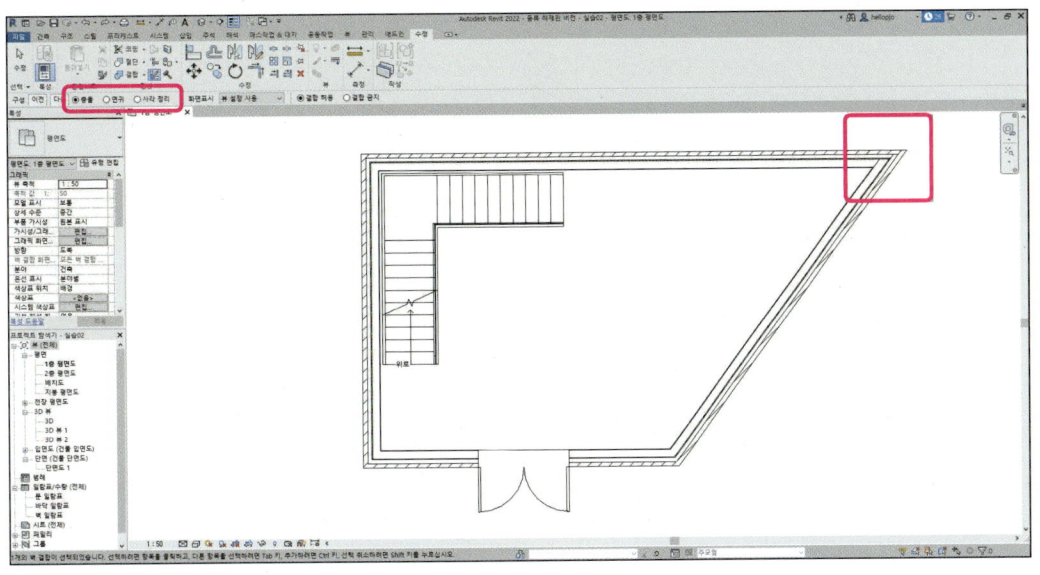

4. 이번에는 90°보다 큰 각도로 만나는 벽의 벽 결합 방식을 살펴보겠습니다. 오른쪽 하단 벽체 모서리를 선택하고 리본 메뉴 하단의 옵션 막대에서 구성 방식을 '충돌', '연귀', '사각 정리'로 변경하면서 벽의 결합 형상 모양이 어떻게 바뀌는지를 확인합니다.

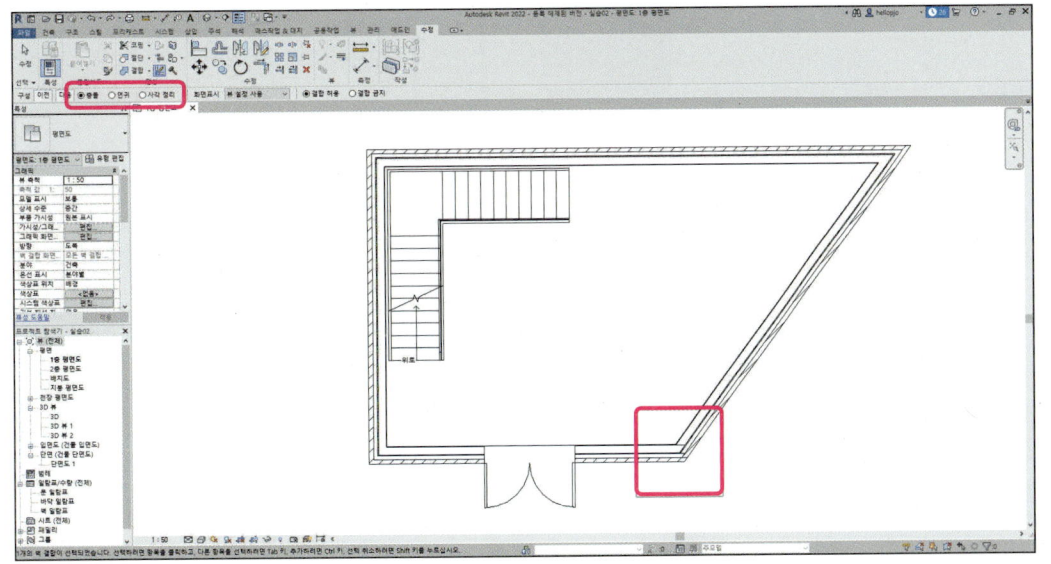

13.13.13. 보/기둥 결합

보와 기둥이 상호 간에 결합하는 방식을 조정합니다.

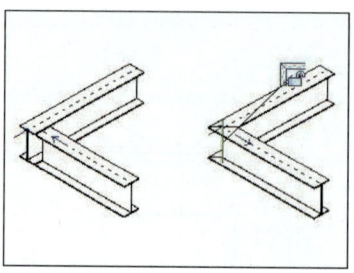

13.13.14. 면 분할

단축키 : [S] [F]

요소의 면을 서로 다른 재료의 영역으로 분할합니다. 벽의 영역 안에 새로운 재료가 적용되는 부분을 만들 수 있습니다.

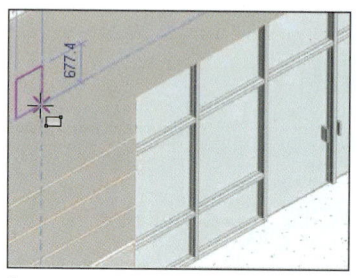

3.13.15. 페인트

단축키 : P T

요소의 면에 재료를 적용합니다. 페인트 도구로 적용된 재료를 제거하려면 페인트 제거 도구를 사용합니다.

3.13.16. [실습] 면 분할, 페인트

1. Sample 폴더에서 실습01.rvt 파일을 엽니다. '3D' 뷰를 활성화합니다. 뷰 우측 상단의 ViewCube에서 우측면도를 클릭합니다.

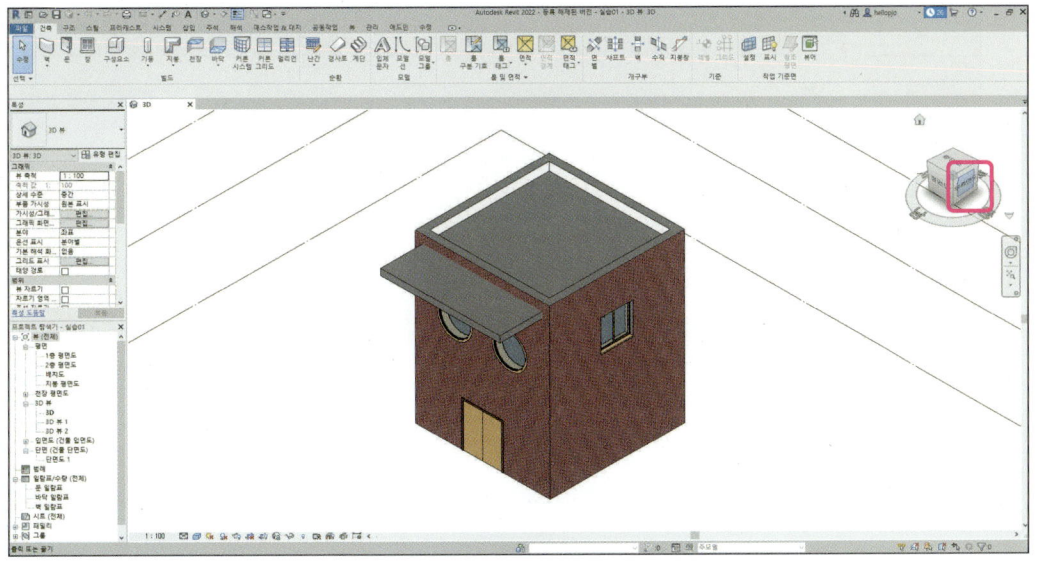

2. 리본 메뉴 '수정' 탭에서 '면 분할'을 선택하고, 뷰에 보이는 벽을 선택합니다.

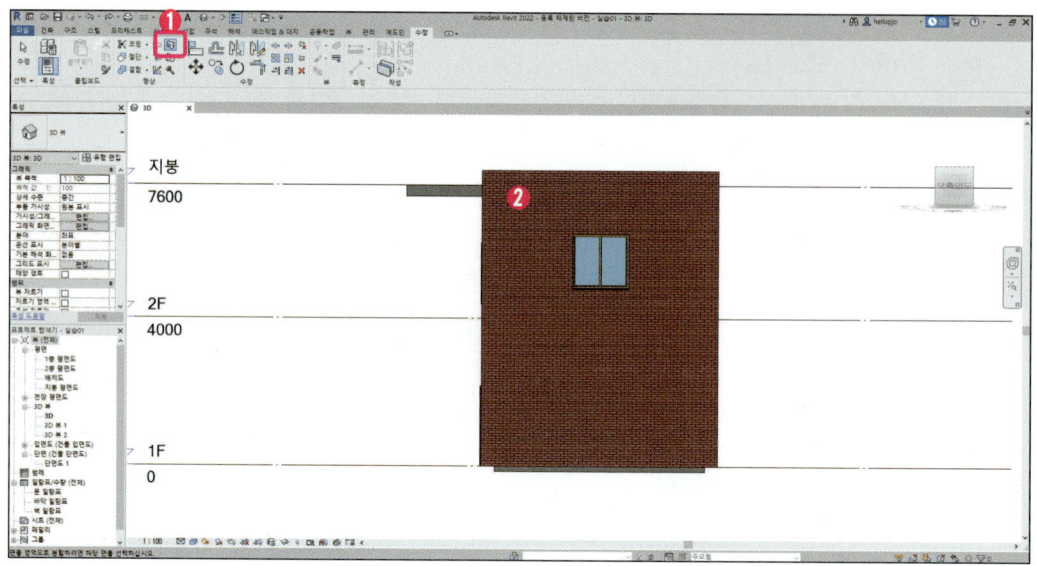

3. 스케치 모드 상태에서 원형 도구(1)를 선택하고, 벽에 동그라미의 중심선(2)을 선택하고, 원의 반지름에 해당하는 지점(3)을 클릭해 스케치를 완성합니다. 녹색 스케치 완료 버튼(4)을 누릅니다.

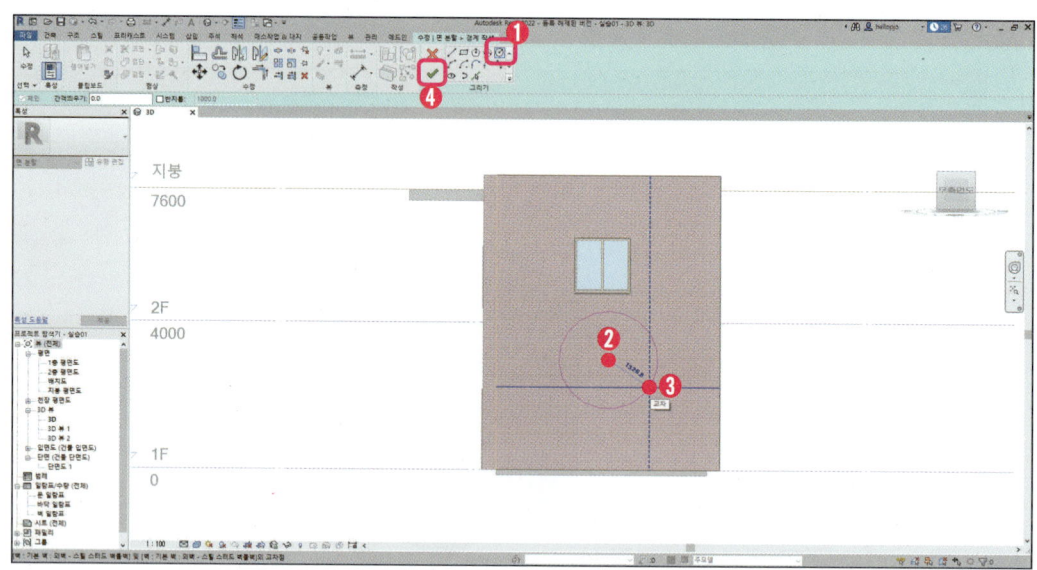

4. 벽 부분에 원형 스케치에 따라 면이 분할된 것을 확인할 수 있습니다.

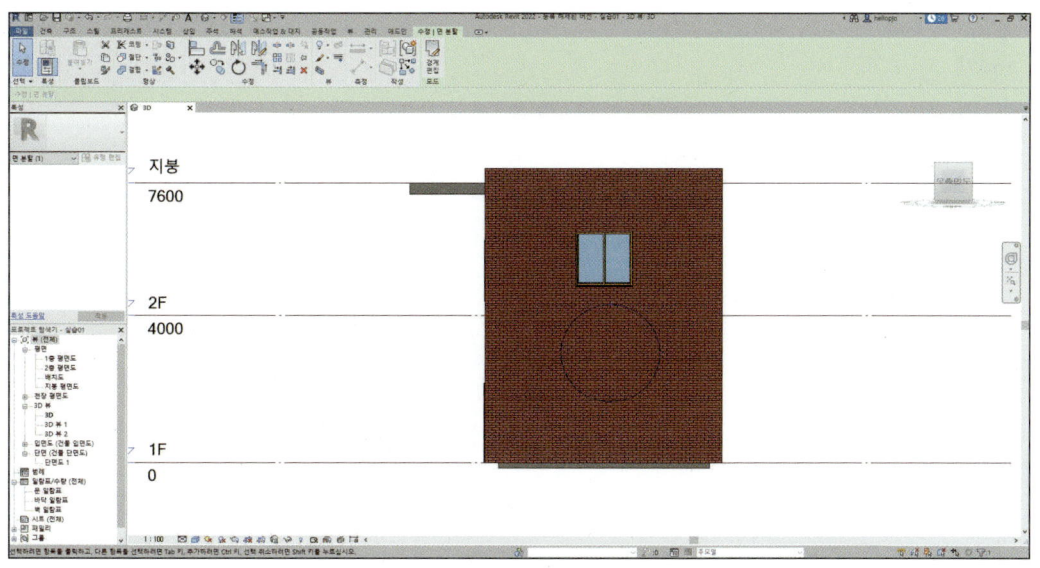

5. 리본 메뉴의 '수정' 탭에서 '페인트'(1)를 선택합니다. 재료 탐색기 창에서 'EIFS, 외부 단열재'(2)를 선택하고 벽의 원형으로 분할된 부분(3)을 선택합니다.

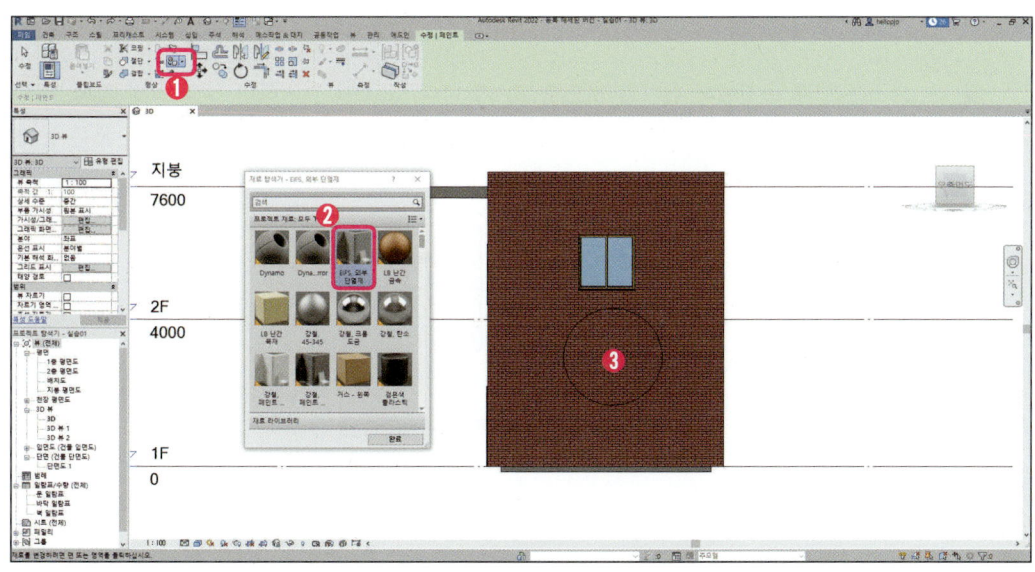

6. 벽이 원형으로 분할되어 분할된 부분에 새로운 재료가 적용된 것을 확인할 수 있습니다.

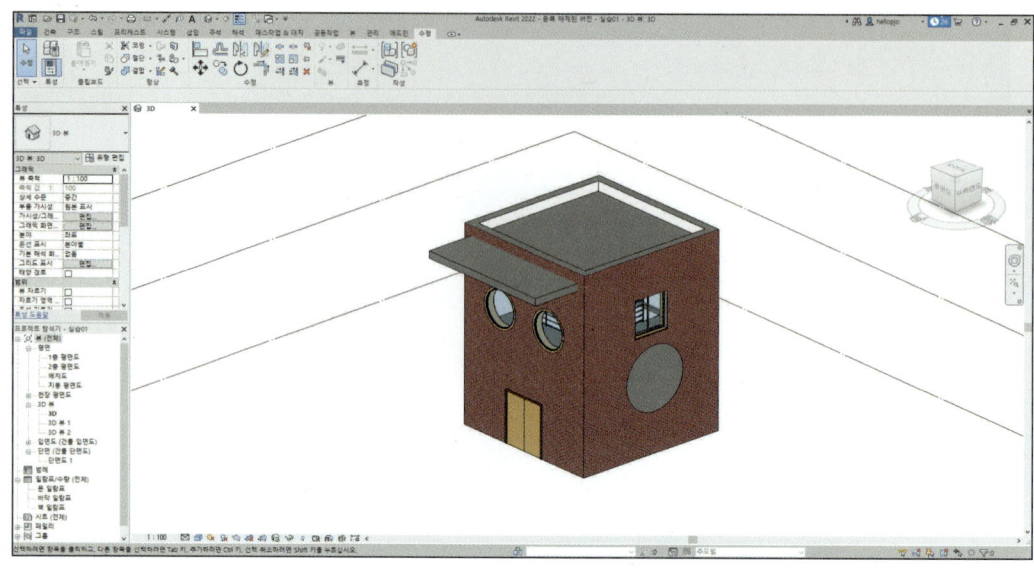

3.13.17. 철거

요소를 현재 공정에서 철거된 것으로 표시합니다. 요소를 철거하면 뷰의 공정 필터 설정에 따라 해당 모양이 변경됩니다. 한 뷰에서 요소를 철거한 경우 동일한 공정을 갖는 모든 뷰에 해당 요소가 철거로 표시됩니다.

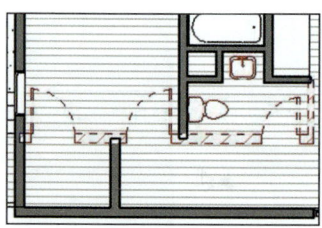

3.13.18. 정렬

단축키 : A L

하나 이상의 요소를 선택한 요소에 맞춰 정렬합니다. 정렬을 잠근 상태로 변경해 다른 모델에 변경사항이 영향을 주지 않도록 할 수 있습니다. AUTOCAD의 ALIGN 기능과 유사한 기능입니다.

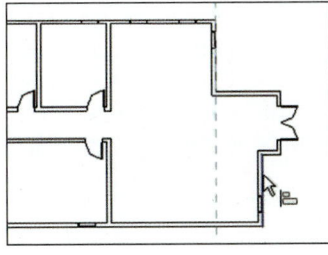 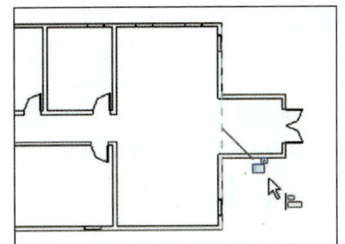

3.13.19. 이동

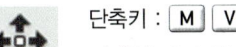

단축키 : M V

선택한 요소를 현재 뷰에 지정된 위치로 이동합니다. 기준점과 이동할 위치인 목표점을 선택해 이동할 수도 있고, 마우스 드래그로 요소를 끌어 이동할 수도 있습니다. AUTOCAD의 MOVE와 유사한 기능입니다.

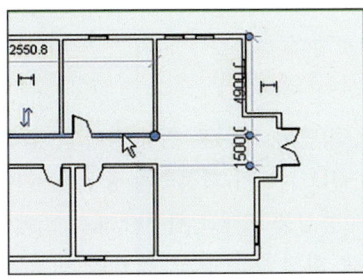 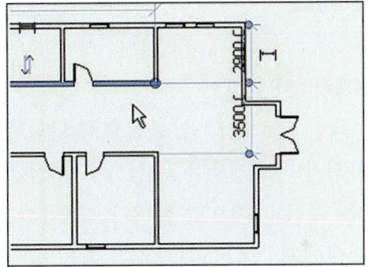

3.13.20. 간격띄우기

단축키 : O F

선, 벽, 보와 같은 요소들을 해당 길이에 수직으로 지정된 거리 만큼 이동하거나 복사하는 기능입니다. AUTOCAD의 OFFSET과 유사한 기능입니다.

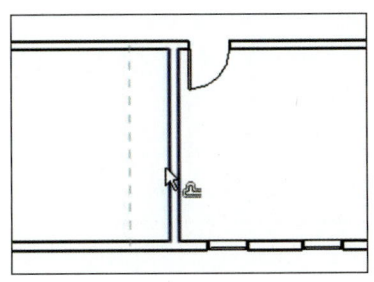 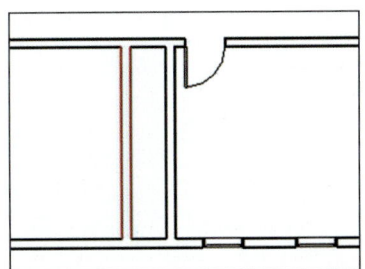

3.13.21. 복사

단축키 : C O

선택한 요소를 복사해 현재 뷰에 지정된 위치에 배치합니다. AUTOCAD의 COPY 기능과 유사한 기능입니다.

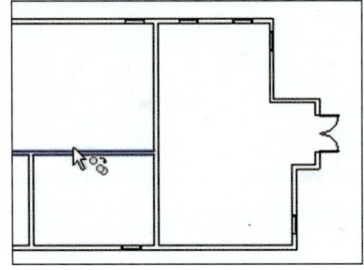
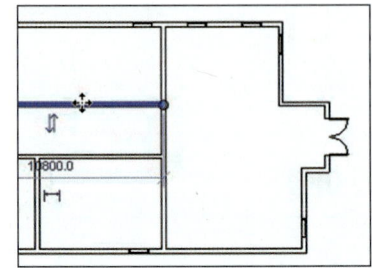

3.13.22 회전

단축키 : R O

선택한 요소를 축을 중심으로 회전합니다. 평면도, 반사된 천장 평면도, 입면도, 단면도에서 요소는 뷰에 직각인 회전축을 중심으로 회전합니다. 3D 뷰에서 회전축의 중심은 뷰의 작업 기준면에 직각을 이루는 축을 기준으로 합니다. 회전 컨트롤의 중심을 드래그 하거나 또는 스페이스바를 누르거나, 옵션 막대에서 '회전의 중심: 배치'를 선택해 회전축의 중심 위치를 변경할 수 있습니다. AUTOCAD의 ROTATE기능과 유사한 기능입니다. AUTOCAD는 선택된 객체만 회전되지만, Revit에서는 객체가 종속되어 있는 주변 객체에도 객체가 회전된 영향을 미치게 됩니다.

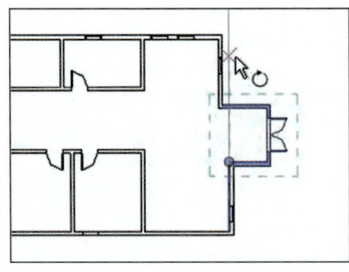
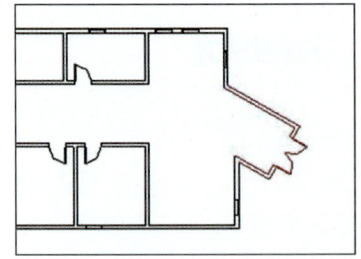

3.13.23. 대칭 - 축 선택

단축키 : M M

프로젝트 내 선이나 모서리를 대칭축으로 사용해 선택한 요소의 위치를 반전시키는 기능입니다. 대칭 도구를 사용해 선택된 요소를 반전하거나 한 번에 요소를 복사한 형태로 위치를 반전시킬 수도 있습니다. AUTOCAD의 MIRROR 기능과 유사한 기능입니다.

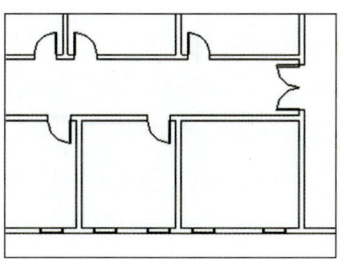 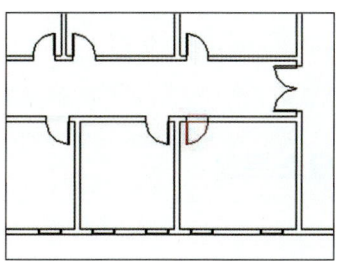

3.13.24. 대칭 - 축 그리기

단축키 : D M

대칭축으로 사용할 임시선을 그리는 기능입니다. 축 선택 대칭은 모델에 존재하는 선을 기준으로 대칭하지만 축그리기 대칭은 대칭축을 직접 뷰에서 그려주는 방식입니다. 대칭 도구를 사용해 선택된 요소를 반전하거나 반전 복사된 형태로 사용할 수 있습니다.

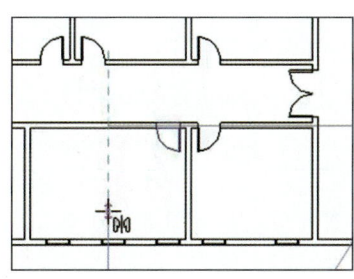

3.13.25. 코너로 자르기

단축키 : T R

벽이나 보와 같은 요소를 자르거나 연장해 코너를 형성합니다. 코너를 형성할 두 선형 객체를 순서대로 선택하면 됩니다. AUTOCAD의 FILLET기능과 유사한 기능입니다.

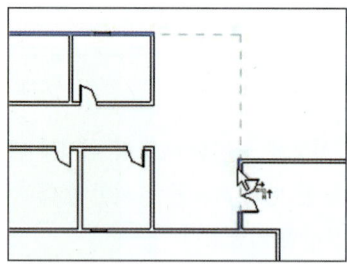 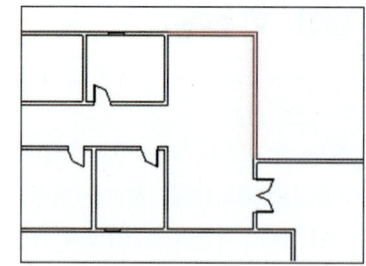

3.13.26. 요소 분할

단축키 : S L

선택한 점에서 벽이나 선과 같은 요소를 절단하거나, 두 점 사이의 세그먼트를 제거합니다. 벽을 분할한 경우 분할되고 나서의 벽은 개별 벽이 됩니다.

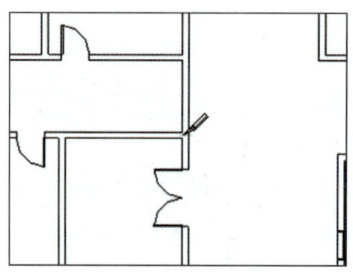 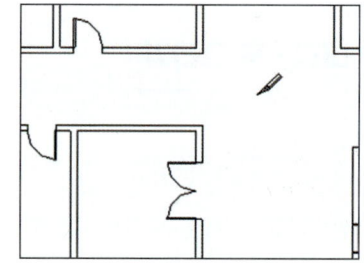

3.13.27. 간격으로 분할

벽을 벽 사이에 정의된 간격이 있는 두 개의 분리된 벽으로 분할합니다.

3.13.28. 배열

단축키 : A R

선택한 요소의 선형 또는 원형 배열을 작성합니다. 배열 도구를 사용해 하나 이상의 요소에 대해 여러 인스턴스를 작성하고 이를 동시에 조작할 수 있고, 배열되는 요소 사이의 거리를 지정할 수 있습니다. AUTOCAD의 ARRAY 기능과 유사한 기능입니다.

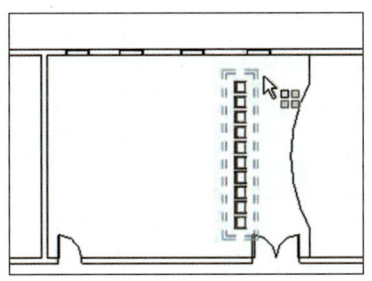 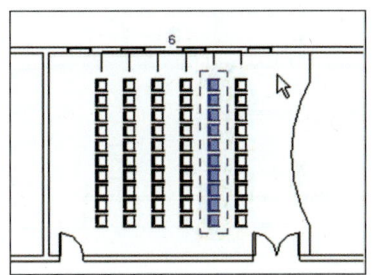

3.13.29. 축척

단축키 : R E

선택한 항목의 크기를 조절합니다. 축척 도구는 선, 벽, 이미지, DWG 가져오기, 참조 평면, 치수에 사용할 수 있습니다. 선택한 요소의 축척 비율을 화면에 직접 선택하거나 숫자로 입력할 수 있습니다. AUTOCAD의 SCALE 기능과 유사한 기능입니다.

3.13.30. 단일 요소 자르기/연장

벽이나 선과 같은 하나의 요소를 다른 요소의 경계까지 자르거나 연장하는 기능입니다. 경계로 사용할 요소를 먼저 선택하고 자르거나 연장할 요소를 선택하면 됩니다. AUTOCAD의 EXTEND, TRIM 기능과 유사한 기능입니다.

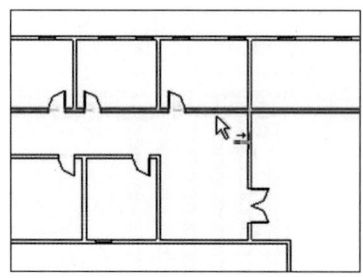
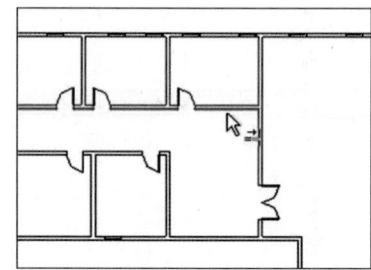

3.13.31. 다중 요소 자르기/연장

벽이나 선과 같은 여러 개의 요소를 다른 요소의 경계까지 자르거나 연장하는 기능입니다. 경계로 사용할 요소를 먼저 선택하고 자르거나 연장할 요소를 선택하면 됩니다. 단일 요소 자르기/연장과 같이 AUTOCAD의 EXTEND, TRIM 기능과 유사한 기능입니다.

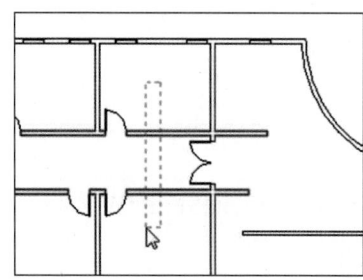
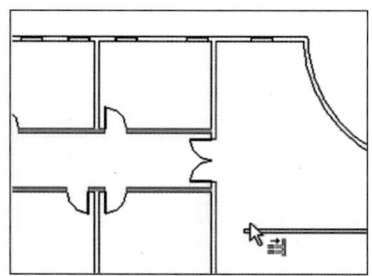

3.13.32. 고정

단축키 : P N

모델 요소를 해당 위치에서 움직이지 못하도록 잠그는 기능입니다. 요소를 고정하는 경우 요소가 가까운 요소로 이동하도록 설정되거나 배치된 레벨이 위 또는 아래로 이동하지 않는 한 요소를 이동할 수 없습니다. 핀 요소를 삭제하려 할 경우 요소가 고정되어 있다는 경고가 나타납니다.

3.13.33. 고정 해제

단축키 : U P

모델 요소를 이동하지 못하도록 잠금상태를 해제하는 기능입니다. 요소를 이동할 수 있도록 하려면 고정 해제해야 합니다.

3.13.34. 삭제

단축키 : D E

선택한 요소를 건물 모델에서 삭제합니다. 잘라내기와 다르게 삭제된 요소는 클립보드에 저장되지 않습니다. 삭제를 취소하려면 실행취소를 선택하거나 Ctrl + Z 를 누릅니다.

3.13.35. 뷰에서 숨기기

화면에서 보이는 특정 객체를 뷰에서 가리기할 때 사용하는 기능입니다. 객체를 선택한 상태에서 마우스를 우클릭해 '뷰에서 숨기기'를 선택할 수도 있습니다. '요소'는 해당 객체만 가려지고, '카테고리'는 해당 객체의 카테고리 전체가 가려지게 됩니다.

■ **요소 숨기기**　요소 숨기기

단축키 : E H

현재 뷰에서 선택한 요소를 숨깁니다. 숨겨진 요소를 표시하려면 숨겨진 요소 표시 도구를 사용합니다. 숨겨진 요소를 숨김 해제하려면 숨김 해제 도구를 사용합니다.

■ **카테고리 숨기기**　카테고리 숨기기

단축키 : V H

현재 뷰에서 선택한 카테고리에 속하는 모든 요소를 숨깁니다.

■ **필터별 숨기기**　필터별 숨기기

뷰에서 필터에 지정된 기준을 충족하는 모든 요소에 대해 그래픽 화면표시 설정을 변경합니다. 필터를 작성하고 뷰에 적용해 필터 기준과 일치하는 요소에 대해 그래픽 화면표시 설정을 변경할 수 있습니다. 필터 기준은 선택한 카테고리에 사용할 수 있는 매개변수를 기반으로 합니다.

■ **숨겨진 요소 표시**

뷰 조절 막대의 전구모양 아이콘을 클릭하면 화면에서 가려진 객체들을 임시적으로 볼 수 있는 상태로 전환됩니다. 가려져서 선택되지 않던 객체들도 모두 가시화되며 객체를 선택해 수정도 가능합니다.

3.13.36. [실습] 객체 숨기기

1. Sample 폴더의 HOUSE.rvt 파일을 엽니다. 좌측 프로젝트 탐색기에서 '뷰' - '건축' - '3D 뷰' - '3D 내부1'을 더블클릭해 '3D 내부1' 뷰를 활성화합니다.

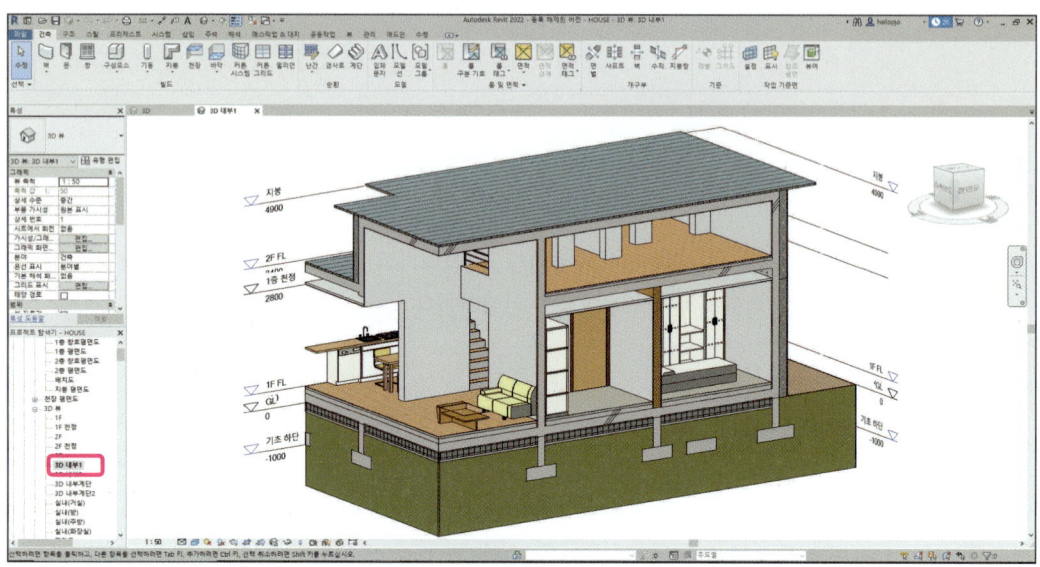

2. 거실 소파를 선택하고 마우스 우클릭해 '뷰에서 숨기기' - '요소'를 선택합니다.

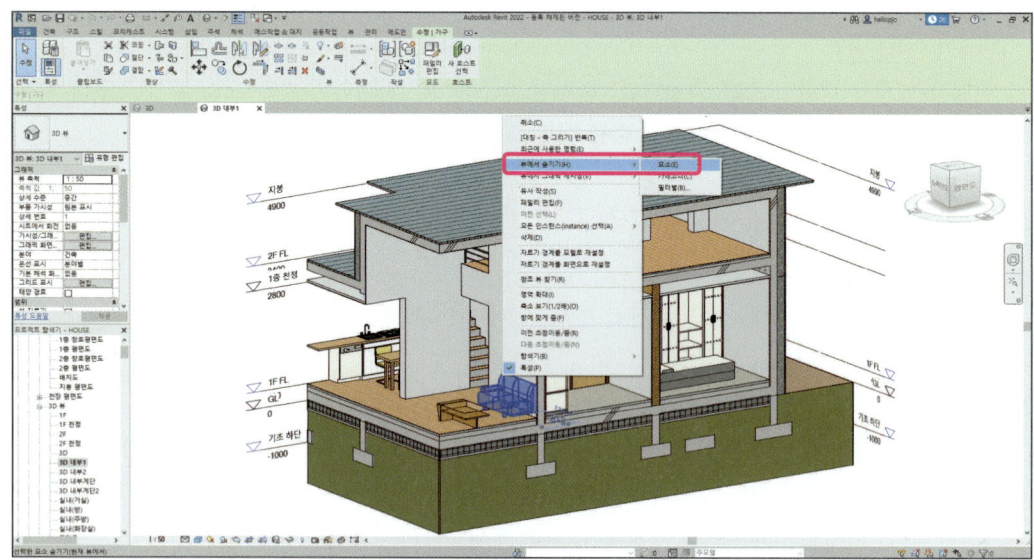

3. 뷰에서 선택한 소파만 사라집니다.

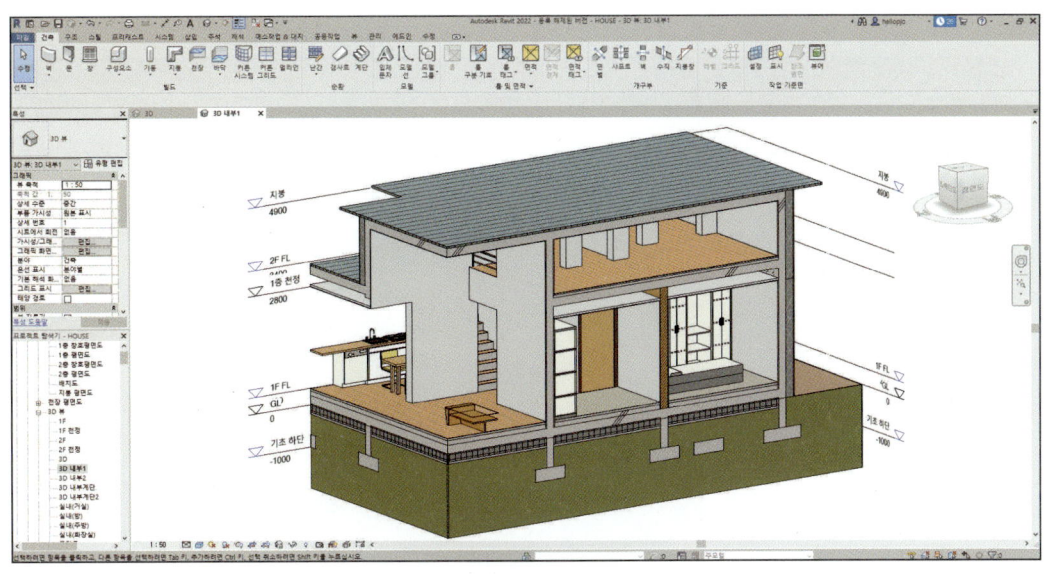

4. 키보드에서 Ctrl + Z 를 입력해 객체 가리기를 취소합니다. 이번에는 거실 소파를 선택해 마우스 우클릭 후 '뷰에서 숨기기' – '카테고리'를 선택합니다.

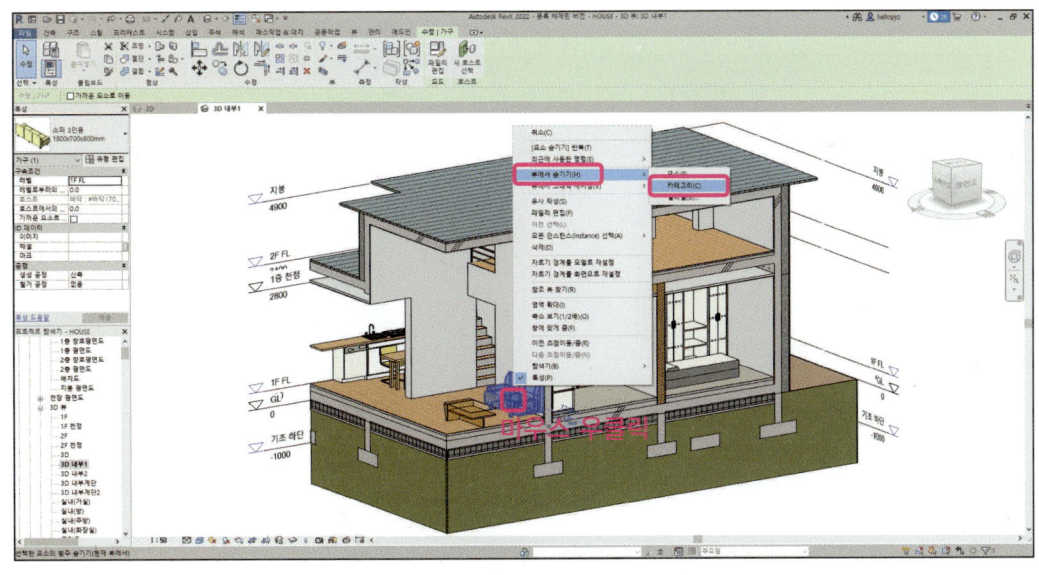

3 Revit 기능 설명 **243**

5. 소파의 카테고리인 '가구'로 작성된 모든 객체(소파, 테이블, 식탁, 의자, 침대, 붙박이장 등)가 화면에서 사라집니다.

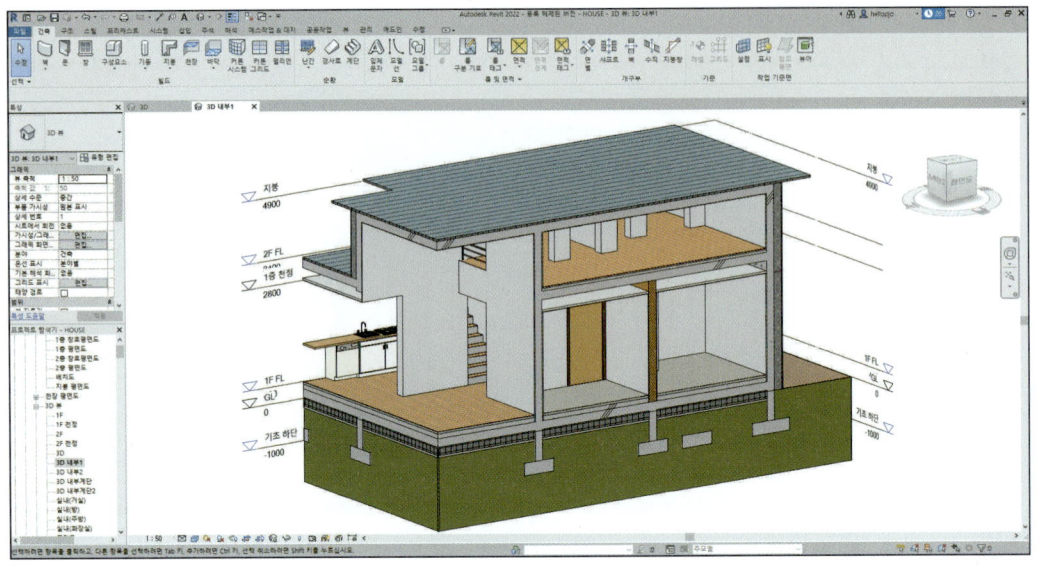

6. 뷰 하단의 뷰 조절 막대에서 전구모양의 '숨겨진 요소 보기' 아이콘을 클릭해 화면에서 가려진 객체들을 임시적으로 볼 수 있는 상태로 전환합니다.

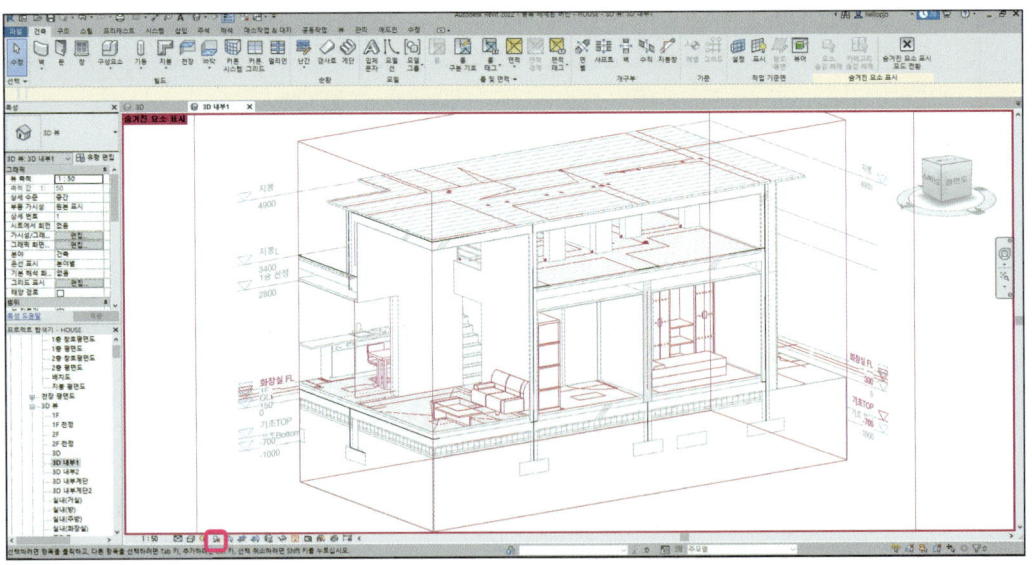

7. 숨겨진 요소 표시 상태에서 소파 객체를 선택하고 마우스 우클릭해 '뷰에서 숨김 해제' – '카테고리'를 선택하면 숨겨진 객체와 동일한 카테고리로 작성된 객체들을 해당 뷰에 볼 수 있도록 변경됩니다.

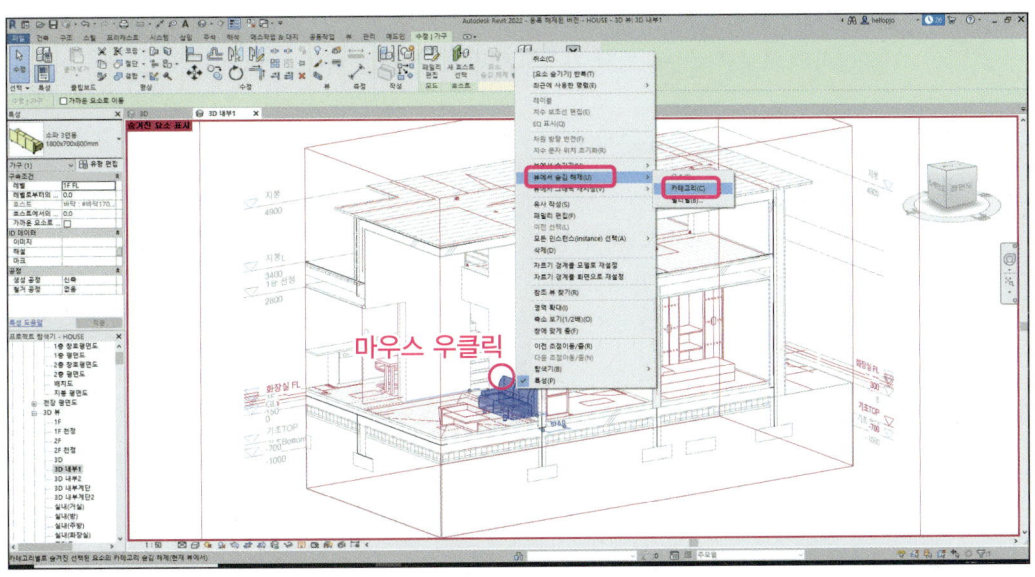

8. '3D 내부 1' 뷰에서 숨겨졌던 소파, 테이블, 침대와 같은 '가구' 카테고리로 작성된 객체들이 다시 뷰에서 보이게 됩니다.

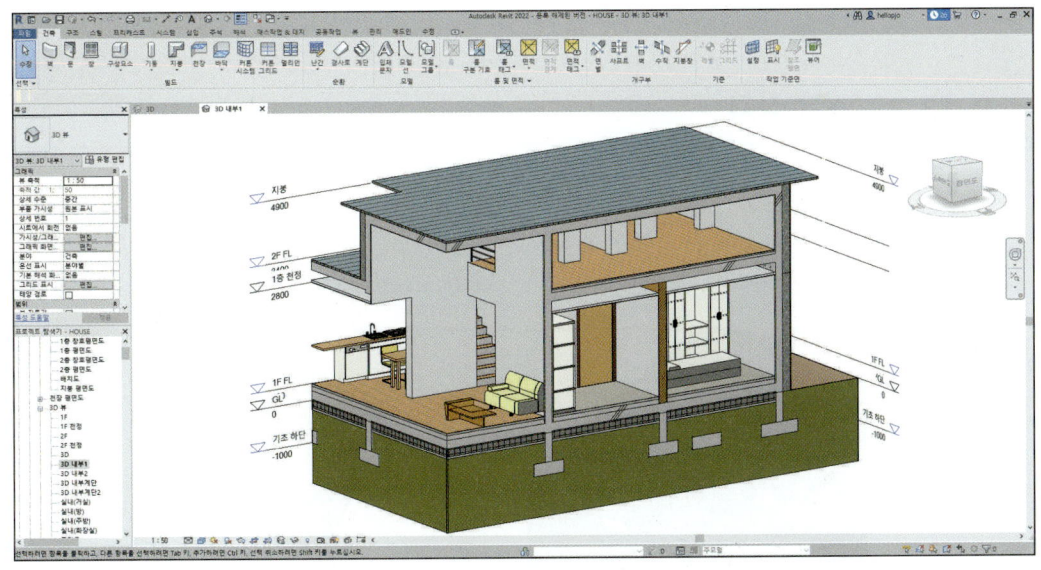

3.13.37. 뷰에서 그래픽 재지정

현재 뷰에서 요소를 표시하는 데 사용한 그래픽을 변경합니다. 이렇게 변경하면 객체 스타일 대화상자의 프로젝트 수준에서 지정된 설정이 재지정됩니다.

- **요소별 재지정**
  단축키 : E O D
  현재 뷰에서 선택한 요소에 대해 그래픽 화면 표시 설정을 변경합니다. 프로젝트 선 스타일, 표면 패턴, 선 스타일, 절단 패턴을 변경할 수 있습니다. 요소의 가시성을 변경하거나, 중간색으로 표시하거나, 투명으로 지정할 수도 있습니다.

- **카테고리별 재지정**
  현재 뷰에서 선택한 요소와 동일한 카테고리에 속하는 모든 요소에 대해 그래픽 화면표시 설정을 변경합니다.

- **필터별 재지정**
  뷰에서 필터에 지정된 기준을 충족하는 모든 요소에 대해 그래픽 화면표시 설정을 변경합니다. 필터를 작성하고 뷰에 적용해 필터 기준과 일치하는 요소에 대해 그래픽 화면표시 설정을 변경할 수 있습니다. 필터 기준은 선택한 카테고리에 사용할 수 있는 매개변수를 기반으로 합니다.

3.13.38. 선택 상자

단축키 : B X

선택한 요소를 현재 뷰 또는 기본 3D 뷰에서 분리합니다. 모든 뷰의 모델에서 3D 표현이 있는 요소를 하나 이상 선택합니다. 그다음 선택 상자 도구를 사용해 3D 뷰에서 해당 요소를 분리합니다.

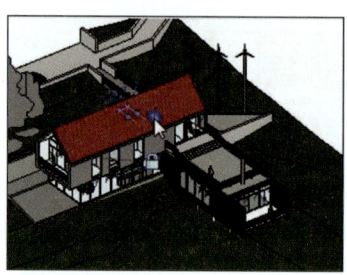 

3.13.39. 선작업

 단축키 : L W

활성 뷰에서만 선택한 선에 대해 선 스타일을 재지정합니다. 다른 선 스타일을 사용해 도면에서 특정 요소를 강조할 수 있습니다. 원래 선 스타일을 변경된 모서리로 복원하려면 선작업 도구를 활성화한 상태로 선 스타일 드롭다운 리스트에서 '카테고리별'을 선택합니다. 그 후 모서리를 선택하면 됩니다.

3.13.40. 두 참조 간 측정

두 요소 또는 다른 참조 간 거리를 측정합니다. 평면도, 입면도, 단면도에서 사용 가능합니다.

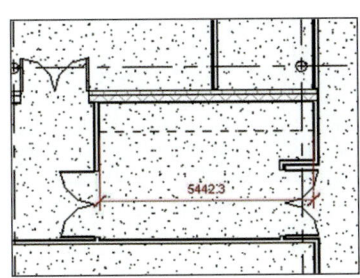

3.13.41. 조합작성

도면 영역에서 선택하는 요소에서 조합을 작성합니다. 조합은 다중 요소를 조합 뷰와 시트를 작성하도록 일람표에 작성하거나, 태그를 지정하거나 분리할 수 있는 단일 도면요소로 결합합니다.

3.13.42. 부품 작성

선택한 요소의 레이어 또는 하위 구성요소에서 부품을 작성합니다. 부품은 파생된 요소의 모든 변경사항을 반영하도록 자동으로 업데이트됩니다. 부품을 수정해도 원래 요소에는 영향을 주지 않고, 부품은 부품 분할 도구를 사용해 더 작은 부품으로 분할할 수 있습니다.

3.13.43. 그룹 작성

단축키 : G P

프로젝트의 다른 위치에서 사용하기 쉽게 요소 그룹을 작성합니다. 프로젝트나 패밀리에서 배치를 여러 번 반복해서 사용해야 하는 경우 그룹을 사용할 수 있습니다.

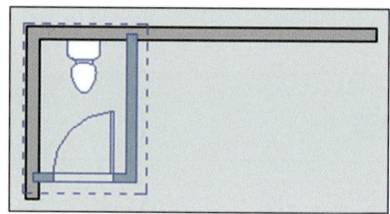

3.13.44. 유사 작성

단축키 : C S

동일한 유형의 요소를 선택한 요소로 배치합니다. 예를 들어 벽을 마우스 오른쪽 버튼을 클릭하고 유사 작성을 선택하는 경우 유형 선택기에서 선택한 벽 유형이 이미 선택된 상태로 벽 도구가 활성화됩니다. 유사 작성을 사용하면 각 새 요소는 선택된 요소에 대해 정의된 패밀리 인스턴스 매개변수를 상속하게 됩니다.

3.14 해석

3.14.1. 일람표

일람표를 작성하는 기능입니다. 건물의 층별 면적, 건물 전체에 사용된 콘크리트의 체적, 건물 전체에 사용된 문의 종류별 개수 등을 간략하게 보여주는 기능이 일람표입니다. Microsoft의 Excel처럼 열을 추가하고 빼는 기능이 있어 원하는 정보를 적절하게 추출할 수 있습니다.

일람표는 프로젝트의 요소 특성에서 추출된 정보를 표 형식으로 표시한 것입니다. 일람표를 작성하는 요소 유형의 모든 인스턴스(instance)를 나열할 수 있습니다. 또는 일람표의 그룹화 기준에 따라 다중 인스턴스(instance)를 하나의 행으로 축소할 수 있습니다.

일람표는 설계 과정 중 어떤 시점에서도 작성할 수 있습니다. 프로젝트를 변경해 일람표에 영향을 미치는 경우, 일람표는 자동으로 업데이트되어 변경사항을 반영합니다. 도면 시트에 일람표를 추가할 수 있고, 스프레드시트 프로그램과 같은 다른 소프트웨어 프로그램에 일람표를 내보낼 수 있습니다.

▣ 시트에 일람표 추가

프로젝트에서 일람표를 추가할 시트를 활성화시킨 상태에서 프로젝트 탐색기의 일람표/수량에서 일람표를 선택하고 도면 영역의 시트로 마우스를 드래그합니다. 커서가 시트 위에 오면 마우스 버튼을 놓습니다. 미리보기로 일람표가 보이는 것을 확인하고 위치를 선택해 시트에 배치합니다.

▣ 일람표 업데이트

모든 일람표는 프로젝트 수정 시 자동으로 업데이트됩니다. 예를 들어 벽을 이동하면 벽이 영향을 미치는 룸에 대한 면적 정보가 업데이트됩니다. 프로젝트에서 건물 구성요소의 특성을 변경하면 연관된 일람표가 자동으로 업데이트됩니다. 또한 패밀리 정보를 수정하더라도 동일한 패밀리를 사용하는 요소들의 정보가 모두 함께 변경되어 일람표에 적용됩니다.

3.14.2. 에너지 최적화

▣ 시스템 해석

전체 건물 에너지 시뮬레이션 및 분석을 위해 시스템 해석을 수행하고 보고서를 생성합니다. 에너지 해석 모델이 없는 경우 먼저 모델을 생성해야 합니다.

시스템 해석이 완료되면 화면 우측 하단에 아래와 같은 메시지 창이 나타납니다.

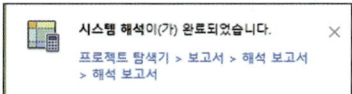

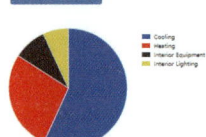
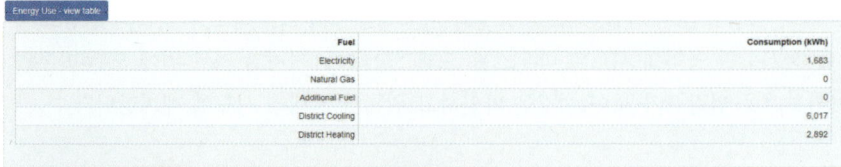
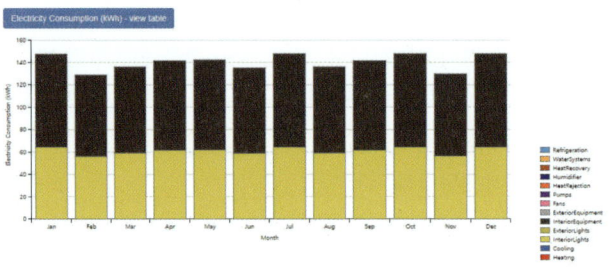

▲ 연간 빌딩 에너지 시뮬레이션 해석 보고서

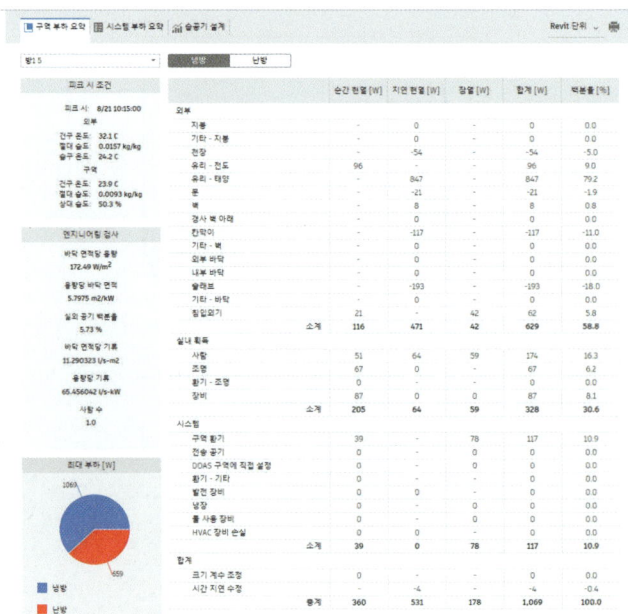

▲ HVAC 시스템 부하 및 크기 조정 해석 보고서

▣ 에너지 설정

 에너지 해석 모델을 작성하는 데 사용되는 매개변수를 지정합니다. 에너지 해석 모델 룸 및 공간 옵션을 지정할 수 있습니다.

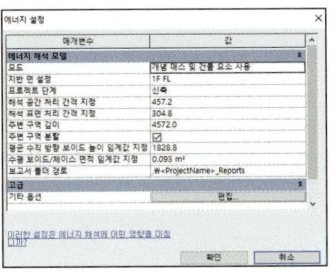

▣ 생성

에너지 해석 모델을 작성하고 Insight를 통해 설계 옵션 및 잠재적 성능 결과를 생성합니다. 범위를 설정해 Insight에서 외피 시공, 기계 시스템, 운영 일람표, 재생 가능한 에너지를 정의하고 에너지 비용 범위, 요소 민감도를 결정합니다.

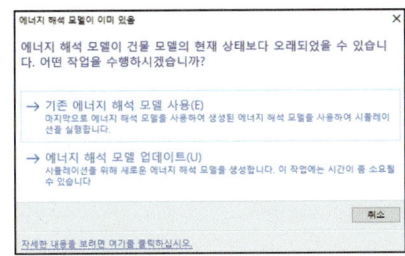

▣ 최적화

Insight의 에너지 및 환경 성능 데이터에 액세스합니다. Insight는 다양한 설계 시나리오를 기반으로 잠재적인 성능 결과를 보여줍니다. 범위를 설정해 Insight에서 외피 시공, 기계 시스템, 운영 일람표 및 재생 가능한 에너지를 정의하고 에너지 비용 범위 및 요소 민감도를 결정합니다.

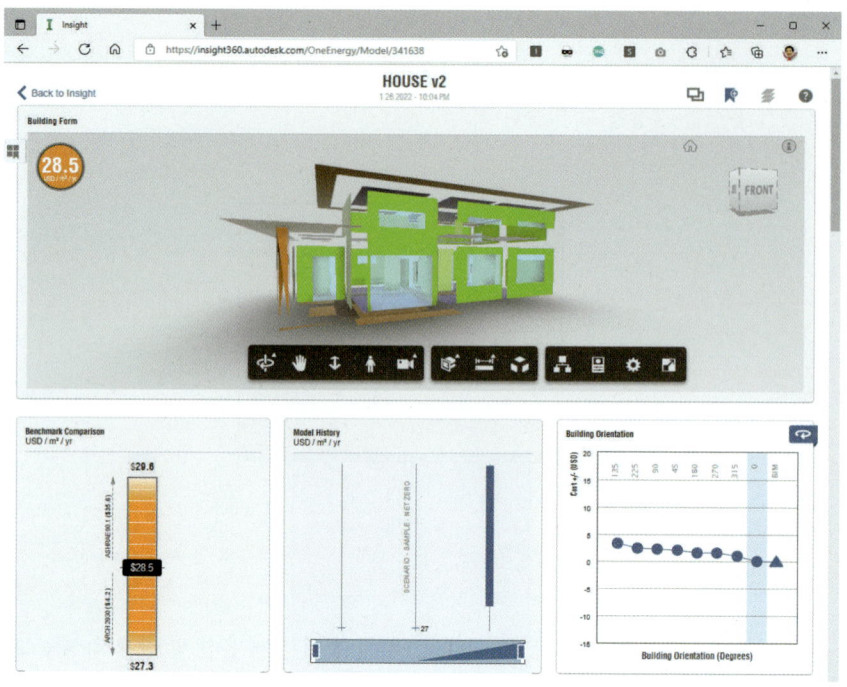

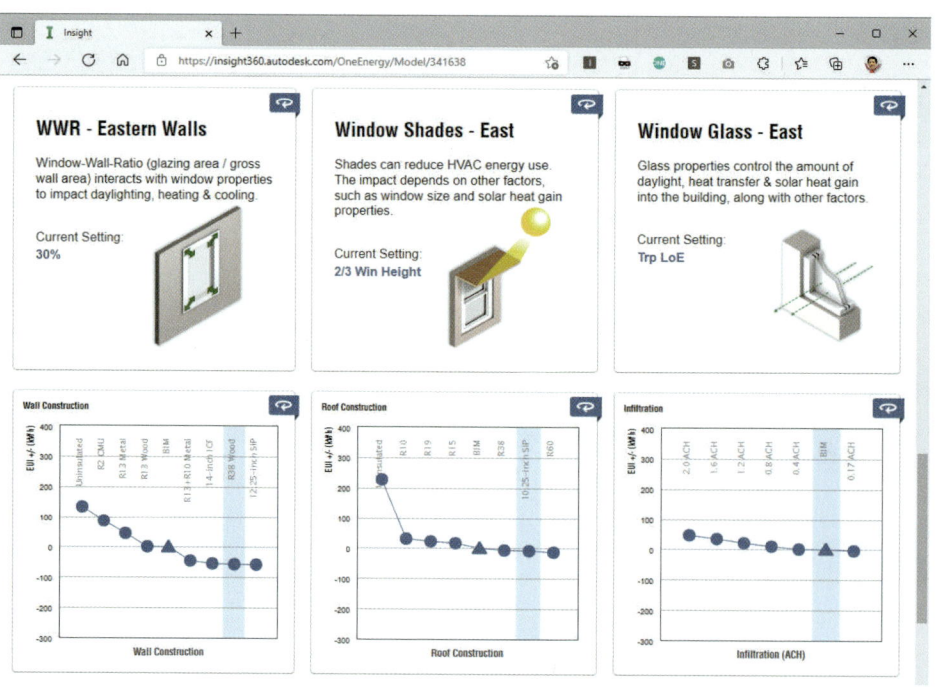

3.14.3. 경로해석

◩ 이동 경로

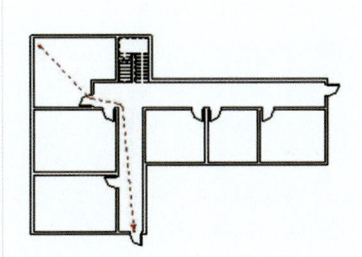

선택한 두 점 사이의 최단 거리로 이동 경로를 작성합니다. 벽체를 통과하지는 못하고 문을 통해서만 이동이 가능한 동선의 최단거리를 파악할 수 있습니다. 이동 경로를 작성할 때 장애물로 사용되는 모델 요소를 정의하려면 경로 분석 설정을 사용합니다.

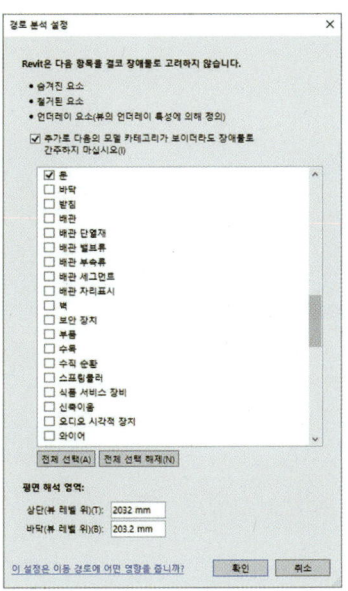

건축 BIM 입문 REVIT 가이드북

4

주택 만들기 실습

4.1. 농어촌표준주택
4.2. 시작
4.3. DWG 가져오기
4.4. 그리드 만들기
4.5. 기초 그리기
4.6. 지형 만들기
4.7. 구조 바닥 만들기
4.8. 구조 벽체 만들기
4.9. 문 만들기
4.10. 창 만들기
4.11. 개구부 만들기
4.12. 건축 벽 만들기
4.13. 건축 바닥 만들기
4.14. 천장 만들기
4.15. 계단, 난간 만들기
4.16. 지붕 만들기
4.17. 가구 만들기
4.18. 룸 만들기
4.19. 외부 객체 생성
4.20. 태그 작성
4.21. 치수 작성
4.22. 일람표 작성
4.23. Revit 링크
4.24. 조감도, 내부투시도 만들기
4.25. 도면 SHEET 작성

국토교통부에서 제공하는 표준도면을 활용하여 주택의 BIM 모델 만들기를 실습합니다. DWG 가져오기부터 시작하여 기초-구조-창호-천장-계단-지붕-가구-룸 만들기와 태그-치수-일람표-도면 SHEET 작성까지 모델링부터 도면화까지의 전 과정을 다루고 있습니다. 각 과정의 단계별로 완성된 파일을 실습파일로 제공하여 원하는 부분만 선택하여 학습할 수도 있습니다. 익숙한 부분의 단계는 넘어가고 다음 단계의 과정을 선택적으로 학습하는 것도 가능합니다.

4 주택 만들기 실습

4.1 농어촌표준주택

농어촌표준주택은 2012년에 국토해양부(現 국토교통부)에서 공개한 농어촌 지역에 건축할 수 있도록 표준형 도면을 제작한 자료입니다. 농어촌표준주택의 '젊은 세대 농업가구형 1'을 이용해 모델링을 진행하겠습니다. Sample 폴더 내부의 '도면.pdf' 파일을 열면 전체 도면을 확인할 수 있습니다.

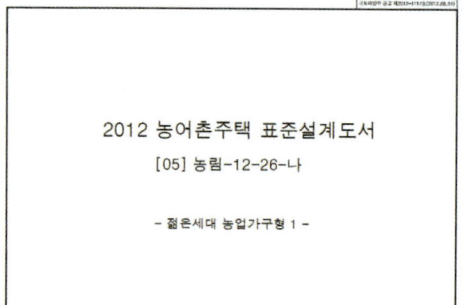

모델의 작성은 실제 건물이 지어지는 순서에 맞추어 진행하도록 하겠습니다. 지표면 하부에서 건물의 하중을 지반에 전달해 주는 기초를 먼저 만들고, 1층과 2층 구조 부분인 골조를 만들겠습니다. 이후에 바닥, 벽, 문, 창, 계단, 지붕의 순서로 모델링을 진행하도록 합니다. Sample 폴더에서 House.rvt 파일을 열어 최종 완성된 모델을 확인할 수 있습니다.

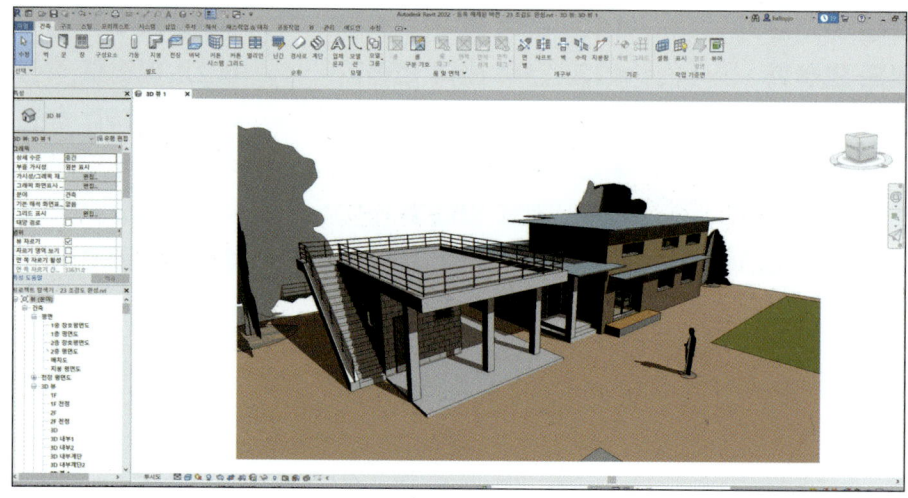

4.2 시작

1. Revit을 시작합니다. '새로 작성' 버튼을 누릅니다.

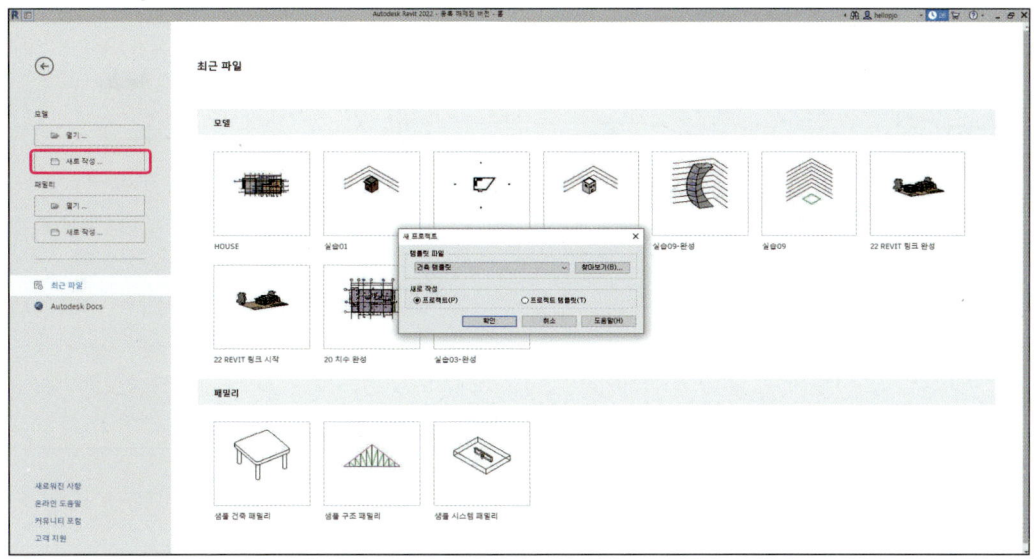

2. '새 프로젝트' 창에서 '템플릿 파일'의 '찾아보기'를 선택한 다음 윈도우 탐색기에서 Sample 폴더의 'HOUSE template.rte' 파일을 찾아 '열기' 버튼을 누릅니다.

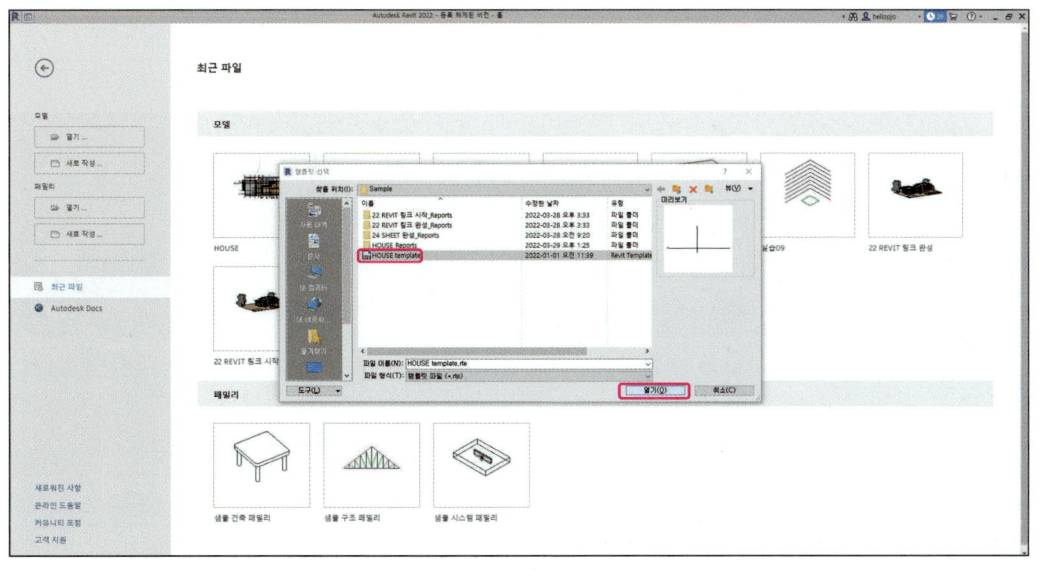

4 주택 만들기 실습 **257**

3. '새 프로젝트' 창에서 '확인'을 누릅니다.

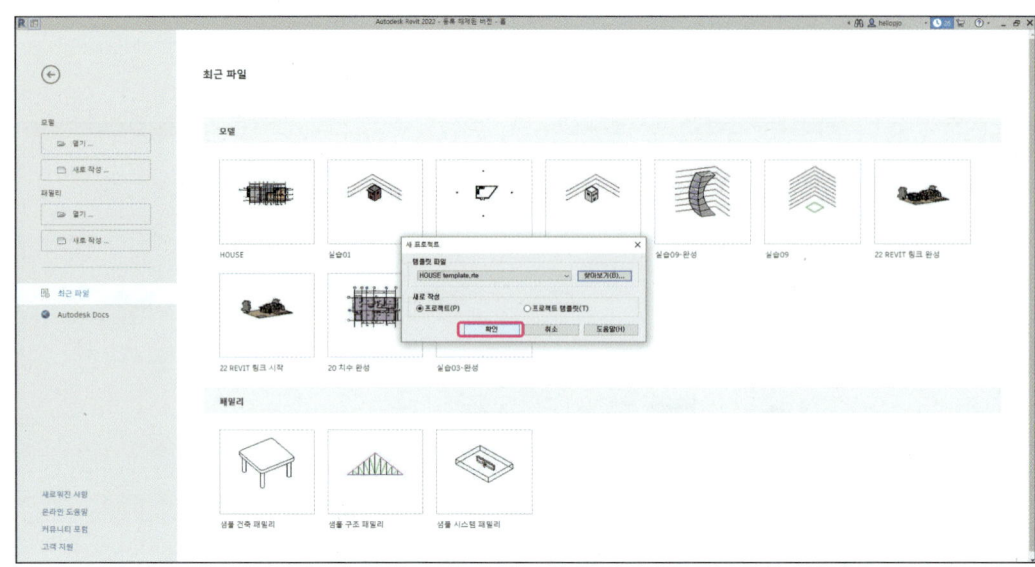

4.3 DWG 가져오기

1. Sample 폴더 내 '1층 PLAN.dwg' 파일을 CAD에서 열어 도면을 확인합니다.

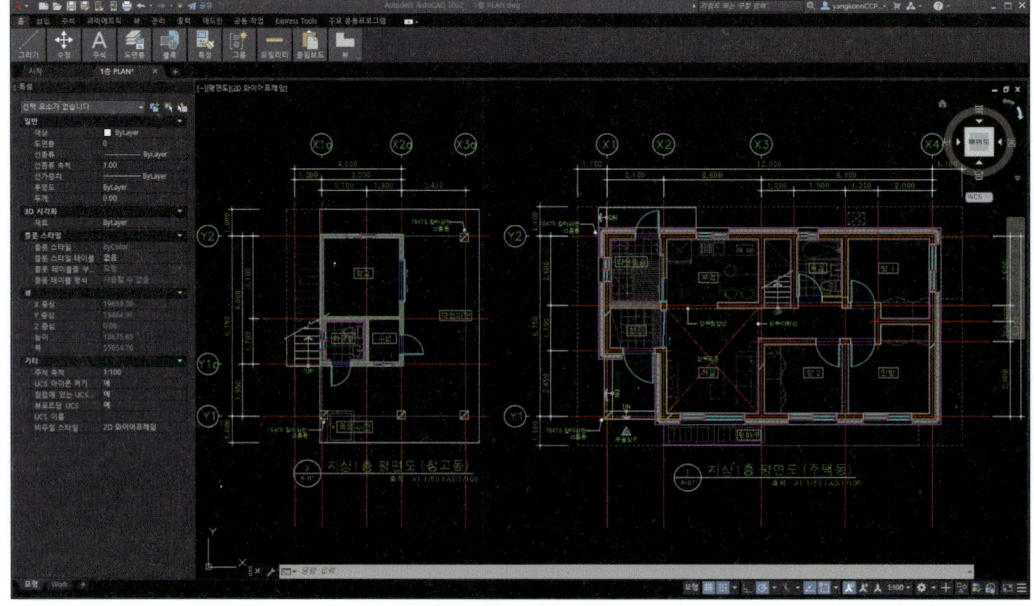

2. Revit으로 돌아와 리본 메뉴의 '삽입'에서 '가져오기' 그룹의 'CAD 가져오기'를 선택합니다.

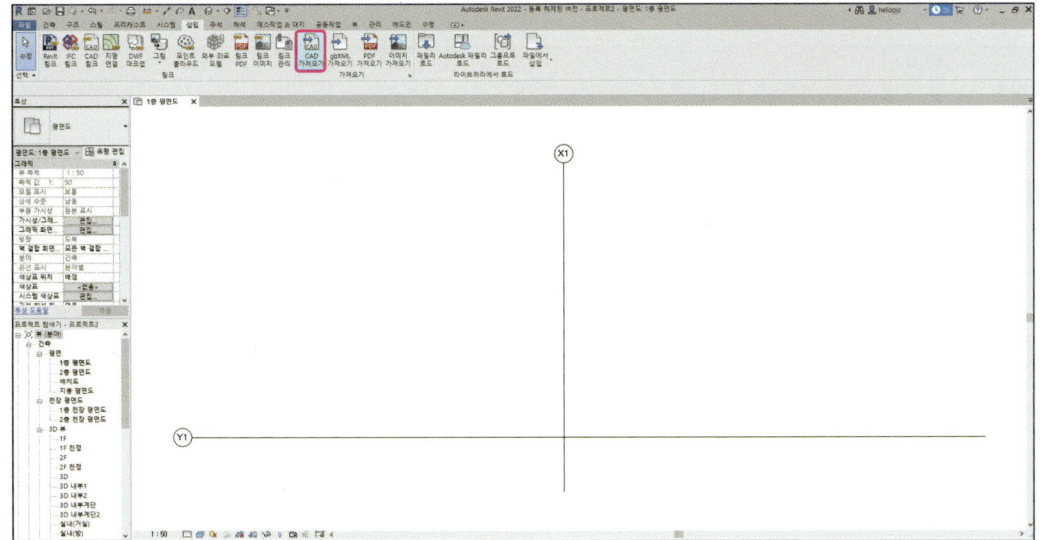

3. 'CAD 형식 가져오기' Sample 폴더 내 '1층 PLAN.dwg' 파일을 선택합니다. 1층 바닥 레벨 평면 뷰에 DWG 파일을 가져오기 위하여 '배치 위치'는 '1F FL'을 선택합니다. 화면에서 보이는 색상 조절을 위해 '색상'은 '반전'을, 배치되는 위치를 조절하기 위하여 '위치'는 '수동 – 중심'을 선택합니다. '열기' 버튼을 누르면 DWG 파일이 Revit으로 가져오기가 됩니다.

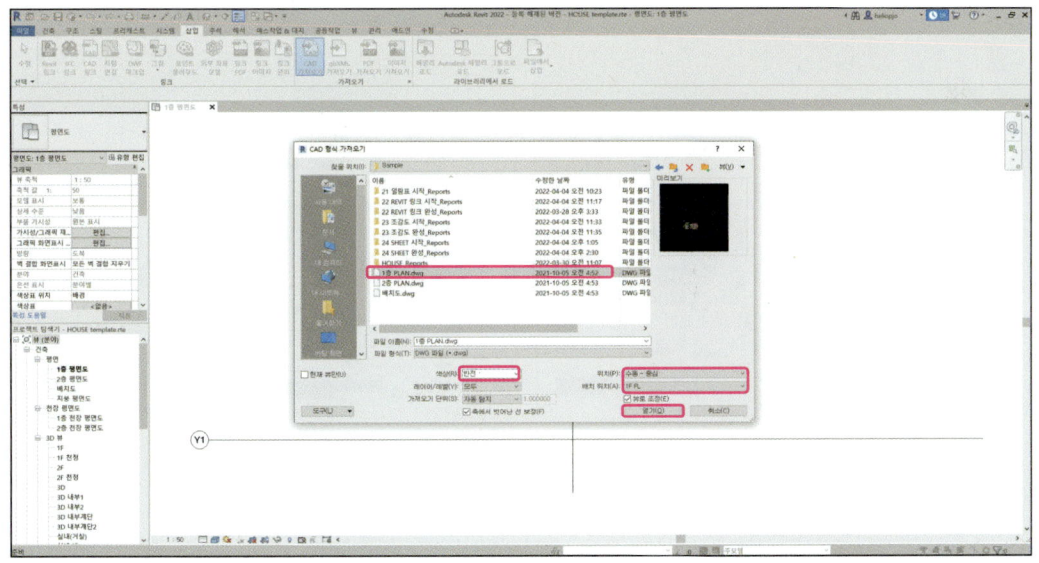

4. 1층 평면도 뷰에서 화면 영역내부의 적절한 위치를 클릭합니다. 해당 위치로 DWG 파일이 들어온 것을 확인할 수 있습니다.

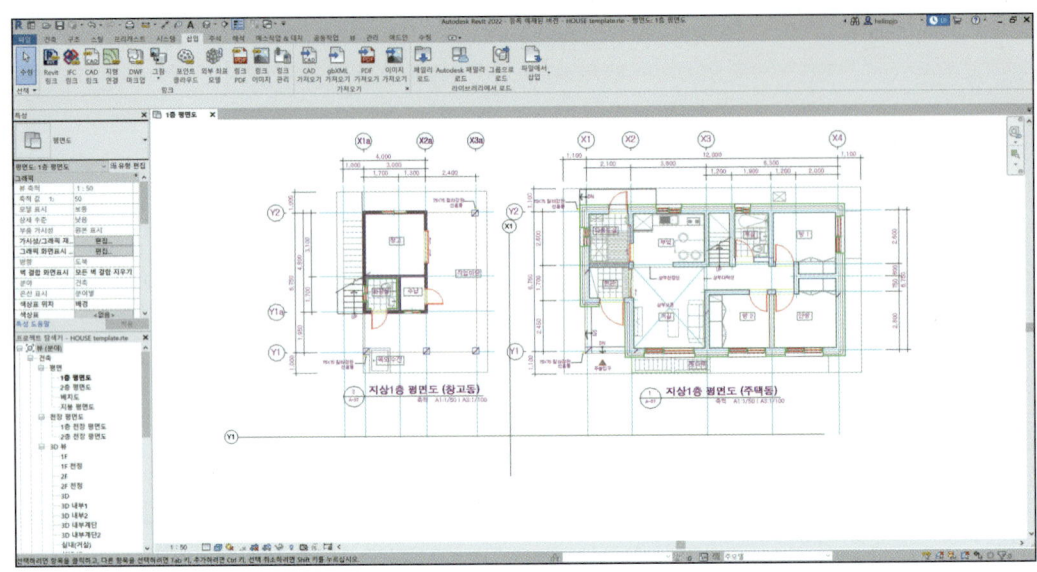

5. DWG 객체 위치를 평면도 뷰의 그리드와 위치를 정렬하기 위해서 DWG 객체의 X1, Y1열의 교차점(A)과 1층 평면도 뷰의 X1, Y1열의 교차점(B)을 이용해 객체를 이동하겠습니다. DWG 객체를 선택하고 단축키 M V 를 입력해 이동기능을 활성화합니다.

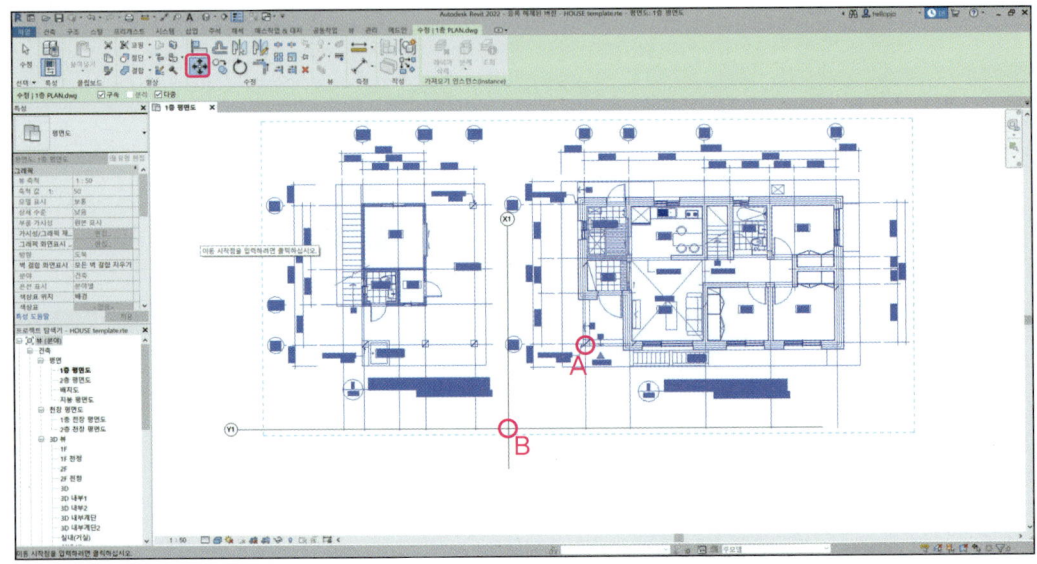

6. DWG 객체의 X1, Y1열의 교차점(A)을 선택하고 1층 평면도 뷰의 X1, Y1열의 교차점(B) 선택합니다.

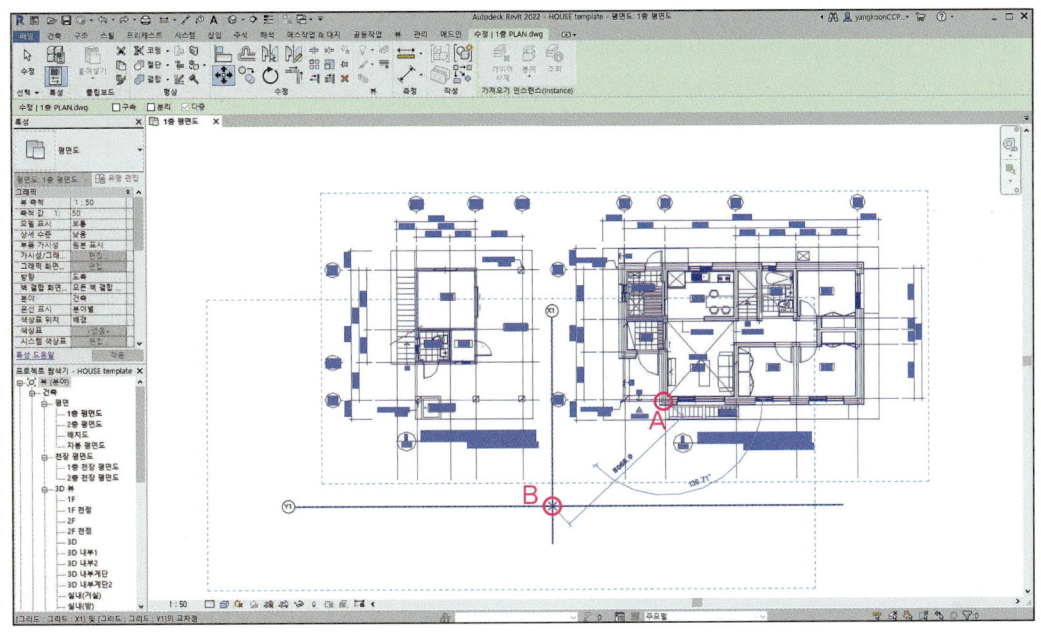

7. 1층 평면도 뷰의 그리드에 맞게 DWG 객체의 위치가 정렬된 것을 확인할 수 있습니다.

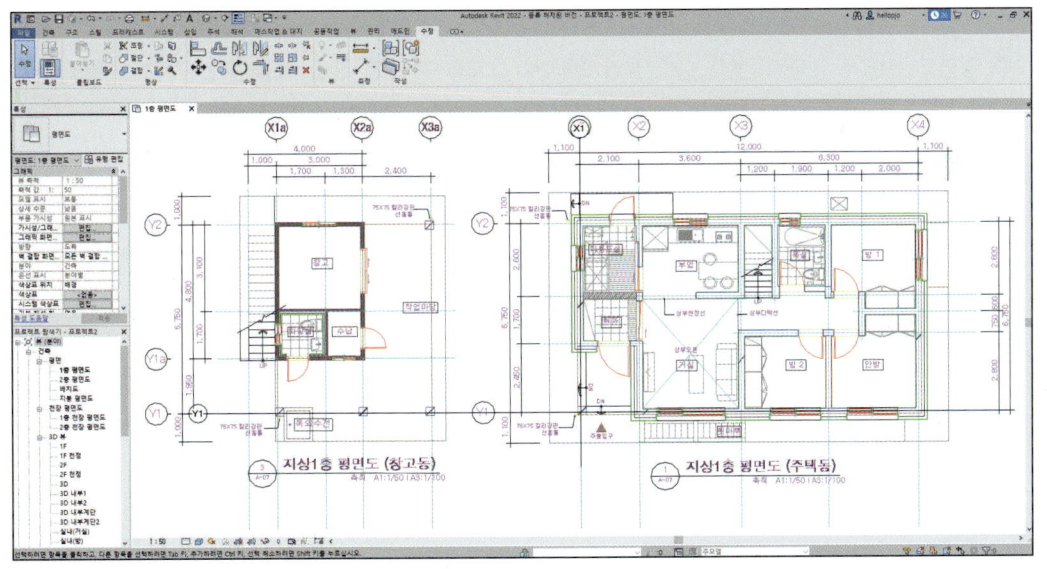

8. 화면 왼쪽의 프로젝트 탐색기에서 '뷰' – '건축' – '평면' – '2층 평면도'를 더블클릭해 '2층 평면도' 뷰로 이동합니다. '1F PLAN.dwg'를 가져오기한 방식과 같은 방법으로 2층 평면도 뷰에 '2층 PLAN.dwg' 파일을 배치 위치 '2F'로 지정한 다음 가져와서 위치를 정렬합니다. 프로젝트 탐색기에서 '뷰' – '건축' – '평면' – '배치도'를 더블클릭해 '배치도' 뷰로 이동한 다음 '1F PLAN.dwg'를 가져오기한 방식과 같은 방법으로 배치도 뷰에 '배치도.dwg' 파일을 배치 위치 'GL'로 지정한 다음 가져와서 위치를 정렬합니다.

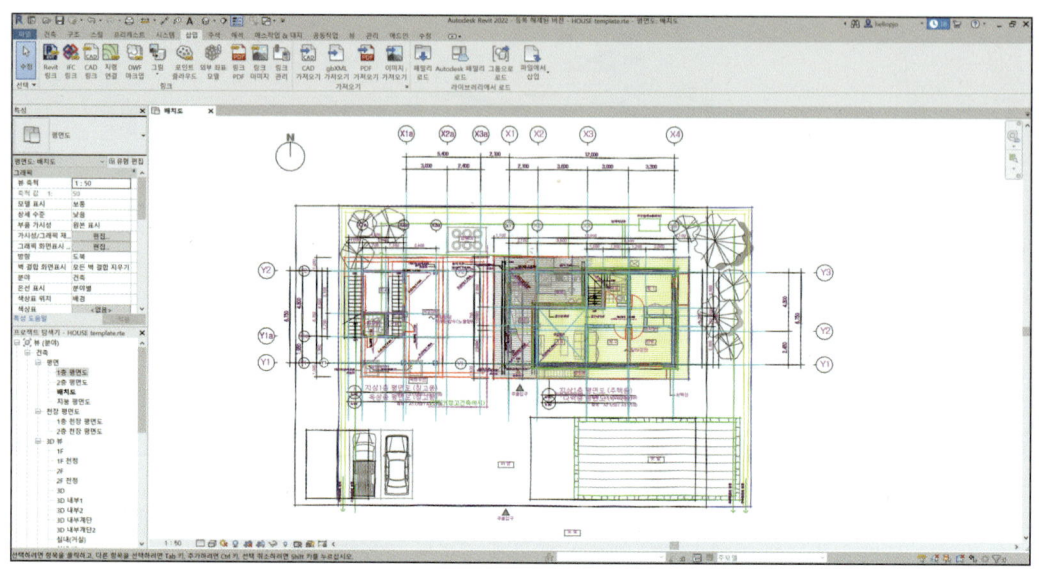

9. 1층 평면도 뷰에서 단축키 V V 를 눌러 '가시성/그래픽 재지정' 창을 띄웁니다. '가져온 카테고리 탭'에서 1층 PLAN.dwg, 2층 PLAN.dwg, 배치도.dwg 항목의 '중간색'을 체크하고 '확인'을 누릅니다.

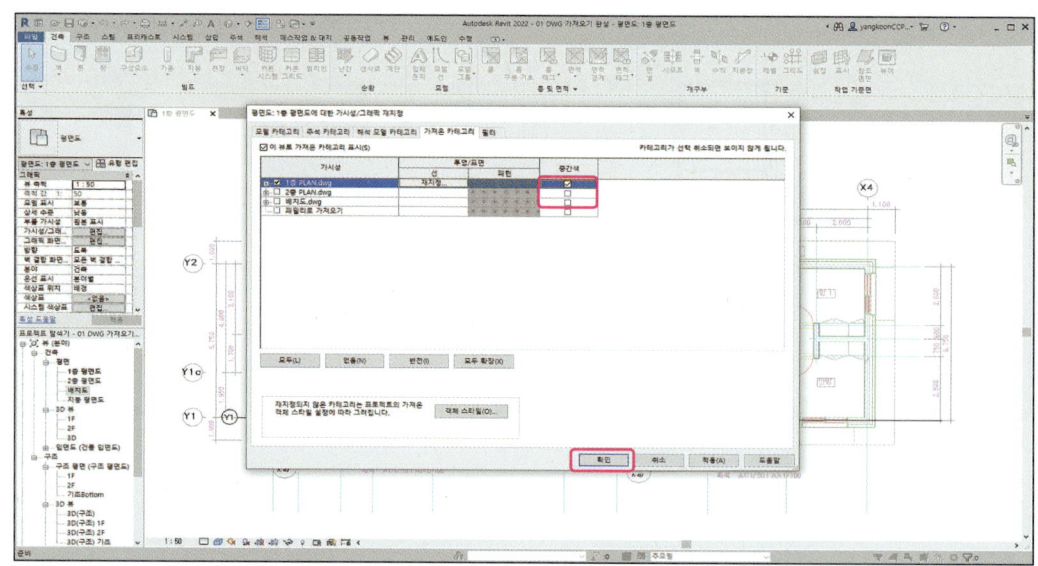

10. 가져온 DWG 객체가 흐릿하게 보이게 변한 것을 확인합니다. 같은 방식으로 2층 평면도 뷰에서도 '가시성/그래픽 재지정'을 해줍니다.

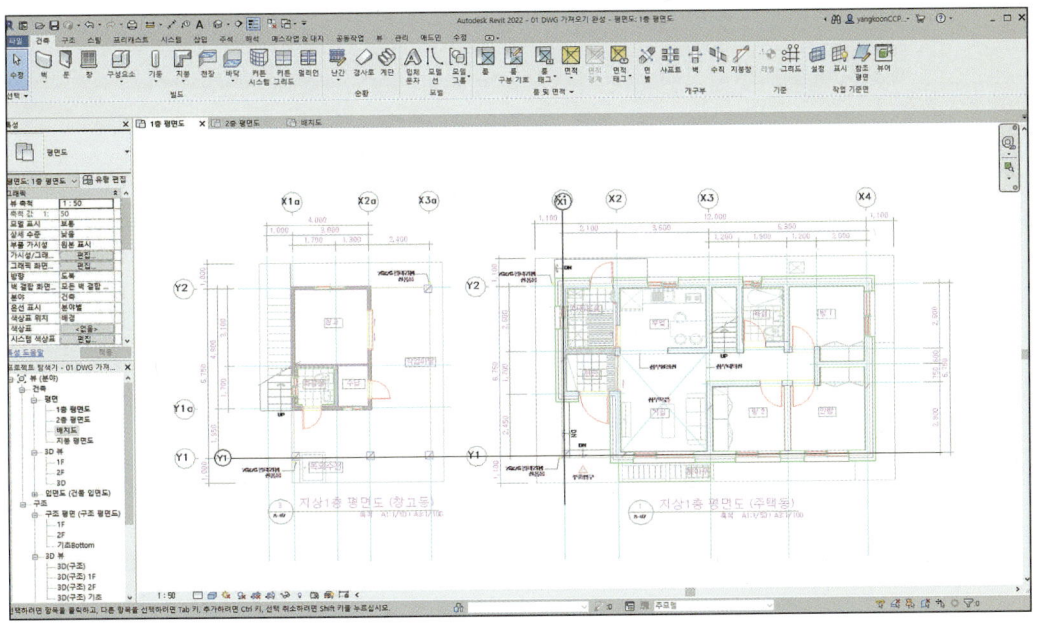

11. 배치도 뷰에서 단축키 V V 를 눌러 '가시성/그래픽 재지정' 창을 띄웁니다. '가져온 카테고리 탭'에서 1층 PLAN.dwg, 2층 PLAN.dwg 항목의 맨 왼쪽 체크박스를 해제합니다. 배치도.dwg 항목의 '중간색'은 체크를 하고 '확인'을 누릅니다.

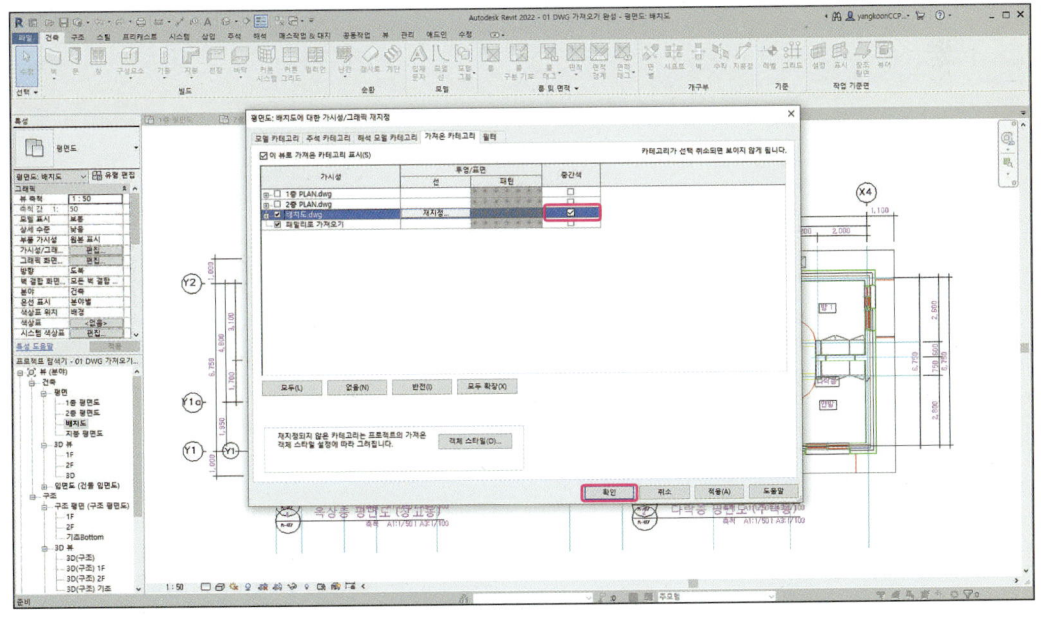

4 주택 만들기 실습 **263**

12. 배치도.dwg 객체만 가시화된 상태에서 중간색이 적용되어 화면에서 흐릿하게 변한 것을 확인합니다.

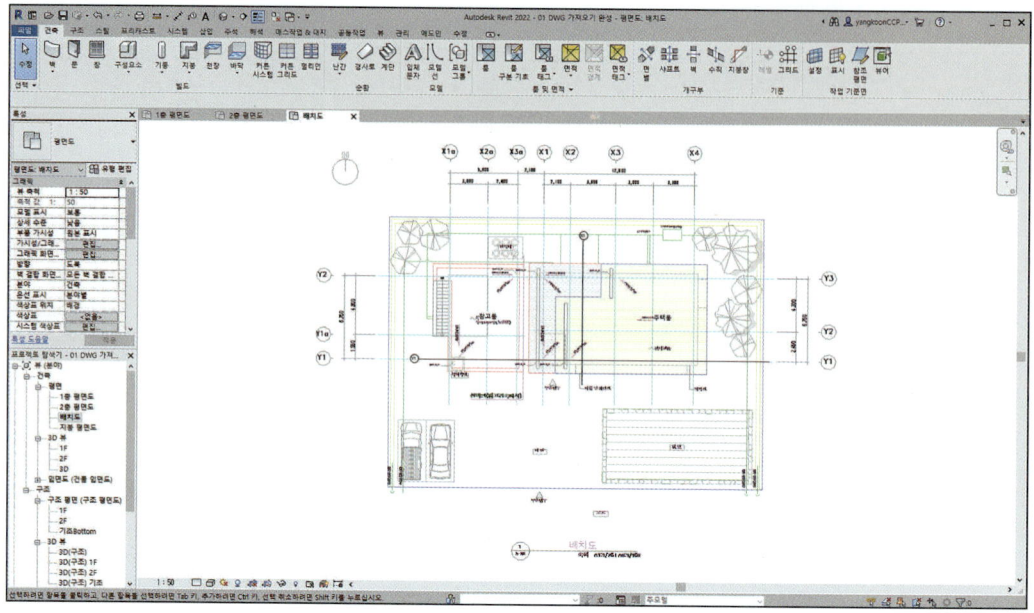

4.4 그리드 만들기

1. 1층 평면도 뷰에서 X1 그리드를 선택합니다. 리본 메뉴에서 '복사'를 선택합니다.(단축키 C O 를 입력해도 '복사' 기능이 활성화됩니다.) 리본 메뉴 하단에 '다중' 항목이 체크된 것을 확인합니다. X1열의 기준점(A)을 선택한 다음 X2(B)열을 선택합니다. 그리드 객체가 복사된 것을 확인합니다.

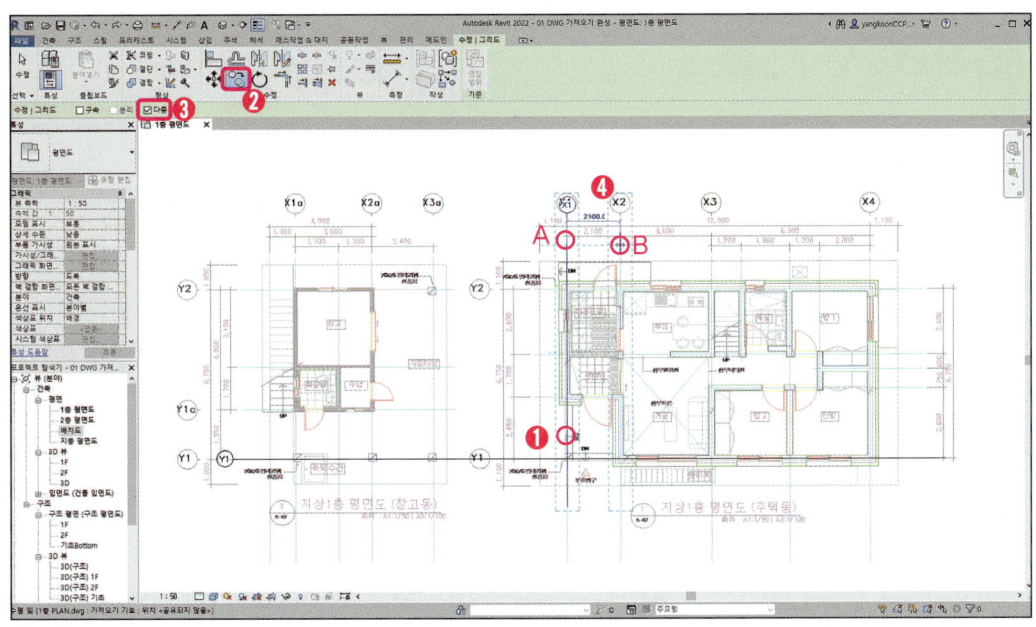

2. 마찬가지 방법으로 X열 그리드를 모두 복사해 생성하고, Y열 그리드도 복사해 생성합니다.

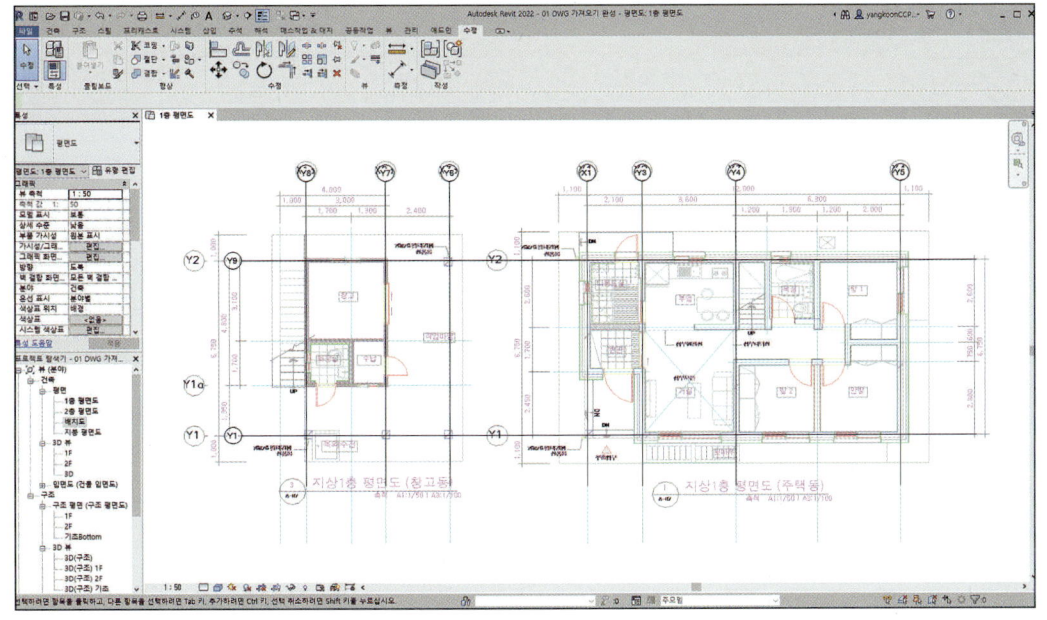

3. 그리드의 버블(동그라미)과 그리드 선의 교차부분을 선택하여 그리드 버블의 위치를 위아래나 좌우로 조절할 수 있습니다.

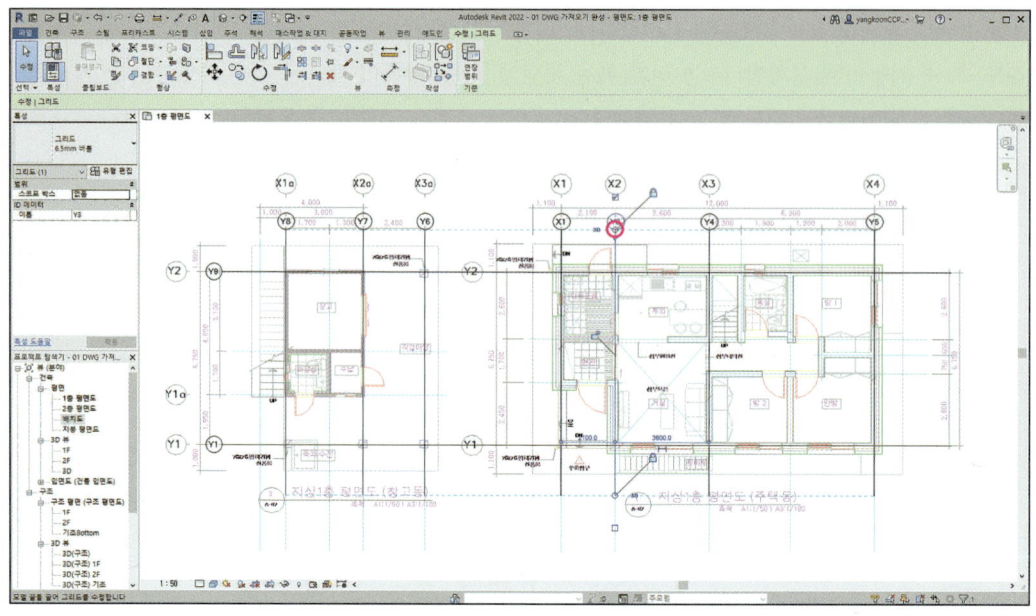

4. 그리드의 버블을 더블클릭하면 그리드의 이름을 변경할 수 있습니다. DWG 객체의 그리드 이름을 참조해 복사한 그리드 객체의 이름을 변경합니다. 그리드의 이름은 그리드 선택 후 특성창의 이름 항목에서도 변경할 수 있습니다.

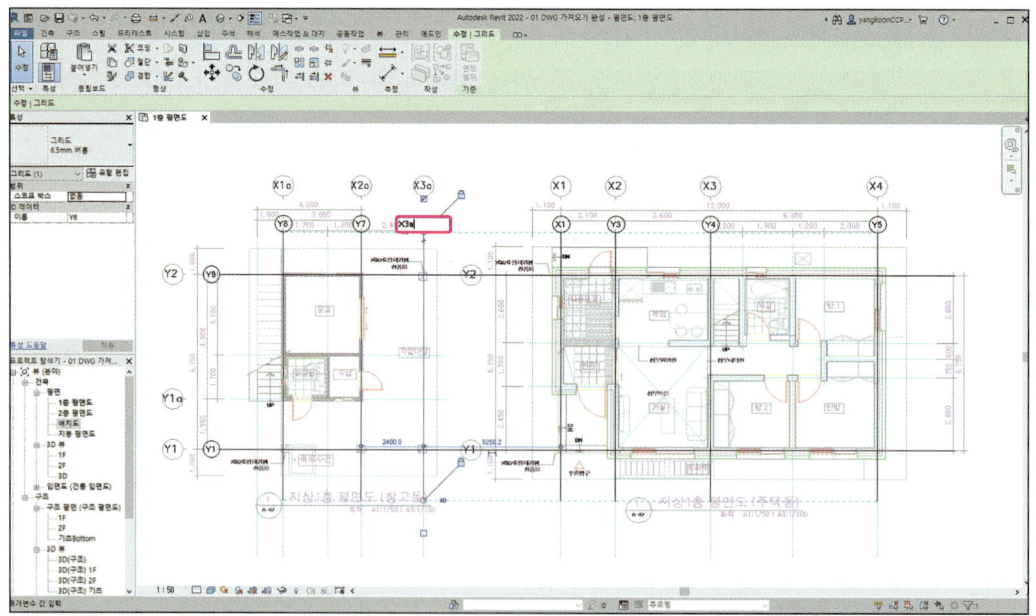

5. 작성된 그리드는 3D 뷰를 제외한 모든 뷰에서 볼 수 있습니다. 뷰에서 보이는 상태는 뷰 별로 '가시성/그래픽 재지정' 설정으로 조절 가능합니다.

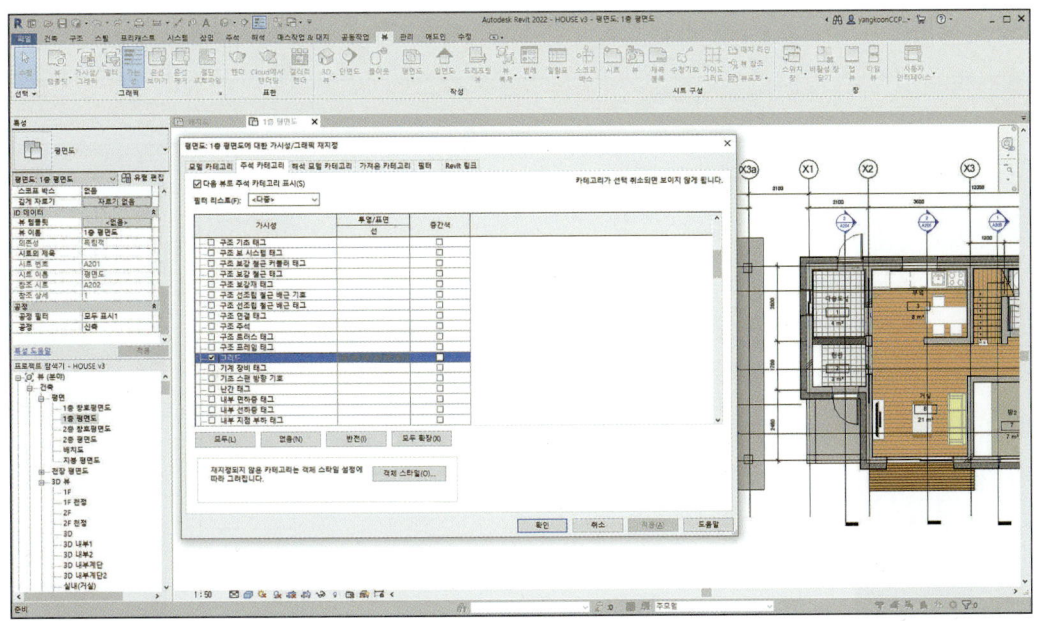

6. 3D 뷰를 선택하고 단축키 V V 를 입력하여 '가시성/그래픽 재지정' 설정에서 '가져온 카테고리' 항목의 DWG 객체와 '주석 카테고리' 항목의 '레벨들'을 선택하면 다음과 같이 DWG 객체가 레벨에 맞게 위치된 것을 확인할 수 있습니다. 완성된 파일은 Sample 폴더 내부의 '01 DWG 가져오기 완성.rvt' 파일을 참조합니다.

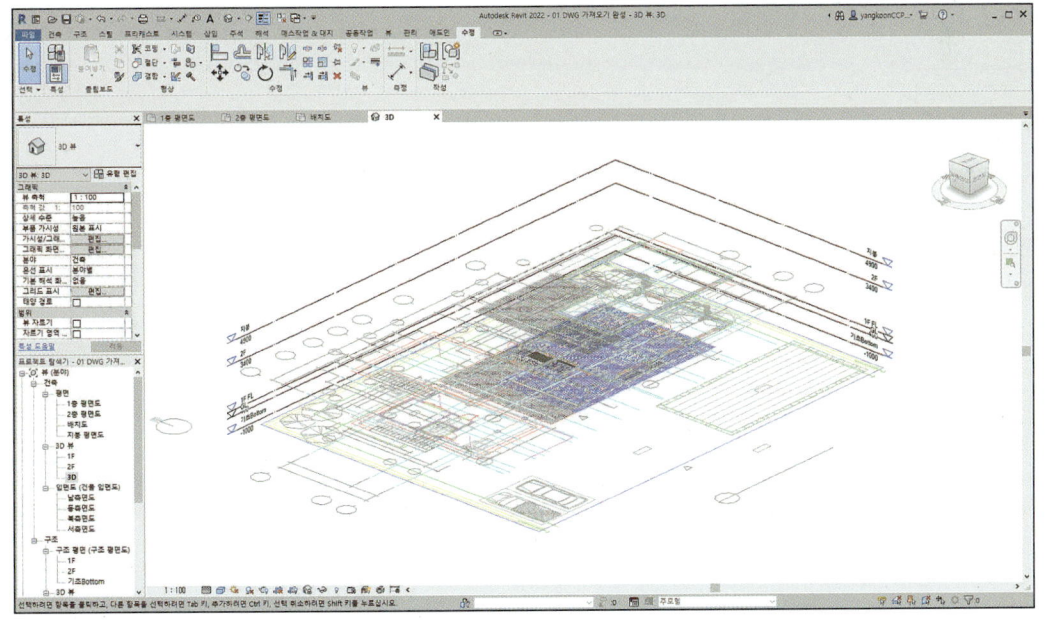

4 주택 만들기 실습 **267**

4.5 기초 그리기

1. Sample 폴더 내부의 '도면.pdf' 파일 22쪽의 '기초 구조평면도'를 참조해 기초 모델을 작성하겠습니다.

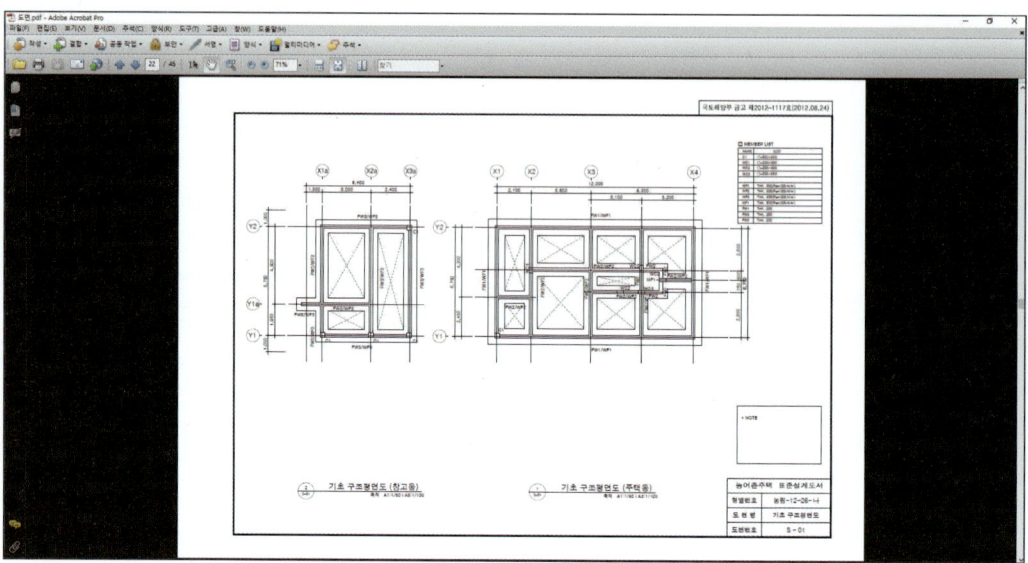

2. Sample 폴더 내부의 '02 기초 시작하기.rvt' 파일을 엽니다. 프로젝트 탐색기에서 '3D(구조)', '기초 TOP' 뷰를 더블클릭해 활성화하고, 리본 메뉴의 '타일뷰'를 선택하여 2개의 뷰를 정렬합니다.

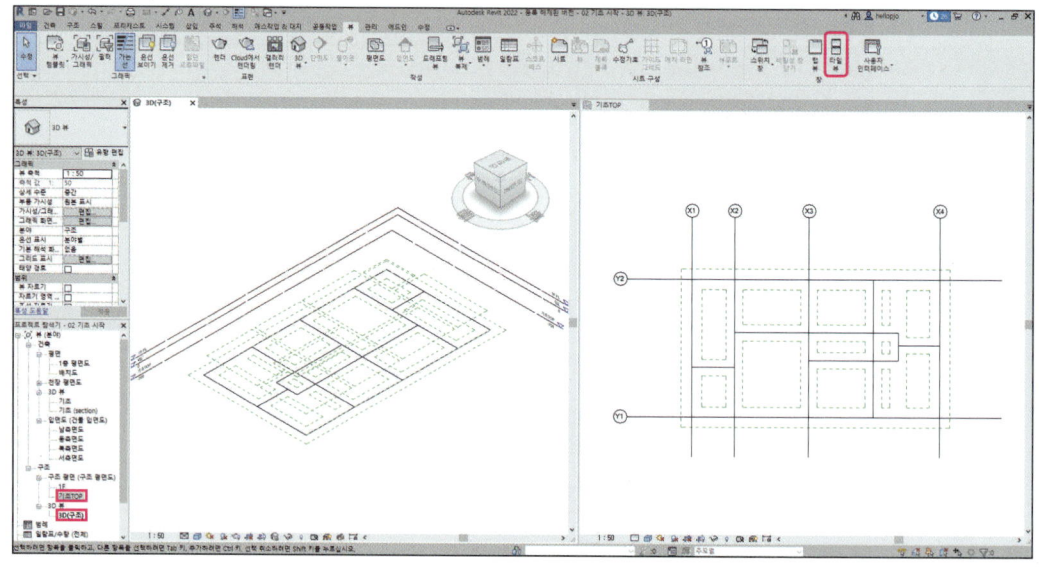

3. '기초TOP' 뷰에서 리본메뉴의 '구조' 탭의 '슬래브' – '구조 기초: 슬래브'를 선택합니다.

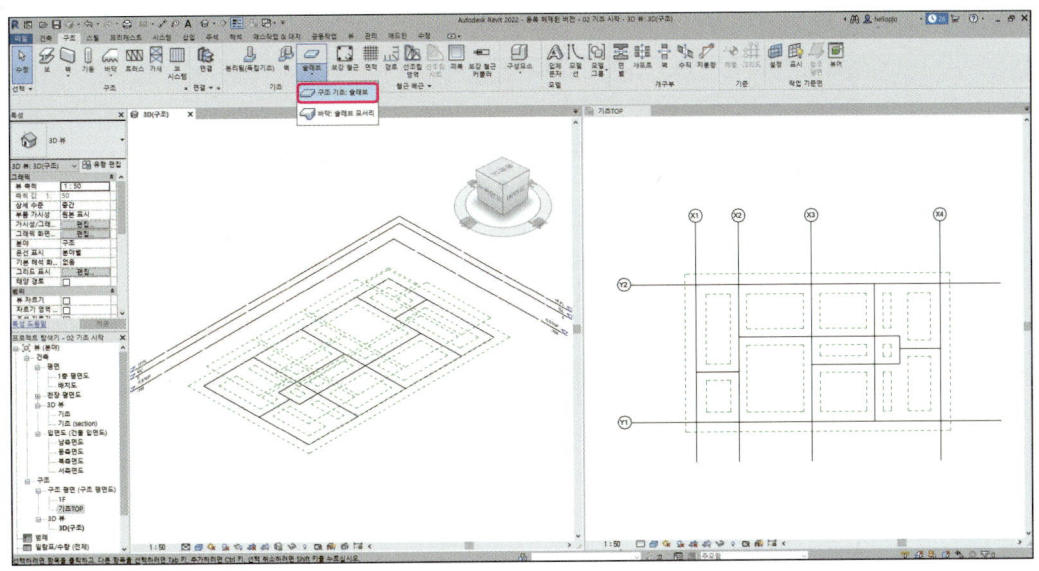

4. 특성창에서 유형을 '#기초 슬래브(300)'으로 선택하고, 레벨은 '기초TOP'으로 설정합니다. 리본 메뉴의 그리기 도구의 사각형을 선택해 '기초TOP' 뷰의 점선에 맞춰 스케치를 그립니다. 녹색의 '편집모드 완료'를 눌러 기초 바닥 작성을 완료합니다.

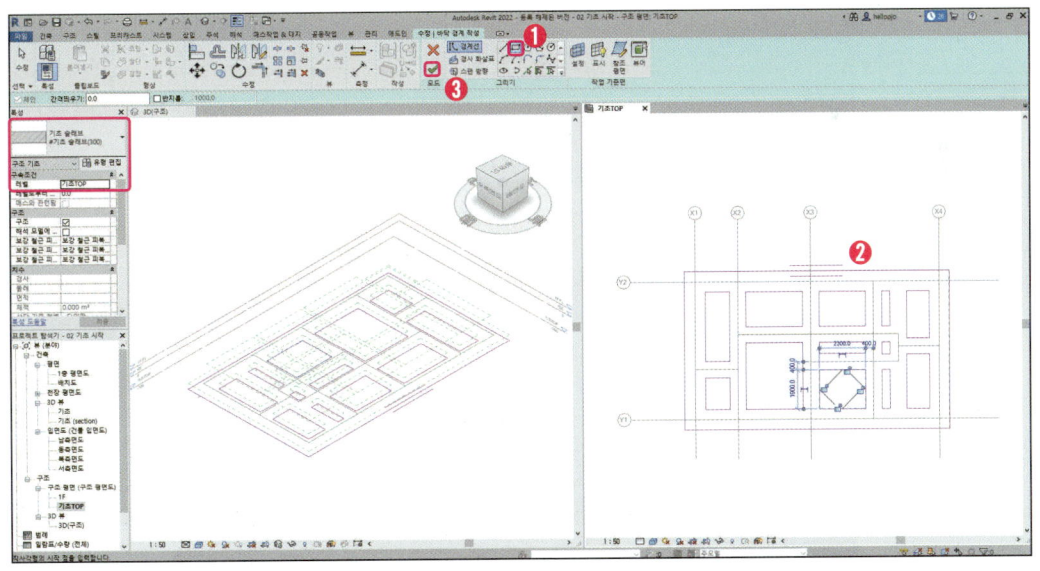

4 주택 만들기 실습 **269**

5. '<스팬 방향 기호> 유형에 대해 로드된 패밀리가 없습니다. 패밀리를 지금 라이브러리에서 로드하시겠습니까?'라는 메시지 창이 뜨면 '아니오'를 선택합니다.

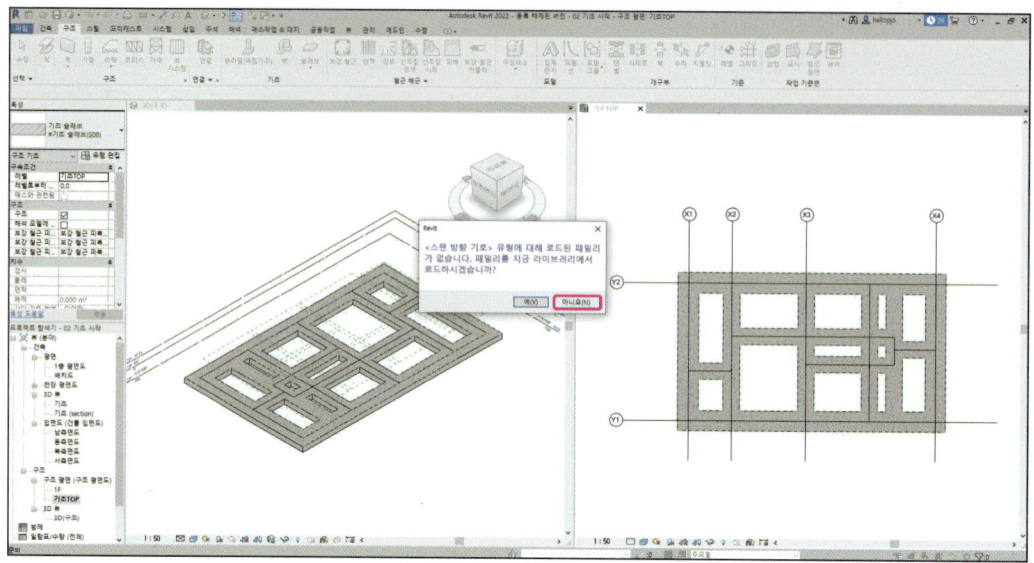

6. '기초 TOP' 레벨 기준 아래쪽으로 두께 300mm의 기초 바닥이 생성된 것을 확인합니다.

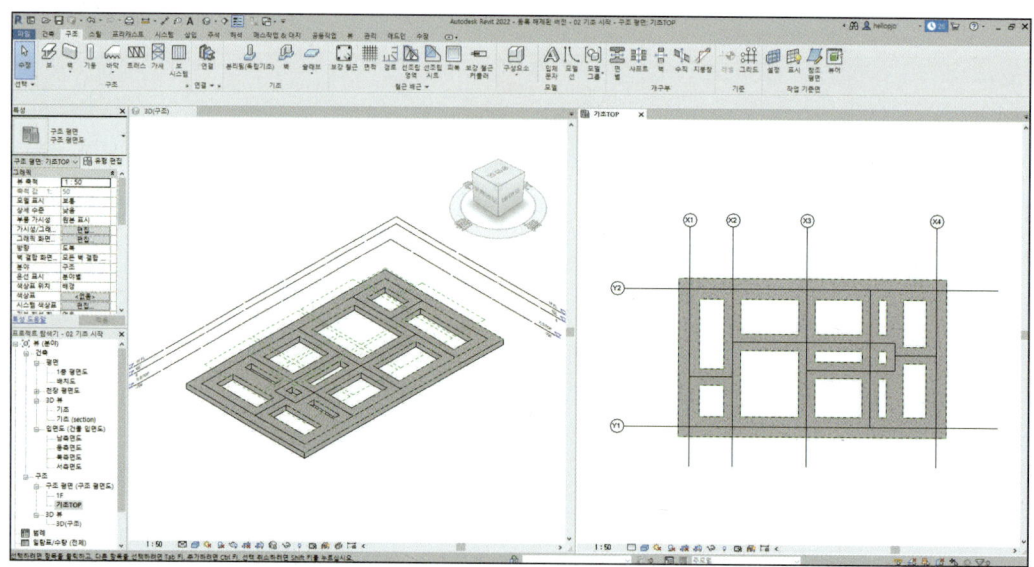

7. 기초 TOP 뷰에서 리본 메뉴 '구조' 탭에서 '벽' – '벽: 구조'를 선택합니다.

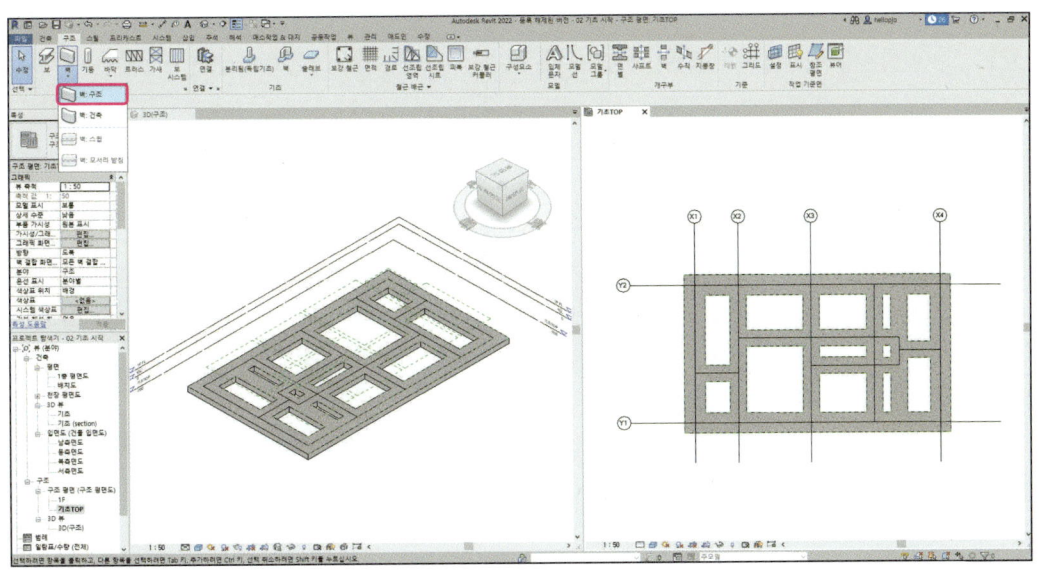

8. 리본 메뉴 하단의 옵션 막대에서 '높이'는 '1F FL'을 선택하고, 위치선은 '벽 중심선'으로 설정합니다. 특성창에서 '# 기초 – 벽(200)'의 유형을 선택합니다. 특성창에 위치선은 '벽 중심선', 베이스 구속조건은 '기초TOP', 상단 구속조건은 '상위 레벨: 1F FL'로 된 것을 확인합니다. 리본메뉴의 그리기 도구의 직선을 이용하여 기초 벽체를 작성합니다.

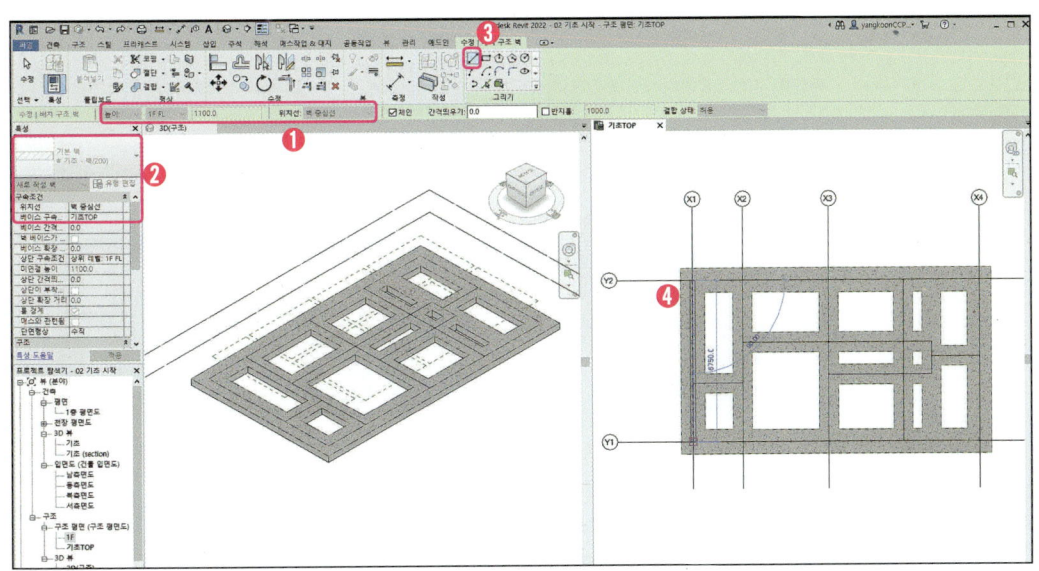

9. 도면 자료를 참고하여 기초TOP 뷰의 검은색 실선들의 교차점과 끝점을 이용하여 벽체를 완성합니다.

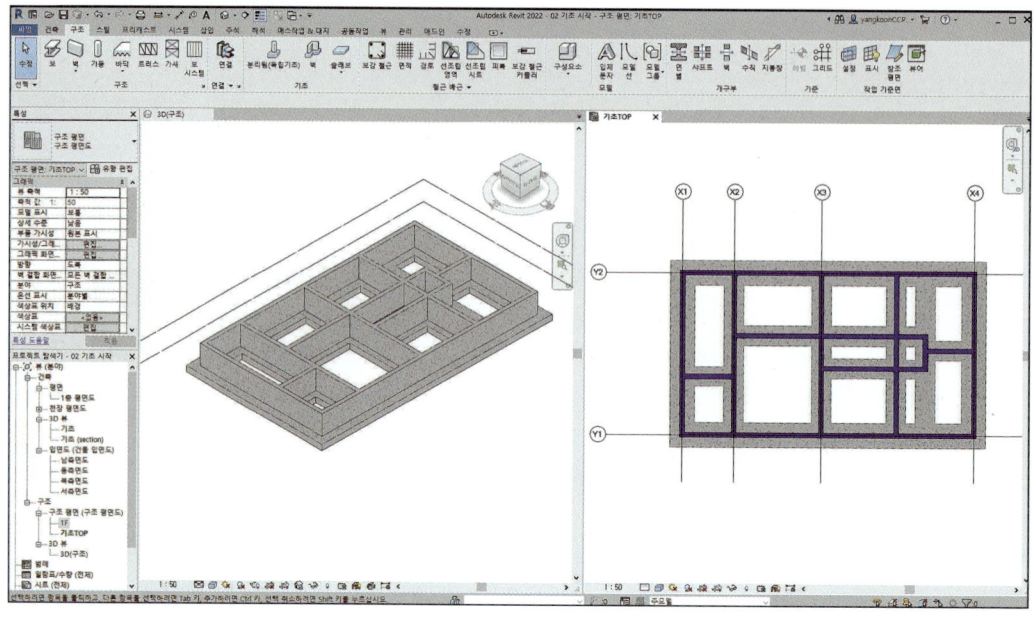

10. 기초 TOP 뷰에서 프로젝트 탐색기의 뷰 - 구조 - 구조평면 (구조 평면도) - 1F를 선택하고 더블 클릭해 뷰를 활성화합니다.

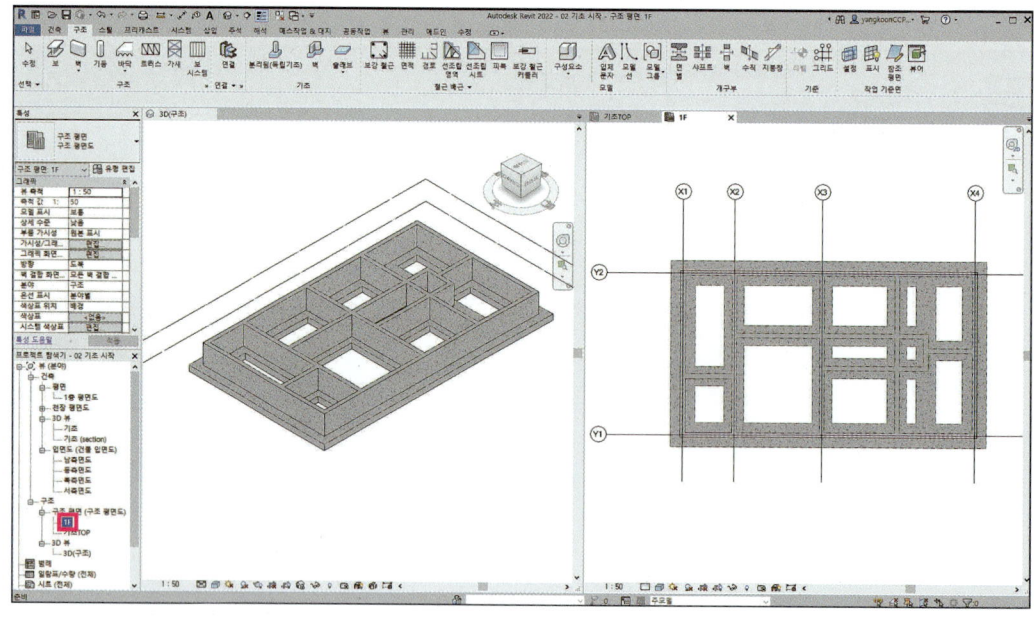

11. 리본 메뉴의 구조 탭의 '바닥'에서 '바닥: 구조'를 선택합니다.

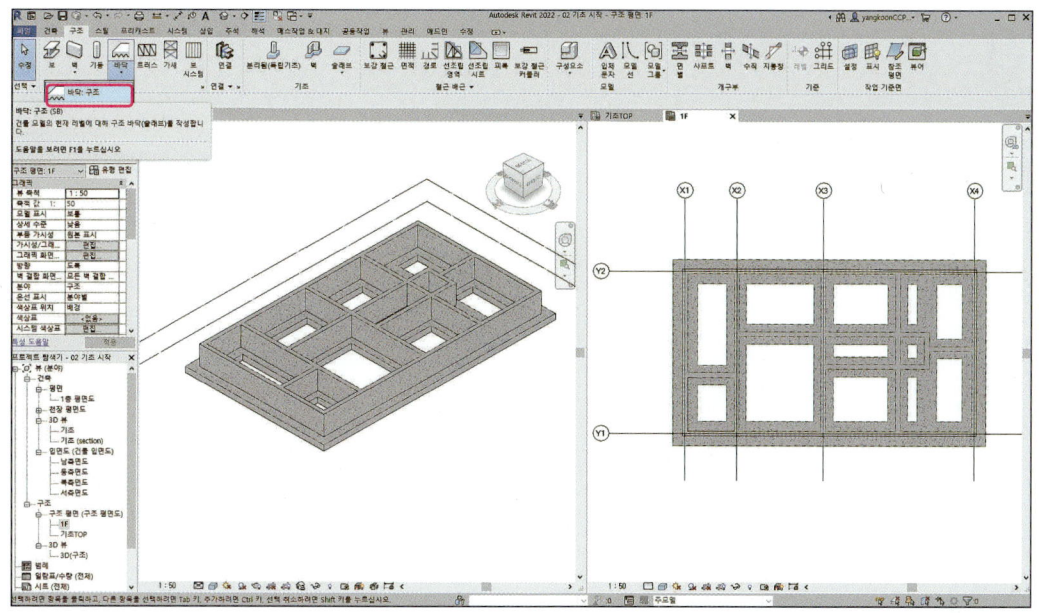

12. 특성창에서 '#바닥_단열재(200)+콘크리트(50)' 유형을 선택하고, '레벨'은 '1F FL'로 선택합니다. '레벨로부터 높이 간격띄우기'에는 '−370'을 입력합니다. 리본 메뉴의 그리기 도구 중 사각형, 직선을 이용해 1F 뷰에 그려져 있는 녹색 점선을 기준으로 다각형들을 그려줍니다.

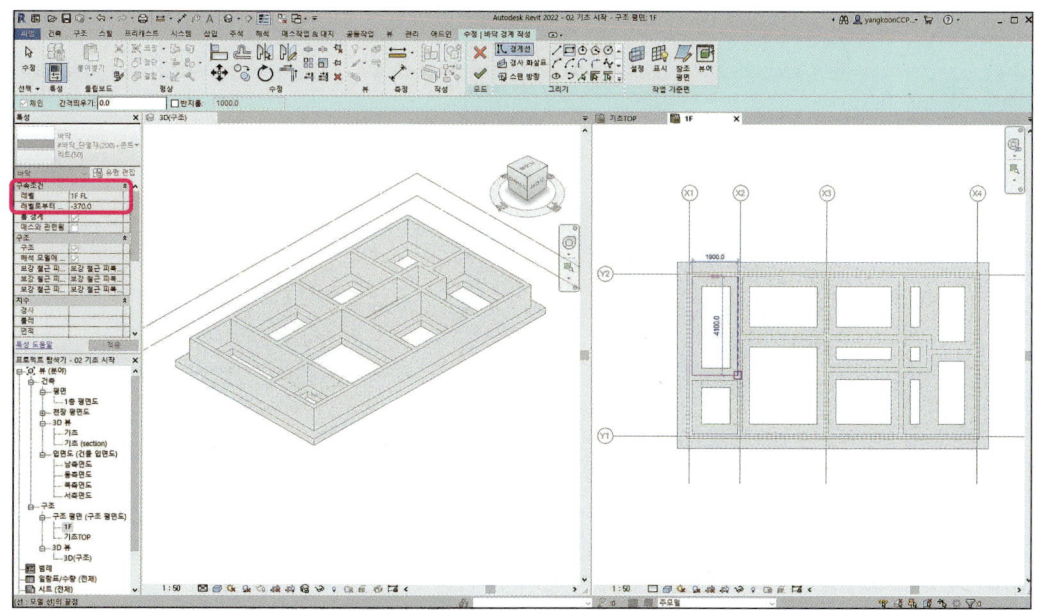

4 주택 만들기 실습 **273**

13. 스케치를 완성한 다음 녹색의 '편집모드 완료'를 눌러 기초 바닥 작성을 완료합니다.

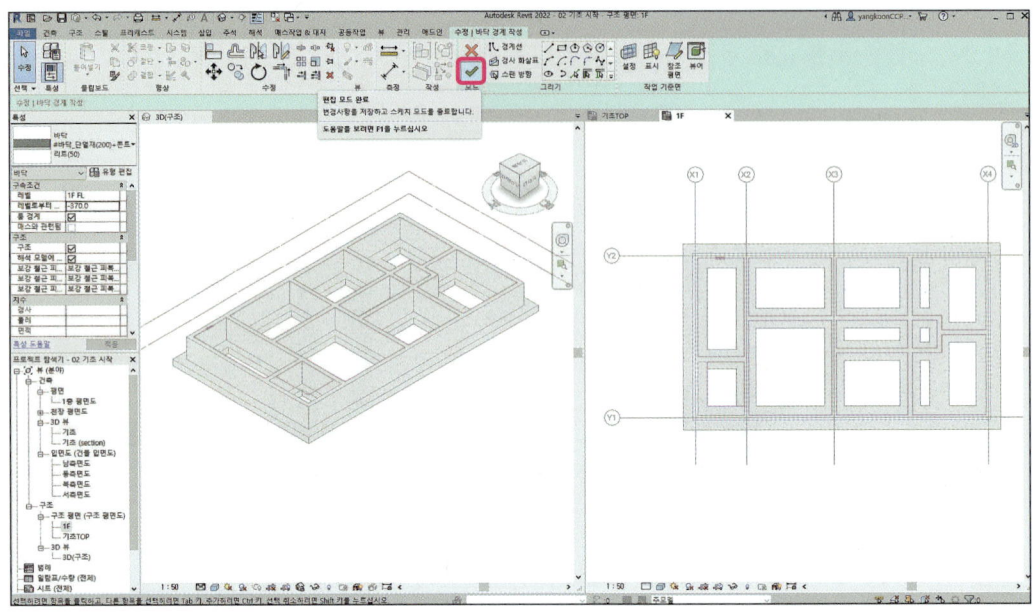

14. '<스팬 방향 기호> 유형에 대해 로드된 패밀리가 없습니다. 패밀리를 지금 라이브러리에서 로드하시 겠습니까?'라는 메시지 창이 뜨면 '아니오'를 선택합니다.

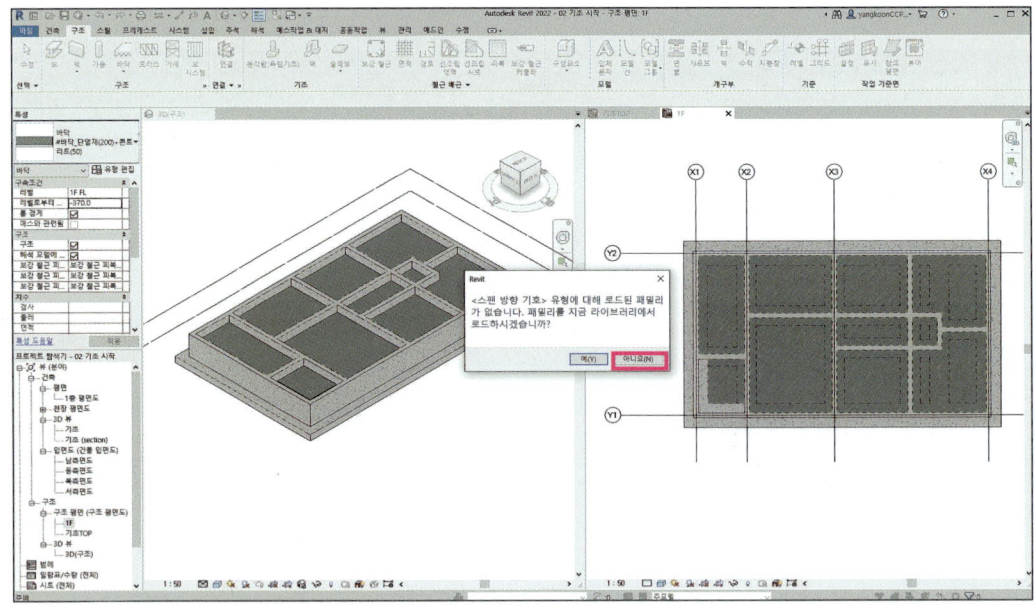

15. '바닥에 부착' 창이 뜨면 '부착 안 함'을 선택합니다.

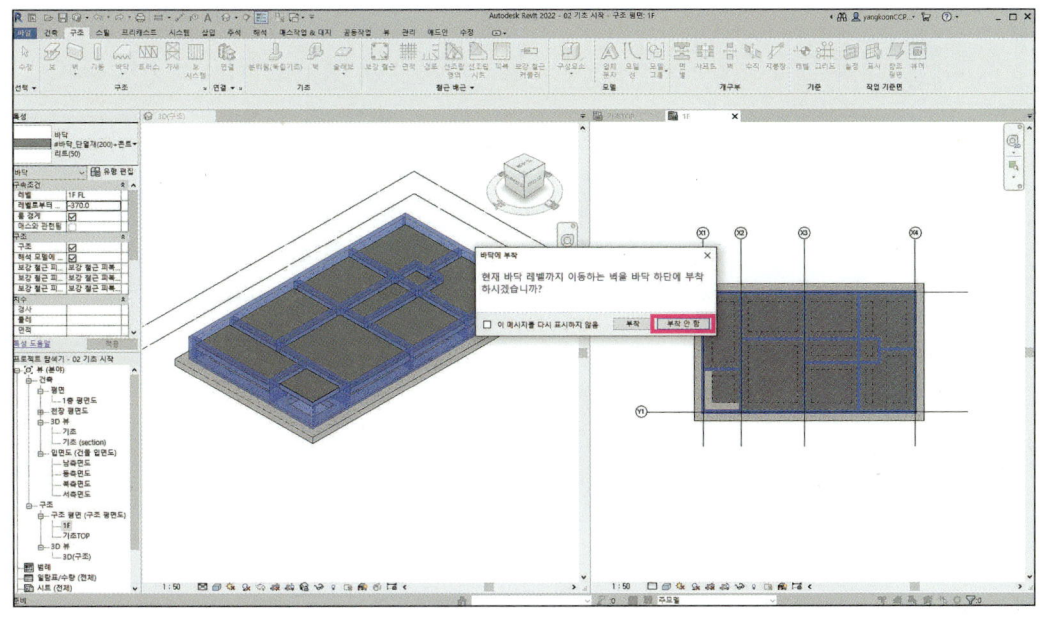

16. 완성된 기초 모델을 확인합니다.

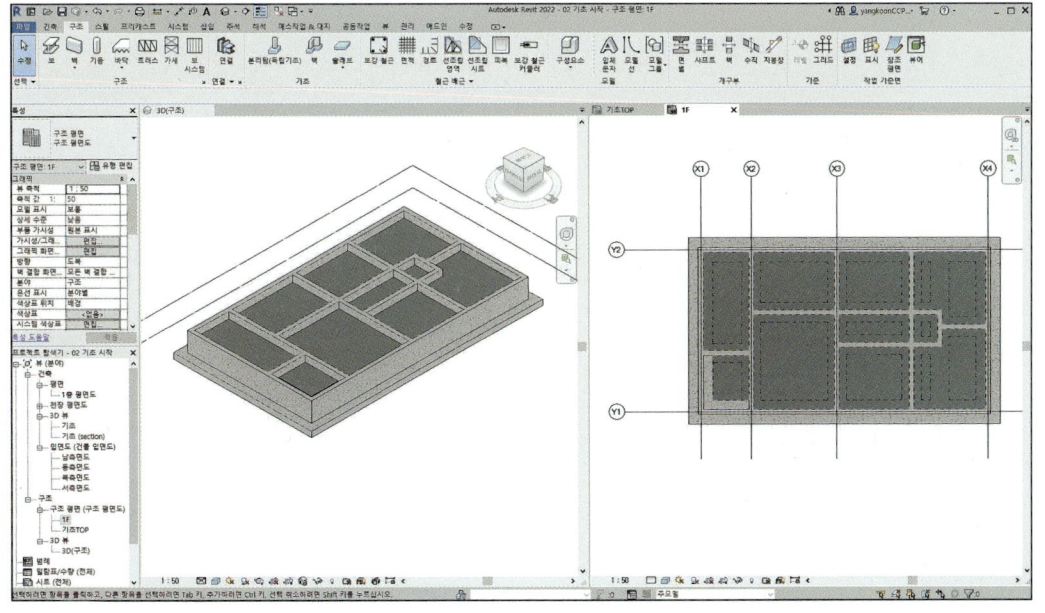

17. 완성된 파일은 Sample 폴더 내부의 '02 기초 완성.rvt' 파일을 참조합니다.

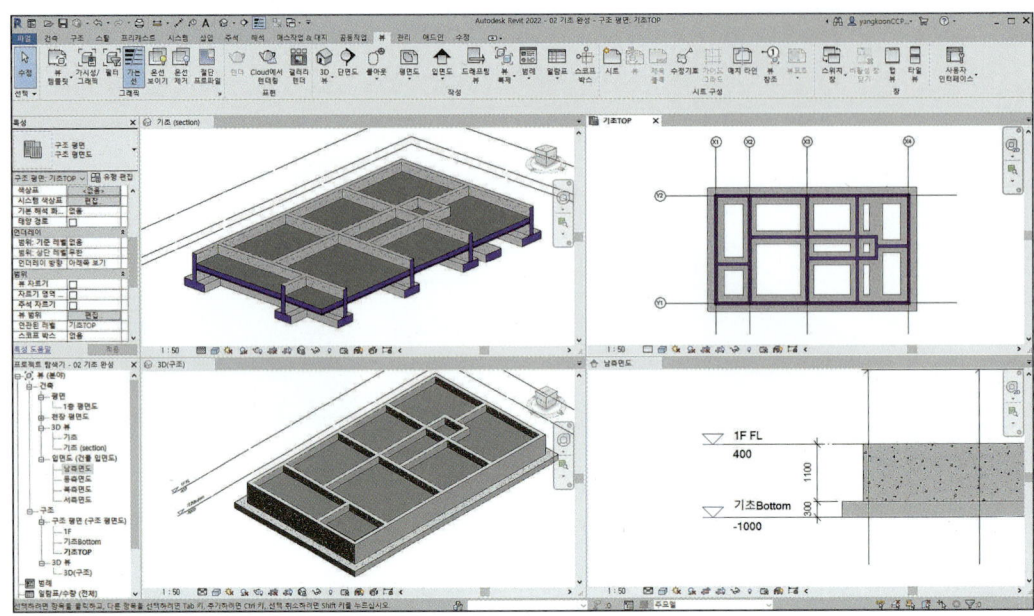

4.6 지형 만들기

1. Sample 폴더 내부의 '02 기초 완성.rvt' 파일을 엽니다. 프로젝트 탐색기에서 뷰 – 건축 – 평면 – 배치도를 더블클릭해 배치도 뷰를 활성화합니다.

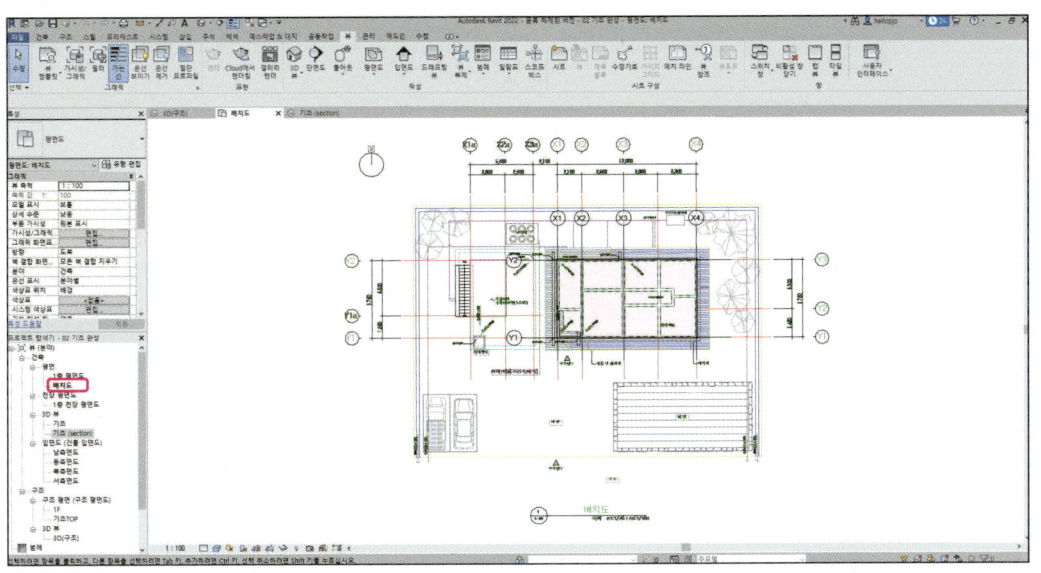

2. 리본 메뉴의 '매스작업 & 대지' 탭의 '대지 모델링'의 '지형면'을 선택합니다.

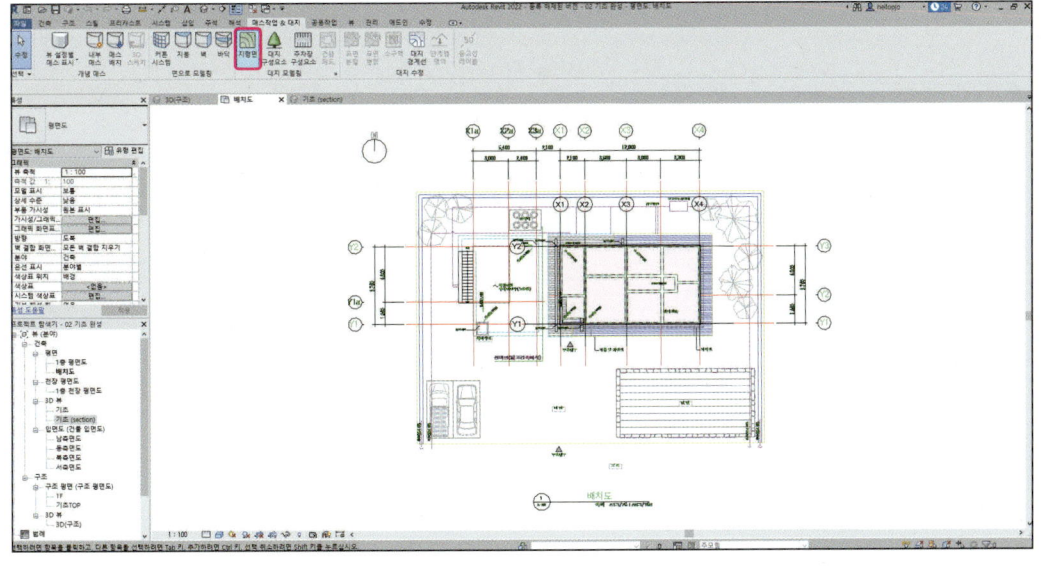

4 주택 만들기 실습 **277**

3. 리본 메뉴 하단의 옵션 막대에서 입면도 값을 0.0으로 설정합니다. 배치도 뷰의 사각형 대지형태의 모서리 4점을 왼쪽 상단(A) - 왼쪽 하단(B) - 우측 하단(C) - 우측 상단(D) 순으로 선택합니다. 선택을 완료한 다음 녹색의 완료버튼을 누릅니다.

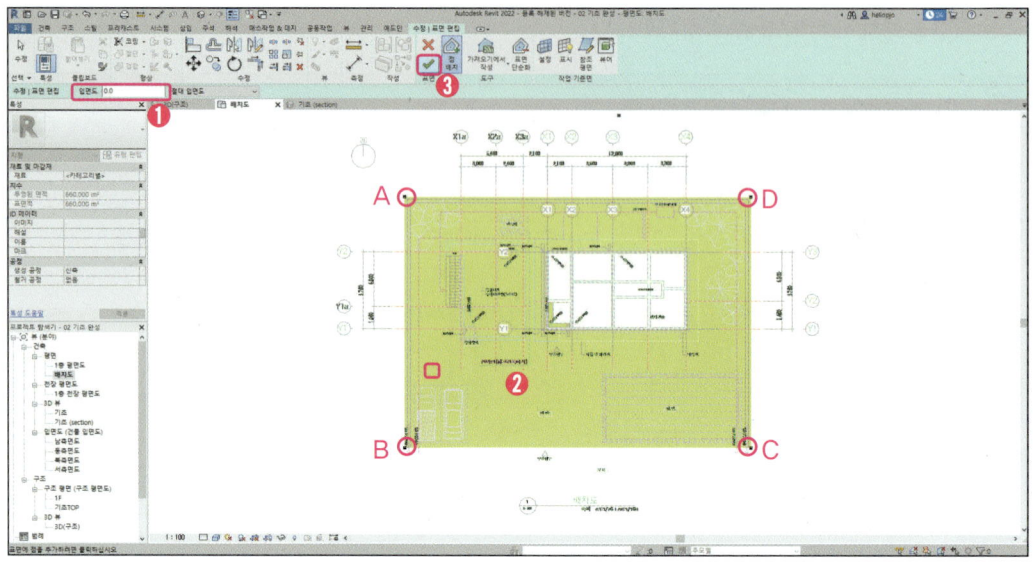

4. 대지 형상에 따라 지형면이 생성된 것을 볼 수 있습니다.

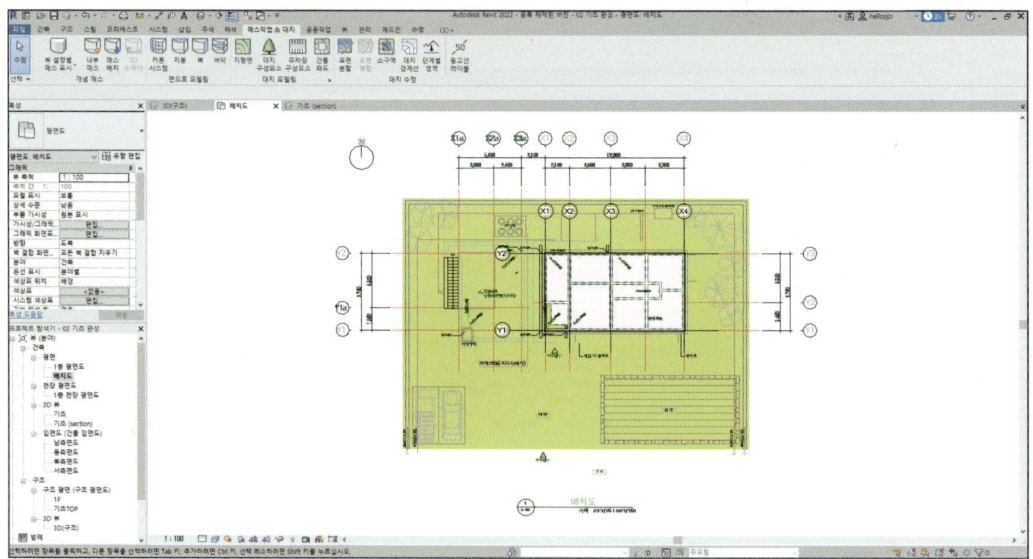

5. 3D(구조) 뷰와 기초(section) 뷰를 활성화합니다. 대지 형상이 만들어지면 지표면(GL) 이하에 묻혀 있는 부분은 단면 형태의 표기 시 주변에 절단된 지표의 형상이 같이 표기됩니다. 단면상자를 활성화해 보여지는 기초(section) 뷰에서 보라색으로 표현된 기초의 잘린 형태와 그 주변의 절단된 지형 단면을 확인할 수 있습니다. 완성된 파일은 Sample 폴더 내부의 '03지형 완성.rvt' 파일을 참조합니다.

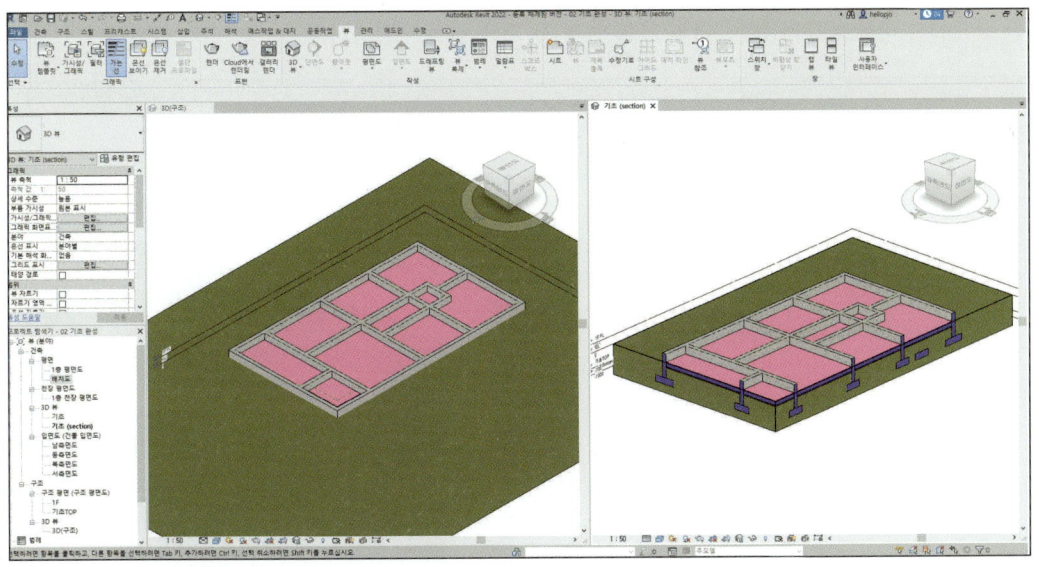

4.7. 구조 바닥 만들기

1. Sample 폴더 내부의 '04구조 바닥 시작.rvt' 파일을 엽니다. 프로젝트 탐색기에서 뷰 – 건축 – 평면 – '1층 평면도'를 더블클릭해 1층 평면도 뷰를 활성화합니다. '1F' 3D 뷰도 활성화해 두 개의 뷰를 활성화한 상태에서 리본 메뉴의 뷰 – 타일 뷰를 눌러 두 개의 뷰를 정렬합니다.

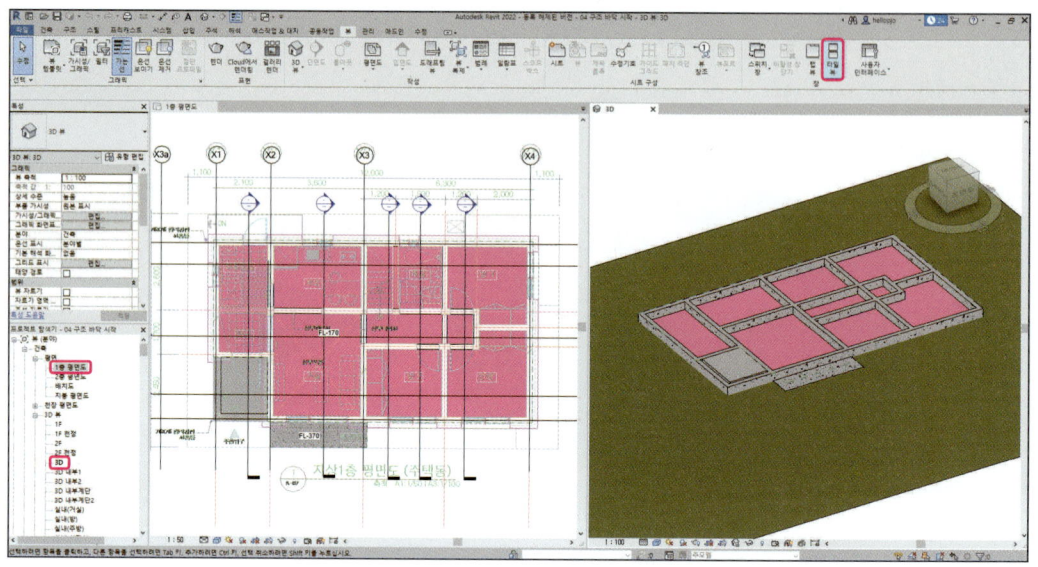

2. 1층 평면도 뷰에서 리본 메뉴의 구조 탭의 '바닥' 그룹에서 '바닥: 구조'를 선택합니다.

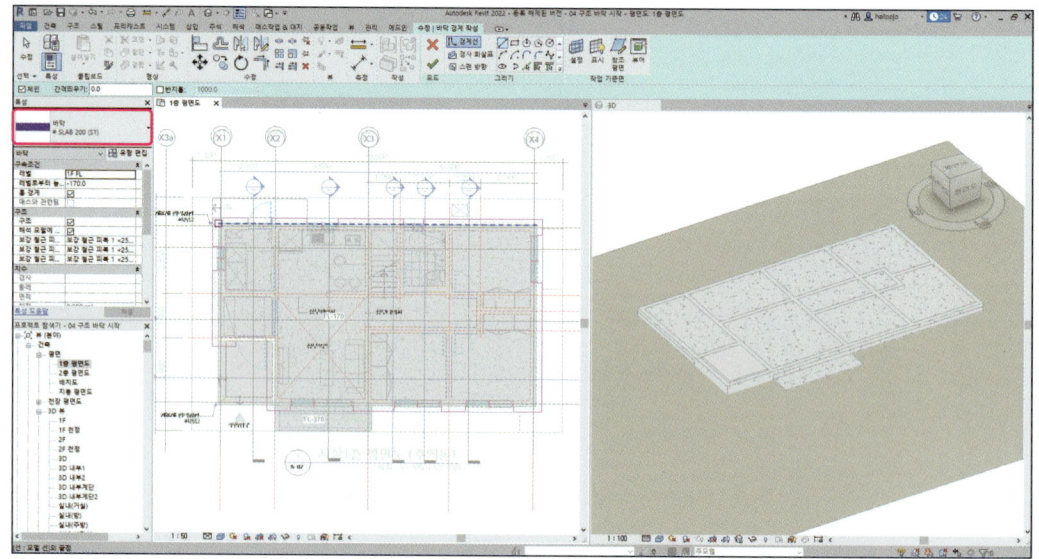

3. 특성창의 유형은 '# SLAB 200 (S1)', 구속조건의 '레벨'은 '1F FL'을 선택하고, '레벨로부터 높이 간격 띄우기'는 '-170'을 입력합니다. 선형 그리기 도구를 선택해 화면의 1층 DWG 객체와 녹색 점선의 보조 객체를 이용해 바닥 형태를 작성합니다. 스케치가 완성되면 녹색의 완료버튼을 누릅니다.

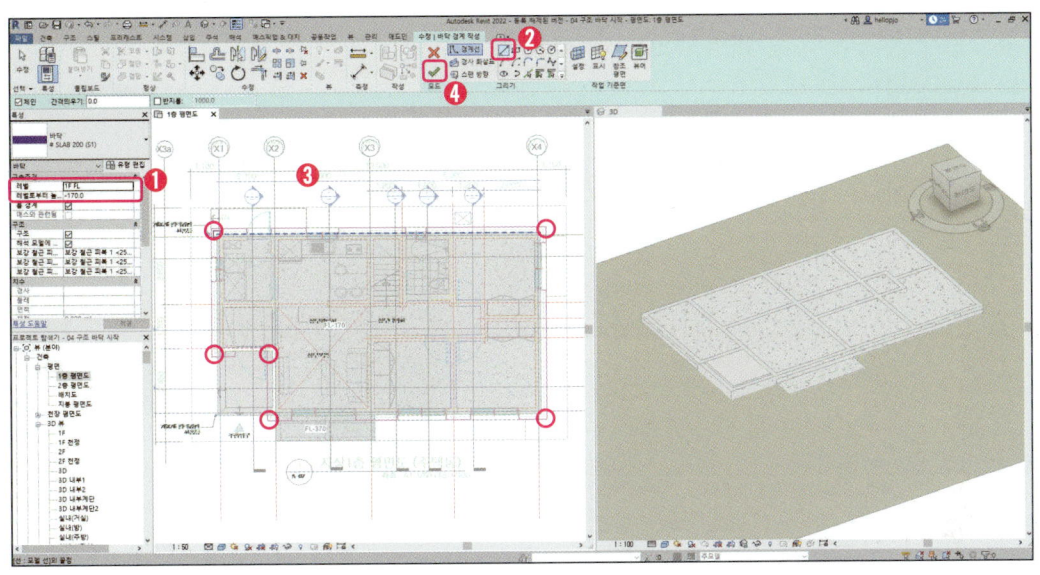

4. '바닥에 부착' 창이 나타나면 '부착 안 함'을 선택합니다. 1층 바닥 슬라브가 생성되었습니다.

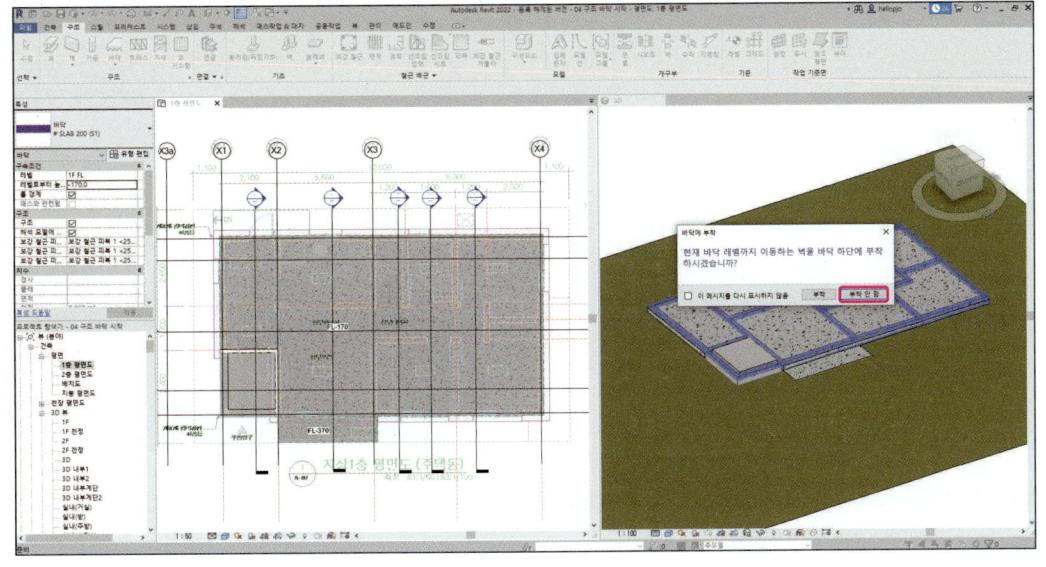

4 주택 만들기 실습 **281**

5. 3D 뷰에서 벽체를 하나 선택한 다음 우클릭해 '모든 인스턴스 선택' – '전체 프로젝트에서'를 선택합니다.

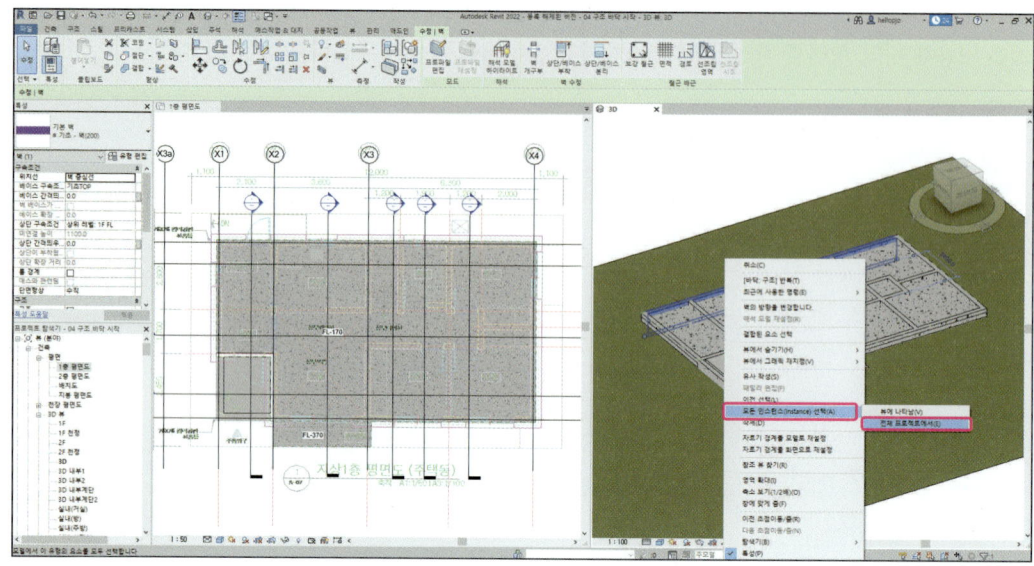

6. 모든 기초 벽체가 선택된 것을 확인할 수 있습니다. 리본 메뉴의 '수정' 탭에서 '상단/베이스 부착'을 선택합니다. 이후 3D 뷰에서 방금 생성한 바닥 객체를 선택합니다.

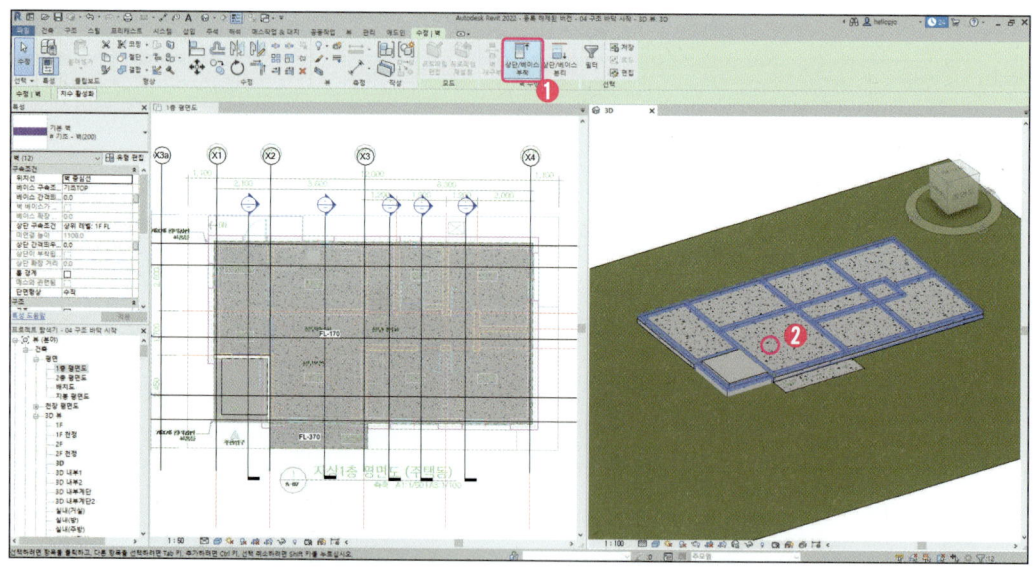

7. 기초 벽체 부분의 상단이 1층 바닥 객체에 정렬되어 일체화된 것을 확인할 수 있습니다.

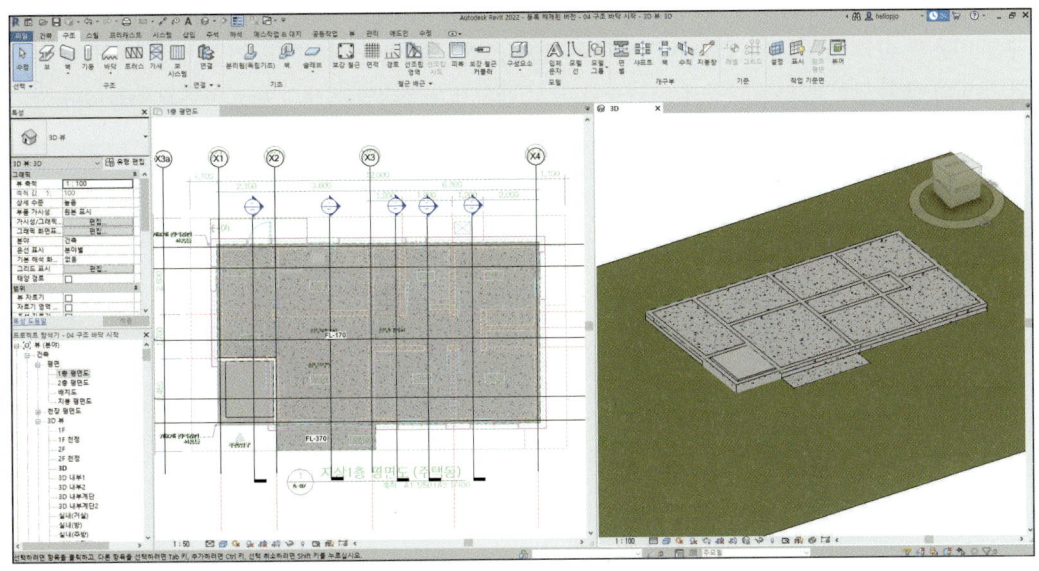

8. 1층 평면도 뷰에서 2층 평면도 뷰를 활성화합니다. 리본 메뉴의 구조 탭의 '바닥' 그룹에서 '바닥: 구조'를 선택합니다.

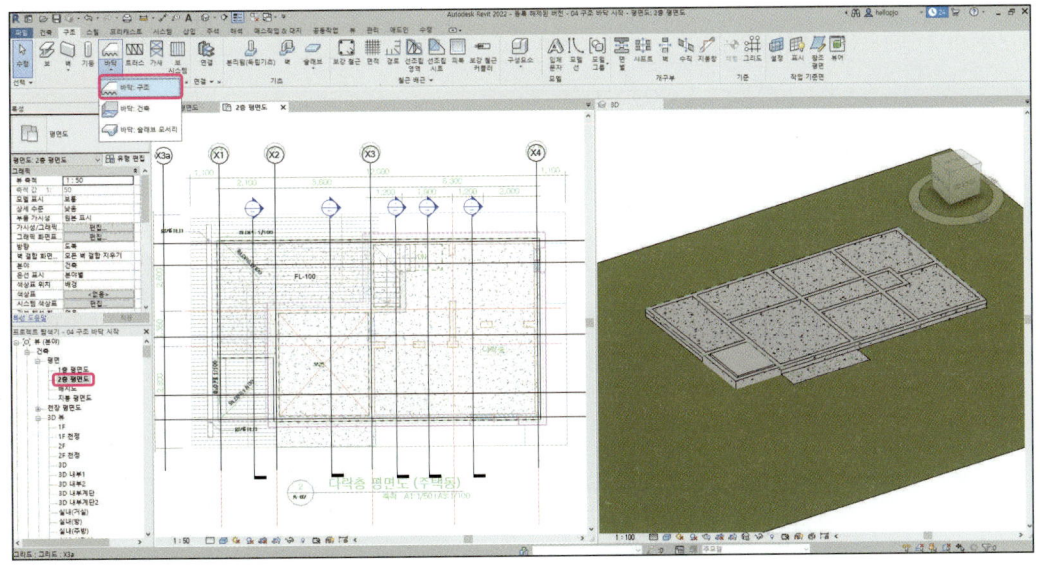

9. 특성창의 유형은 '# SLAB 200 (S1)', 구속조건의 '레벨'은 '2F FL'을 선택하고, '레벨로부터 높이 간격 띄우기'는 '−100'을 입력합니다. 선형 그리기 도구를 선택해 화면의 2층 DWG 객체와 녹색 점선의 보조 객체를 이용해 바닥 형태를 작성합니다. 바깥쪽 영역 스케치를 먼저 작성하고 거실 상부 OPEN 부위와 계단 부위의 안쪽 닫힌 영역을 나중에 그려줍니다. 스케치가 완성되면 녹색의 완료버튼을 누릅니다.

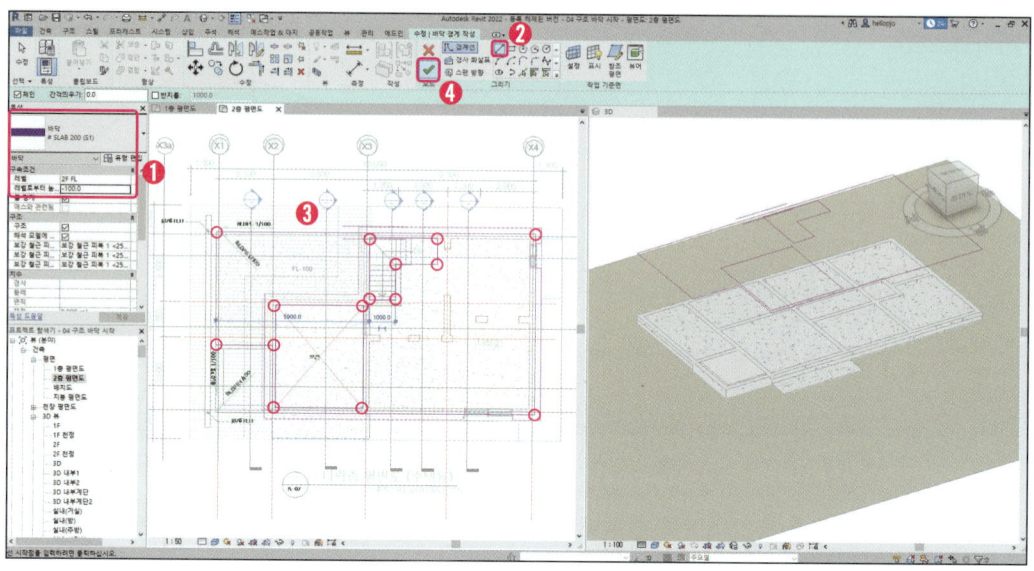

10. 2층 바닥 슬라브가 생성되었습니다.

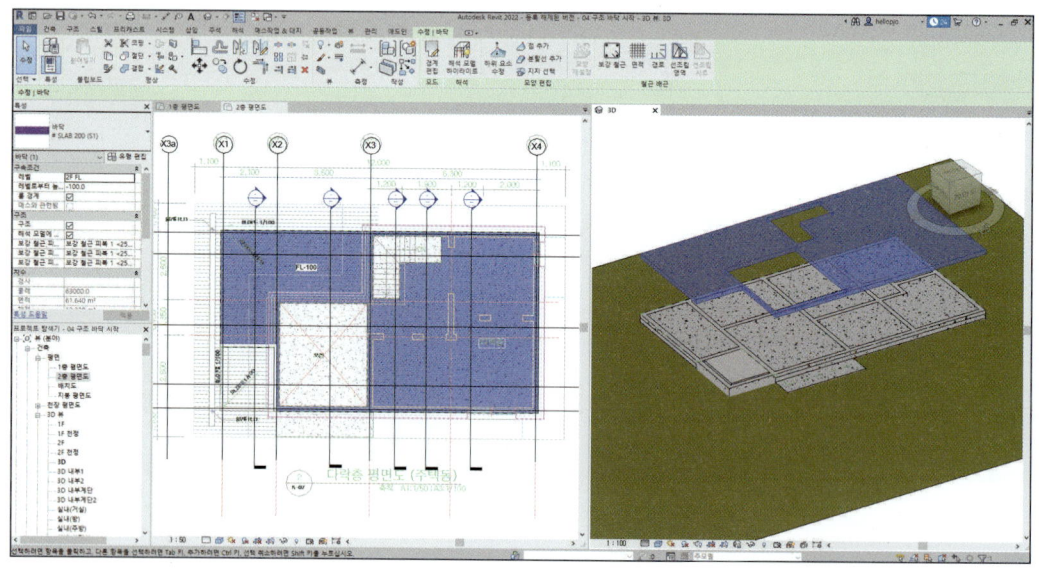

11. '2층 평면도' 뷰가 활성화된 상태에서 프로젝트탐색기에서 '지붕 평면도' 뷰를 더블클릭하여 활성화합니다. 옥상 지붕을 바닥 객체로 작성하겠습니다. 리본 메뉴의 구조 탭의 '바닥' 그룹에서 '바닥: 구조'를 선택합니다.

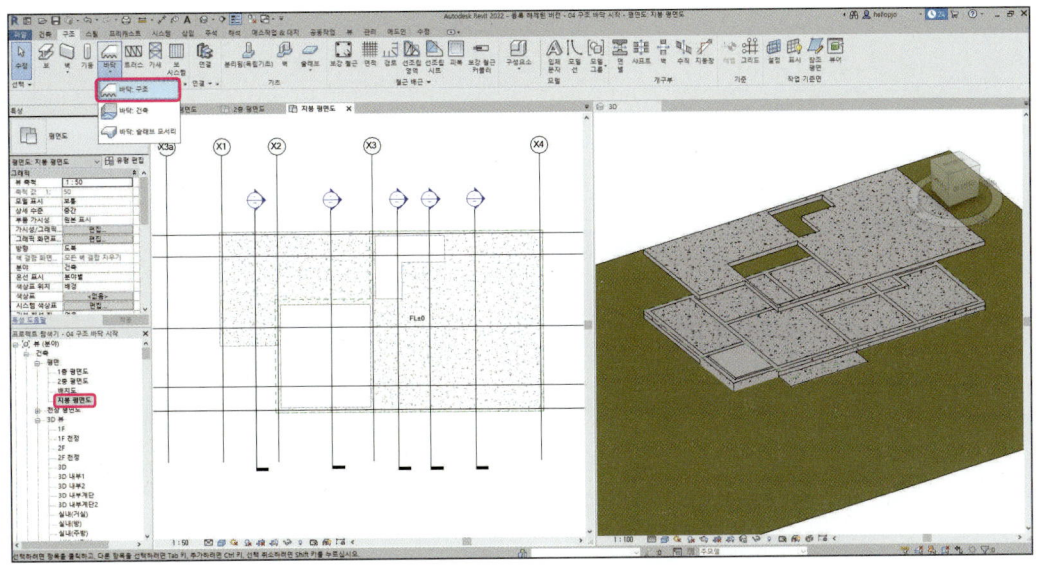

12. 특성창의 유형은 '# SLAB 200 (S1)', 구속조건의 '레벨'은 '지붕'을 선택하고 '레벨로부터 높이 간격띄우기'는 '0'을 입력합니다. 선형 그리기 도구를 선택해 화면의 녹색 점선의 보조 객체를 이용해 바닥 형태를 작성합니다. 스케치가 완성되면 녹색의 완료버튼을 누릅니다.

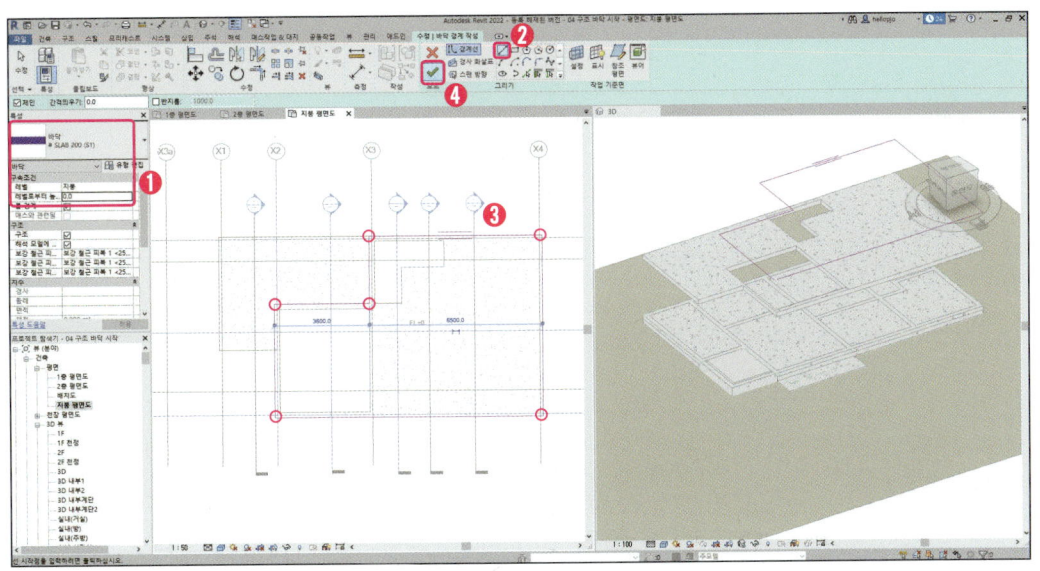

13. 지붕 슬라브가 생성되었습니다. 완성된 파일은 Sample 폴더 내부의 '05 구조 바닥 완성.rvt' 파일을 참조합니다.

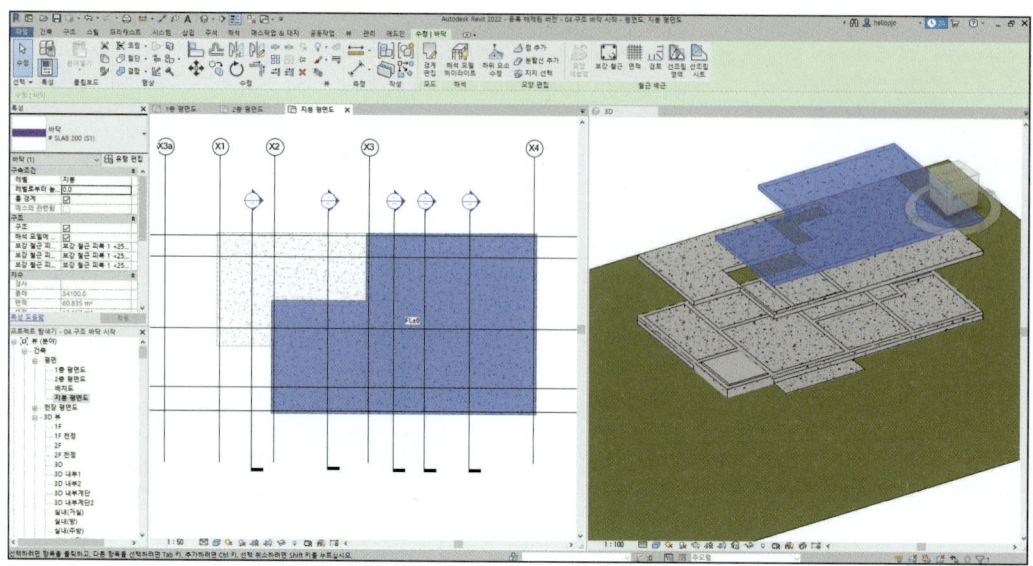

4.8. 구조 벽체 만들기

1. Sample 폴더 내부의 '05 구조 바닥 완성.rvt' 파일을 엽니다. 프로젝트 탐색기에서 뷰 – 건축 – 평면 – 1층 평면도를 더블클릭해 1층 평면도 뷰를 활성화합니다. 기본 3D 뷰는 닫고 3D 뷰의 '1F'를 추가로 활성화해 두 개의 뷰가 활성화된 상태에서 리본 메뉴의 뷰 – 타일 뷰를 눌러 두 개의 뷰를 정렬합니다.

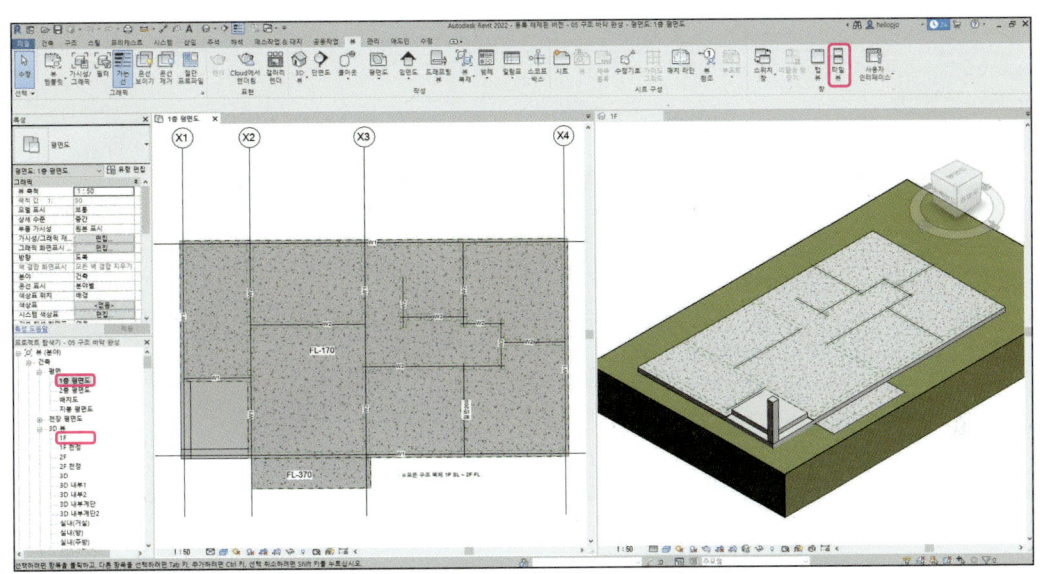

2. 1층 평면도 뷰에서 리본 메뉴의 구조 탭의 '벽' 그룹에서 '벽: 구조'를 선택합니다.

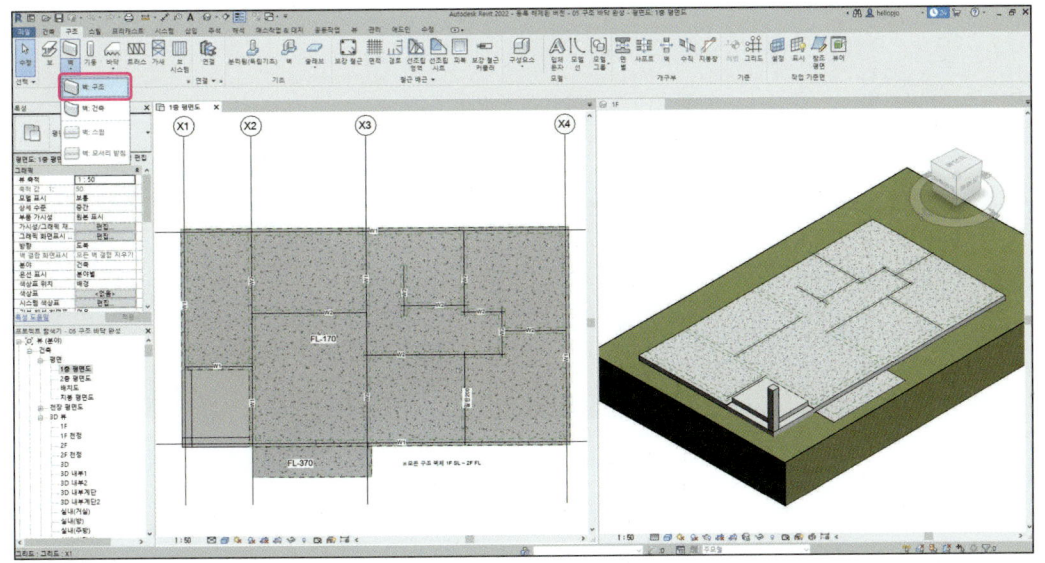

4 주택 만들기 실습 **287**

3. 먼저 도면의 구조평면도에서 'W1'로 표기된 벽체를 먼저 만들겠습니다. 특성창의 유형은 '# 콘크리트 (200)(W1)', '위치선'은 '벽 중심선', '베이스 구속조건'은 '1F SL'을 선택하고, '베이스 간격띄우기'는 '0'을 입력하고, '상단 구속조건'은 '상위 레벨: 2F FL'을 선택합니다. 선형 그리기 도구를 선택해 화면의 DWG 객체를 기준으로 미리 만들어 놓은 녹색 점선의 보조 객체를 이용해 W1벽을 만듭니다.

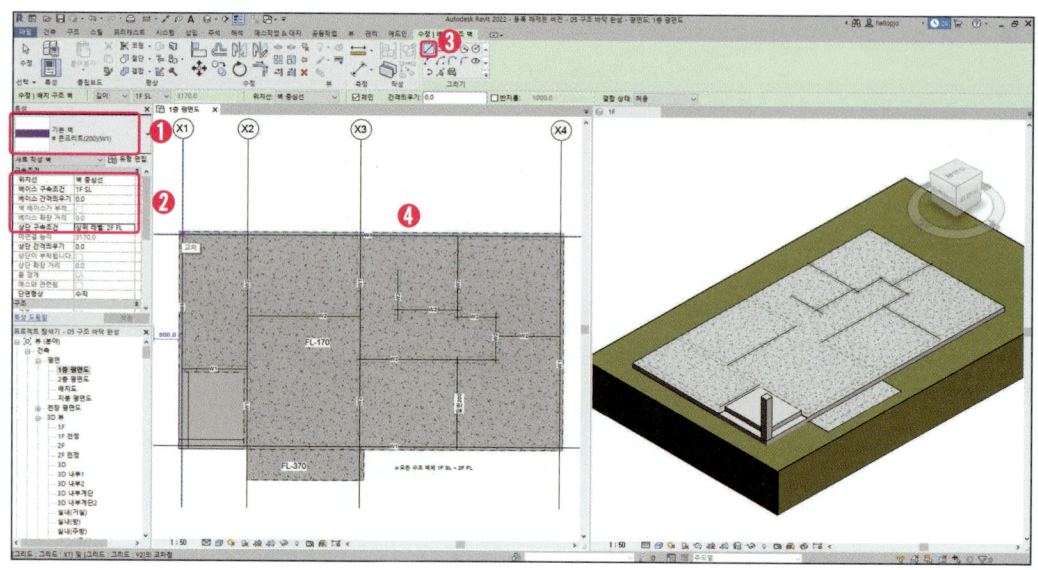

4. 평면도에서 입력한 경로에 따라 지정된 바닥 레벨과 높이를 가진 W1벽이 생성된 것을 3D 뷰에서 확인할 수 있습니다.

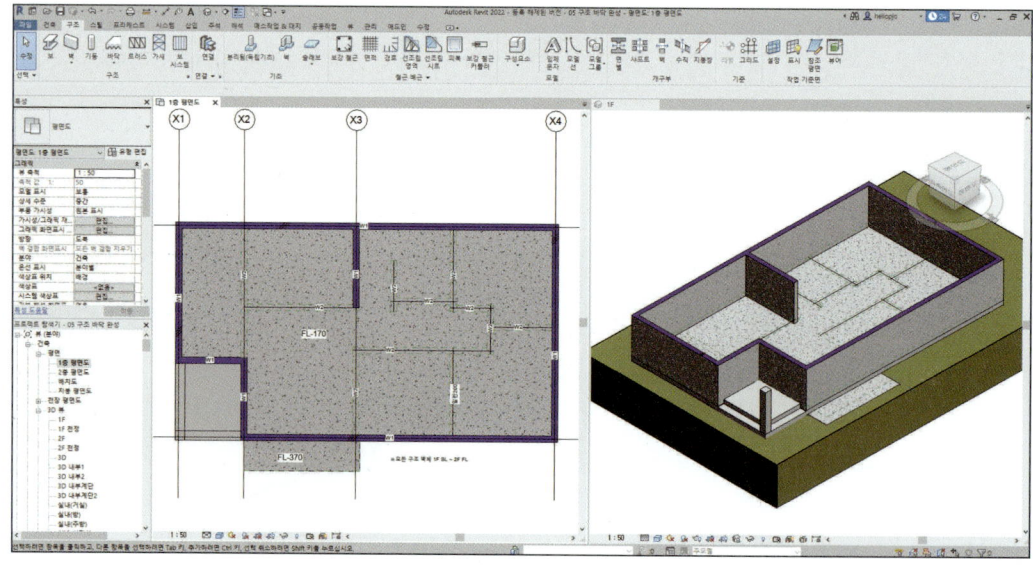

5. 다음으로 'W2'로 표기된 벽체를 생성하겠습니다. 1층 평면도 뷰에서 리본 메뉴의 구조 탭의 '벽' 그룹에서 '벽: 구조'를 선택합니다. 특성창의 유형은 '# 콘크리트(200)(W2)', '위치선'은 '벽 중심선', '베이스 구속조건'은 '1F SL'을 선택하고, '베이스 간격띄우기'는 '0'을 입력하고, '상단 구속조건'은 '상위 레벨: 2F FL'을 선택합니다. 선형 그리기 도구를 선택해 화면의 DWG 객체를 기준으로 미리 만들어 놓은 녹색 점선의 보조 객체를 이용해 W2벽을 만듭니다.

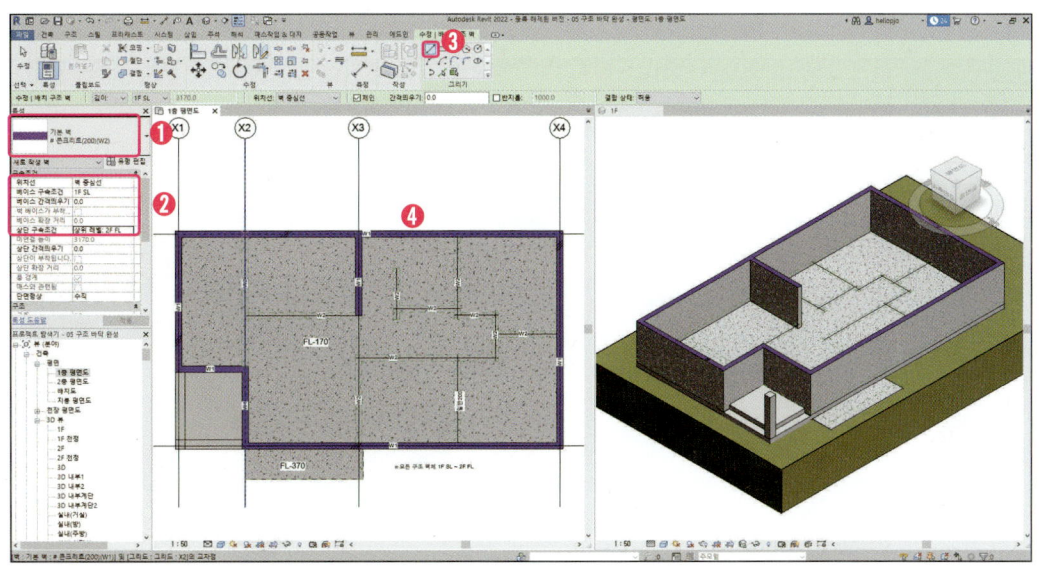

6. 평면도에서 입력한 경로에 따라 지정된 바닥 레벨과 높이를 가진 W2벽이 생성된 것을 3D 뷰에서 확인할 수 있습니다.

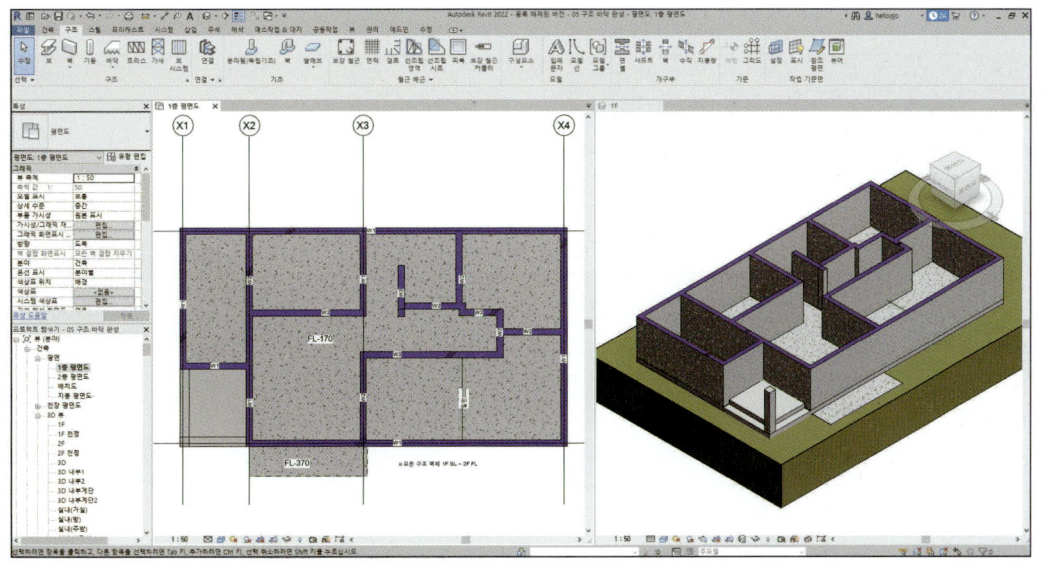

7. 다음으로 '일반 200'으로 표기된 벽체를 생성하겠습니다. '일반 200'은 콘크리트 벽체가 아닌 일반 건축 벽체로 W1, W2와는 특성이 다릅니다. 1층 평면도 뷰에서 리본 메뉴의 구조 탭의 '벽' 그룹에서 '벽: 건축'을 선택합니다. 특성창의 유형은 '# 일반 200', '위치선'은 '벽 중심선', '베이스 구속조건'은 '1F SL'을 선택하고, '베이스 간격띄우기'는 '0'을 입력하고, '상단 구속조건'은 '상위 레벨: 2F FL'을 선택합니다. 선형 그리기 도구를 선택해 화면의 DWG 객체를 기준으로 미리 만들어 놓은 녹색 점선의 보조 객체를 이용해 '일반 200' 벽을 만듭니다.

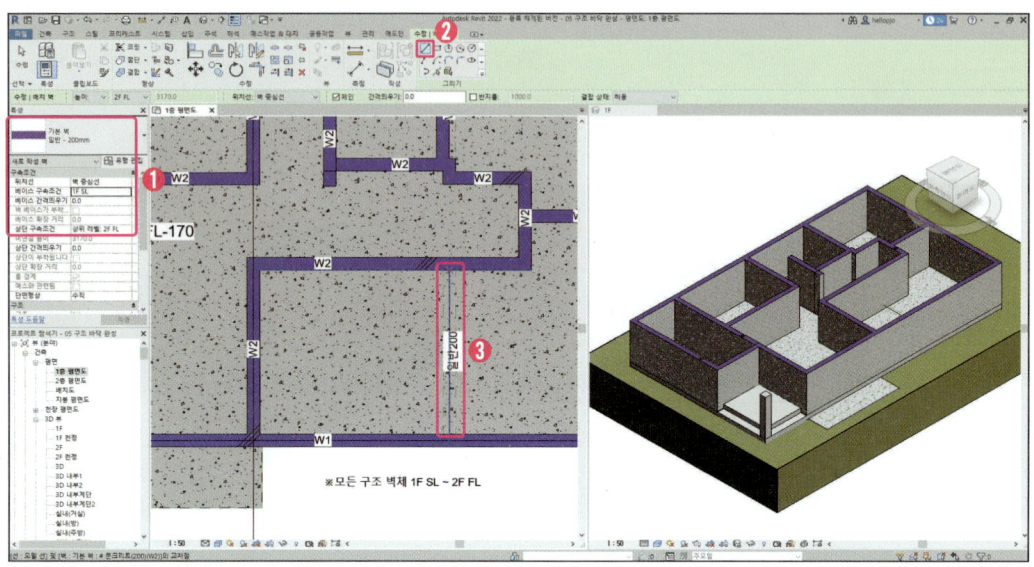

8. 평면도에서 입력한 경로에 따라 지정된 바닥 레벨과 높이를 가진 'W1', 'W2', '일반 200' 벽이 생성된 것을 3D 뷰에서 확인할 수 있습니다.

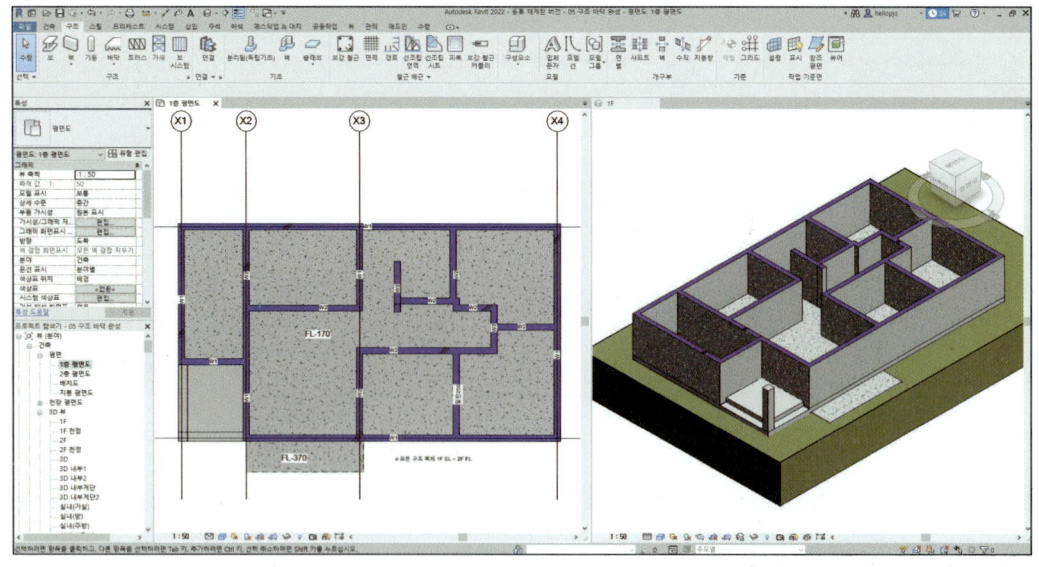

9. 1층 평면도 뷰에서 프로젝트 탐색기의 '2층 평면도'를 더블클릭해 뷰를 활성화합니다. '1F' 3D 뷰에서 프로젝트 탐색기의 3D 뷰 – '2F'를 더블클릭해 뷰를 활성화합니다.

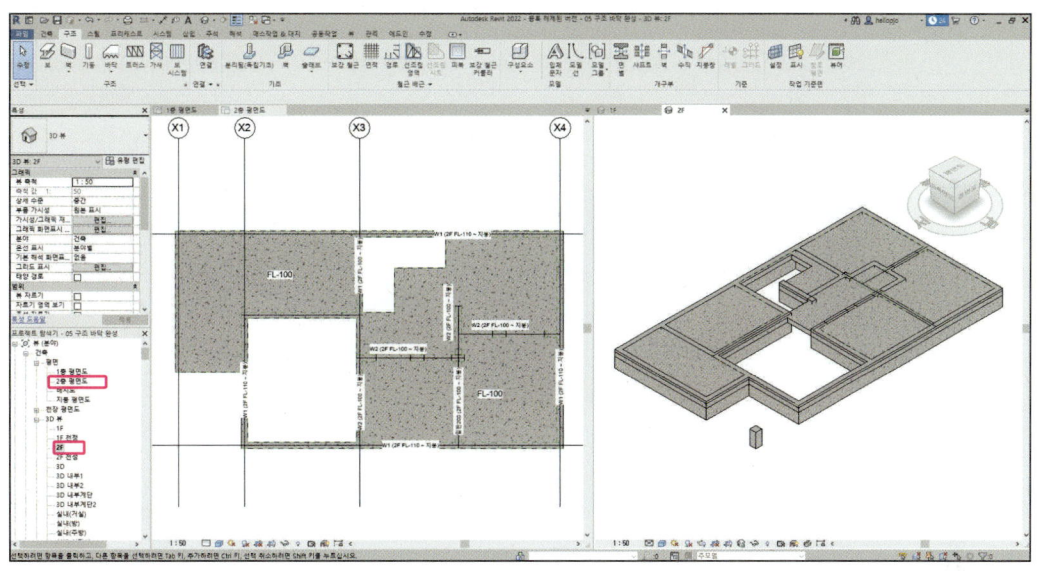

10. 2층 슬라브 위로 돌출되어있는 1층 벽체들을 2층 바닥에 정렬하여 일체화시키도록 하겠습니다. 2F 뷰에서 A지점을 클릭하고 드래그하여 B지점에서 클릭을 해제해 모든 객체를 선택합니다.

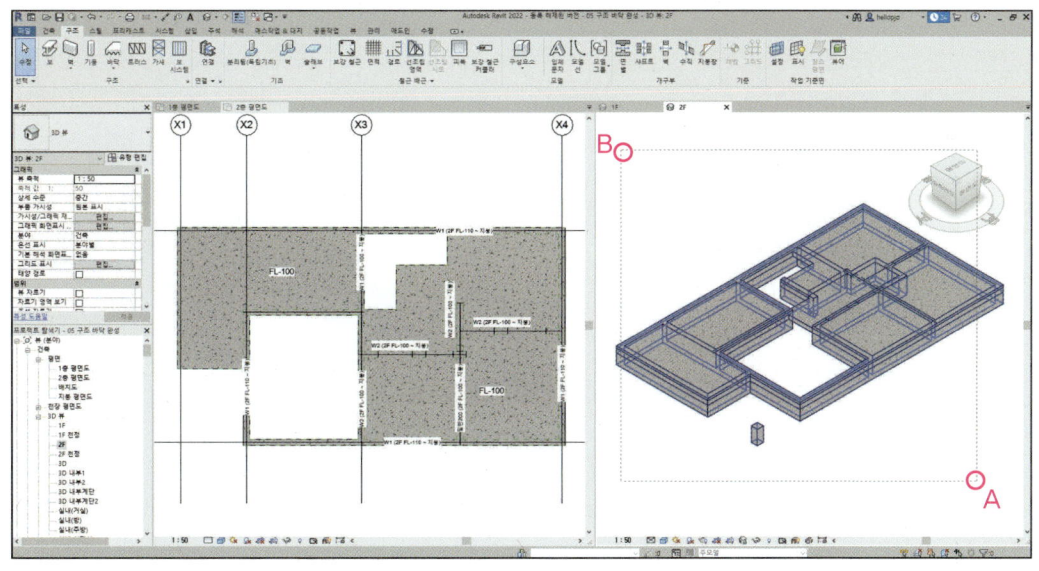

4 주택 만들기 실습 **291**

11. 리본 메뉴의 수정 탭에서 '필터'를 선택합니다.

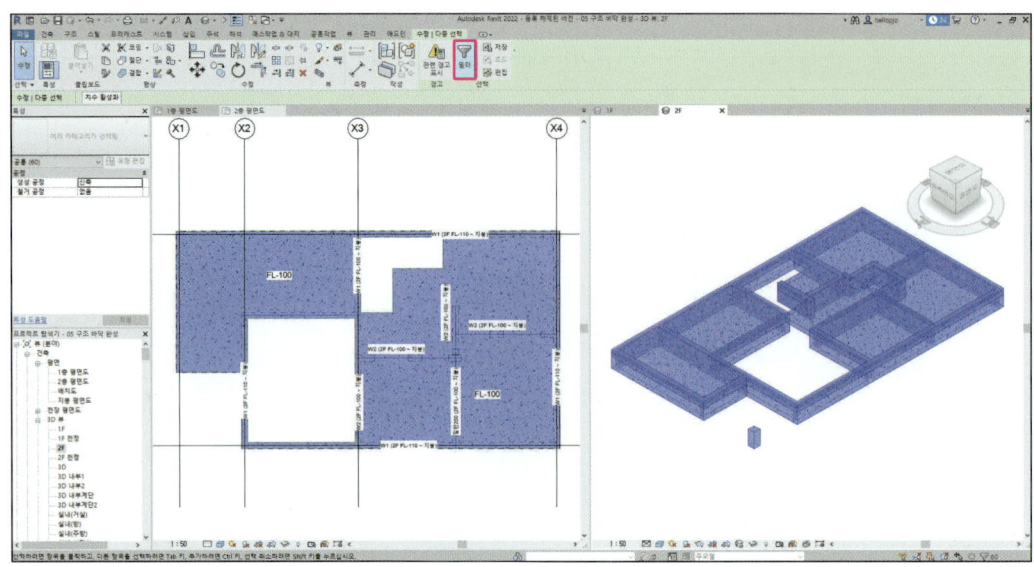

12. 카테고리 중 '벽'을 제외한 모든 객체는 선택해제 한 다음 '적용'을 클릭합니다. '확인'을 눌러 '필터' 창을 닫습니다.

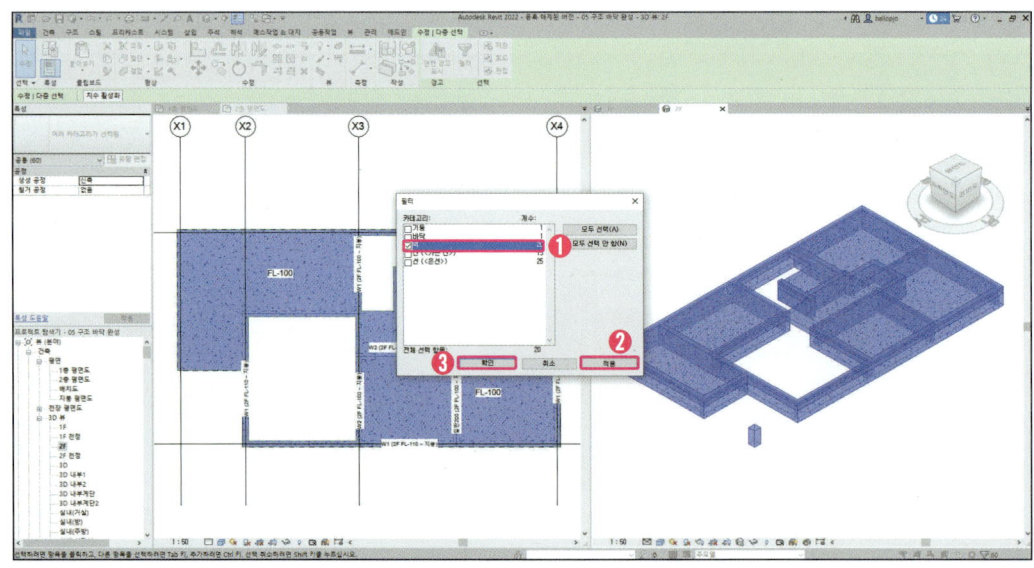

13. 리본 메뉴의 '수정' 탭에서 '상단/베이스 부착'을 선택한 다음, 2F 뷰에서 2층 슬라브를 선택합니다.

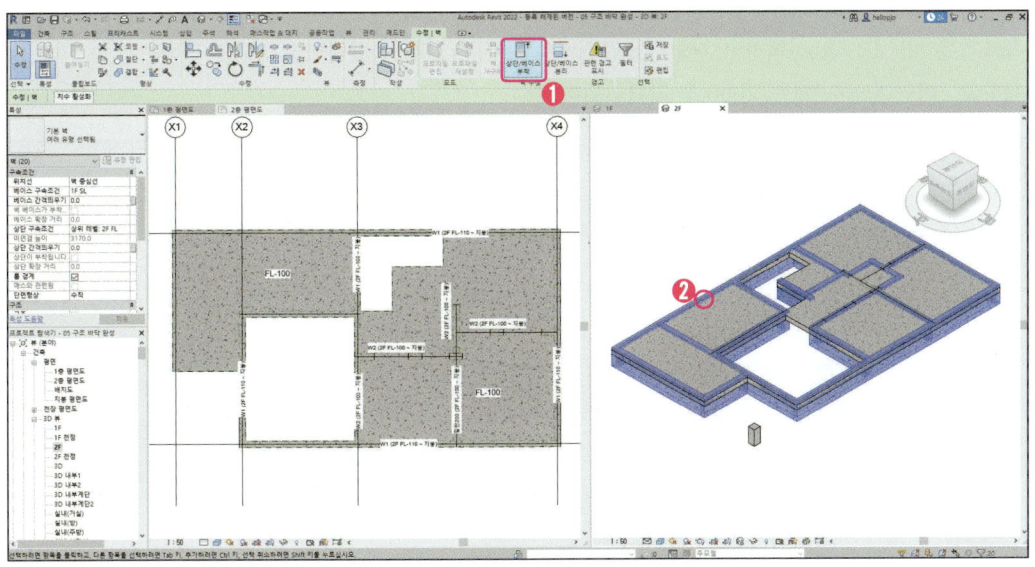

14. 1층 벽체 부분의 상단이 2층 바닥 객체에 정렬되어 일체화된 것을 확인할 수 있습니다.

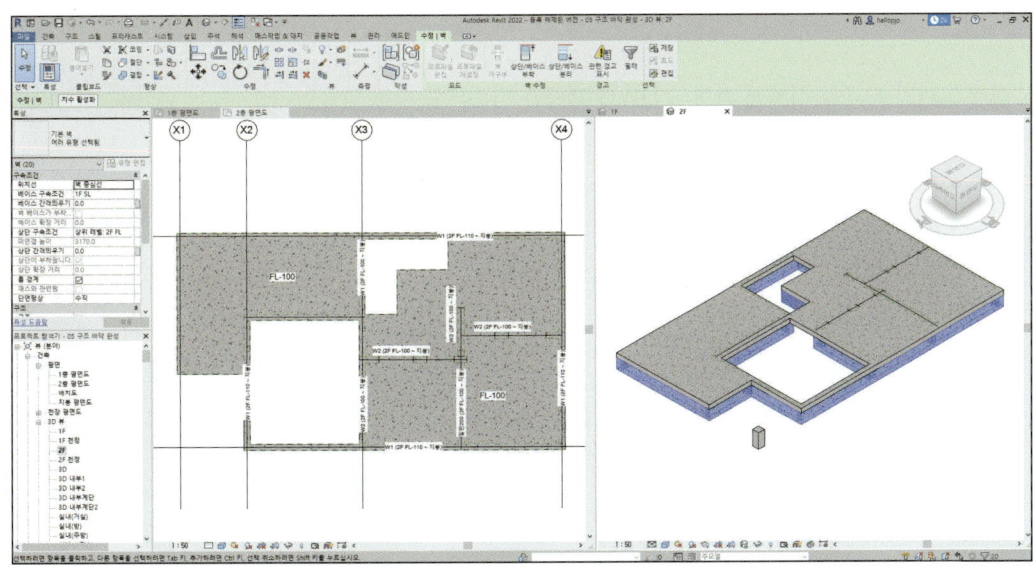

15. 2층 부분의 'W1'로 표기된 벽체를 생성하겠습니다. 2층 평면도 뷰에서 리본 메뉴의 구조 탭의 '벽' 그룹에서 '벽: 구조'를 선택합니다. 특성창의 유형은 '# 콘크리트(200)(W1)', '위치선'은 '벽 중심선', '베이스 구속조건'은 '2F FL'을 선택하고, '베이스 간격띄우기'는 '−100'을 입력하고, '상단 구속조건'은 '미연결'을 선택하고, '미연결 높이'에는 '2000'을 입력합니다.

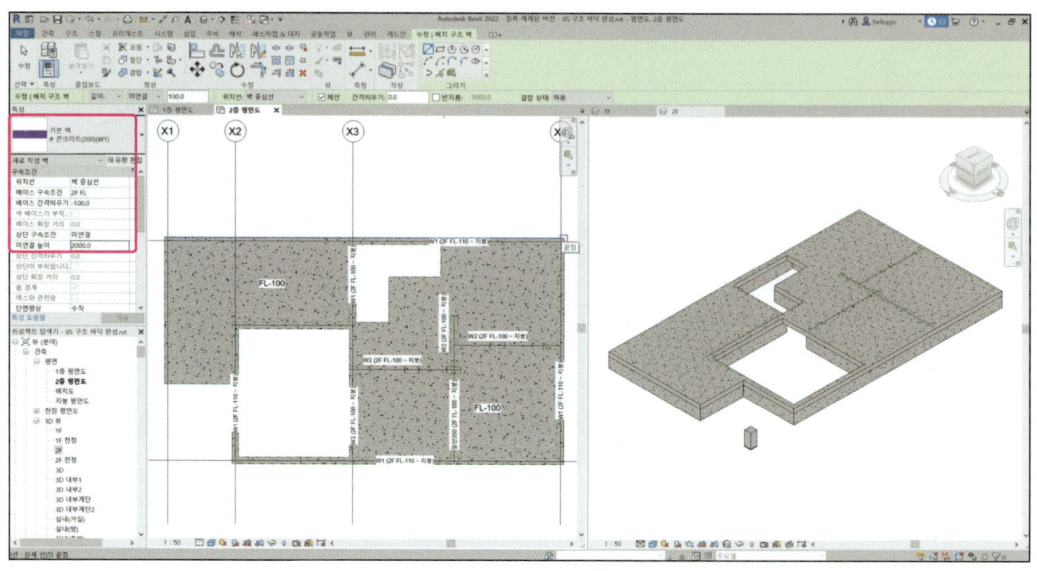

16. 선형 그리기 도구를 선택해 화면의 DWG 객체를 기준으로 미리 만들어 놓은 녹색 점선의 보조 객체를 이용해 W1벽을 만듭니다.

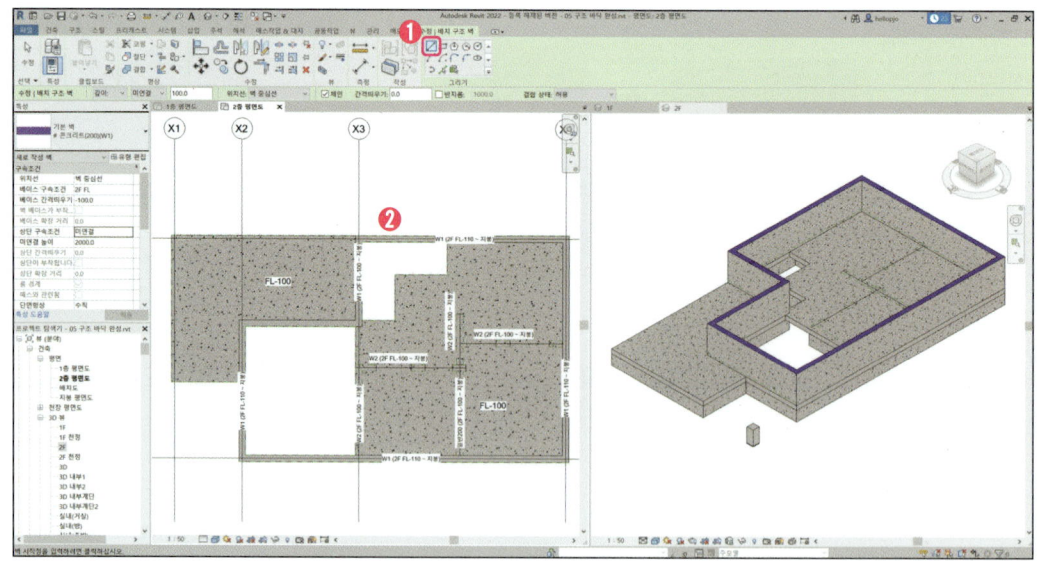

17. 2층 부분의 'W2'로 표기된 벽체를 생성하겠습니다. 2층 평면도 뷰에서 리본 메뉴의 구조 탭의 '벽' 그룹에서 '벽: 구조'를 선택합니다. 특성창의 유형은 '# 콘크리트(200)(W2)', '위치선'은 '벽 중심선', '베이스 구속조건'은 '2F FL'을 선택하고, '베이스 간격띄우기'는 '−100'을 입력하고, '상단 구속조건'은 '미연결'을 선택하고, '미연결 높이'에는 '2000'을 입력합니다.

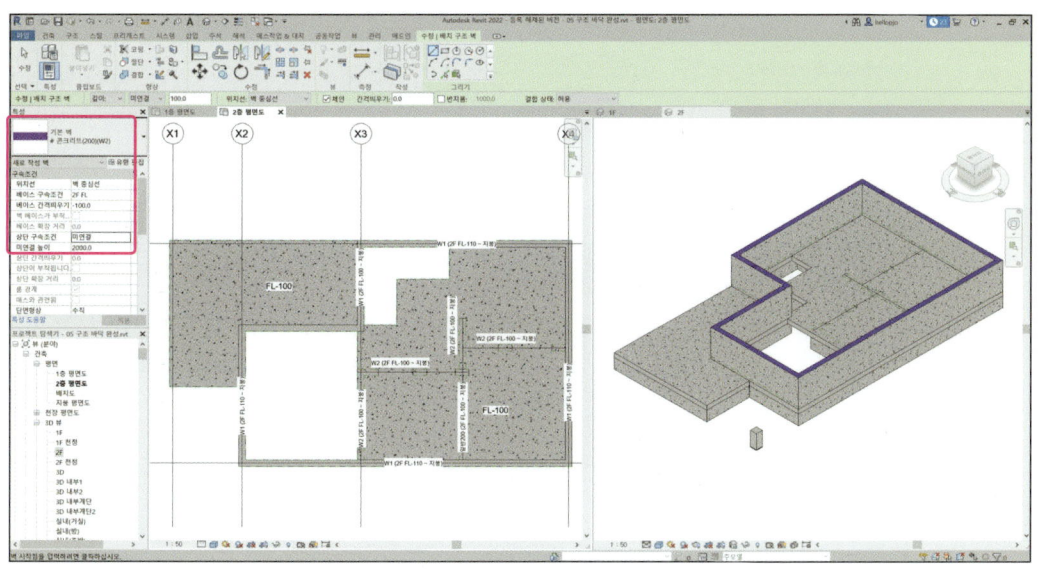

18. 선형 그리기 도구를 선택해 화면의 DWG 객체를 기준으로 미리 만들어 놓은 녹색 점선의 보조 객체를 이용해 W2벽을 만듭니다.

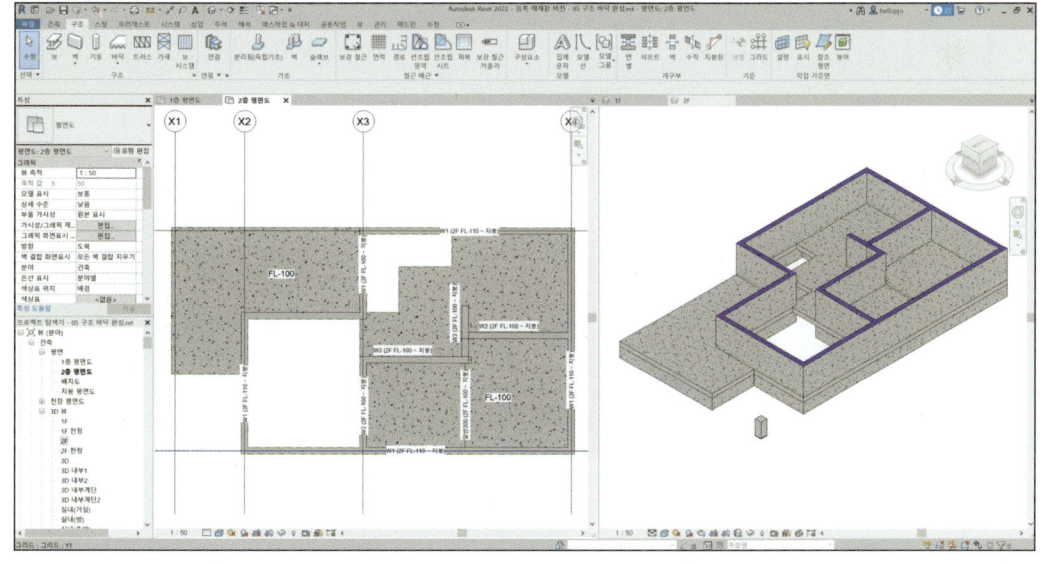

4 주택 만들기 실습 **295**

19. 2층 부분의 '일반 200'으로 표기된 벽체를 생성하겠습니다. 2층 평면도 뷰에서 리본 메뉴의 구조 탭의 '벽' 그룹에서 '벽: 건축'을 선택합니다. 특성창의 유형은 '일반 – 200mm', '위치선'은 '벽 중심선', '베이스 구속조건'은 '2F FL'을 선택하고, '베이스 간격띄우기'는 '−100'을 입력하고, '상단 구속조건'은 '미연결'을 선택하고, '미연결 높이'에는 '2000'을 입력합니다.

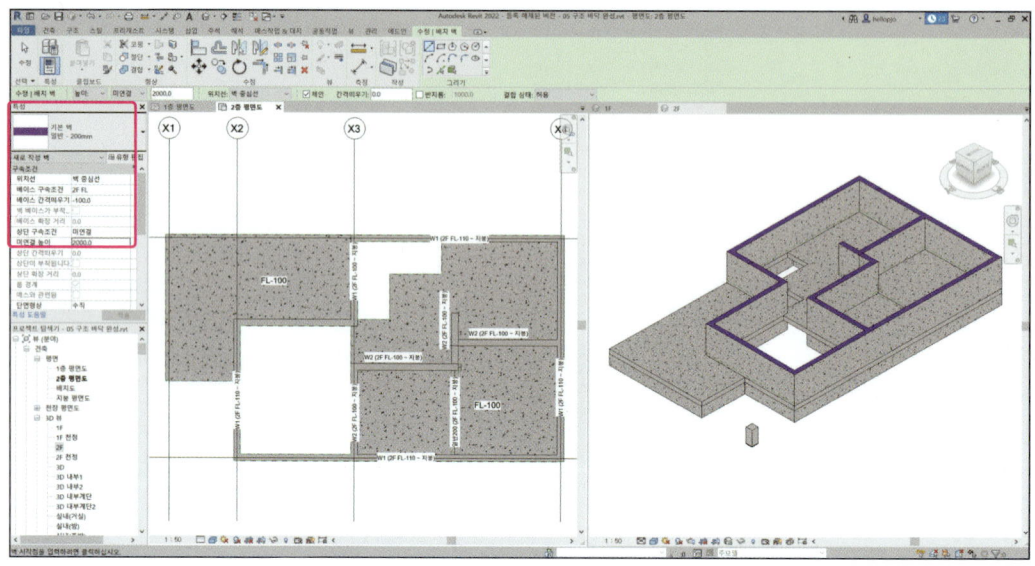

20. 선형 그리기 도구를 선택해 화면의 DWG 객체를 기준으로 미리 만들어 놓은 녹색 점선의 보조 객체를 이용해 일반 벽을 만듭니다.

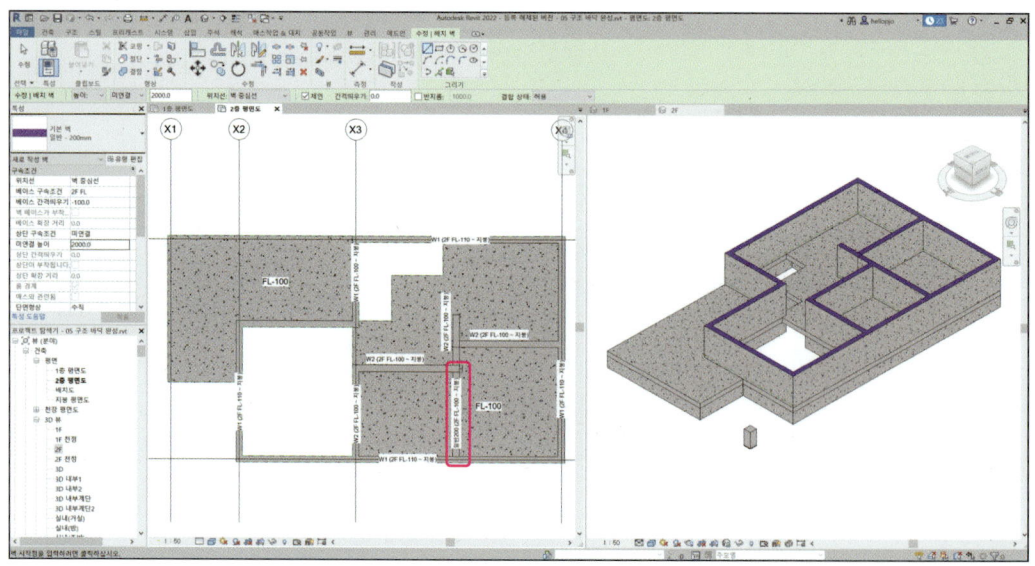

21. '2F' 3D 뷰에서 프로젝트 탐색기의 3D 뷰 - '3D'를 더블클릭해 뷰를 활성화합니다.

22. 지붕 위로 돌출되어 나온 2층 벽체를 키보드의 Ctrl 키를 누른 상태에서 순차적으로 모두 선택하고, 리본 메뉴의 '수정' 탭에서 '상단/베이스 부착'을 선택합니다.

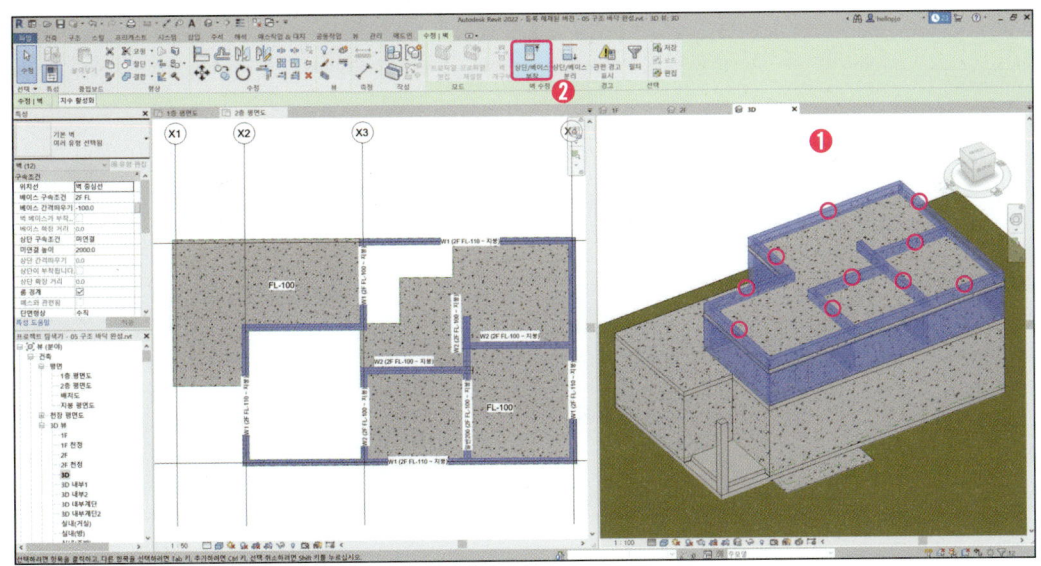

23. 3D 뷰에서 지붕 슬라브를 선택합니다.

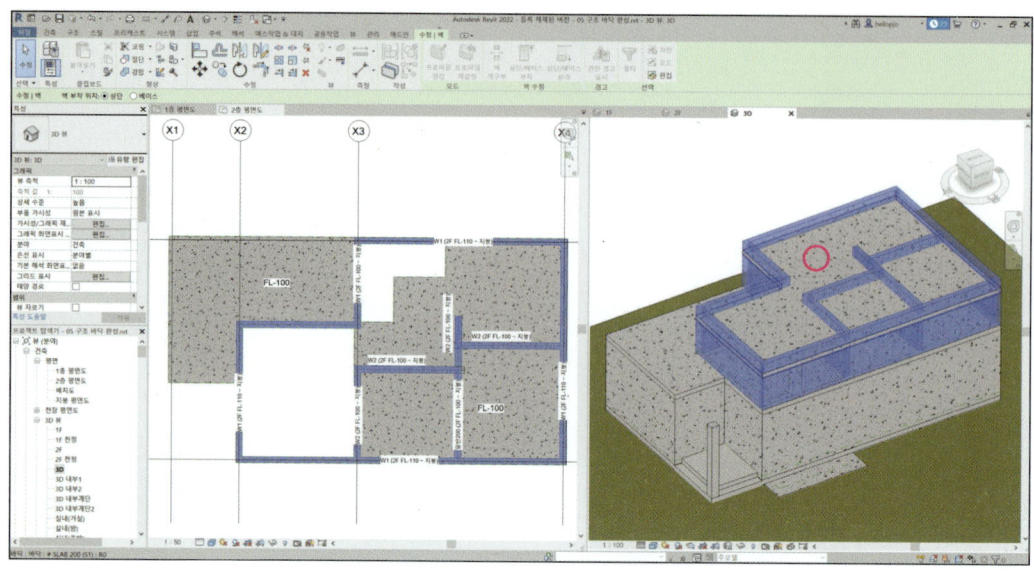

24. 2층 벽체 부분의 상단이 지붕 바닥 객체에 정렬되어 일체화된 것을 확인할 수 있습니다.

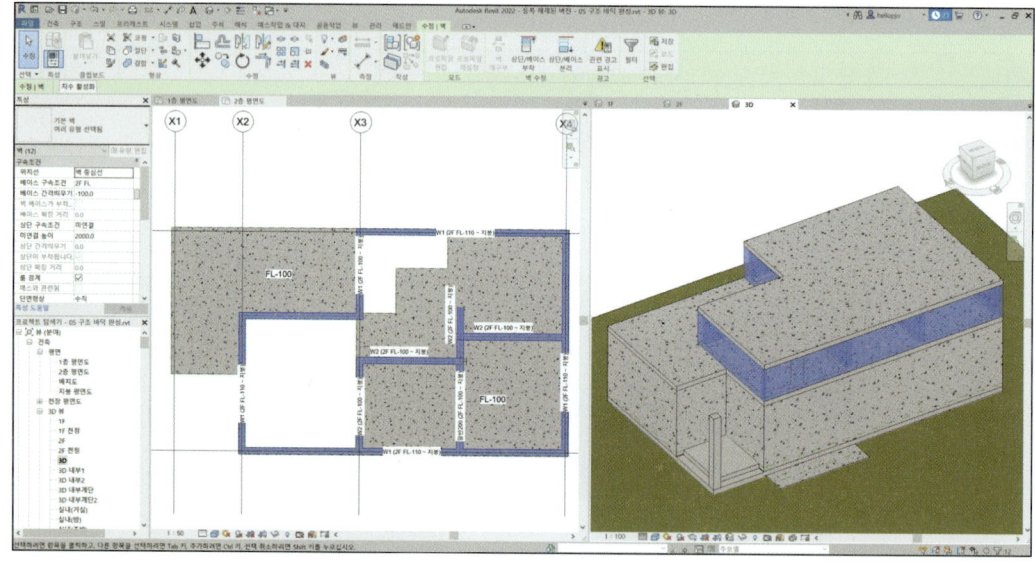

25. 구조 벽체가 완성되었습니다. 완성된 파일은 Sample 폴더 내부의 '06 구조 완성.rvt' 파일을 참조합니다.

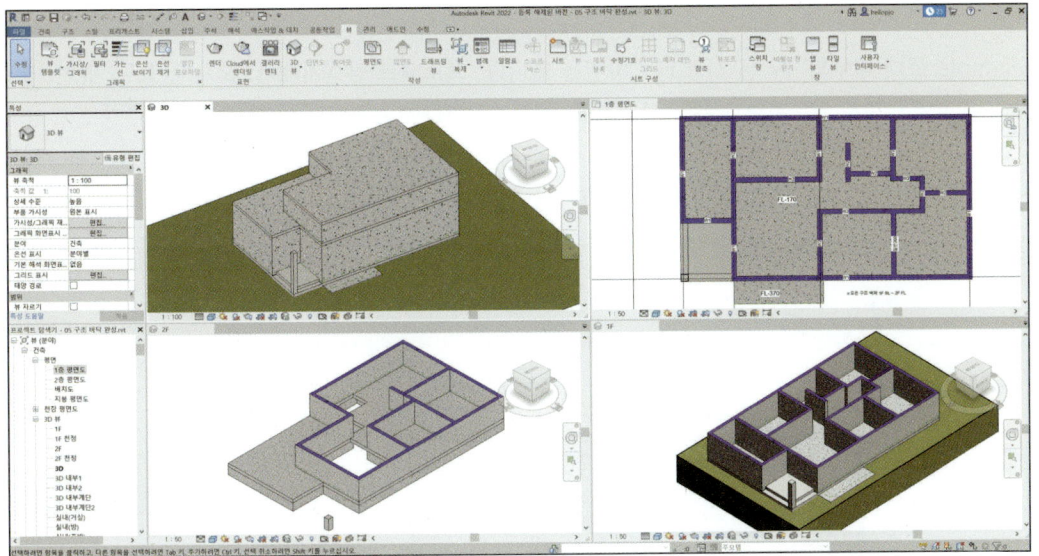

4.9. 문 만들기

1. Sample 폴더 내부의 '07 문 시작.rvt' 파일을 엽니다. 프로젝트 탐색기에서 뷰 – 건축 – 평면 – 1층 평면도를 더블클릭해 1층 평면도 뷰를 활성화합니다. 기본 3D 뷰는 닫고 3D 뷰의 '1F'를 추가로 활성화해 두 개의 뷰가 활성화된 상태에서 리본 메뉴의 뷰 – 타일 뷰를 눌러 두 개의 뷰를 정렬합니다. 두 개의 뷰 사이의 경계 부분을 선택해 드래그하면 뷰의 크기를 조절할 수 있습니다.

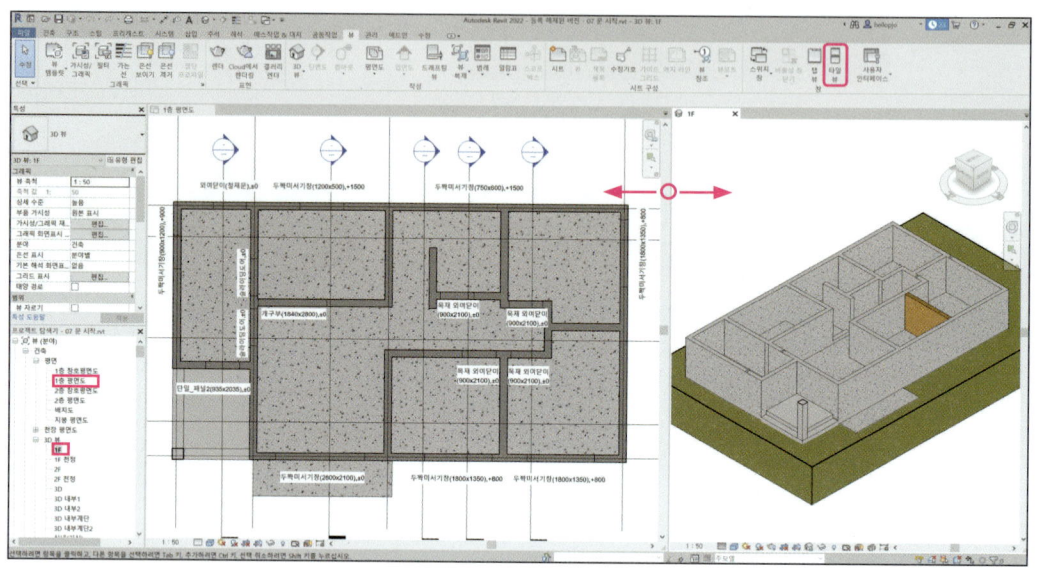

2. 1층 평면도 뷰에 주석으로 입력되어있는 문 정보와 문 위치를 이용해 문을 생성하겠습니다. 1층 평면도 뷰에서 리본 메뉴의 '건축' 탭에서 '문'을 선택합니다.

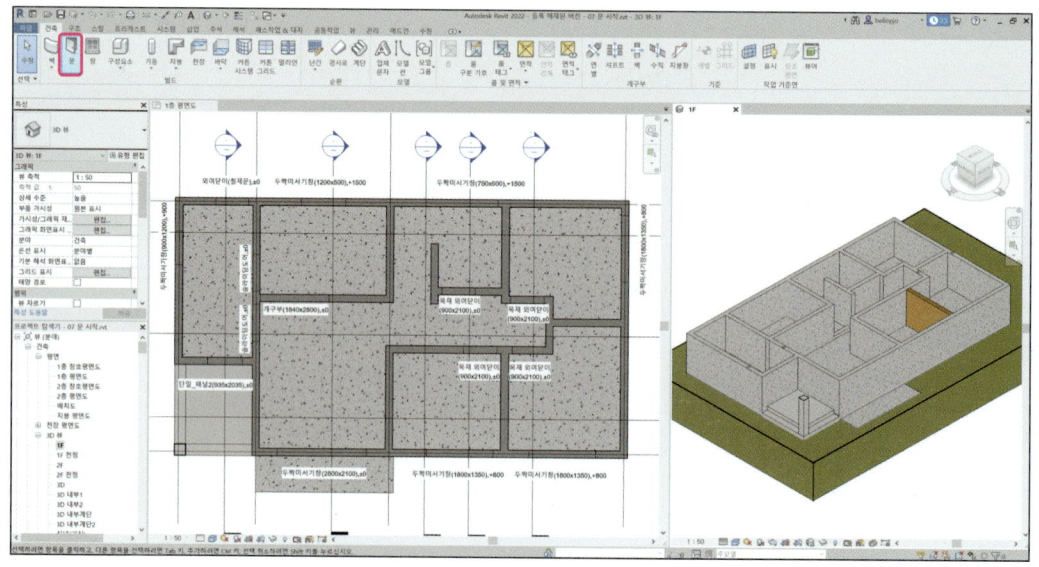

3. 평면도의 왼쪽 하단의 현관 부분에 '단일_패널 2(935x2035)' 문을 만들겠습니다. 특성창의 유형은 '단일_패널 2 W935*H2035'를 선택하고, '구속조건'의 '씰 높이'는 '0'을 입력합니다. 1층 평면도 뷰에서 벽에 마우스를 가까이 하면 문의 위치와 방향이 마우스의 움직임에 따라 미리보기가 변화되는 것을 확인합니다.

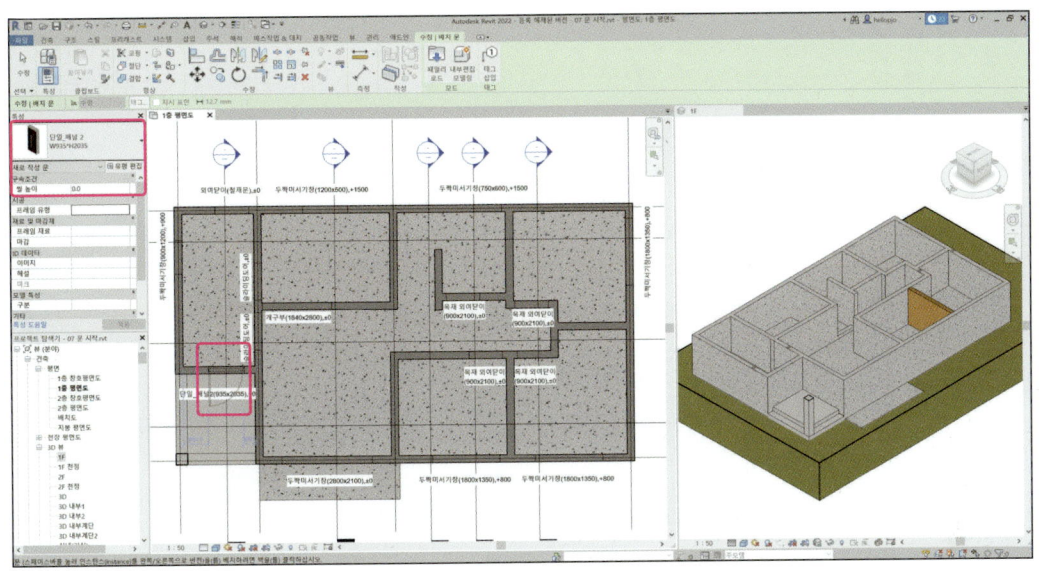

4. 원하는 위치와 방향을 정해 클릭하면 문이 생성됩니다. 생성된 문에 표기된 파란색 화살표 버튼을 누르면 문의 방향이 벽체를 중심으로 대칭 형태로 전환되거나, 열림 방향이 좌—우로 전환됩니다. 키보드의 Esc 키를 눌러 문 생성 상태를 해제합니다.

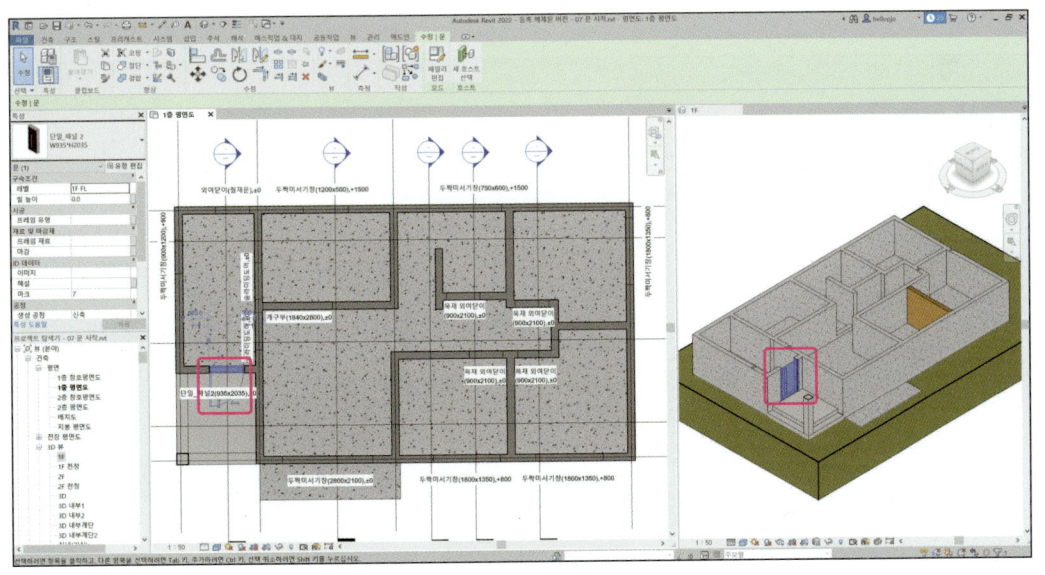

4 주택 만들기 실습 **301**

5. 평면도의 왼쪽 상단의 다용도실 부분에 '외여닫이(철재문)' 문을 만들겠습니다. 키보드에 단축키 D R 을 입력해 문 생성 기능을 활성화합니다. 특성창의 유형은 '여닫이 문 – 외여닫이(철재문)'를 선택하고, '구속조건'의 '씰 높이'는 '0'을 입력합니다. 원하는 위치와 방향을 정해 클릭하면 문이 생성됩니다.

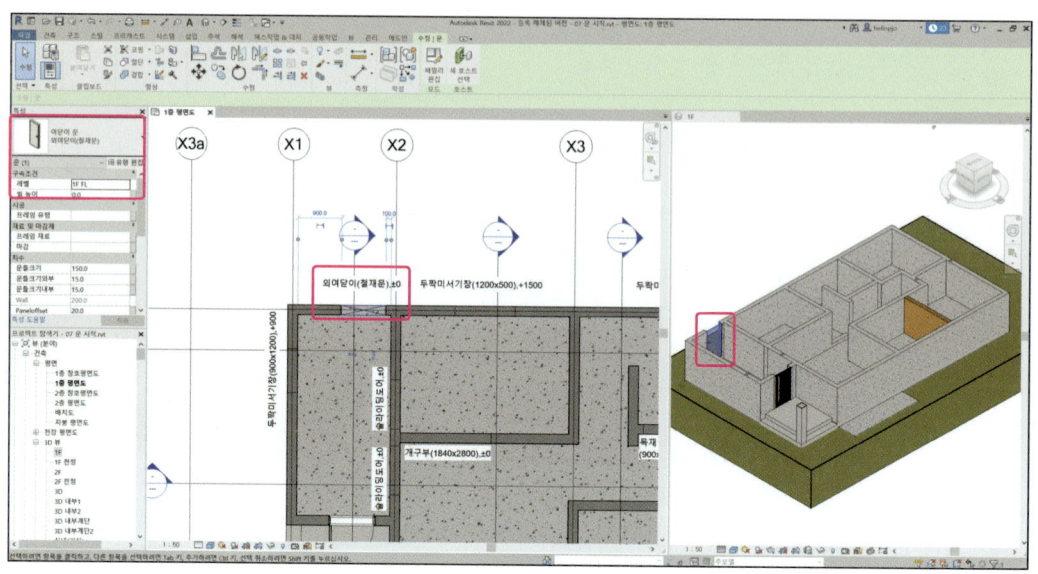

6. 현관과 거실 사이에 '슬라이딩도어' 문을 만들겠습니다. 키보드에 단축키 D R 을 입력해 문 생성 기능을 활성화합니다. 특성창의 유형은 '문집도어 – 슬라이딩도어'를 선택하고, '구속조건'의 '씰 높이'는 '0'을 입력합니다. 원하는 위치와 방향을 정해 클릭하면 문이 생성됩니다. 동일하게 반복해 2개의 슬라이딩도어를 만듭니다.

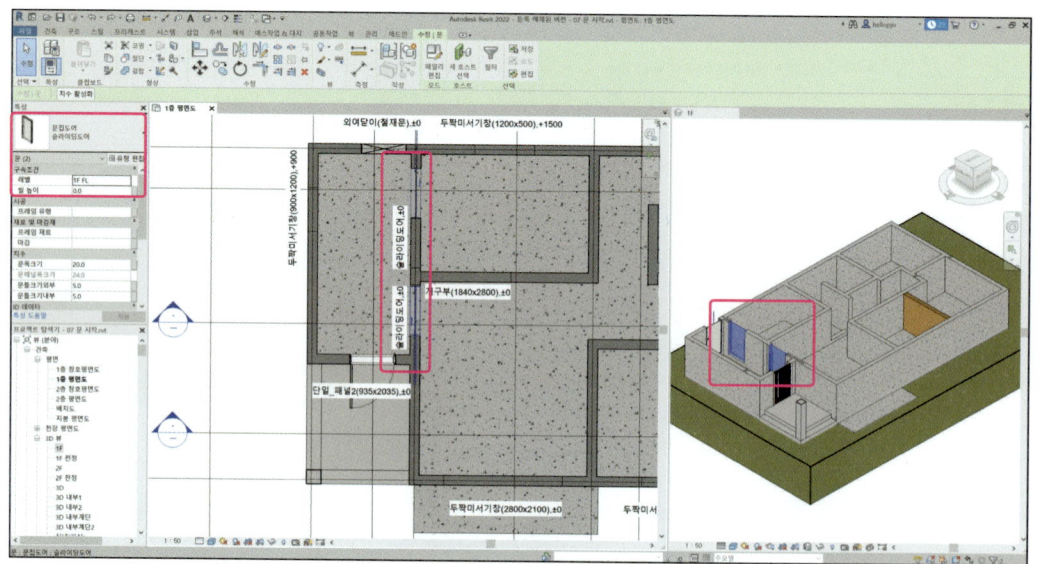

7. 문의 위치를 이동하려면 문을 선택하고 리본 메뉴의 '수정' 탭에서 '이동'을 선택합니다. 이동 경로를 설정하기 위해 기존의 위치 지점(A)을 먼저 클릭으로 선택하고 이동시키려고 하는 목적지 지점(B)을 다음 클릭으로 지정합니다.

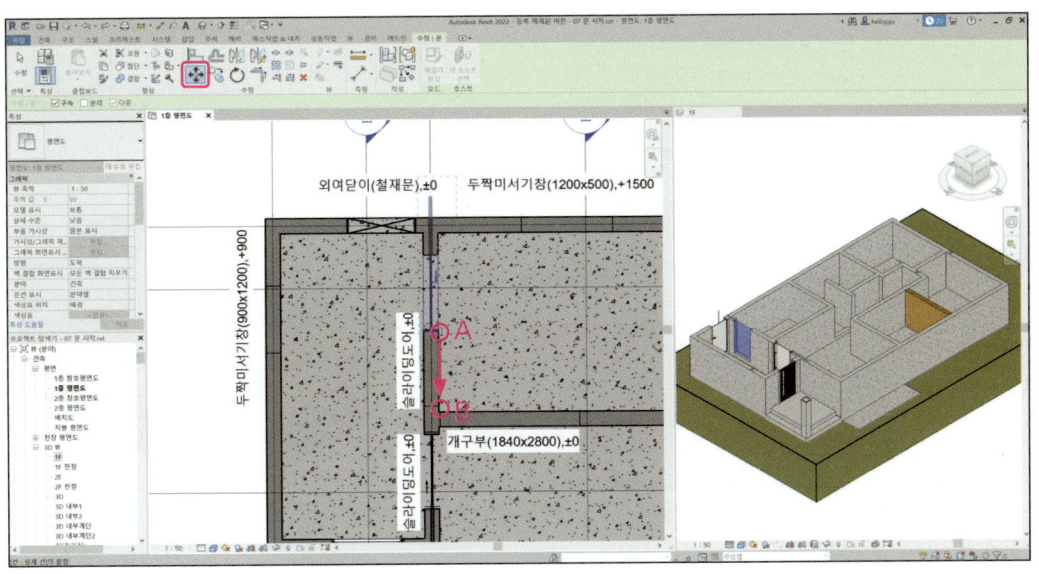

8. 문의 위치가 이동된 것을 확인할 수 있습니다.

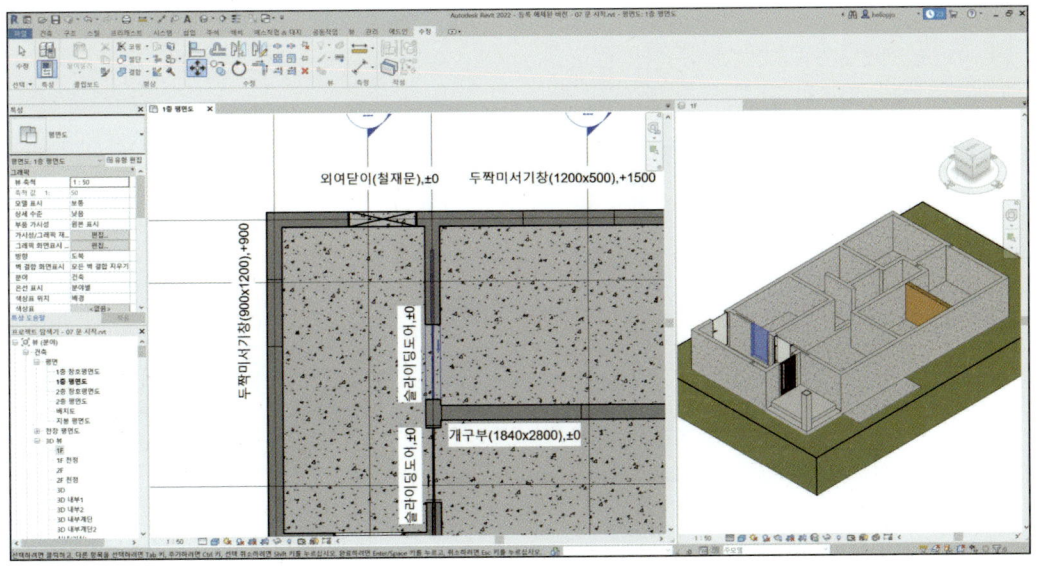

4 주택 만들기 실습 **303**

9. 복도와 방 사이에 '목재 외여닫이' 문을 만들겠습니다. 리본 메뉴의 '건축' 탭에서 '문'을 선택합니다. 특성창의 유형은 '목재 외여닫이문 – 0900×2100mm'를 선택하고, '구속조건'의 '씰 높이'는 '0'을 입력합니다. 원하는 위치와 방향을 정해 클릭하면 문이 생성됩니다.

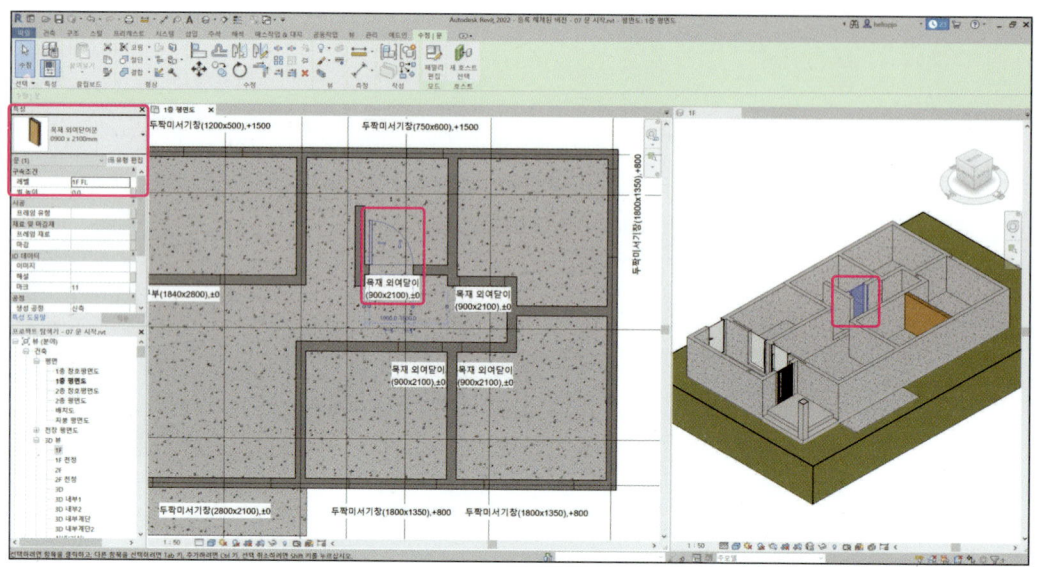

10. 동일하게 3번 반복해 총 4개의 목재 외여닫이 문을 만듭니다.

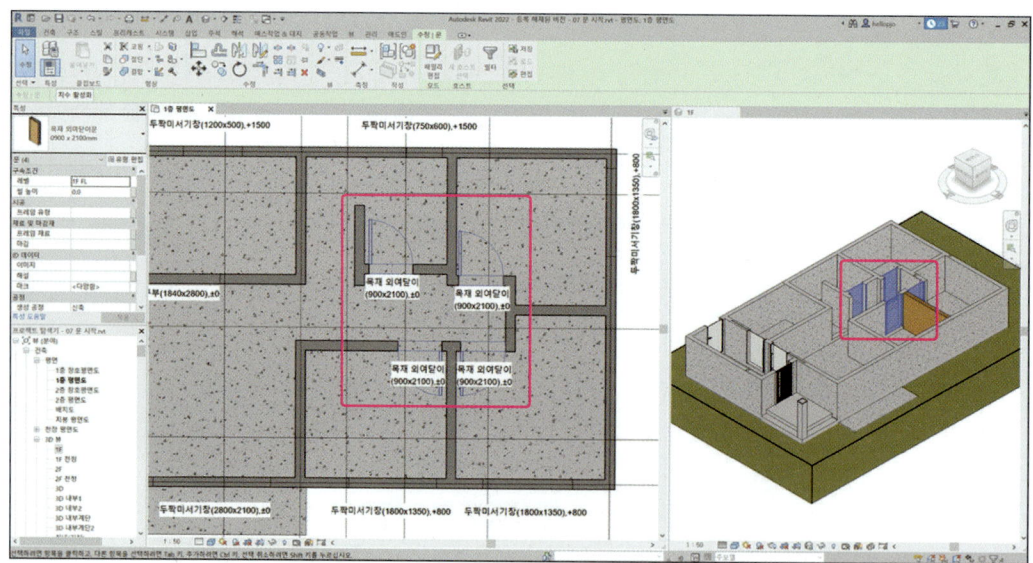

4.10. 창 만들기

1. Sample 폴더 내부의 '08 창 시작.rvt' 파일을 엽니다. 프로젝트 탐색기에서 뷰 – 건축 – 평면 – 1층 평면도를 더블클릭해 1층 평면도 뷰를 활성화합니다. 기본 3D 뷰는 닫고 3D 뷰의 '1F'를 추가로 활성화해 두 개의 뷰가 활성화된 상태에서 리본 메뉴의 뷰 – 타일 뷰를 눌러 두 개의 뷰를 정렬합니다. 두 개의 뷰 사이의 경계 부분을 선택해 드래그하면 뷰의 크기를 조절할 수 있습니다.

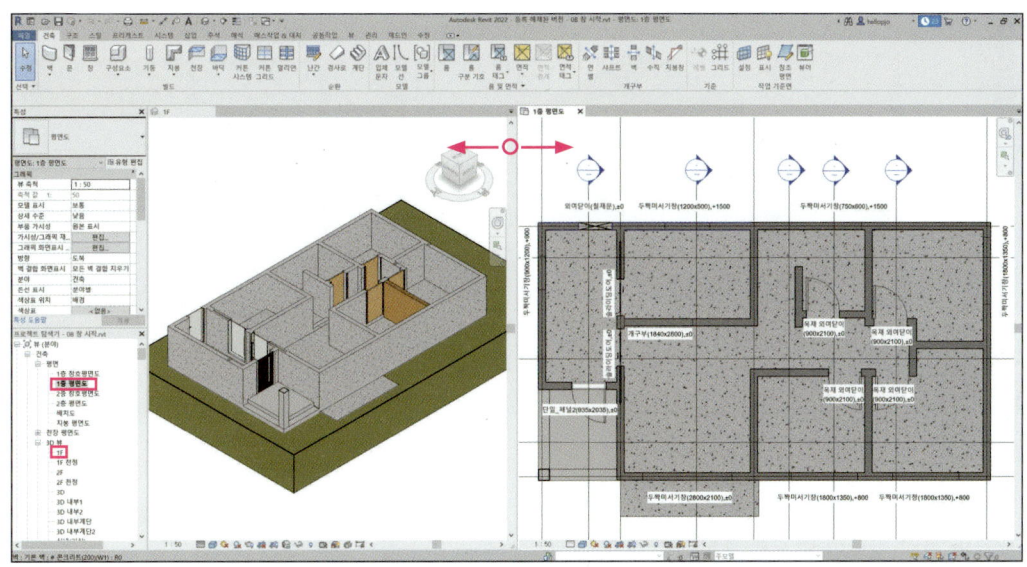

2. 1층 평면도 뷰에 주석으로 입력되어있는 문 정보와 문 위치를 이용해 창문을 생성하겠습니다. 1층 평면도 뷰에서 리본 메뉴의 '건축' 탭에서 '창'을 선택합니다.

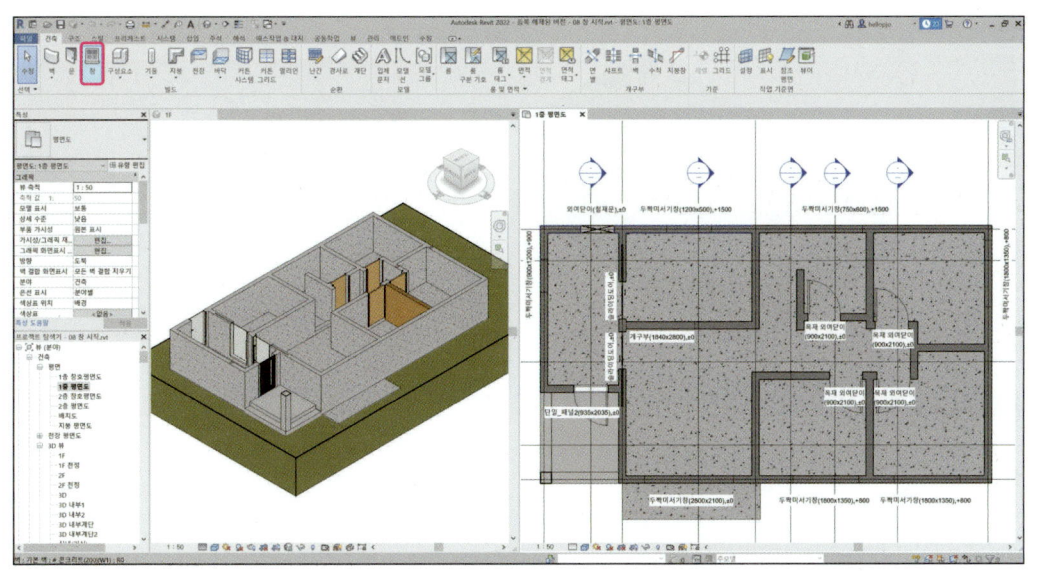

3. 평면의 X1 축열의 '두짝 미서기창'을 만들겠습니다. 특성창의 유형은 '두짝 미서기창(알루미늄) 900×600'을 선택하고, '구속조건'의 '씰 높이'는 '900'을 입력합니다. 1층 평면도 뷰에서 벽에 마우스를 가까이 하면창의 위치와 방향을 마우스의 움직임에 따라 미리보기가 변화되는 것을 확인합니다.

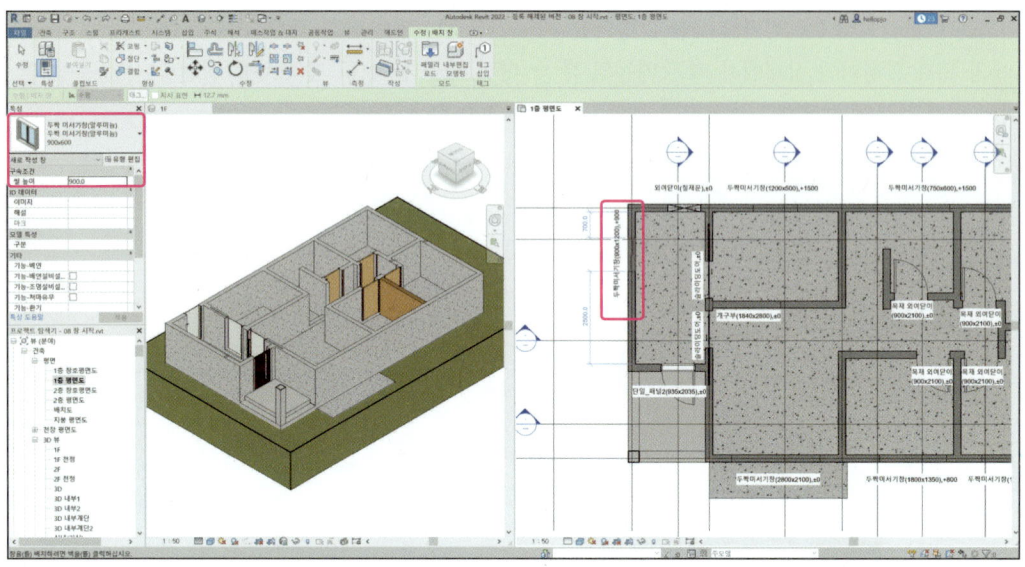

4. 원하는 위치와 방향을 정해 화면에 클릭하면 창이 생성됩니다. 생성된 창에 표기된 파란색 화살표 버튼을 누르면 창의 방향이 벽체를 중심으로 대칭 형태로 전환되거나 좌—우로 전환됩니다.

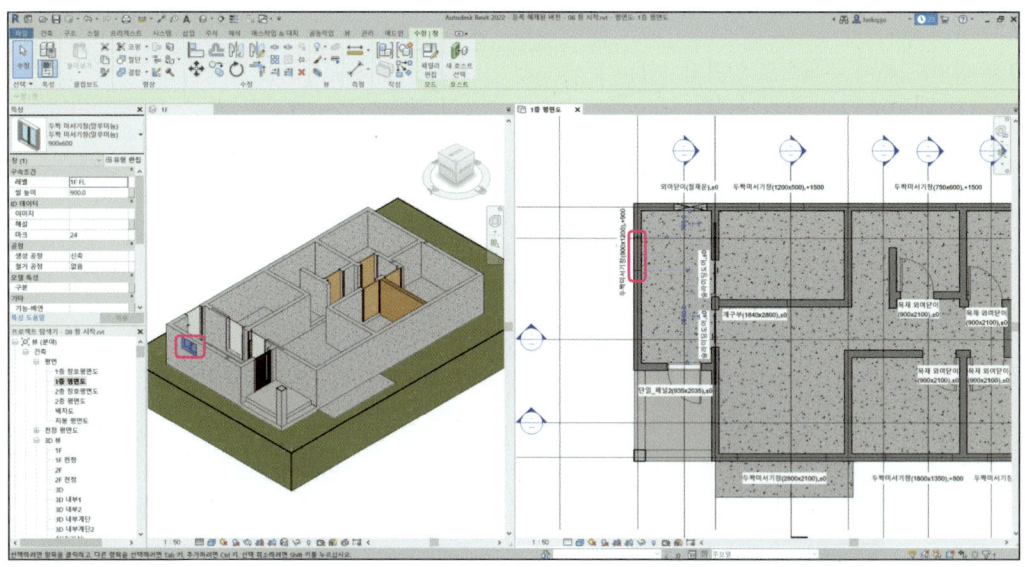

5. 평면의 상부 X2와 X3 축열 사이에 '두짝 미서기창'을 만들겠습니다. 리본 메뉴에서 '건축' – '창'을 선택합니다. 특성창의 유형은 '두짝 미서기창(알루미늄) 1200×500'을 선택하고, '구속조건'의 '씰 높이'는 '1500'을 입력합니다. 1층 평면도 뷰에서 창의 위치와 방향을 정해 창문이 설치될 위치를 클릭합니다. 창이 생성된 것을 3D 뷰와 평면뷰에서 확인할 수 있습니다.

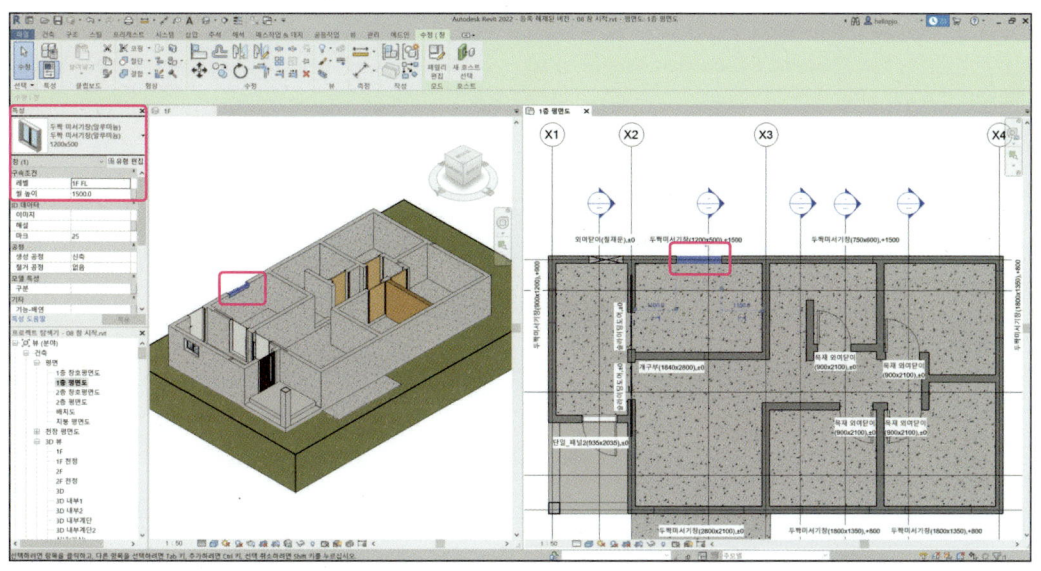

6. 평면의 상부 X3과 X4 축열 사이에 '두짝 미서기창'을 만들겠습니다. 리본 메뉴에서 '건축' – '창'을 선택합니다. 특성창의 유형은 '두짝 미서기창(알루미늄) 750×600'을 선택하고, '구속조건'의 '씰 높이'는 '1500'을 입력합니다. 1층 평면도 뷰에서 창의 위치와 방향을 정해 창문이 설치될 위치를 클릭합니다. 창이 생성된 것을 3D 뷰와 평면뷰에서 확인할 수 있습니다.

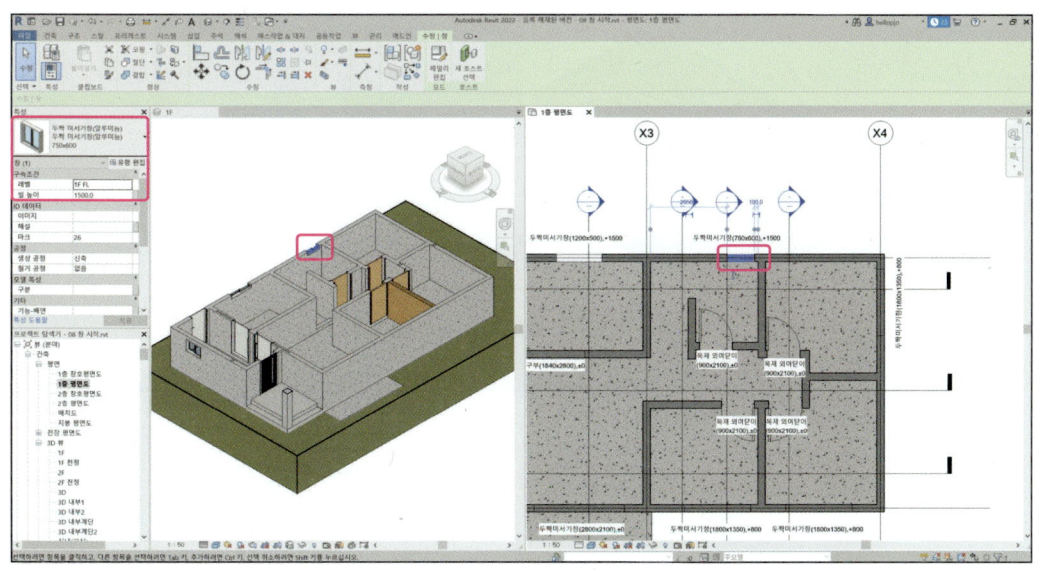

7. 평면의 우측 벽과 하단 벽의 '두짝 미서기창'을 만들겠습니다. 리본 메뉴에서 '건축' – '창'을 선택합니다. 특성창의 유형은 '두짝 미서기창(알루미늄) 1800×1350'을 선택하고, '구속조건'의 '씰 높이'는 '800'을 입력합니다. 1층 평면도 뷰에서 창의 위치와 방향을 정해 창이 설치될 위치를 클릭합니다.

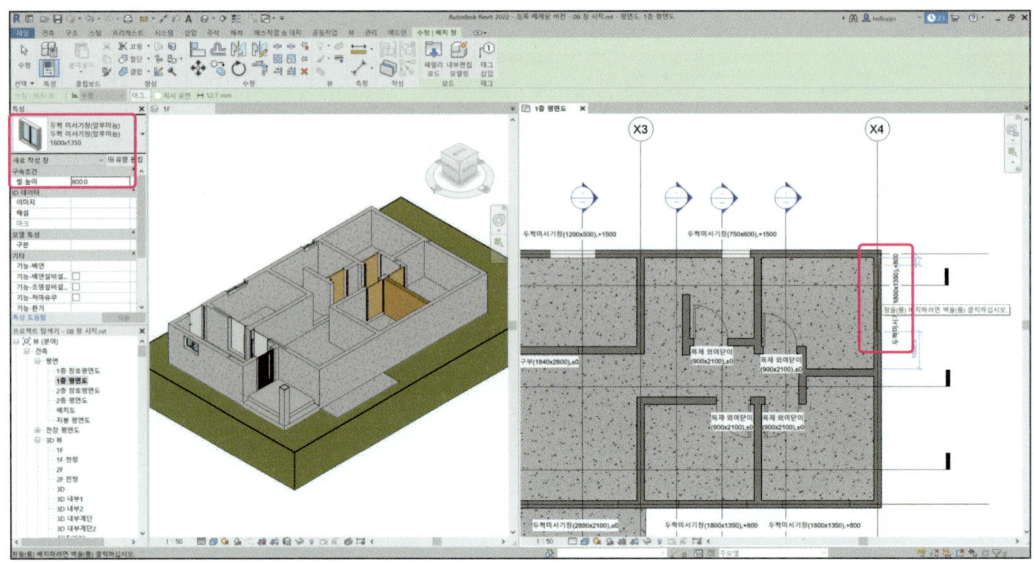

8. 창이 생성된 것을 3D 뷰와 평면뷰에서 확인할 수 있습니다. 동일하게 2개의 창을 더 생성합니다.

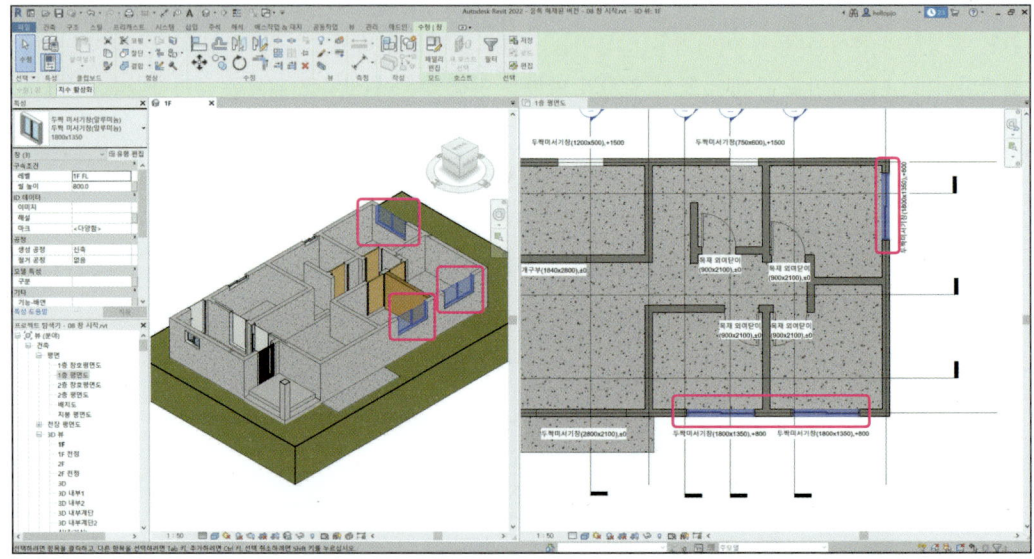

9. 1F 뷰에서 프로젝트 탐색기에서 '뷰' - '건축' - '3D 뷰' - '2F'를 더블클릭해 활성화합니다. 1층 평면도 뷰에서 프로젝트 탐색기에서 '뷰' - '건축' - '평면' - '2층 평면도'를 더블클릭해 활성화합니다.

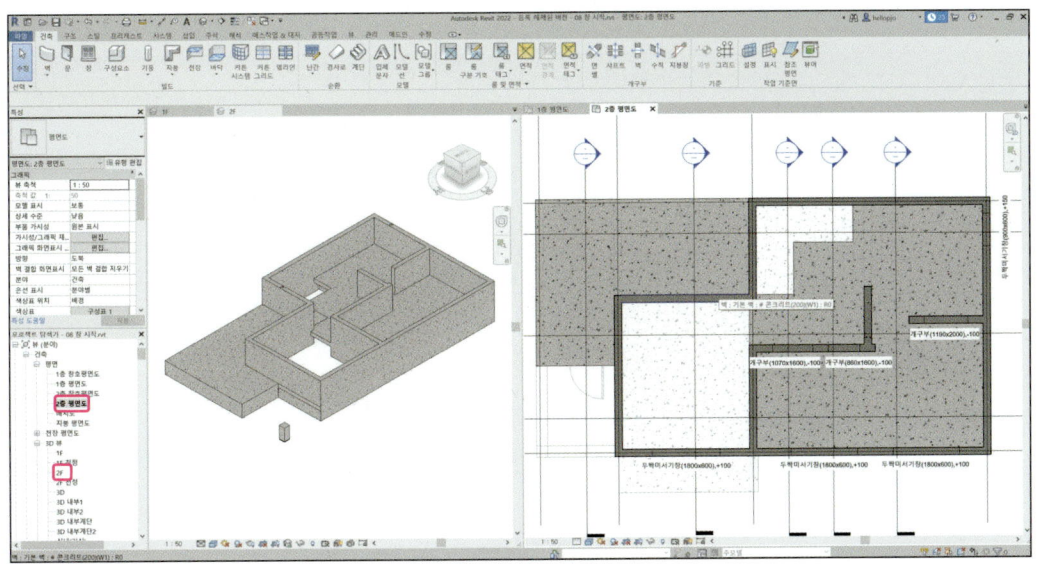

10. 2층 평면의 우측 벽 부분 '두짝 미서기창'을 만들겠습니다. 리본 메뉴에서 '건축' - '창'을 선택합니다. 특성창의 유형은 '두짝 미서기창(알루미늄) 900×600'을 선택하고, '구속조건'의 '씰 높이'는 '150'을 입력합니다. 2층 평면도 뷰에서 창의 위치와 방향을 정해 창이 설치될 위치를 클릭합니다. 창이 생성된 것을 3D 뷰와 평면뷰에서 확인할 수 있습니다.

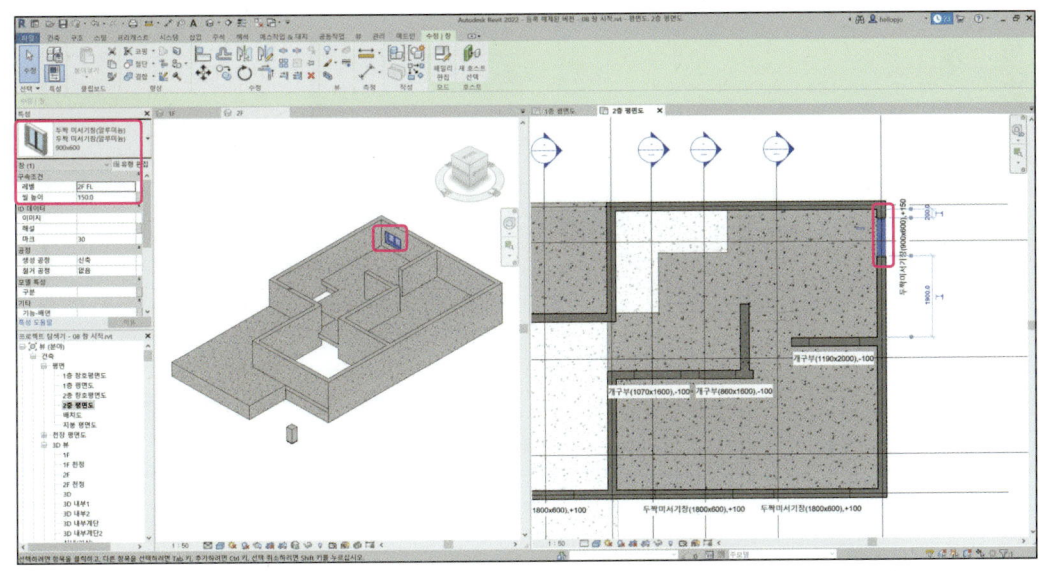

4 주택 만들기 실습 309

11. 2층 평면의 아래쪽 벽 부분 '두짝 미서기창'을 만들겠습니다. 리본 메뉴에서 '건축' – '창'을 선택합니다. 특성창의 유형은 '두짝 미서기창(알루미늄) 1800×600'을 선택하고, '구속조건'의 '씰 높이'는 '100'을 입력합니다. 2층 평면도 뷰에서 창의 위치와 방향을 정해 창이 설치될 위치를 클릭합니다.

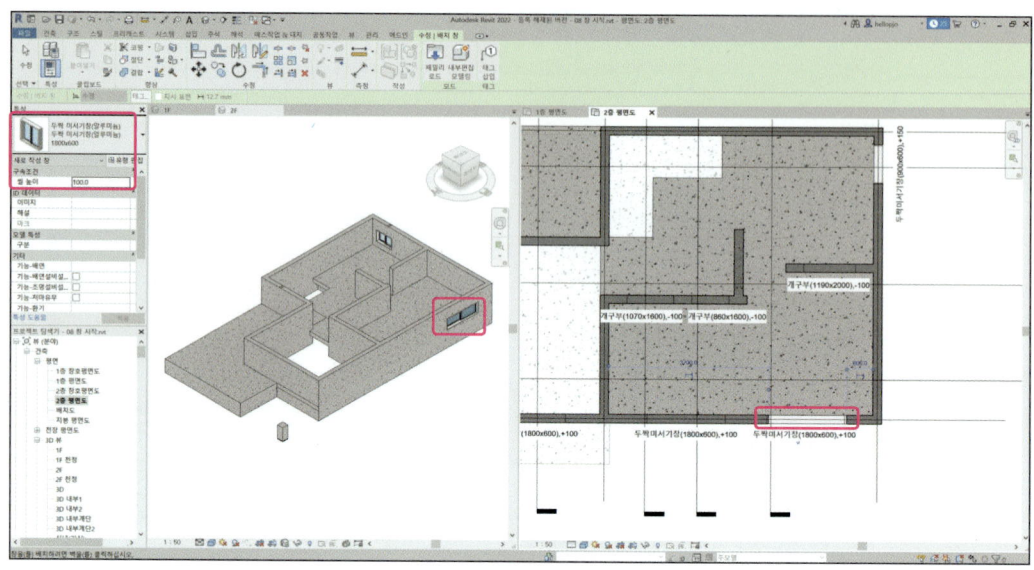

12. 창이 생성된 것을 3D 뷰와 평면뷰에서 확인할 수 있습니다. 나머지 2개의 창도 완성합니다.

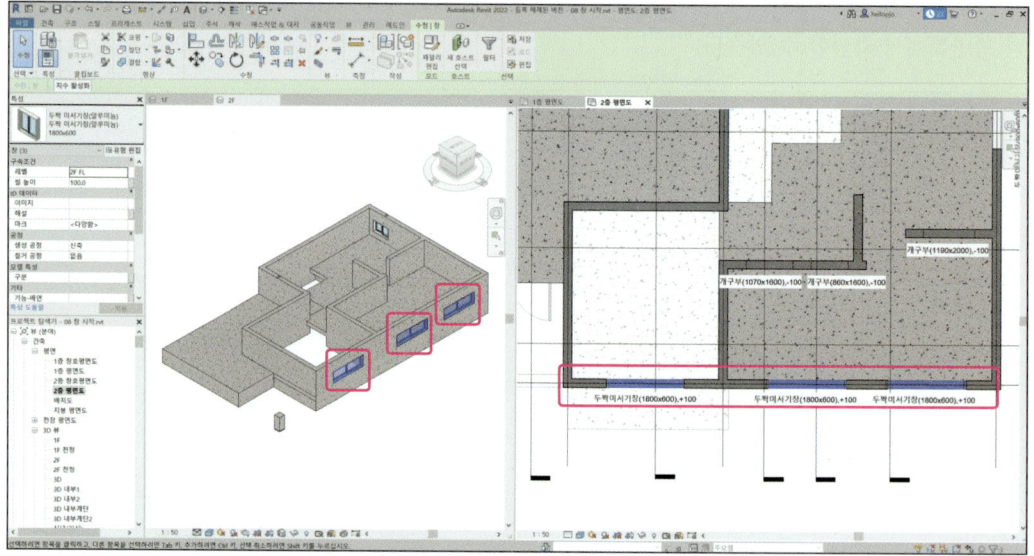

4.11. 개구부 만들기

1. Sample 폴더 내부의 '09 개구부 시작.rvt' 파일을 엽니다. 프로젝트 탐색기에서 뷰 – 건축 – 평면 – 1층 평면도를 더블클릭해 1층 평면도 뷰를 활성화합니다. 기본 3D 뷰는 닫고 3D 뷰의 '1F'를 추가로 활성화해 두 개의 뷰가 활성화된 상태에서 키보드에 단축키 W T 를 입력해 타일 뷰로 두 개의 뷰를 정렬합니다.

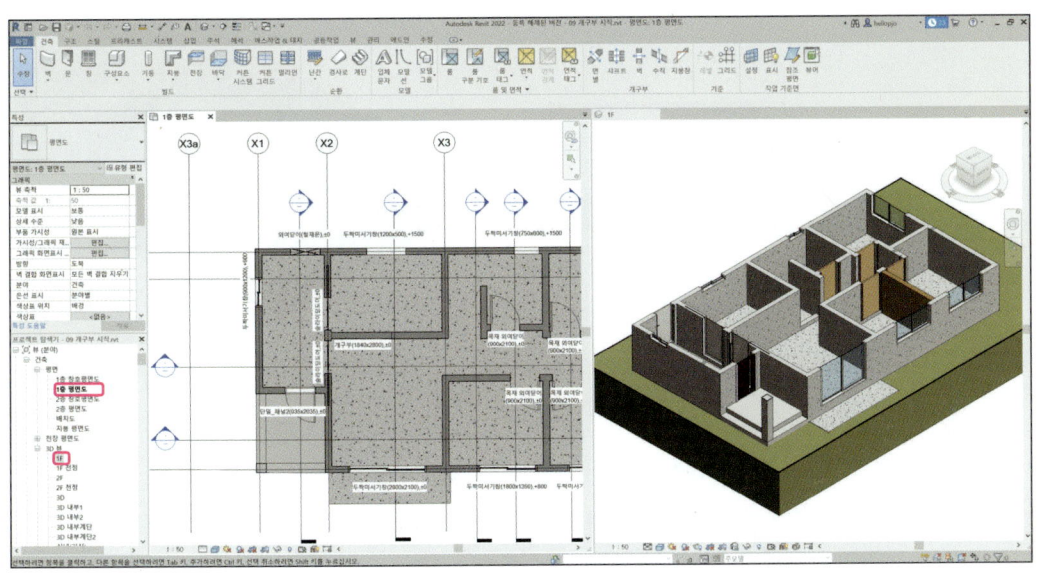

2. 1층 평면도 뷰에서 중간부분의 단면 기호를 선택합니다. 마우스 우클릭해 '뷰로 이동'을 선택합니다.

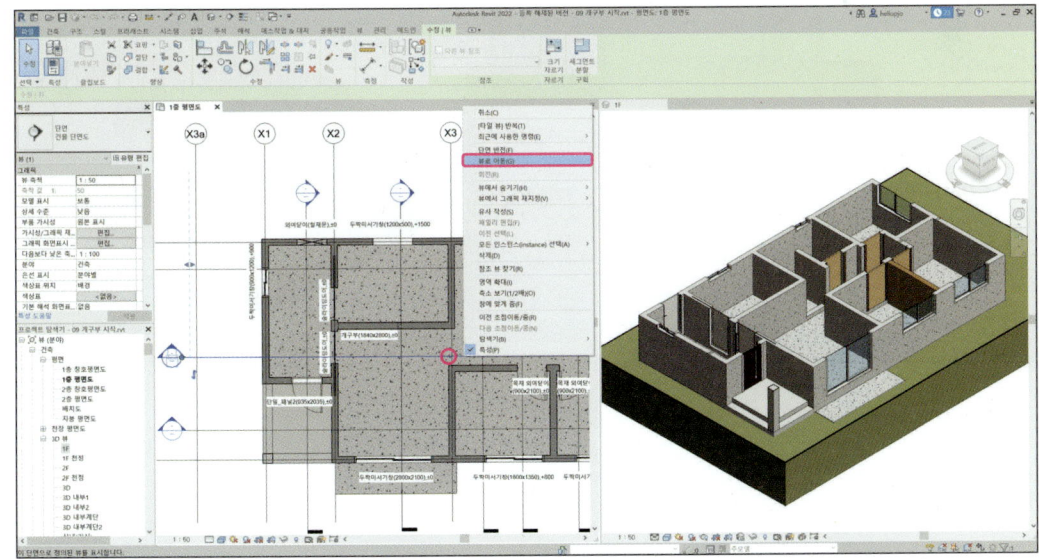

4 주택 만들기 실습 311

3. 횡단면도1 뷰가 활성화된 것을 확인할 수 있습니다.

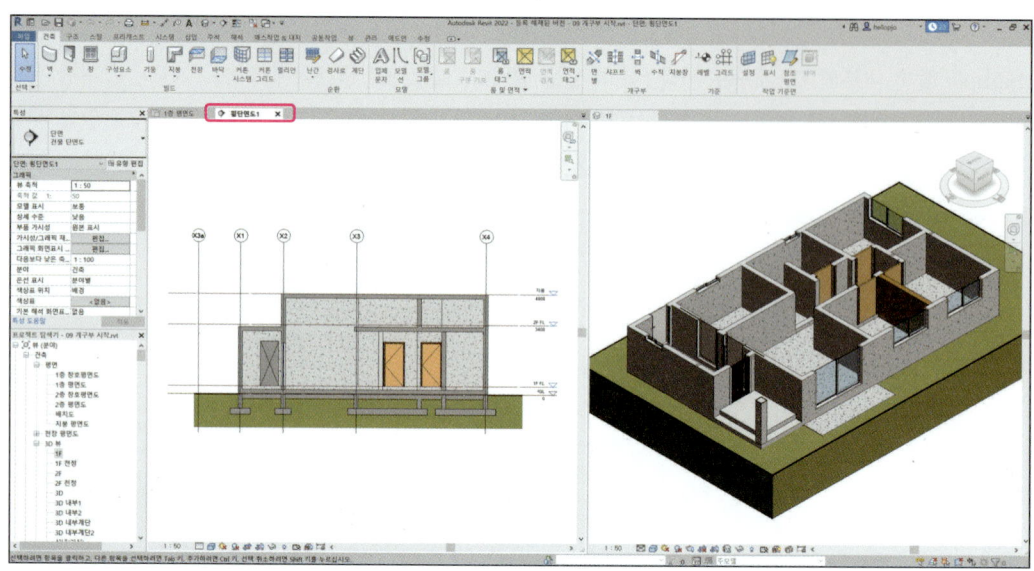

4. 리본 메뉴의 '뷰' - '타일 뷰'를 눌러 열려있는 뷰를 정렬합니다.

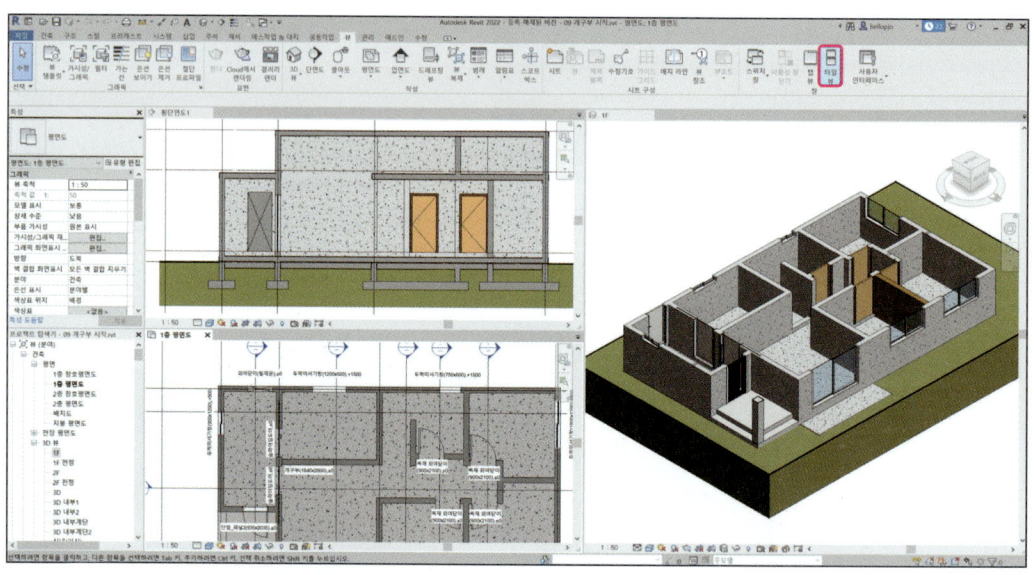

5. 횡단면도1 뷰에서 리본 메뉴의 '주석' – '상세선'을 선택합니다. A와 B점을 연결하는 선을 그립니다.

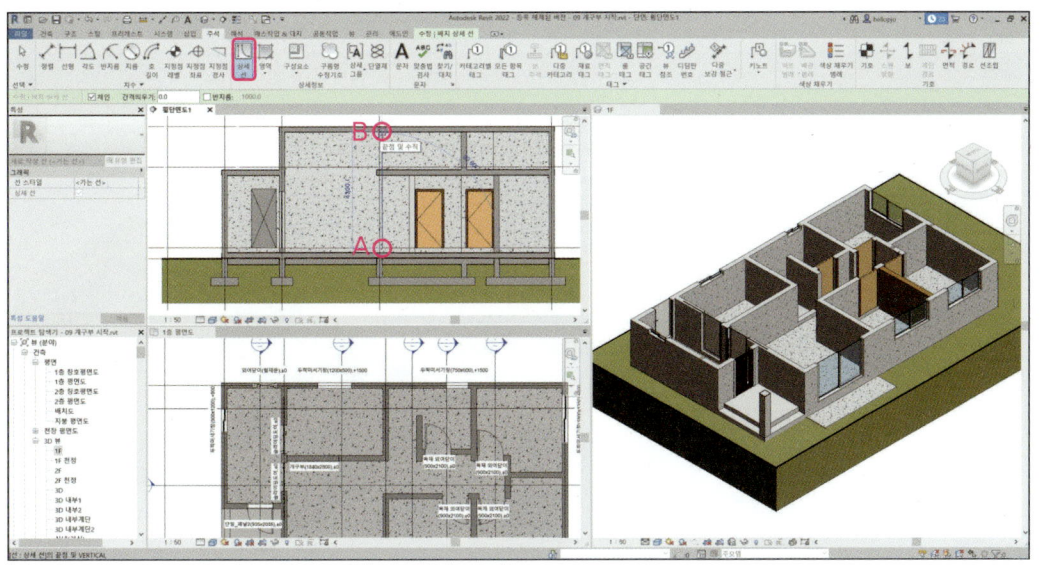

6. 생성된 선을 선택해 리본 메뉴 또는 특성창에서 '선 스타일'을 <은선>으로 변경합니다.

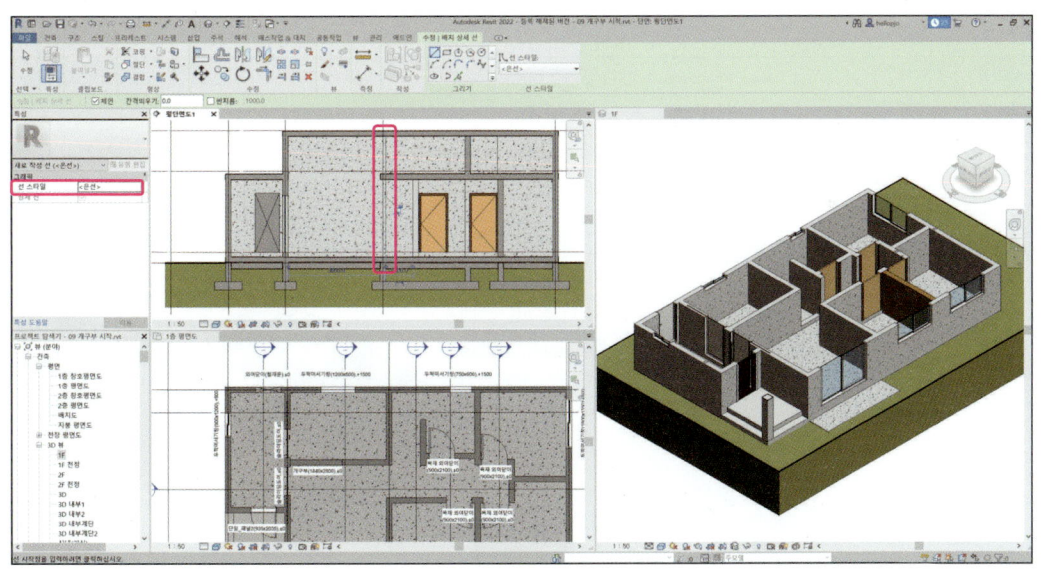

7. 선 객체를 선택한 상태에서 리본 메뉴의 '수정' 탭에서 '복사'를 선택합니다. C점을 선택하고 마우스를 좌측방향으로 이동시킨 상태에서 숫자키로 '1650'을 입력하고 Enter 키를 누릅니다.

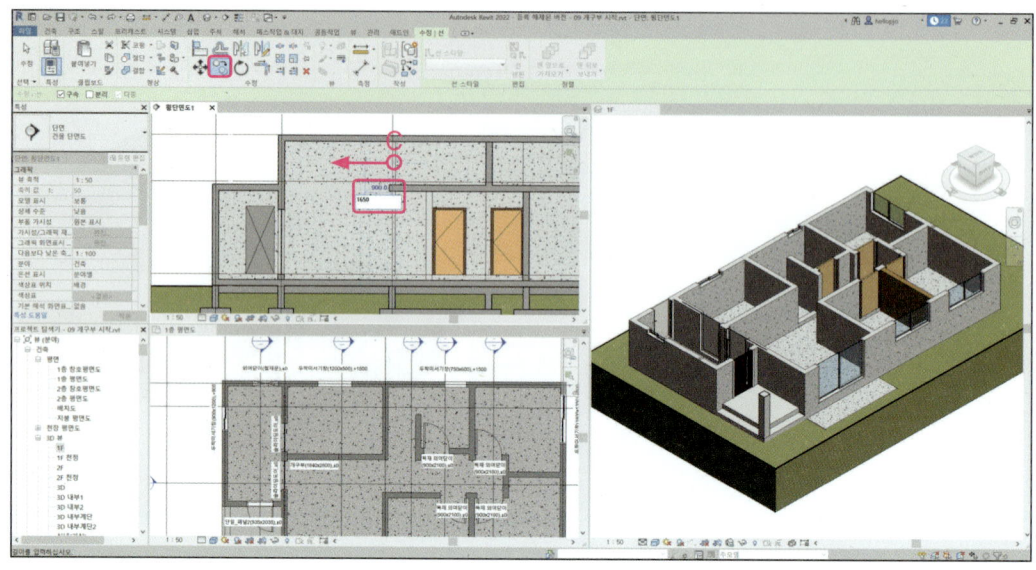

8. X3열에서 좌측으로 1650mm 떨어진 위치에 선 객체가 복사된 것을 확인합니다.

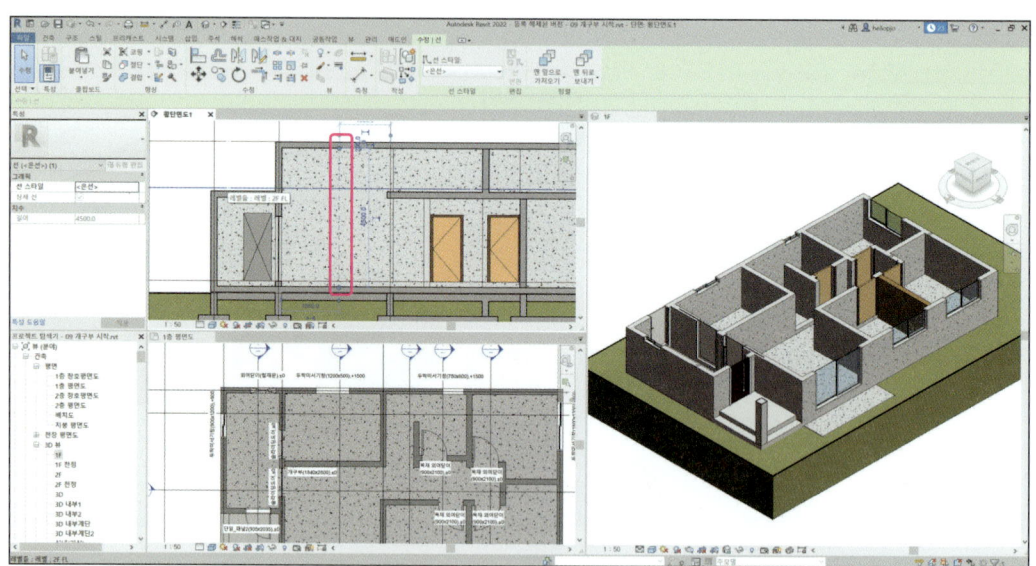

9. 리본 메뉴에서 '건축' – '개구부' – '벽'을 선택합니다.

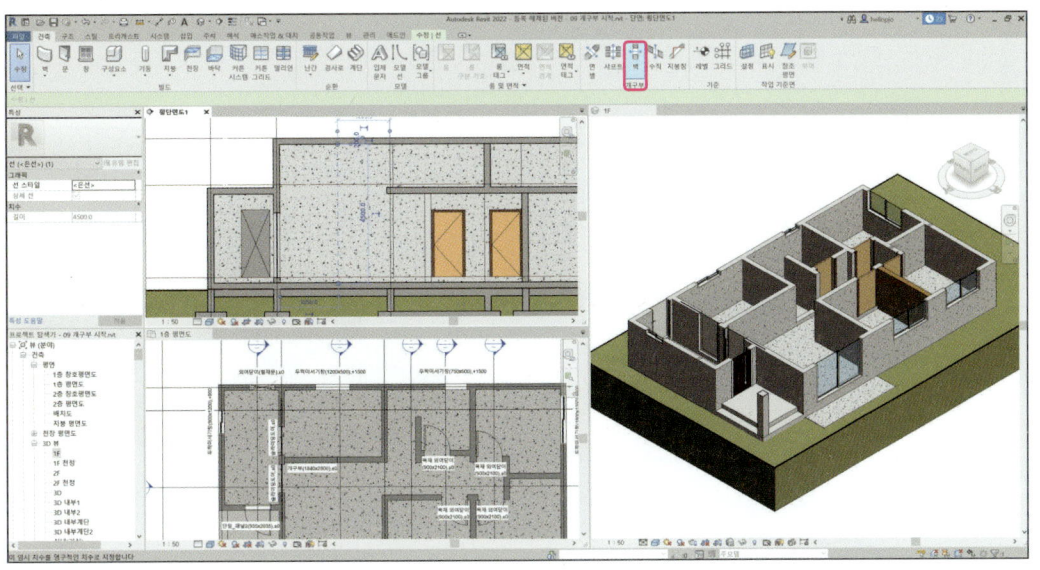

10. 1F 3D 뷰에서 화면 가운데 벽체를 선택하고, 횡단면도1 뷰에서 벽체 영역 안에 임의의 2개의 지점 (A–B)을 선택합니다.

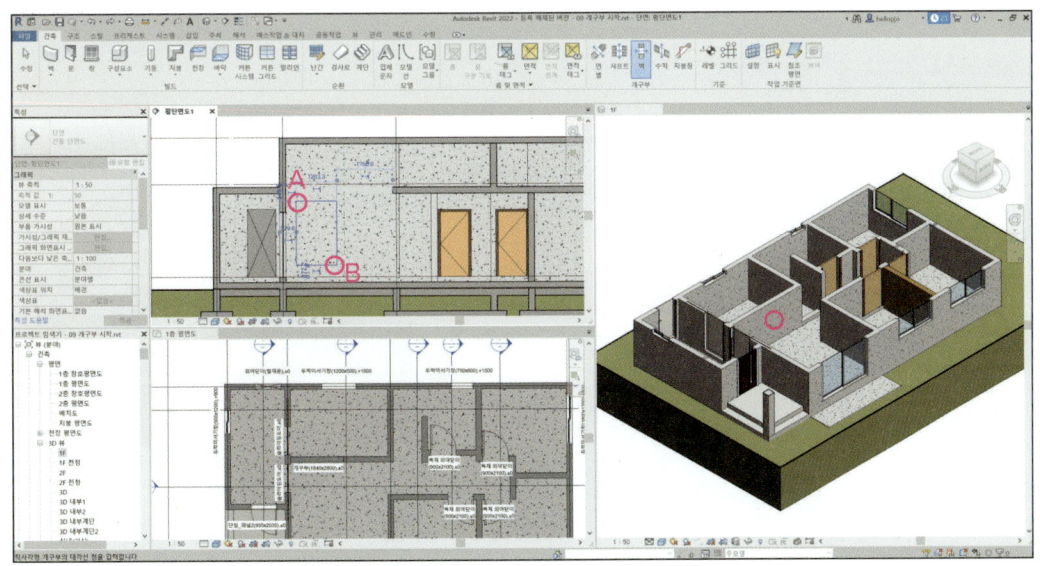

4 주택 만들기 실습 **315**

11. 선택한 벽체에 사각형 개구부가 생긴 것을 확인합니다.

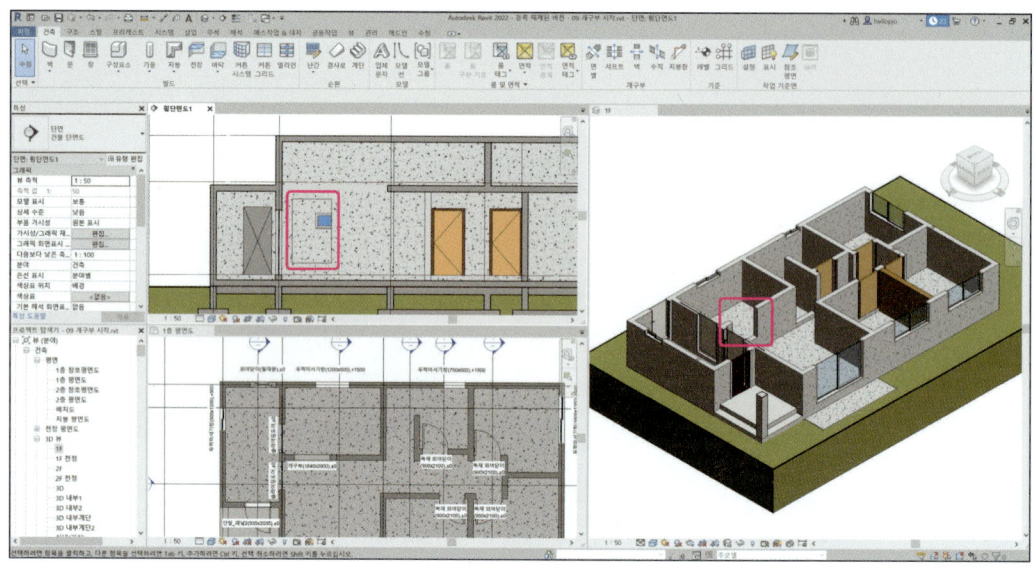

12. 개구부 객체를 선택하고, 모서리의 파란색 화살표를 선택해 우측은 복사하여 생성한 은선의 선형 객체에, 좌측은 왼쪽 벽체 끝단에 맞도록 드래그하여 조정합니다.

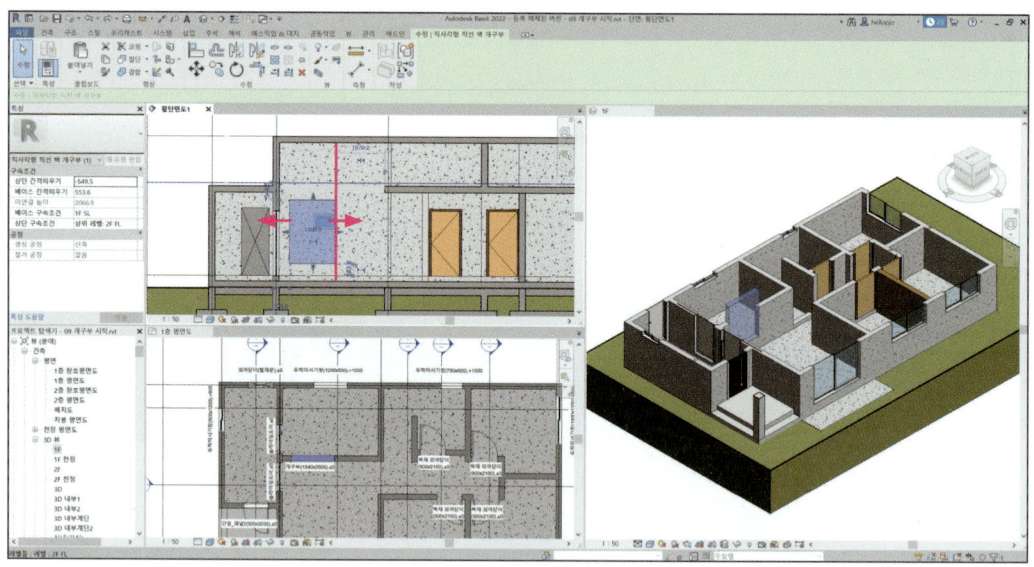

13. 개구부가 선택된 상태에서 특성창의 '상단 구속조건'을 '미연결', '베이스 구속조건'은 '1F FL'로 설정하고 '베이스 간격띄우기'는 '0', '미연결 높이'에는 '2800'을 입력하고 '적용' 버튼을 누릅니다. 폭 1840mm, 높이 2800mm의 개구부가 생성된 것을 확인합니다.

완성된 파일은 Sample 폴더 내부의 '10 창호 완성.rvt' 파일을 참조합니다.

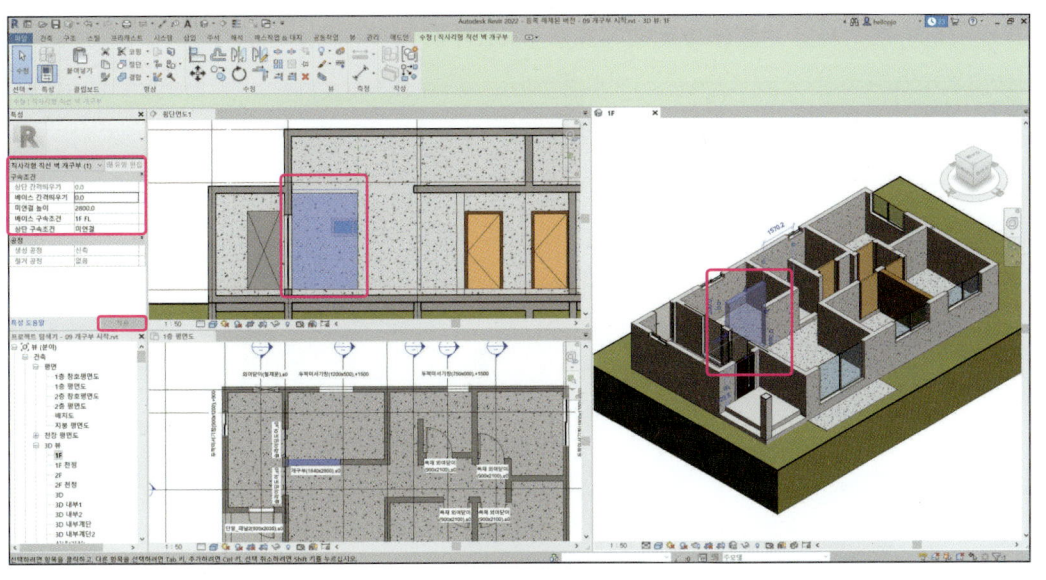

4.12. 건축 벽 만들기

Sample 폴더 내부의 '11 건축벽 시작.rvt' 파일을 엽니다. 프로젝트 탐색기에서 뷰 – 건축 – 평면 – 1층 평면도를 더블클릭해 1층 평면도 뷰를 활성화합니다. 기본 3D 뷰와 1층 평면도 뷰가 활성화된 상태에서 리본 메뉴의 뷰 – 타일 뷰를 눌러 두 개의 뷰를 정렬합니다.

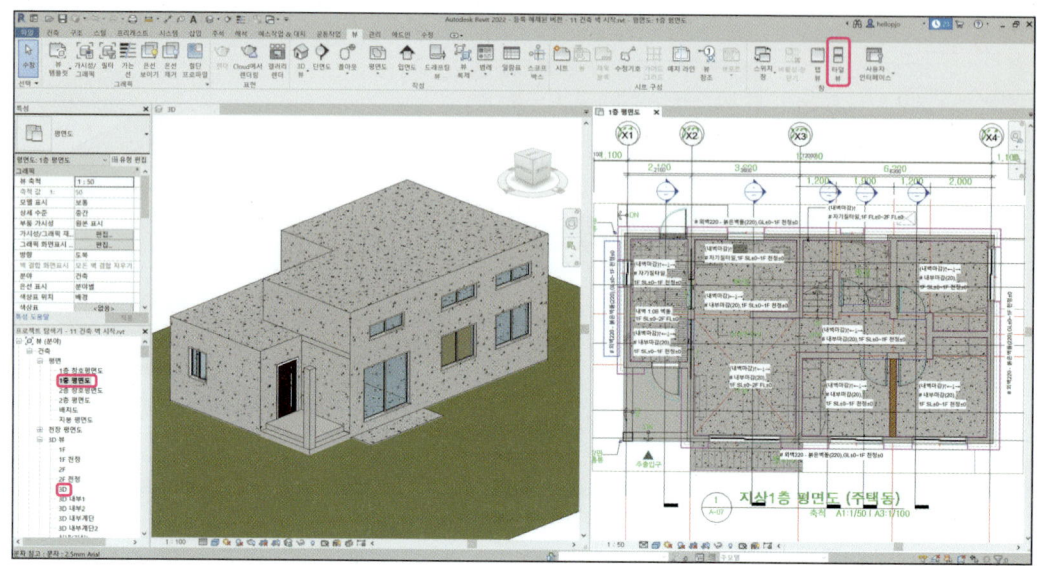

4.12.1. 1층 벽 만들기

1. 1층 평면도 뷰에서 리본 메뉴의 구조 탭의 '벽' 그룹에서 '벽: 건축'을 선택합니다.

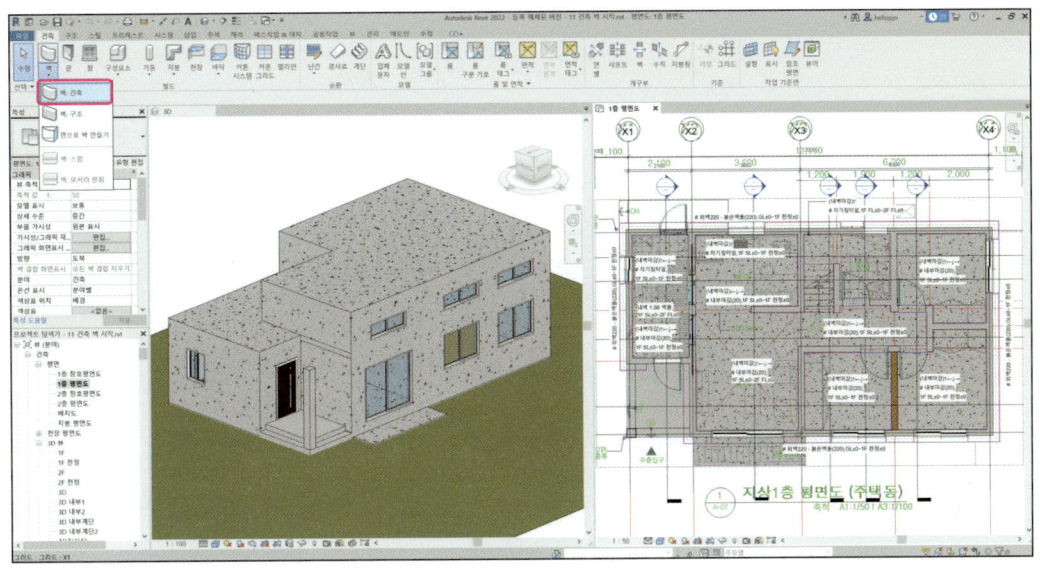

2. 먼저 도면의 평면도에서 외벽 부분 벽체를 먼저 만들겠습니다. 특성창의 유형은 '# 외벽220 − 붉은벽돌(220)', '위치선'은 '마감면:내부', '베이스 구속조건'은 '1F FL'을 선택, '베이스 간격띄우기'는 '1'을 입력, '상단 구속조건'은 '상위 레벨: 1F 천정'을 선택하고 적용을 누릅니다. 옵션막대에서 '위치선'은 '마감면:내부'로, '체인'은 체크합니다. 선형 그리기 도구를 선택해 화면의 DWG 객체를 이용해 외벽을 만듭니다. 왼쪽 상단에서 시작해 시계방향 순(A−B−C−D−E−F−A)으로 작성합니다.

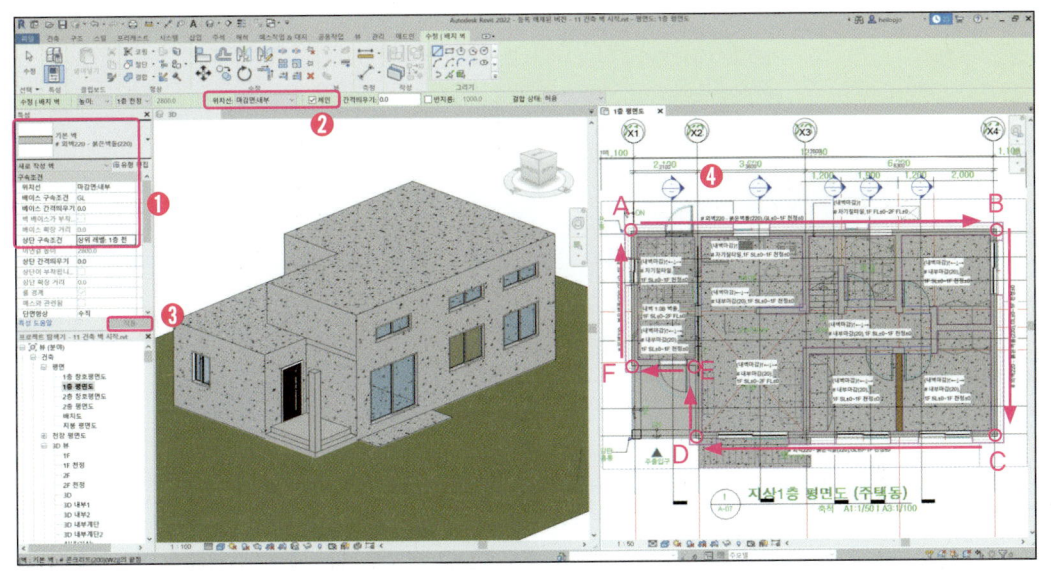

3. 평면도의 외벽 위치에 지정된 바닥 레벨과 높이를 가진 외벽이 생성된 것을 3D 뷰에서 확인할 수 있습니다.

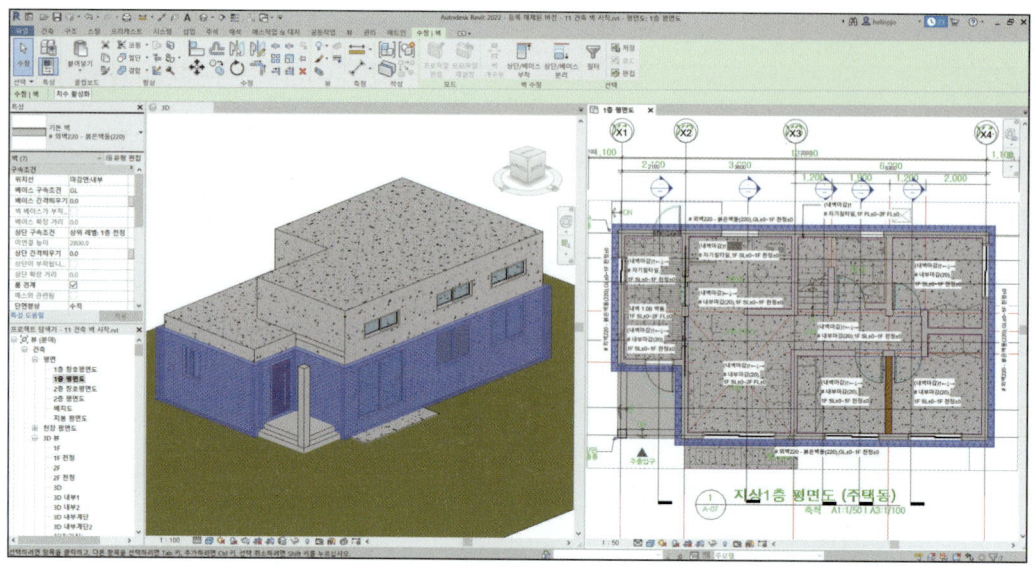

4. 구조벽에 작성된 창문이 방금 만든 건축 벽으로 인해 가려지게 됩니다. 벽 만들기 작업을 완료한 다음 기존에 생성한 창에 맞게 벽이 절단되도록 조정하도록 하겠습니다.

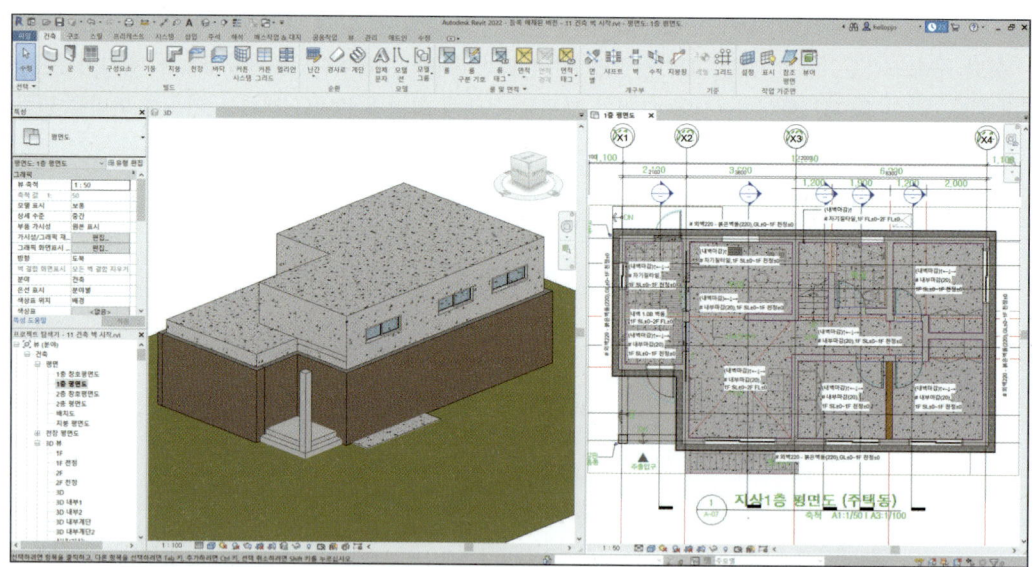

5. 다음으로 '내벽 — 1.0B 벽돌'로 표기된 벽을 생성하겠습니다. 1층 평면도 뷰에서 리본 메뉴의 구조 탭의 '벽' 그룹에서 '벽: 구조'를 선택합니다. 특성창의 유형은 '내벽 1.0B 벽돌', '위치선'은 '벽 중심선', '베이스 구속조건'은 '1F SL'을 선택, '베이스 간격띄우기'는 '0'을 입력, '상단 구속조건'은 '상위 레벨: 2F FL'을 선택합니다. 1층 평면도 뷰의 DWG 객체를 기준으로 하여 '내벽 — 1.0B 벽돌' 벽을 만듭니다.

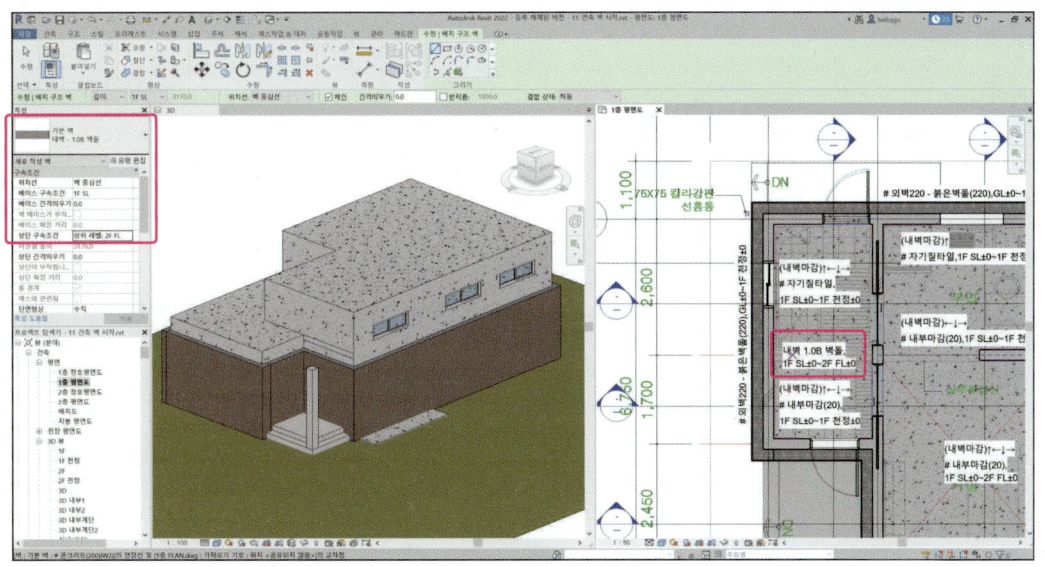

6. 평면도에서 입력한 경로에 따라 지정된 바닥 레벨과 높이를 가진 W2벽이 3D 뷰에 만들어진 것을 확인할 수 있습니다. 1층 평면도 뷰에서 방금 생성한 벽체를 절단시키는 단면 뷰 태그를 선택하고 마우스 우클릭해 '뷰로 이동'을 선택합니다.

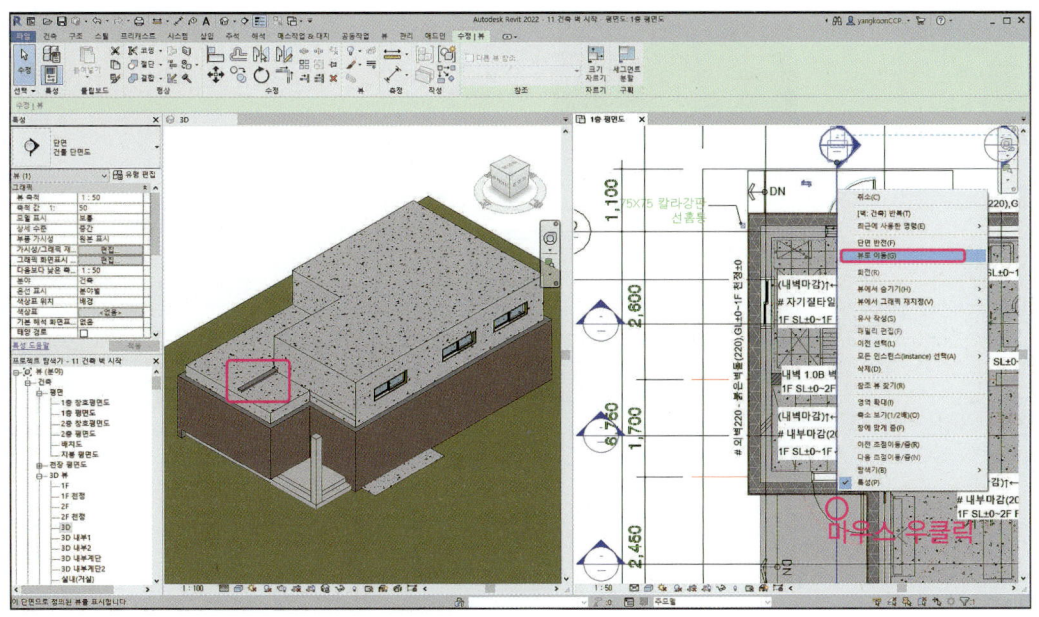

7. 방금 생성한 건축 벽이 상부 구조 바닥 위로 튀어나온 것을 종단면도1 뷰와 3D 뷰에서 확인할 수 있습니다. 상부 구조 벽체 위로 튀어나와 있는 벽체를 선택합니다. 리본 메뉴의 '수정' 탭에서 '상단/베이스 부착'을 선택한 후 3D 뷰에서 상부 구조바닥을 선택합니다.

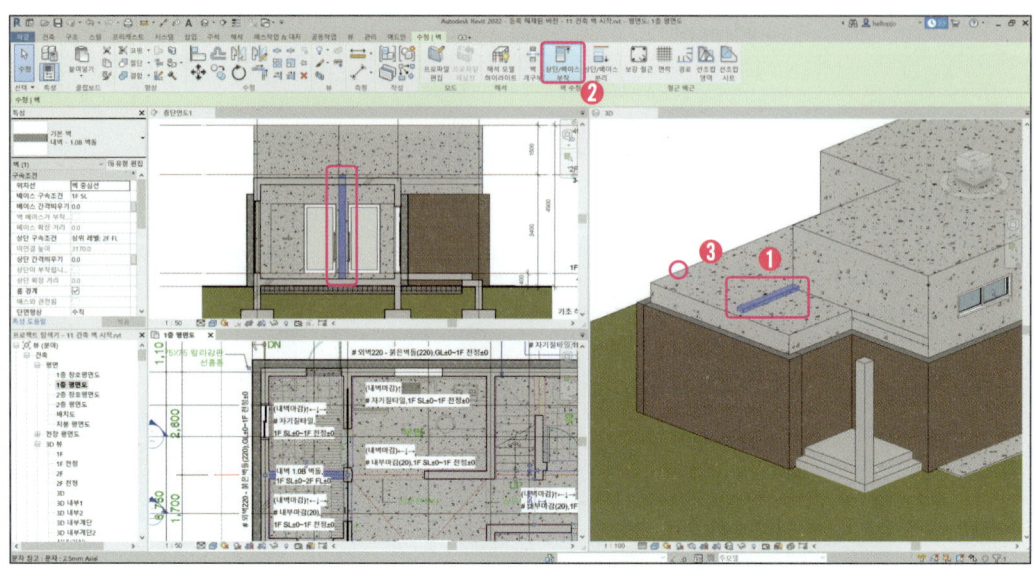

8. 건축 벽이 구조 바닥 하부에 맞게 높이가 수정된 것을 확인할 수 있습니다.

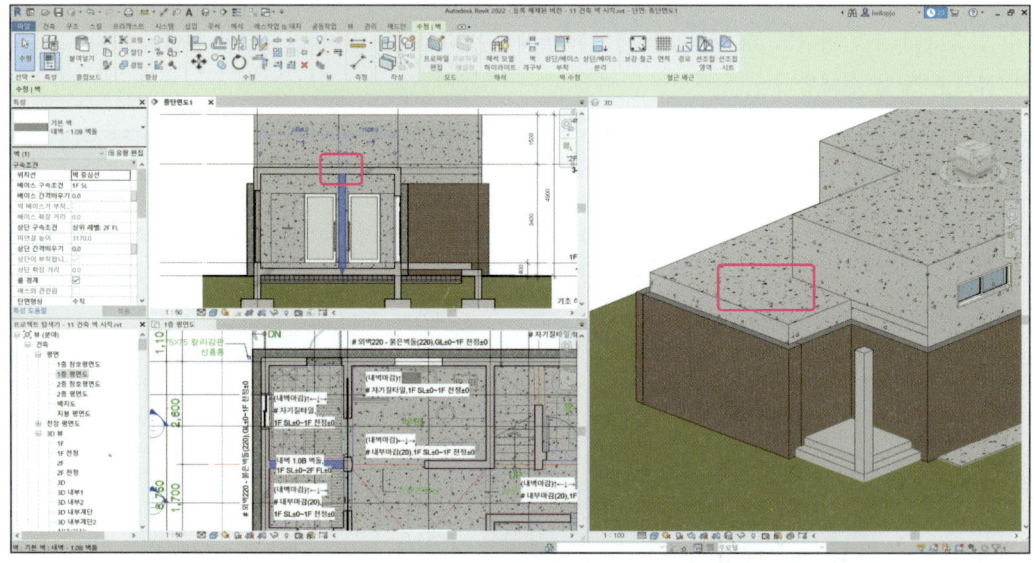

9. 횡단면도1 뷰에서 '1F' 3D 뷰를 열고 횡단면도1 뷰는 닫습니다.

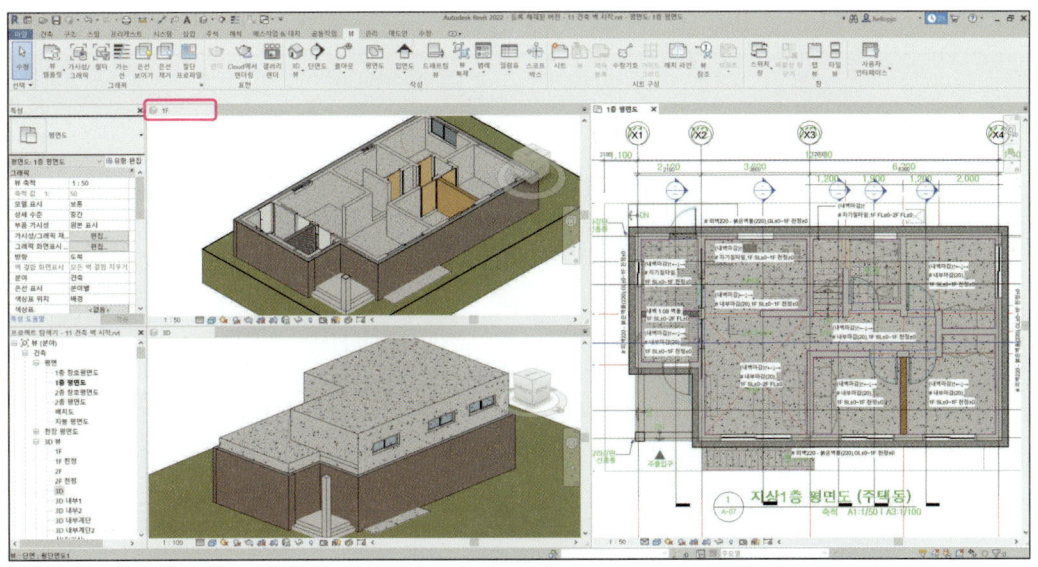

10. 다음으로 내부 마감벽을 생성하겠습니다. 1층 평면도 뷰에서 리본 메뉴의 구조 탭의 '벽' 그룹에서 '벽: 건축'을 선택합니다. 특성창의 유형은 '# 내부마감(20)', '위치선'은 '마감면:외부', '베이스 구속조건'은 '1F SL'을 선택, '베이스 간격띄우기'는 '0'을 입력, '상단 구속조건'은 '상위 레벨: 1층 천정'을 선택합니다. 옵션막대에서 '위치선'은 '마감면:외부'로, '체인'은 체크합니다. 선형 그리기 도구를 선택해 화면의 DWG 객체를 이용해 구조벽 안쪽 모서리의 교차점(A–B–C–D–A)을 순차적으로 클릭해 방 안쪽의 마감벽을 만듭니다.

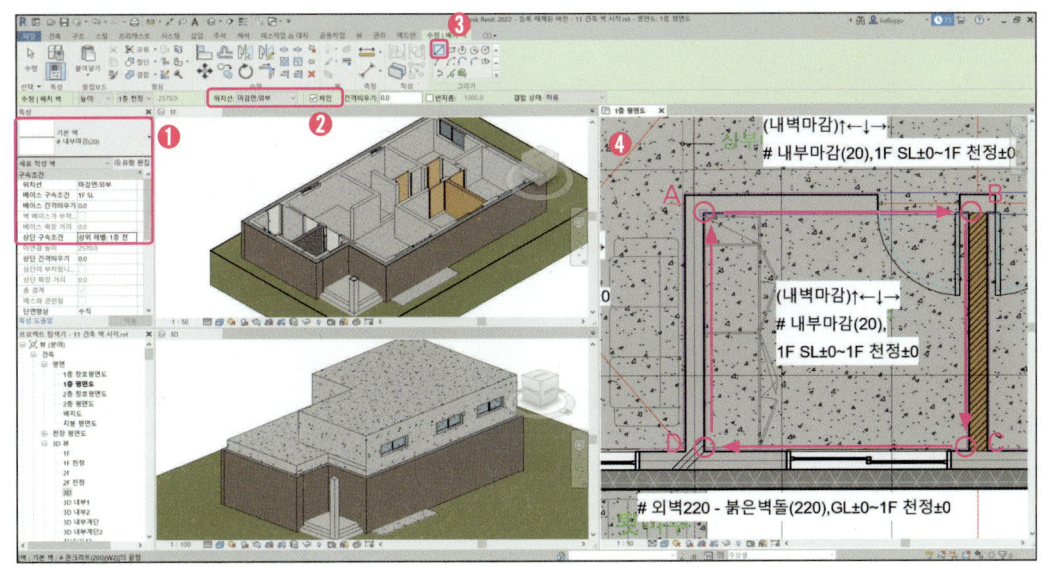

11. 3D 뷰에서 '3D 내부1' 뷰를 활성화합니다. 방 안쪽 마감벽이 천청레벨에 맞춰서 생성된 것을 확인할 수 있습니다.

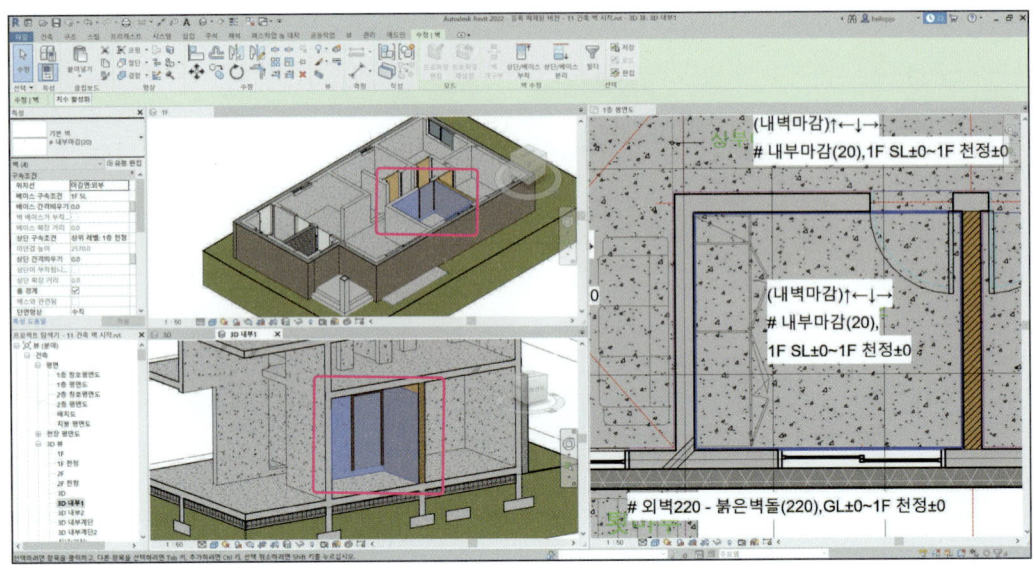

12. '1층 평면도' 뷰에서 방금 생성한 마감벽의 모서리를 확대해서 보면 서로 겹쳐 있는 형태로 보입니다. 트림 기능으로 정렬하도록 하겠습니다. 키보드에 T R 을 입력해 '코너로 자르기' 기능을 활성화합니다.

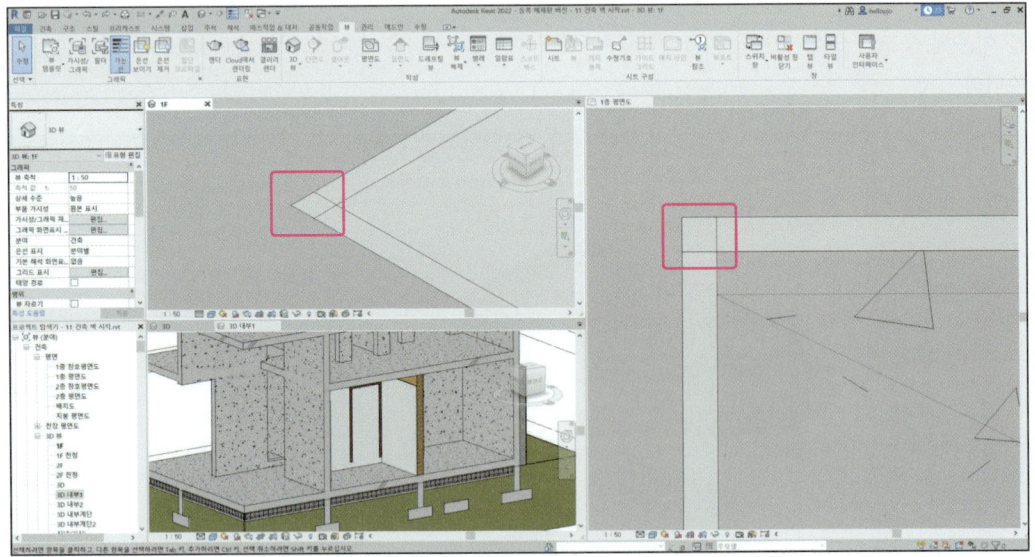

13. 2개의 벽체를 순차적으로 선택(A-B)해 2개 벽체의 만나는 부분을 결합하여 정렬합니다. 벽체가 만나는 지점을 기준으로 벽의 형상이 결합된 것을 확인할 수 있습니다. 리본 메뉴의 '수정' 탭에서 '결합' 기능을 이용해 2개의 벽을 순차적으로 선택해도 동일한 결과를 얻을 수 있습니다.

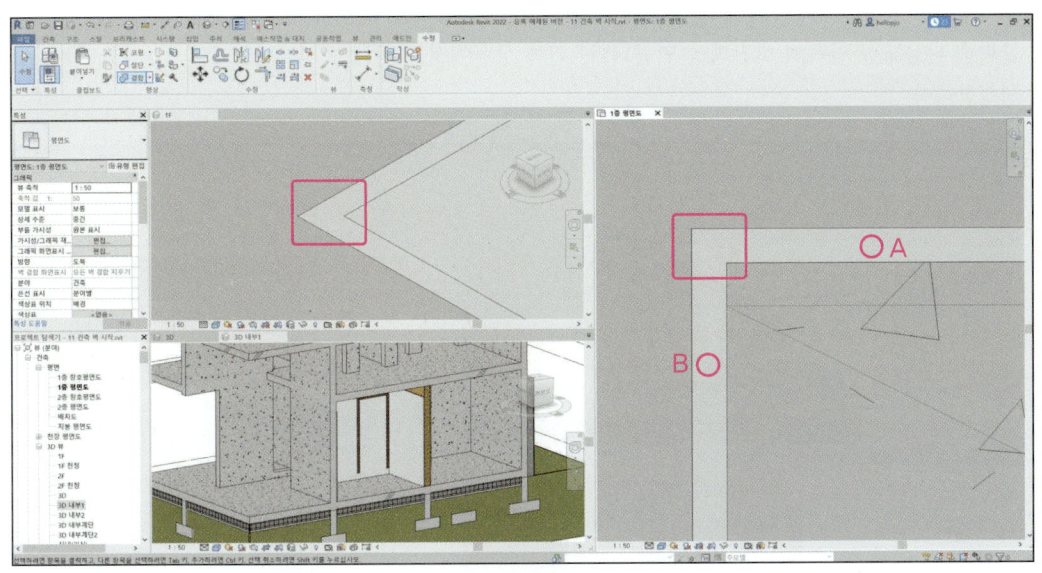

14. 이번에는 다용도실 내부 마감벽을 생성하겠습니다. '3D 내부1' 뷰를 닫고 프로젝트 탐색기에서 '뷰' - '건축' - '단면도' - '종단면도1' 뷰를 더블클릭해 활성화합니다.

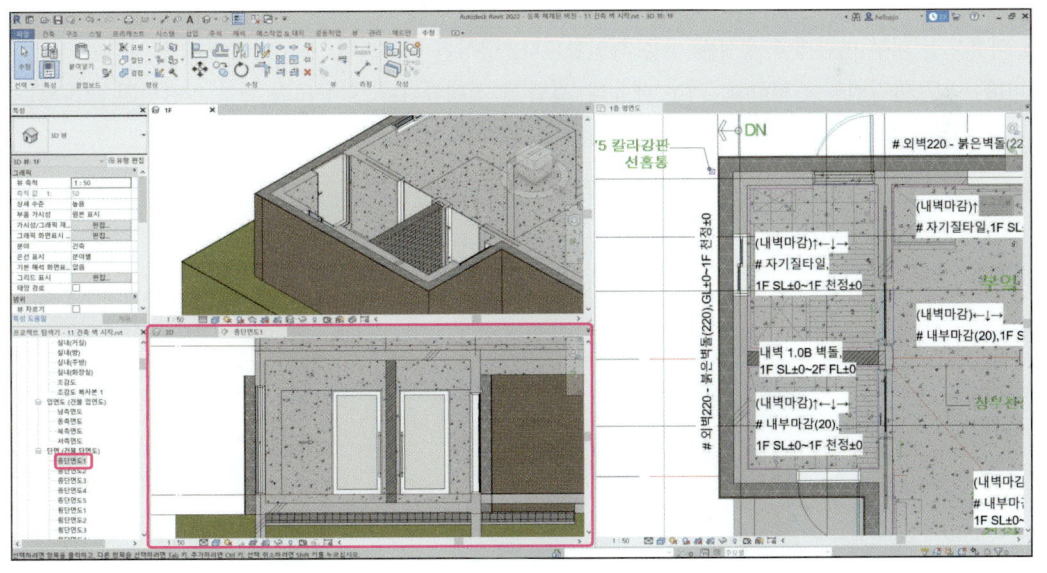

4 주택 만들기 실습 **325**

15. 1층 평면도 뷰에서 리본 메뉴의 구조 탭의 '벽'그룹에서 '벽: 건축'을 선택합니다. 특성창의 유형은 '# 자기질타일', '위치선'은 '마감면:내부', '베이스 구속조건'은 '1F SL'을 선택, '베이스 간격띄우기'는 '0'을 입력, '상단 구속조건'은 '상위 레벨: 1층 천정'을 선택합니다. 옵션막대에서 '위치선'은 '마감면:외부'로, '체인'은 체크합니다. 선형 그리기 도구를 선택해 화면의 DWG 객체를 이용해 구조벽 안쪽 모서리의 교차점들을 클릭해 다용도실 안쪽의 마감벽을 만듭니다. 왼쪽 상단에서 시작해 반시계방향(A-B-C-D-A)으로 생성합니다.

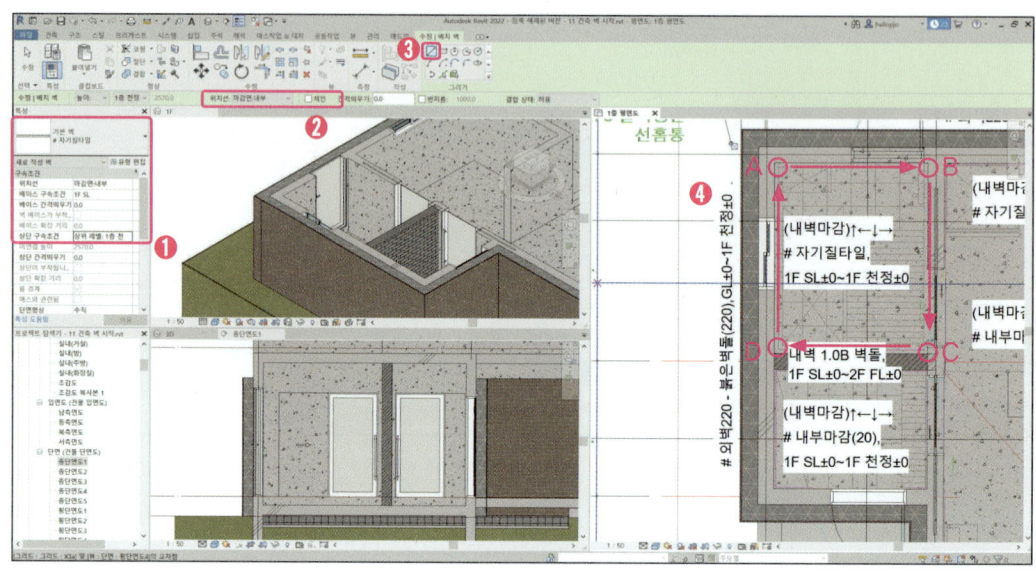

16. 다용도실 내부 마감벽이 생성된 것을 확인합니다. 생성된 다용도실 내부 마감벽의 모서리를 정렬하겠습니다. 내부 마감벽을 선택하고, 리본 메뉴의 '결합'을 선택합니다. 다용도실 내부 마감벽의 교차되는 꼭지점을 순차적으로 선택(E-F, G-H, I-J)해 교차부분을 결합시켜 일체화합니다

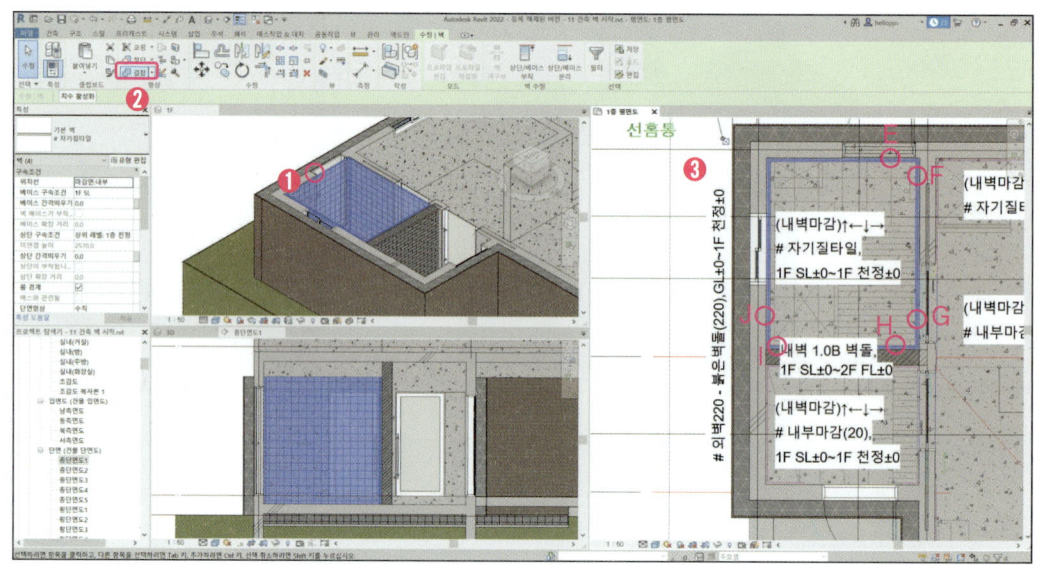

17. 다용도실 내부 마감벽이 모서리 부분의 형상이 결합되어 일체화된 것을 확인합니다.

4.12.2. 2층 벽 만들기

1. 이번에는 2층 부분 외부 마감 벽을 생성하겠습니다. '횡단면도1' 뷰를 닫습니다. 3D '1F' 뷰에서는 3D '2F' 뷰를, '1층 평면도' 뷰에서는 '2층 평면도' 뷰를 활성화합니다.

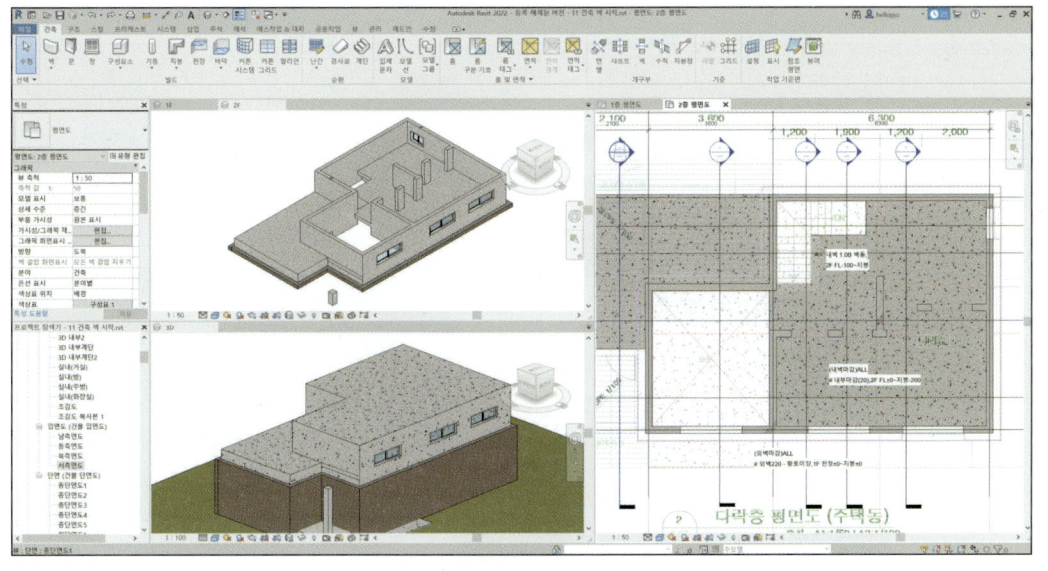

2. 리본 메뉴 '건축' 탭의 '벽' – '벽: 건축'을 선택합니다. 유형은 '# 외벽220 – 황토미장', '위치선'은 '마감면:내부', '베이스 구속조건'은 '2F FL'을 선택, '베이스 간격띄우기'는 '0'을 입력, '상단 구속조건'은 '상위레벨: 지붕'을 선택합니다. 옵션막대에서 '위치선'은 '마감면:내부'로, '체인'은 체크합니다. 선형 그리기 도구를 선택해 화면의 DWG 객체를 이용해 구조벽의 외부 모서리 교차점들을 클릭해 2층 외벽을 만듭니다. 왼쪽 상단에서 시작해 시계방향(A–B–C–D–E–F–A)으로 생성합니다.

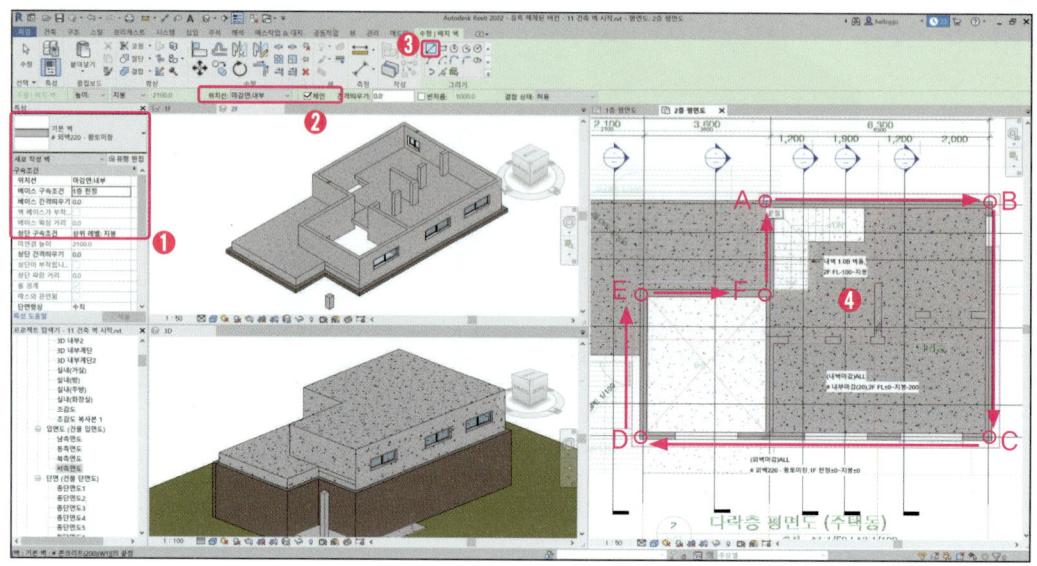

3. 2층 외부 마감벽이 생성된 것을 확인할 수 있습니다. 2층 외부 마감벽이 1층 다용도실 지붕 부분과 중첩되는 부분을 정리하기 위해 중첩되는 부분 2층 외부 마감벽의 프로파일을 수정하도록 하겠습니다.

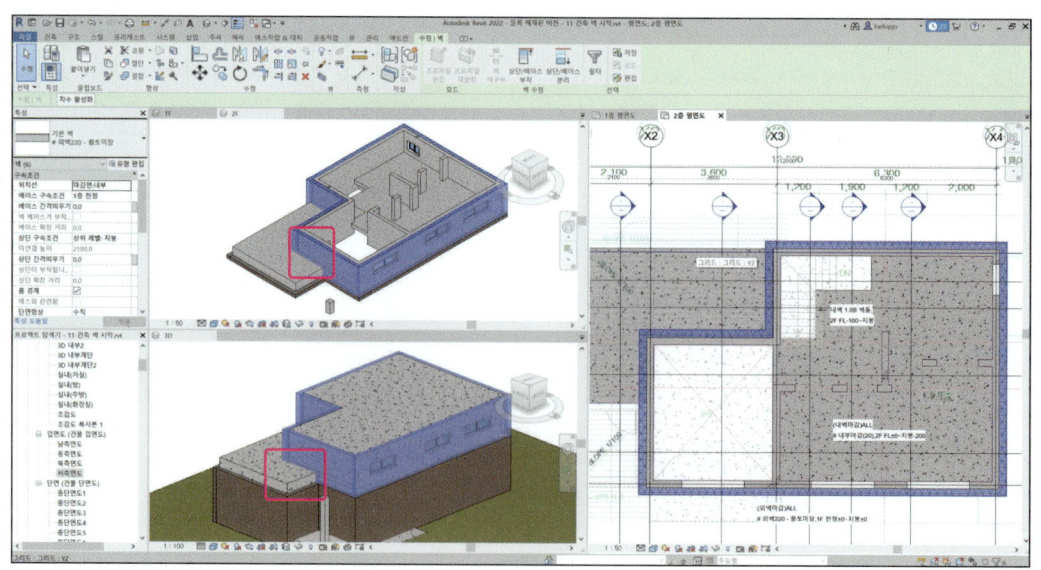

4. '2층 평면도' 뷰에서 '서측면도' 뷰를 활성화하고 2층 외부 마감벽이 1층 다용도실 지붕 부분과 중첩되는 부분의 벽을 선택합니다. 특성창에서 스크롤바를 아래로 내려서 면적이 $9.597m^2$, 체적이 $2.111m^3$로 표기된 것을 확인합니다. 리본 메뉴의 '프로파일 편집'을 선택합니다.

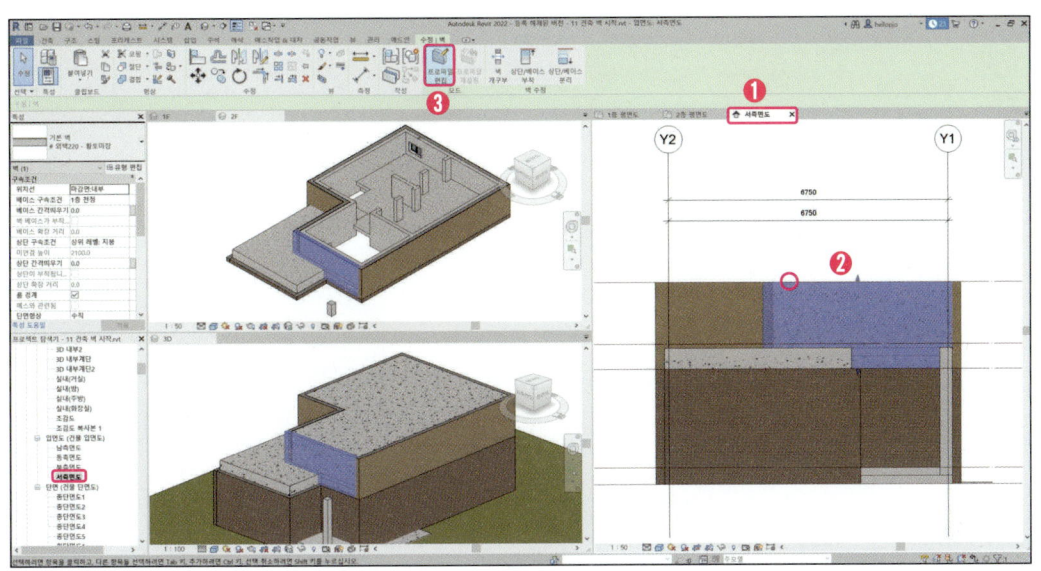

5. 선형 스케치 도구를 이용해 1층 다용도실 지붕 부분과 교차되는 부분에 맞게 A-B-C지점을 선택해 스케치 선을 생성합니다.

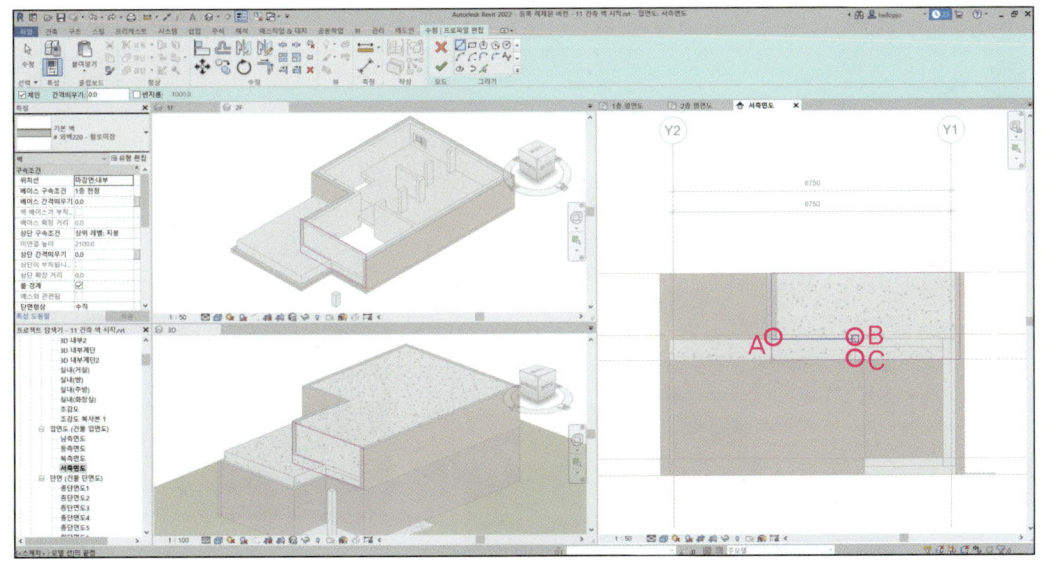

6. 불필요한 부분은 '코너로 자르기/연장' 기능을 이용해 정리합니다. 키보드에 '코너로 자르기/연장'의 단축키인 ⊤ R 을 입력하고 D-E와 F-G를 순차적으로 선택합니다. 리본 메뉴의 녹색 '편집모드 완료' 버튼을 눌러 프로파일 편집을 완료합니다.

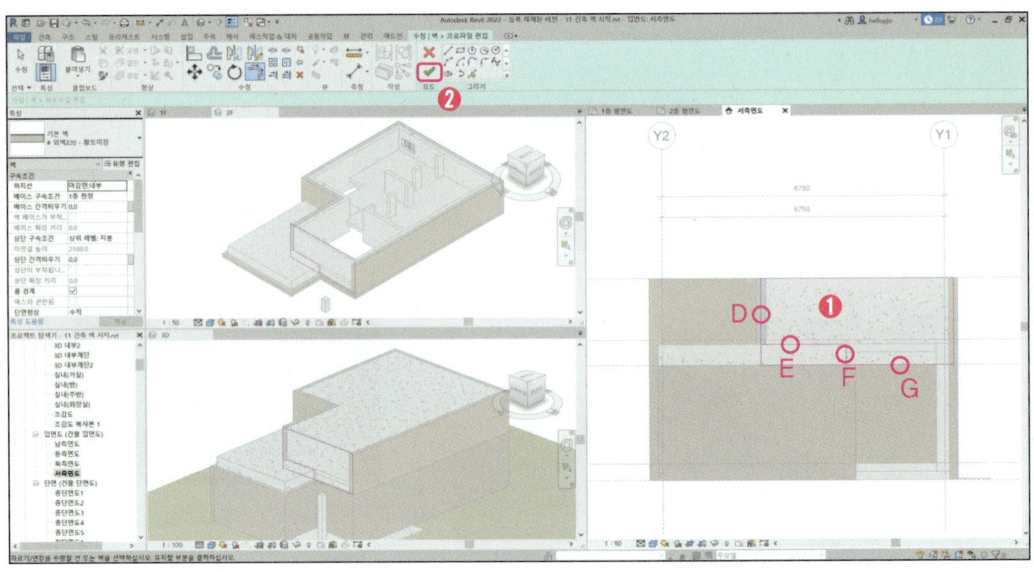

7. 스케치를 편집한 벽을 선택합니다. 특성창에서 면적이 8.537m², 체적이 1.878m³로 표기됩니다. 편집 전 면적이 9.597m², 체적이 2.111m³였던 것이 각각 1.06m², 0.233m³ 만큼 줄어든 것을 확인할 수 있습니다. 1층 다용도실 지붕과 겹치는 영역의 면적(2120mm×500mm=1.06m²) 만큼 제척된 것을 알 수 있습니다.

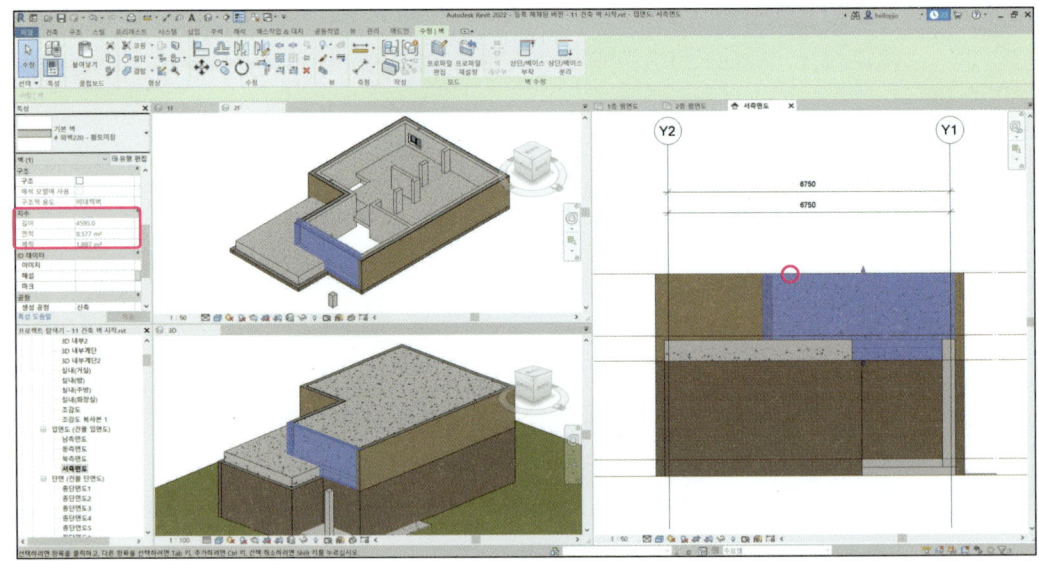

8. 서측면도 뷰에서 Y2 열 주변의 2층 외벽을 선택합니다. 특성창에 면적이 4.998m²으로 표기된 것을 확인합니다.

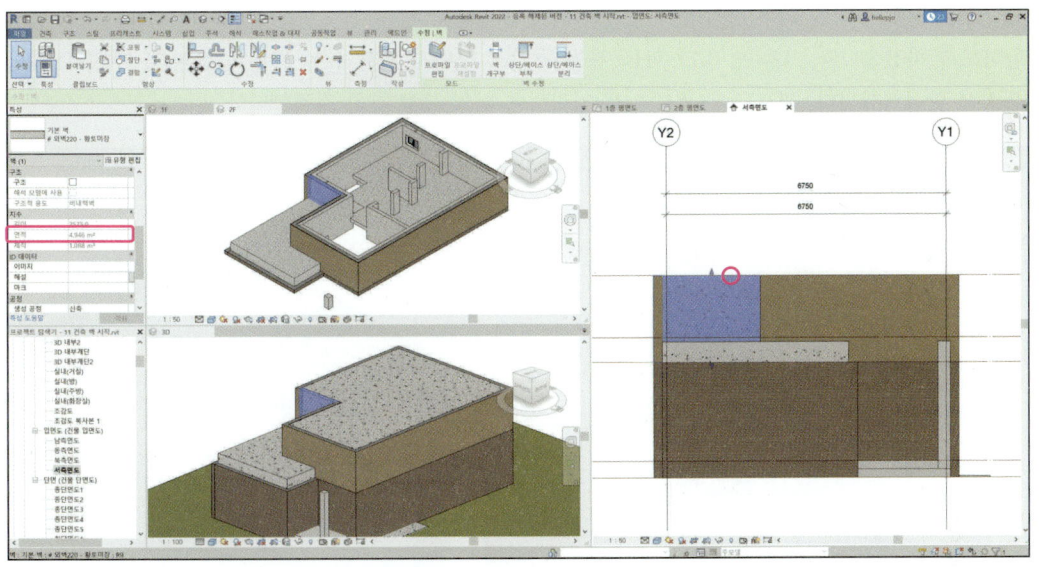

9. 1층 다용도실 지붕과 겹치는 부분을 제거하기 위하여 벽 아래 부분의 파란색 화살표를 1층 다용도실 지붕 위쪽 경계선으로 드래그하여 형상을 변경합니다. 특성창에 면적 3.808m²로 변경되어 1,190m² 만큼이 줄어든 것을 확인합니다.

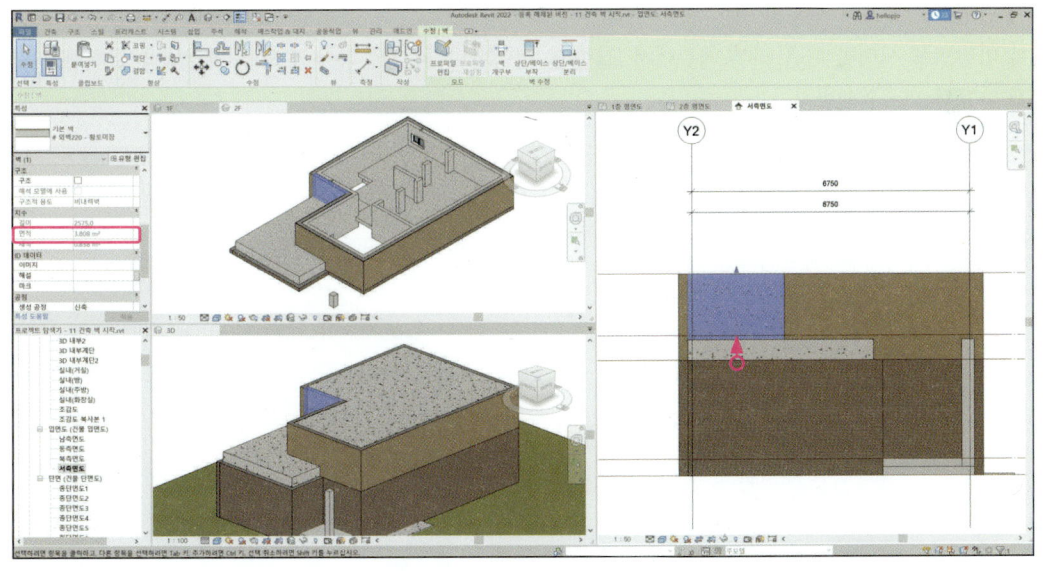

4 주택 만들기 실습 **331**

4.12.3. 벽 결합

1. 구조벽, 내부 마감벽, 외부 마감벽의 동일한 위치에 창문과 문의 개구부가 공통되게 적용되도록 벽체를 결합하도록 하겠습니다. '1층 평면도', '1F' 뷰를 남기고 나머지 열린 뷰는 모두 닫습니다. 추가로 '종단면도4' 뷰를 활성화합니다. 키보드에 W T 를 입력하여 타일 뷰로 뷰를 정렬합니다.

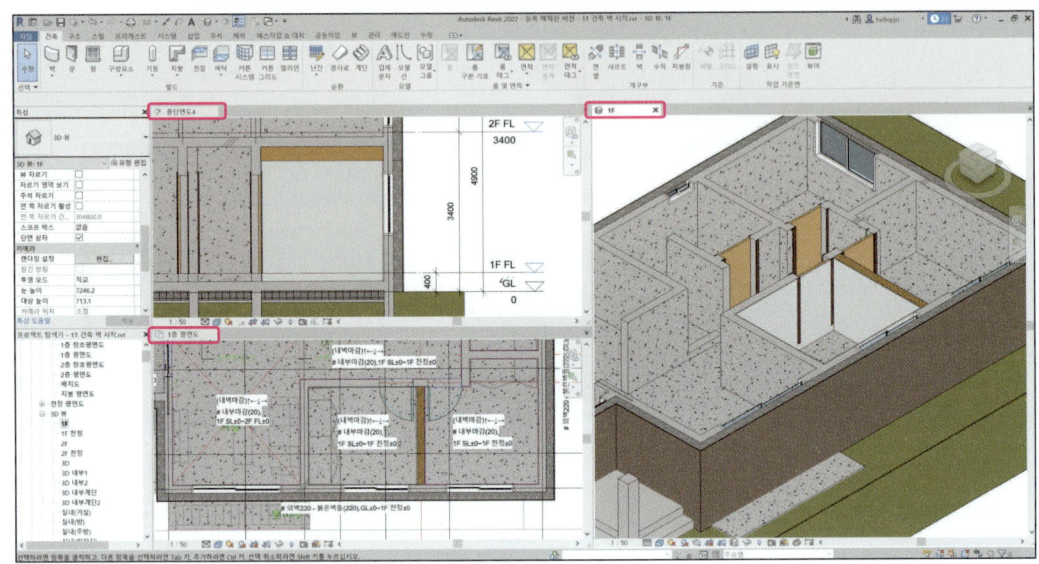

2. '종단면도4' 뷰에서 창문의 주변 내부 마감벽과 외벽이 막혀 있는 것을 볼 수 있습니다. 1층 평면도에서 외부 마감벽을 선택한 다음 리본 메뉴에서 '결합'을 선택합니다. '1F' 뷰에서 외부 마감벽을 클릭하고 구조벽을 순차적으로 선택합니다.

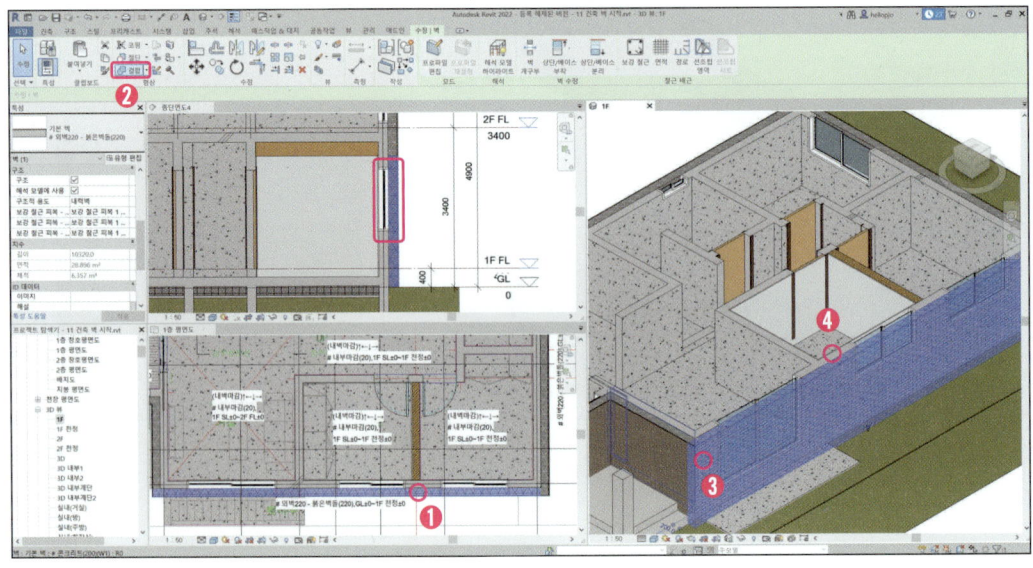

3. 외부 마감벽에 구조벽에서 생성한 창문의 위치와 동일하게 개구부가 적용된 것을 확인할 수 있습니다. '종단면도4' 뷰에서도 단면 형상이 적용된 것을 확인할 수 있습니다. 외부 마감벽에는 구조벽의 창 위치에 개구부가 적용되었으나 내부 마감벽 부분은 여전히 막혀 있는 것을 볼 수 있습니다.

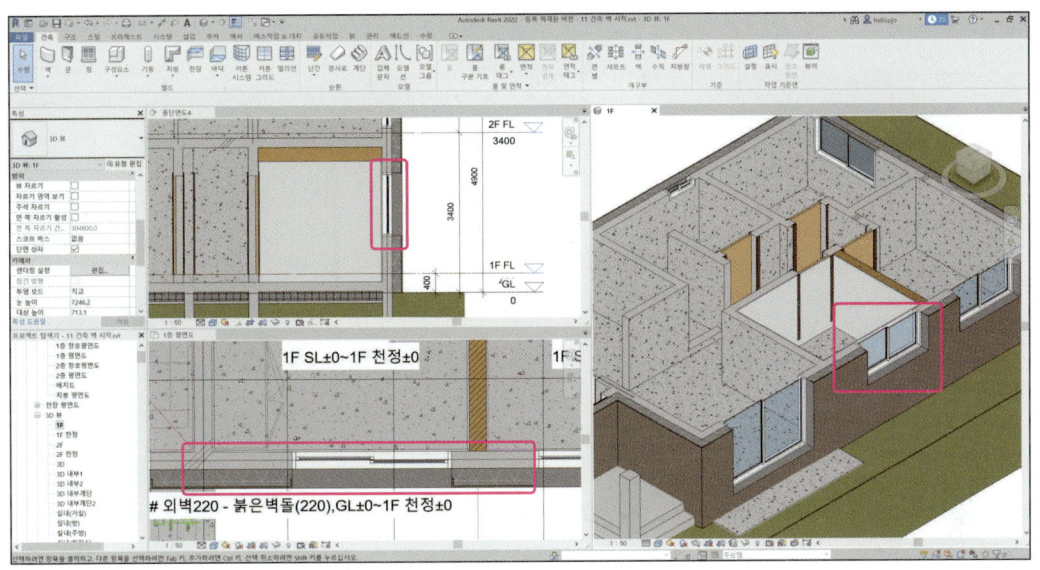

4. 내부 마감벽에도 동일하게 개구부를 적용하겠습니다. '1층 평면도' 뷰에서 실내 마감벽을 선택한 다음 리본 메뉴에서 '결합'을 선택합니다. '1F' 뷰에서 내부 마감벽을 클릭하고 구조벽을 순차적으로 선택합니다.

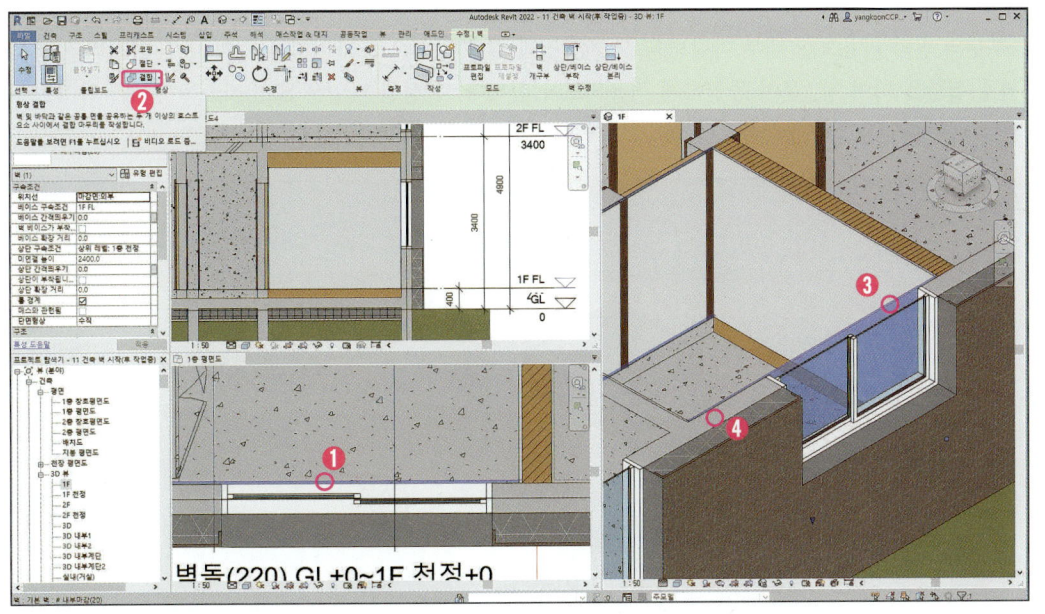

5. 내부 마감벽에도 구조벽에서 생성한 창문의 위치와 동일하게 개구부가 적용된 것을 확인할 수 있습니다. '종단면도4' 뷰에서도 단면 형상이 적용된 것을 확인할 수 있습니다.

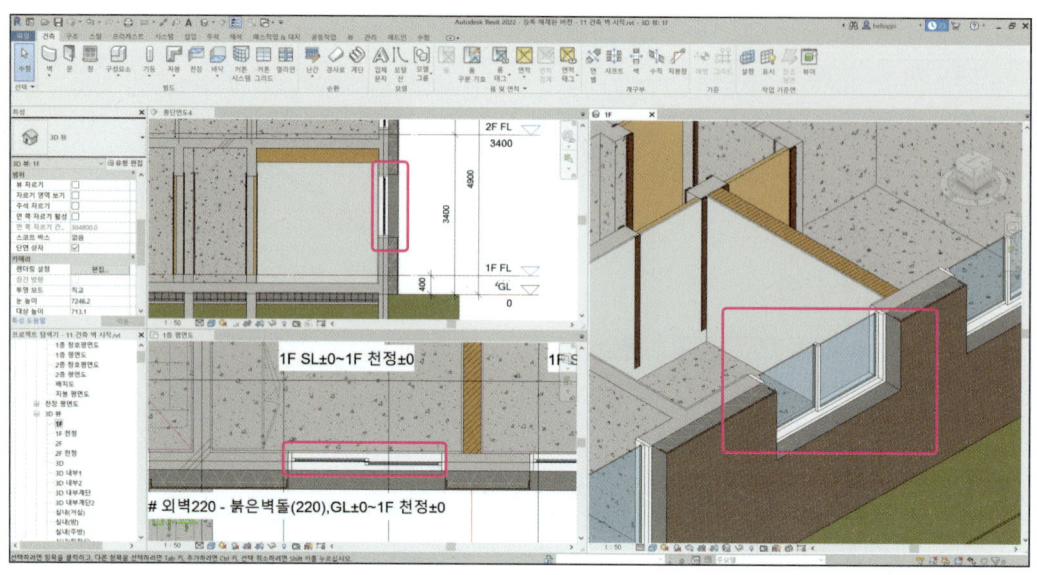

4.12.4. 벽 완성

1층 부분의 방과 다용도실 내부 마감벽을 생성한 것과 같은 방식으로 나머지 실들의 내부 마감벽을 생성하고 벽체 결합을 하여 창, 문이 동일하게 적용되도록 합니다. 완성된 파일은 Sample 폴더 내부의 '11 건축 벽 완성.rvt' 파일을 참조합니다.

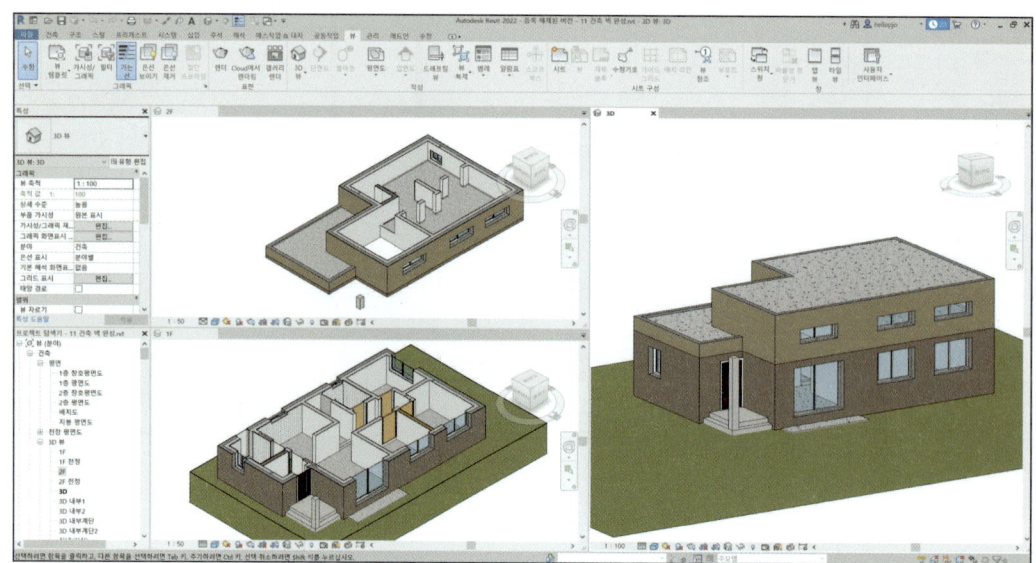

4.13. 건축 바닥 만들기

1. Sample 폴더 내부의 '12 건축 바닥 시작.rvt' 파일을 엽니다. 프로젝트 탐색기에서 뷰 – 건축 – 평면 – 1층 평면도를 더블클릭해 1층 평면도 뷰를 활성화합니다. 기본 3D 뷰에서 '1F' 3D 뷰를 활성화합니다. 기본 3D 뷰를 닫고 리본 메뉴의 뷰 – 타일 뷰를 눌러 나머지 뷰를 정렬합니다.

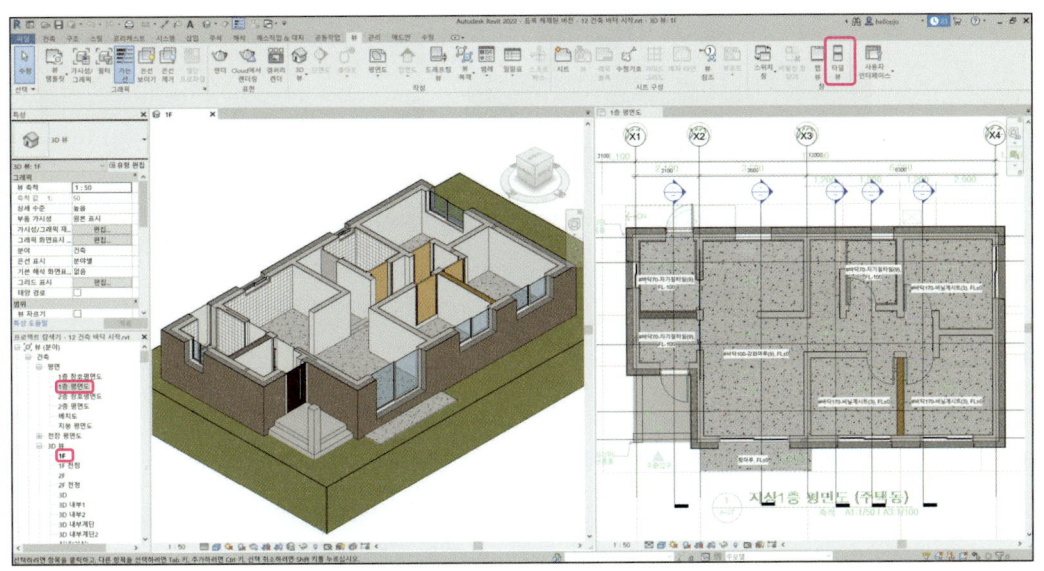

2. 먼저 현관 바닥을 만들겠습니다. 단면 형상을 함께 확인하기 위하여 X1과 X2열 사이의 단면도 기호를 선택 후 마우스 우클릭해 '뷰로 이동'을 선택해 '종단면도1' 뷰를 활성화합니다.

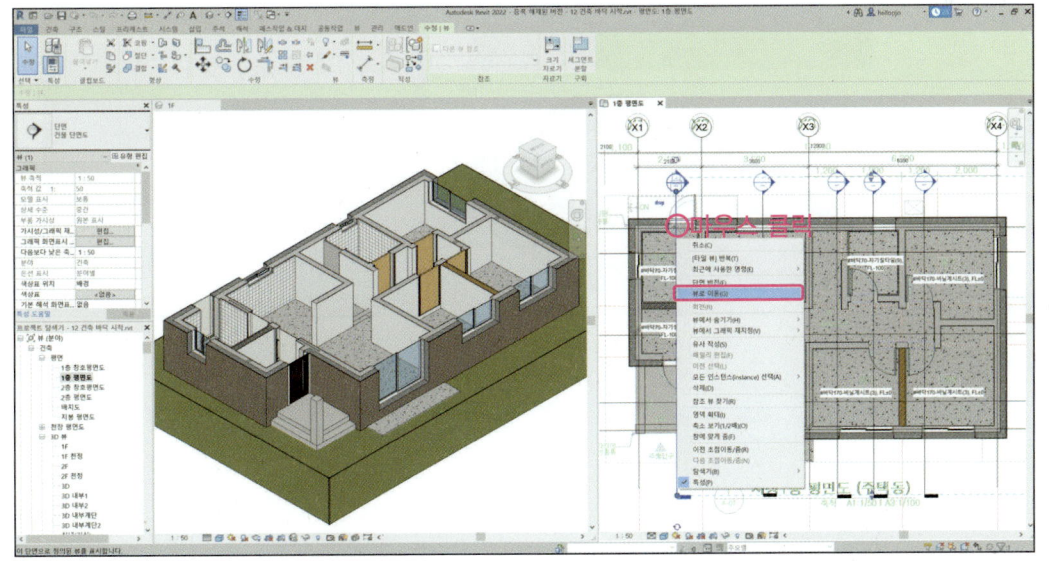

4 주택 만들기 실습 **335**

3. 리본 메뉴의 '타일 뷰'를 선택한 다음 원하는 형태로 뷰를 정렬합니다.

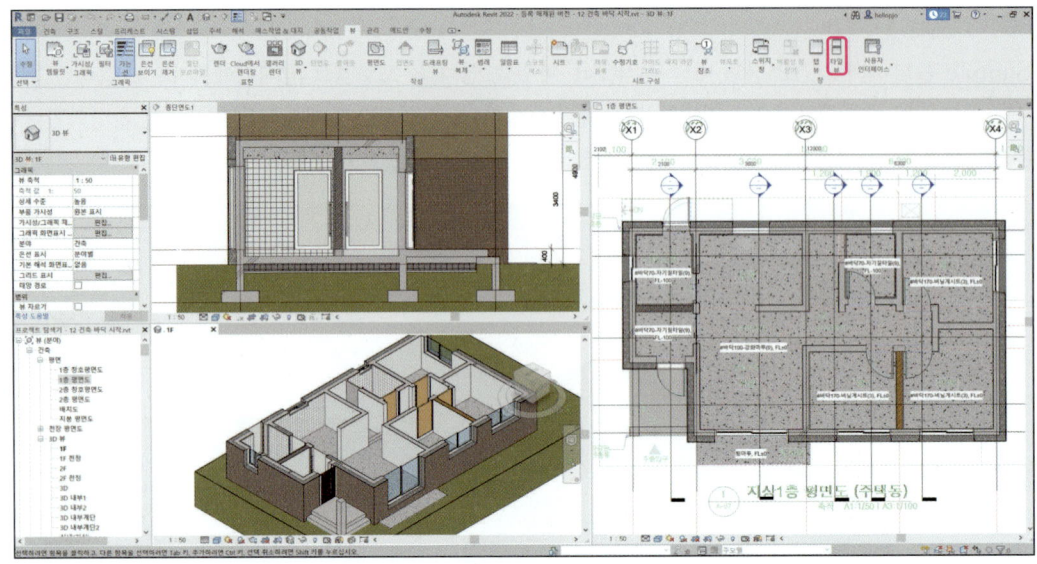

4. 1층 평면도 뷰에서 리본 메뉴의 건축 탭 '바닥'에서 '바닥: 건축'을 선택합니다.

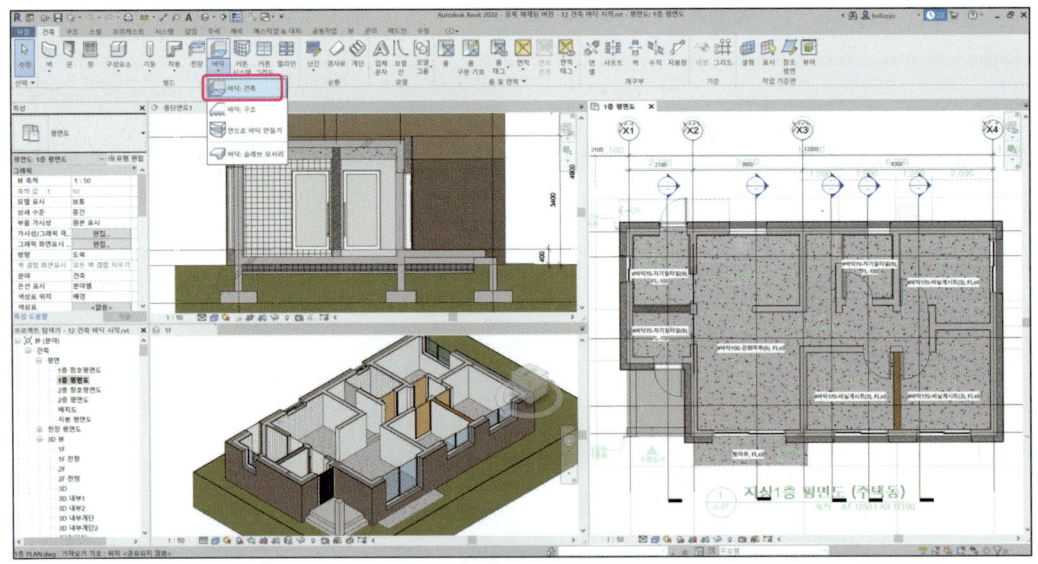

5. 특성창의 유형은 '#바닥70-자기질타일(9)', '레벨'은 '1F FL', '레벨로부터 높이 간격띄우기'는 '-100'을 선택하고 Enter 키를 누릅니다. 리본 메뉴의 그리기 도구에서 '벽 선택' 기능을 선택 후 평면도 뷰의 DWG 객체를 참조하여 바닥을 만들어 줍니다. 바닥의 경계 부분인 현관의 상하좌우 벽체를 순서대로 클릭하여 선택합니다.

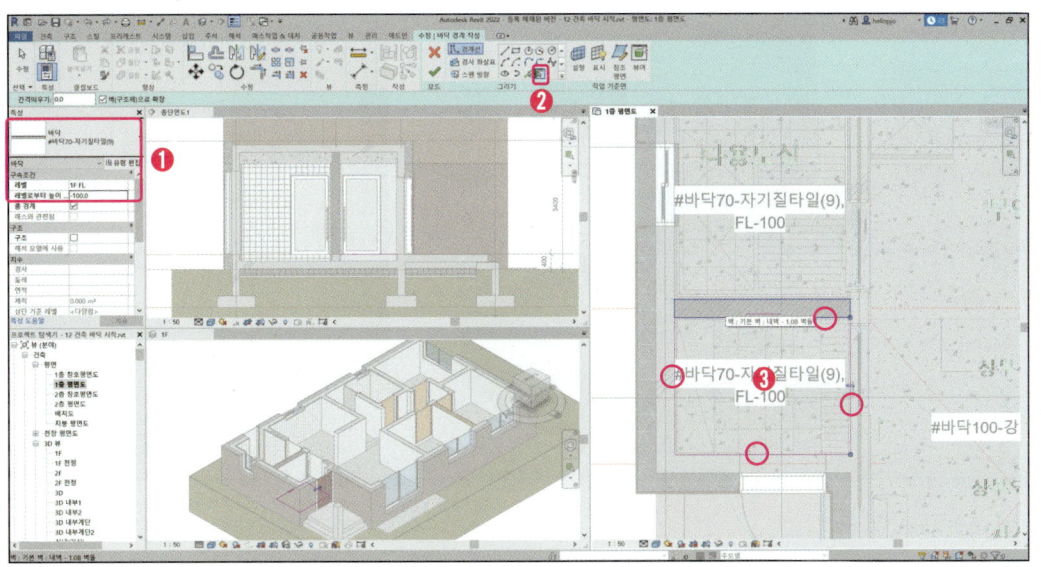

6. '편집 모드 완료' 버튼을 눌러 스케치 생성을 완료합니다.

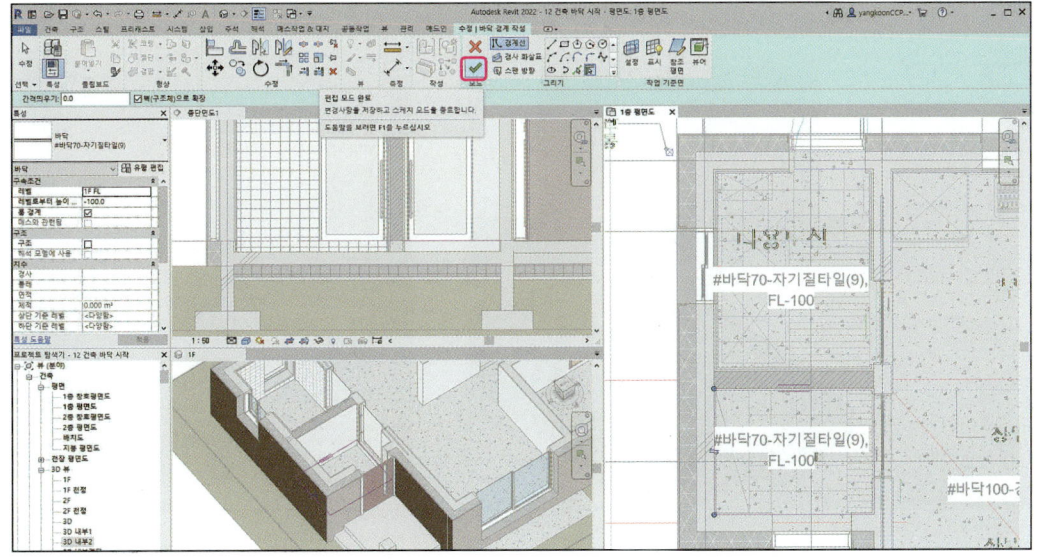

4 주택 만들기 실습 **337**

7. '바닥/지붕이 하이라이트된 벽과 겹칩니다. 형상을 결합하고 겹치는 체적을 벽에서 절단하겠습니까?' 메시지 창이 뜨면 '예'를 선택합니다.

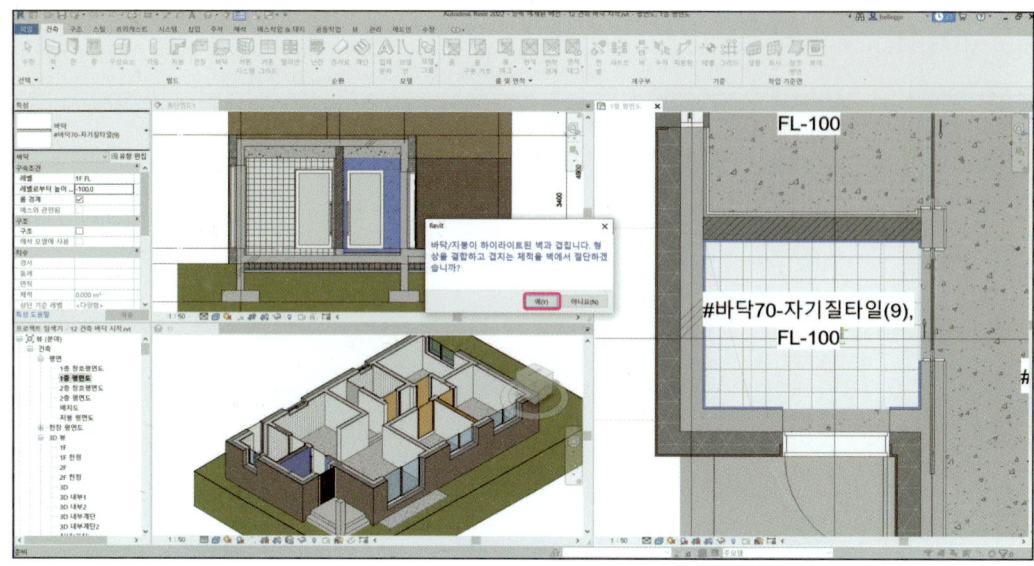

8. 종단면도1 뷰를 보면 1층 건축 바닥 마감레벨에서 하부로 100만큼 떨어진 곳에 70mm 두께의 바닥이 생성된 것을 확인할 수 있습니다.

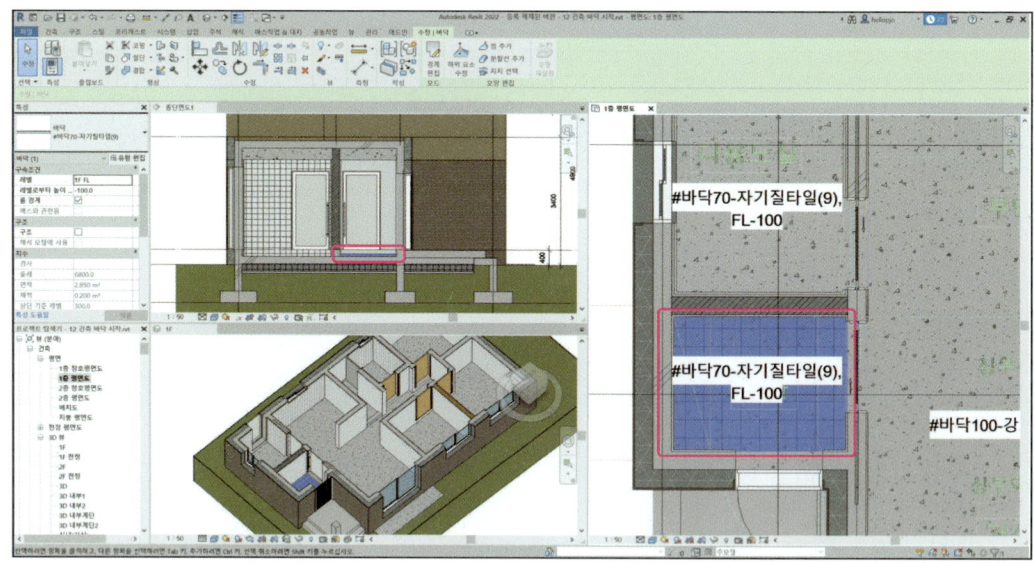

9. 1층 평면도 뷰에서 방금 생성한 바닥을 선택한 다음 마우스 우클릭을 하여 '유사 작성'을 선택합니다. '유사작성'을 이용하면 선택한 객체와 같은 객체를 바로 만들 수 있습니다.

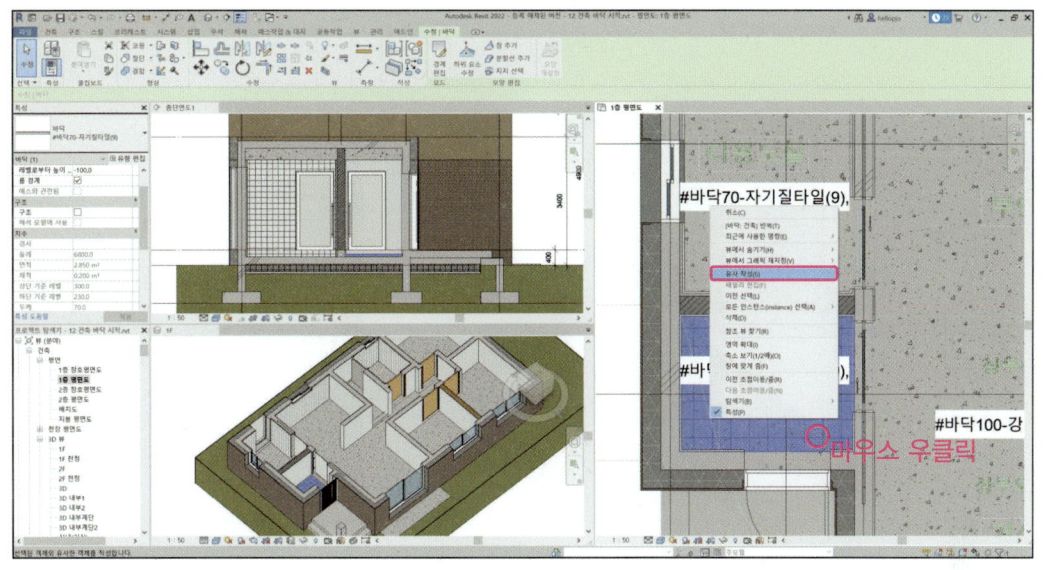

10. 특성창의 유형이 '#바닥70-자기질타일(9)', '레벨'은 '1F FL', '레벨로부터 높이 간격띄우기'는 '-100'으로 되어 있는 것을 확인합니다. 리본 메뉴 그리기 도구의 '벽 선택' 기능을 이용하여 평면도 뷰의 DWG 객체를 이용하여 다용도실의 경계 부분인 상하좌우 벽체를 순서대로 클릭하여 선택하고 '편집 모드 완료' 버튼을 눌러 스케치 생성을 완료합니다.

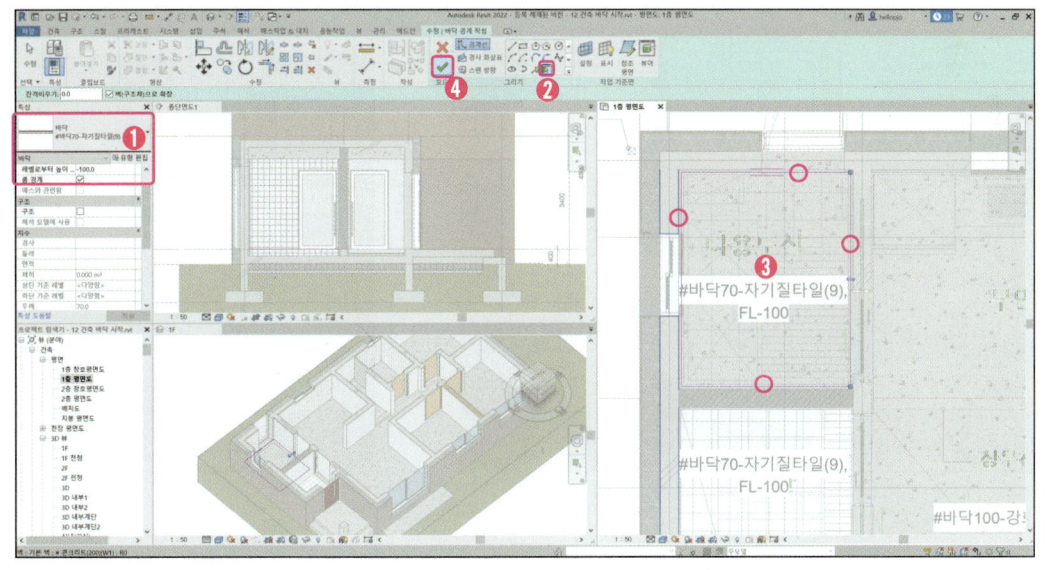

11. '바닥/지붕이 하이라이트된 벽과 겹칩니다. 형상을 결합하고 겹치는 체적을 벽에서 절단하겠습니까?' 메시지 창이 뜨면 '예'를 선택합니다.

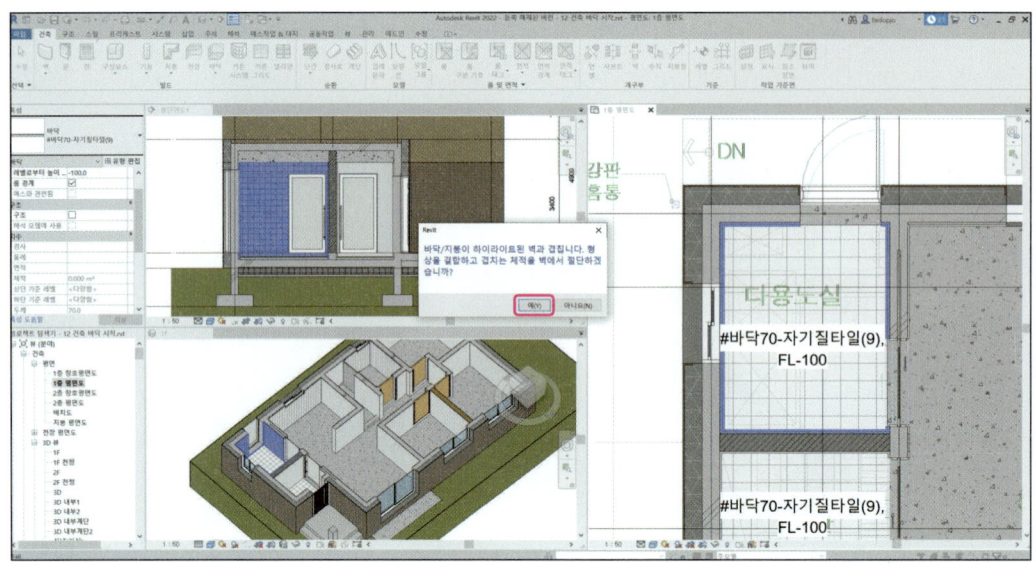

12. '종단면도1' 뷰를 보면 다용도실의 1층 건축 바닥 마감레벨에서 하부로 100만큼 떨어진 곳에 70mm 두께의 바닥이 생성된 것을 확인할 수 있습니다.

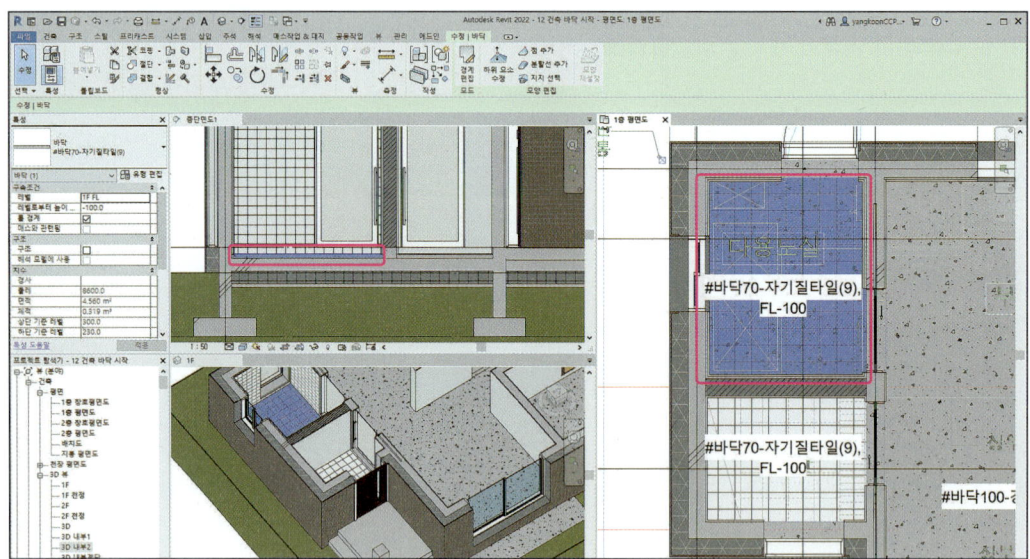

13. 이번에는 안방의 바닥을 만들겠습니다. '종단면도1' 뷰에서 '종단면도5' 뷰를 활성화합니다. 1층 평면도 뷰에서 리본 메뉴의 건축 탭에서 '바닥'에서 '바닥: 건축'을 선택합니다.

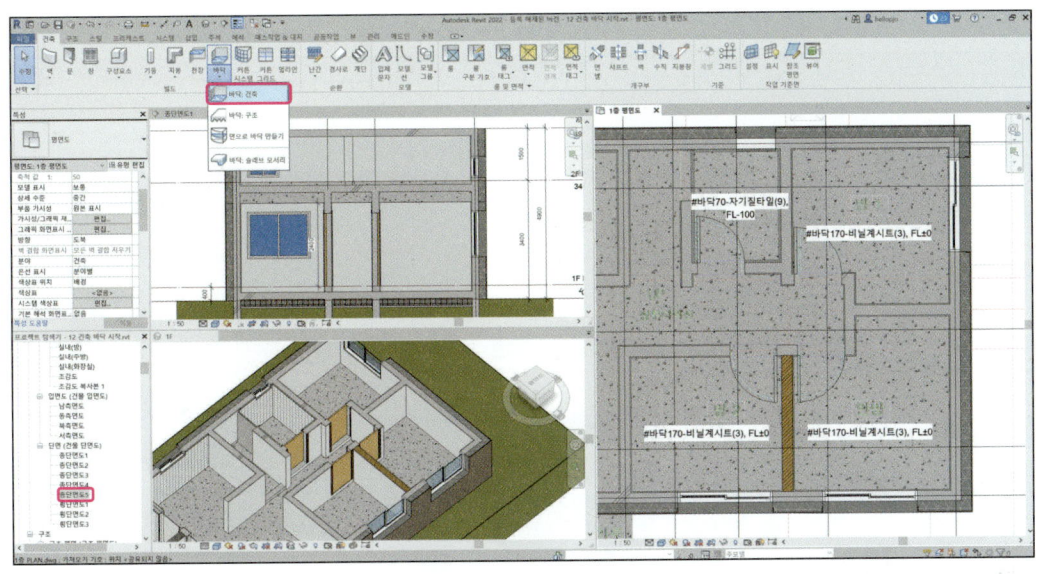

14. 특성창의 유형은 '#바닥170-비닐계시트(3)', '레벨'은 '1F FL', '레벨로부터 높이 간격띄우기'는 '0'을 입력하고 Enter 키를 누릅니다. 그리기 도구에서 기본적으로 선택되어 있는 '벽 선택' 기능을 이용하여 평면도 뷰의 DWG 객체를 이용하여 바닥을 만들어 줍니다. 안방 바닥의 경계부분인 벽체를 모두 순서대로 클릭하여 선택한 다음 '편집 모드 완료' 버튼을 눌러 스케치 생성을 완료합니다.

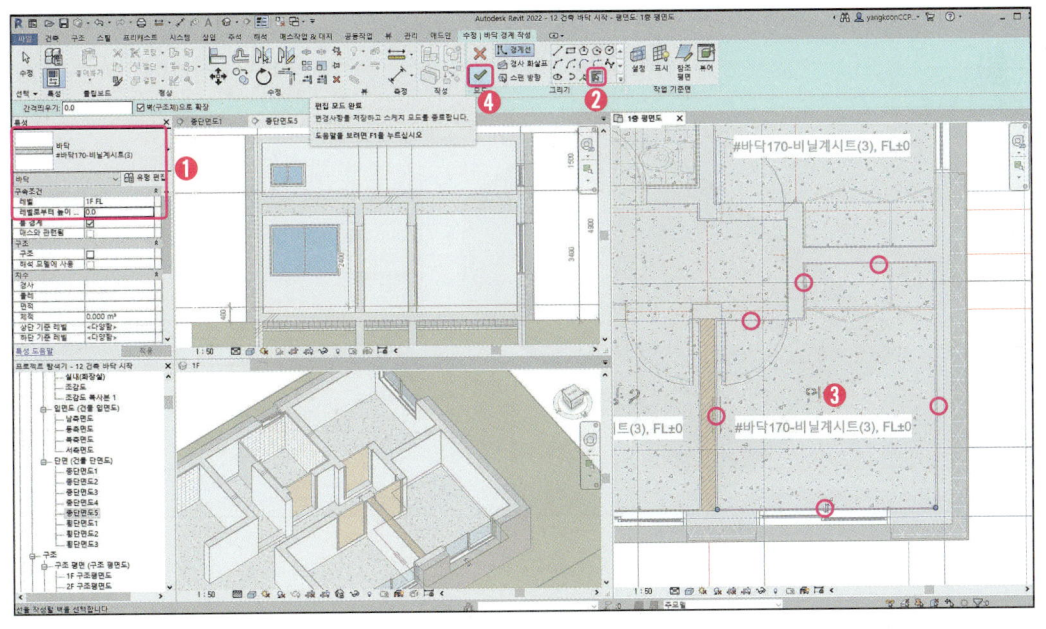

15. '바닥/지붕이 하이라이트된 벽과 겹칩니다. 형상을 결합하고 겹치는 체적을 벽에서 절단하겠습니까?' 메시지 창이 뜨면 '예'를 선택합니다. '종단면도5' 뷰에서 1층 건축 바닥 마감레벨과 동일한 위치에 170mm 두께의 바닥이 생성된 것을 확인할 수 있습니다.

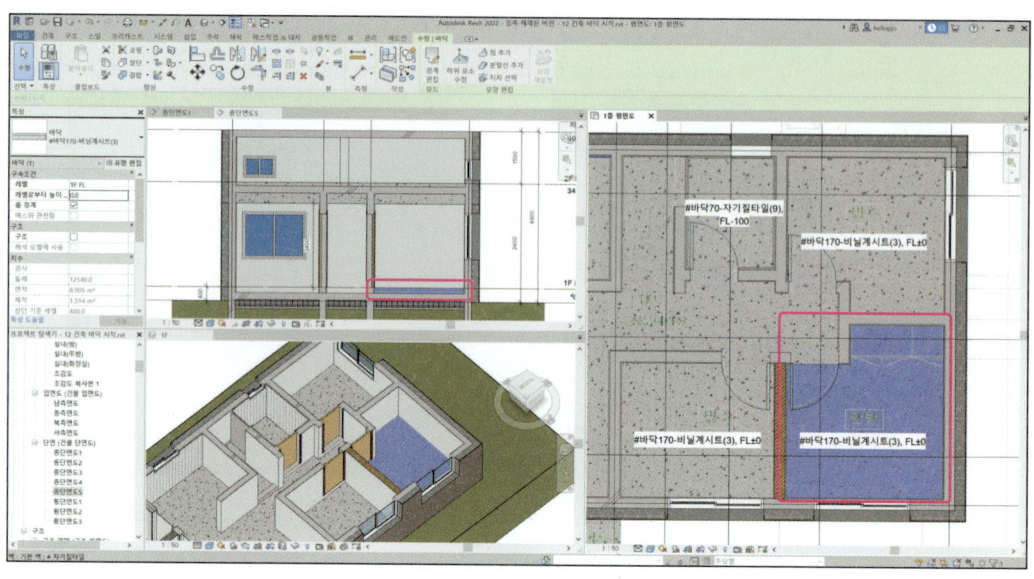

16. 동일한 방법으로 부엌과 거실(#바닥100-강화마루(9), FL±0), 방1과 방2(#바닥170-비닐계시트(3), FL±0), 화장실(#바닥70-자기질타일(9), FL-100)의 바닥을 순차적으로 생성합니다.

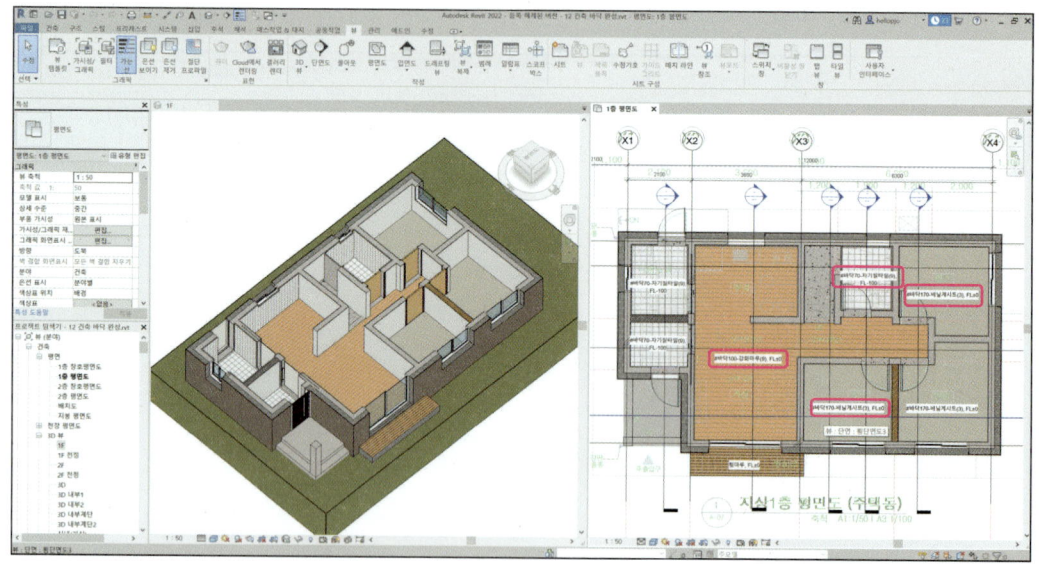

17. 다음은 '2층 평면도' 뷰에서 바닥을 생성하겠습니다. 단면도 뷰는 모두 닫습니다. 3D '1F' 뷰에서 3D '2F' 뷰를 활성화하고, '1층 평면도' 뷰에서 '2층 평면도' 뷰를 활성화합니다.

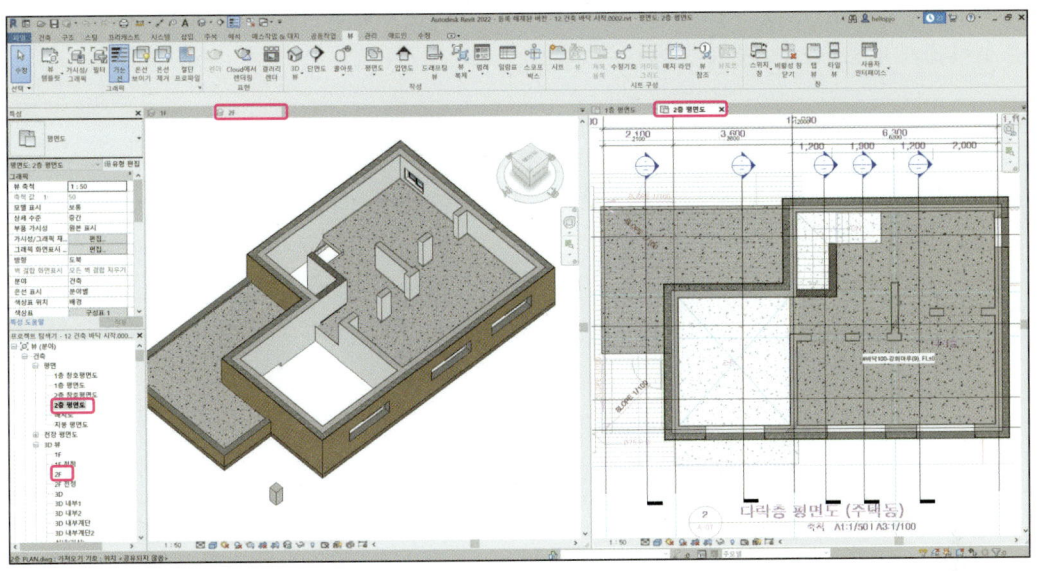

18. 2층 평면도 뷰에서 리본 메뉴의 건축 탭 '바닥'에서 '바닥: 건축'을 선택합니다.

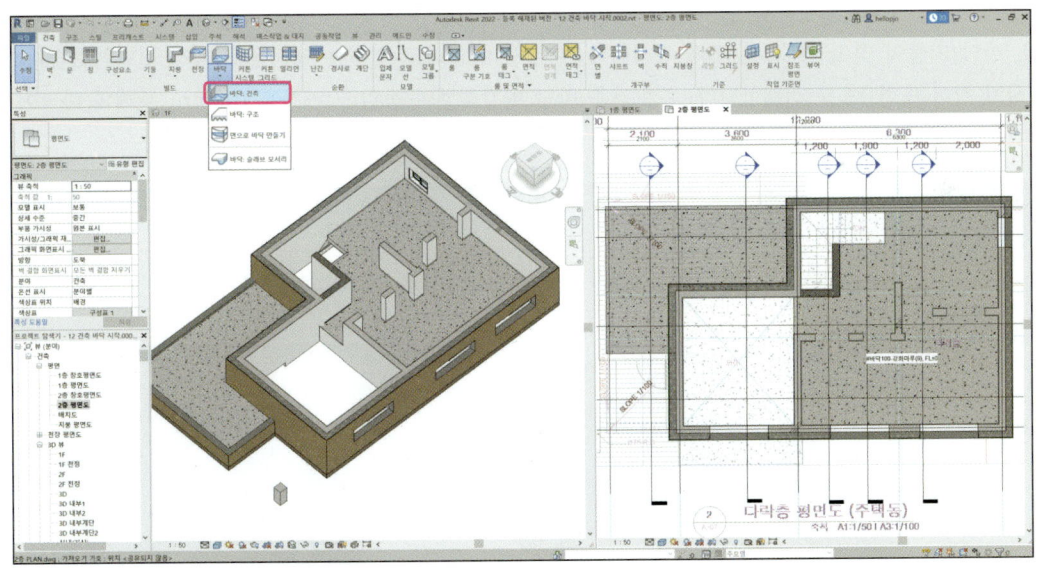

4 주택 만들기 실습 **343**

19. 특성창의 유형은 '#바닥100-강화마루(9)', '레벨'은 '2F FL', '레벨로부터 높이 간격띄우기'는 '0'을 입력하고 Enter 키를 누릅니다. 그리기 도구를 이용하여 평면도 뷰의 DWG 객체와 벽체의 교차점을 이용하여 바닥을 만들어 줍니다. 화면에 보이는 것과 같이 모든 스케치 선을 그려준 상태에서 '편집 모드 완료' 버튼을 눌러 스케치 생성을 완료합니다.

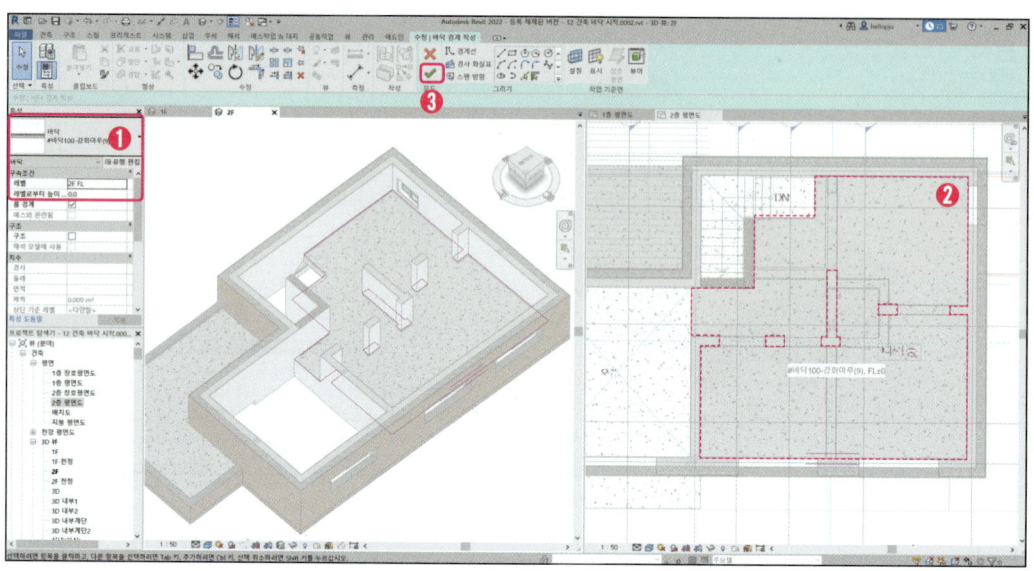

20. '바닥/지붕이 하이라이트된 벽과 겹칩니다. 형상을 결합하고 겹치는 체적을 벽에서 절단하겠습니까?' 메시지 창이 뜨면 '예'를 선택합니다. 2층 건축 바닥 마감레벨과 동일한 위치에 100mm 두께의 바닥이 생성된 것을 확인할 수 있습니다.

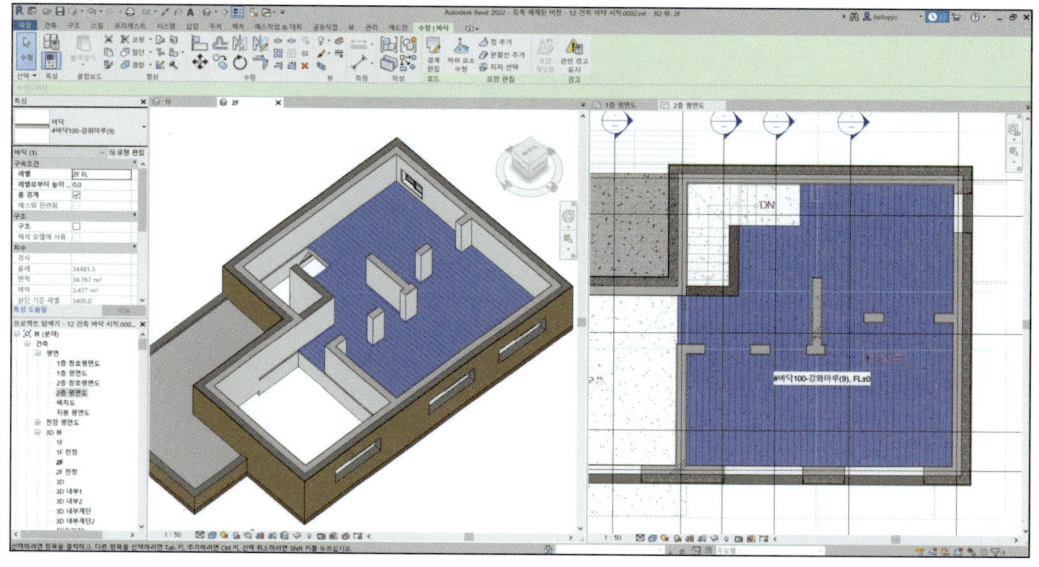

21. 완성된 파일은 Sample 폴더 내부의 '12 건축 바닥 완성.rvt' 파일을 참조합니다.

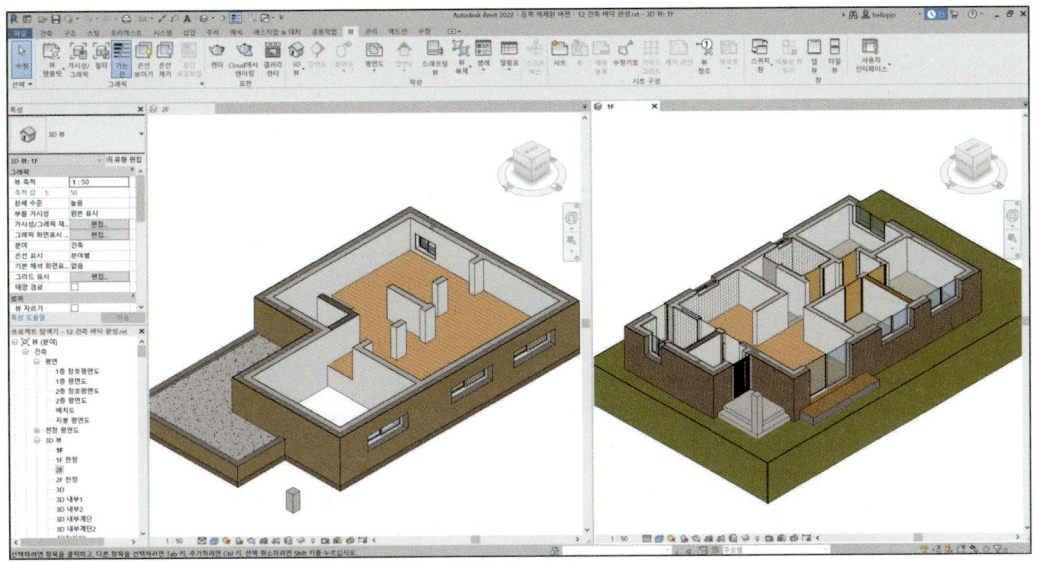

4.14. 천장 만들기

1. Sample 폴더 내부의 '13 천장 시작.rvt' 파일을 엽니다. 프로젝트 탐색기에서 뷰 – 건축 – 천장 평면도 – 1층 천장 평면을 더블클릭해 '1층 천장 평면' 뷰를 활성화합니다. 3D 뷰의 '1F 천장' 뷰도 활성화합니다. 기본 '3D' 뷰는 닫은 다음 리본 메뉴의 '타일 뷰'를 선택해 뷰를 정렬합니다.

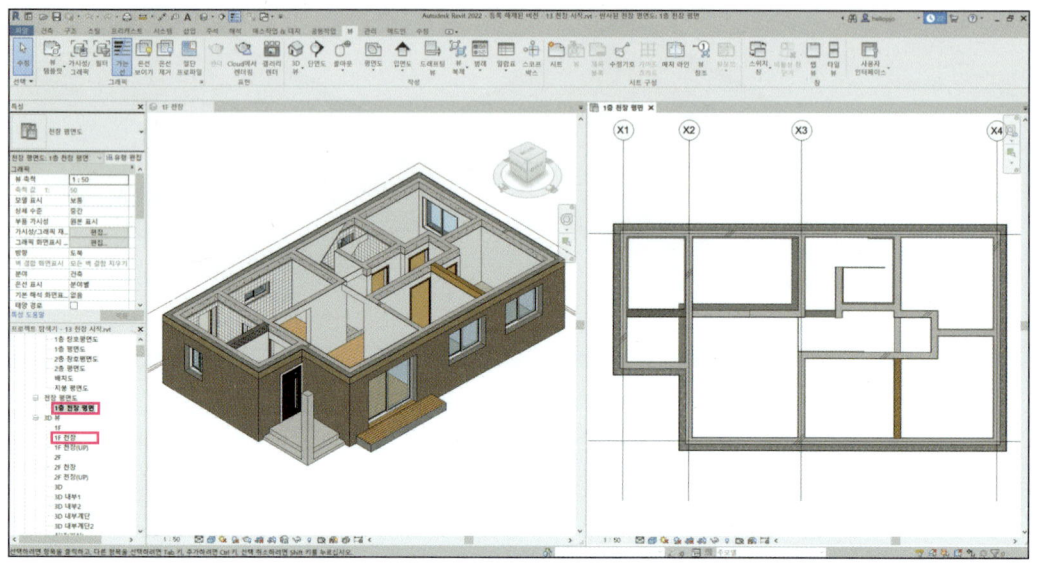

2. 먼저 도면의 현관 천장을 만들겠습니다. 1층 천장 평면 뷰에서 리본 메뉴의 건축 탭에서 '천장'을 선택합니다. 특성창의 유형은 '# 천장 – 플레인', '레벨'은 '1층 천장', '레벨로부터 높이 간격띄우기'는 '0'을 입력하고, Enter 키를 누릅니다.

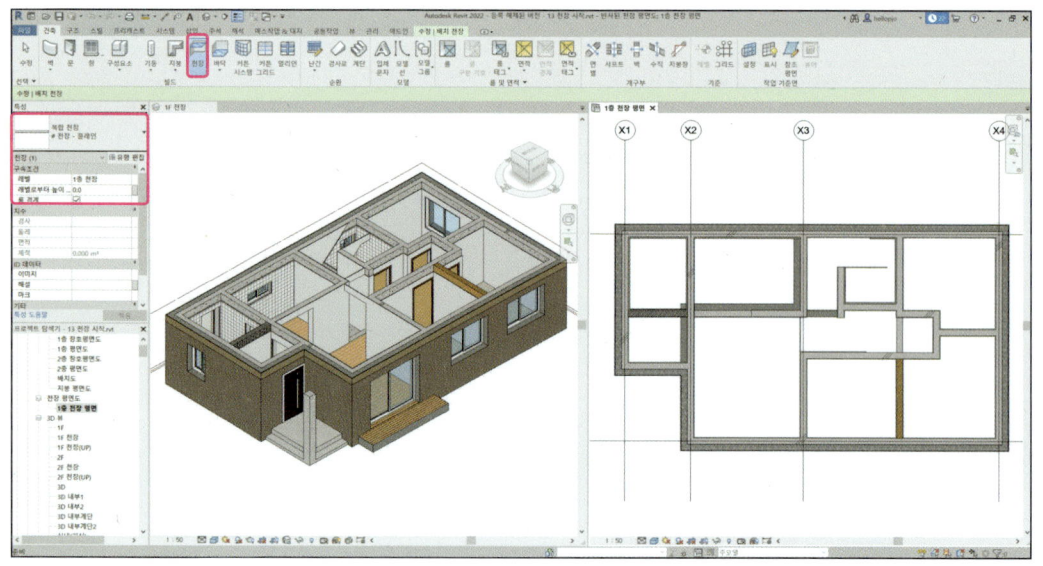

3. 기본적으로 리본 메뉴의 '자동천장'이 활성화되어 실 내부를 클릭하면 천장이 자동으로 생성됩니다. 실내 공간을 순차적으로 선택해 천장을 만듭니다. Esc 를 눌러 천장 생성 기능을 해제합니다. 1층 천장 레벨에 맞춰 70mm 두께의 천장이 생성된 것을 확인할 수 있습니다.

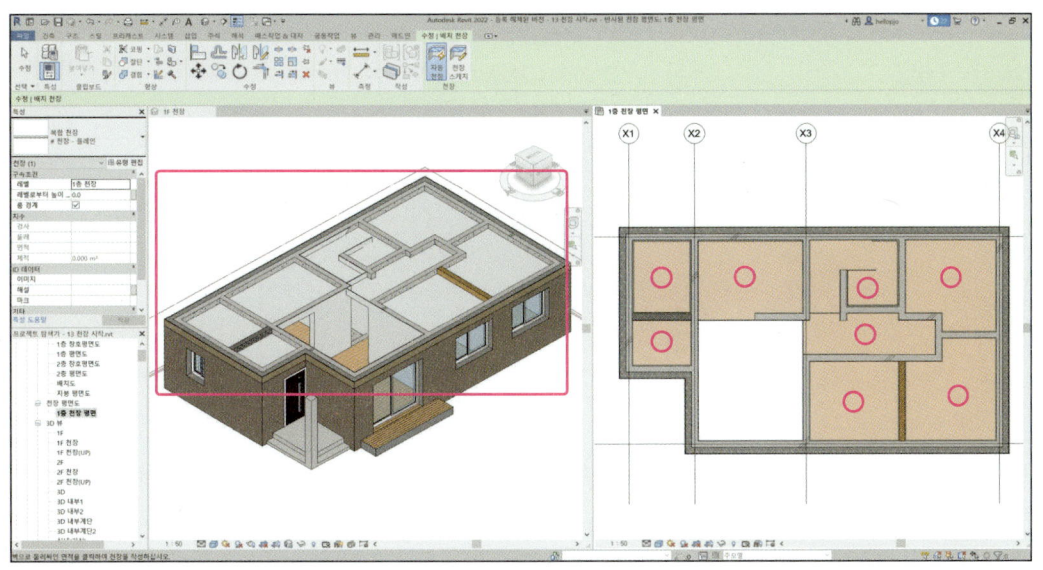

4. 계단실 부분까지 막혀서 작성된 화장실 부분 천장의 형상을 변경하도록 하겠습니다. 화장실 부분 천장을 선택합니다. 리본 메뉴에서 '수정' 탭의 '경계 편집'을 선택합니다.

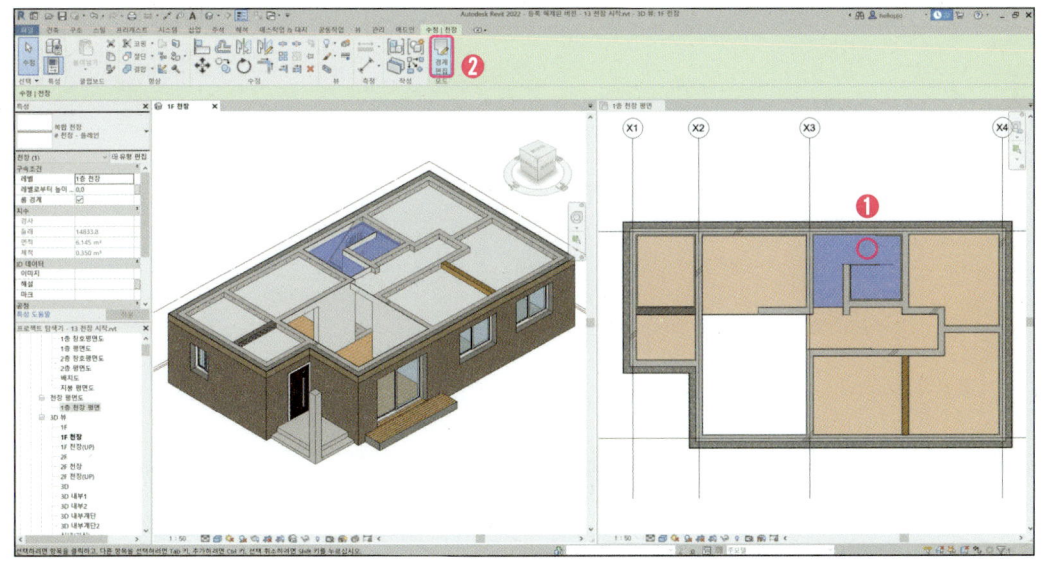

4 주택 만들기 실습 **347**

5. 이미지에 표기된 선형을 제외한 스케치를 모두 선택해 delete 키를 눌러 삭제합니다.

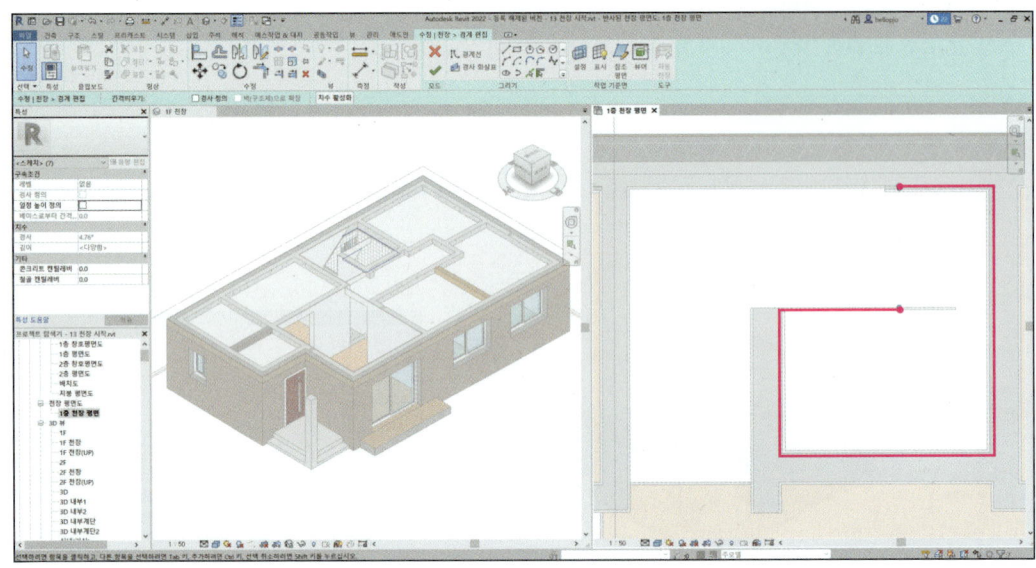

6. 스케치의 형상을 닫힌 형태로 완성하기 위해 연결되지 않은 두 개의 지점(A-B) 사이에 선으로 스케치를 생성하고 편집 완료 버튼을 누릅니다.

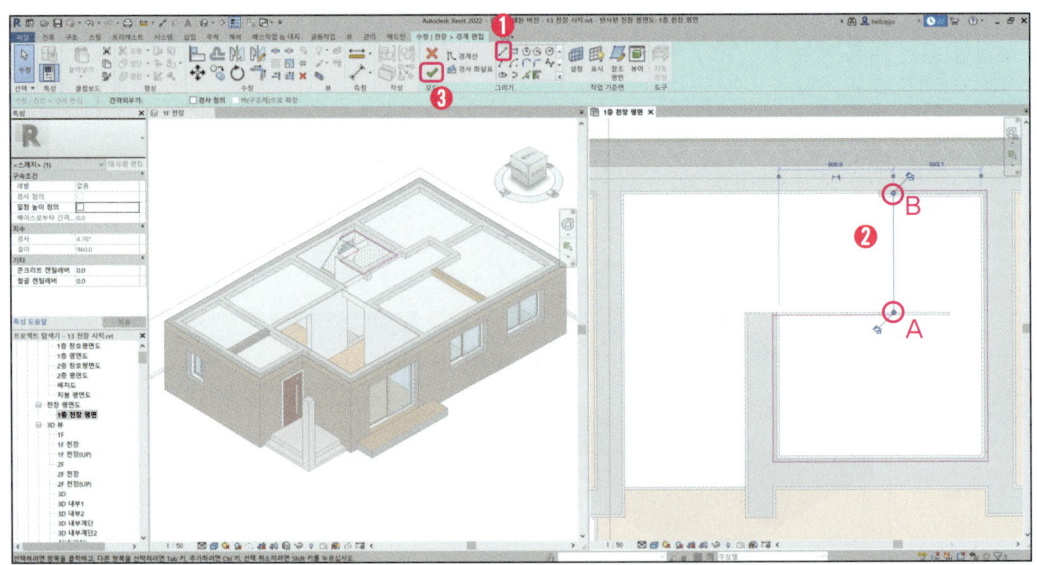

7. 화장실 부분 천장이 계단실 부분을 제외한 형상으로 천장 형태가 바뀐 것을 확인할 수 있습니다.

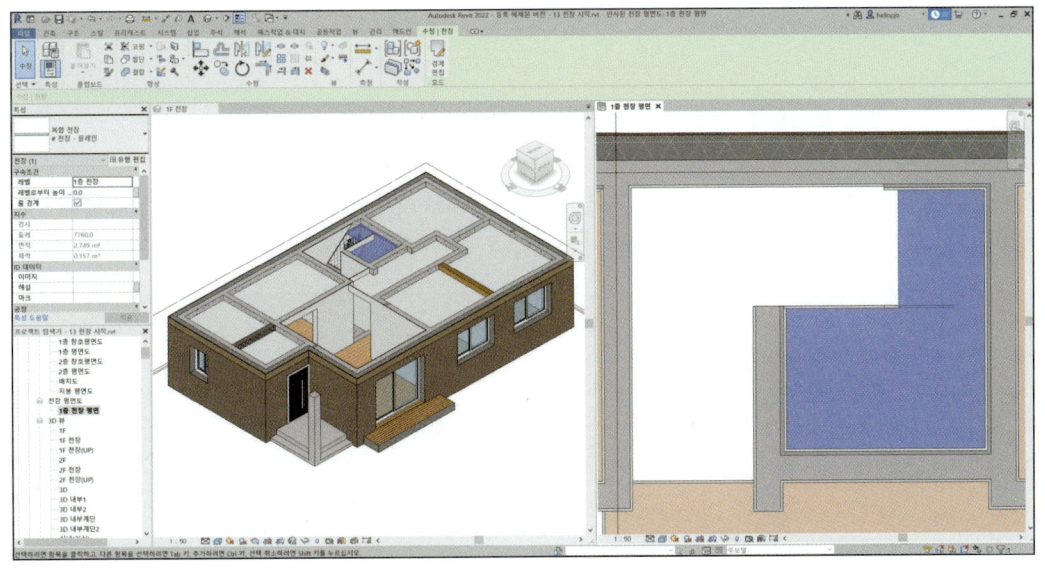

8. 완성된 파일은 Sample 폴더 내부의 '13 천장 완성.rvt' 파일을 참조합니다.

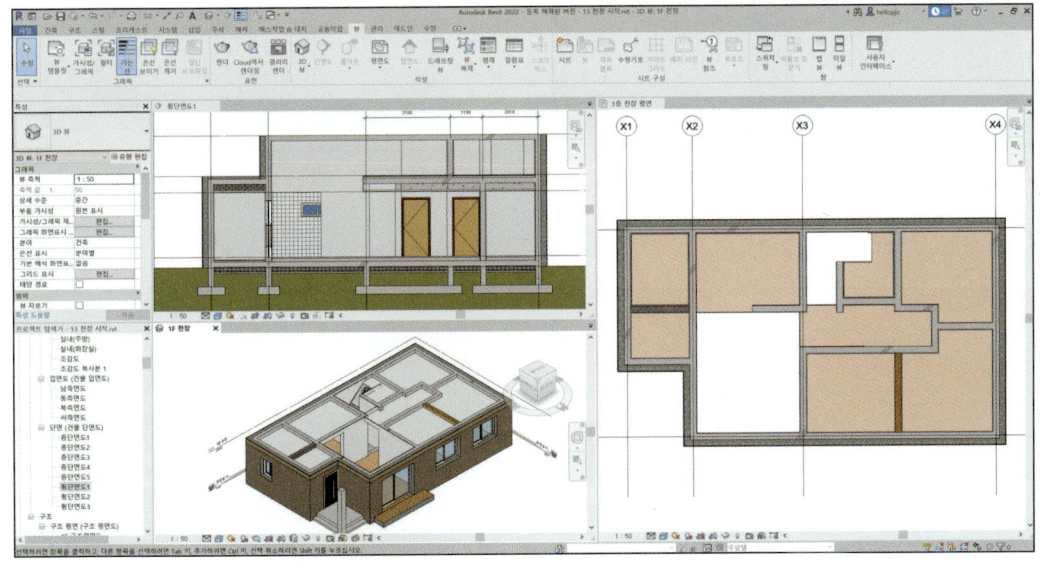

4.15. 계단, 난간 만들기

4.15.1. 계단 만들기

1. Sample 폴더 내부의 '14 계단 시작.rvt' 파일을 엽니다. '3D 내부계단', '종단면도2', '1층 평면도', '횡단면도2' 뷰를 더블클릭해 활성화하고, 리본 메뉴의 '타일 뷰'를 선택해 4개의 뷰를 정렬합니다.

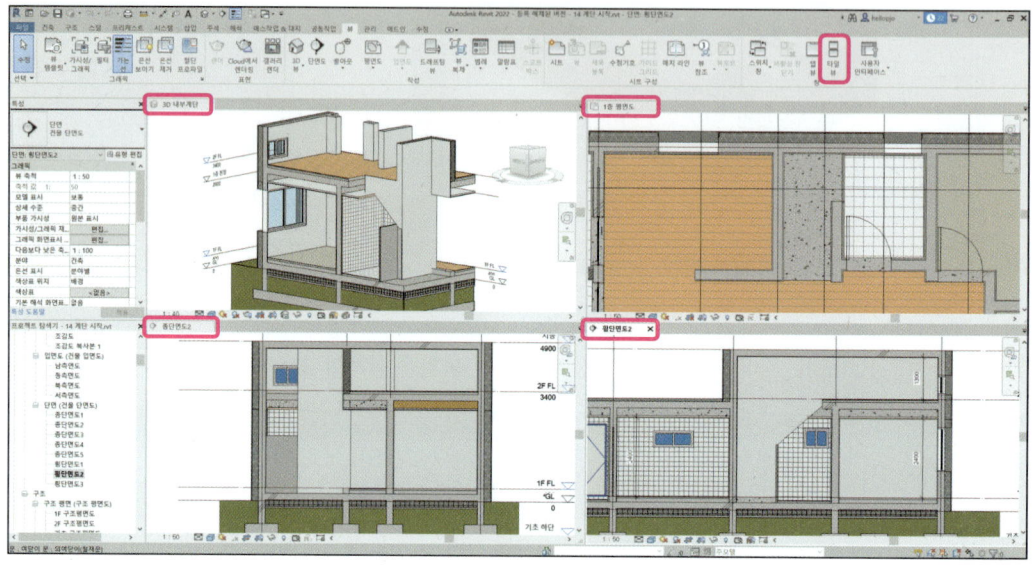

2. '1층 평면도' 뷰에서 리본 메뉴의 '건축' - '계단'을 선택합니다.

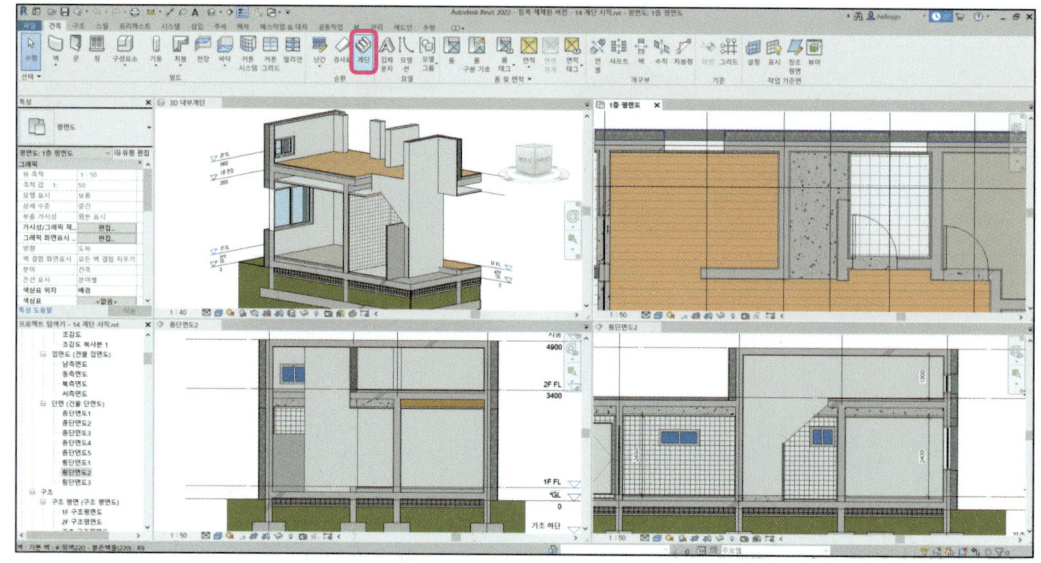

3. 특성창에서 '유형'은 '현장타설 계단 – 일체식 계단', '베이스 레벨'은 '1F FL', '베이스 간격띄우기'는 '0', '상단레벨'은 '2F FL', '상단 간격띄우기'는 '0', '원하는 챌판수'는 '17', '실제 디딤판 깊이'는 '200'으로 설정하고, Enter 키를 누릅니다.

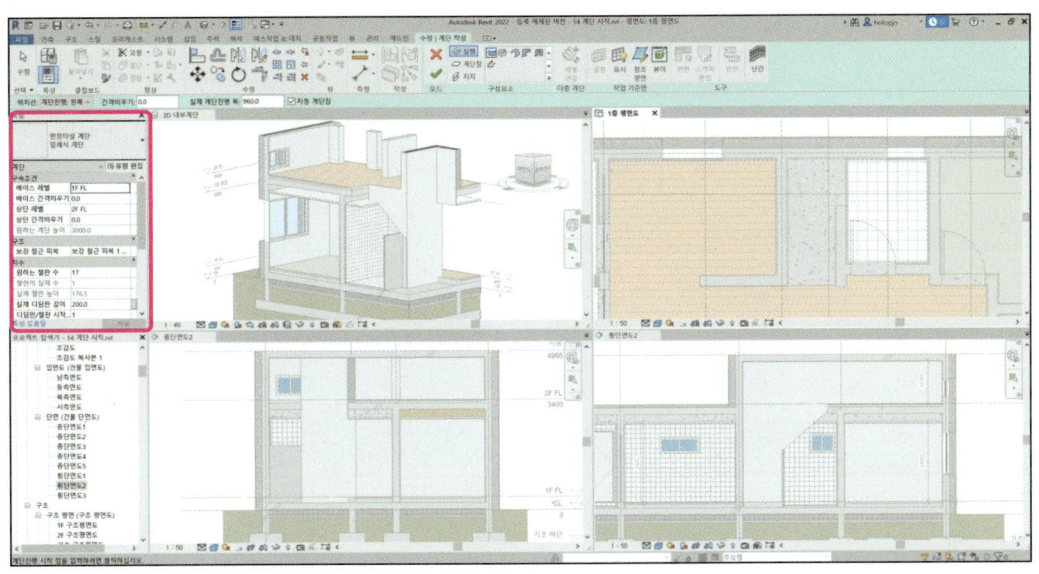

4. 계단 작성 모드가 활성화된 상태에서 복도 건축 바닥 경계와 계단 부분 건축 마감 벽체가 만나는 모서리 부분(A)을 선택합니다. 마우스를 수직 윗방향으로 움직이면서 왼쪽 치수가 1600이 되고, 아래쪽에 표기되는 정보가 '9개의 챌판이 작성됨, 8개 남음'이라고 표기되는 지점(B)에 마우스를 위치시키고 클릭합니다.

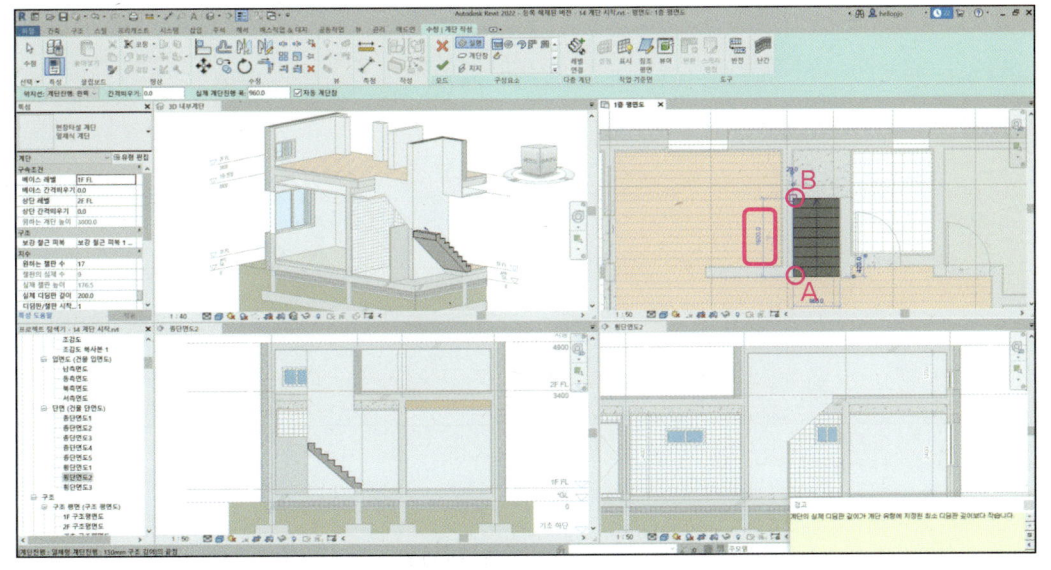

5. 화면에 작성된 계단 디딤판의 우측 모서리와 상단 벽체의 내부마감 교차점(C)을 클릭합니다.

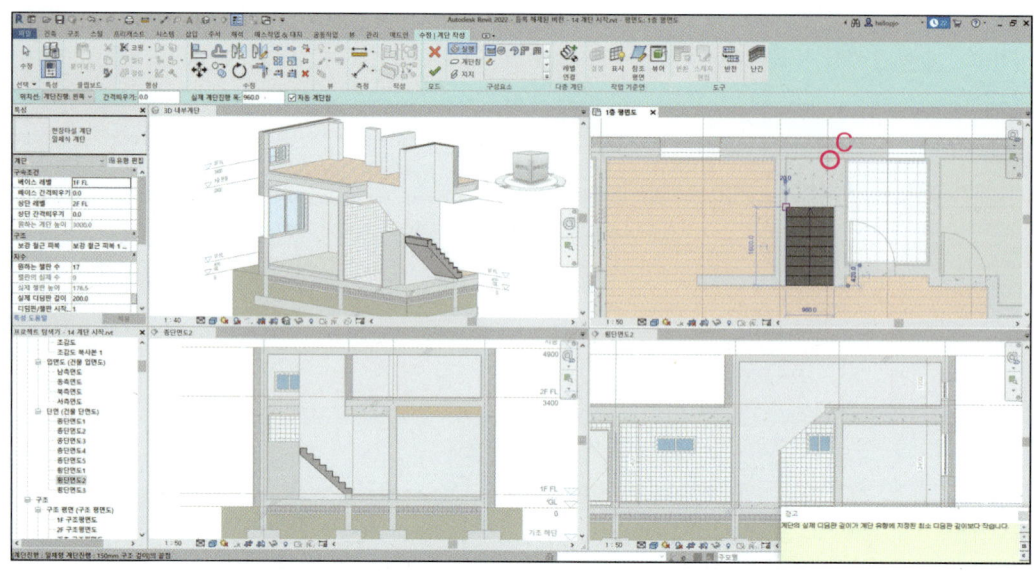

6. 마우스를 수평 우측방향으로 움직이면서 아래쪽에 표기되는 정보가 '8개의 챌판이 작성됨, 0개 남음'이라고 표기되는 지점(D)에 마우스를 위치시키고 클릭합니다.

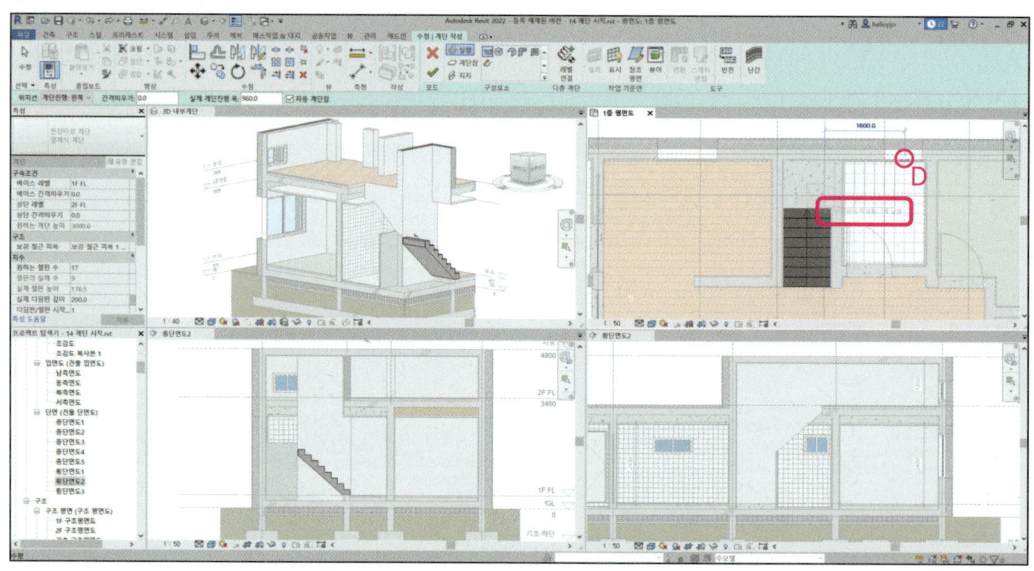

7. 중간 참 이후에 계단 형상이 생성된 것을 확인할 수 있습니다. '편집 모드 완료' 버튼을 눌러 계단 작성을 완료합니다.

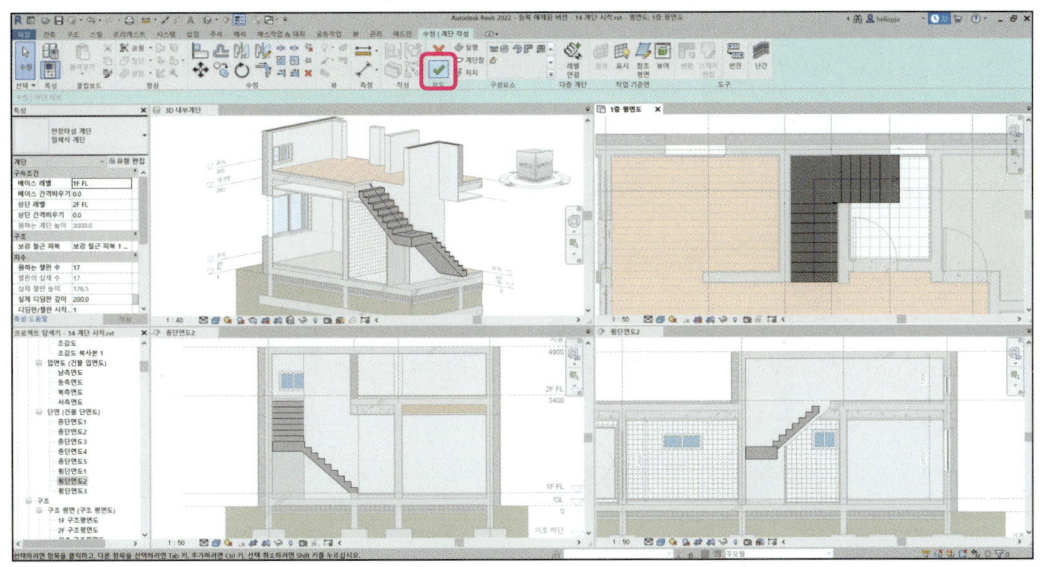

8. 계단참 스케치로 설정한 진행 방향에 따라 계단이 생성되었습니다. 계단 좌측과 우측 끝 부분에 난간이 함께 생성된 것을 확인할 수 있습니다. '횡단면도2' 뷰에서 보이는 계단 좌측 난간을 선택하고 Delete 키를 눌러 삭제합니다.

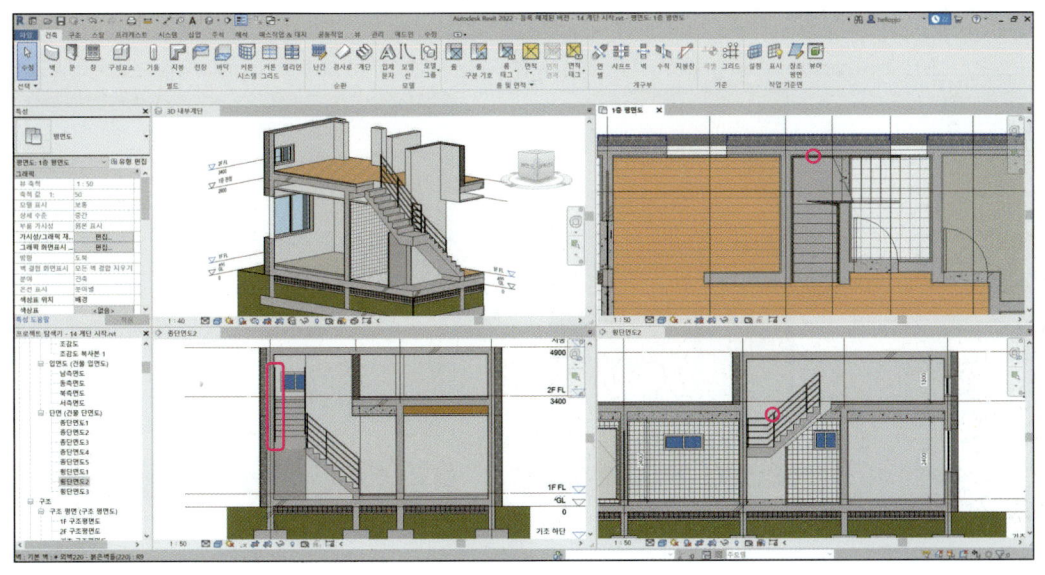

9. '종단면도2' 뷰에서 보이는 계단 우측 난간을 선택하고 Delete 키를 눌러 삭제합니다.

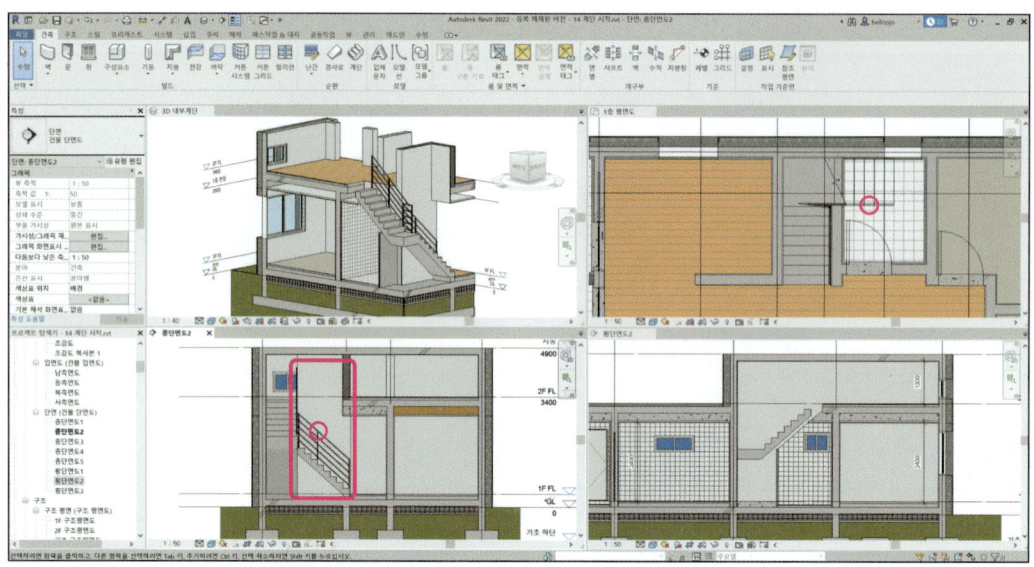

10. 난간이 삭제되고 계단 형상만 남게 됩니다. '3D 내부계단' 뷰와 '횡단면도2' 뷰에서 보면 계단 끝부분과 2층 바닥 사이에 1칸이 부족하여 비워진 것을 볼 수 있습니다. 계단을 수정해 해당 부분을 채워주도록 하겠습니다.

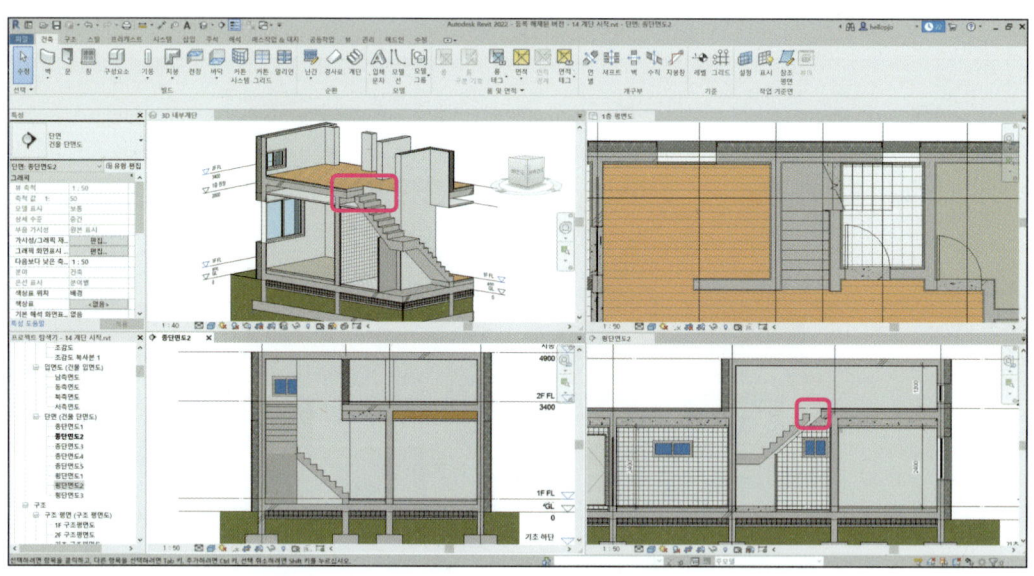

11. 계단을 선택하면 특성창의 '철판의 실제 수'가 '17'로 되어 있는 것을 확인합니다. '수정' 탭에서 '계단 편집'을 선택합니다.

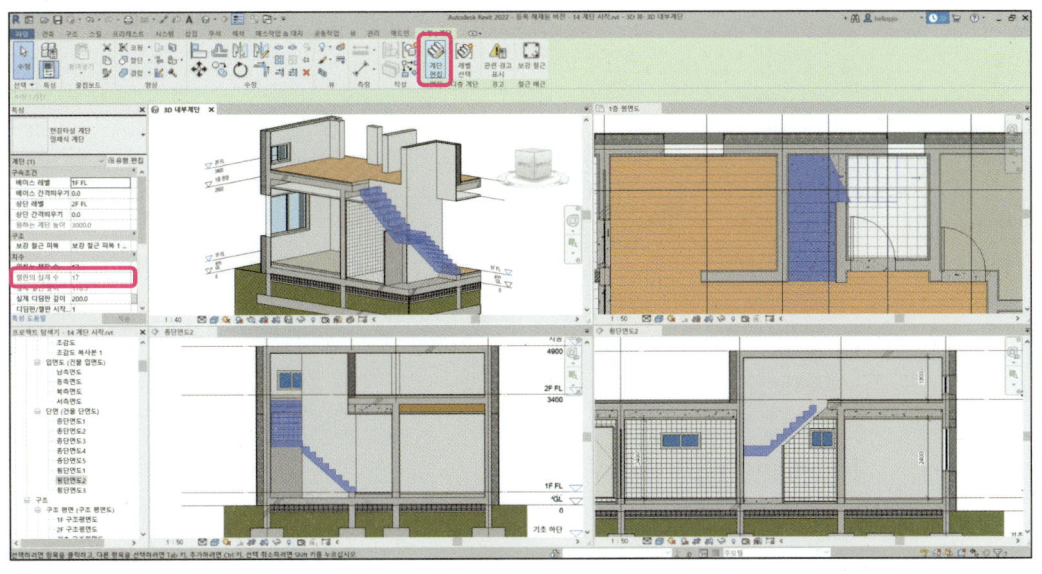

12. '1층 평면도' 뷰에서 중간 참 이후의 계단 부분을 선택하고 끝부분에 파란색 점(E)을 선택합니다.

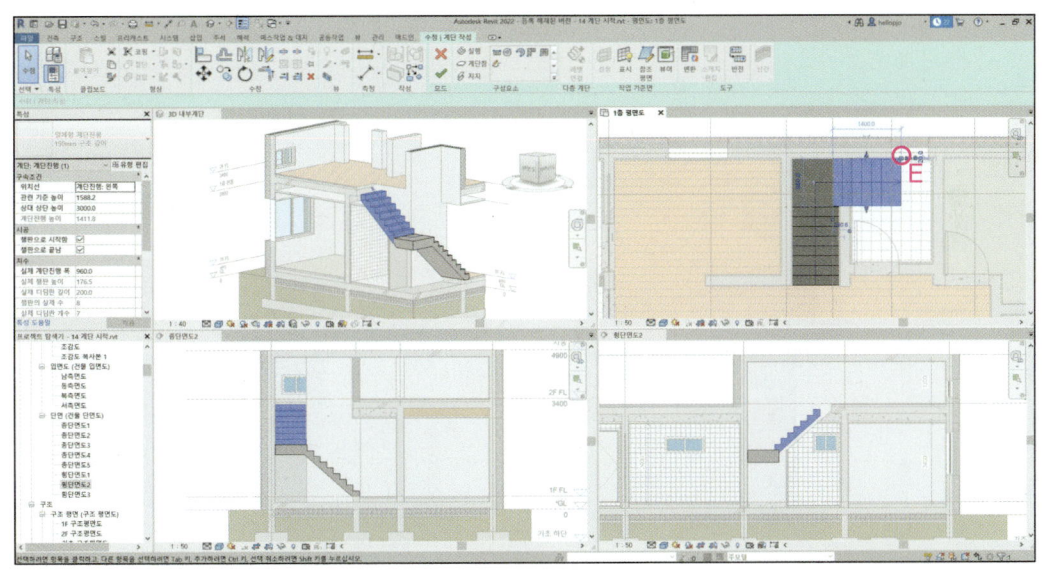

4 주택 만들기 실습 **355**

13. 마우스를 수평 우측으로 움직이면서 상부의 치수선이 1600을 나타내며 디딤판 1칸이 더 생기는 위치 (F)를 클릭합니다. '편집모드 완료' 버튼을 눌러 수정을 완료합니다.

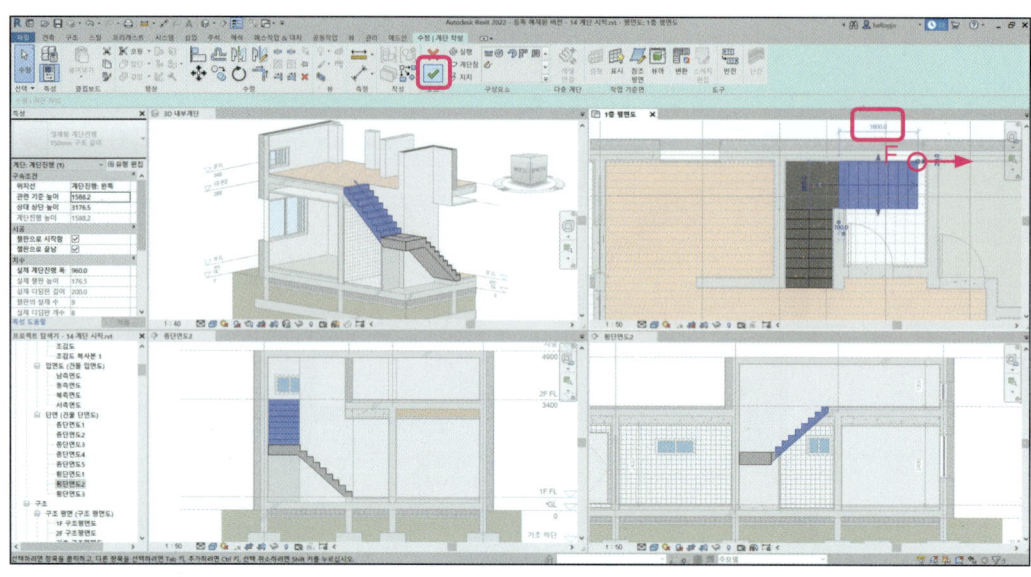

14. 우측 하단에 나타나는 경고창을 닫습니다.

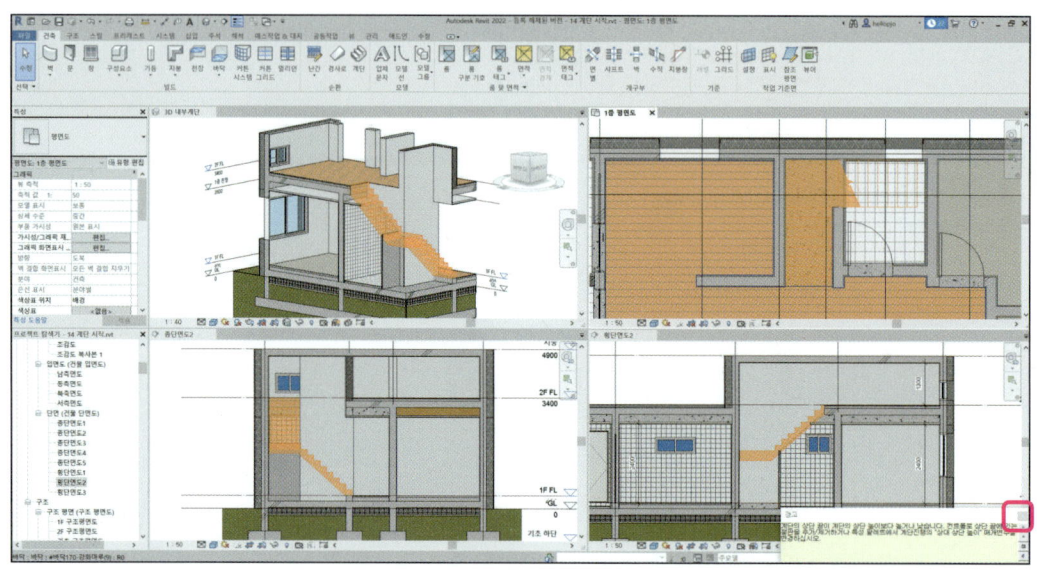

15. 계단과 2층 바닥이 만나는 부분에 계단 1칸이 추가된 것을 확인할 수 있습니다.

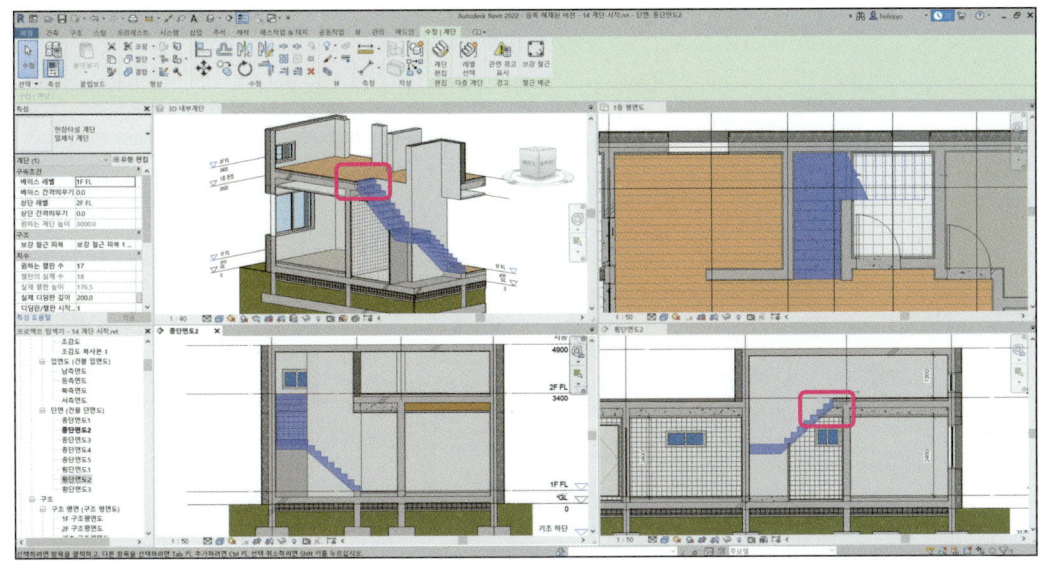

16. 계단을 선택하면 특성창에 '챌판의 실제 수'가 '18'로 변경된 것을 볼 수 있습니다. 디딤판의 재질을 변경하도록 하겠습니다. 특성창의 '유형'을 '현장타설 계단 - 일체식 계단'에서 '현장타설 계단 - 콘크리트 계단'으로 변경합니다.

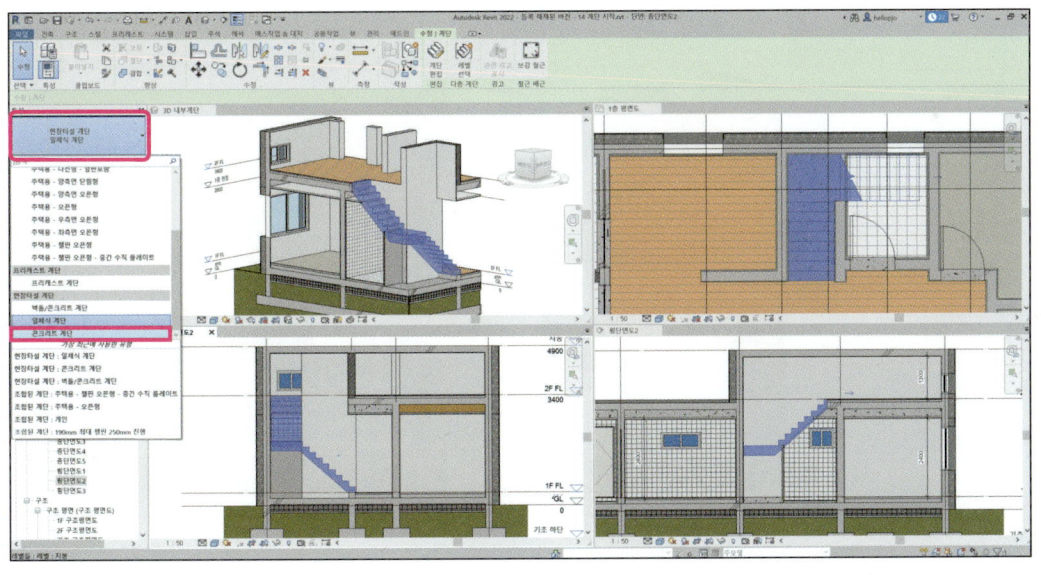

4 주택 만들기 실습 357

17. 계단 디딤판의 재질이 계단 유형에 적용되어있는 재질로 변경된 것을 확인할 수 있습니다.

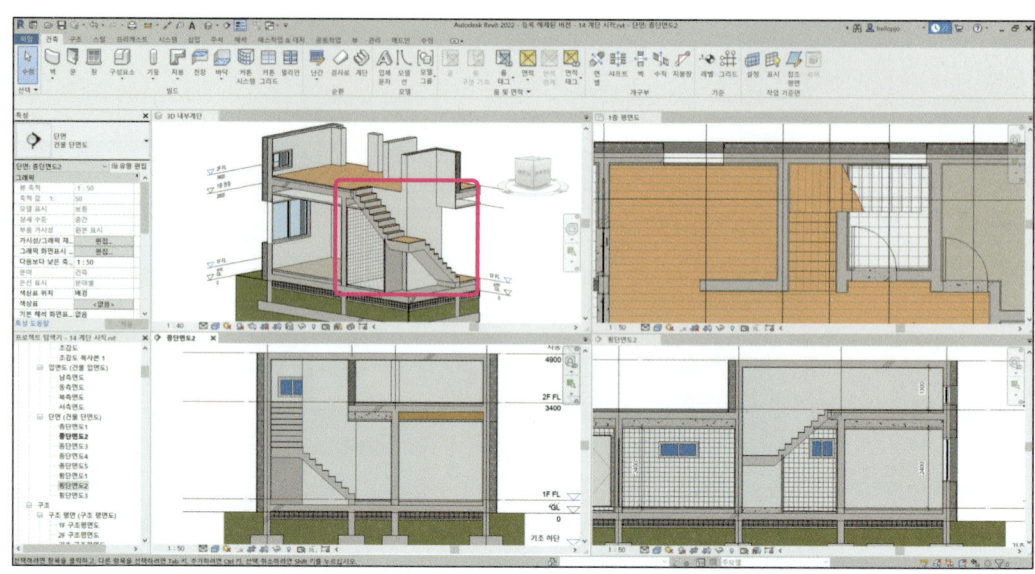

18. 추가적으로 계단 디딤판의 재질을 다른 재질로 변경하려면 생성된 계단을 선택하고 특성창의 '유형 편집'을 클릭합니다.

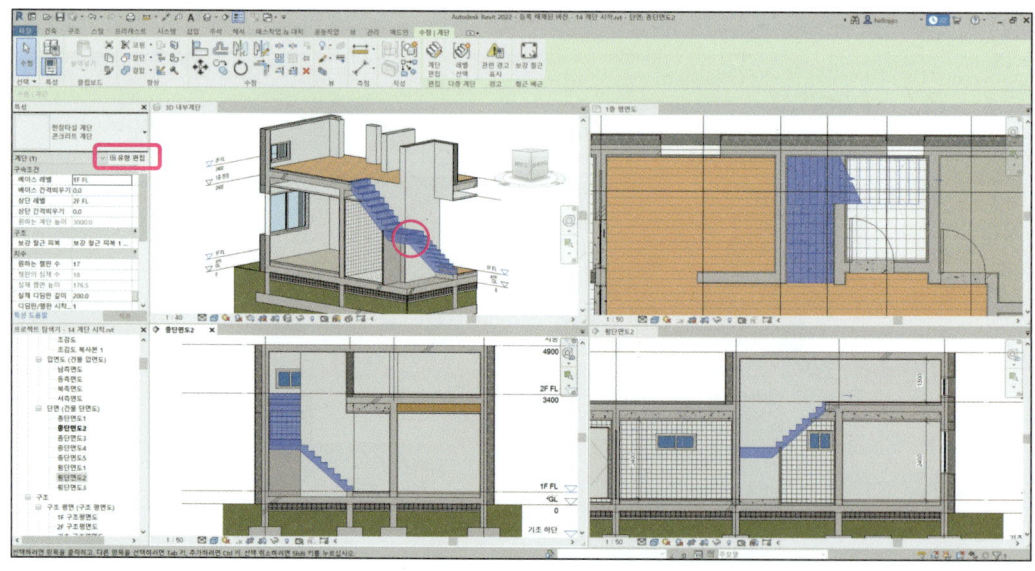

19. 유형 특성창에서 '계단진행 유형'의 값의 뒤쪽 사각형 버튼을 클릭합니다.

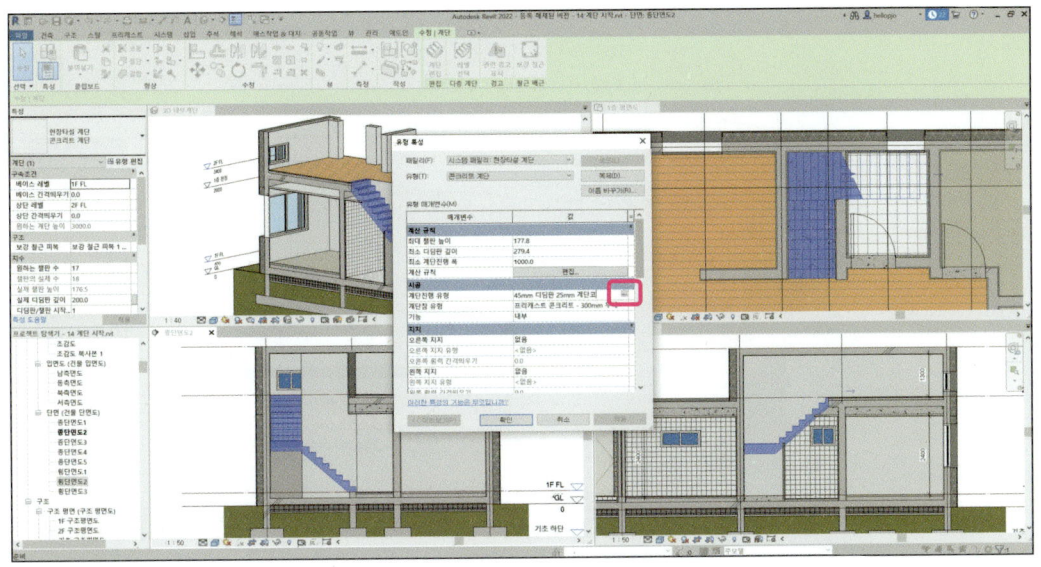

20. 새롭게 팝업된 유형 특성창에서 '디딤판 재료'의 값을 선택합니다.

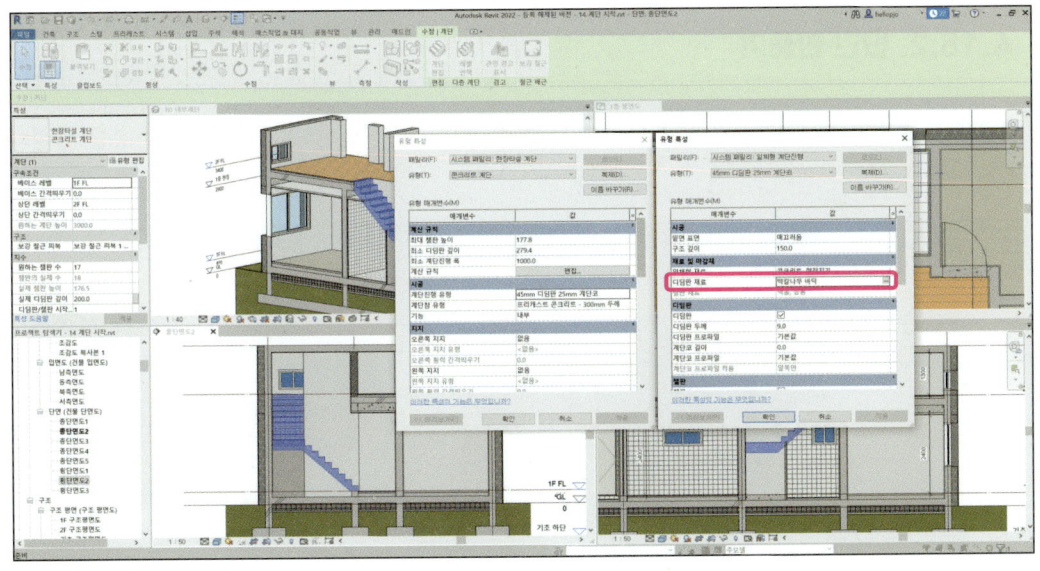

21. 재료 탐색기 창에서 원하는 재질을 선택하고 적용을 클릭하면, 선택한 재질로 변경 적용됩니다.

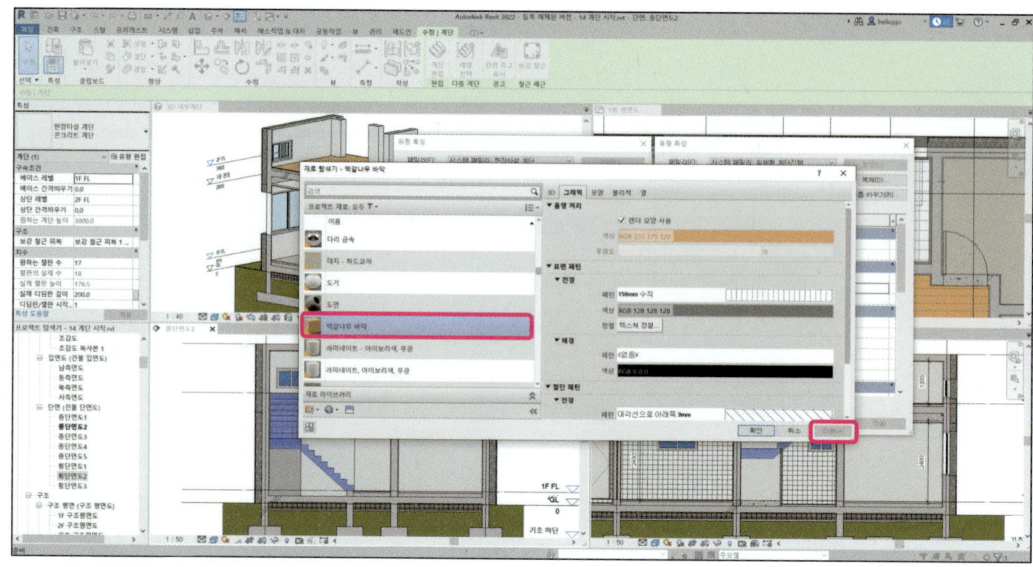

4.15.2. 난간 만들기

1. 이번에는 난간을 생성하겠습니다. '3D 내부1', '2층 평면도', '종단면도3', '횡단면도1' 뷰를 활성화합니다.

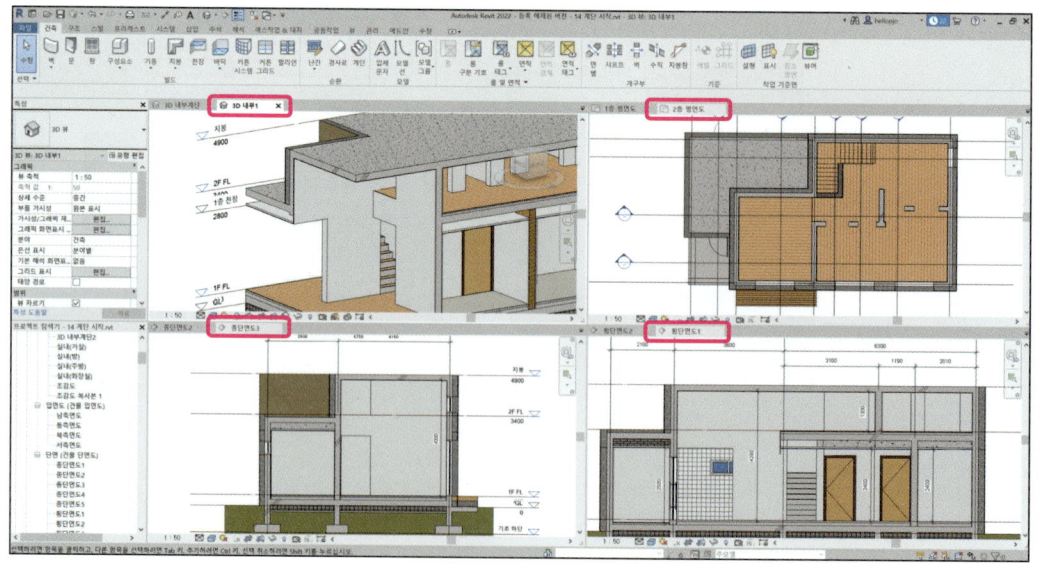

2. 2층 평면도 뷰에서 리본 메뉴의 '건축' – '난간' – '경로 스케치'를 선택합니다.

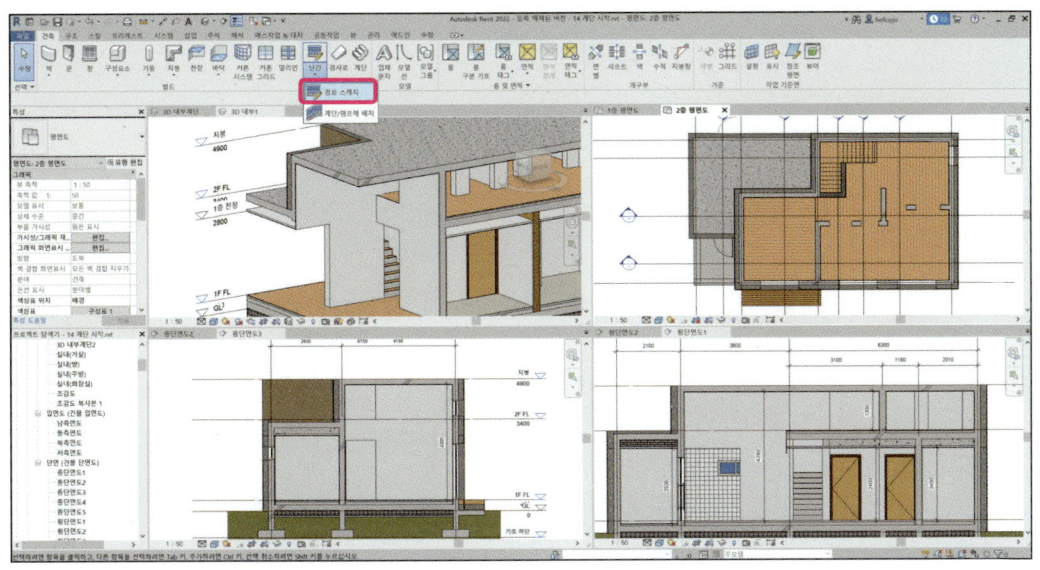

3. 특성창에서 '유형'은 '핸드레일 – 다락'을 선택합니다. '2층 평면도' 뷰에서 스케치 모드가 활성화된 상태에서 선형 그리기 도구로 난간의 시작 지점(A)과 끝나는 지점(B)을 선택해 선형 스케치를 작성합니다. '편집 모드 완료' 버튼을 눌러 스케치 작성을 완료합니다.

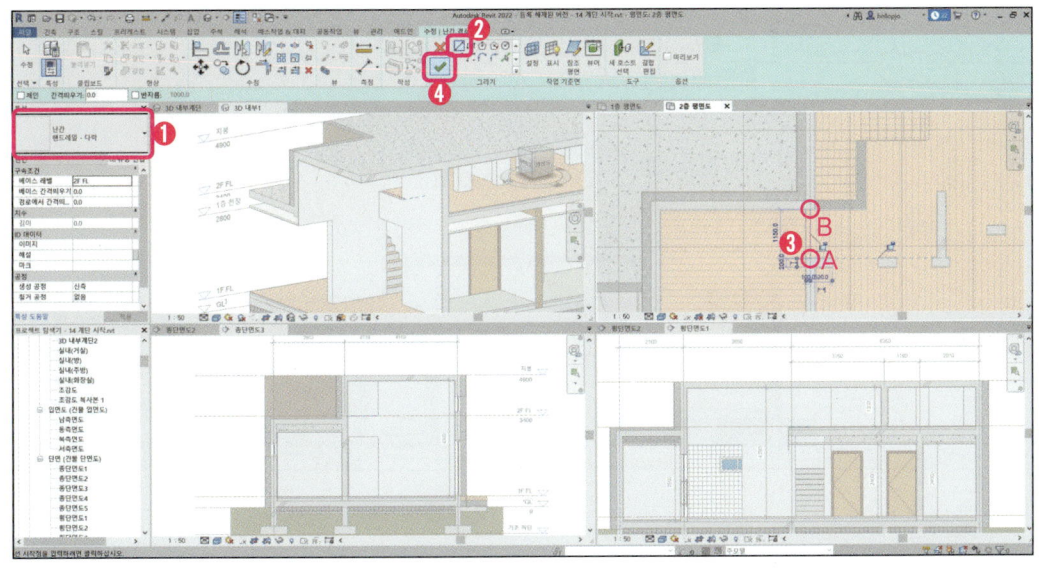

4. 450mm 높이의 난간이 생성된 것을 확인할 수 있습니다.

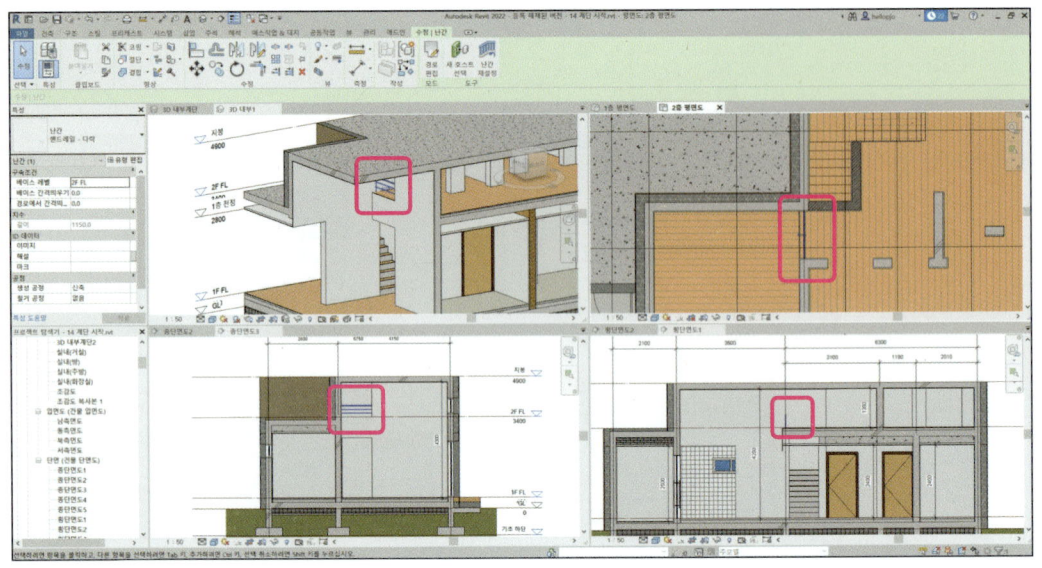

5. 생성된 난간을 선택하고 특성창의 '유형 편집'을 선택하면 난간의 세부 유형을 변경할 수 있습니다.

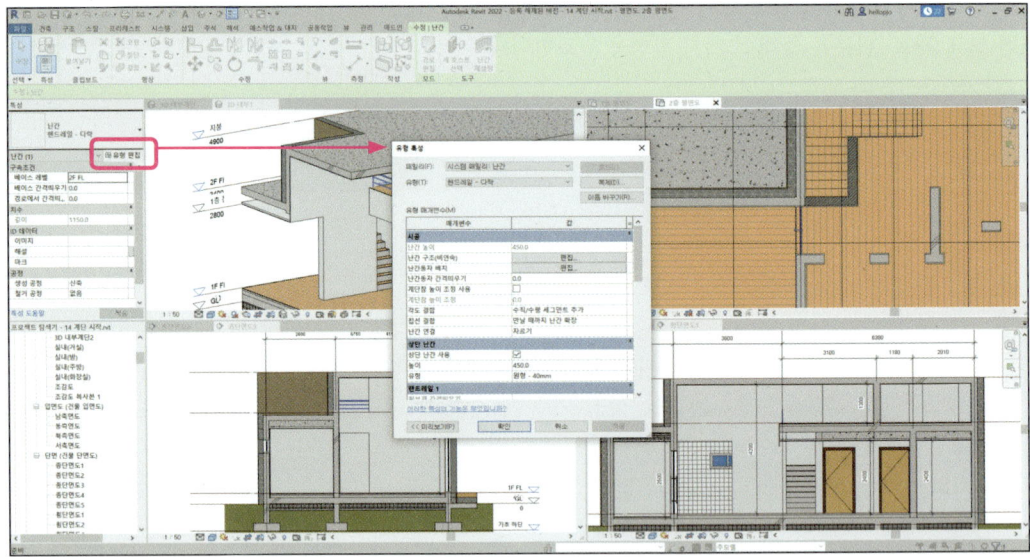

6. 완성된 파일은 Sample 폴더 내부의 '14 계단 완성.rvt' 파일을 참조합니다.

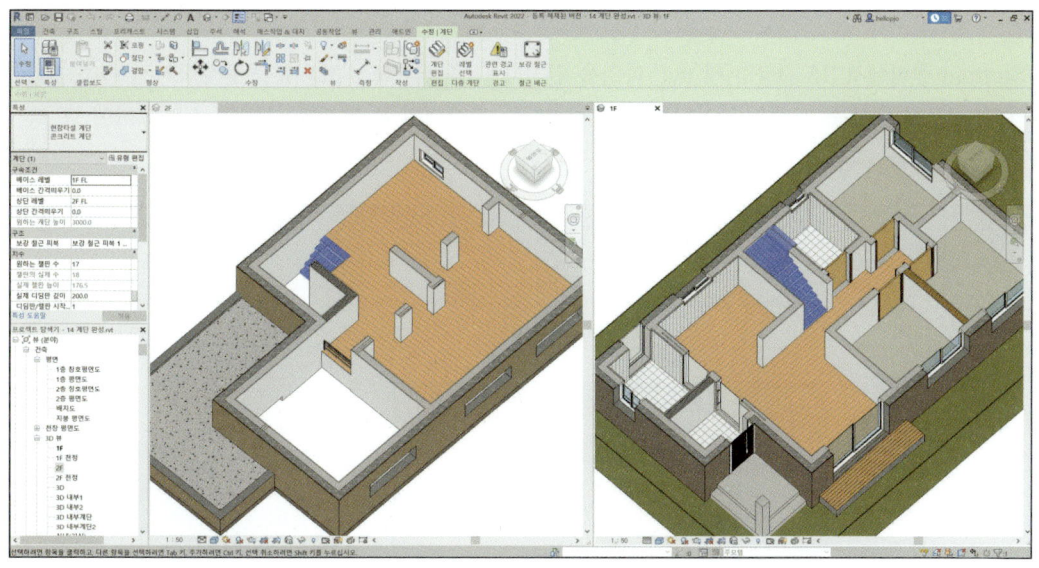

4.16. 지붕 만들기

1. Sample 폴더에서 '15 지붕 시작.rvt' 파일을 엽니다. '2층 평면도', '3D' 뷰를 활성화시킨 다음, 리본 메뉴의 '뷰' – '타일 뷰'를 선택해 열려있는 뷰를 정렬합니다. 2개의 뷰 경계를 선택 후 드래그하여 뷰 크기를 적절하게 조절합니다.

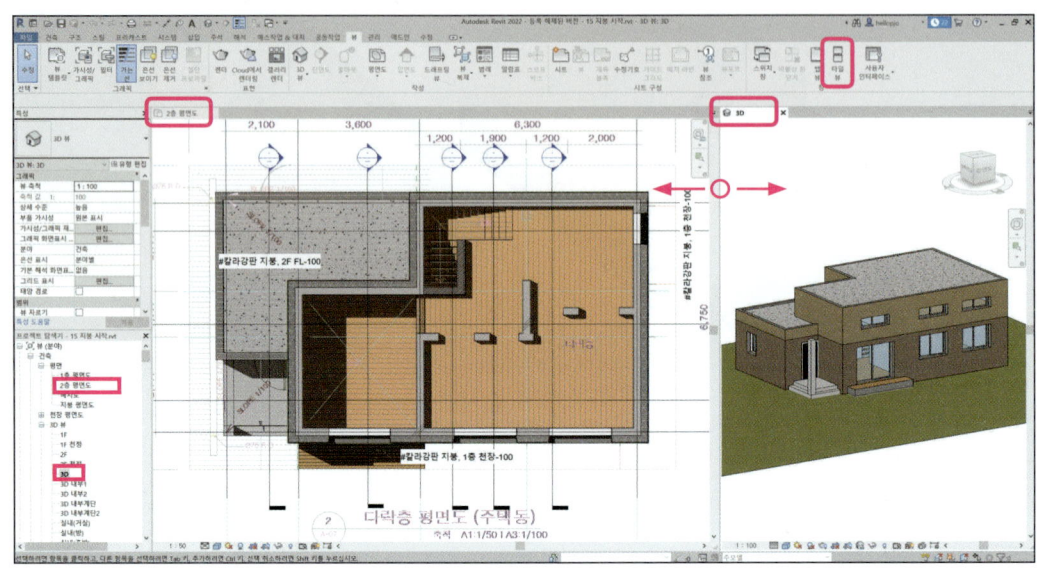

2. 2층 평면도 뷰에서 리본 메뉴의 '건축' – '지붕' – '외곽설정으로 지붕 만들기'를 선택합니다.

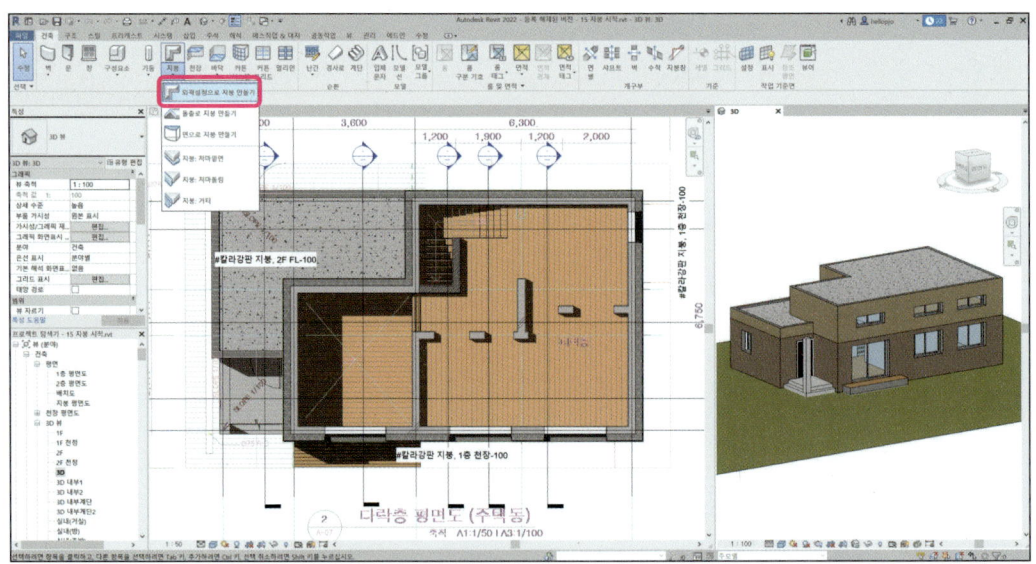

3. 특성창에서 '유형'은 '# 칼라강판 지붕'을 선택합니다. '베이스 레벨'은 '1층 천장', '레벨로부터 베이스 간격 띄우기'는 '−100'으로 설정하고 적용 버튼을 누릅니다. 스케치 모드가 활성화 된 상태에서 사각형 그리기 도구로 A−B 지점을 선택해 지붕 외곽 스케치를 작성합니다.

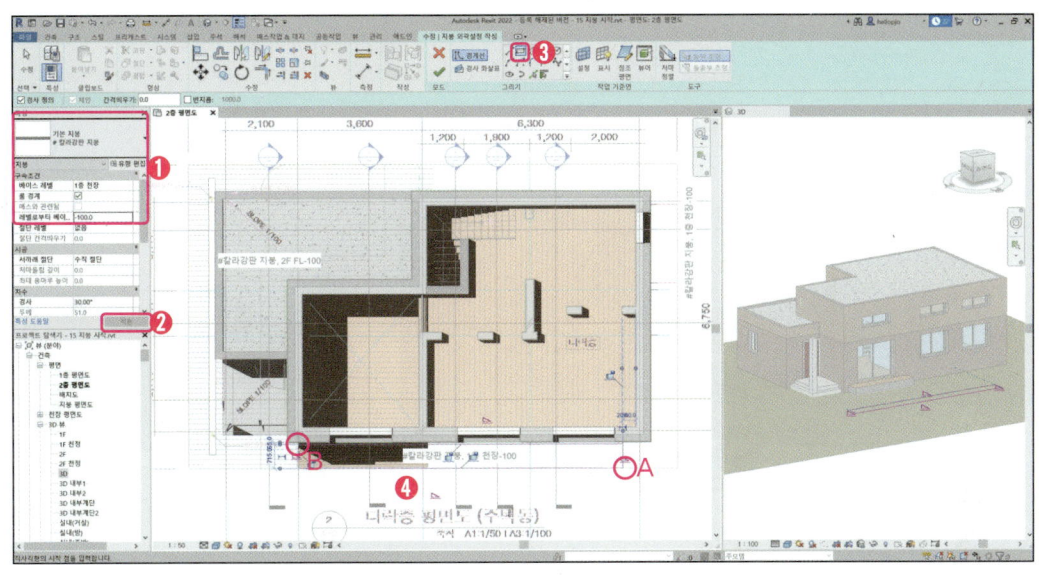

4. Esc 키를 눌러 그리기 상태를 해제하고 C−D를 드래그로 선택해 그려진 스케치 객체를 모두 선택합니다. 특성창에서 구속조건의 '지붕 경사 정의'의 체크를 해제합니다. '편집 모드 완료' 버튼을 눌러 스케치 작성을 완료합니다.

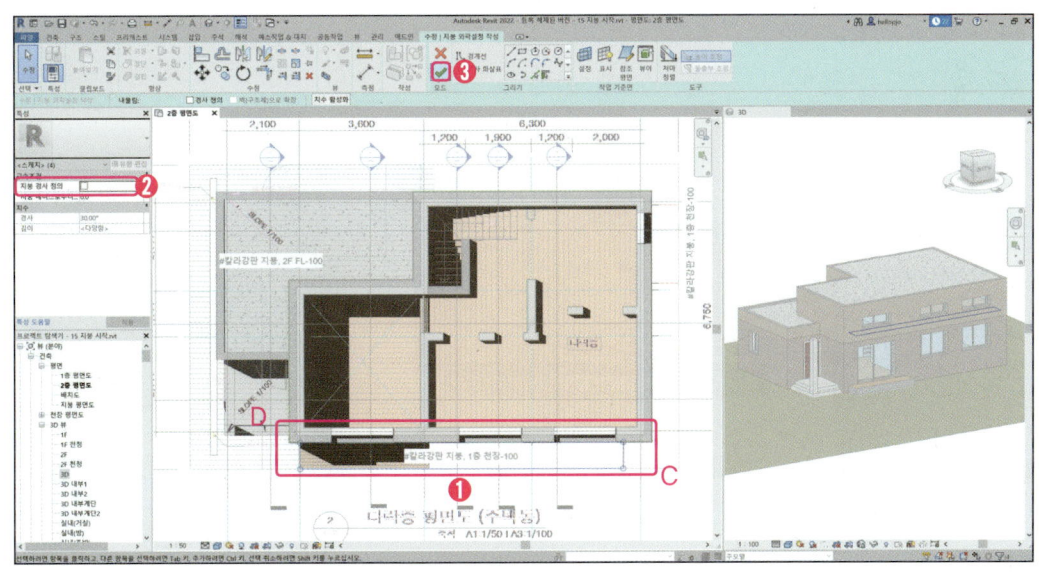

5. 정면 1층 창문의 위쪽으로 지붕이 생성된 것을 확인할 수 있습니다. 건축적으로는 정확하게는 문이나 창문 위쪽으로 돌출된 객체로 '캐노피'라고 하는 객체입니다. Revit에는 따로 캐노피 객체가 없으므로 여기서는 지붕 객체로 생성하였습니다.

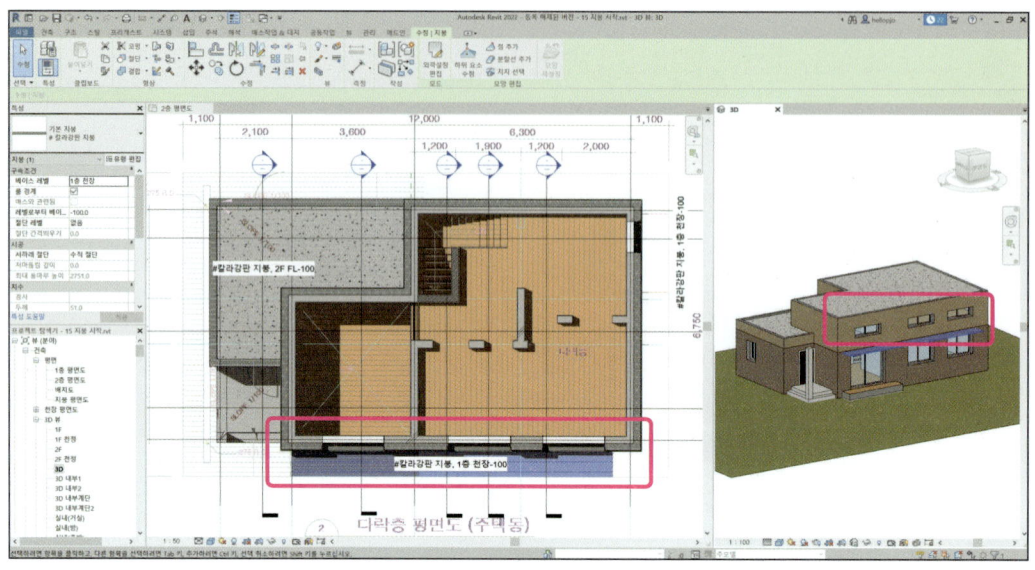

6. 같은 방식으로 우측의 1층 창문 위쪽의 캐노피도 지붕 객체로 생성합니다.

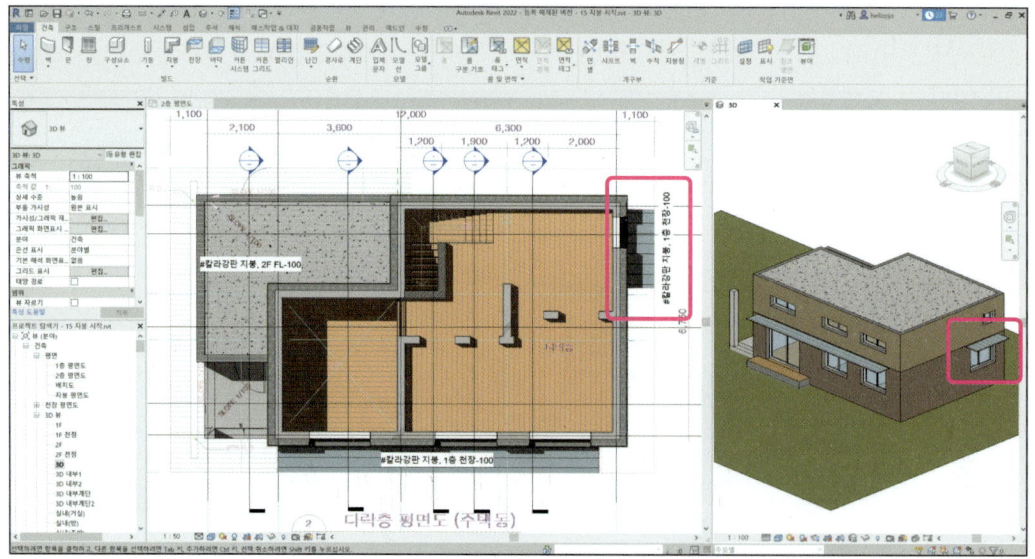

7. 이번에는 1층 다용도실 위쪽의 지붕을 만들겠습니다. 2층 평면도 뷰에서 리본 메뉴의 '건축' – '지붕' – '외곽설정으로 지붕 만들기'를 선택합니다. 특성창에서 '유형'은 '# 칼라강판 지붕', '베이스 레벨'은 '2F FL', '레벨로부터 베이스 간격 띄우기'는 '−100'으로 설정하고, 적용 버튼을 누릅니다. 스케치 모드가 활성화된 상태에서 사각형 그리기 도구로 지붕 외곽 스케치를 작성합니다.

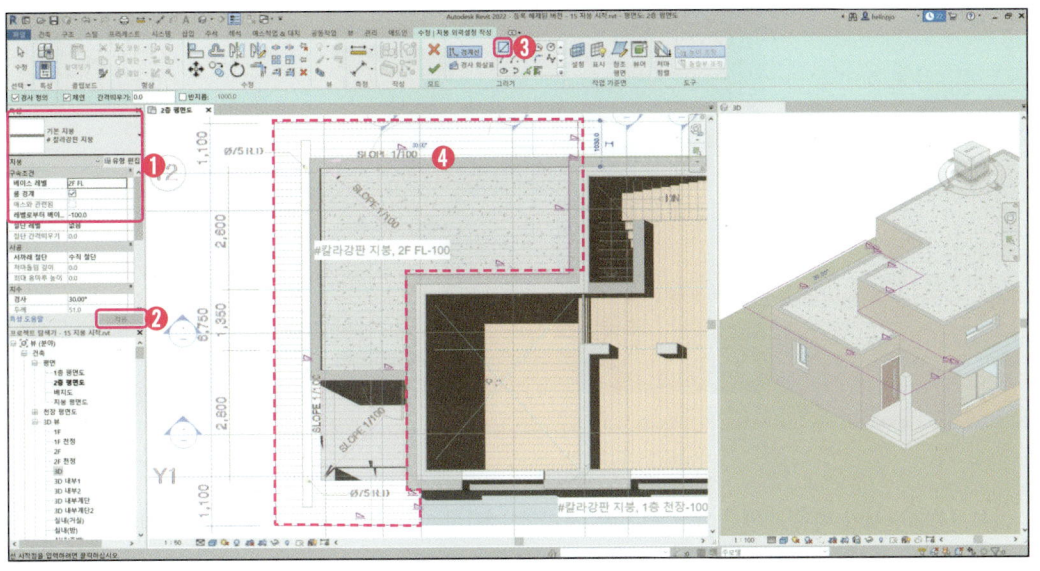

8. Esc 키를 눌러 그리기 상태를 해제하고, A–B를 드래그로 선택해 그려진 스케치 객체를 모두 선택합니다. 특성창에서 구속조건의 '지붕 경사 정의'의 체크를 해제합니다. '편집 모드 완료' 버튼을 눌러 스케치 작성을 완료합니다.

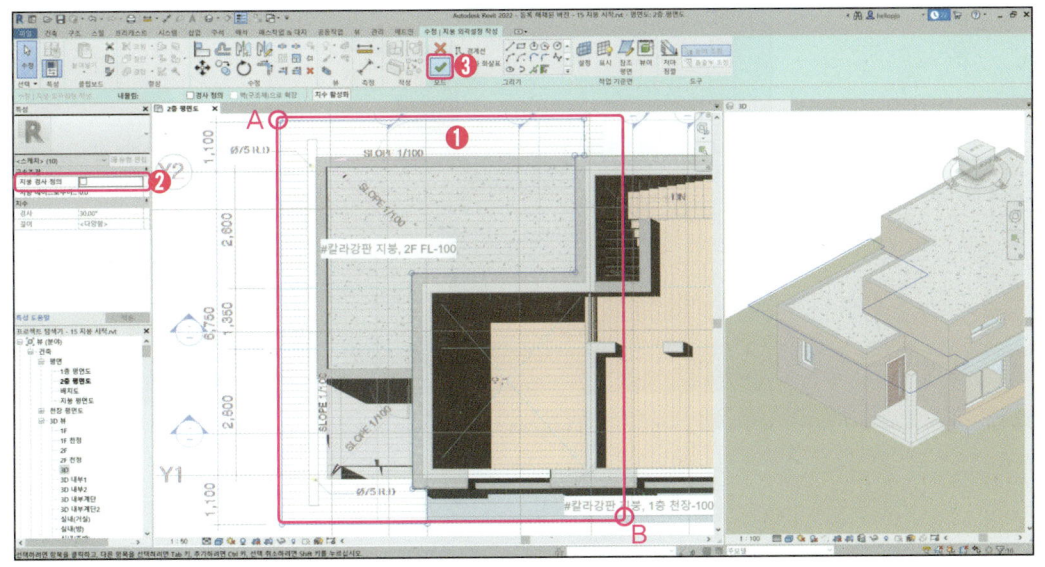

9. 1층 현관, 다용도실 상부에 지붕이 생성된 것을 확인할 수 있습니다.

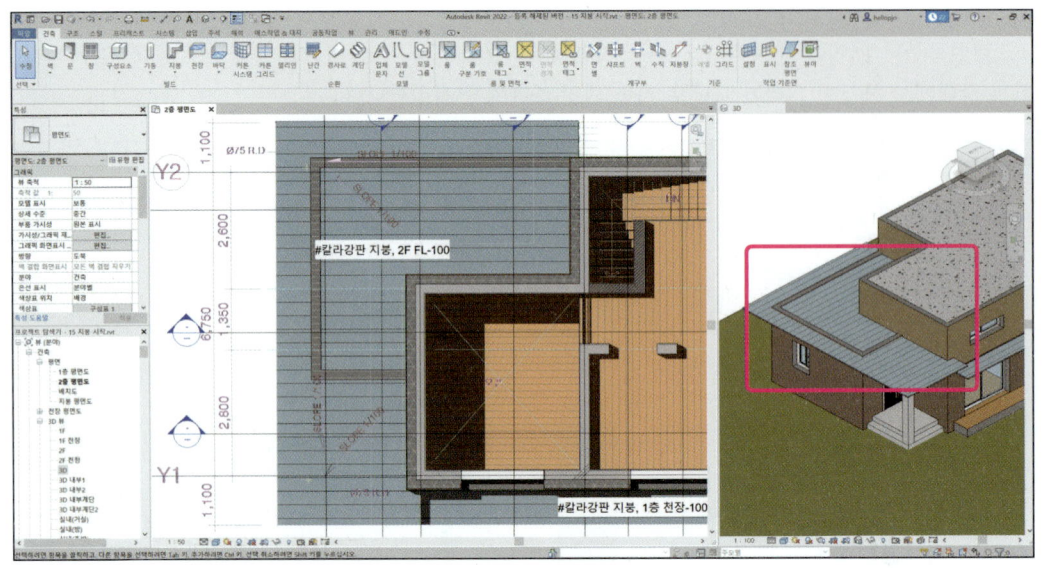

10. 하부 건축 벽체가 지붕과 중첩되는 부분을 정리하도록 하겠습니다. 지붕과 중첩되어 외부로 돌출된 벽체 3개를 키보드의 Ctrl 키를 누른 상태에서 순차적으로 클릭합니다. 리본 메뉴의 '수정' – '상단/베이스 부착'을 선택합니다.

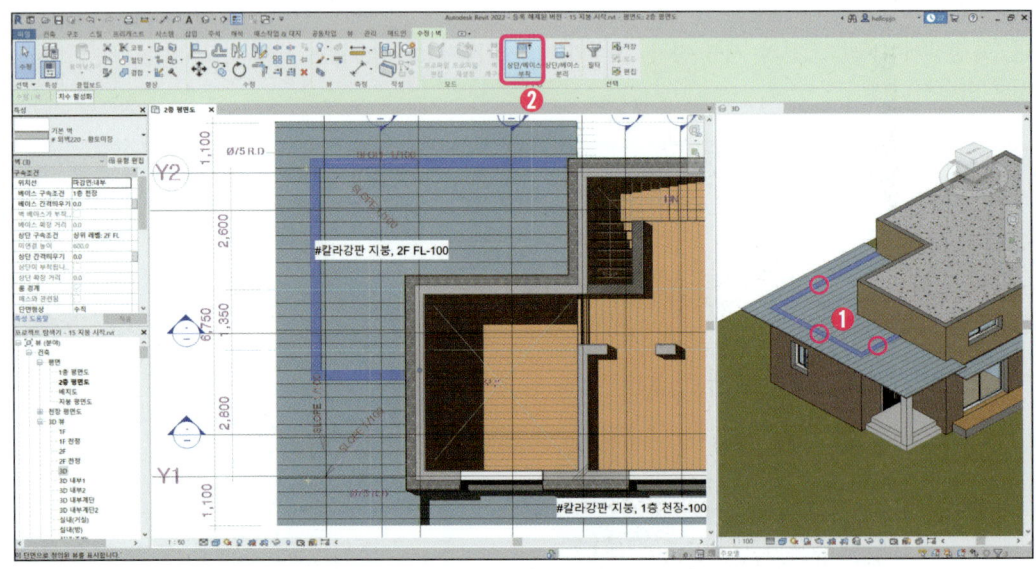

11. 벽의 상단 부분을 부착할 면의 기준이 될 지붕 객체를 선택합니다.

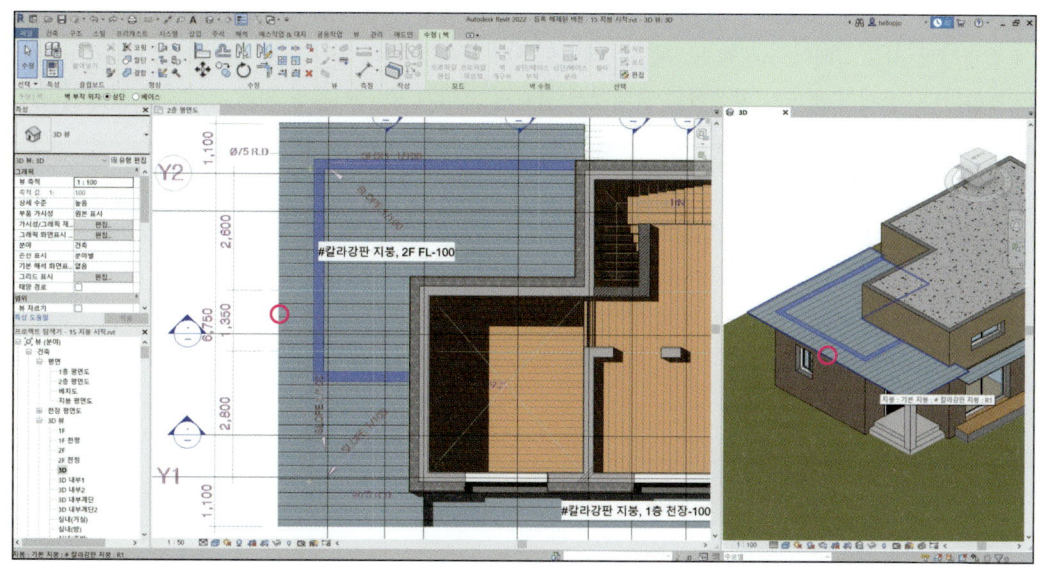

12. 지붕 위로 돌출되어 있던 벽체가 지붕 하단에 맞춰 정렬되어 중첩되는 부분이 없도록 수정된 모습을 확인할 수 있습니다.

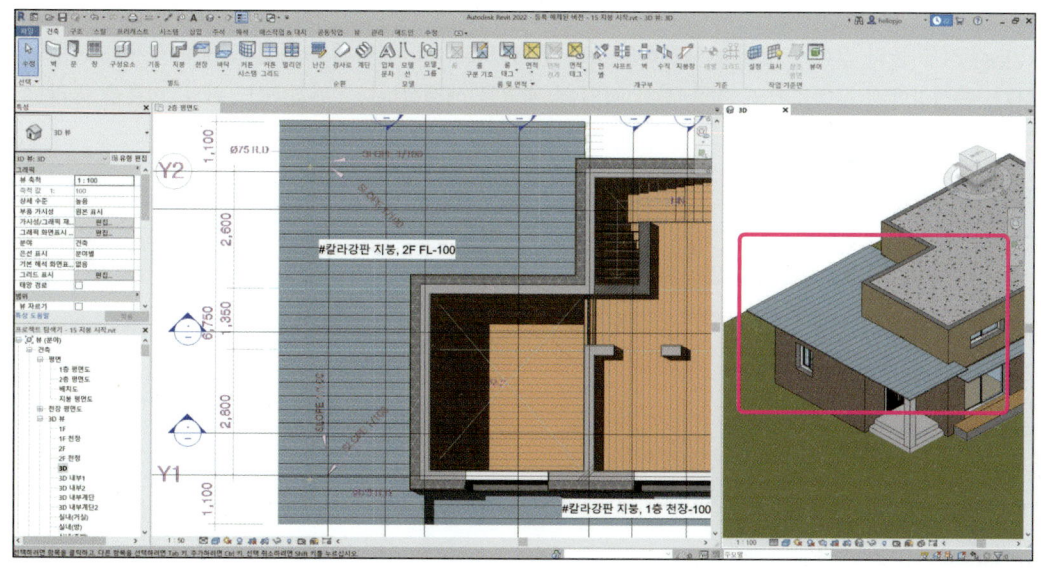

13. 다음으로 2층 상부 지붕을 만들겠습니다. 2층 평면도 뷰에서 지붕 평면도 뷰를 활성화합니다. 지붕 평면도 뷰에서 리본 메뉴의 '건축' - '지붕' - '외곽설정으로 지붕 만들기'를 선택합니다. 특성창에서 '유형'은 '# 칼라강판 지붕', '베이스 레벨'은 '지붕', '레벨로부터 베이스 간격 띄우기'는 '0'으로 설정하고, 적용 버튼을 누릅니다. 스케치 모드가 활성화된 상태에서 사각형 그리기 도구로 지붕 외곽 스케치를 작성합니다.

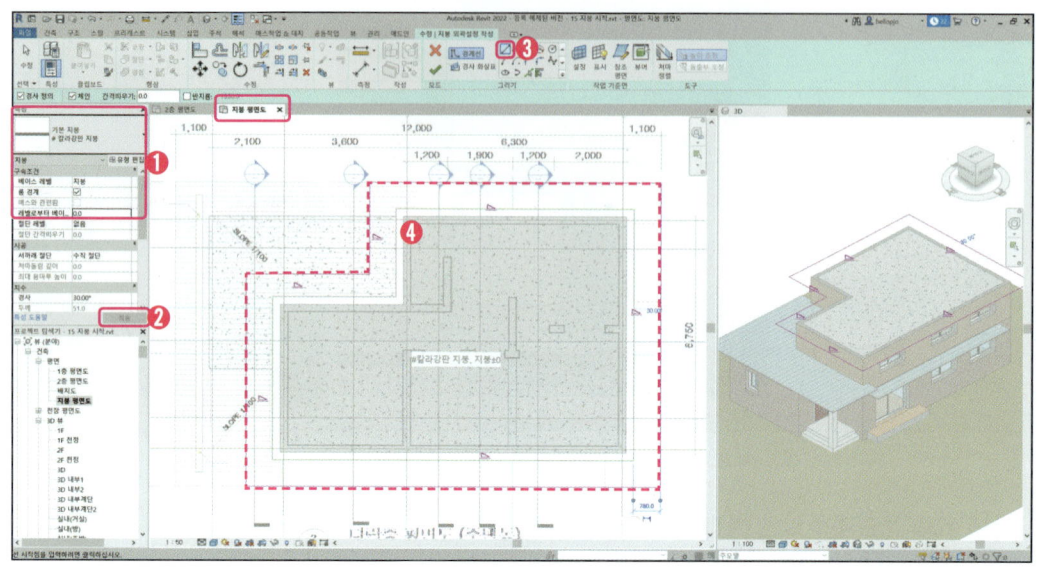

14. Esc 키를 눌러 그리기 상태를 해제하고, A-B를 드래그로 선택해 그려진 스케치 객체를 모두 선택합니다. 특성창에서 구속조건의 '지붕 경사 정의'의 체크를 해제합니다. '편집 모드 완료' 버튼을 눌러 스케치 작성을 완료합니다.

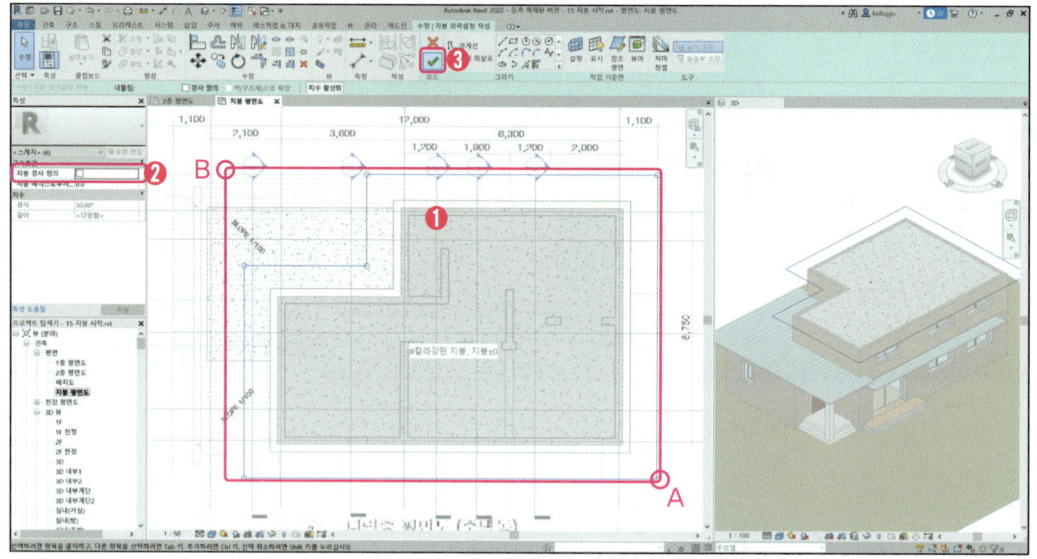

15. 2층 상부에 지붕이 생성된 것을 확인할 수 있습니다.

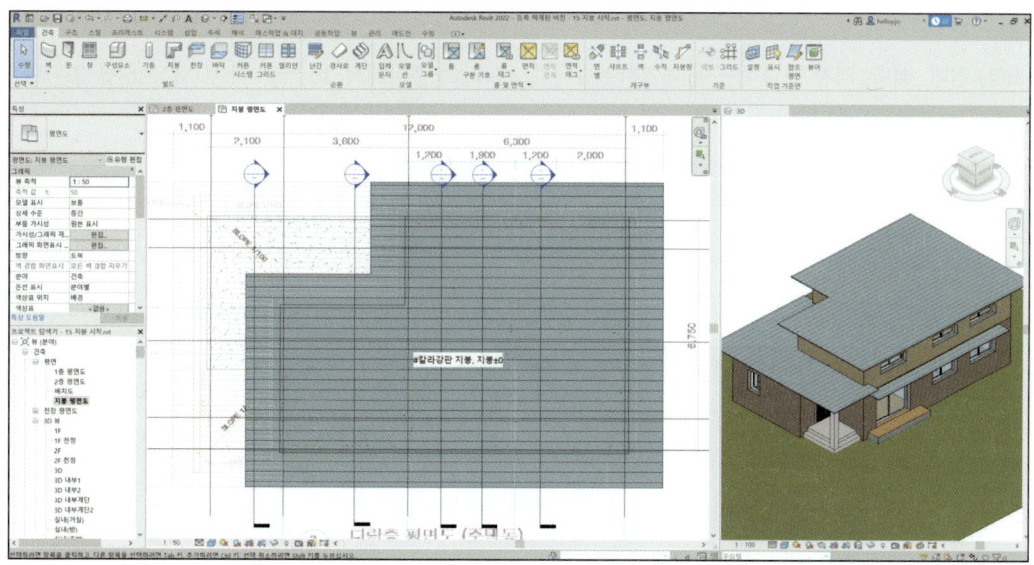

16. 완성된 파일은 Sample 폴더 내부의 '15 지붕 완성.rvt' 파일을 참조합니다.

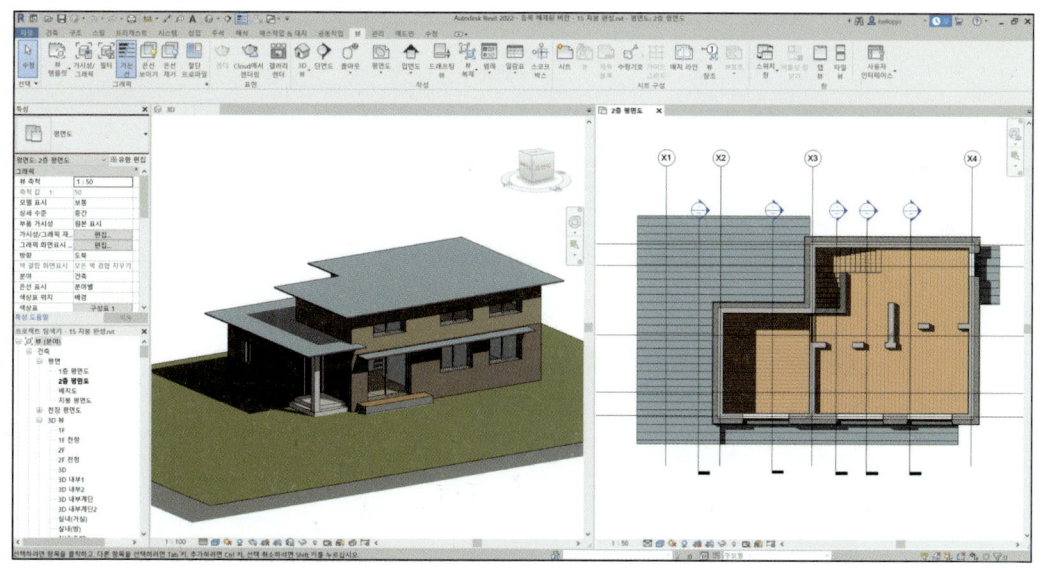

4.17. 가구 만들기

1. 소파, 침대, 식탁, 의자 등의 가구를 배치하겠습니다. Sample 폴더에서 '16 가구 시작.rvt' 파일을 엽니다. 1층 평면도 뷰를 활성화합니다.

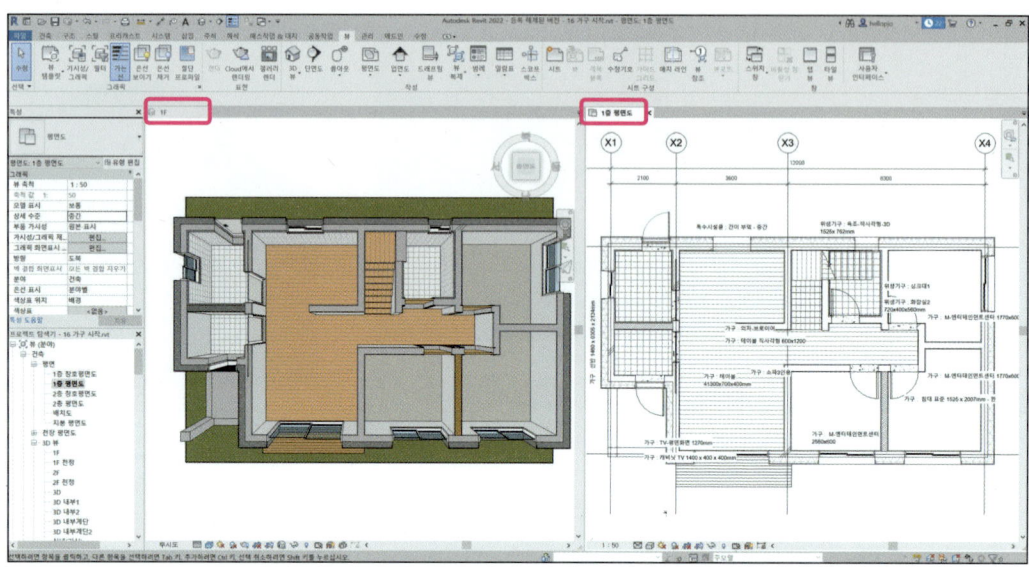

2. 1층 평면도 뷰에서 리본 메뉴의 '건축' – '구성요소' – '구성요소 배치'를 선택합니다.

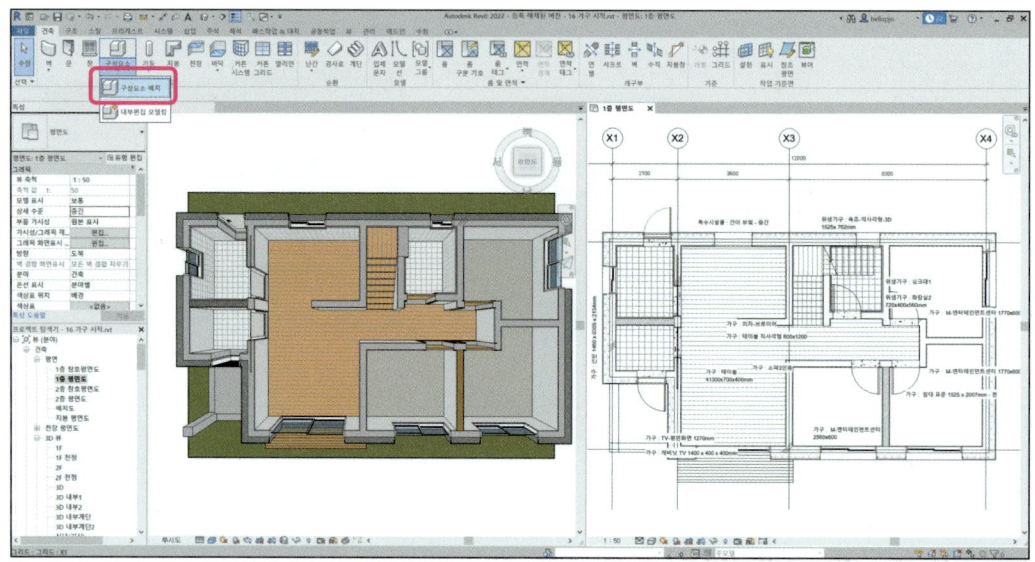

3. 특성창에서 '유형'은 '간이 부엌 − 중간', '레벨'은 '1F FL', '레벨로부터의 높이'는 '0'으로 설정하고, 적용 버튼을 누릅니다. 1층 평면도의 주방 내 적절한 위치를 지정해 가구를 배치합니다.

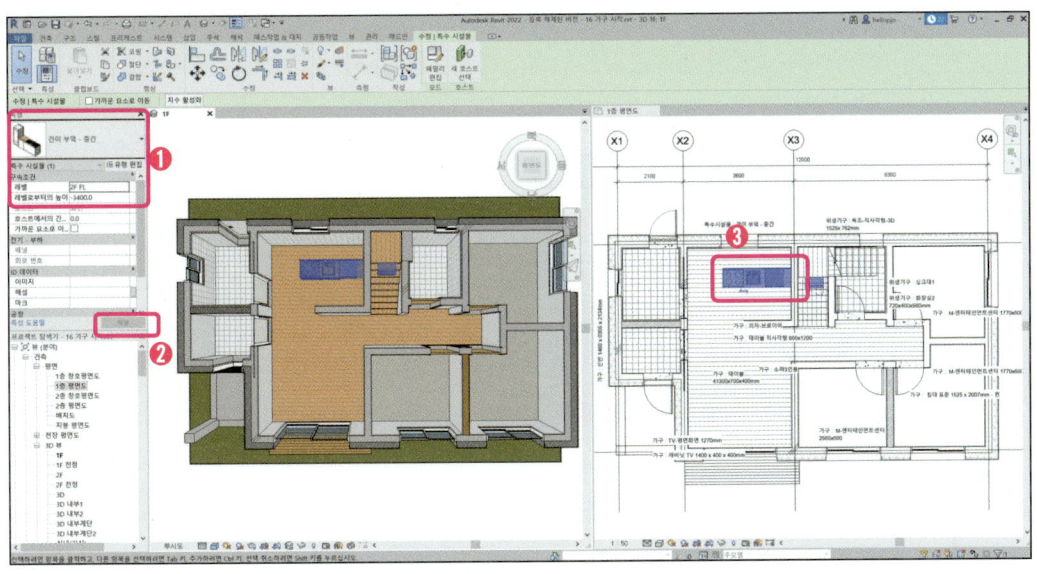

4. Esc 키를 눌러 구성요소 배치 상태를 해제하고 생성된 가구 객체를 선택하고, 파란색 화살표를 선택해 방향을 반전시킵니다. 키보드에 이동기능 단축키인 M V 를 입력하여 주방가구 위치를 벽 끝으로 이동합니다.

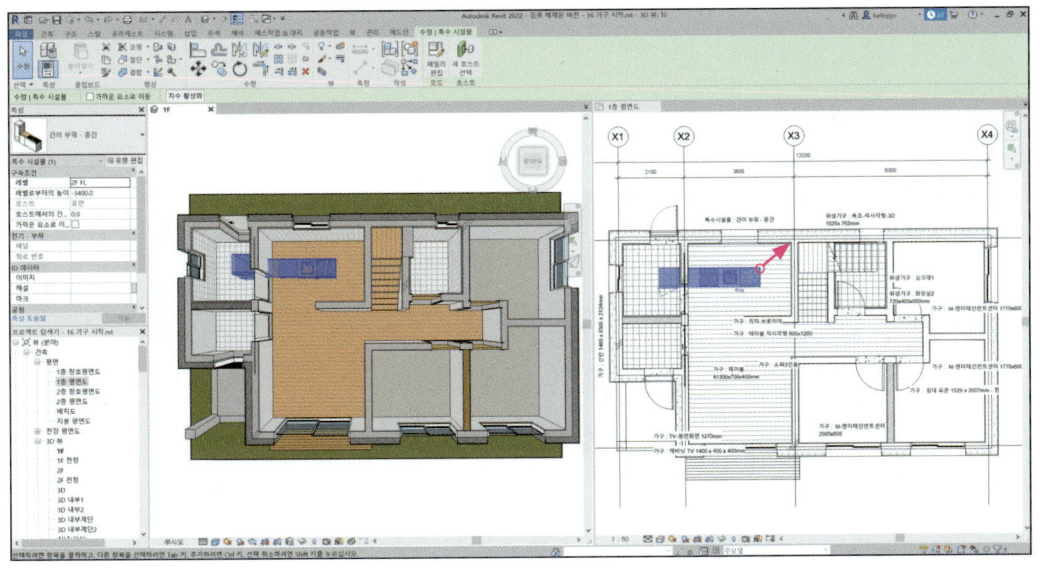

5. 같은 방식으로 '의자-브로미어'와 '테이블 직사각형 600×1200'을 배치합니다.

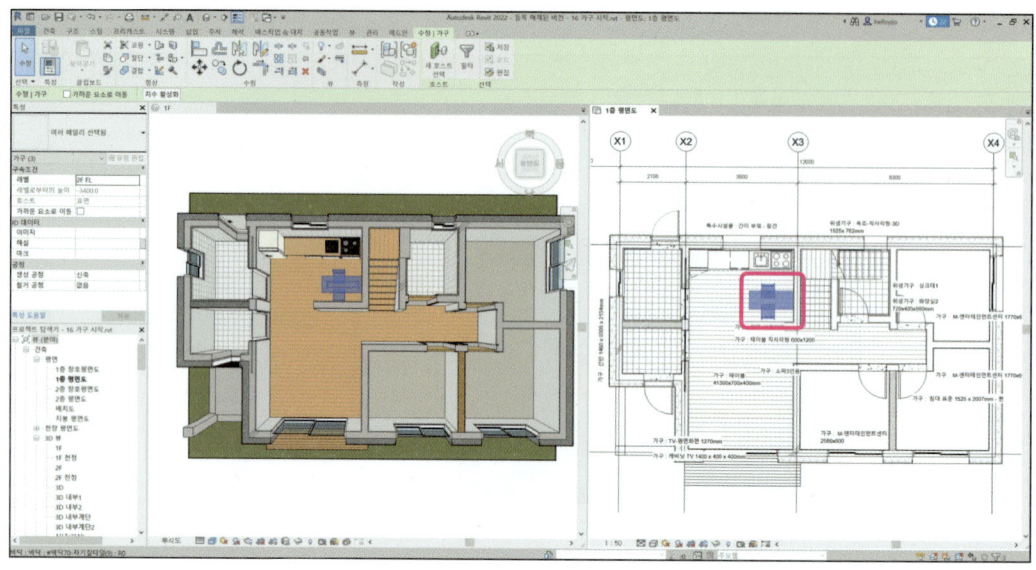

6. 이번에는 거실 소파를 배치하겠습니다. 1층 평면도 뷰에서 리본 메뉴의 '건축' - '구성요소' - '구성요소 배치'를 선택합니다. 특성창에서 '유형'은 '소파 3인용', '레벨'은 '1F FL', '레벨로부터의 높이'는 '0'으로 설정하고, 적용 버튼을 누릅니다. 1층 평면도 뷰에서 거실 내 적절한 위치에 마우스를 위치합니다.

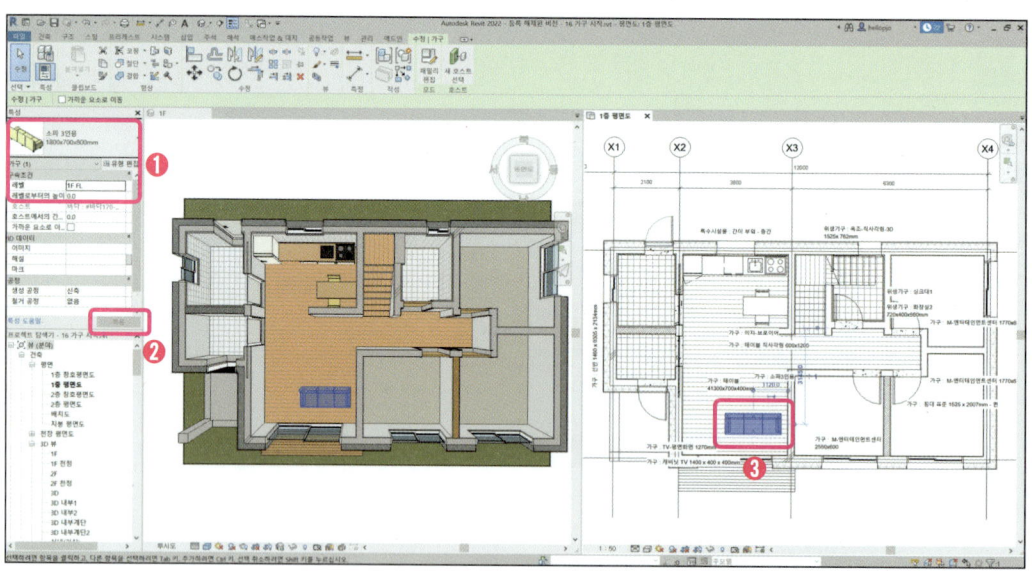

374 건축 BIM 입문 REVIT 가이드북

7. 키보드의 Space 키를 누르면 객체가 90°씩 회전하는 것을 확인할 수 있습니다. 원하는 방향으로 회전한 다음 마우스 클릭으로 위치를 지정해 소파를 배치합니다.

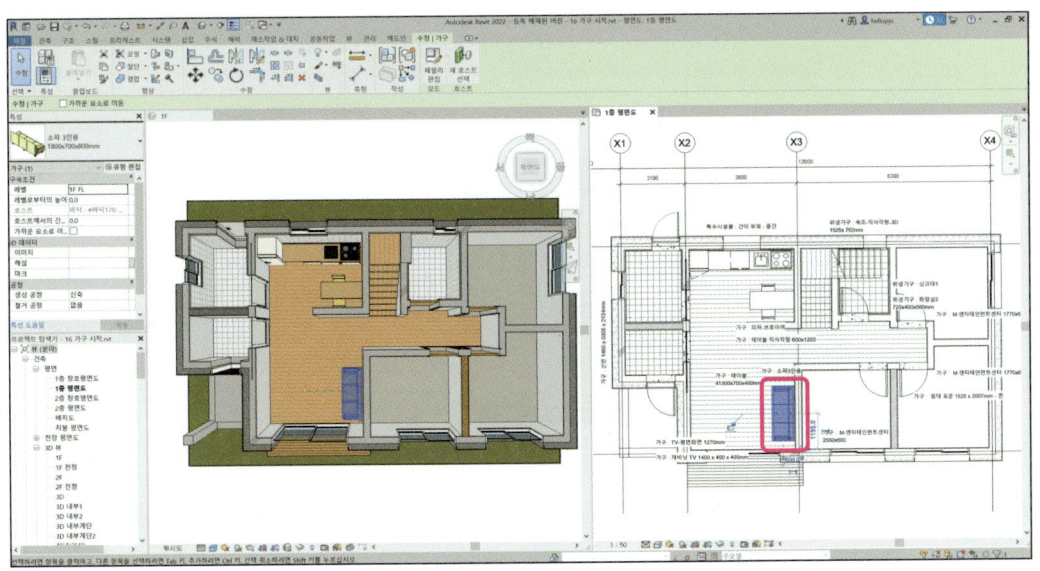

8. 같은 방식으로 '캐비닛 TV'와 'TV-평면화면'을 배치합니다. 'TV-평면화면'은 '캐비닛 TV' 위에 배치되어야 하므로, '레벨로부터의 높이'는 '캐비닛 TV'의 높이와 동일하게 '400'으로 설정해야 합니다.

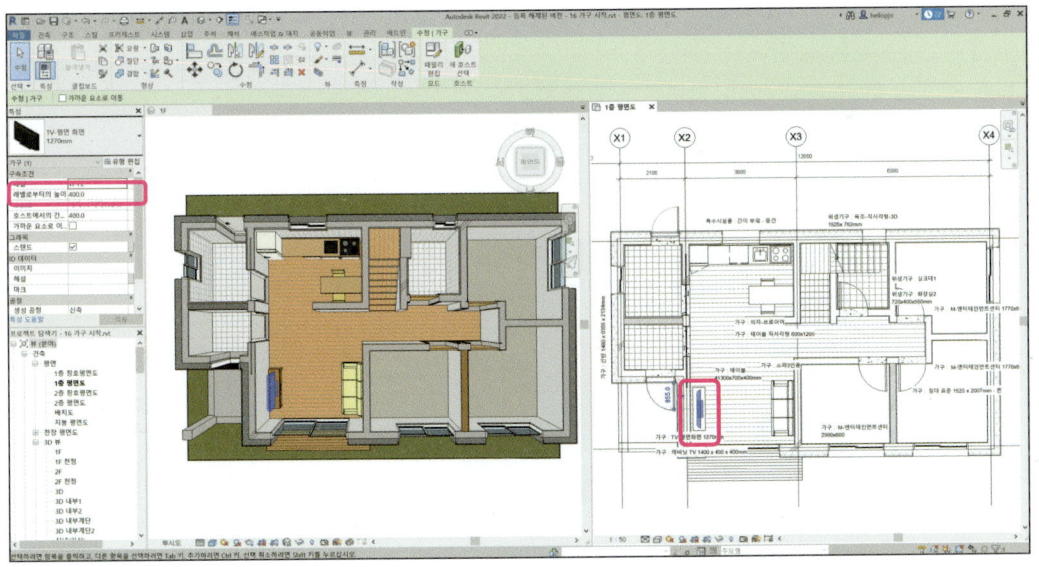

9. 앞서 가구를 배치한 방식과 같은 방법으로 화장실에 좌변기인 '화장실2'와 세면대인 '싱크대1'을 배치합니다.

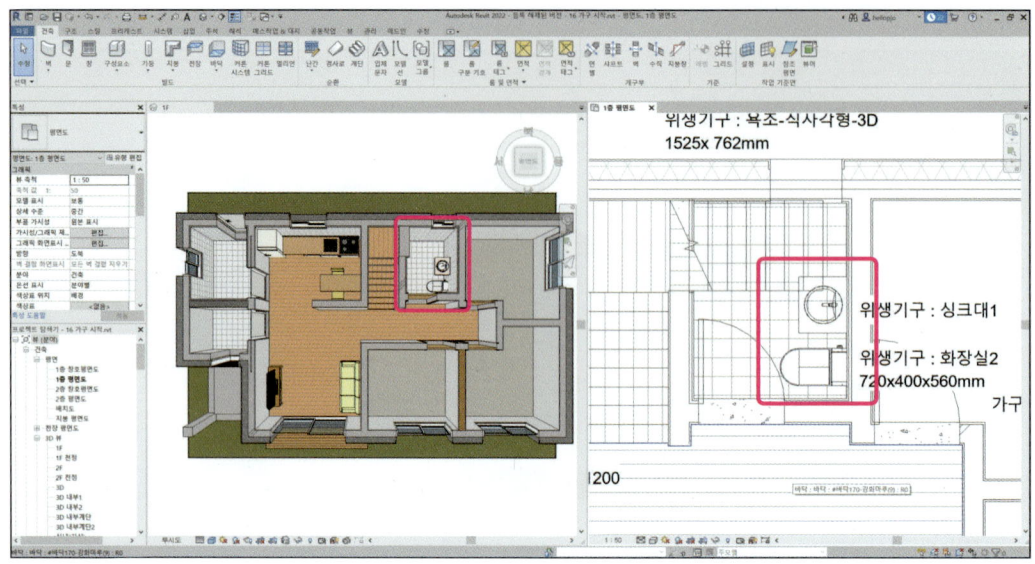

10. 화장실 위생기구 중 욕조는 욕조의 길이방향이 위치할 벽을 지정해 벽에 종속된 객체로 생성합니다. 욕조는 가구와는 다르게 벽이 있어야 배치가 되는 특징이 있습니다. '구성요소 배치'에서 유형을 '욕조-직사각형-3D'를 선택합니다. 1층 평면도 뷰에서 욕조가 배치될 벽에 마우스 커서를 위치시키면 욕조의 배치형태가 미리보기로 표기됩니다.

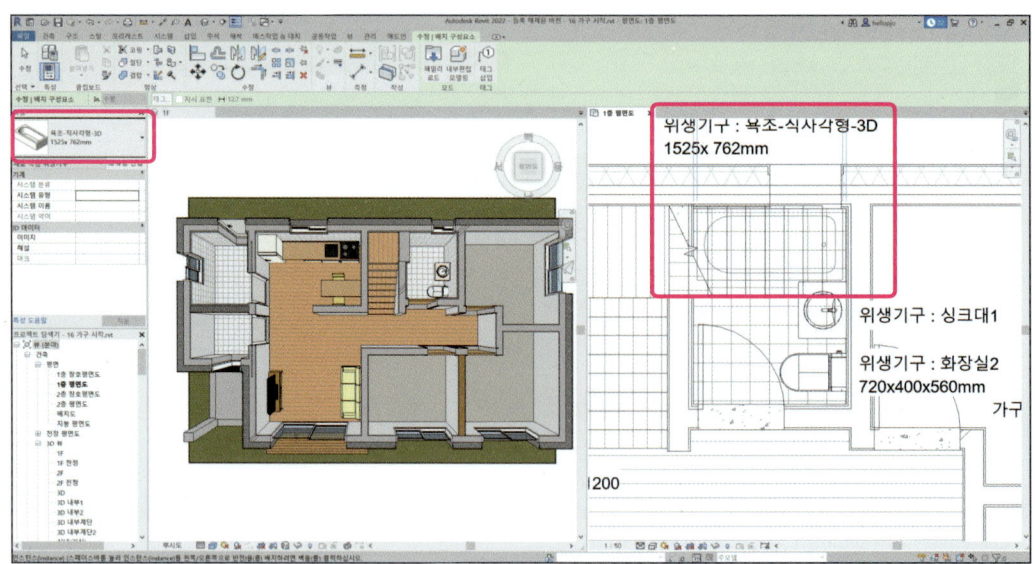

11. 마우스를 클릭해 위치를 지정하면 욕조가 생성됩니다. 프로젝트 탐색기에서 '실내(화장실)' 뷰를 더블 클릭해 활성화하면 화장실 내부의 모습을 볼 수 있습니다.

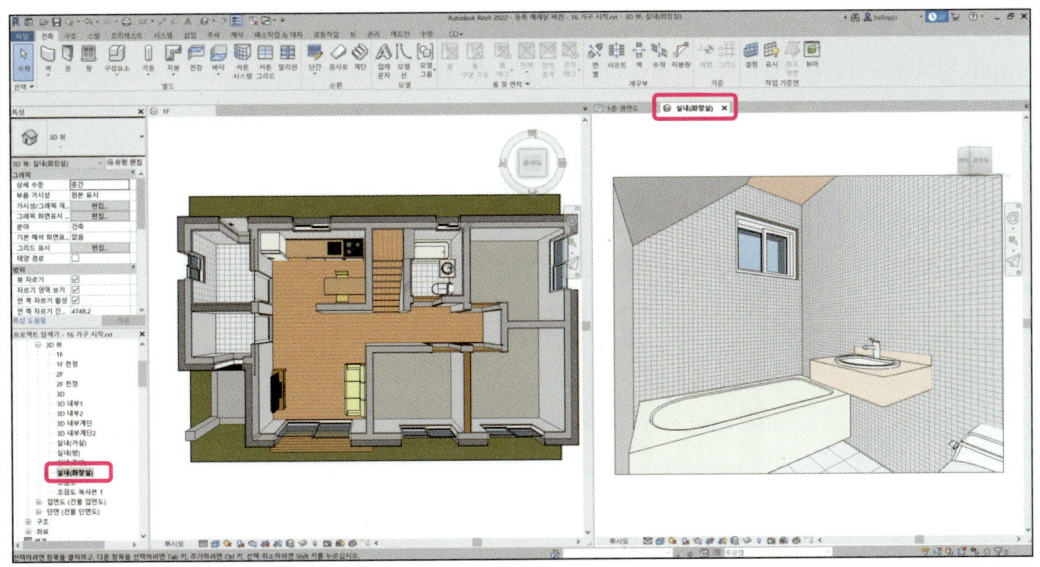

12. 같은 방식으로 나머지 가구들을 배치합니다.
완성된 파일은 Sample 폴더 내부의 '16 가구 완성.rvt' 파일을 참조합니다.

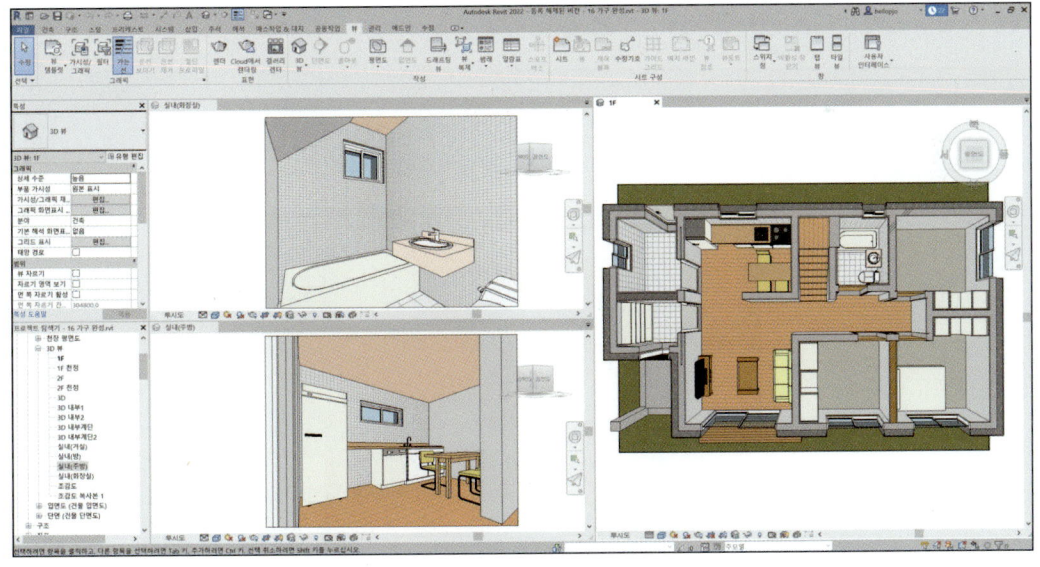

4.18. 룸 만들기

1. 실내 공간에 정보를 기입하고, 공간을 가시화할 수 있도록 건물 내부에 룸 객체를 만들도록 하겠습니다. Sample 폴더에서 '17 룸 시작.rvt' 파일을 엽니다. 1층 평면도 뷰를 활성화합니다.

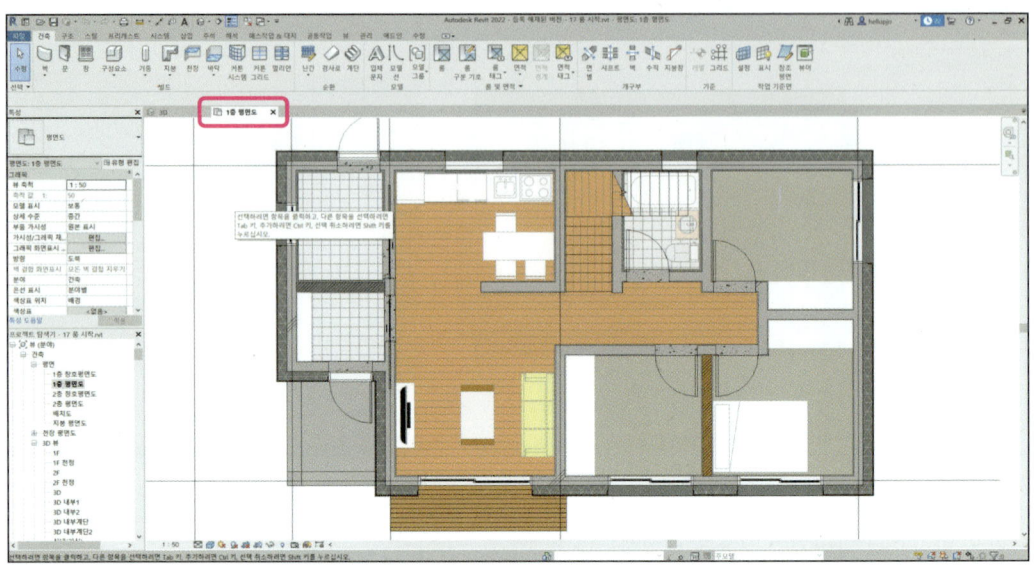

2. 1층 평면도 뷰에서 리본 메뉴의 '건축' – '룸'을 선택합니다.

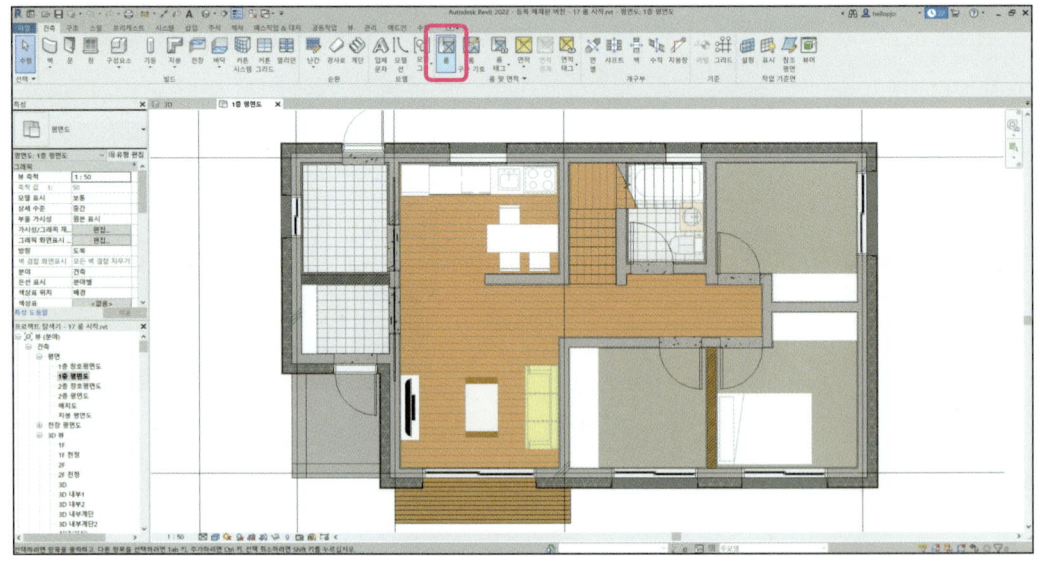

3. 특성창에서 '상한값'은 '1층 천정', '한계 간격띄우기'는 '0'으로 설정하고, 적용 버튼을 누릅니다. 마우스를 1층 평면도 뷰에서 실내 뷰로 가져가면 자동으로 벽을 통해서 실의 경계를 인식하고 룸을 생성할 위치가 미리보기로 표기됩니다.

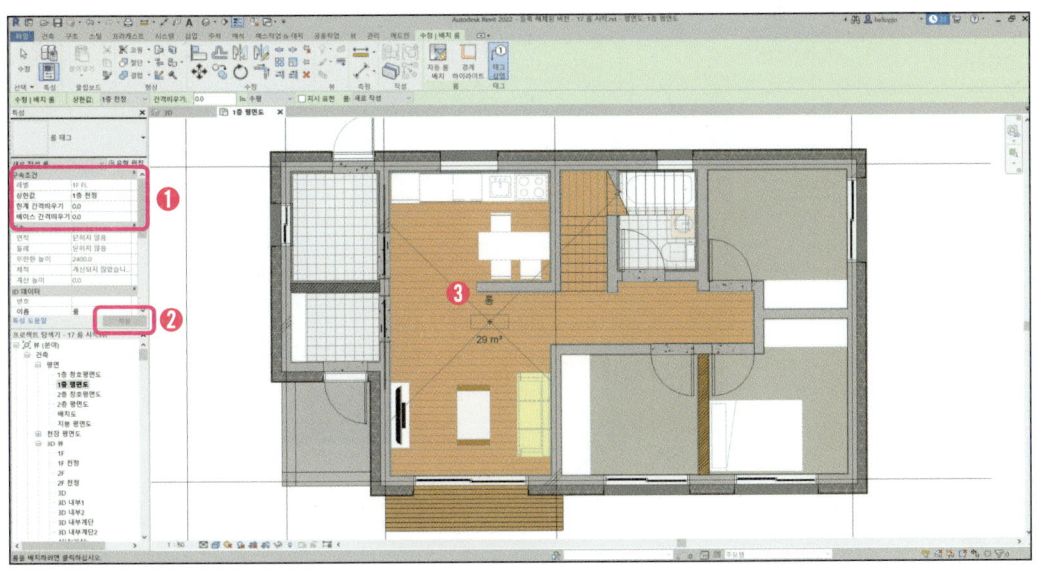

4. 마우스를 클릭해 룸 생성을 완료합니다. 거실 부분에 '룸'이라고 이름과 룸번호가 표시되면서 해당 면적이 자동으로 기입됩니다. 룸 이름과 번호는 특성창에서 '번호', '이름'의 값을 수정해 변경할 수 있습니다. 정보가 기입된 룸 태그를 선택하지 않고 실내에 생성된 룸 객체를 선택해야 특성창에 정보가 표기됩니다.

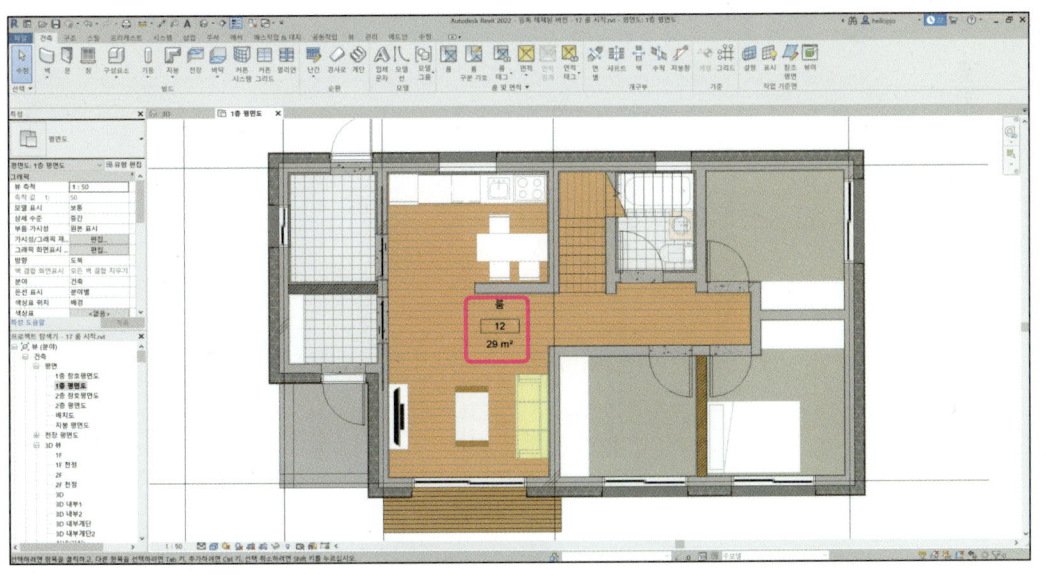

4 주택 만들기 실습 379

5. 같은 방식으로 나머지 실들의 룸을 생성합니다.

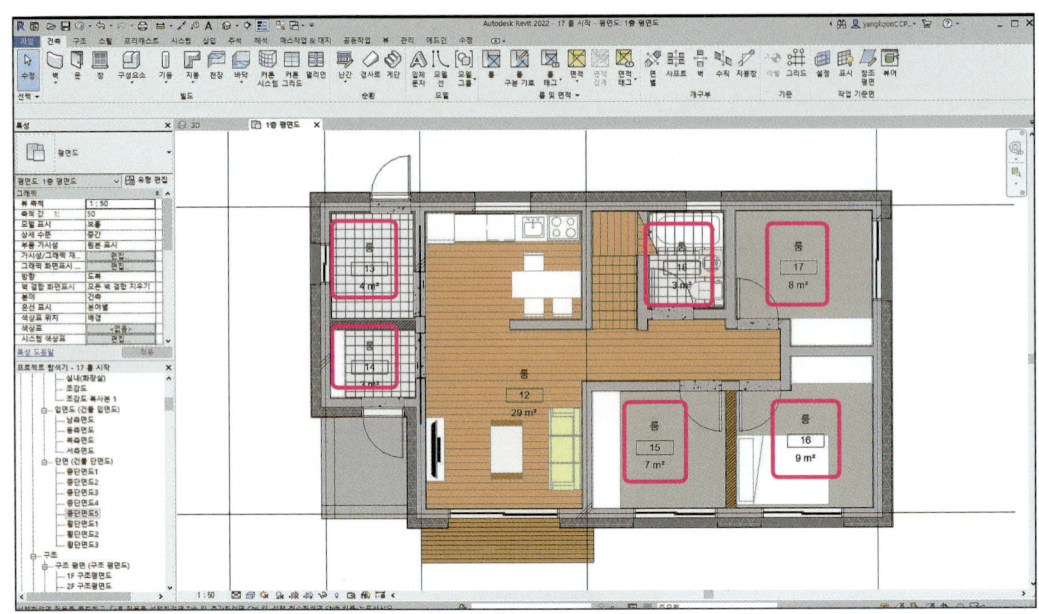

6. 주방과 거실 부분 사이에 벽이 없어 하나의 실로 인식되어 룸이 생성되었습니다. 주방과 거실 사이를 경계로 구분해 새롭게 룸을 추가하도록 하겠습니다.

리본 메뉴에서 '건축' – '룸 구분 기호'를 선택합니다.

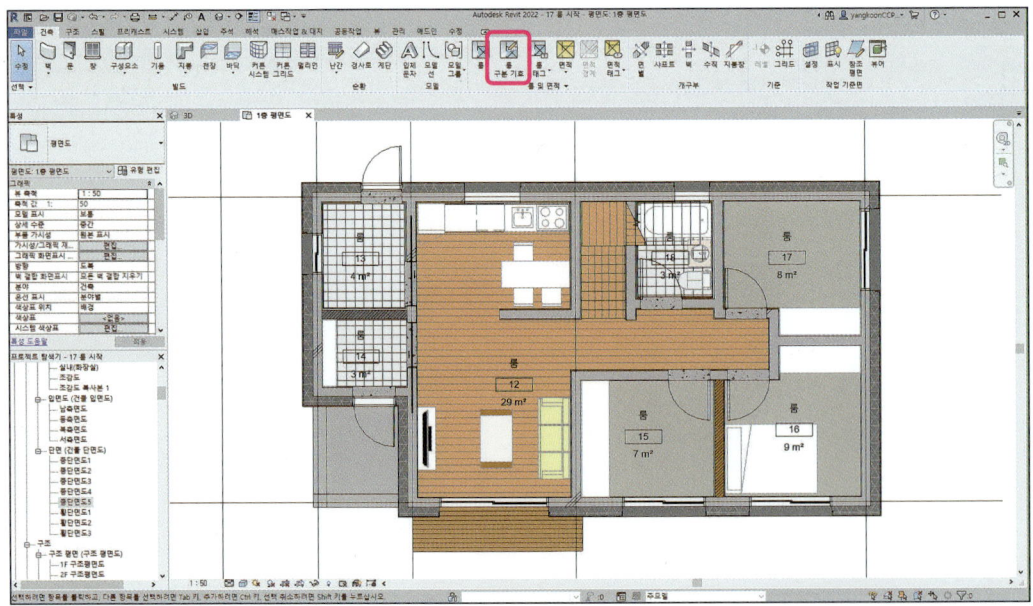

7. 선 그리기 상태가 활성화된 상태에서 현관과 주방 사이 벽체 끝점(A)에서 반대편 벽의 중심선과 만나는 지점(B)까지 선을 그립니다.

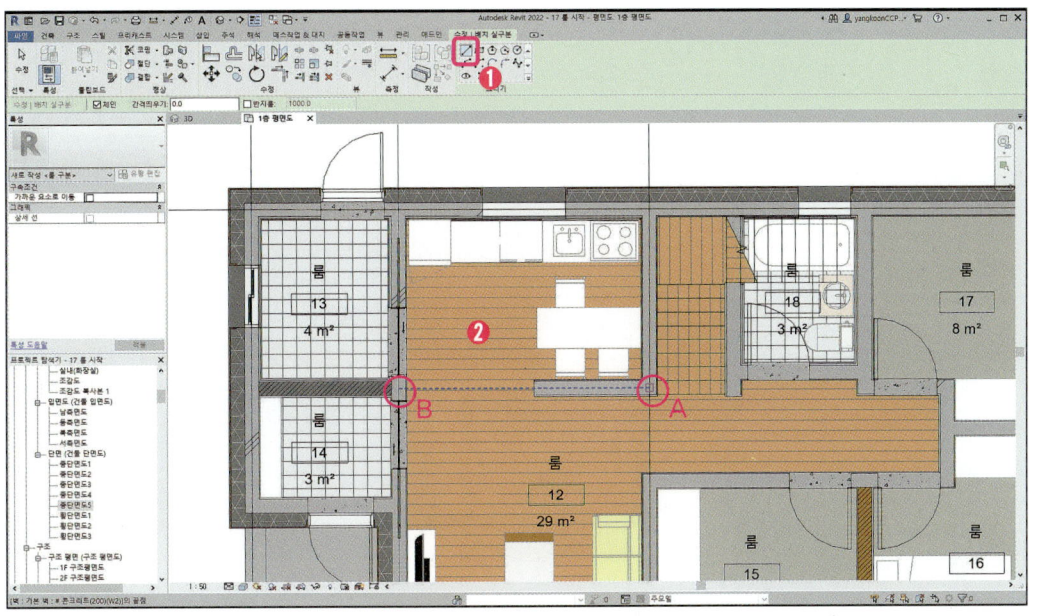

8. Esc 키를 눌러 룸 구분 기호 작성 모드를 해제하고, 거실의 룸 객체를 선택합니다. 경계선을 기준으로 룸의 영역이 절단된 것을 확인할 수 있습니다.

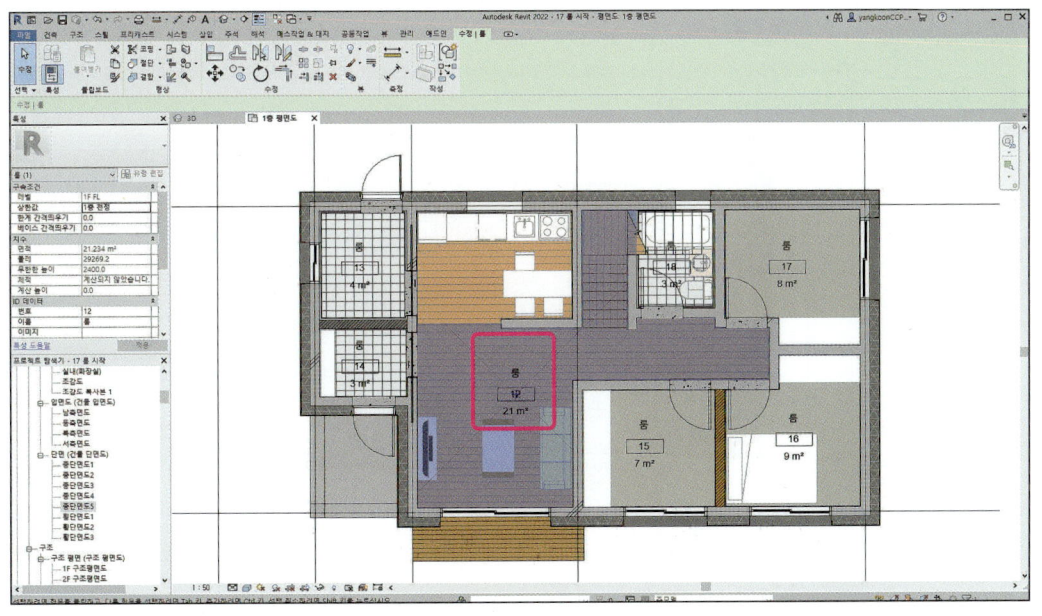

4 주택 만들기 실습 **381**

9. 키보드에 '룸' 생성 기능의 단축키인 R M 을 입력하고 주방 부분을 선택해, 새롭게 분리된 영역인 주방 부분에 룸을 추가로 생성합니다.

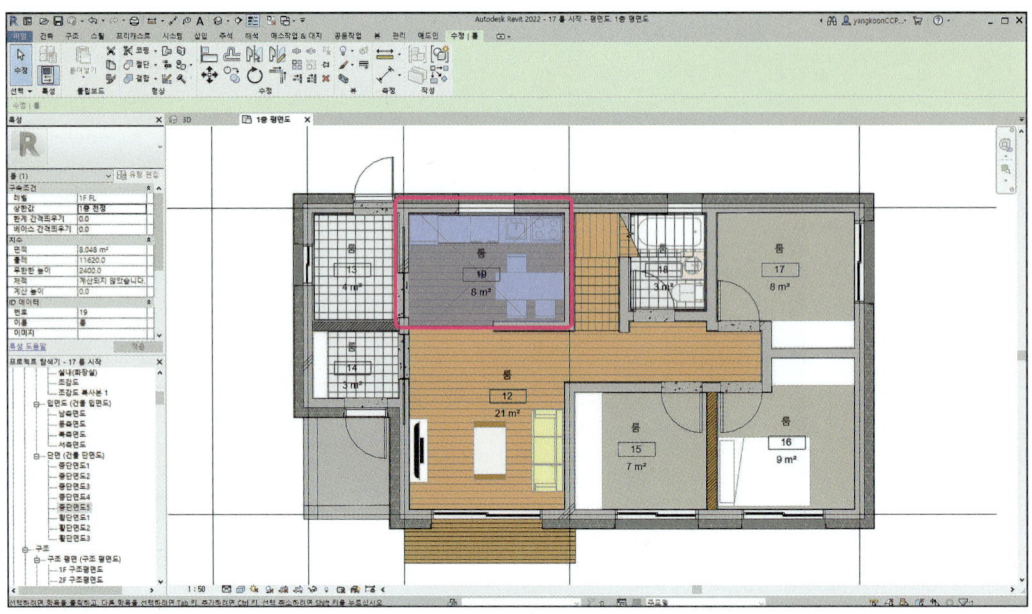

10. 룸 객체를 선택한 상태에서 특성창의 '번호', '이름'을 각 실에 맞게 변경합니다.

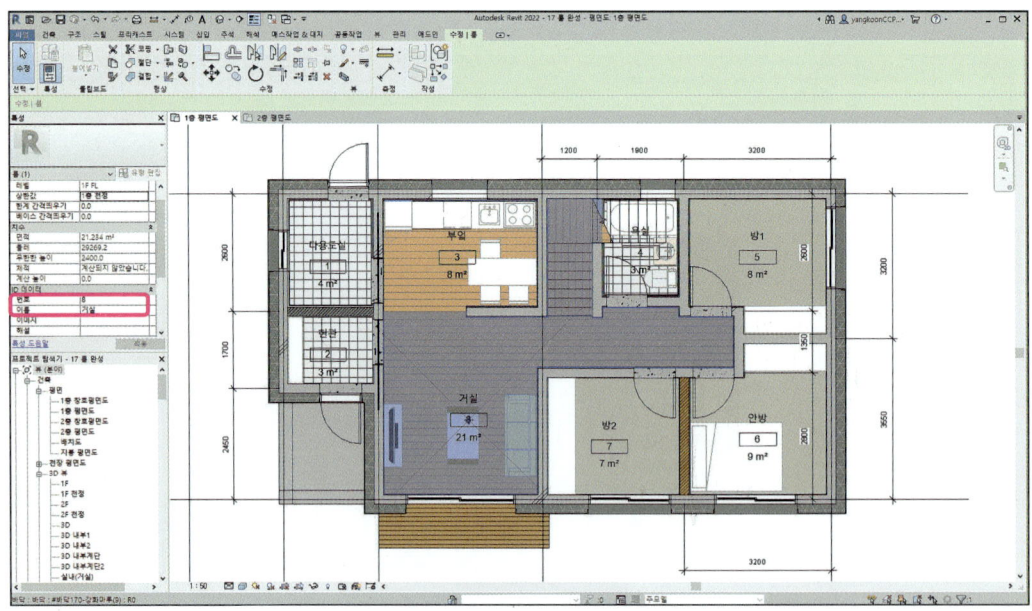

11. 앞선 방법과 동일한 방식으로 2층의 룸을 생성하고 룸 이름을 변경합니다. 완성된 파일은 Sample 폴더 내부의 '17룸 완성.rvt' 파일을 참조합니다.

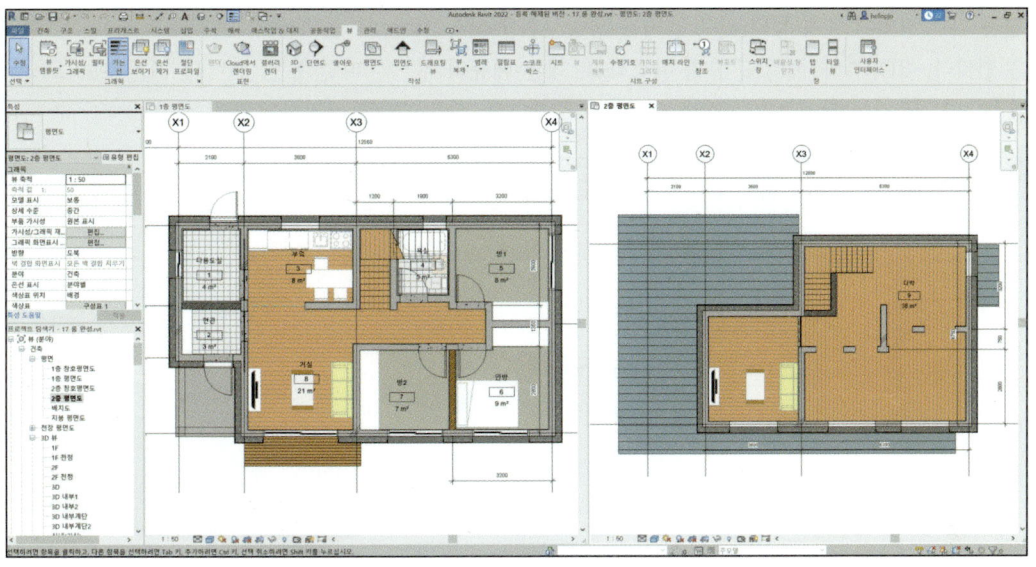

4.19. 외부 객체 생성

1. 건물 외부 영역에 조경 등의 외부 객체를 생성하겠습니다. Sample 폴더에서 '18 외부객체 시작.rvt' 파일을 엽니다. '3D' 뷰와 '배치도' 뷰를 활성화하고, 리본 메뉴의 '뷰' – '타일 뷰'를 선택해 '3D', '배치도' 뷰를 정렬합니다. 뷰 사이 경계를 마우스로 선택하고 드래그해 뷰의 크기를 적정하게 조정합니다.

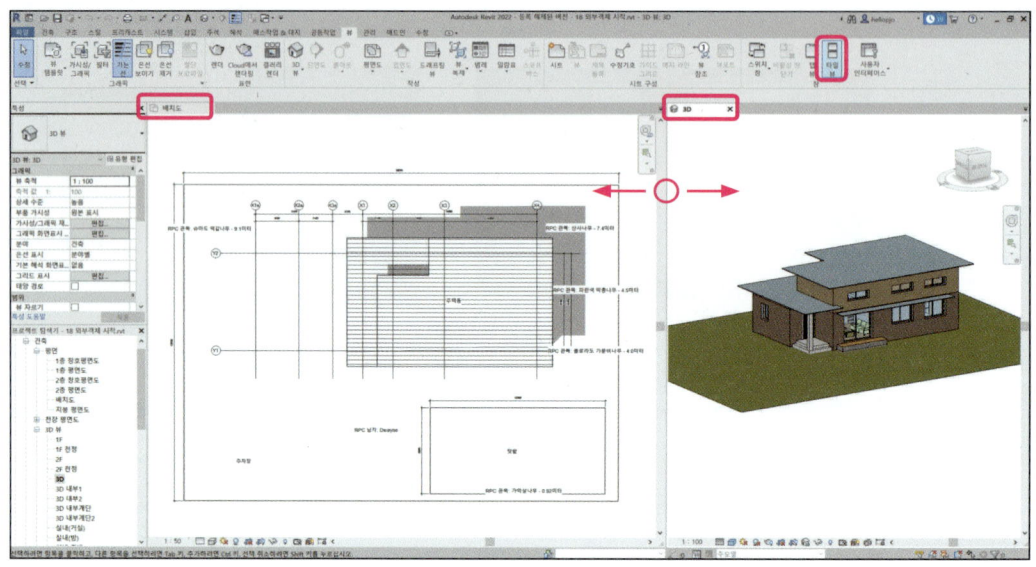

2. 배치도 뷰에서 리본 메뉴의 '건축' – '구성요소' – '구성요소 배치'를 선택합니다. '매스&대지' – '대지 구성요소'를 선택해도 가능합니다. '특성창'에서 '유형'은 'RPC 관목: 슈마드 떡갈나무 – 9.1미터', '레벨'은 'GL', '레벨로부터의 높이'는 '0'으로 설정하고, 적용 버튼을 누릅니다.

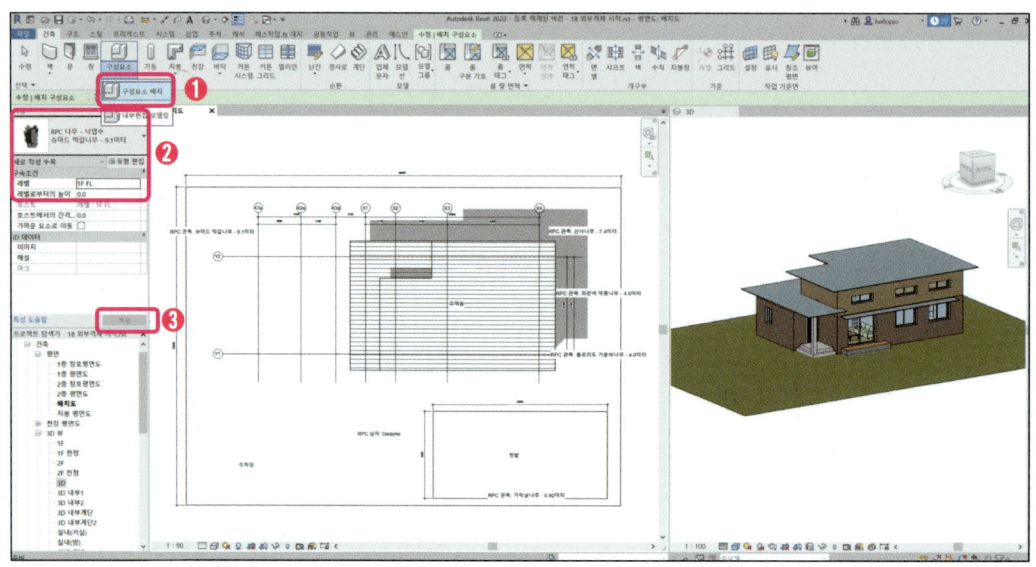

3. 배치도 뷰에서 왼쪽 상단 부분에 적절한 위치를 마우스로 클릭해 수목을 배치합니다.

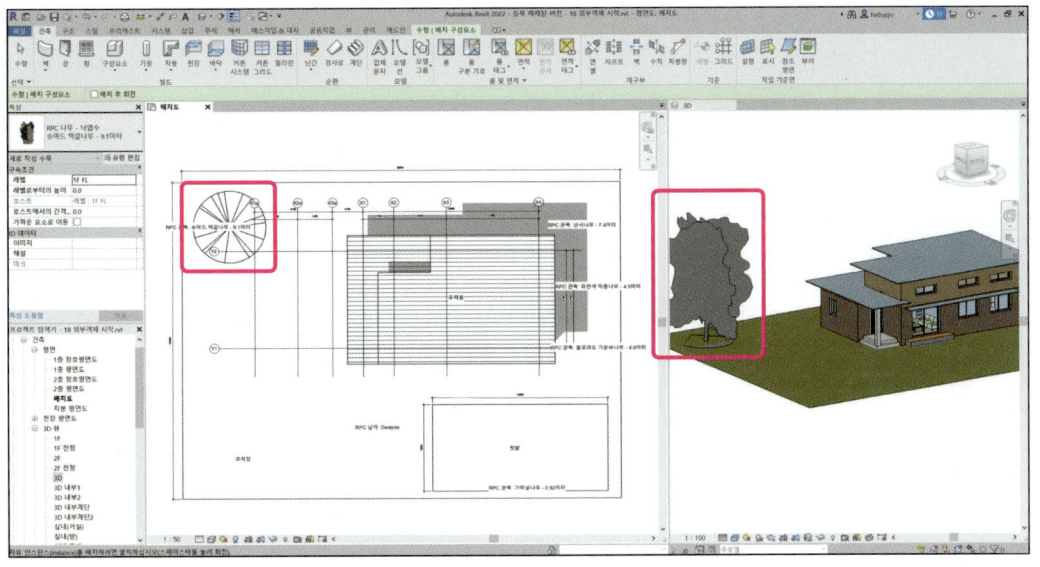

4. 같은 방식으로 '유형'은 'RPC 관목: 가막살나무 – 0.92미터', '레벨'은 'GL', '레벨로부터의 높이'는 '0'으로 설정하고 적용해 수목을 배치합니다. 배치도 뷰에 주석 텍스트로 수목 이름이 적혀 있는 곳에 모두 배치합니다.

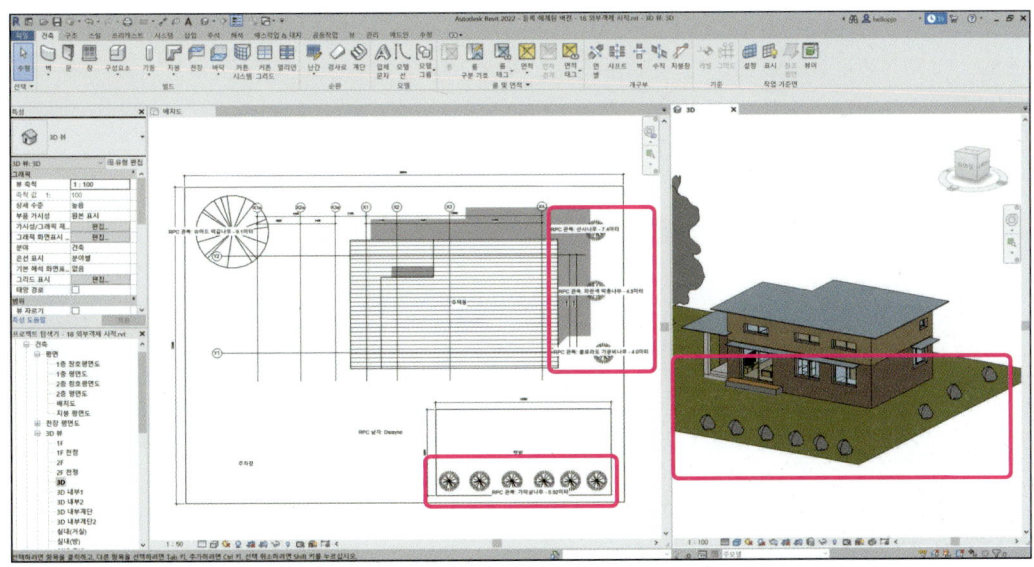

4 주택 만들기 실습 385

5. 배치된 수목의 종류를 변경해 보도록 하겠습니다. 주택동 우측 상단의 'RPC 관목: 가막살나무 – 0.92미터'로 표기된 위치의 수목을 선택한 다음 특성창에서 유형을 'RPC 관목: 산사나무 – 7.4미터'로 변경합니다.

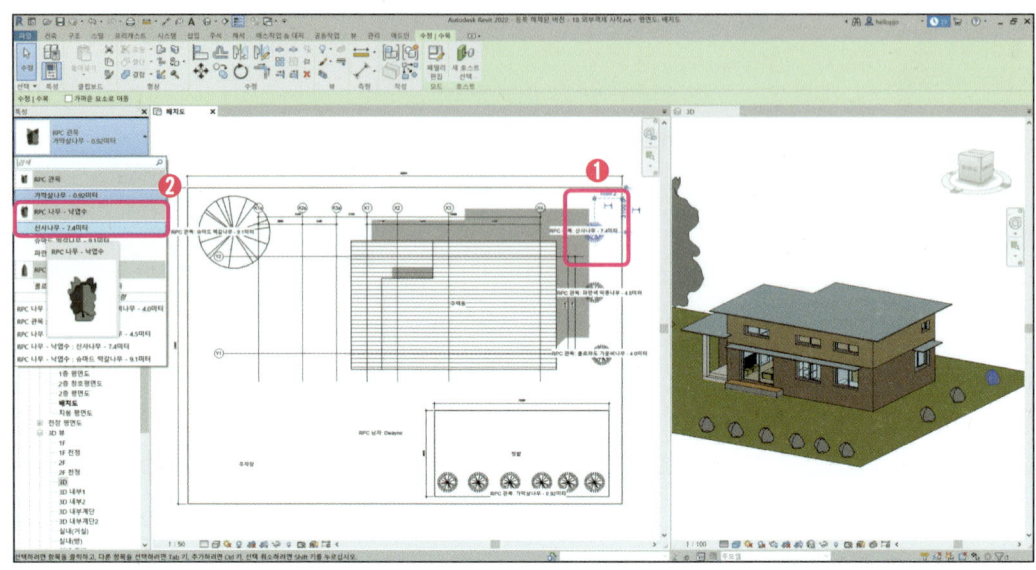

6. 배치된 수목이 'RPC 관목: 산사나무 – 7.4미터'로 변경된 것을 확인할 수 있습니다.

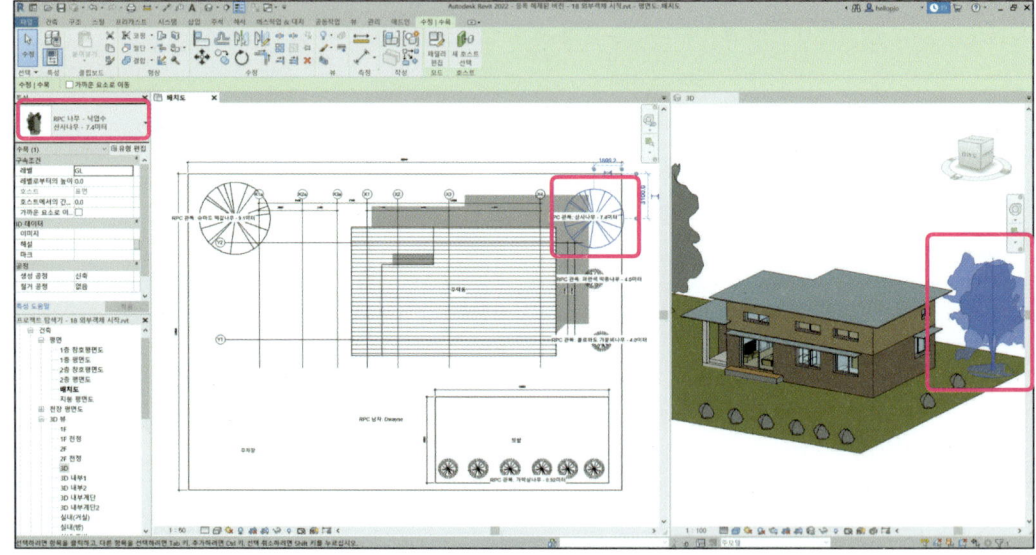

7. 같은 방식으로 주택동 우측 중간, 우측 하단의 수목을 각각 선택해 각각의 유형을 'RPC 관목: 파란색 딱총나무 – 4.5미터', 'RPC 관목: 콜로라도 가문비나무 – 4.0미터'로 변경합니다.

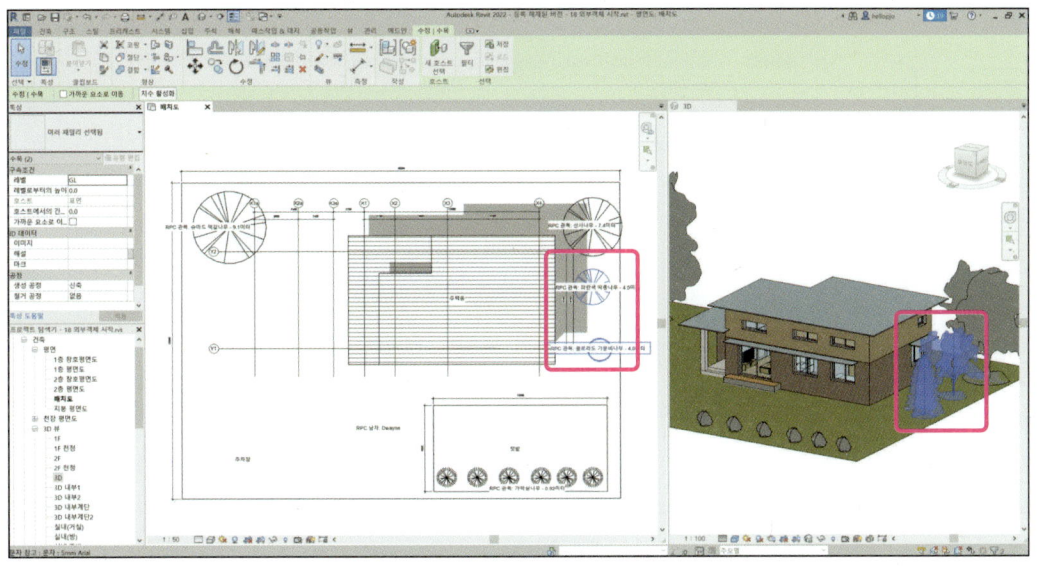

8. 이번에는 사람 객체를 배치하겠습니다. 배치도 뷰에서 리본 메뉴의 '건축' – '구성요소' – '구성요소 배치'를 선택합니다. 특성창에서 '유형'은 'RPC 남자: Dwayne', '레벨'은 'GL', '호스트에서 간격띄우기'는 '0'으로 설정하고, 적용 버튼을 누릅니다. 3D 뷰 또는 배치도 뷰를 이용해 적절한 위치를 선택해 사람 객체를 배치합니다.

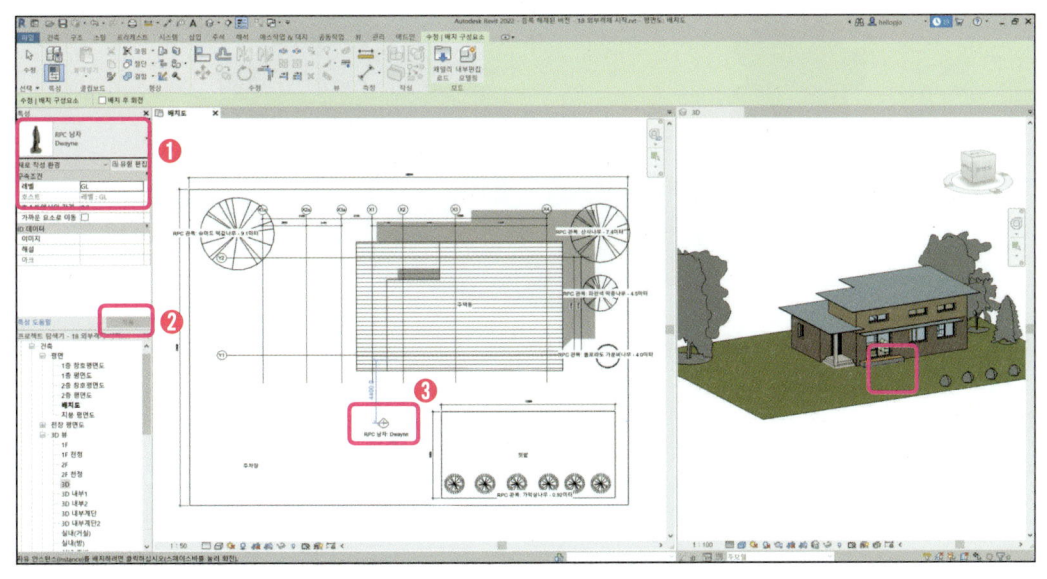

9. 완성된 파일은 Sample 폴더 내부의 '18 외부객체 완성.rvt' 파일을 참조합니다.

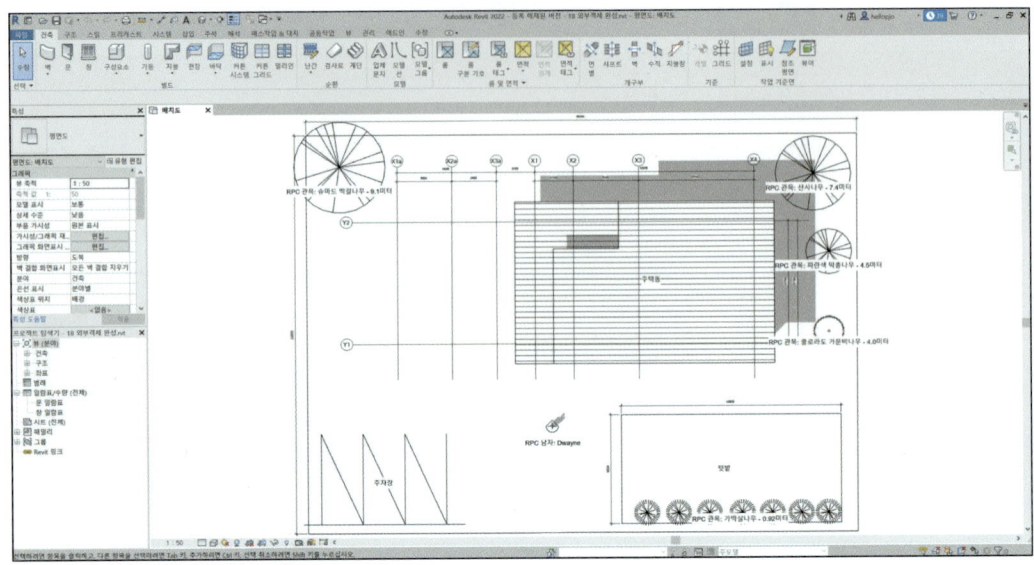

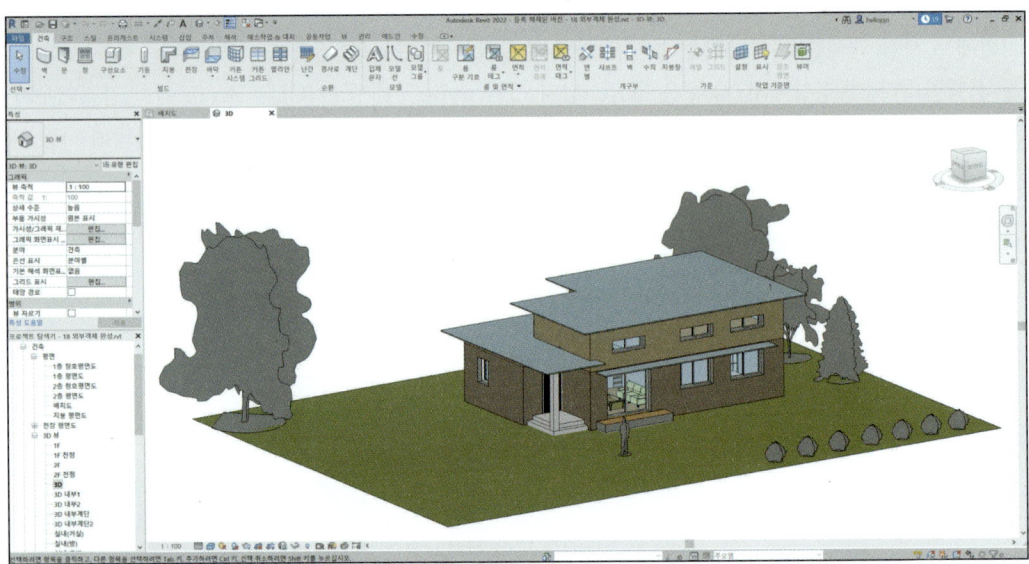

4.20. 태그 작성

주석 도구 중 정보를 화면 내 작성해 주는 태그를 생성해보겠습니다. 앞에서 룸 객체를 생성했을 때 룸의 이름, 번호, 면적이 자동 표기되었는데, 그때 사용된 객체가 바로 태그입니다. 태그란, 객체가 가지고 있는 정보를 주석형태로 입력하는 기능을 합니다. 룸 객체는 룸을 생성할 때 자동으로 룸태그가 함께 생성되나, 나머지 객체들은 객체 작성 이후에 별도로 태그를 작성해야 합니다.

1. Sample 폴더에서 '19 태그 시작.rvt' 파일을 엽니다.

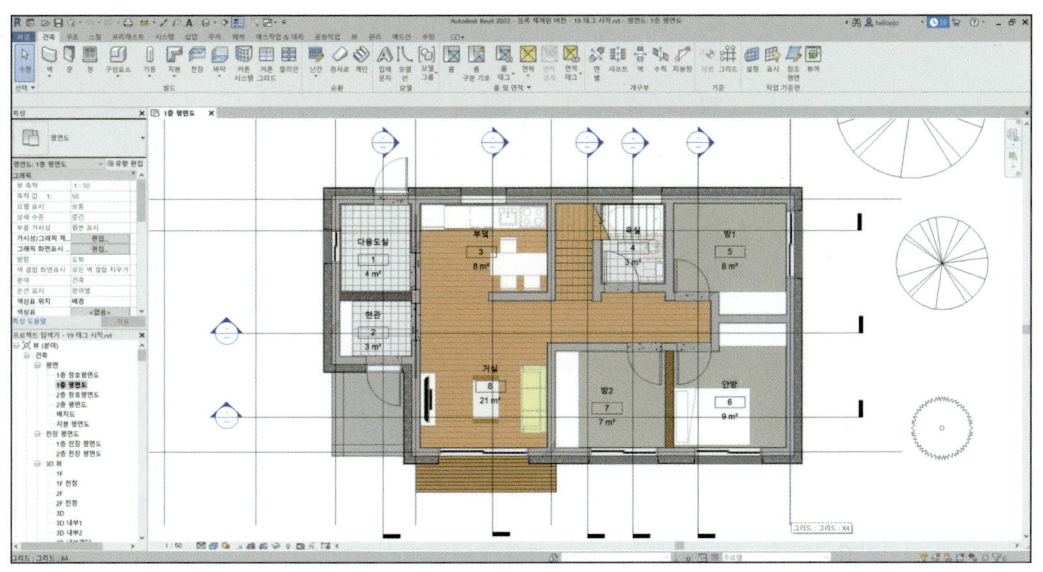

2. 구조평면도에서 구조 객체의 정보를 이용해 구조벽, 구조슬래브 태그를 작성하겠습니다. 프로젝트 탐색기에서 '뷰' – '구조' – '구조 평면' – '1F 구조평면도' 뷰를 활성화합니다. 리본 메뉴의 '주석' 탭에서 '카테고리별 태그'를 선택합니다. 키보드로 단축키 `T` `G`를 입력해도 됩니다.

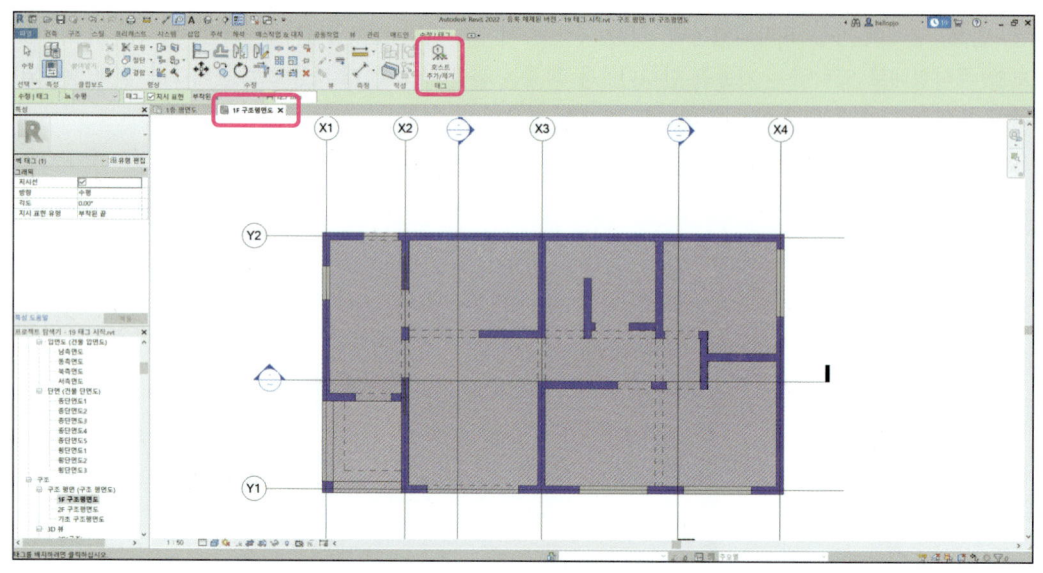

3. 마우스 커서를 Y2열에 있는 벽체에 가까이하면 'W1'이라는 태그가 나타나는데, 벽이 가지고 있는 정보 중 'W1' 값을 가져와 태그로 표시합니다. 벽 태그를 표시하는 패밀리가 정보값의 주변에 마름모 형상을 표시해 주도록 설정되어 있어서 'W1' 문자에 마름모 형태가 같이 표시됩니다.

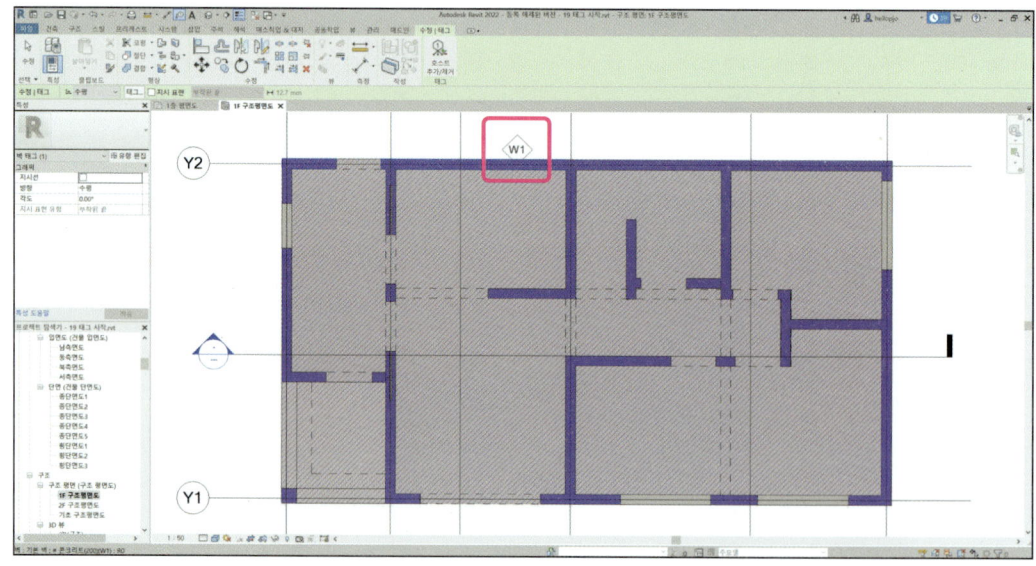

4. 마우스 커서를 아래쪽 벽체에 가까이하면 'W2'라는 태그가 나타나는데, 벽이 가지고 있는 정보 중 'W2' 값을 가져와 태그로 표시합니다.

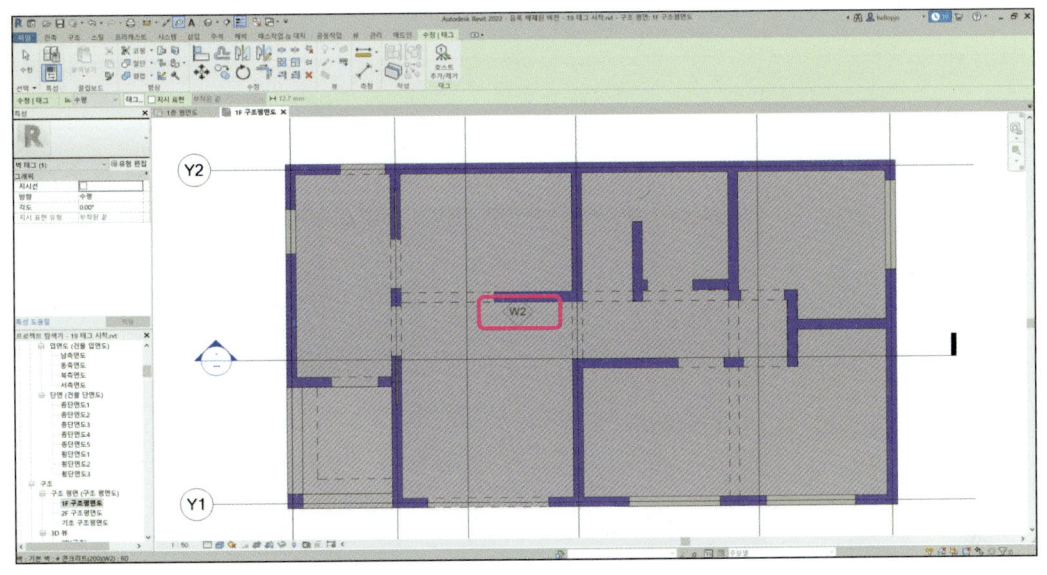

5. 이번에는 마우스 커서를 건물 가운데에 위치시키면 'S1'이라는 태그가 나타나는데, 바닥이 가지고 있는 정보 중 'S1' 값을 가져와 태그로 표시합니다. 바닥 태그를 표시하는 패밀리가 정보값의 주변에 타원 형상을 표시해 주도록 설정되어 있어서 'S1' 문자에 타원 형태가 같이 표시됩니다.

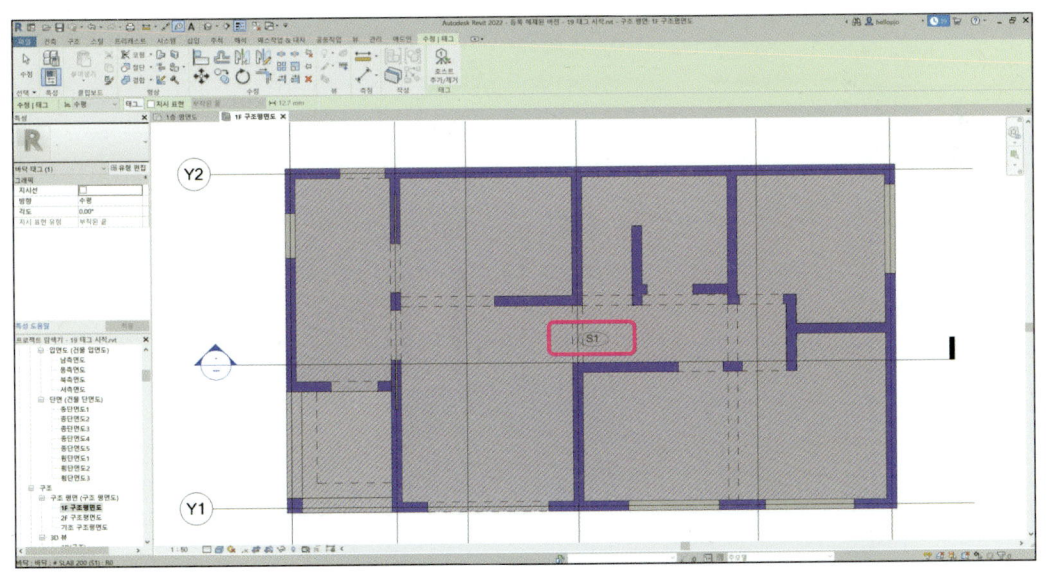

6. 태그는 원하는 객체를 선택하면 해당 태그 패밀리에서 표기하라고 정의된 정보를 선택한 객체에서 추출해 보여줍니다. 키보드에서 T G 를 입력 후 Y2열 벽체를 클릭해 'W1' 태그를 생성합니다. 'W1' 태그를 선택한 상태에서 리본 메뉴의 '패밀리 편집'을 누릅니다.

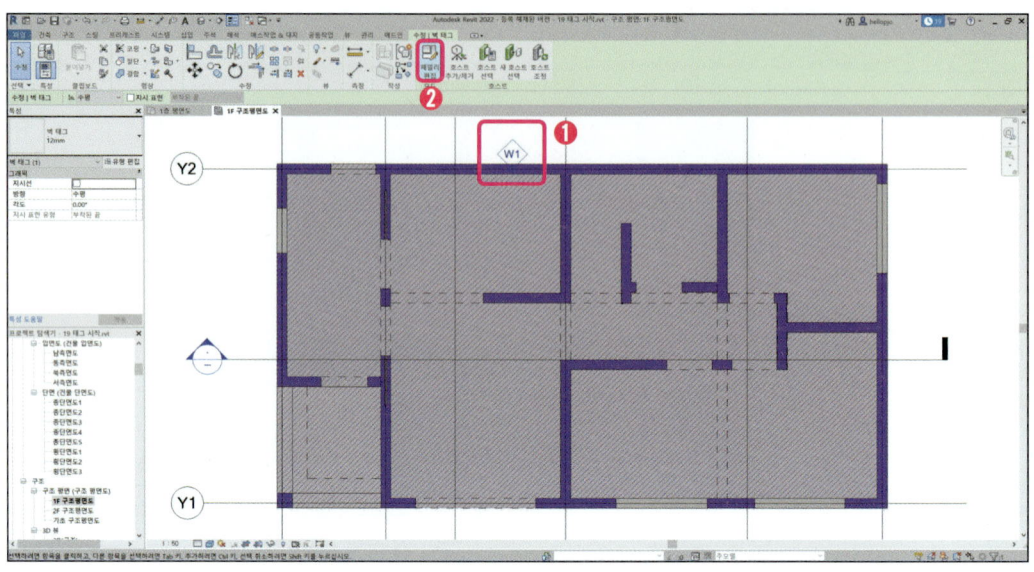

7. 마름모 내부에 '1t' 텍스트를 선택하고 특성창에서 '레이블'의 '편집'을 선택합니다.

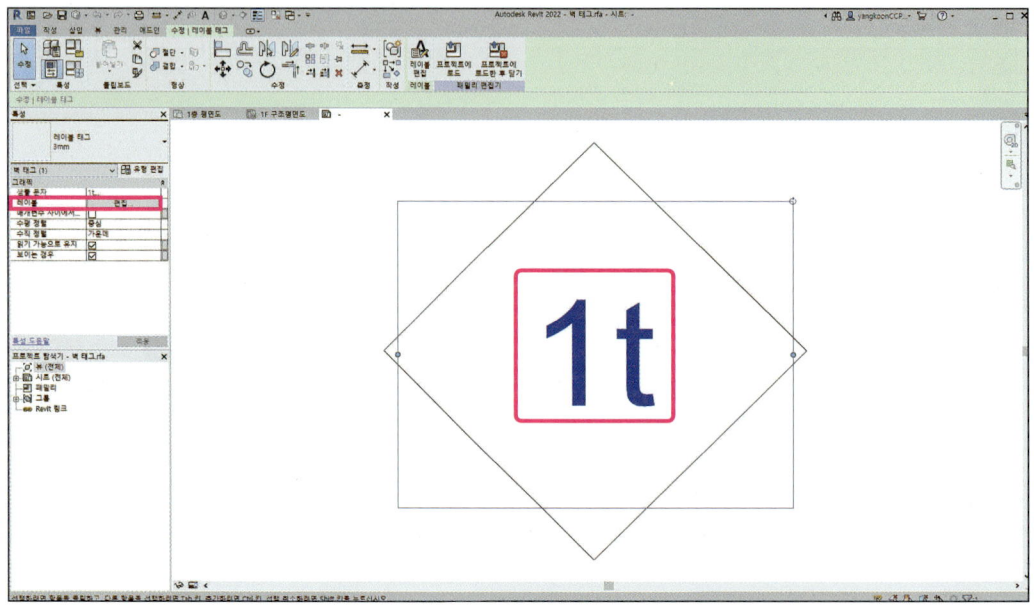

8. '레이블 편집' 창에서 우측의 레이블 매개변수에 '유형 마크'가 적용된 것을 볼 수 있습니다. 벽체가 가진 정보 중 '유형 마크' 정보를 가져와 벽 태그에서 보여지도록 설정되어 있는 것입니다. 취소 버튼을 누르고 뷰를 닫아서 패밀리 편집을 취소합니다.

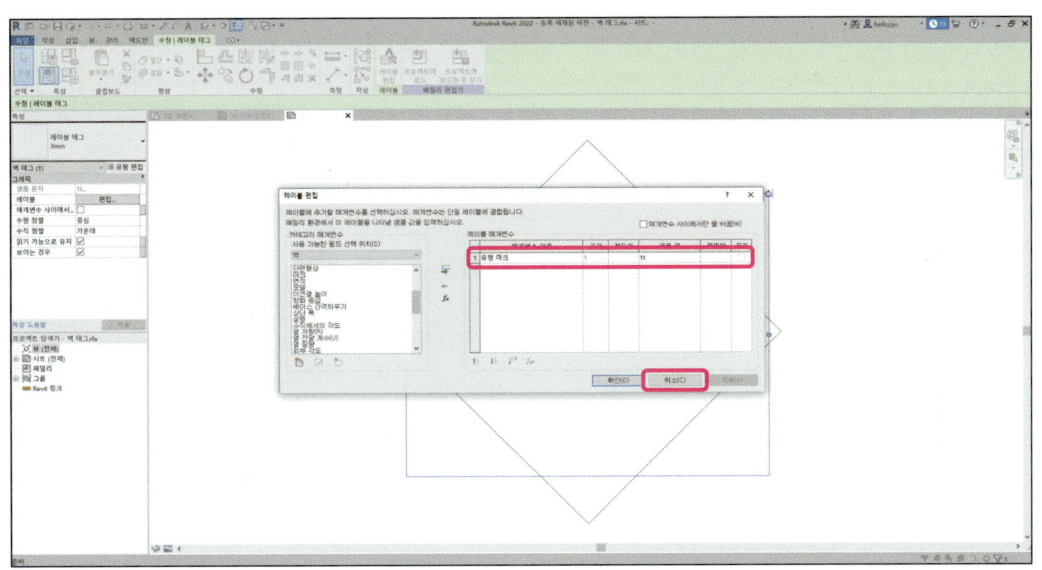

9. 'W1' 태그가 작성된 벽체를 선택하고, 특성창의 '유형 편집'을 선택하면 '유형 특성' 창이 나타납니다. ID 데이터의 '유형 마크'에 'W1'이 적용된 것을 볼 수 있습니다. 이 정보를 가져와 태그에 표기된 것입니다.

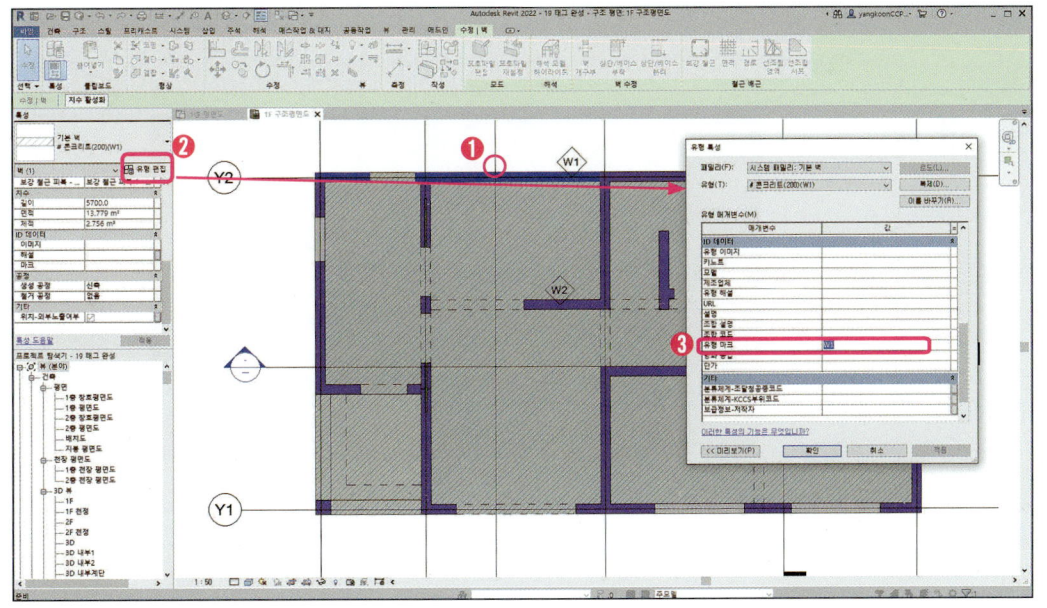

10. 아래쪽 벽에 태그를 생성한 다음 동일하게 해당 벽체의 유형 특성 정보를 보면 '유형 마크'에 W2'가 지정된 것을 볼 수 있습니다. 이 유형의 벽체를 만들 경우 동일한 태그가 생성됩니다.

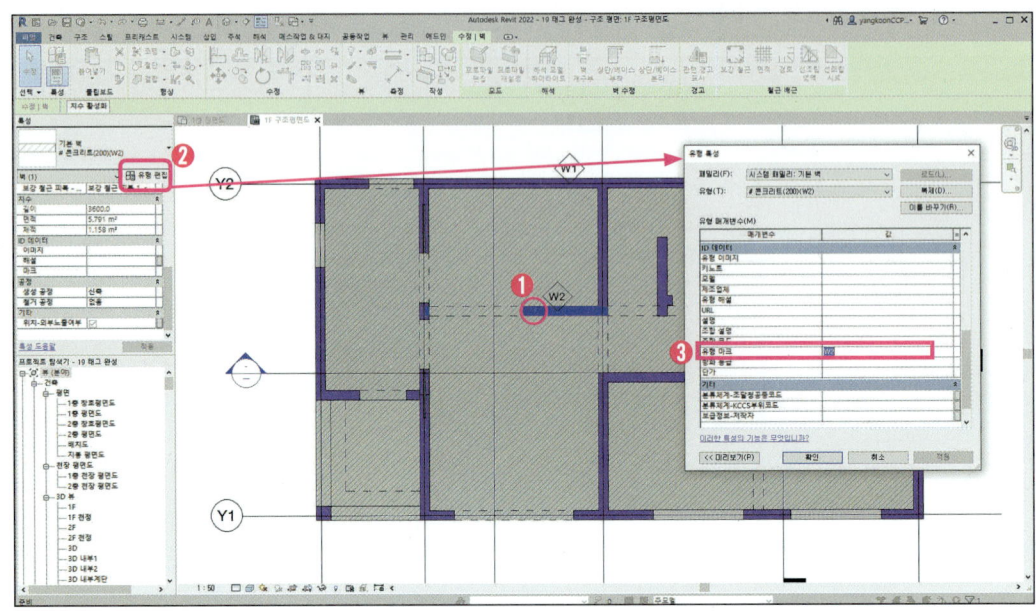

11. 태그 작성 방법을 이용해 1F 구조평면도 뷰에 벽, 바닥 태그를 작성합니다.

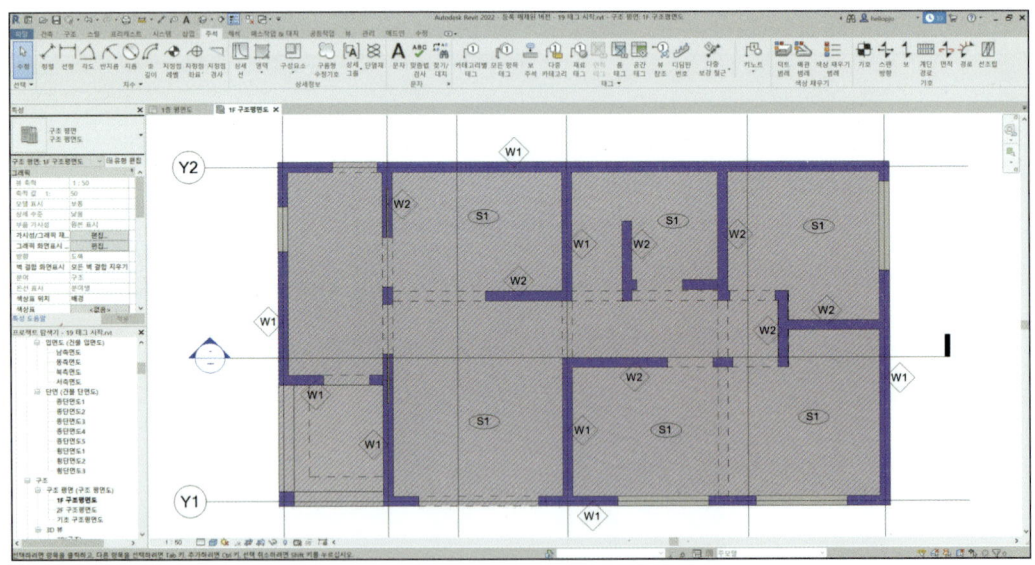

12. '모든 항목 태그' 기능으로 현재 뷰에 있는 모든 객체의 태그를 한꺼번에 입력할 수도 있습니다. 리본 메뉴 '주석' 탭의 '모든 항목 태그'를 선택합니다.

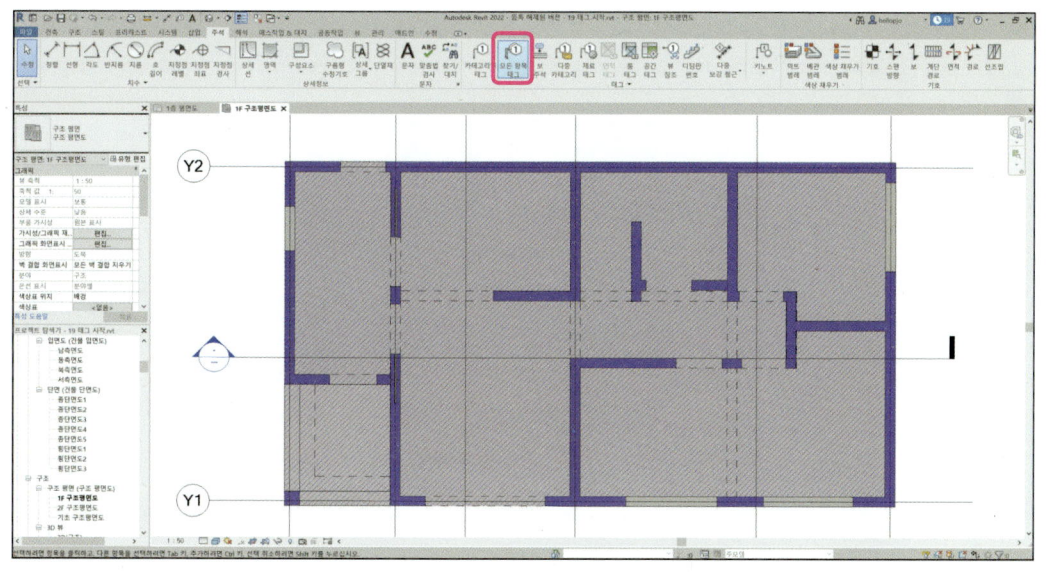

13. '태그가 지정되지 않은 모든 항목 태그' 창에서 태그 입력을 원하는 객체를 선택하고 적용을 누릅니다. '벽 태그'를 선택하면 모든 벽의 태그가 일괄로 입력됩니다.

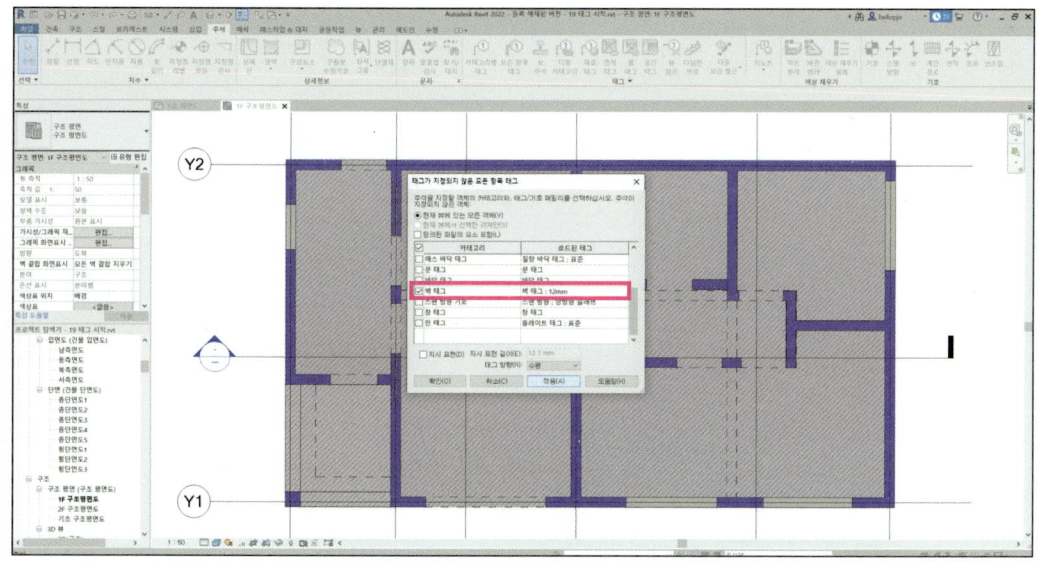

14. 1F 구조평면도 뷰의 모든 벽 객체의 태그가 일괄 생성되었습니다.

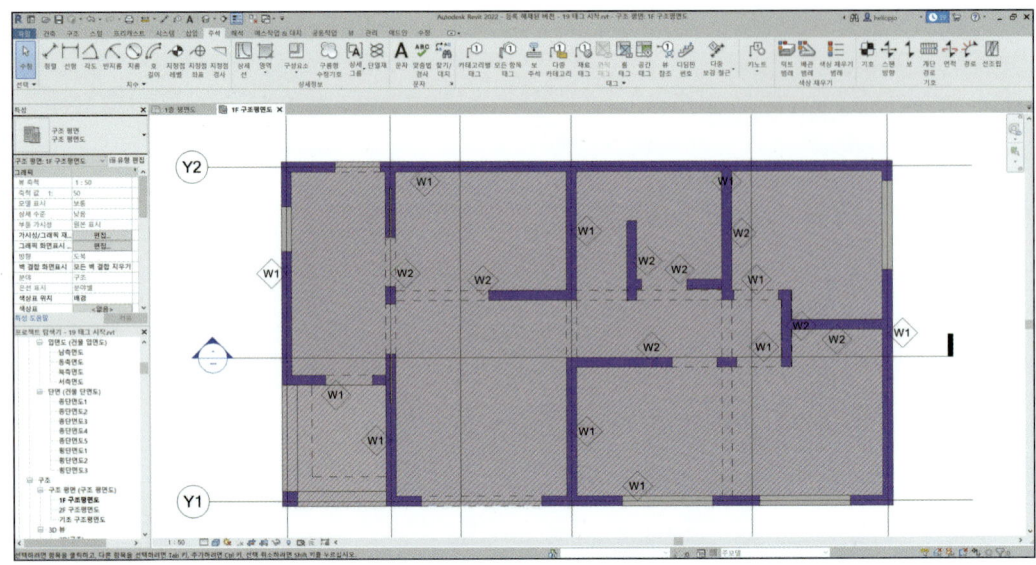

15. 이번에는 창호평면도에서 창과 문의 태그를 작성해보겠습니다. 프로젝트 탐색기에서 '뷰' – '건축' – '평면' – '1층 창호평면도' 뷰를 선택해 '1층 창호평면도' 뷰를 활성화합니다. 리본 메뉴 '주석' 탭의 '모든 항목 태그'를 선택합니다.

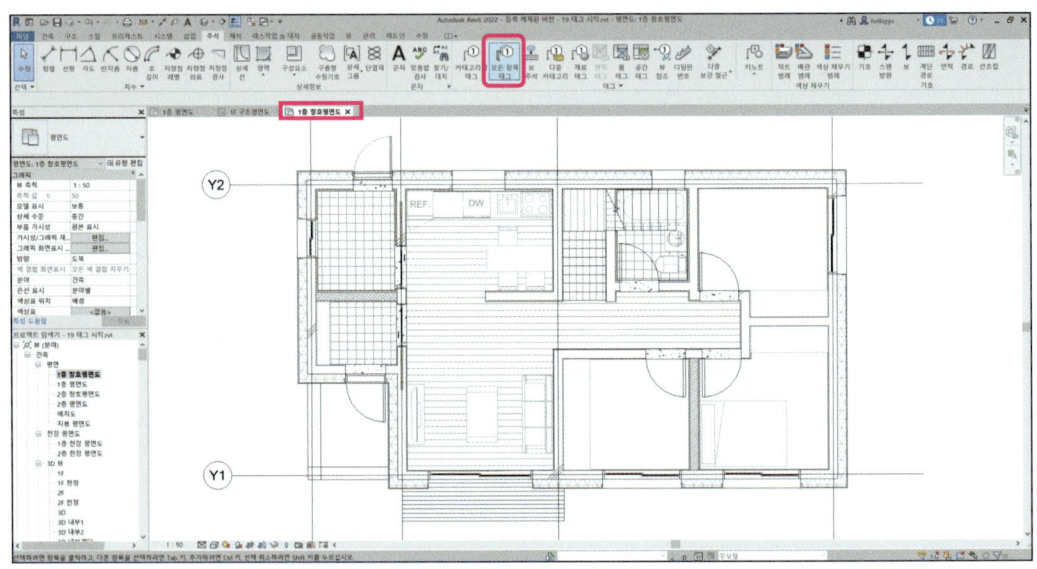

16. '태그가 지정되지 않은 모든 항목 태그' 창에서 '문 태그', '창 태그'를 선택하고 아래의 '지시 표현'을 체크하고 적용을 누릅니다. '지시 표현'을 체크하면 객체에서 일정 간격을 띄우고 객체와 태그 사이에 지시선이 생성됩니다.

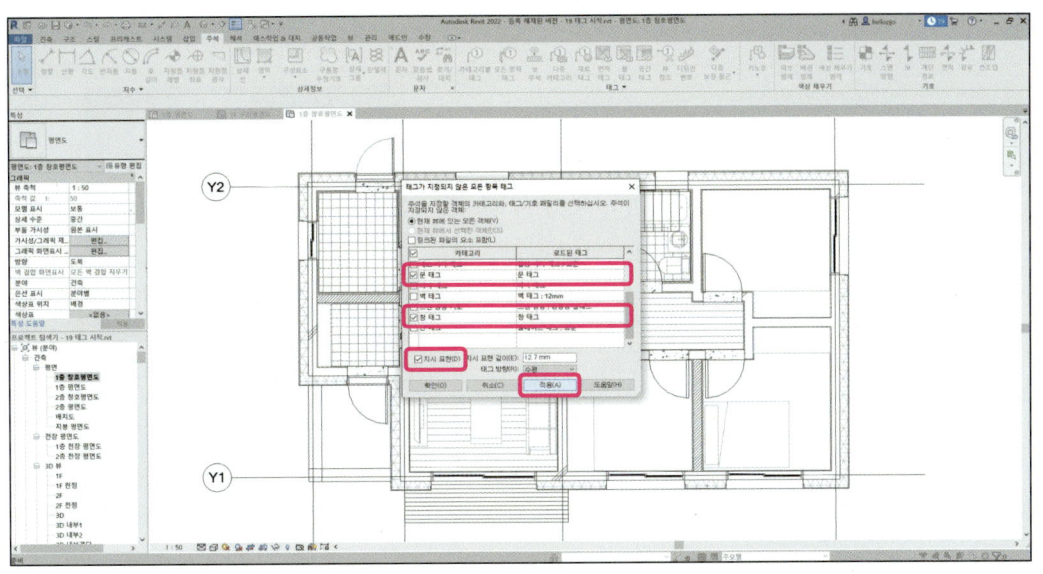

17. 문과 창이 가지고 있는 ID 정보에 따라 태그가 생성된 것을 확인할 수 있습니다.

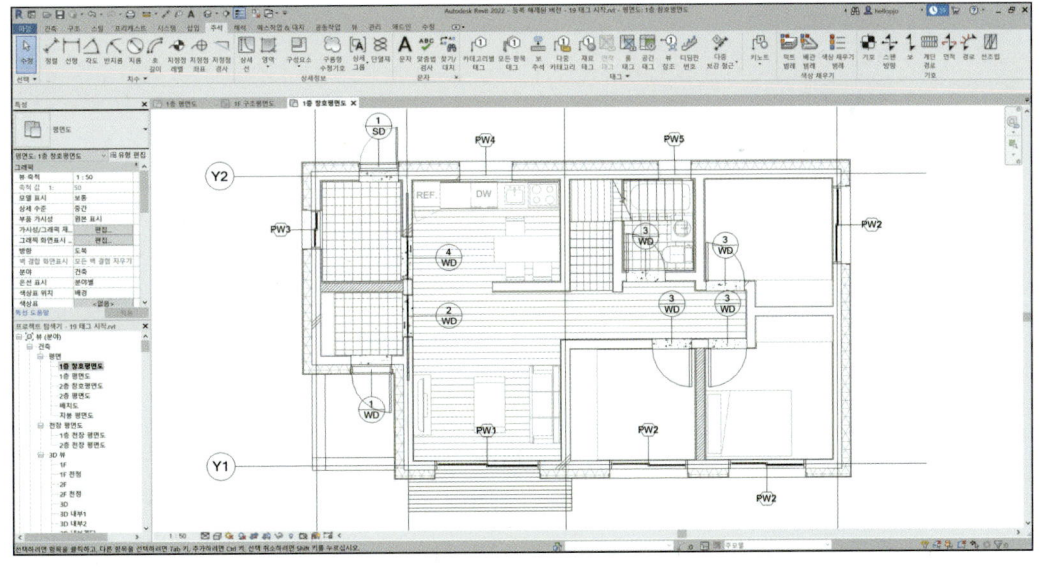

4 주택 만들기 실습 **397**

18. 같은 방식으로 '2F 구조평면도', '2층 창호평면도' 뷰에도 태그를 생성합니다. 완성된 파일은 Sample 폴더 내부의 '19태그 완성.rvt' 파일을 참조합니다.

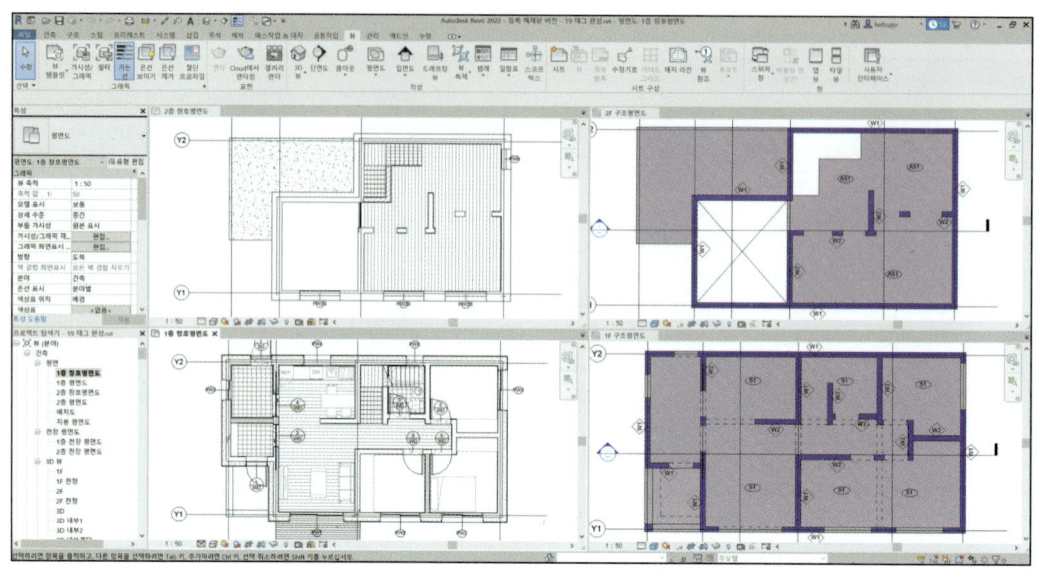

4.21. 치수 작성

1. Sample 폴더에서 '20 치수 시작.rvt' 파일을 엽니다. 1층 평면도 뷰를 활성화합니다. 리본 메뉴의 '주석' - '정렬'을 선택합니다. 키보드에서 단축키 D I 를 입력해도 됩니다.

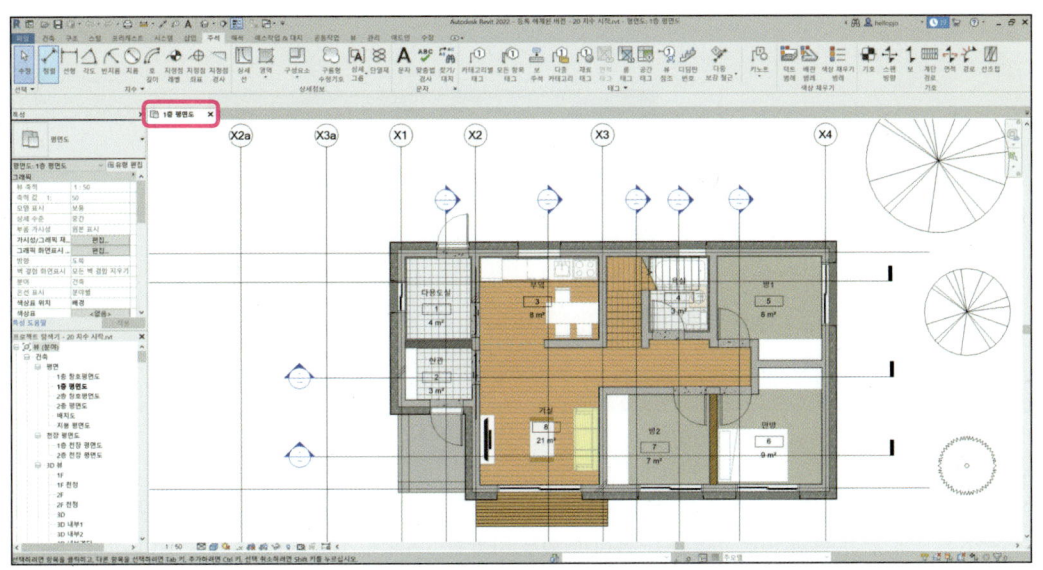

2. 그리드 객체를 기준으로 수평 치수선을 생성하겠습니다. 특성창에서 '유형'은 '선형 치수 스타일 : 대각선 - 2.5mm Arial'로 설정하고 적용 버튼을 누릅니다. 1층 평면도 뷰에서 X1 열의 A와 X2 열의 B, X3 열의 C, X4 열의 D를 순차적으로 선택합니다. 이후 마우스를 위아래로 움직이면 3개의 치수선이 같은 선상에 생성되어 위치가 위아래로 바뀌는 것을 확인할 수 있습니다.

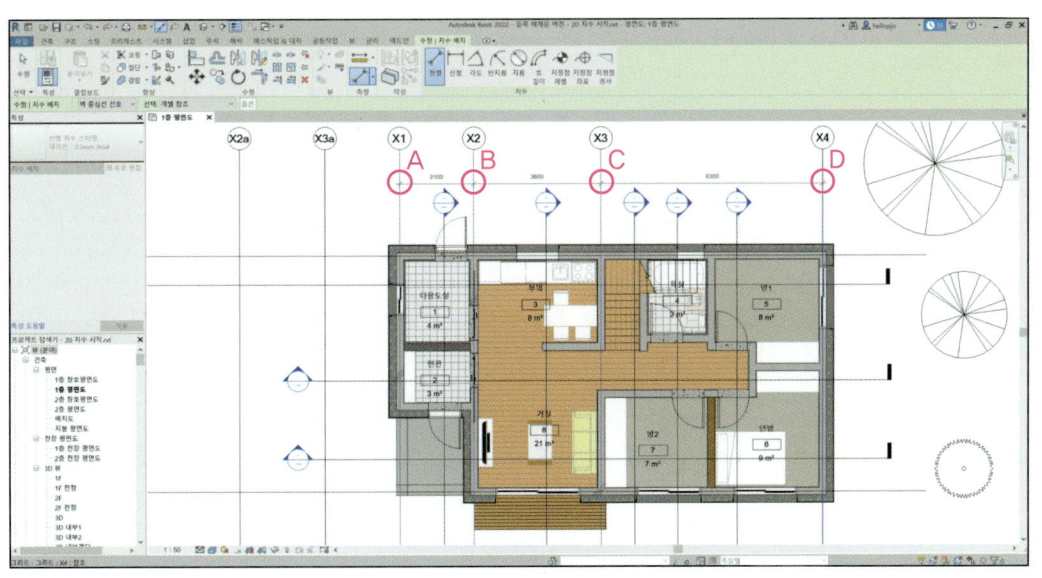

4 주택 만들기 실습 **399**

3. 치수선이 표기될 수직 위치(E)를 선택하면 치수선이 완성됩니다.

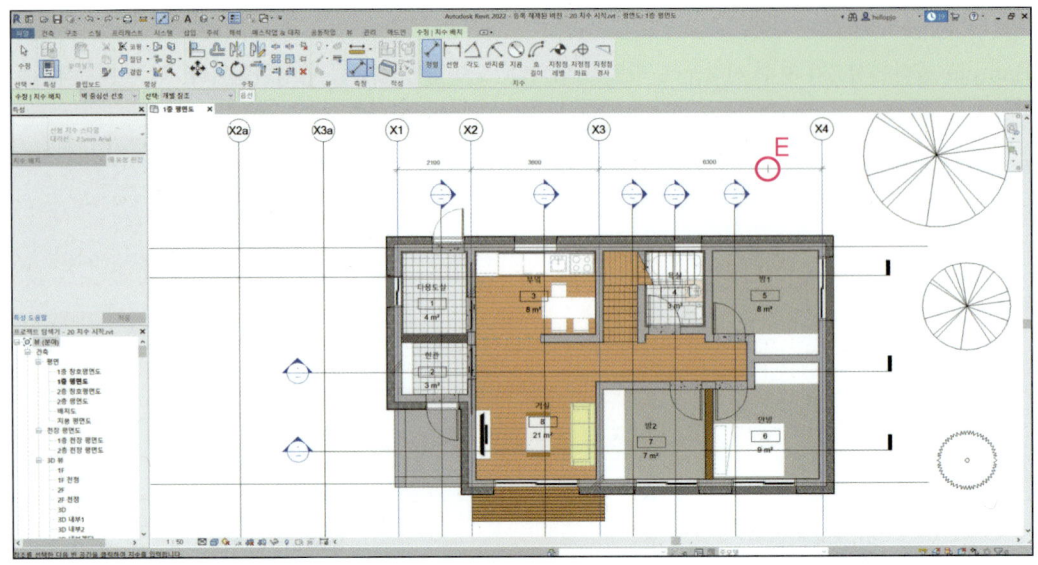

4. 이번에는 다른 객체들의 기준점을 이용해 수직 방향 치수를 작성하겠습니다. 키보드에서 D I 를 입력합니다. 방1 부분의 위쪽 벽체 위로 마우스를 올리면 외부 마감벽, 구조벽, 내부 마감벽의 중심이 점선으로 미리보기가 표기됩니다. 해당 선들을 클릭하면 그 수평선을 시작으로 하는 치수선을 작성할 수 있습니다.

■ 외부 마감벽 중심

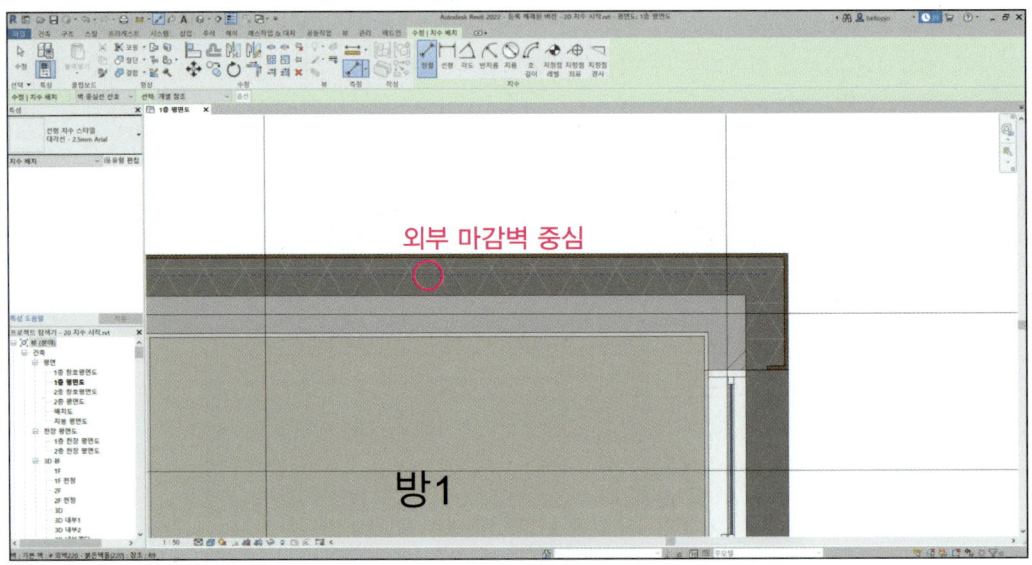

■ 구조벽 중심

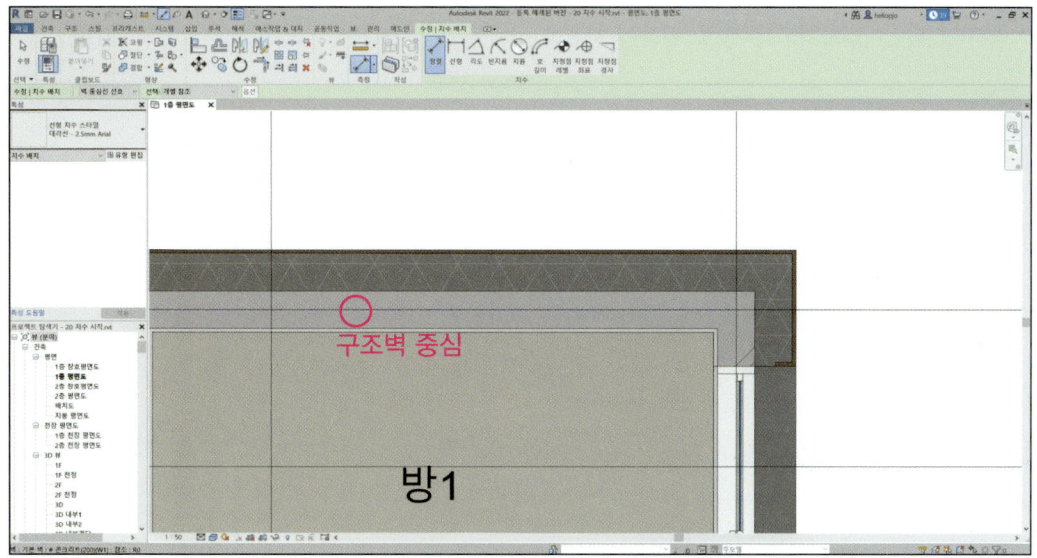

■ 내부 마감벽 중심

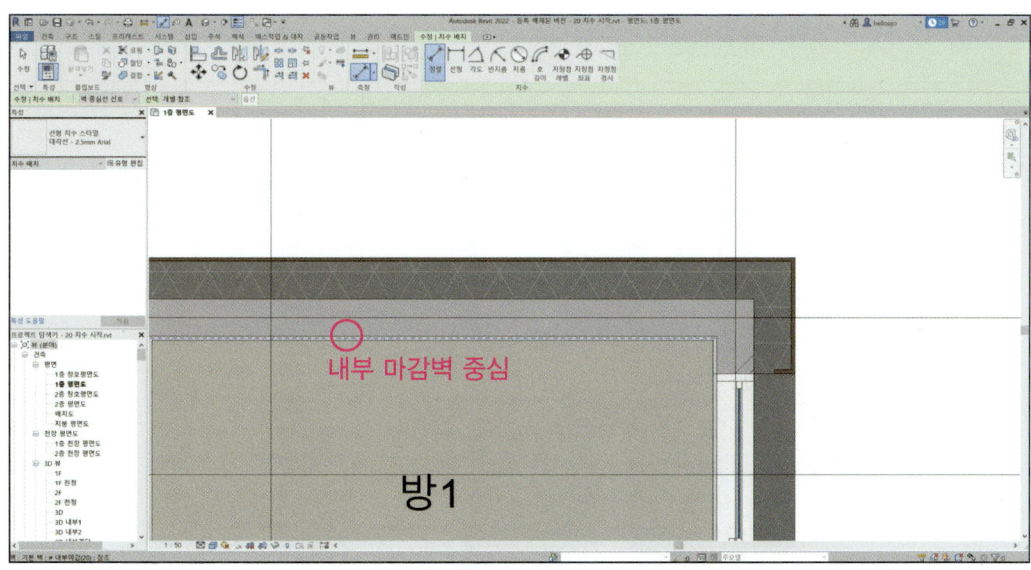

5. 중심선이 아닌 경계선을 선택하고자 할 때는 마우스 커서를 근처로 놓은 상태에서 키보드의 Tab 키를 여러 번 누르면 위쪽 벽의 중심, 아래쪽 벽의 중심, 벽 사이의 경계가 순차적으로 선택됩니다. Tab 키를 누르면서 경계가 미리보기되는 것 중 원하는 지점을 선택할 수 있습니다.

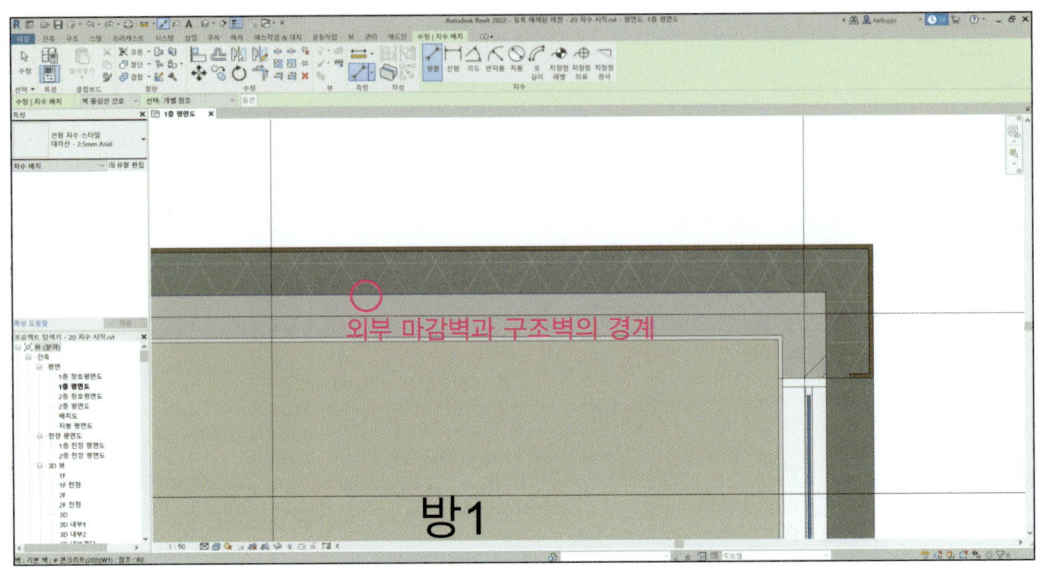

6. 키보드에서 정렬 치수의 단축키인 D I 를 입력해 정렬 치수 그리기가 활성화된 상태에서 1층 평면도 뷰의 A, B, C, D, E 지점을 순차적으로 선택합니다.

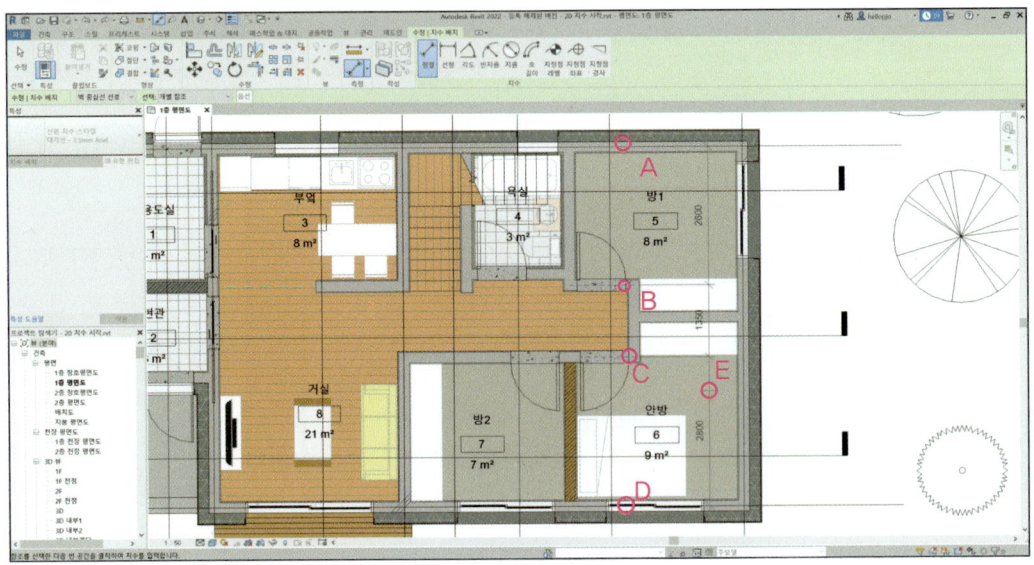

7. 수직 방향 치수선이 생성된 것을 확인할 수 있습니다.

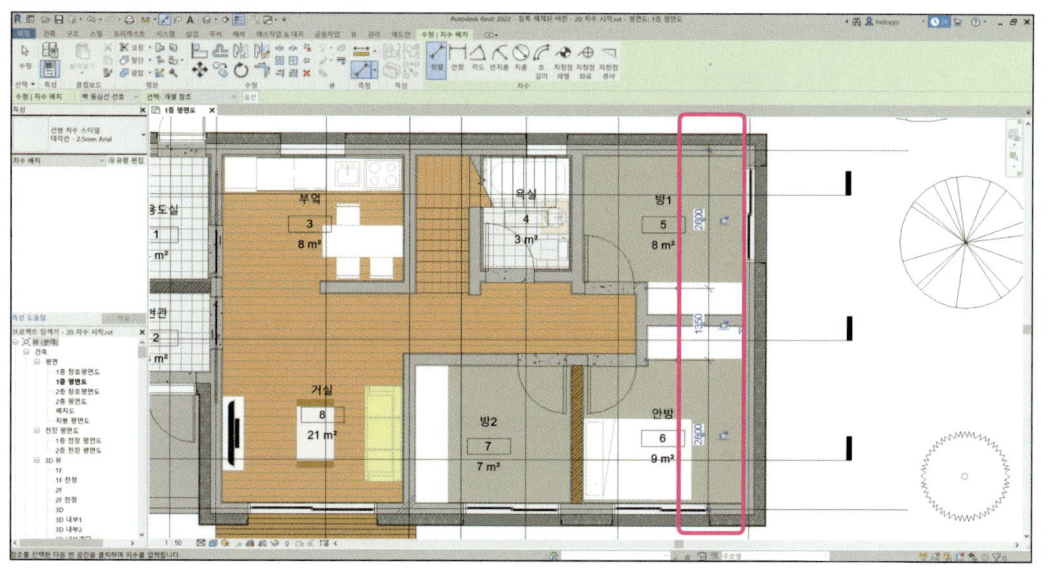

8. 정렬 치수를 이용하면 평면도, 입면도, 단면도, 배치도 등 3D 형태의 뷰를 제외한 모든 뷰에서 수직, 수평 치수를 그리드, 객체 들의 기준점을 이용해 생성할 수 있습니다.

도면을 참조해 각 뷰에 치수선을 작성합니다. 완성된 파일은 Sample 폴더 내부의 '20치수 완성.rvt' 파일을 참조합니다.

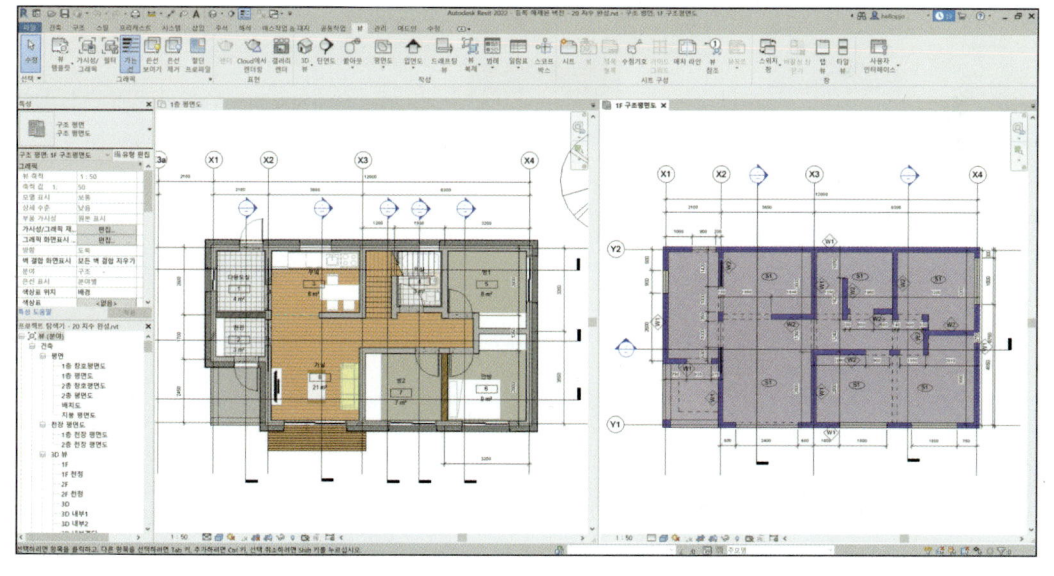

4.22. 일람표 작성

재료의 수량 및 길이, 체적 정보들을 추출하기 위하여 일람표를 작성해보도록 하겠습니다.

4.22.1. 룸 일람표

1. Sample 폴더에서 '21 일람표 시작.rvt' 파일을 엽니다. 룸 일람표를 생성하기 위해 리본 메뉴의 '뷰' – '일람표'를 선택합니다. 리본 메뉴의 '해석' – '일람표/수량'을 선택하거나, 프로젝트 탐색기에서 '일람표/수량'을 선택하고 마우스 우클릭해 '새 일람표/수량'을 선택해도 됩니다.

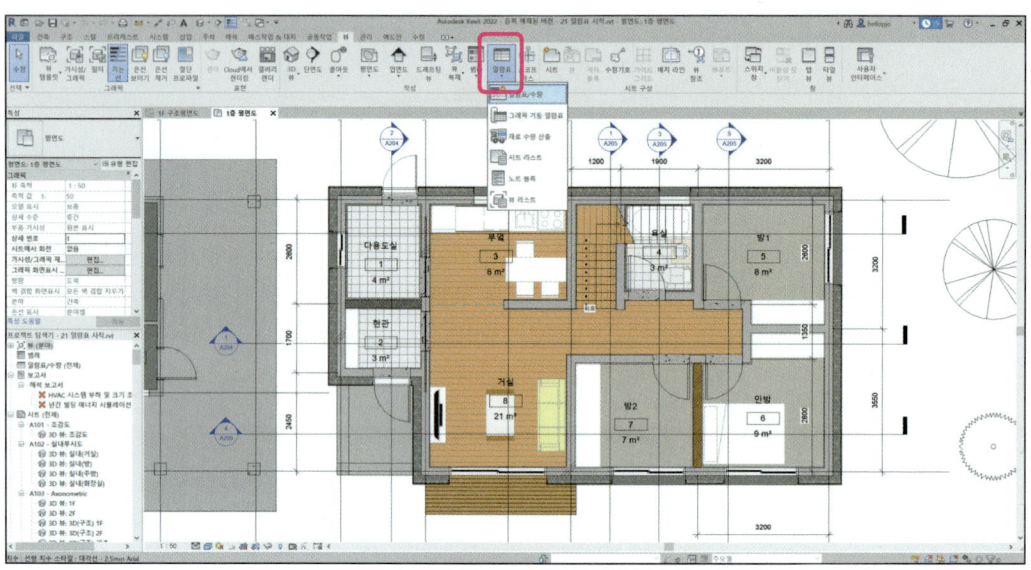

2. 새 일람표 창의 카테고리에서 '룸'을 선택하고 '확인'을 누릅니다.

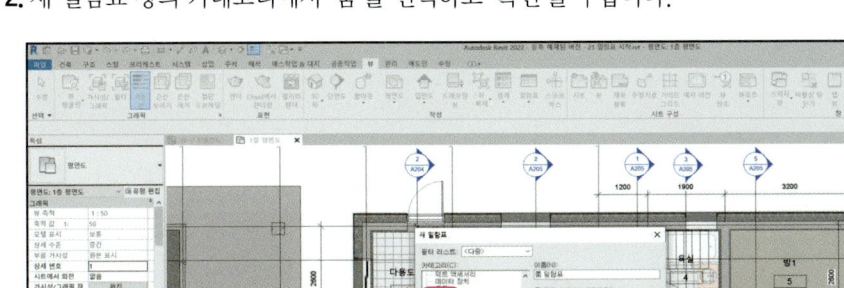

3. 일람표 특성 창의 필드 탭의 '사용 가능한 필드'에서 둘레, 레벨, 면적, 무한한 높이 번호, 이름을 선택하고 추가 버튼을 눌러서 우측에 추가합니다.

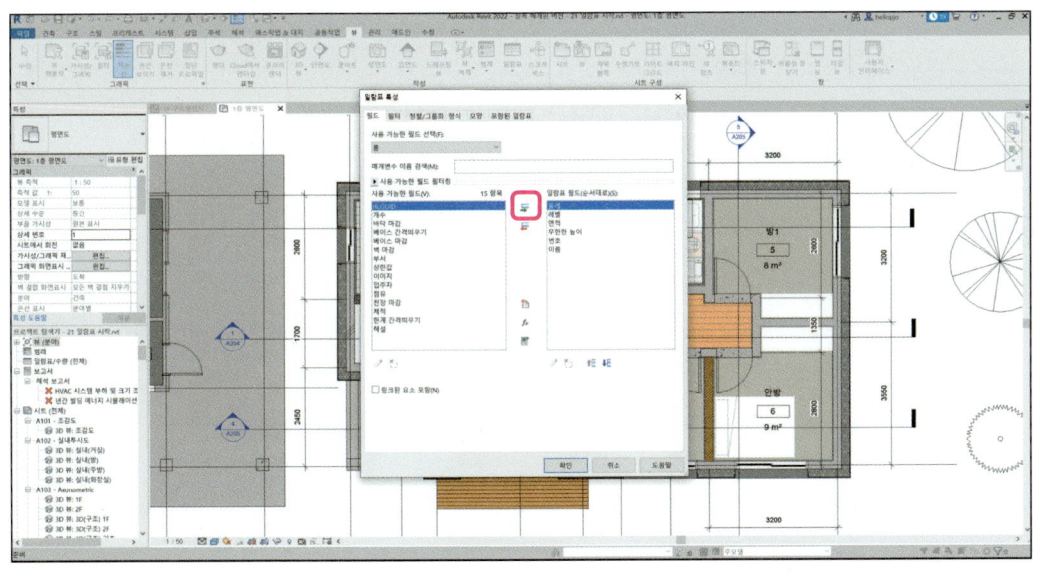

4. 정렬/그룹화 탭에서 총계를 체크하고 '제목, 개수 및 합계'를 선택합니다.

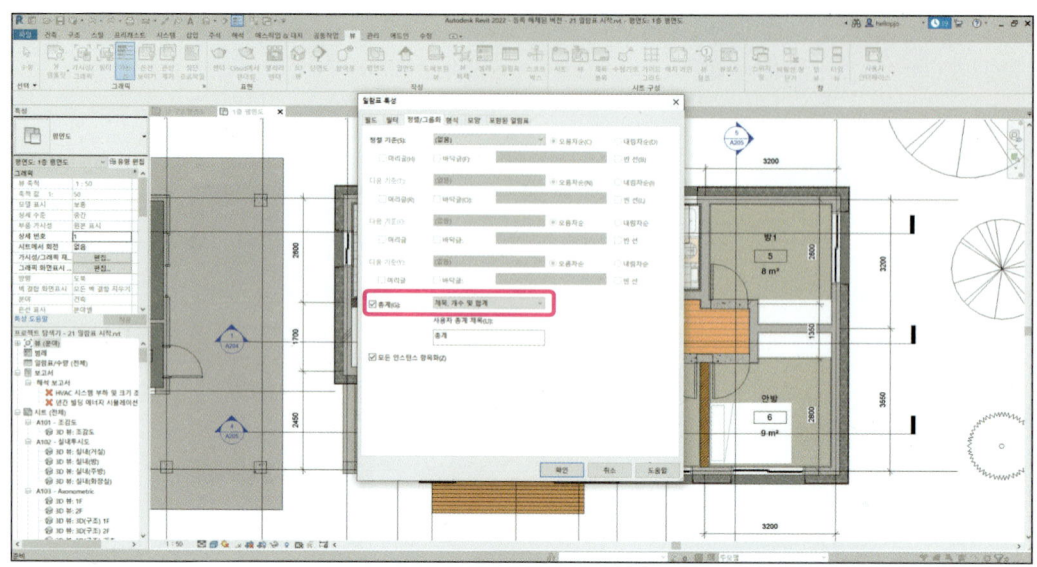

5. 형식 탭에서 면적을 선택하고 '계산 없음'을 선택해 '총합 계산'으로 변경하고 '확인'을 누릅니다.

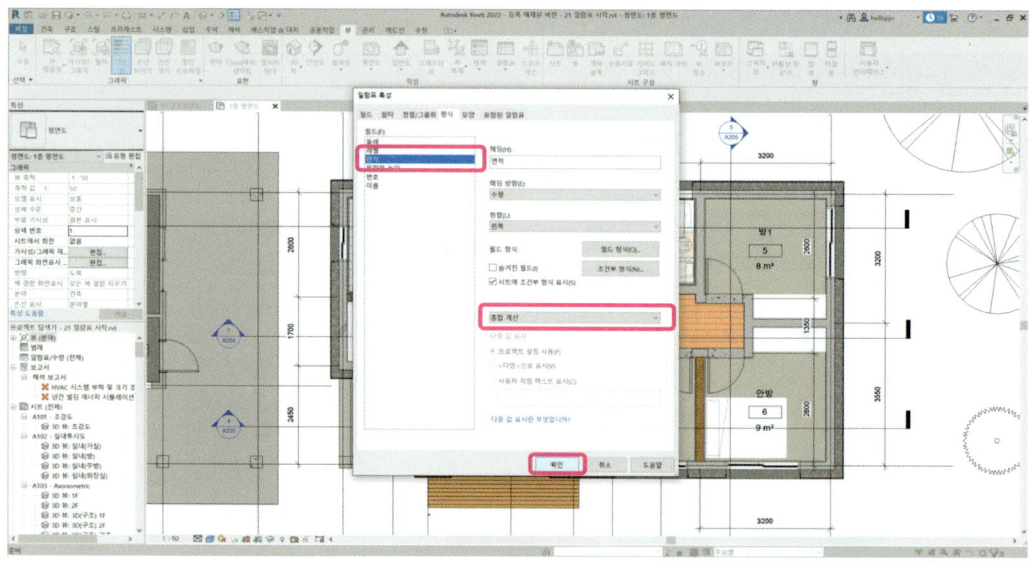

6. 룸 일람표가 생성되었습니다.

<룸 일람표>

A	B	C	D	E	F
둘레	레벨	면적	무한한 높이	번호	이름
8200	1F FL	4 m²	2438	1	다용도실
6640	1F FL	3 m²	2438	2	현관
11620	1F FL	8 m²	2438	3	부엌
7360	1F FL	3 m²	2438	4	욕실
11840	1F FL	8 m²	2438	5	방1
12540	1F FL	9 m²	2438	6	안방
10840	1F FL	7 m²	2438	7	방2
29269	1F FL	21 m²	4289	8	거실
32420	2F FL	38 m²	1245	9	다락
총계: 9		102 m²			

4 주택 만들기 실습 **407**

4.22.2. 바닥 일람표

1. 이번에는 바닥 일람표를 생성하겠습니다. 리본 메뉴의 '뷰' - '일람표'를 선택합니다. 리본 메뉴의 '해석' - '일람표/수량'을 선택하거나, 프로젝트 탐색기에서 '일람표/수량'을 선택하고 마우스 우클릭해 '새 일람표/수량'을 선택해도 됩니다.

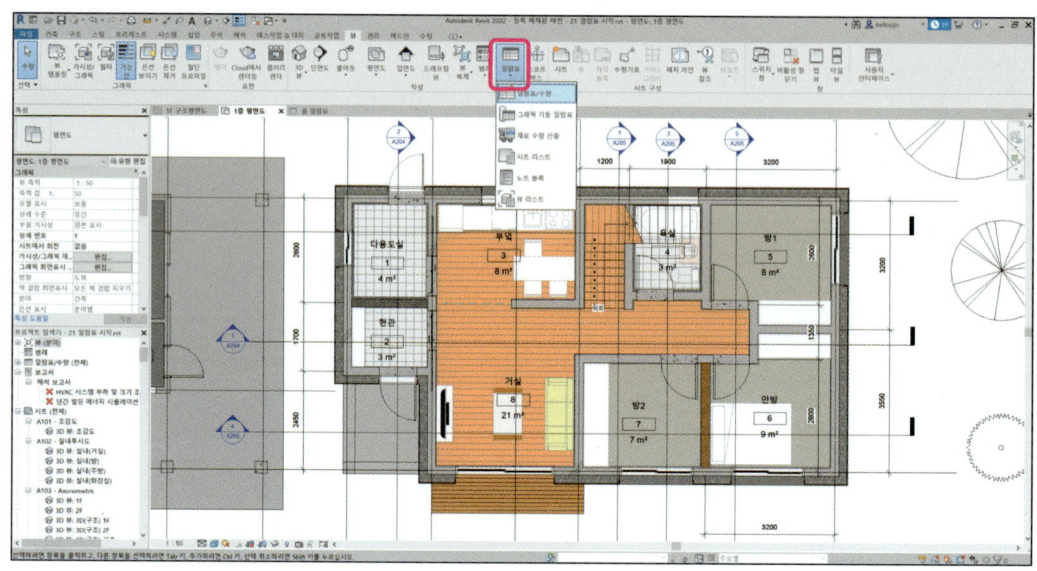

2. 새 일람표 창의 카테고리에서 '바닥'을 선택하고 '확인'을 누릅니다.

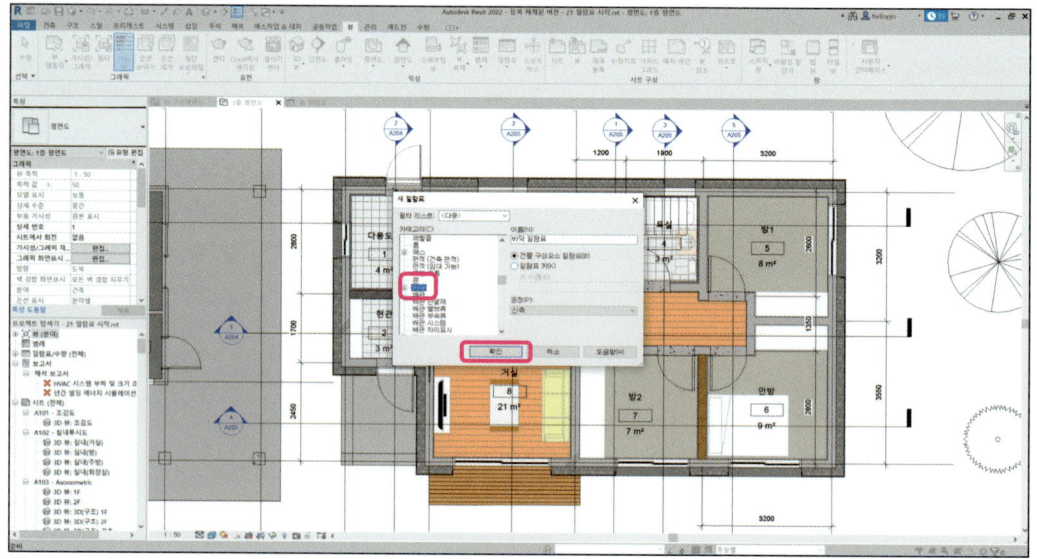

3. 일람표 특성 창의 필드 탭의 '사용 가능한 필드'에서 구조, 구조 재료, 기본 두께, 둘레, 레벨, 레벨로부터 높이 간격띄우기, 면적, 열 저항(R), 유형, 유형 마크, 체적을 선택하고 추가 버튼을 눌러서 우측에 추가합니다.

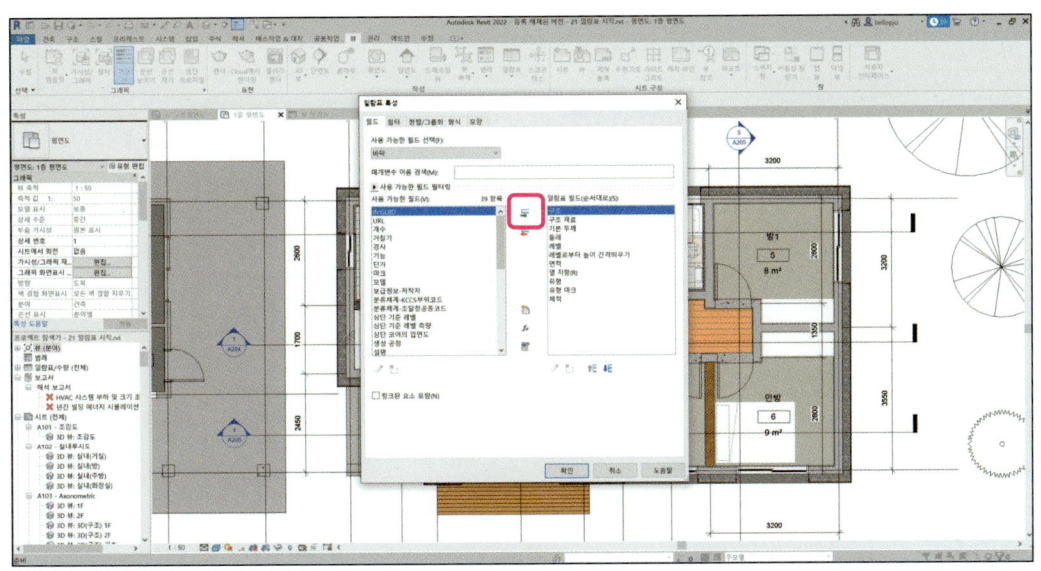

4. 정렬/그룹화 탭에서 총계를 체크하고, '제목, 개수 및 합계'를 선택합니다.

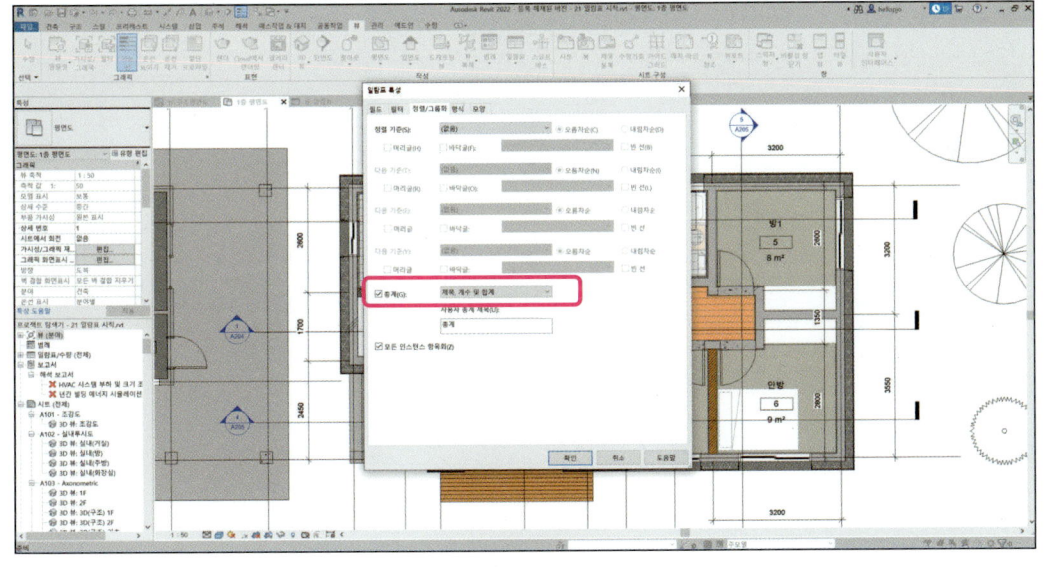

5. 형식 탭에서 면적을 선택하고 '계산 없음'을 선택해 '총합 계산'으로 변경하고 '확인'을 누릅니다.

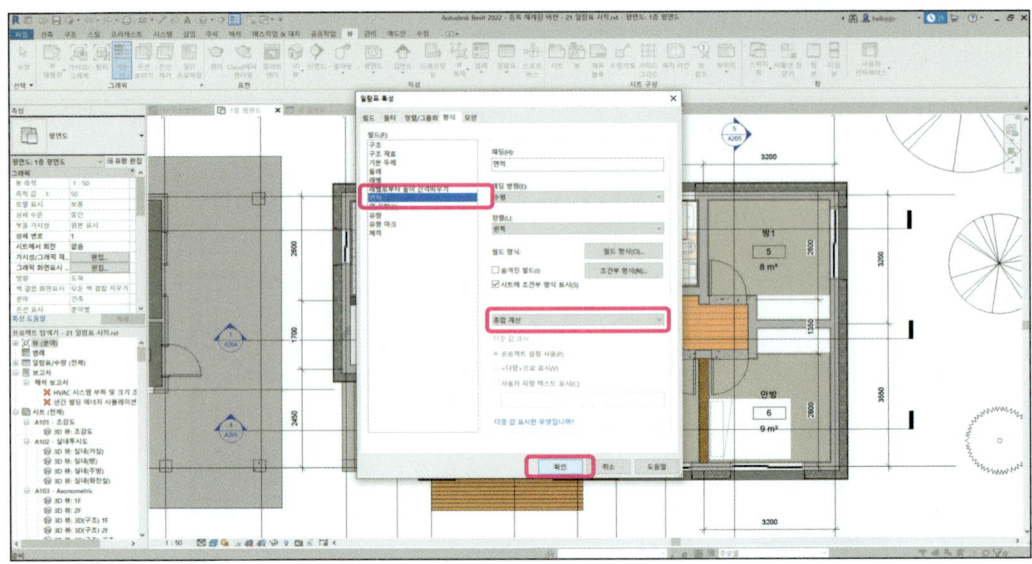

6. 바닥 일람표가 생성되었습니다.

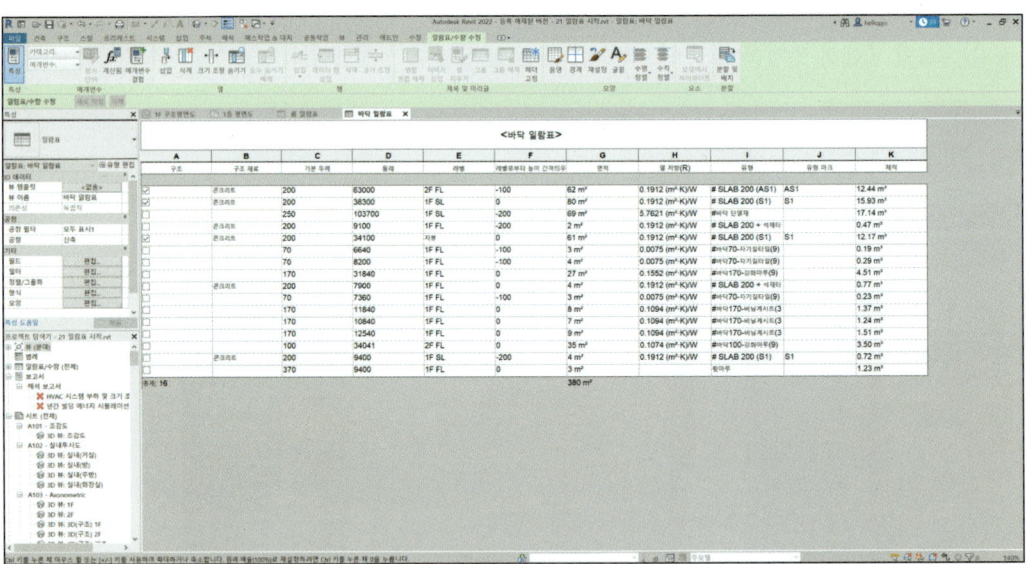

4.22.3. 창 일람표

1\. 이번에는 창 일람표를 생성하겠습니다. 리본 메뉴의 '뷰' - '일람표'를 선택합니다. 리본 메뉴의 '해석' - '일람표/수량'을 선택하거나, 프로젝트 탐색기에서 '일람표/수량'을 선택하고 마우스 우클릭해 '새 일람표/수량'을 선택해도 됩니다.

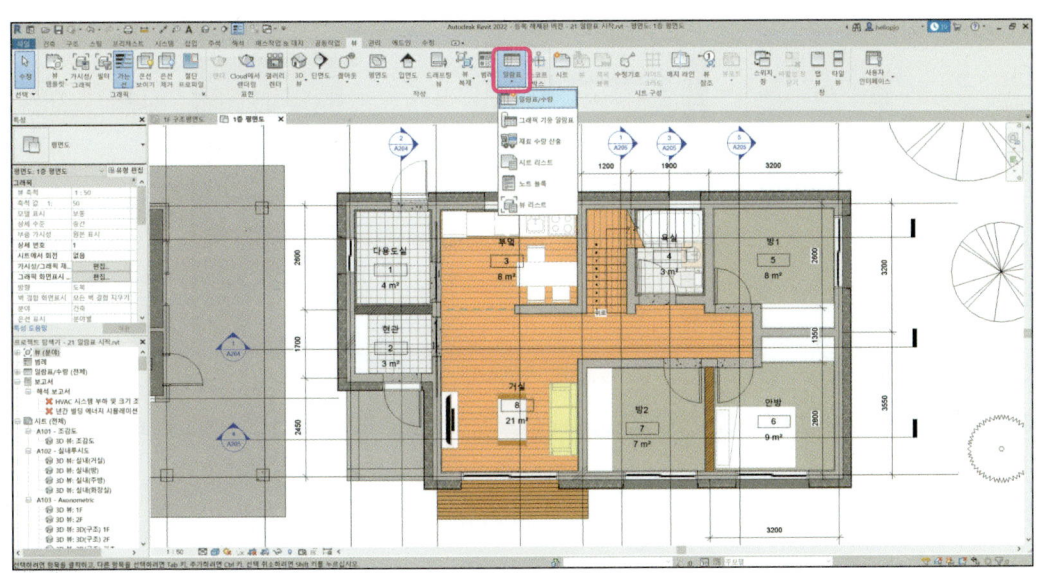

2\. 새 일람표 창의 카테고리에서 '창'을 선택하고 '확인'을 누릅니다.

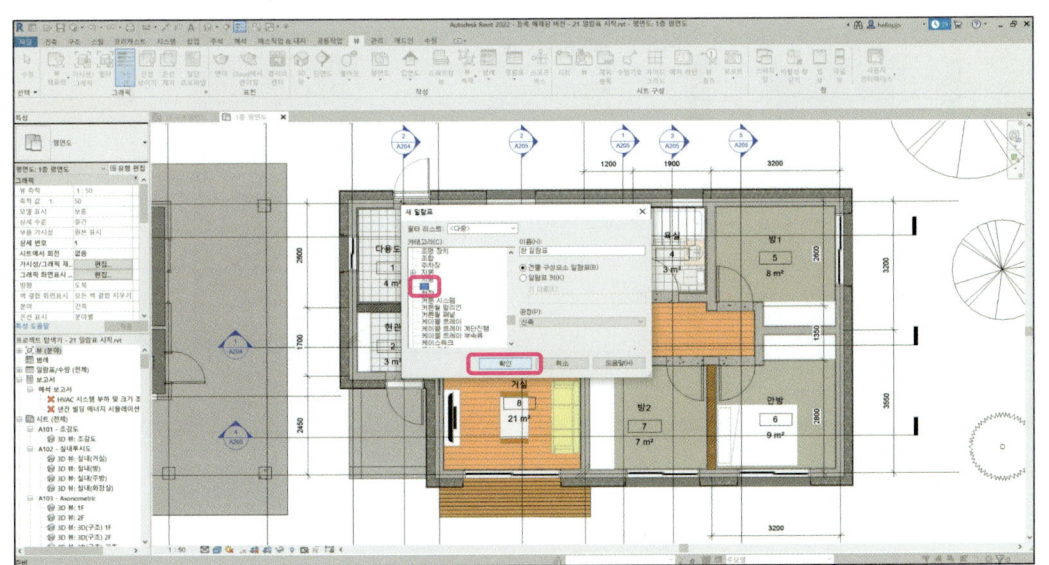

3. 일람표 특성 창의 필드 탭의 '사용 가능한 필드'에서 레벨, 높이, 폭, 씰 높이, 헤드 높이, 유형, 마크, 유형 마크, 개수를 선택하고 추가 버튼을 눌러서 우측에 추가합니다.

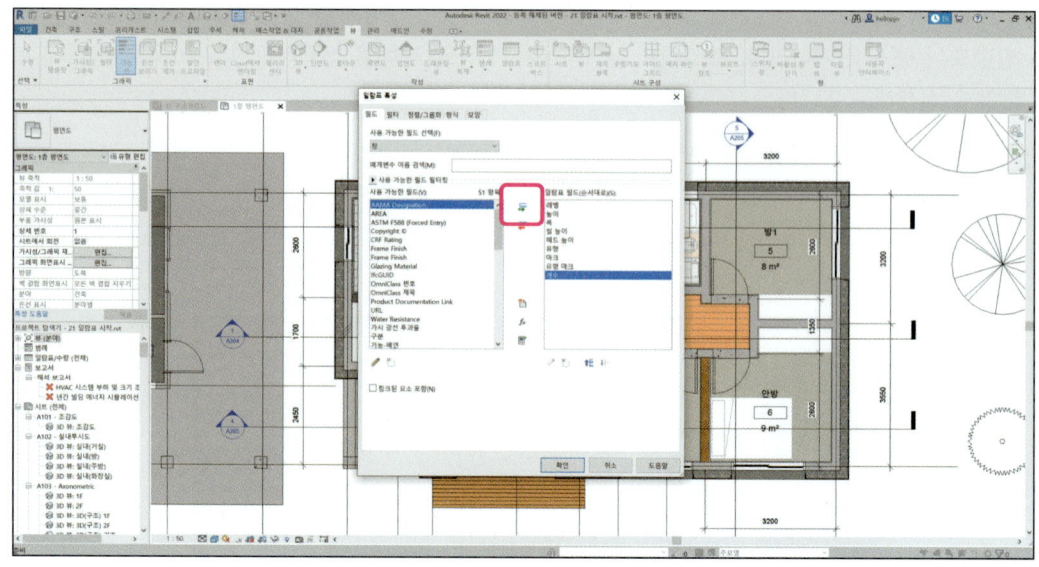

4. 정렬/그룹화 탭에서 총계를 체크하고 '제목, 개수 및 합계'를 선택하고 '확인'을 누릅니다.

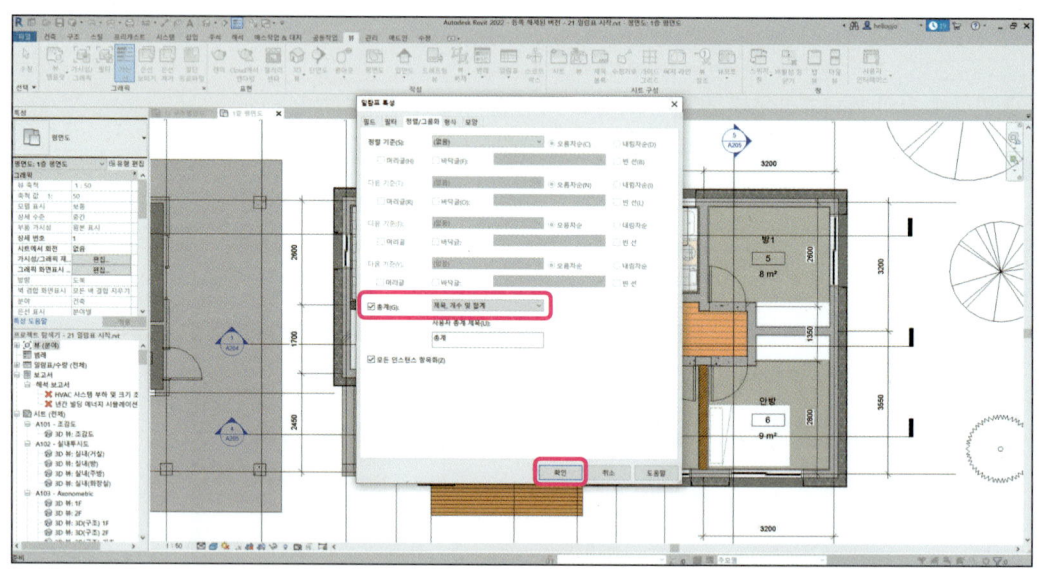

412 건축 BIM 입문 REVIT 가이드북

5. 창 일람표가 생성되었습니다.

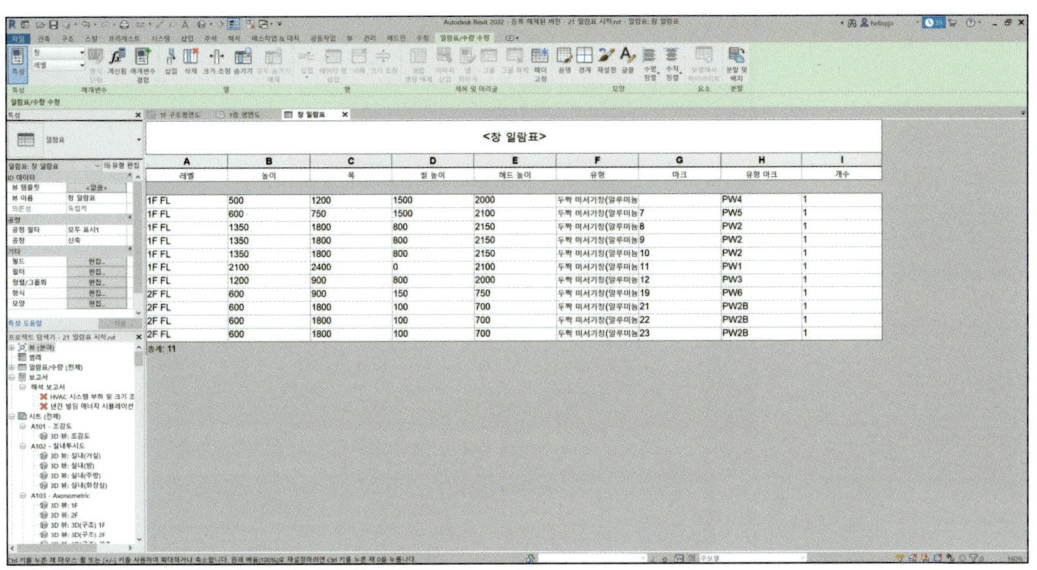

6. 창 일람표의 맨 위열의 높이 500, 폭 1200의 창을 선택한 상태에서 리본 메뉴에서 '모델에서 하이라이트'를 선택합니다.

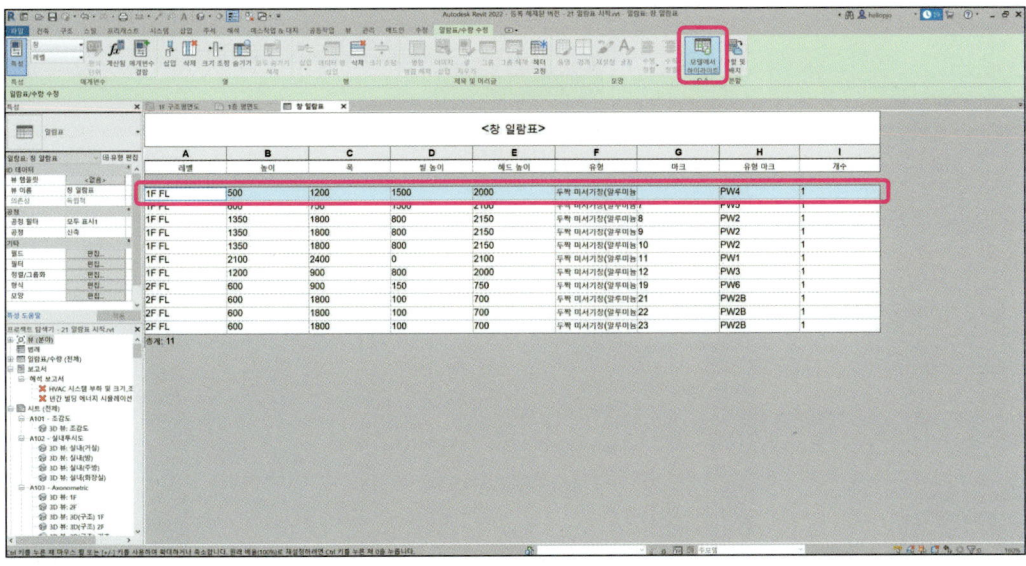

7. '하이라이트된 요소를 표시하는 열린 뷰가 없습니다.'라는 창이 뜨면 '확인'을 선택합니다. '뷰에 요소 표시 창'이 뜨면서 1층 평면도 뷰에서 창이 보이면 '닫기'를 선택합니다.

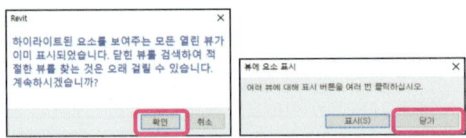

8. 1층 평면도 뷰에서 해당 일람표에서 선택한 창이 선택되어 하이라이트 된 것을 확인할 수 있습니다.

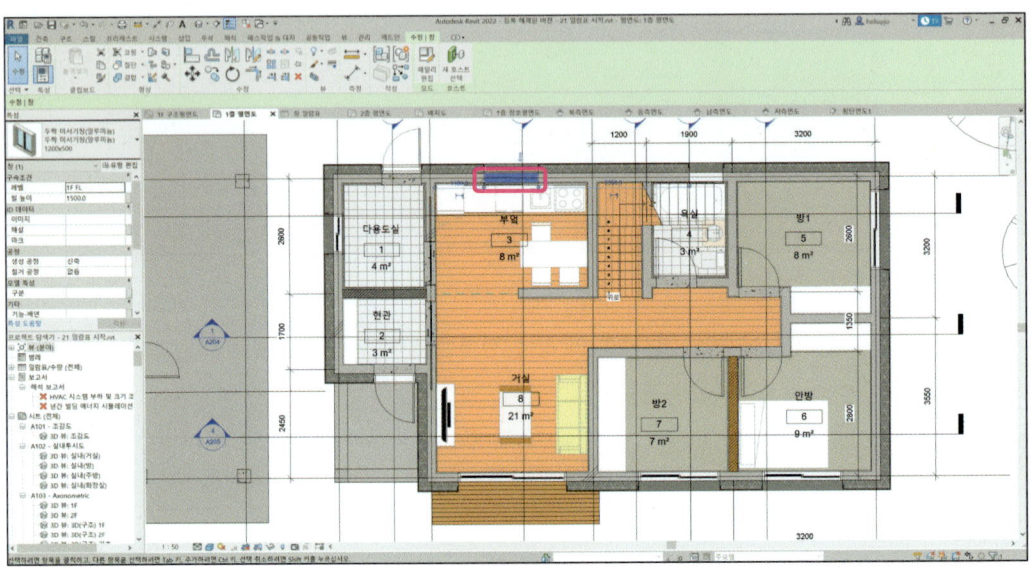

9. 1층 평면도 뷰와 창 일람표가 열린 상태에서 리본 메뉴의 '뷰' 탭에서 '타일 뷰'를 눌러서 뷰를 정렬합니다. 현재 창이 하이라이트 된 상태에서 창 일람표의 전체 개수가 11개인 것을 확인합니다.

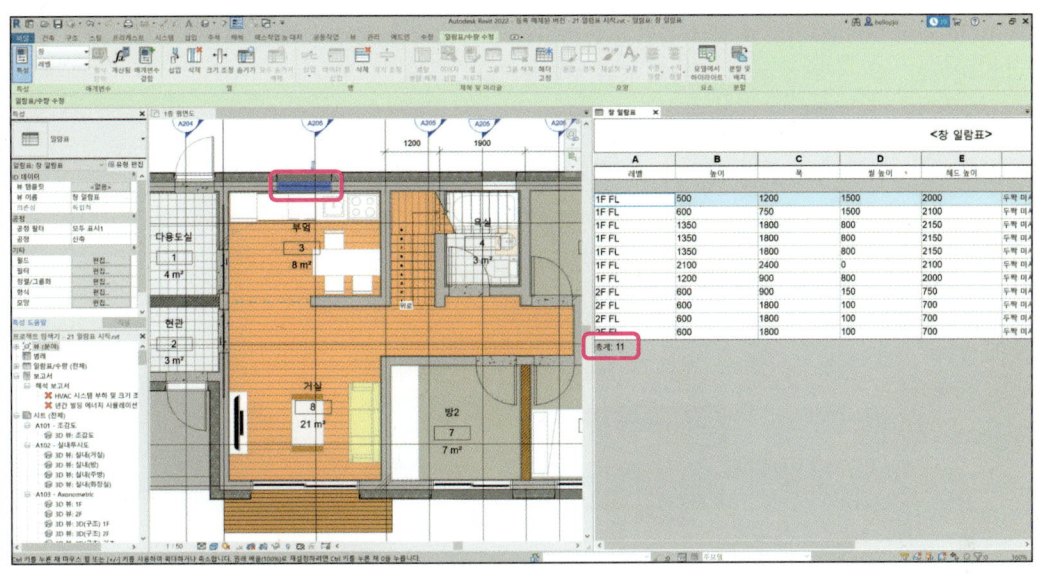

10. Delete 키를 눌러서 선택한 창을 삭제합니다. 1층 평면도 뷰에서 창이 삭제되고, 창 일람표 창에서도 해당 정보가 삭제되어 전체 개수가 10개로 변경된 것을 확인할 수 있습니다. 이처럼 일람표의 정보는 모델의 정보가 변경됨에 따라 실시간으로 업데이트됩니다.

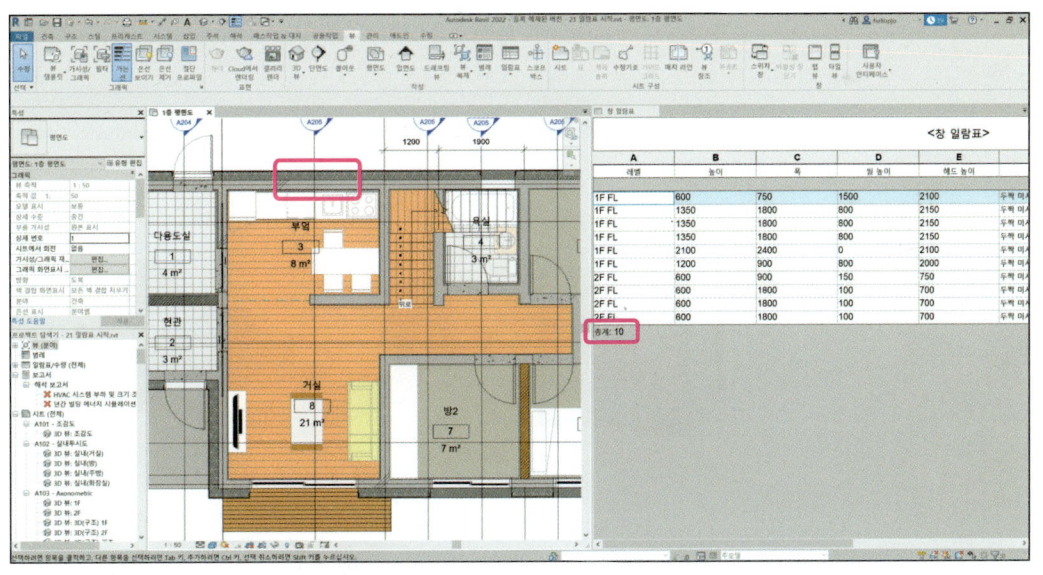

4 주택 만들기 실습 **415**

4.23. Revit 링크

1. Sample 폴더에서 '22 Revit 링크 시작.rvt' 파일을 엽니다. 1층 평면도 뷰와 3D 뷰가 활성화된 상태에서 리본 메뉴의 '뷰' – '타일 뷰'를 선택해 뷰를 정렬합니다.

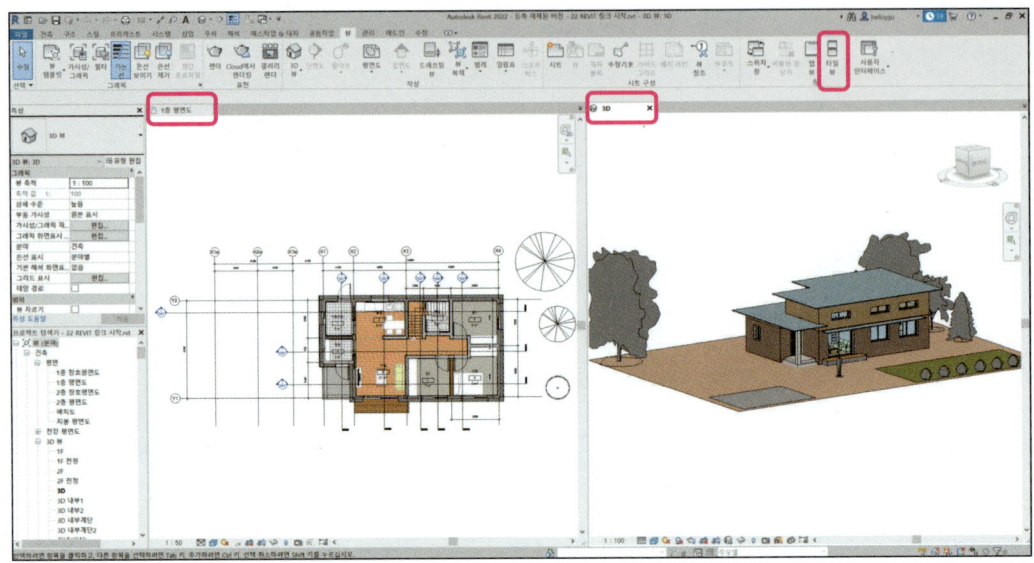

2. 리본 메뉴 '삽입' 탭에서 Revit 링크를 선택합니다.

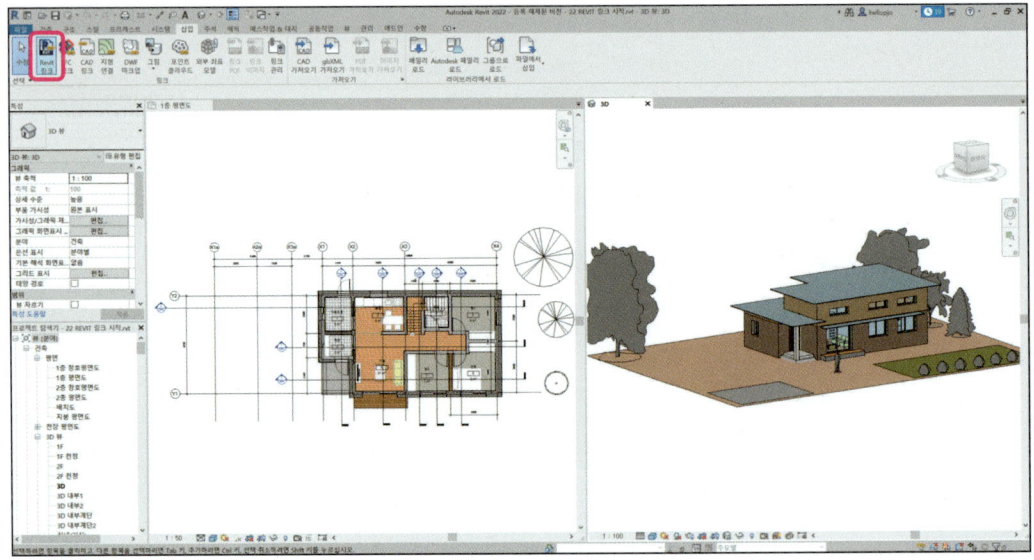

3. RVT 가져오기/링크 창에서 Sample 폴더 내부의 'Warehouse.rvt' 파일을 선택하고 '열기'를 선택합니다.

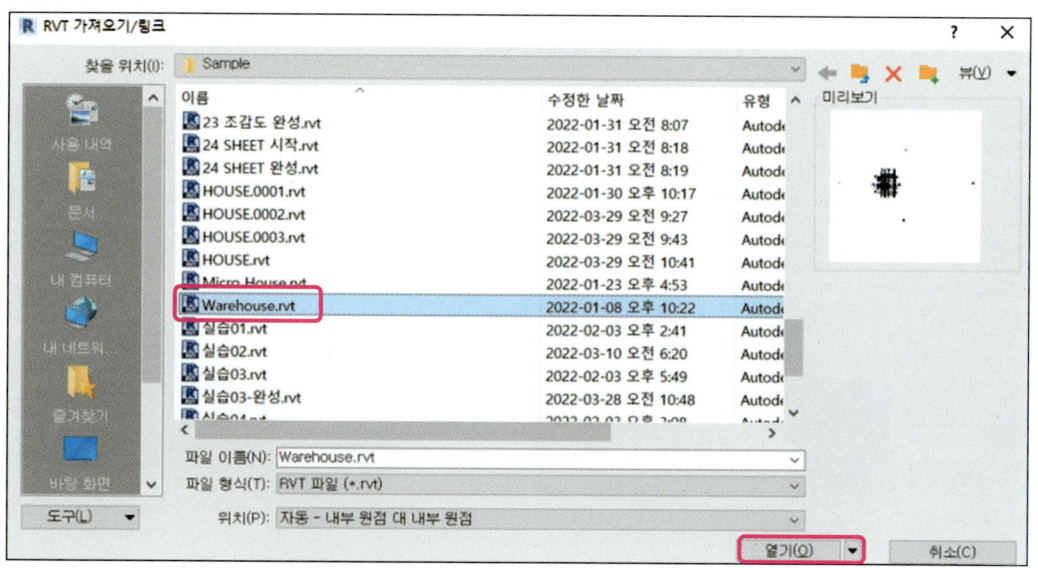

4. Revit 링크 가져오기가 완료되었습니다.

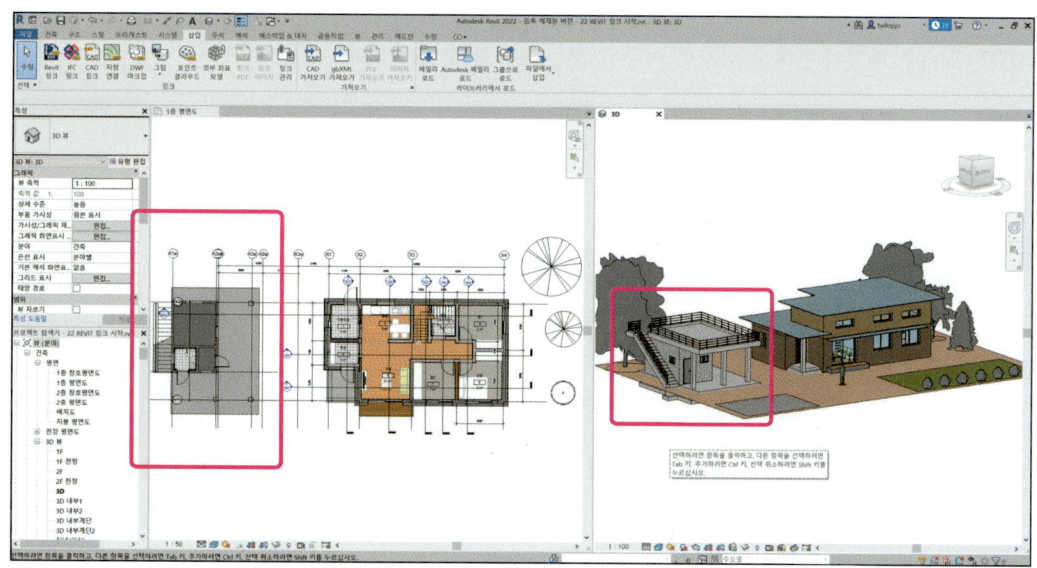

5. 링크로 가져온 객체를 선택하고 X3a 그리드를 기준으로 객체의 위치를 이동하겠습니다. 객체를 선택하고 리본 메뉴의 '이동'을 선택합니다. 하이라이트 된 객체의 X3a 그리드의 한 지점(A)을 선택하고 마우스를 수평 이동한 상태에서 현 프로젝트 내 건축 모델의 X3a 그리드의 한 지점(B)을 선택합니다.

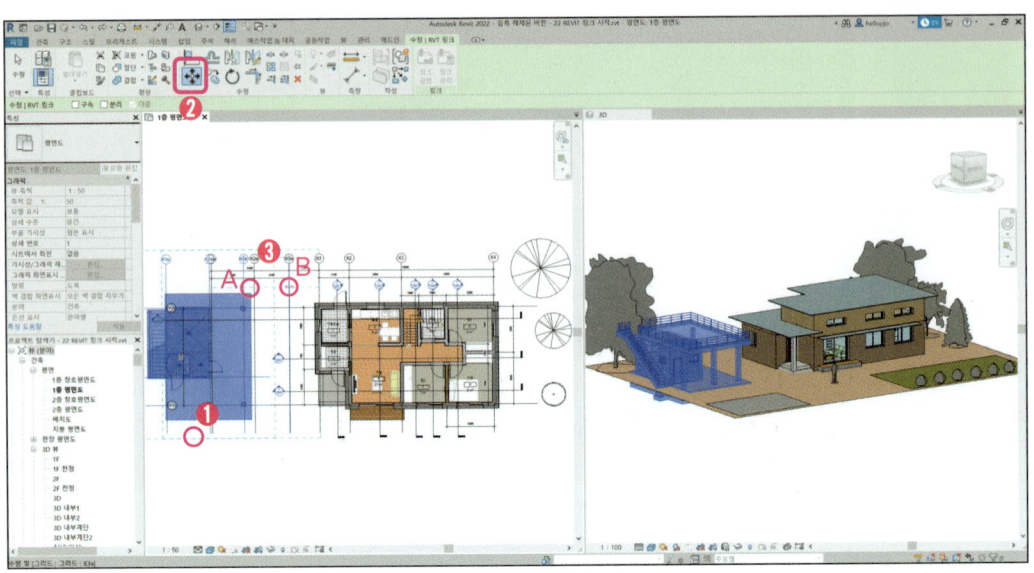

6. 링크된 Revit 파일이 올바른 위치로 이동된 것을 확인할 수 있습니다.

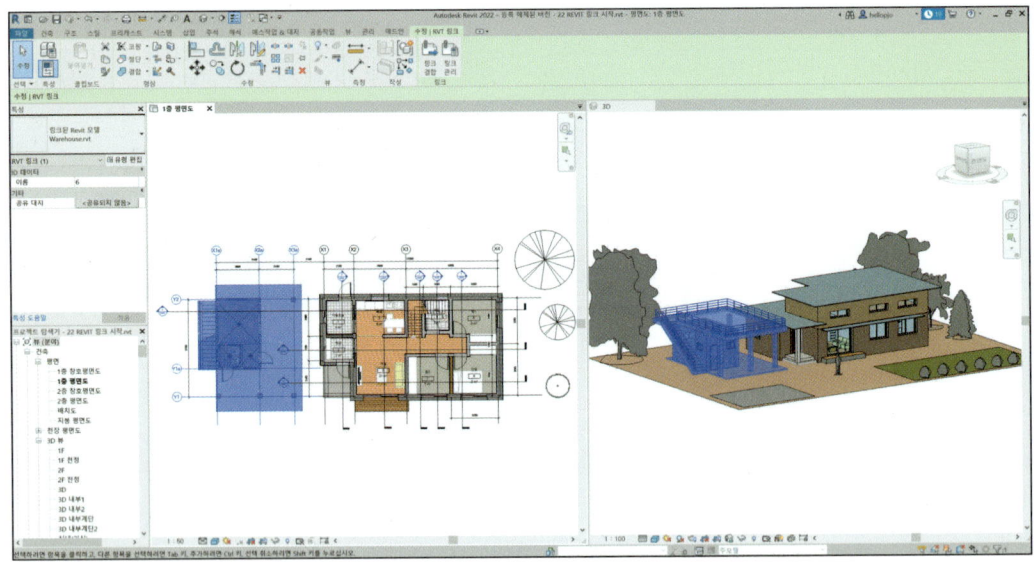

7. 리본 메뉴의 '관리' 탭에서 '링크 관리'를 선택합니다. '삽입' 탭에서 '링크 관리'를 선택해도 됩니다. Revit 탭에 'Warehouse.rvt' 파일이 링크된 정보를 확인할 수 있습니다.

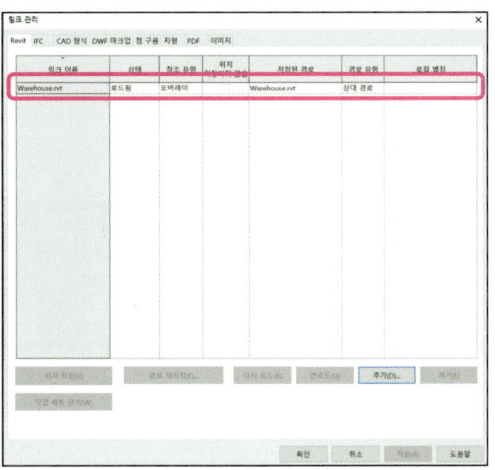

4.24. 조감도, 내부투시도 만들기

1. Sample 폴더에서 '23 조감도 시작.rvt' 파일을 엽니다. 1층 평면도 뷰를 활성화합니다. 리본 메뉴 '뷰' 탭에서 '3D' – '카메라'를 선택합니다.

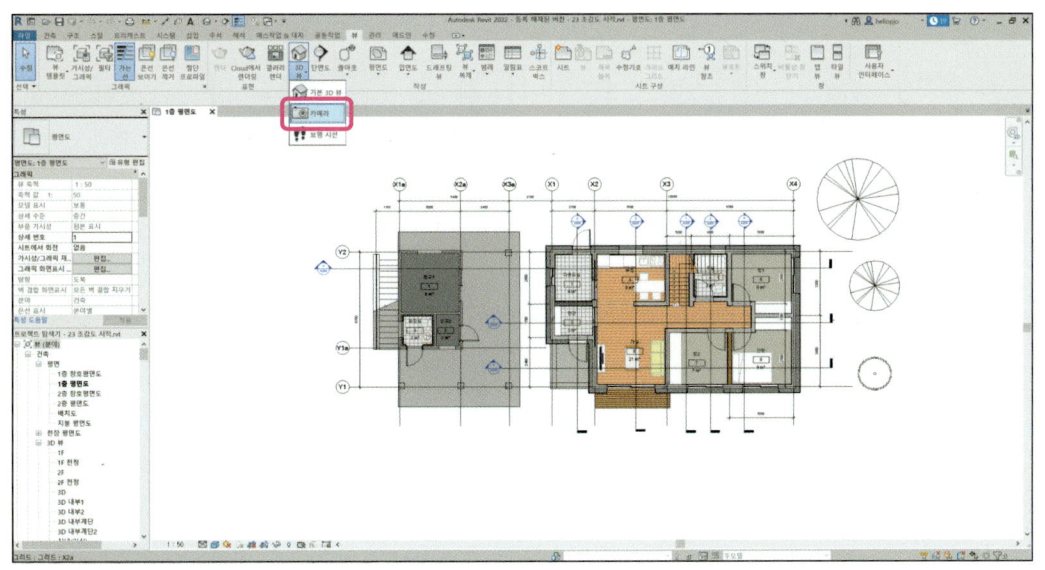

4 주택 만들기 실습

2. 카메라의 시작점(A)과 카메라의 렌즈가 향하는 목표점(B)을 선택하면 카메라 뷰가 생성됩니다.

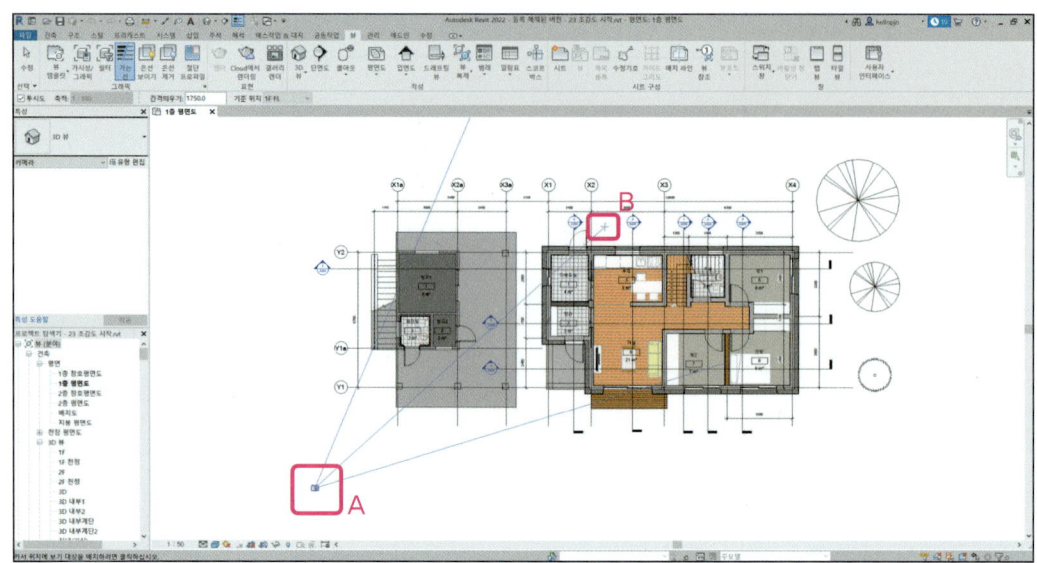

3. 카메라 뷰가 생성되었습니다.

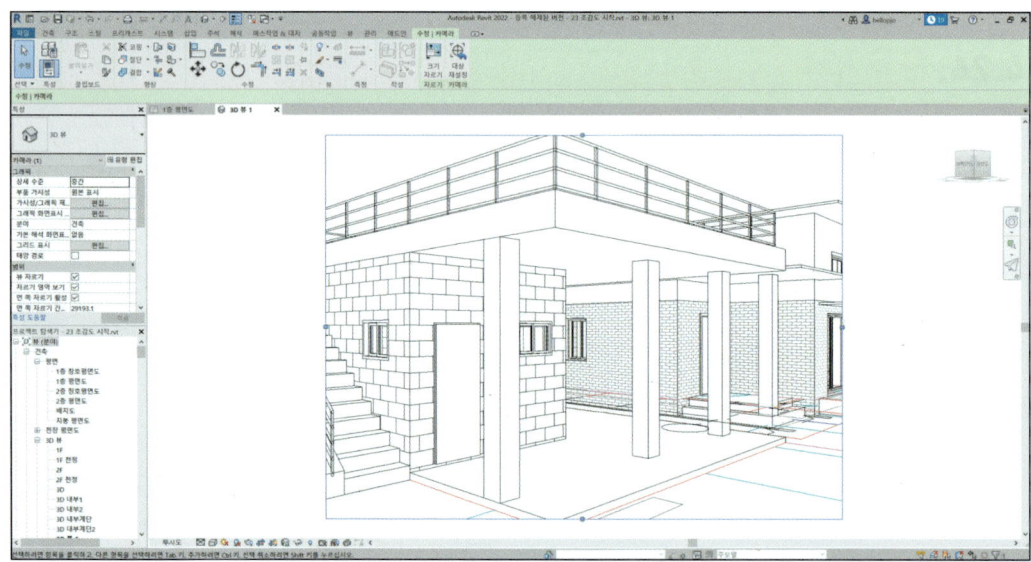

4. 하단의 뷰 조절막대에서 뷰 스타일을 '음영 처리'로 변경합니다. 카메라 뷰의 파란 테두리를 선택한 다음 드래그해 보이는 영역의 크기를 더 크게 조절합니다.

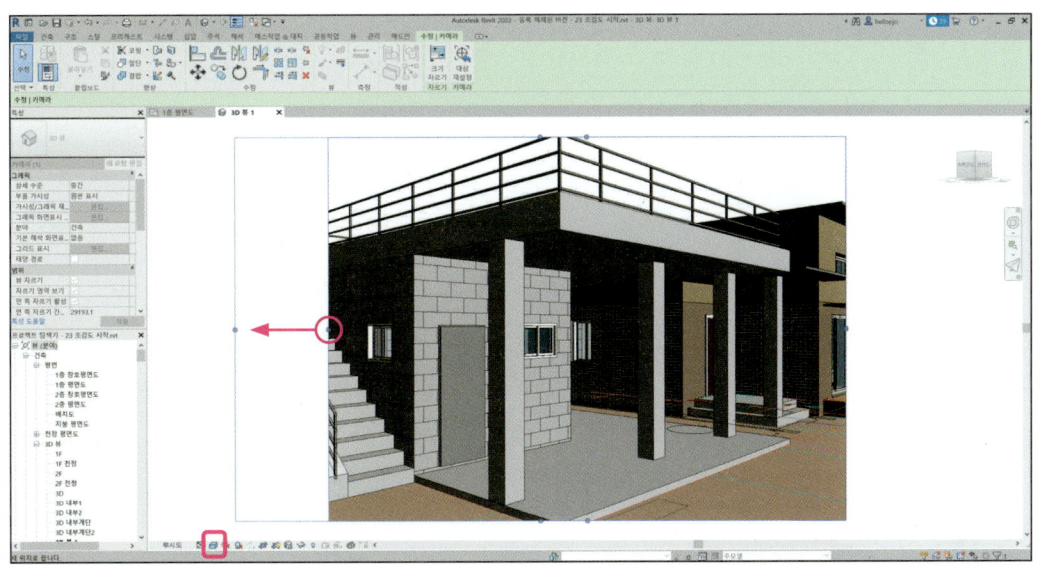

5. 키보드에 단축키 V V 를 입력해 가시성/그래픽 재지정을 엽니다. '가져온 카테고리' 탭에서 모든 요소를 체크 해제하고 '적용' 버튼을 누릅니다.

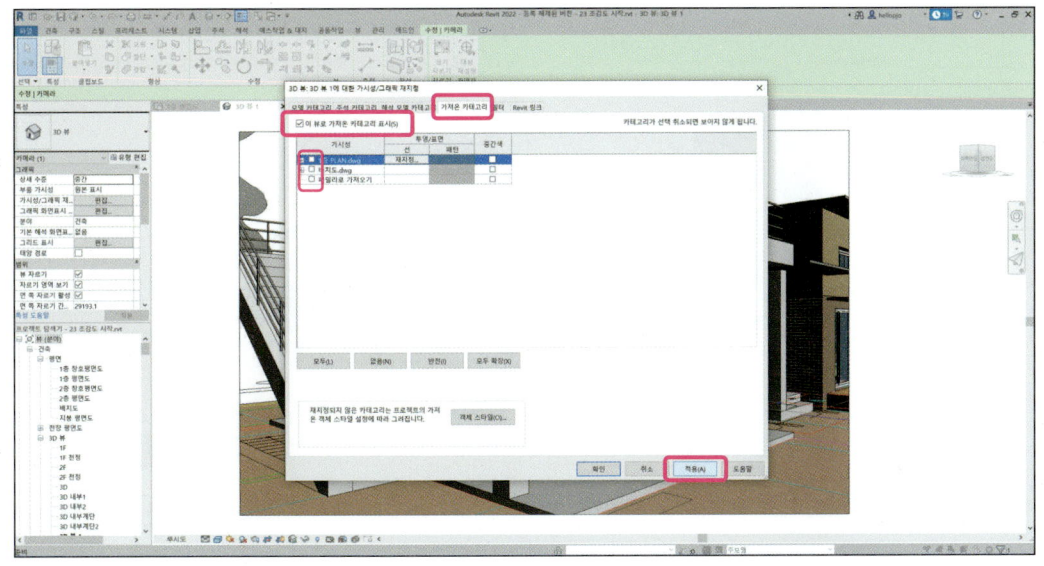

6. 뷰 조절막대의 '그림자' 아이콘, '뷰 자르기 영역 표시' 아이콘을 클릭해 그림자를 켜고, 뷰 자르기 영역 표시를 감추기 합니다. '3D 뷰 1'로 정의된 조감도가 완성되었습니다

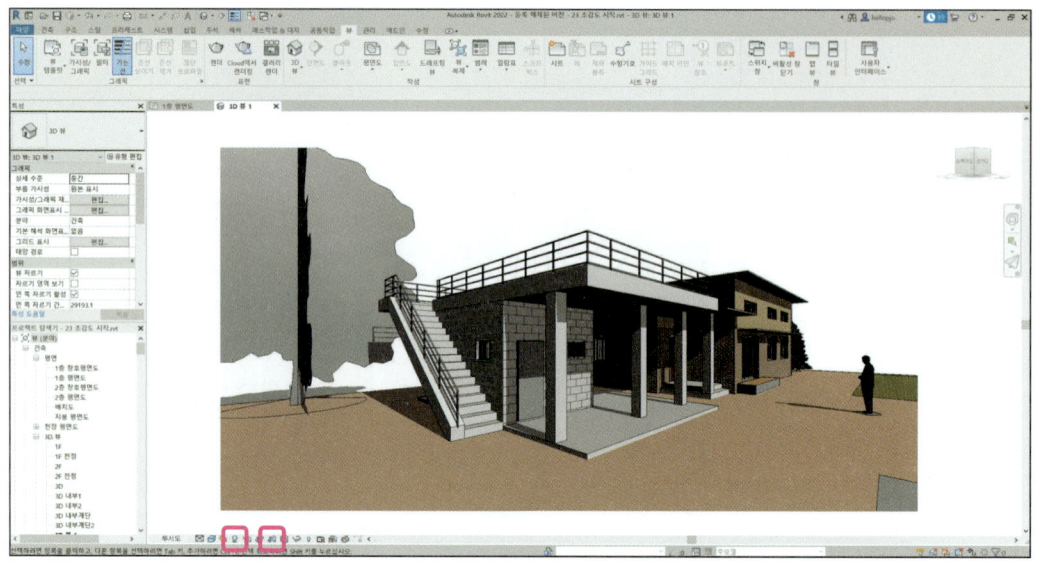

7. 뷰 조절막대에서 뷰 스타일을 '사실적'으로 바꾸면 렌더링 이미지와 유사한 결과를 얻을 수 있습니다.

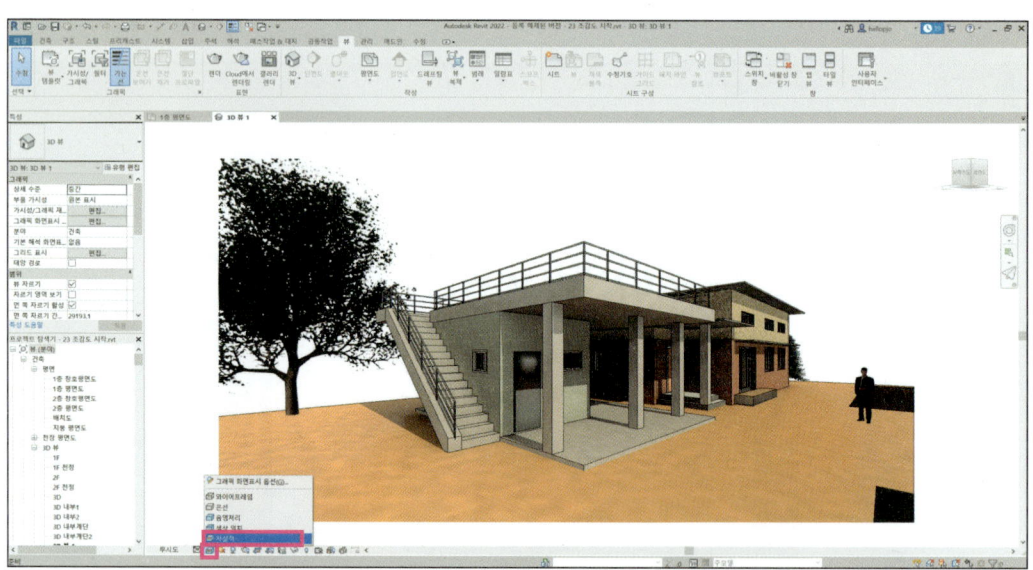

8. 같은 방식으로 '1층 평면도' 뷰에서 카메라의 위치(A)와 바라보는 지점(B)을 선택해 카메라를 건물의 내부에 생성합니다.

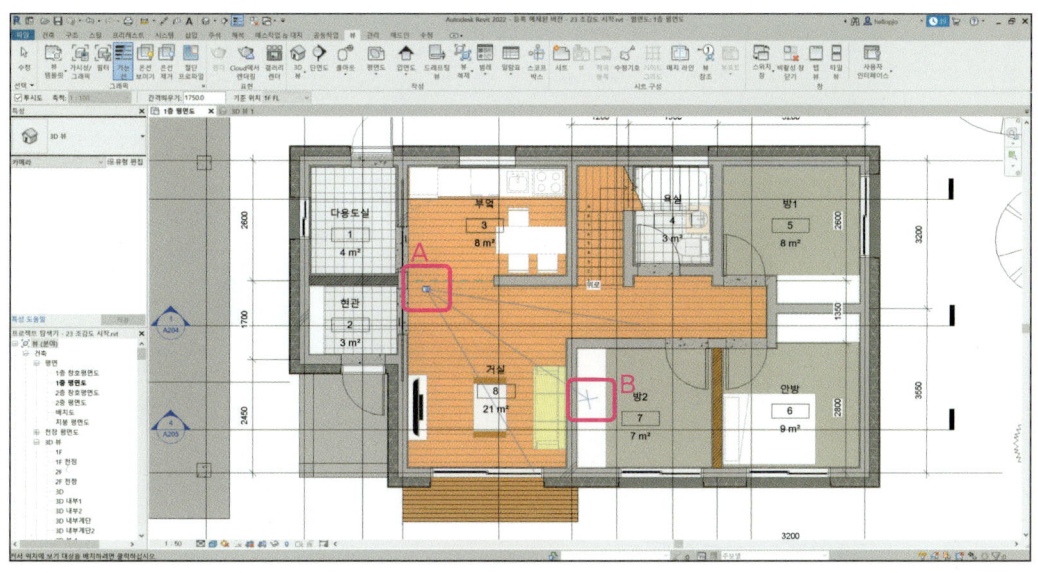

9. 뷰 스타일을 변경하고 가져온 카테고리의 DWG 파일을 숨기기 처리하면 '3D 뷰 2'로 명명된 실내 투시도 뷰가 완성됩니다.

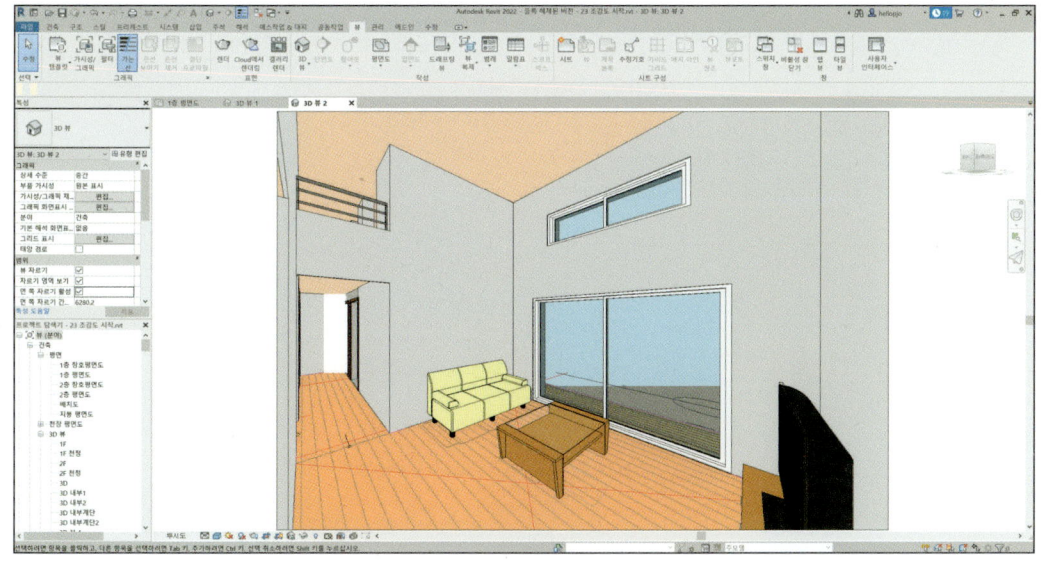

10. 만들어진 카메라 뷰의 특성 창에서 눈 높이, 대상 높이를 변경하고, ViewCube에서 뷰를 조절하면 조감도와 내부투시도의 바라보는 시점과 위치를 변경할 수 있습니다.

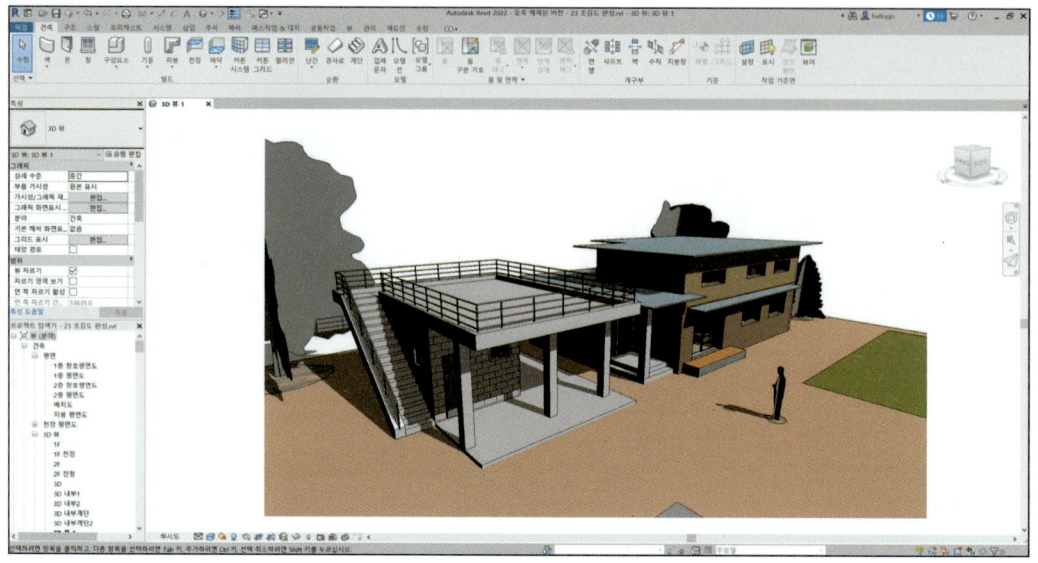

4.25. 도면 SHEET 작성

4.25.1. SHEET 생성

1. Sample 폴더에서 '24 SHEET 시작.rvt' 파일을 엽니다. 리본 메뉴 '뷰' 탭에서 '시트'를 선택합니다.

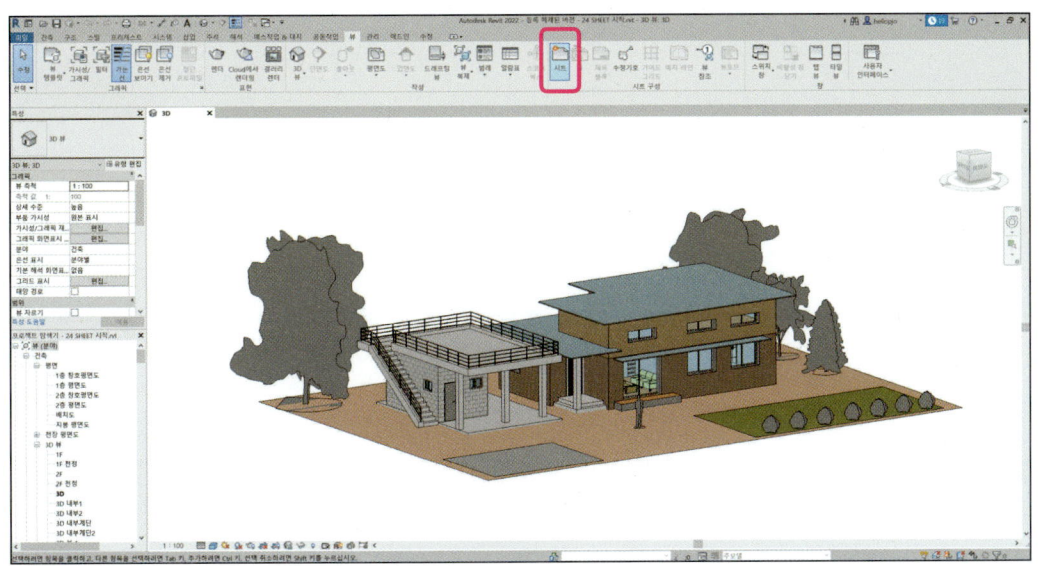

2. A1 미터법을 선택합니다. A1 미터법이 보이지 않는 경우 '로드' 버튼을 눌러 A1 미터법 시트의 패밀리 파일을 로드합니다. '확인'을 눌러 시트를 생성합니다.

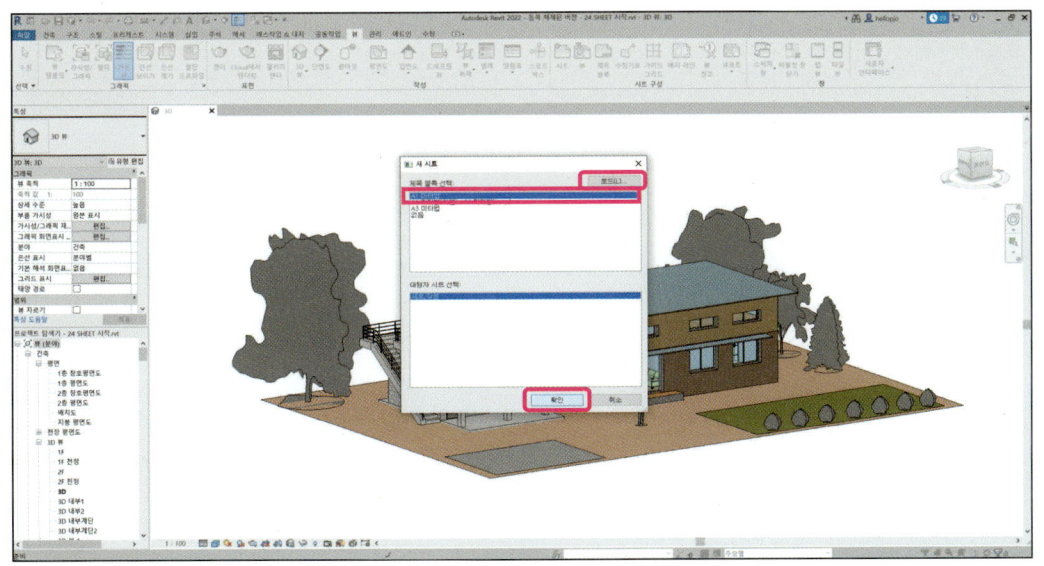

3. A1 미터법 시트가 생성되었습니다.

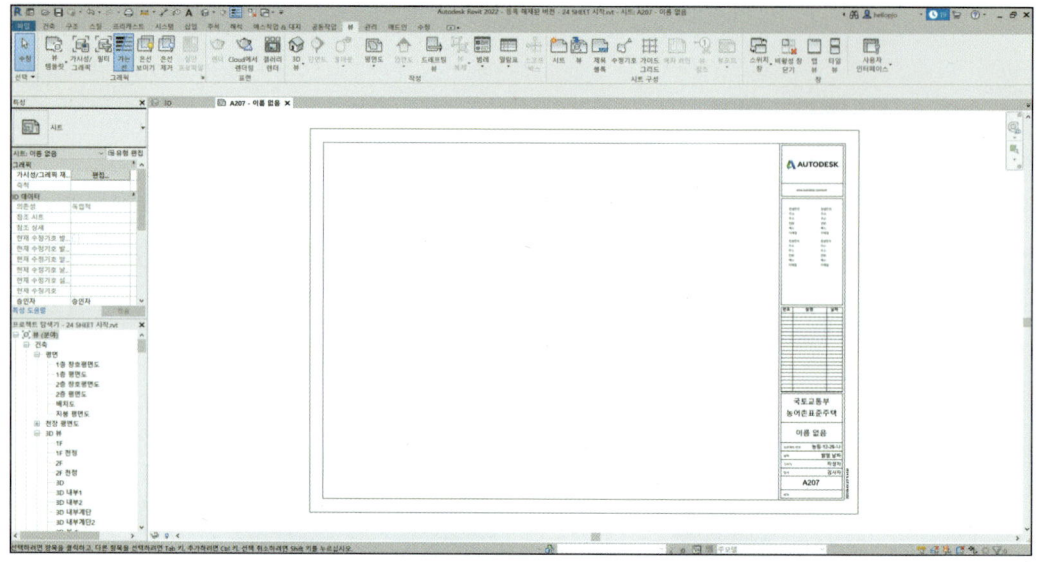

4. 리본 메뉴 '관리' 탭에서 '프로젝트 정보'를 선택합니다.

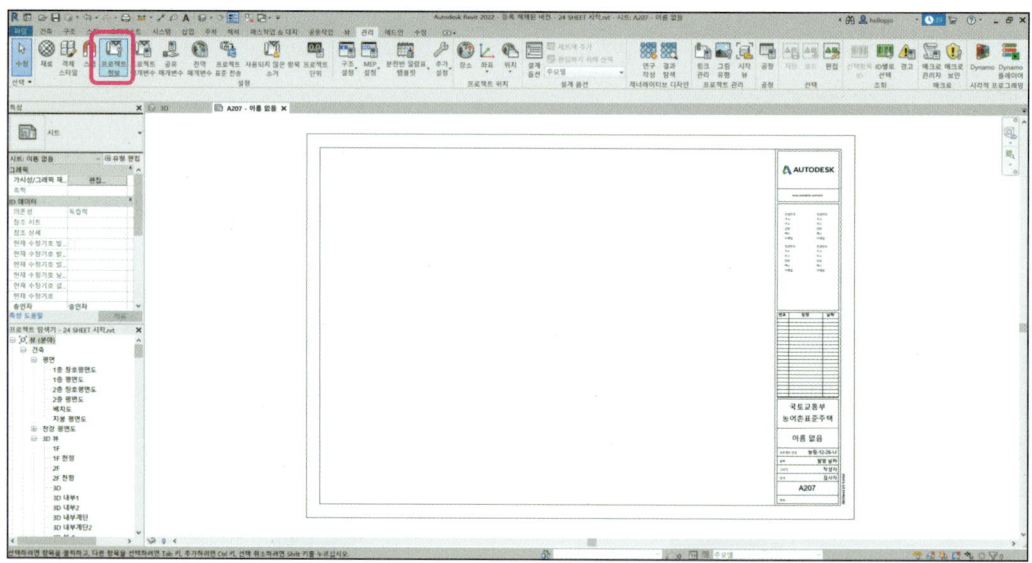

5. 프로젝트 정보에 입력된 정보들이 생성된 SHEET에 표기된 것을 확인할 수 있습니다. 프로젝트 정보에 입력된 값을 변경할 경우 SHEET에도 자동 적용됩니다.

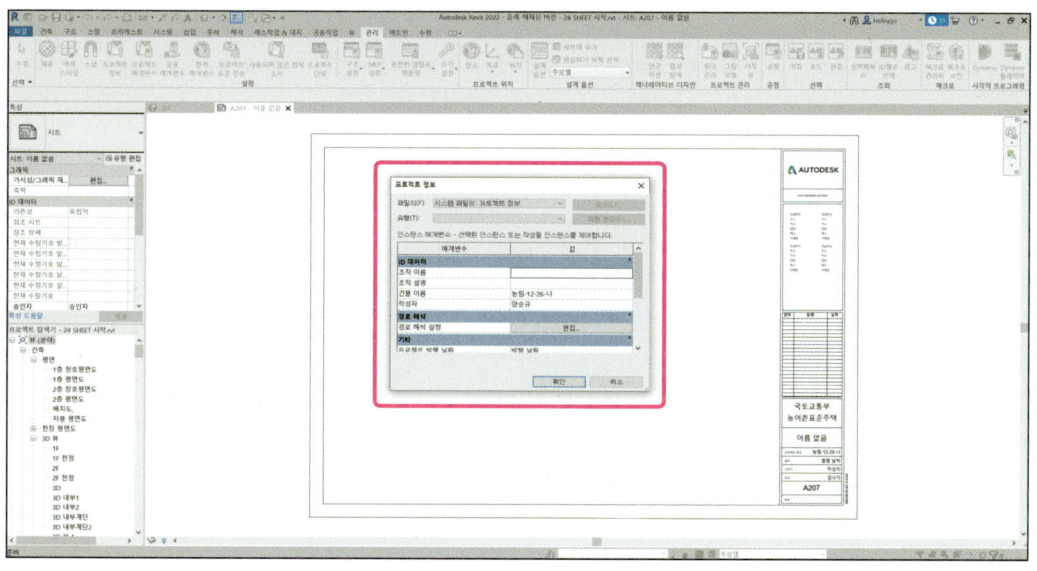

6. 프로젝트 탐색기에서 시트 항목에서 생성된 시트를 선택하고 마우스 우클릭해 '이름 바꾸기'를 선택합니다.

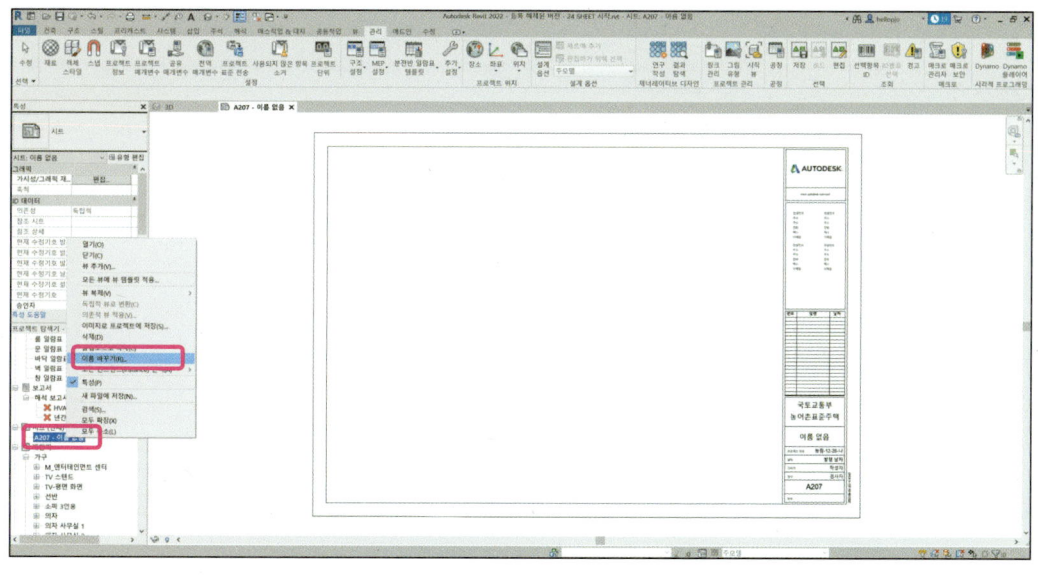

4 주택 만들기 실습 **427**

7. 시트 제목 창에서 생성된 시트의 이름을 변경할 수 있습니다. 시트번호 A101, 이름은 조감도로 변경합니다.

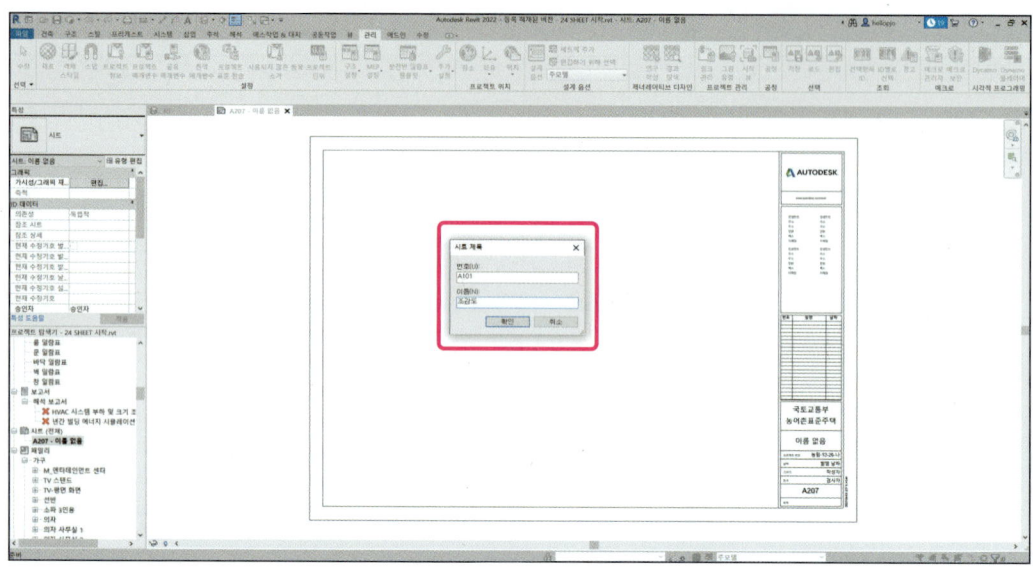

8. 프로젝트 탐색기에서 시트를 선택하고 마우스 우클릭해 '뷰 추가'를 선택합니다.

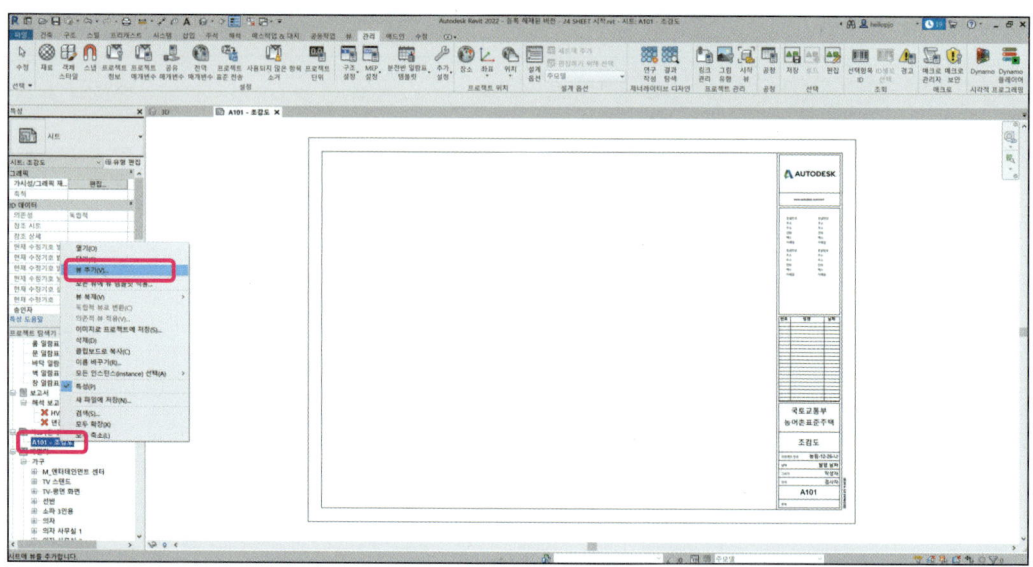

9. '3D 뷰 : 조감도'를 선택하고 '시트에 뷰 추가'를 선택합니다.

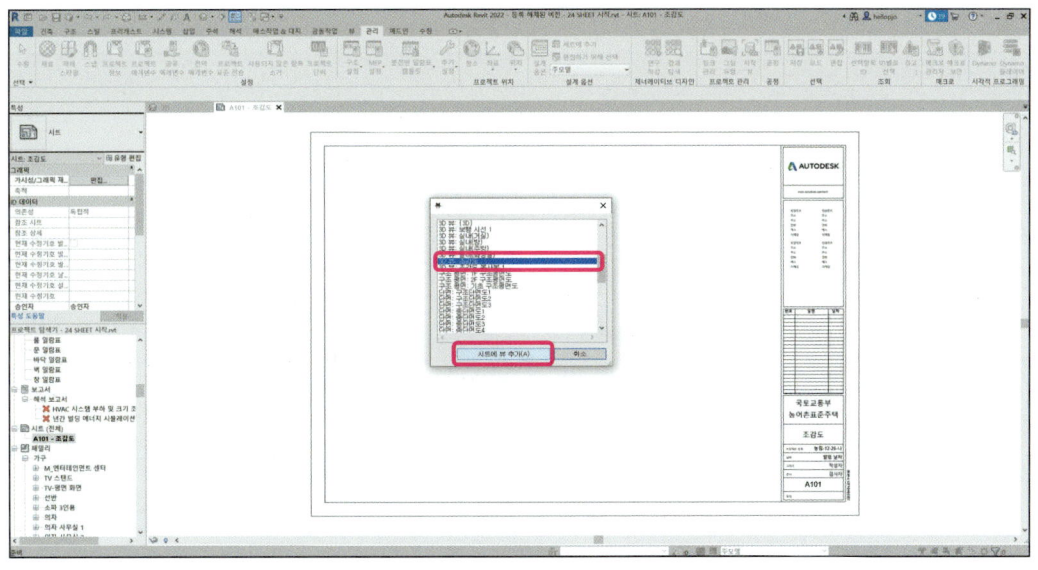

10. '3D 뷰 : 조감도'를 마우스를 이동해 시트의 내부에 위치시키고 마우스를 클릭해 배치되는 위치를 확정합니다.

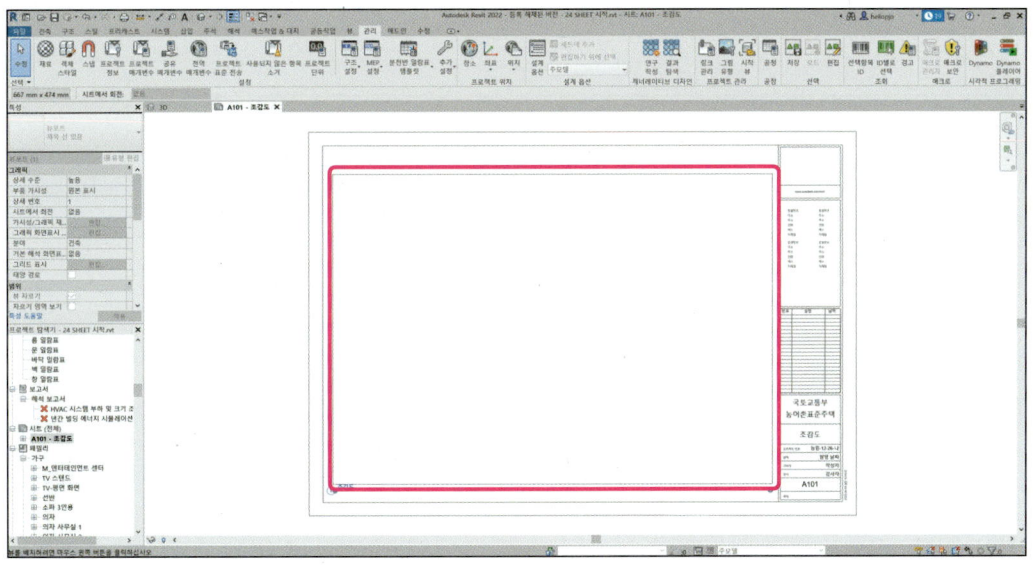

11. 시트 내에 선택한 뷰가 배치되었습니다. 뷰를 선택하고 특성 창에서 '제목 선 없음'을 선택하면 뷰의 제목이 가려집니다.

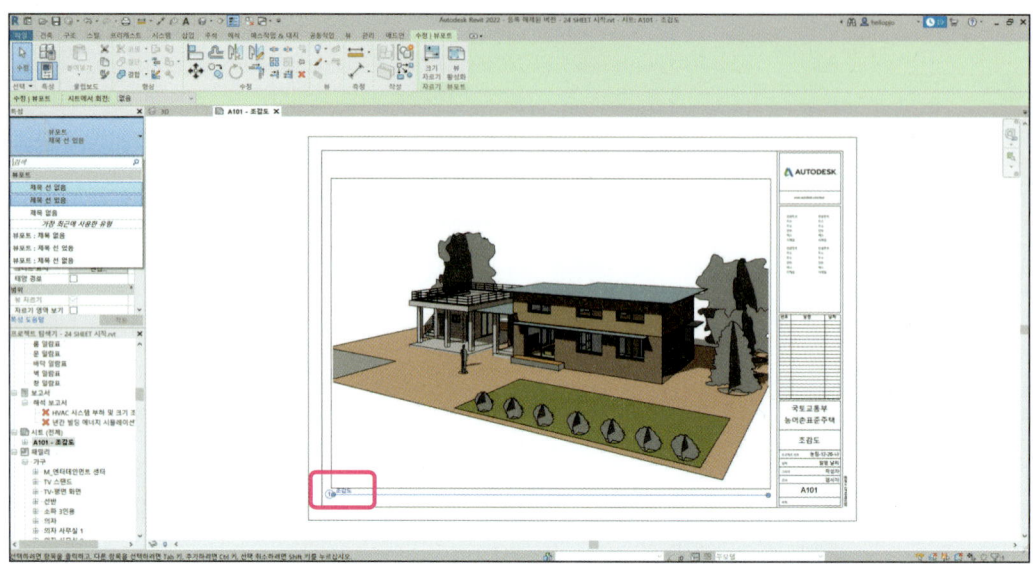

12. 같은 방식으로 새로운 시트를 만들어 '1층 평면도' 뷰를 추가합니다. 3D 뷰와 다르게 2D 뷰는 뷰의 SCALE에 따라 도면의 크기가 달라집니다. 1층 평면도의 경우 1:50의 SCALE의 경우가 시트에 적정하게 배치됩니다.

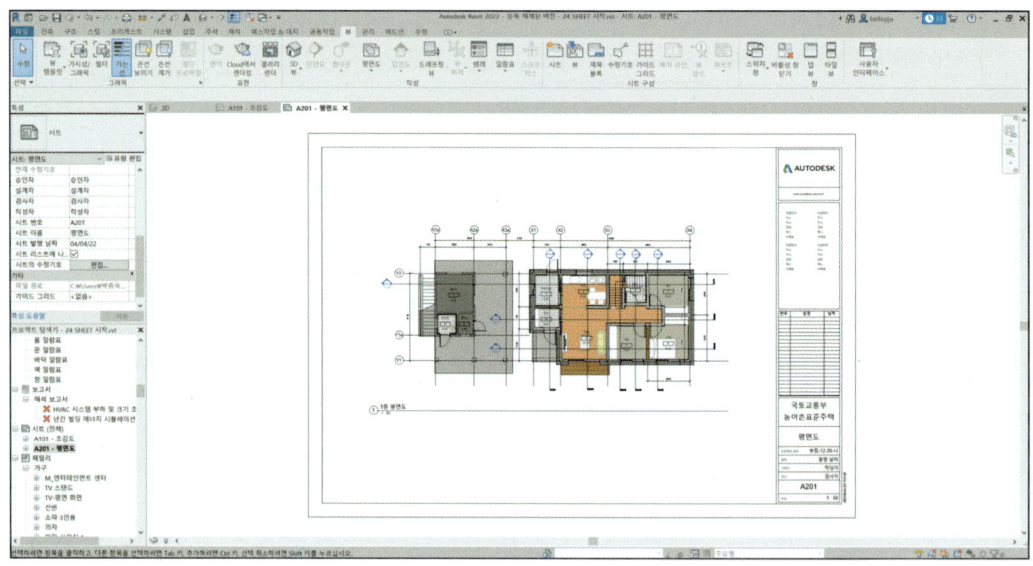

13. 1층 평면도 뷰를 열어 SCALE을 보면 1:50으로 되어 있습니다.

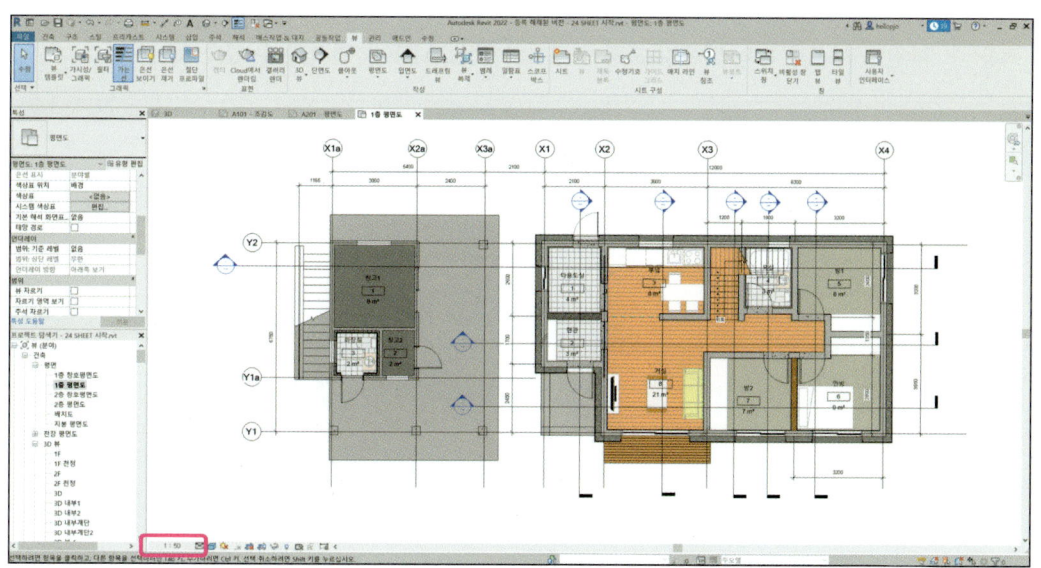

14. 뷰 스타일 창에서 SCALE을 1:100으로 변경해 보겠습니다.

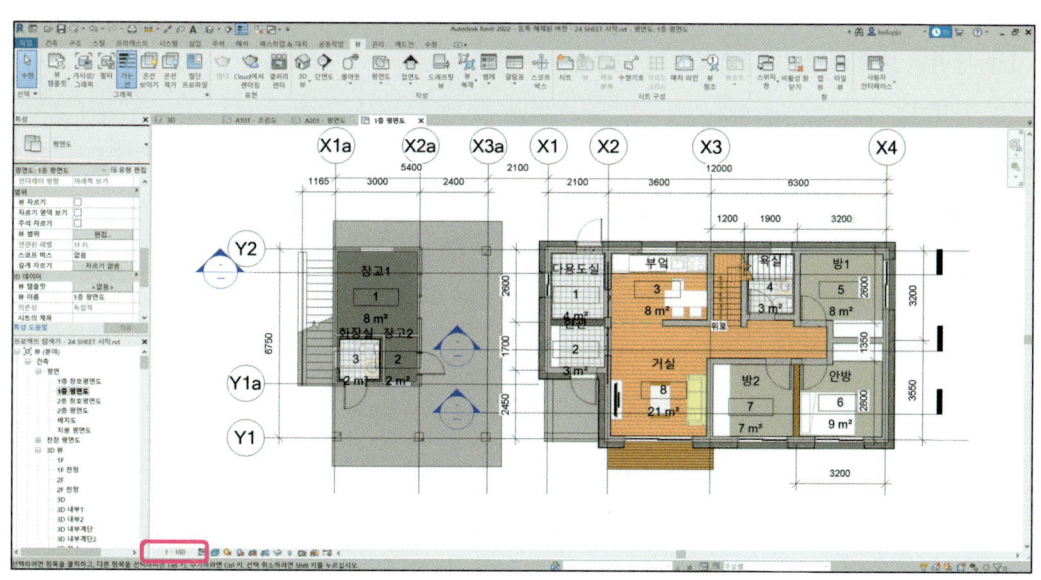

15. 만약, SCALE이 변경되지 않을 때는 뷰 템플릿이 적용되어 지정된 템플릿에서 정의한 SCALE 값이 고정되었기 때문입니다. 뷰의 특성에서 뷰 템필릿을 선택하고 '뷰 템플릿 지정' 창에서 <없음>을 선택하고 '적용' – '확인'을 누르면 뷰의 템플릿 지정이 해제되어 SCALE을 변경할 수 있습니다.

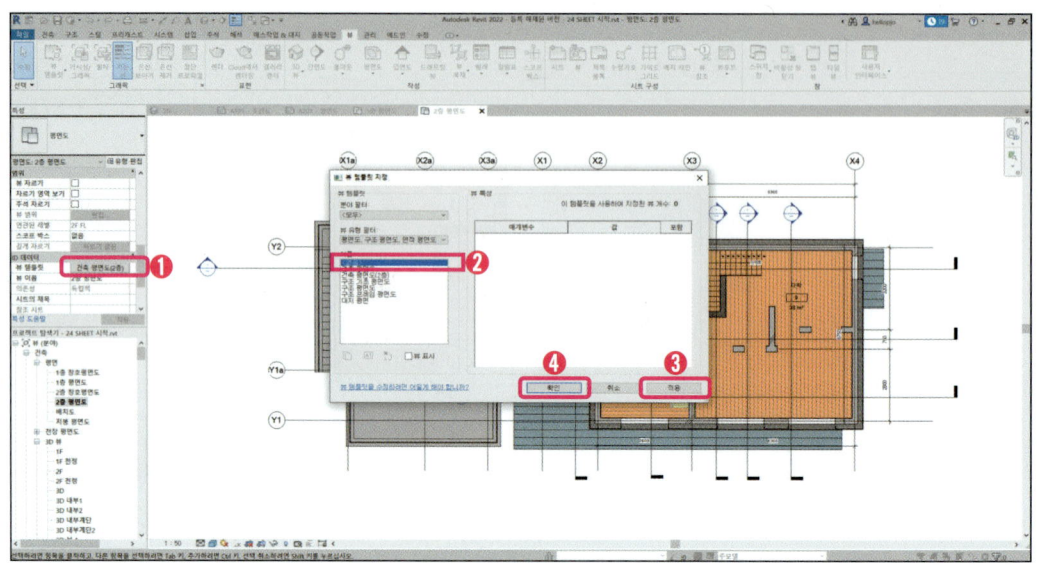

16. 1층 평면도 뷰의 스케일이 1:100으로 변경되면 시트에서 배치된 도면의 크기가 1/2로 줄어든 것을 확인할 수 있습니다.

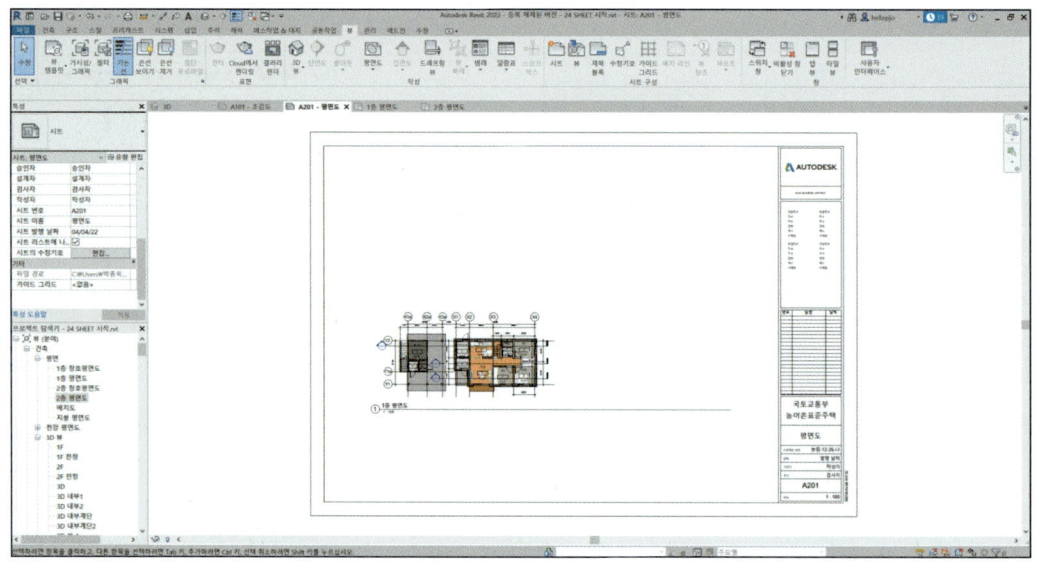

같은 방식으로 나머지 시트도 완성합니다. 시트에는 뷰뿐만 아니라 일람표도 추가할 수 있습니다.

4.25.2. SHEET 완성

완성된 파일은 Sample 폴더 내부의 '24 SHEET 완성.rvt' 파일을 참조합니다.

■ 조감도

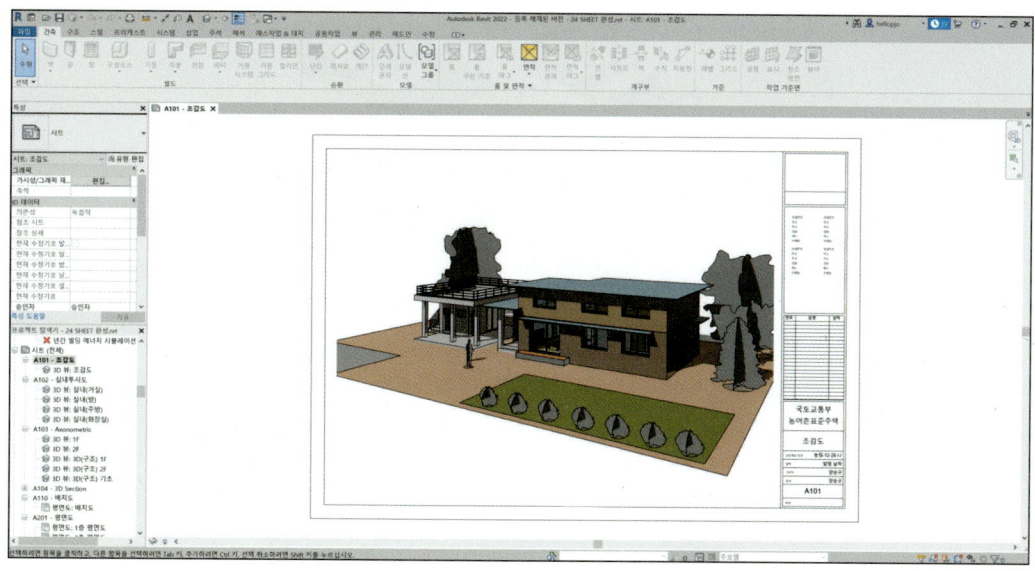

■ 실내투시도

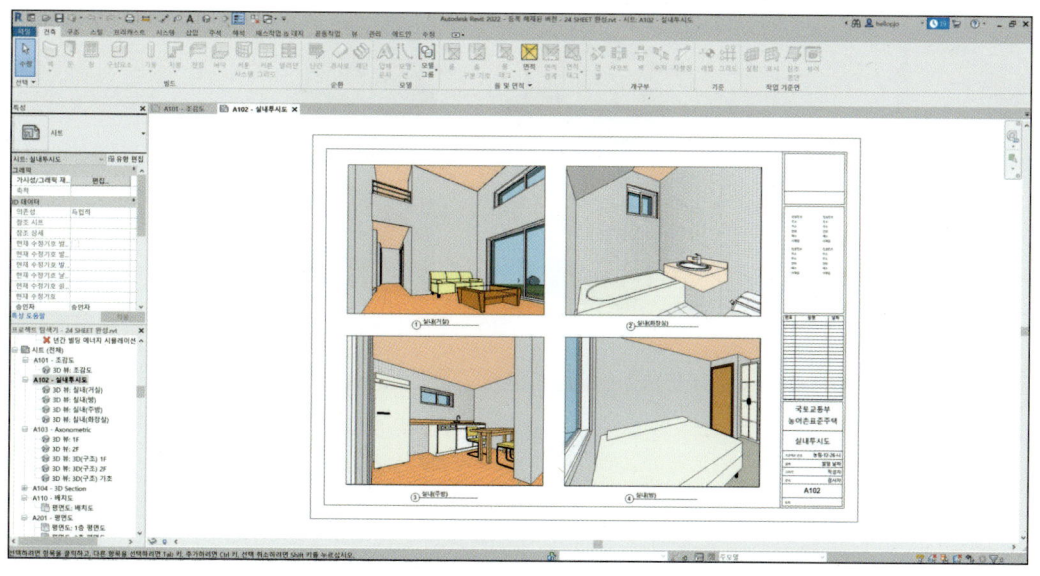

■ Axonometric

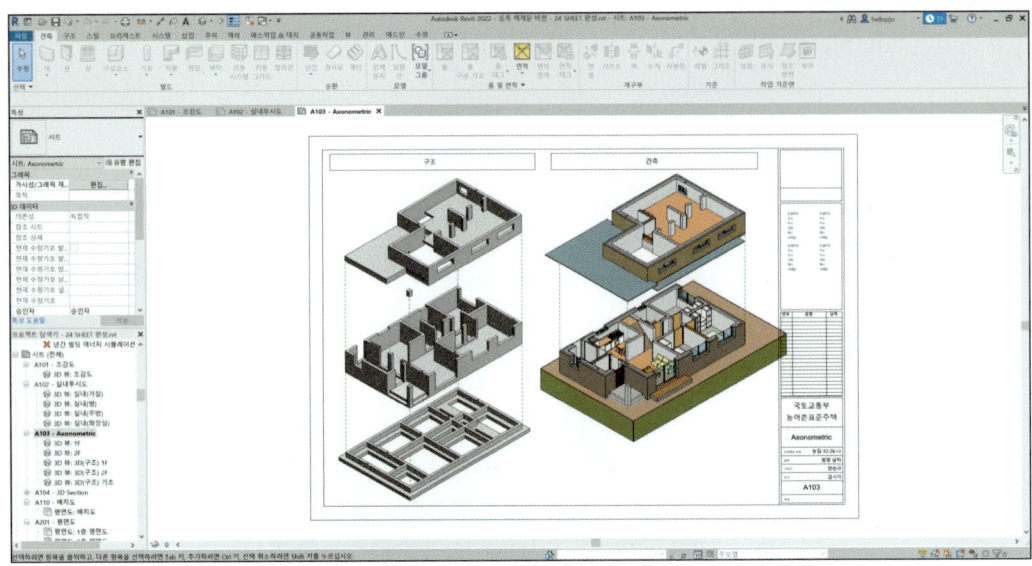

■ 3D Section

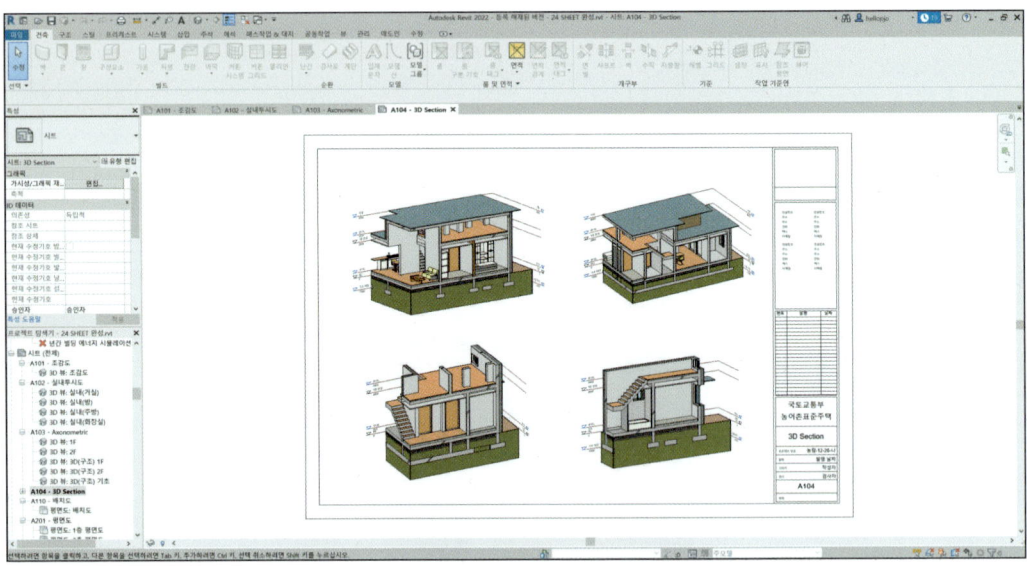

■ 배치도

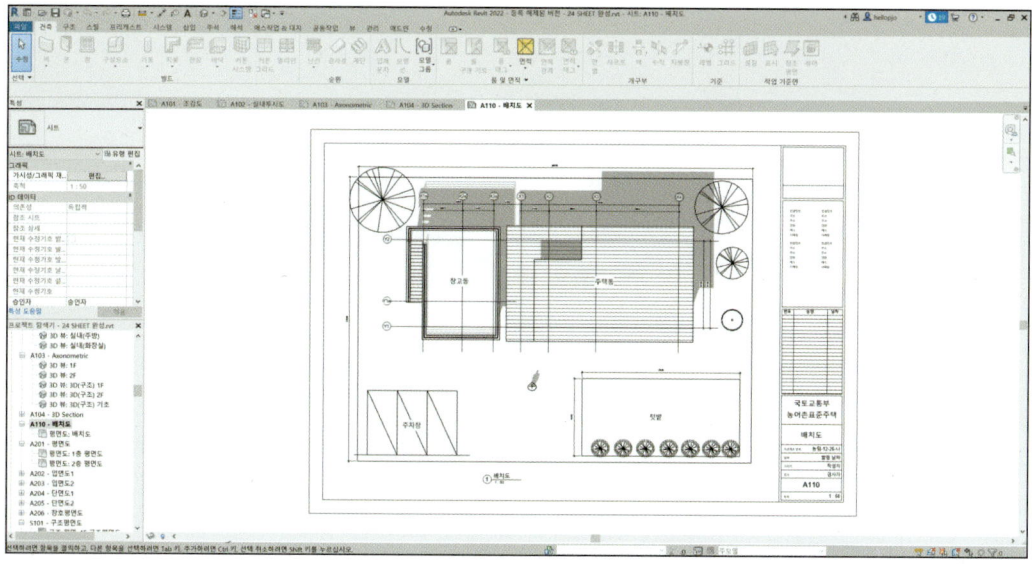

■ 평면도

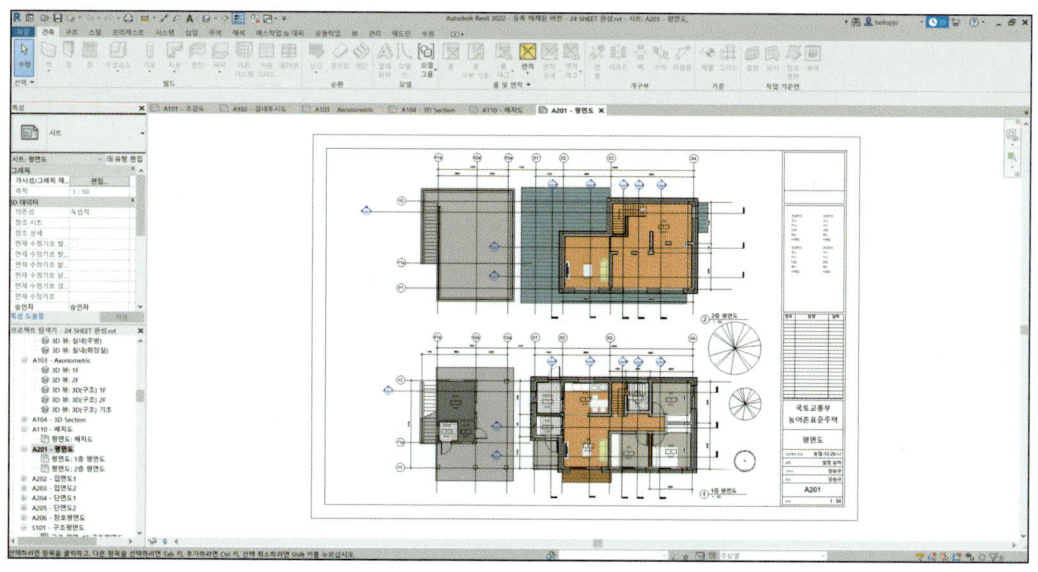

■ 입면도

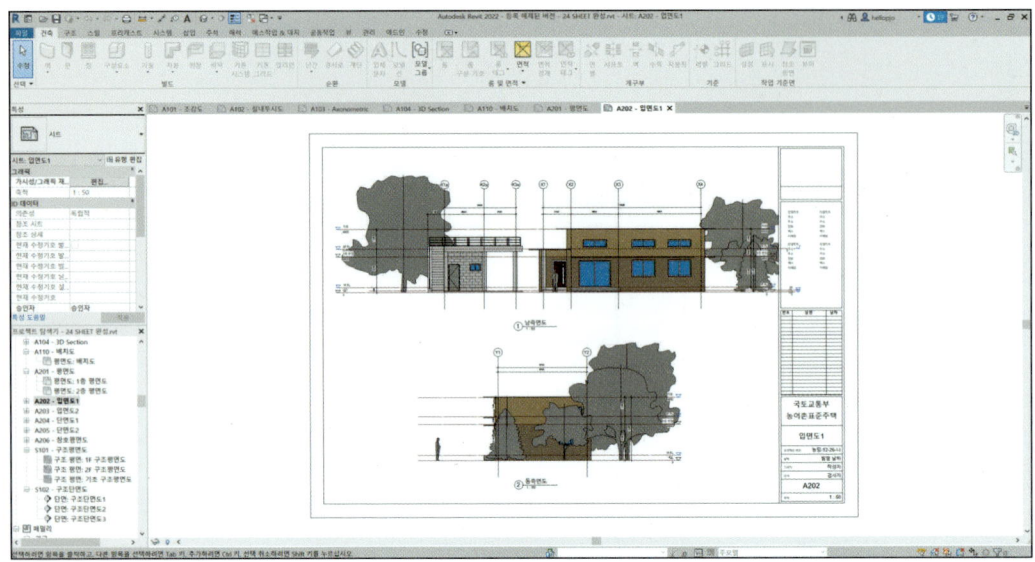

■ 단면도

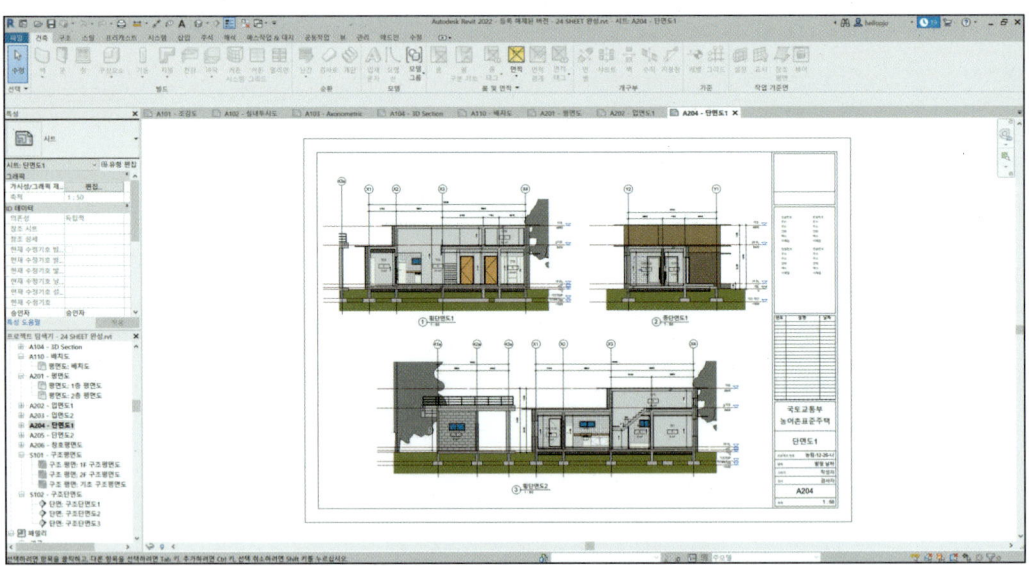

■ 창호평면도

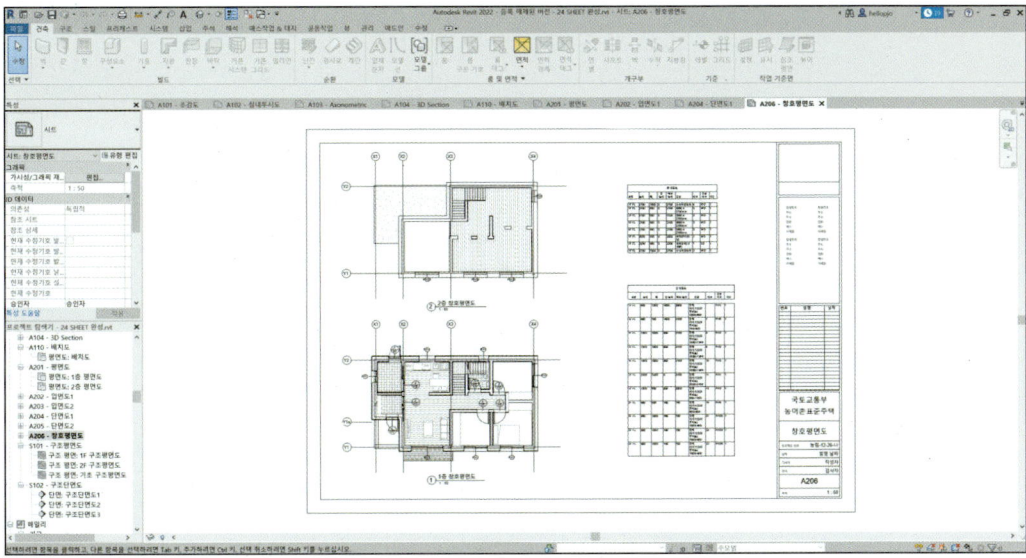

■ 구조평면도

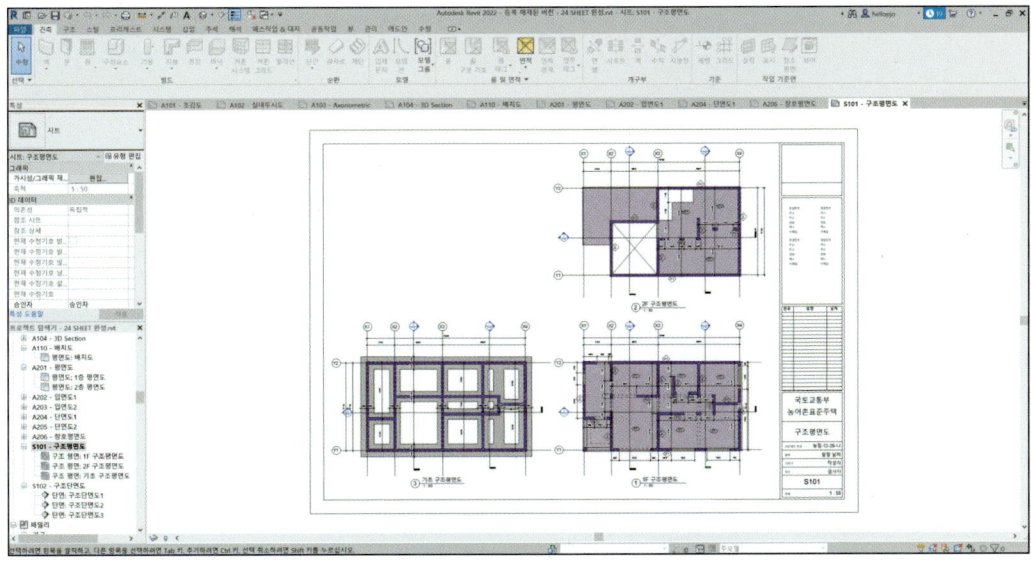

■ 구조단면도

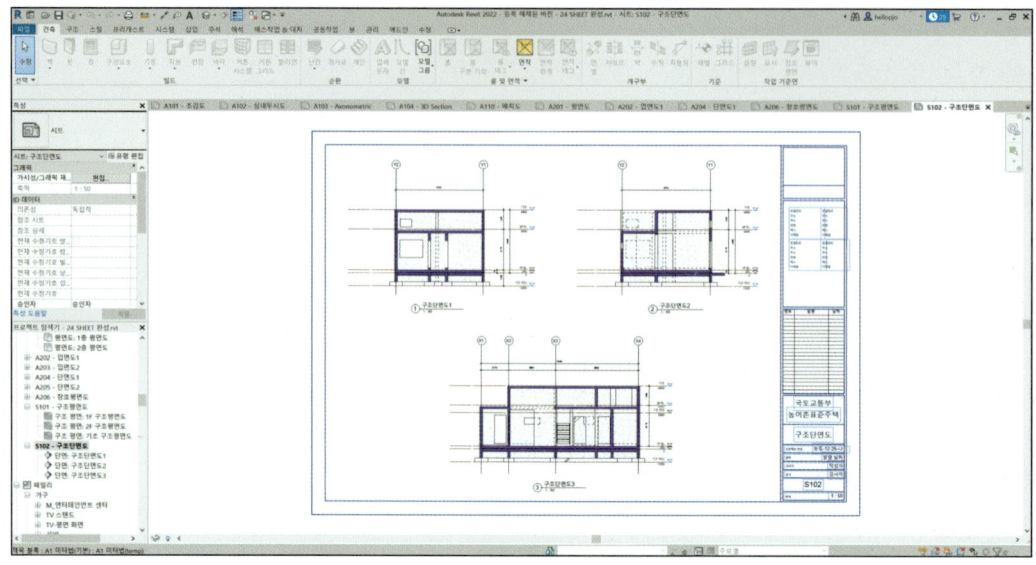

건축 BIM 입문 REVIT 가이드북

5

부록

5.1. 웹 뷰어
5.2. BIM운용전문가 자격시험
5.3. BIM 활용 사례

PC에 프로그램을 설치하지 않고 BIM 파일을 볼 수 있는 웹 뷰어를 소개합니다. 앞서 실습한 주택만들기 완성 파일을 이용하여 웹 뷰어 사용법을 실습합니다. 집이나 사무실에서 만든 BIM 파일을 장소에 구애받지 않고 열어 볼 수 있는 새로운 경험을 체험해 보세요. BIM 자격시험에 대한 소개를 다룹니다. BIM 전문가로 인정받을 수 있는 자격증에도 도전해보세요.

5 부록

5.1 웹 뷰어

웹 뷰어는 Revit 파일과 같은 BIM 또는 CAD 파일을 웹의 저장공간에 저장해 Revit이나 관련 프로그램이 PC에 설치되어 있지 않은 환경에서도 파일을 조회할 수 있는 도구입니다. 대부분의 웹 뷰어에서는 대용량의 파일도 경량화해 처리되므로 프로젝트에 참여하는 다른 관계자와의 협업 용도나 프레젠테이션을 위한 기능으로 활용할 수 있습니다.

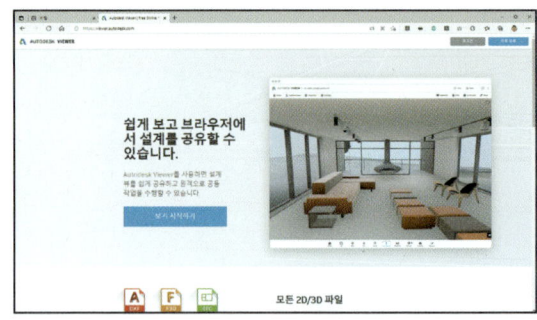

▲ 웹뷰어

5.1.1. AUTODESK 뷰어

Autodesk 뷰어는 DWG, STEP, DWF, RVT 및 SolidWorks를 포함해 대부분의 2D 및 3D 파일을 지원하며 모든 장치에서 80개가 넘는 파일 형식을 사용할 수 있습니다. Autodesk Viewer의 주석 및 도면 도구를 사용하여 필요한 피드백을 얻을 수 있으므로 온라인 공동 작업이 용이합니다.

▣ 뷰어 종류

- AUTODESK DRIVE https://drive.autodesk.com/
- AUTODESK VIEWER https://viewer.autodesk.com/

■ 지원되는 파일 형식

3DM	DWT	MAX	SKP
3DS	DXF	MODEL	SLDASM
A	EMODEL	MPF	SLDPRT
ASM	EXP	MSR	SMB
AXM	F3D	NEU	SMT
BRD	FBRD	NWC	STE
CATPART	FBX	NWD	STEP
CATPRODUCT	FSCH	OBJ	STL
CGR	G	OSB	STLA
COLLABORATION	GBXML	PAR	STLB
DAE	GLB	PMLPRJ	STP
DDX	GLTF	PMLPRJZ	STPZ
DDZ	IAM	PRT	VPB
DGK	IDW	PSM	VUE
DGN	IFC	PSMODEL	WIRE
DLV3	IGE	RVM	X_B
DMT	IGES	RVT **	X_T
DWF	IGS	SAB	XAS
DWFX	IPT	SAT	XPR
DWG *	IWM	SCH	
	JT	SESSION	

* Object Enabler 보기는 AutoCAD Architecture, AutoCAD Plant 3D, AutoCAD Civil 3D에서만 지원됩니다.

** Revit version 2015 이상의 파일입니다.

◼ **호환 제품**
- AutoCAD
- 3ds Max
- Fusion 360
- Revit
- InfraWorks
- BIM 360
- Civil 3D
- Maya(FBX 내보내기를 통해)
- Formit
- Inventor
- Navisworks
- Netfabb
- Character Generator
- Eagle
- Tinkercad

◼ **주요 기능**
- 온라인에서 2D 및 3D 파일 조회
- 거리 측정
- 마크업 표기
- 파일 공유

5.1.2. 파일 올리기

1. 웹 브라우저에서 AUTODESK DRIVE에 접속합니다.

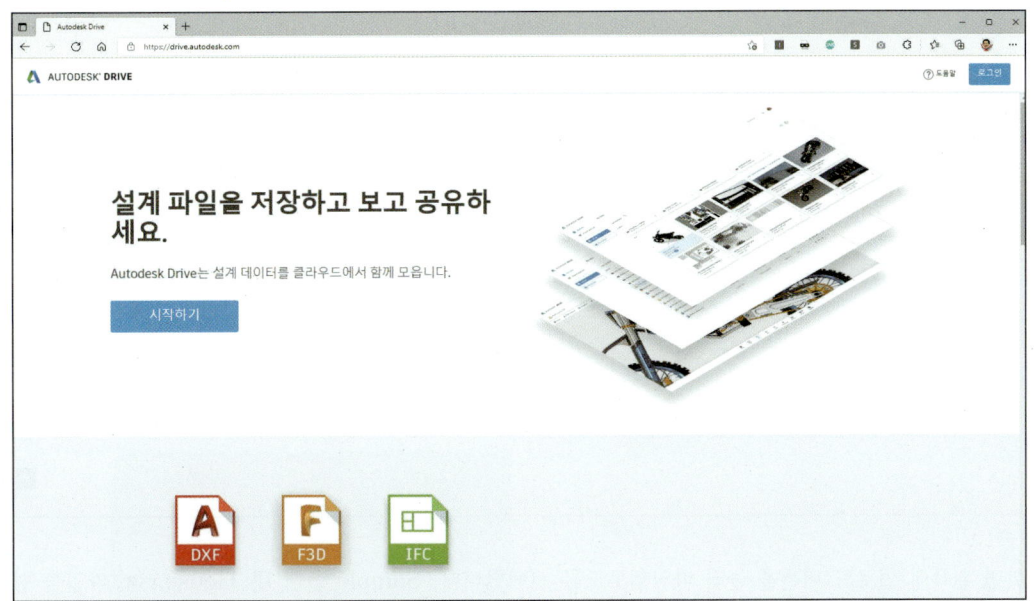

2. 로그인 버튼을 눌러 계정 정보를 입력합니다.

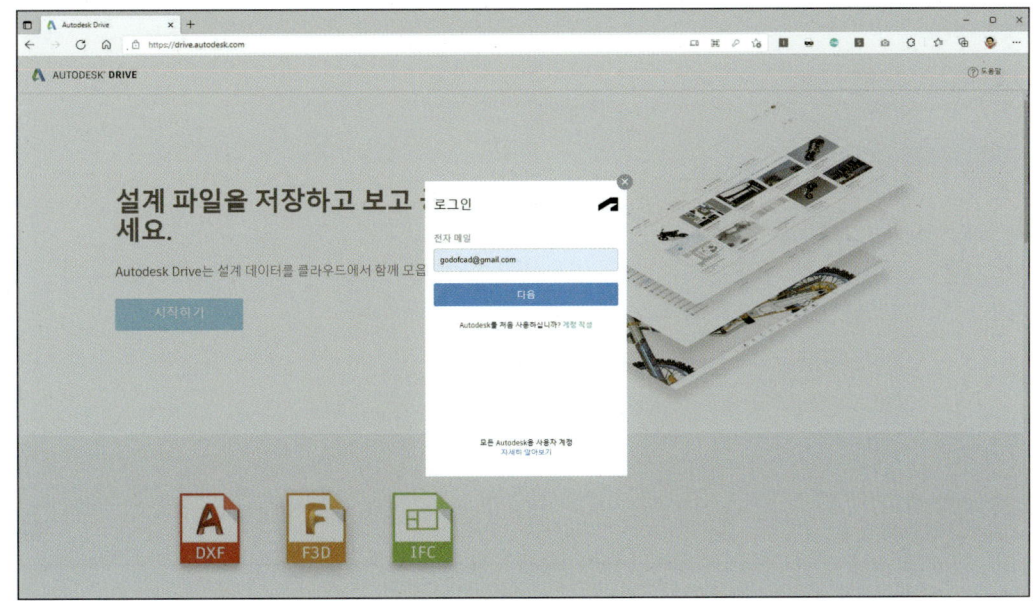

3. 로그인을 완료하면 내 데이터 정보가 표기됩니다.

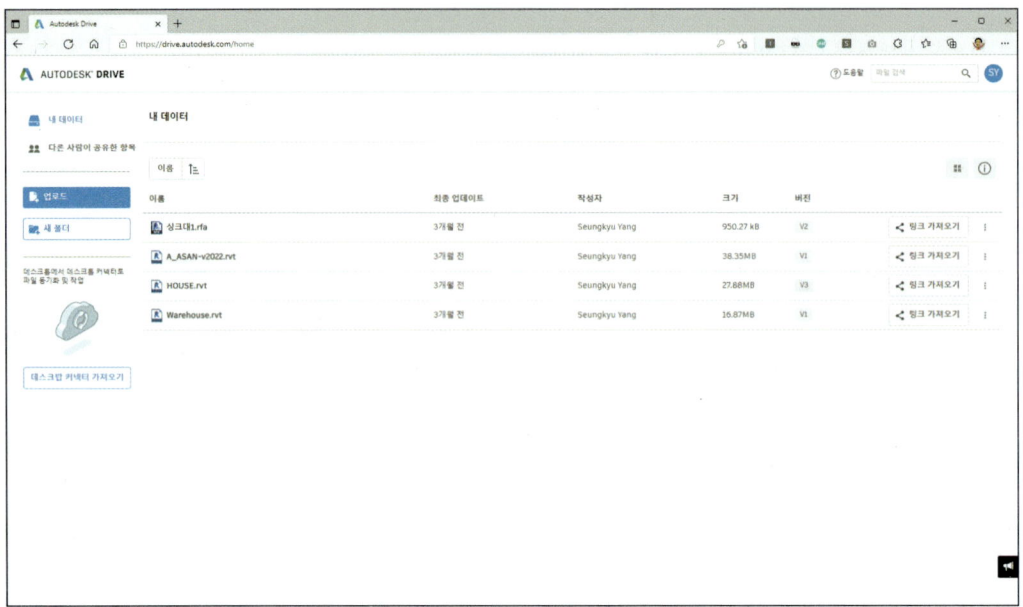

4. 화면 왼쪽의 업로드 버튼을 눌러 파일업로드를 선택합니다. Sample 폴더 내 'House.rvt' 파일을 선택해 업로드합니다.

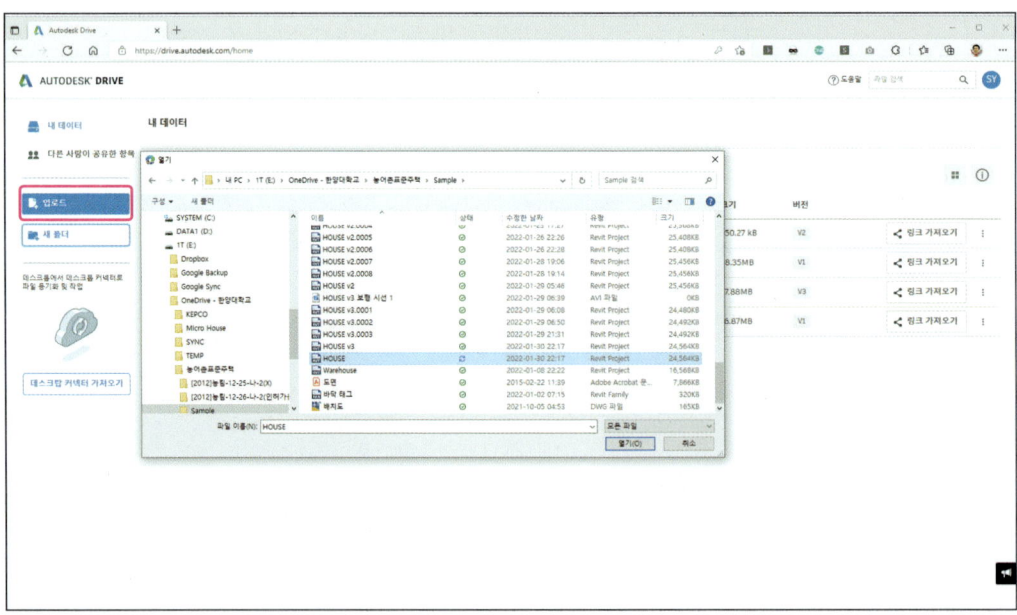

5. 업로드가 완료되면 내 데이터 목록에 파일명이 나타납니다.

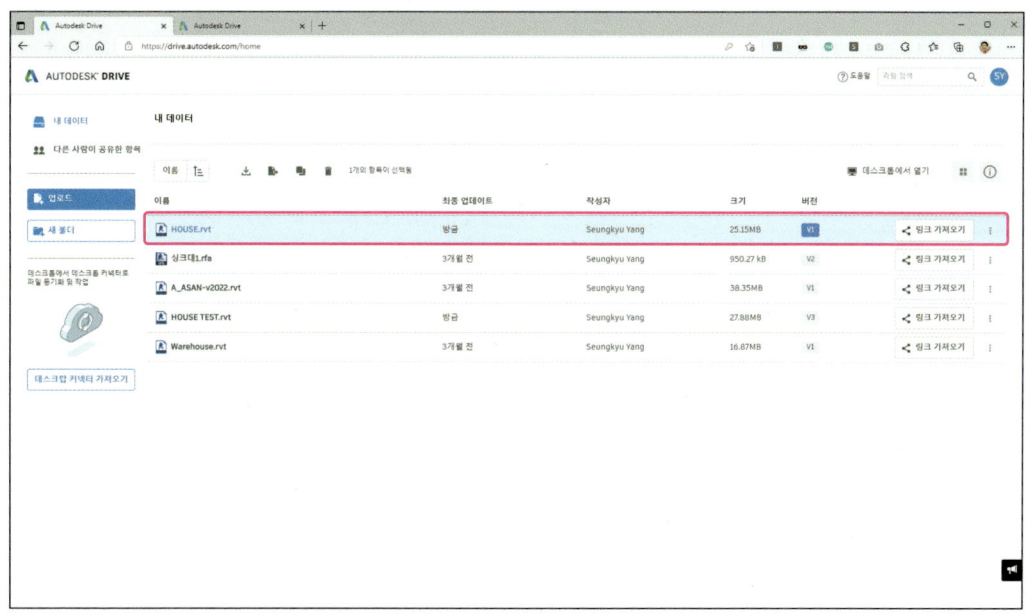

6. 내 데이터 목록에서 파일명을 더블클릭하여 파일을 엽니다.

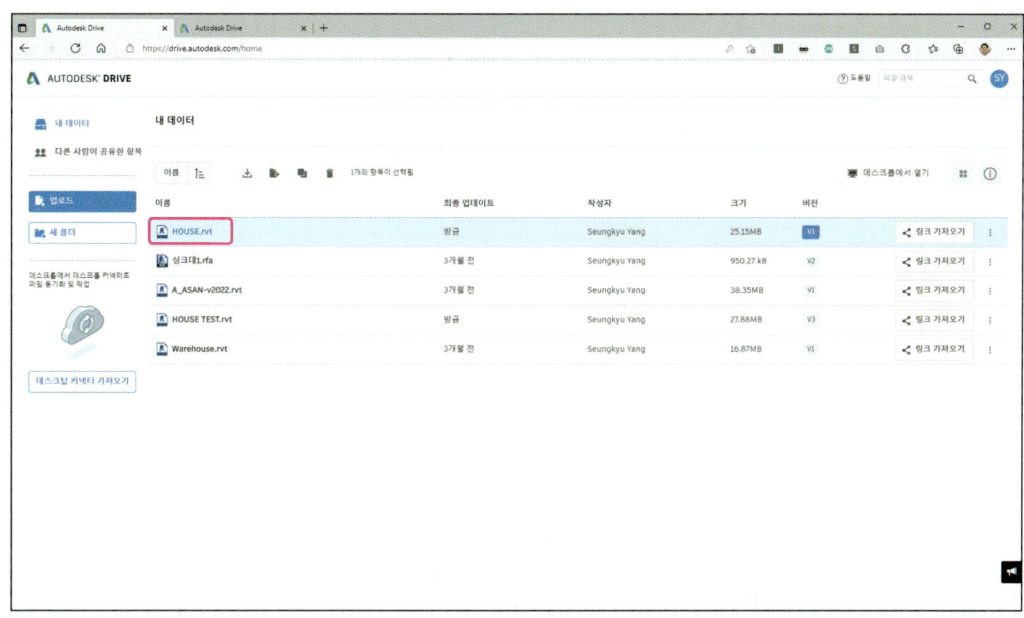

7. 파일이 열리면 3D 뷰가 화면에 나타납니다.

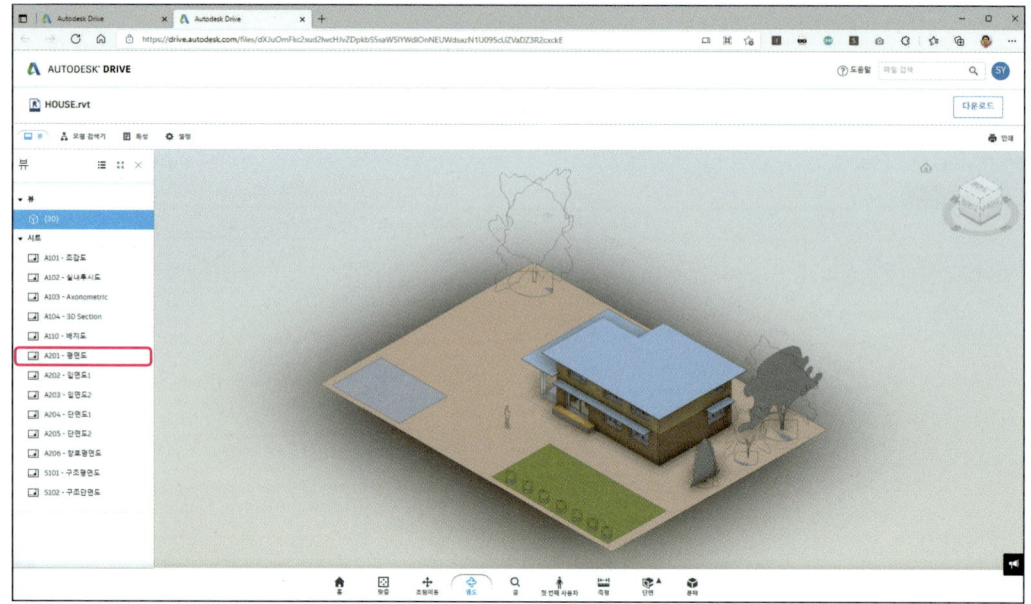

▣ 뷰

기본 3D 뷰와 함께 Revit에서 작성한 시트 목록이 표시됩니다.

▣ 모형 검색기

모델에서 사용된 카테고리와 DWG 가져오기 정보가 함께 표기됩니다. 선택해 가시화 상태를 변경할 수 있습니다.

◨ **특성**

객체를 선택하여 정보를 표기합니다.

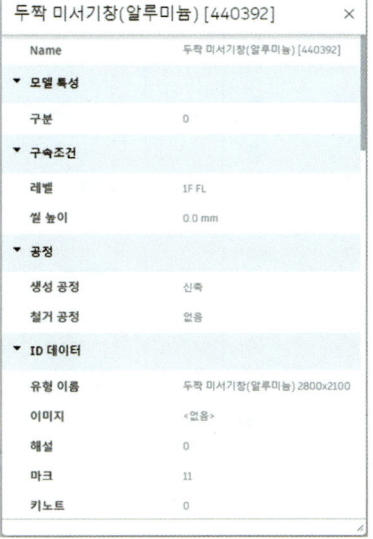

◨ **설정**

구성, 탐색, 모양, 환경에 관한 설정값을 제어합니다.

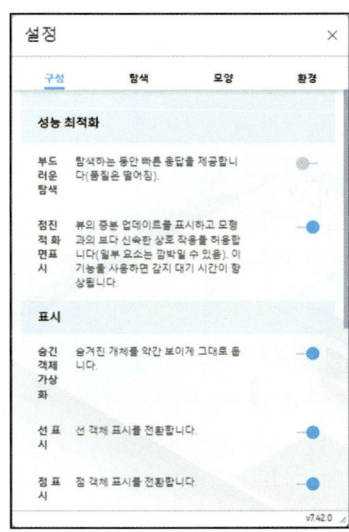
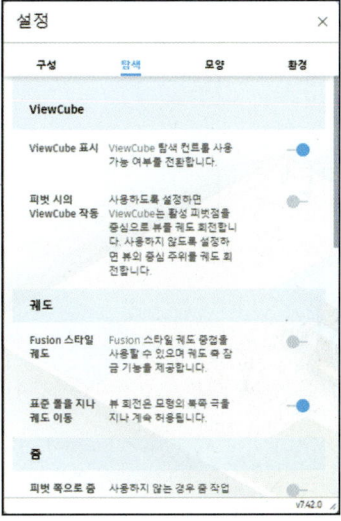

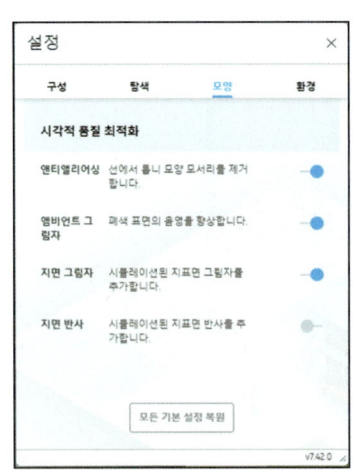 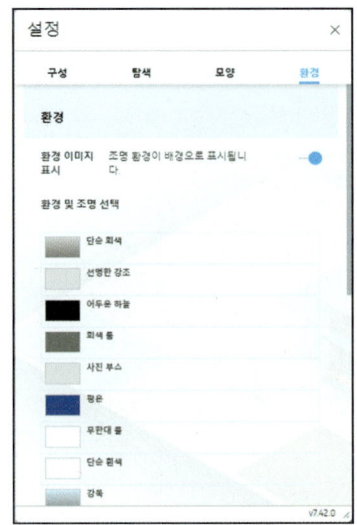

◘ ViewCube

Revit의 ViewCube와 동일한 기능으로 화면을 제어합니다.

■ 하단 메뉴

❶ 홈
프로젝트의 홈 뷰로 이동합니다.

❷ 맞춤
현재 뷰에서 보이는 객체들이 화면에 최대화되어 뷰가 조절됩니다.

❸ 초첨이동
화면이 상하좌우로 수평-수직 초점을 이동합니다.

❹ 궤도
3D ORBIT 형태로 뷰를 회전 시킵니다.

❺ 줌
화면이 보이는 정도를 줌으로 조절합니다.

❻ 첫 번째 사용자
1인칭 시점으로 이동하면서 모델을 관찰합니다.

❼ 측정
길이, 각도를 측정합니다.

❽ 단면
임의의 면을 이용하여 단면 형상을 나타냅니다.

❾ 분해
객체들을 분해된 형태로 뷰를 조절합니다.

8. 왼쪽에 시트 목록이 함께 표기됩니다. 'A201-평면도'를 선택합니다.

9. 평면도 시트가 화면에 표시된 것을 확인할 수 있습니다.

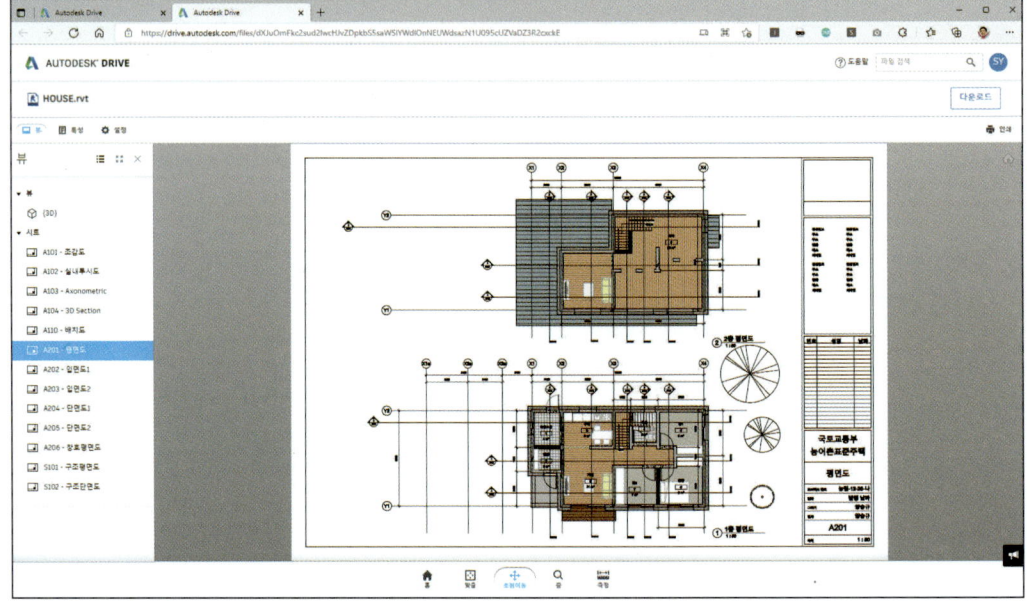

10. 3D 뷰에서 '모형검색기'를 선택하면 카테고리별로 시각화가 가능합니다. 모형검색기에서 벽을 선택하면 벽 객체만 표시되고 나머지 객체들은 숨김 처리됩니다.

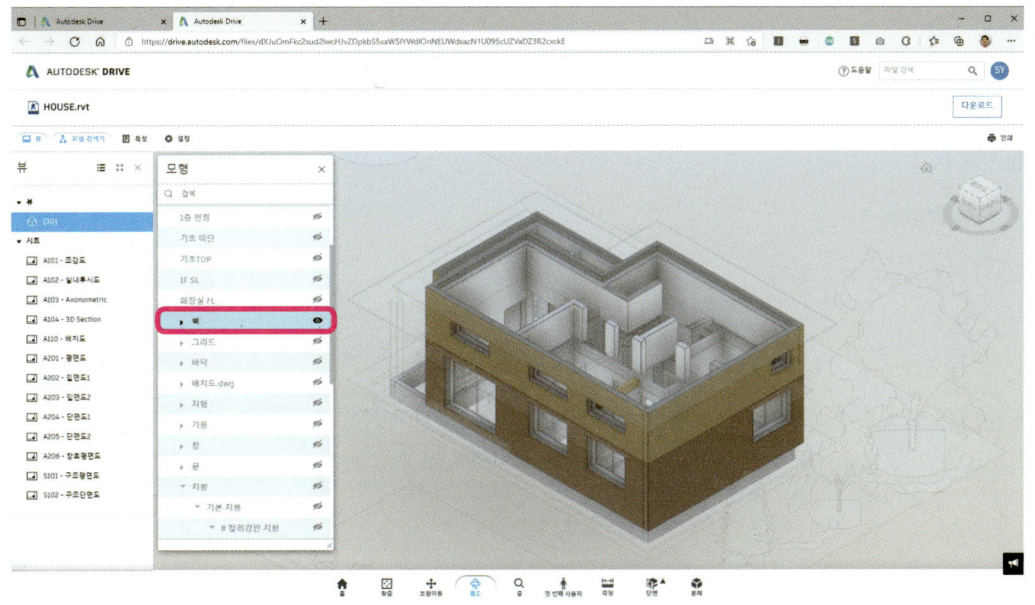

11. 모형검색기에서 창을 선택하면 창 객체만 표시되고 나머지 객체들은 숨김 처리됩니다. 모형검색기 목록에서 최상위 목록을 선택하면 전체 객체를 볼 수 있는 상태로 전환됩니다.

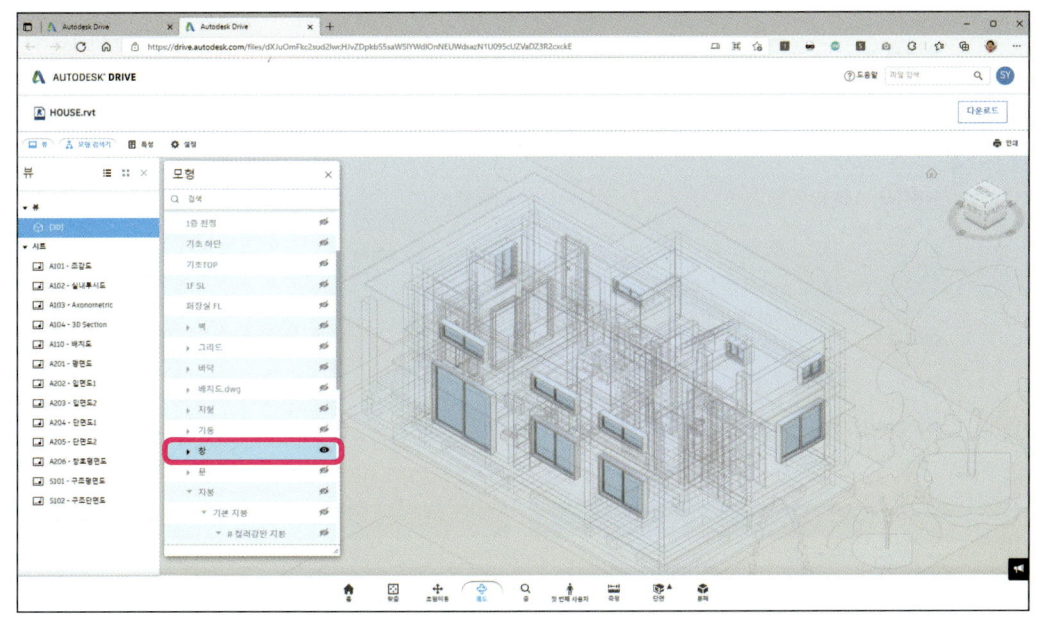

12. 화면 하단의 '첫 번째 사용자' 버튼을 클릭하면 1인칭 사용자 시점에서 프로젝트 내부를 이동하면서 볼 수 있습니다. 마치 게임을 하듯이 모델을 관찰할 수 있습니다.

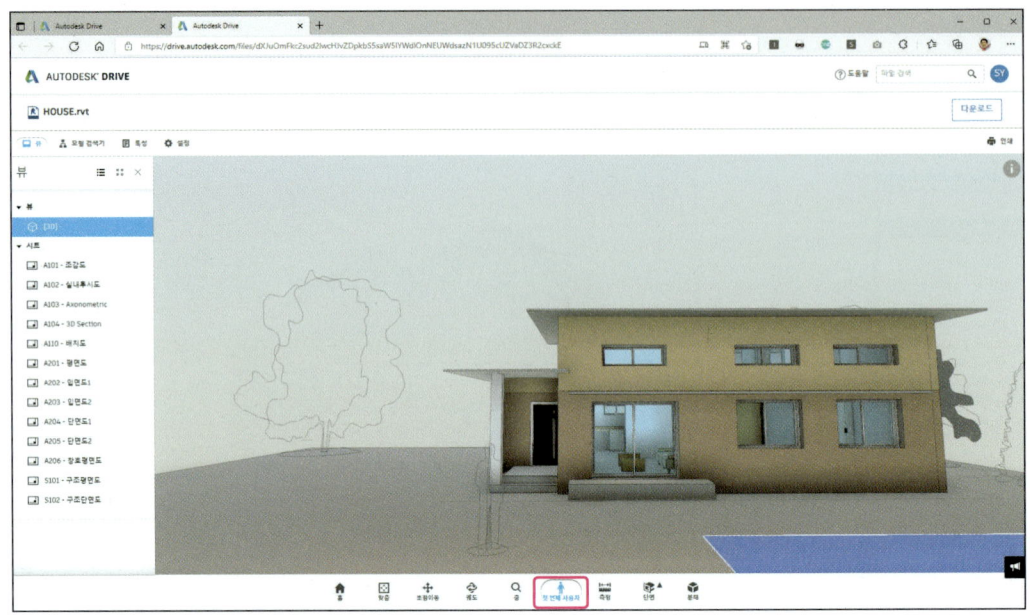

13. 첫 번째 사용자로 탐색의 키보드 조작은 다음과 같습니다.

14. 객체를 선택하고 '특성' 버튼을 누르면 해당 객체의 정보가 표기됩니다.

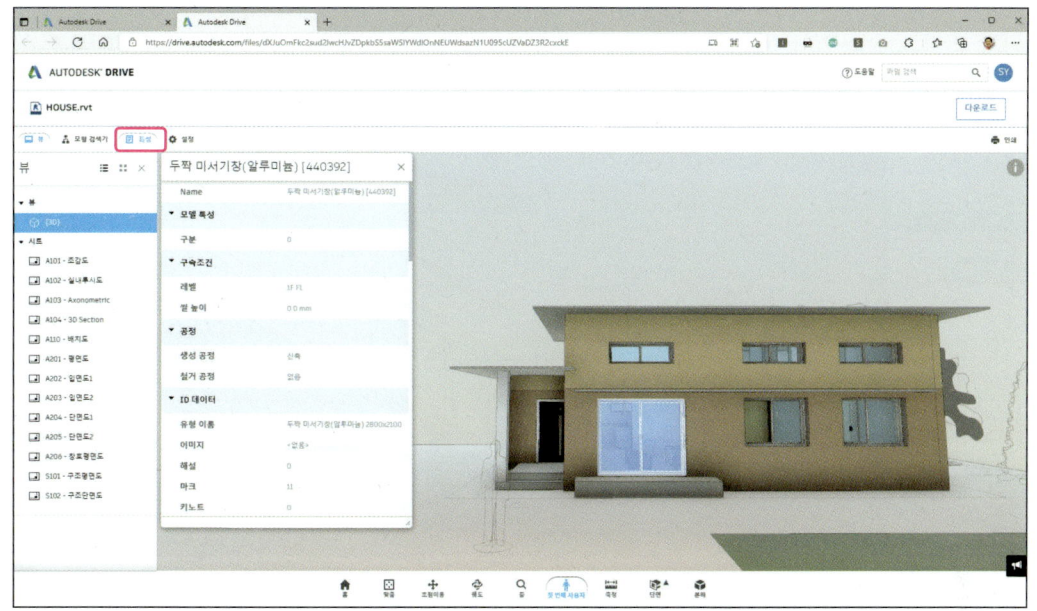

15. 측정을 클릭하고 지점을 선택하면 두 지점 간 거리가 치수로 표기됩니다.

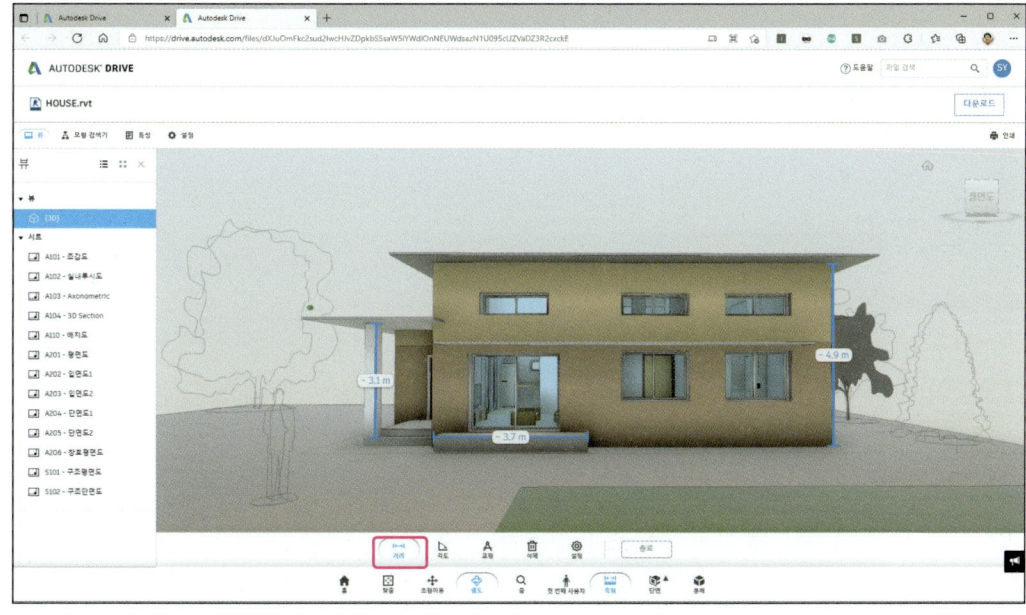

16. 단면의 X평면을 선택하면 X축 그리드의 방향으로 절단된 형상을 볼 수 있습니다.

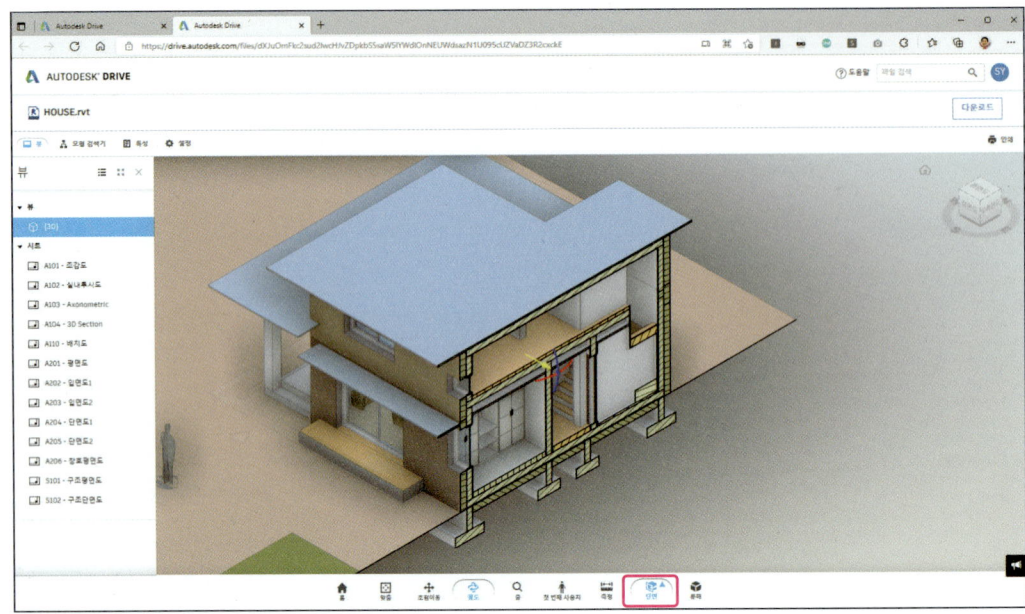

17. 단면 기능에서 노란색 화살표를 선택해 드래그하면 절단면이 수평 이동됩니다. 빨간색 호 화살표를 선택해 드래그하면 Z축을 기준으로 절단면이 회전됩니다. 파란색 호 화살표를 선택하여 드래그하면 X축을 기준으로 절단면이 회전됩니다.

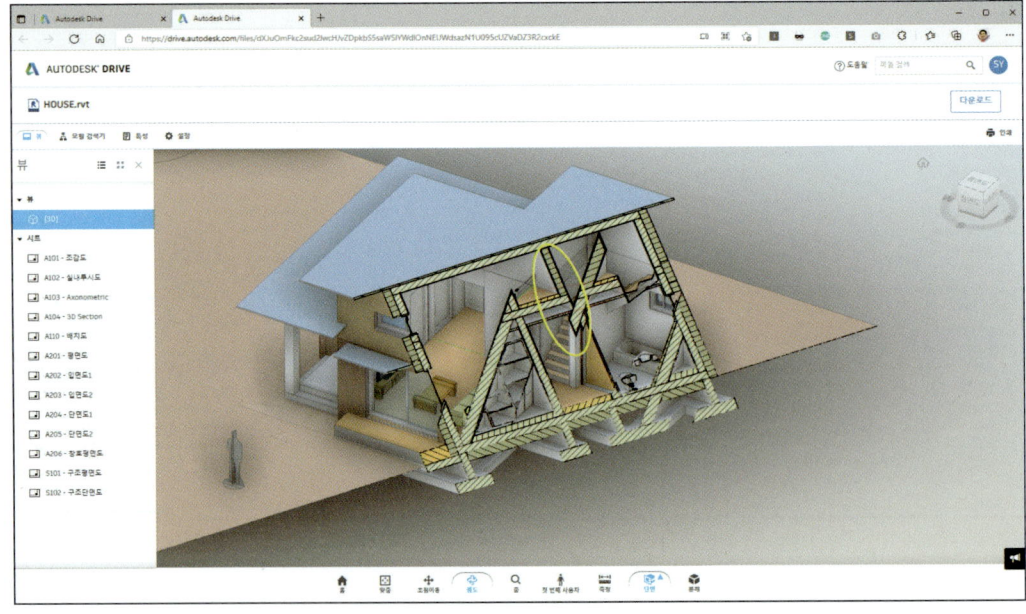

18. 단면의 Y평면을 선택하면 Y축 그리드의 방향으로 절단된 형상을 볼 수 있습니다.

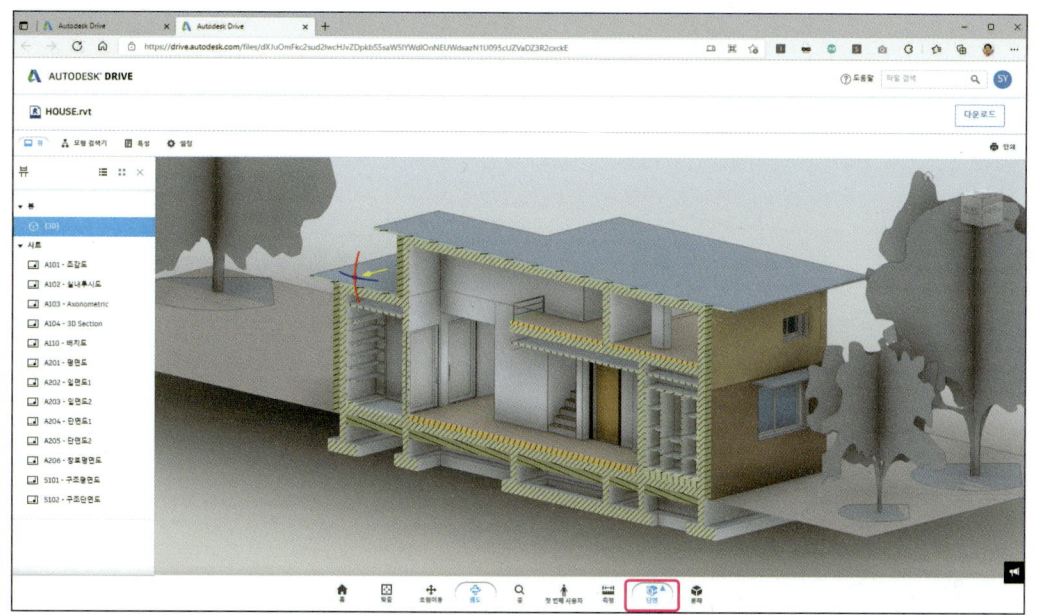

19. 단면의 Z평면을 선택하면 평면도를 보는 방향으로 절단된 형상을 볼 수 있습니다.

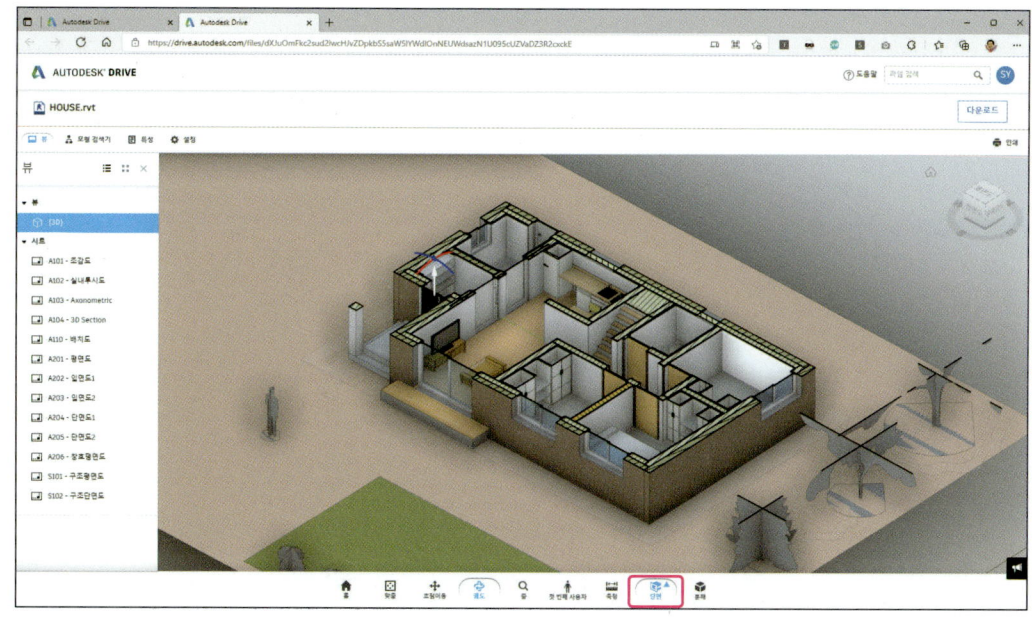

20. 단면의 '상자'를 선택하면 Revit의 단면상자로 절단된 3D 형상을 볼 수 있습니다.

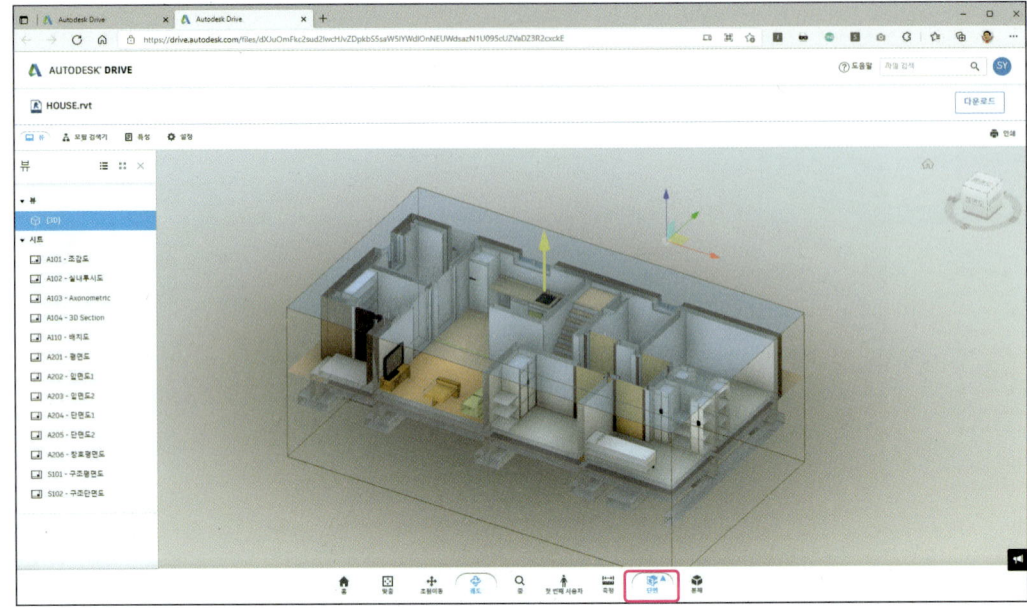

21. 하단의 분해 버튼을 누르면 모델을 구성하는 객체들이 분해된 형태로 가시화됩니다.

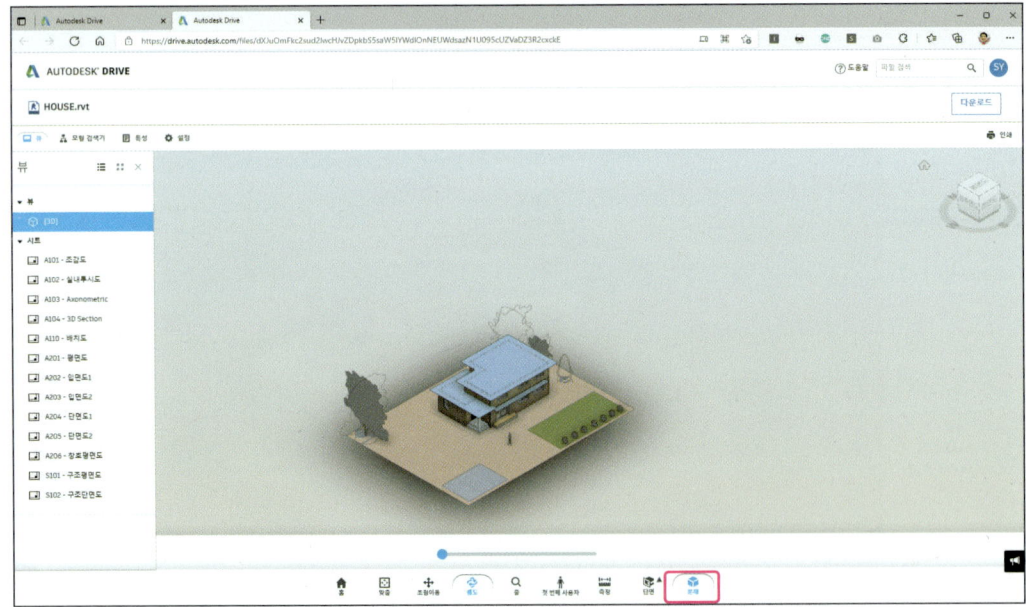

22. 분해 버튼을 누르고 슬라이드를 우측으로 드래그하면 조립된 형태의 모델이 분해된 형태로 바뀝니다.

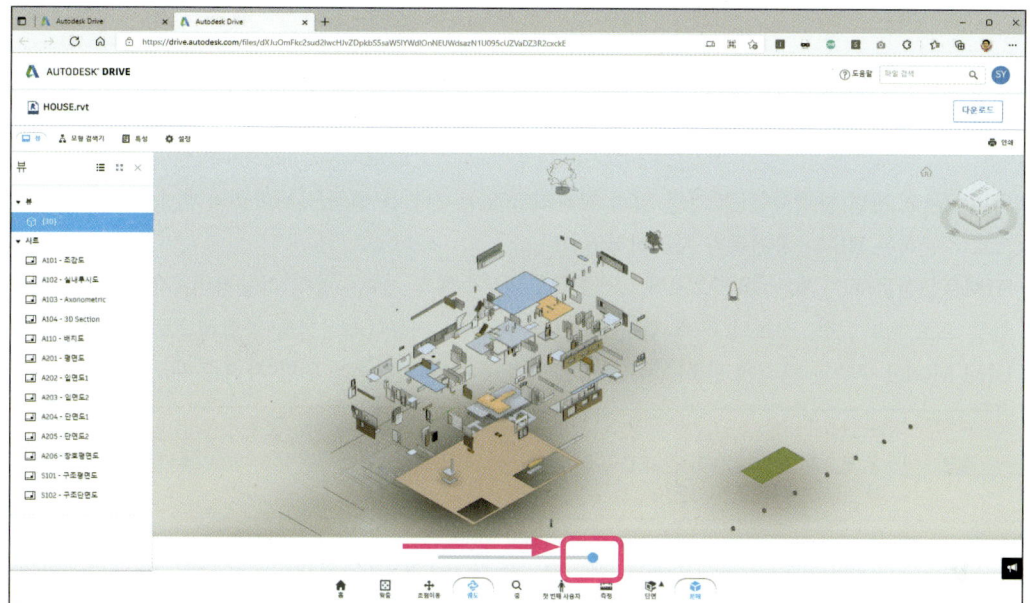

5.2 BIM운용전문가 자격시험

5.2.1. BIM운용전문가 개요

국내 Revit 관련 자격시험 중 가장 널리 활용되고 있는 시험은 한국BIM학회와 한솔아카데미가 공동으로 주관하는 BIM운용전문가 자격시험입니다.

BIM운용전문가 자격은 공사 프로젝트의 BIM 업무수행의 계획수립이 가능하며, 각 단계별, 분야별 업무 프로세스 설정, 정보의 구축 및 참여자 간의 협업, 커뮤니케이션을 종합적으로 운용할 수 있는 BIM Model 구축과 관리에 관한 실무 역량을 갖춘 전문가의 인증을 위한 자격증 제도입니다.

1급	프로젝트의 BIM 업무수행 계획수립이 가능하며, 이에 따라 단계별, 분야별 업무 프로세스 설정, 정보의 구축 및 교환 정의, 참여자 간의 협업 및 커뮤니케이션을 종합적으로 운용할 수 있는 BIM Model 구축 및 관리에 관한 실무 역량을 갖춘 자
2급	프로젝트의 BIM 업무수행 계획에 따라 단계별, 분야별 업무 프로세스에 따른 BIM Model 구축 및 활용이 가능하며, 이를 통해 협업 및 커뮤니케이션이 가능한 기본 역량을 갖춘 자

응시자격 기준 및 자격 검정 내용은 다음과 같습니다.

■ 응시자격 기준

구분	
BIM운용전문가 1급	1급의 응시자격은 다음 각 호의 어느 하나에 해당된 자로 한다. ① BIM운용전문가 2급 취득 후 동일 및 유사 직무분야에서 2년 이상 실무에 종사한 자 ② BIM운용전문가 2급 취득 후 아카데미 및 (사)한국BIM학회(이하 "학회"라 한다)에서 주관 또는 인증하는 BIM운용전문가 1급 관련 교육을 이수한 자 ③ 학회에서 인증하는 BIM운용전문가 1급 취득을 위한 기본 교육 이수 혹은 자격을 갖춘 자 ④ 4년제 이상의 대학 관련학과 졸업자 등으로서 졸업 후 동일 및 유사 직무분야에서 2년 이상 실무에 종사한 자 ⑤ 2년제 이상의 전문대학 관련학과 졸업자 등으로서 졸업 후 동일 및 유사 직무분야에서 4년 이상 실무에 종사한 자 ⑥ 동일 및 유사 직무분야에서 6년 이상 실무에 종사한 자
BIM운용전문가 2급	2급 응시자격은 다음 각 호의 어느 하나에 해당된 자로 한다. ① 2년제 또는 3년제의 전문대학 관련학과 졸업자 ② 4년제 이상 관련학과 대학졸업자 ③ 학회에서 인정하는 BIM 관련 교육을 받은 4년제 이상의 관련학과의 졸업예정자 ④ 동일 및 유사 직무 분야의 2년 이상 실무 종사한 자 ⑤ 외국에서 동일한 종목에 해당하는 자격을 취득한 자 ⑥ 학회 또는 아카데미에서 인증하는 BIM운용전문가 2급 관련 교육을 수료한 자

1) "관련학과"란 건축분야, 토목분야, 플랜트분야, 도시계획분야, 실내 인테리어 분야 등 BIM 관련 교과목이 운영되는 관련학과를 말한다.
2) 관련학과의 해당 유무 또는 실무경력의 인정, 기타 응시자격 등에 대한 사항은 학회에서 결정한다.
3) 학회에서 주관 또는 인증하는 교육의 기준은 학회에서 결정한다.
4) "졸업자"및 "졸업예정자"의 기준은 국가기술자격 기준에 따른다.
5) "동일 및 유사 직무 분야"란 BIM 업무 관련성이 있는 직무 분야를 말한다.

◼ 자격검정 및 주요내용

구분	검정방법	시험기간	검정과목
BIM운용전문가 1급 (건축·토목)	1차 필기시험 (50문항)	60분	1. BIM 기반 건축, 토목 프로젝트 운용 일반사항 2. BIM 기반 건축, 토목 설계 및 코디네이션 프로세스 3. BIM 기반 건축, 토목 공정관리 및 코디네이션 프로세스 4. 건축,토목 BIM 저작 도구 일반사항
	2차 면접시험	30분 (1명당)	1. BIM 건축, 토목 프로젝트 수행계획 작성 2. BIM 건축, 토목 프로젝트 BIM Model 구축 3. BIM 건축, 토목 프로젝트 BIM Model 활용 4. BIM 프로젝트 수행 경험 5. BIM 기술 현황 및 활용 6. BIM Manager 역할 (통합 혹은 분야별 전문성)
BIM운용전문가 2급 (건축·토목)	1차 필기시험 (50문항)	60분	1. BIM 저작 도구 일반사항 2. BIM 건축, 토목 모델링 관리 일반사항 3. BIM 건축, 토목 모델링 구축 및 활용 일반사항 4. BIM 데이터 납품 일반사항
	2차 실기시험	4시간	1. 초기 계획 건축, 토목 BIM Model 구축 2. 초기 계획 건축, 토목 BIM Model 구체화 3. 건축, 토목 BIM Model 구축 4. 건축, 토목 BIM Model 활용 5. 성과물 제출

자격시험 홈페이지 https://www.bimkorea.or.kr/exam/index.jsp

5.2.2. 실기시험 문제 예시

BIM 운용 전문가 실기시험 공개문제

(출처 : 한국BIM 교육평가원 홈페이지 자료실)

1. 법규검토 및 대지분석을 위한 매스모델링 규모 검토 (20점)

주어진 대지 위에 주택을 신축하고자 한다. 아래 조건을 고려하여 신축될 건물의 최대 건축 가능한 영역을 3차원 설계기법(매스 모델링)을 통하여 검토하고 디자인하시오.

▶ 계획 조건

1) 용도지역	제2종 일반주거지역
2) 건폐율	60%
3) 용적률	230%
4) 대지규모	285.7m²
5) 주택 규모	지상 5층, 1층은 필로티적용 예정
6) 각층 층고	3m
7) 계획조건	• 각 대지 경계선으로부터 1m 이격하여 건축
	• 인접대지경계선으로부터의 일조권에 의한 높이는 고려하지 않음
	• 전면도로에 의한 건축물의 높이제한은 고려하지 않음
	• 코어 부분 매스는 따로 작성 • 코어 위치는 정방향(남쪽) 정중앙 • 코어의 크기는 5m*5m(중심선 기준) • 코어의 규모는 옥상층까지 포함

▶ 제출 성과물

1) BIM Model 파일
 – 건축 면적 일람표 (건축바닥면적, 건폐율 오차 범위는 조건 값의 1% 이내)
 – 연면적 및 용적률 일람표 (각층바닥면적, 연면적, 용적률 오차 범위는 조건 값의 5% 이내)

2) 일조연구 동영상 파일
 – 일조연구 동영상 (태양설정은 임의)

2. 구조 및 건축마감 Modeling (30점)

2-1. CAD 도면과 라이브러리를 활용하여 아래 조건에 맞춰 구조 BIM Model을 작성하시오. (15점)

▶ 구조 Modeling 조건

1) 구조벽체 두께 : 200mm
2) 재료 : 콘크리트 현장치기
3) 주어진 창호 패밀리를 활용하여 창호 계획하기
4) 코어부분 계단, 엘리베이터 샤프트 개구부 작성

2-2. 실내재료마감표를 참고하여 2층 전 세대에 대한 건축마감을 작성하시오. (15점)

▶ 제출 성과물
1) 구조 BIM Model 파일
2) 건축마감이 포함된 BIM Model 파일

3. 도면 작성하기(20점)

3-1. 주어진 BIM Model과 참고도면을 활용하여 아래 조건을 충족시키는 도면 뷰를 작성하시오. (10점)

▶ 계획 조건
1) 뷰 생성
   - 평면도 뷰 작성(모든 층에 대해 평면뷰를 '○층 평면도'양식으로 작성)
   - 입면도 뷰 작성(정면도, 배면도, 우측면도, 좌측면도)
   - 단면도 뷰 작성(종단면도, 횡단면도)

2) 도면 뷰 구성요소
   - 평면도 구성요소 : 주열, 치수, 절단패턴, 표면 패턴, 룸이름
   - 입면도 구성요소 : 레벨, 주열, 표면패턴, 마감재료명
   - 단면도 구성요소 : 레벨, 주열, 치수, 절단패턴, 표면 패턴, 룸이름, 실내 마감재료명

3) 2층 평면도, 정면도, 횡단면도, 종단면도 뷰 작성

3-2. 작성한 도면 뷰를 활용하여 평면도, 단면도, 입면도 뷰 템플릿을 작성하시오. (5점)

3-3. 3-1에서 작성한 도면 뷰와 주어진 시트 라이브러리를 활용하여 도면을 작성하시오. (5점)

▶ 제출 성과물
1) 도면 뷰, 뷰 템플릿, 시트가 포함된 BIM Model 파일

4. 아래의 물량 일람표 산출 조건을 고려하여, 주어진 BIM Model의 부위별 물량 일람표를 작성하시오. (20점)

4-1. 바닥 물량 일람표(5점)
4-2. 벽 물량 일람표(5점)
4-3. 천장 물량 일람표(5점)

▶ 바닥, 벽, 천장 물량 일람표 산출 조건
 – 유형, 재료명, 레벨, 면적, 볼륨 포함
 – 면적, 볼륨 합계 산출
* 벽 물량 일람표는 레벨 제외
* 면적 및 볼륨은 소수 2번째 자리까지 표현

4-4. 창호 일람표 (5점)

▶ 창호 물량 일람표 산출 조건
 – 패밀리, 유형, 레벨, 창호 높이, 크기, 개수 포함
 – 창호 개수 합계 산
▶ 제출 성과물
1) 4-1 ~ 4-4에서 작성된 물량 일람표가 포함된 BIM Model 파일

5. 시각화(10점)

5-1. 주어진 BIM Model을 활용하여 건물 외관 전체가 보이는 뷰의 렌더링 이미지를 추출하시오. (5점)

5-2. CAD 도면에 표현된 경로를 참고하여 보행시선 동영상(키프레임 20개 이상)을 추출하시오. (5점)

▶ 제출 성과물
1) 렌더링 이미지 *.jpg 파일
2) 보행시선 동영상 *.avi 파일
3) 렌더링 뷰와 보행시선 경로가 포함된 BIM Model 파일

| 자격종목 및 분야 | BIM운용전문가(건축) | 도면명 | 2층 평면도 |

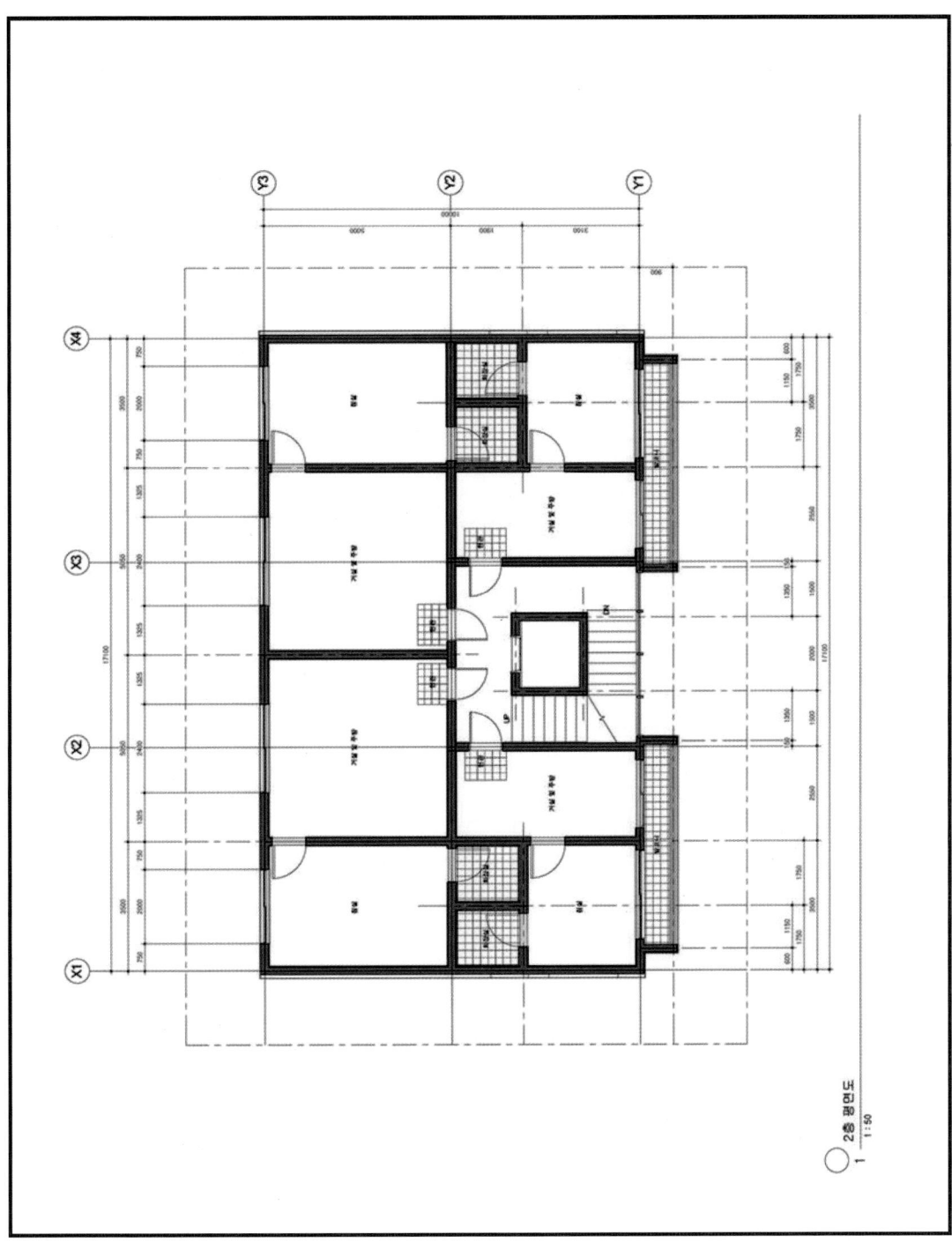

2층 평면도
1 : 50

| 자격종목 및 분야 | BIM운용전문가(건축) | 도면명 | 2층 평면도 |

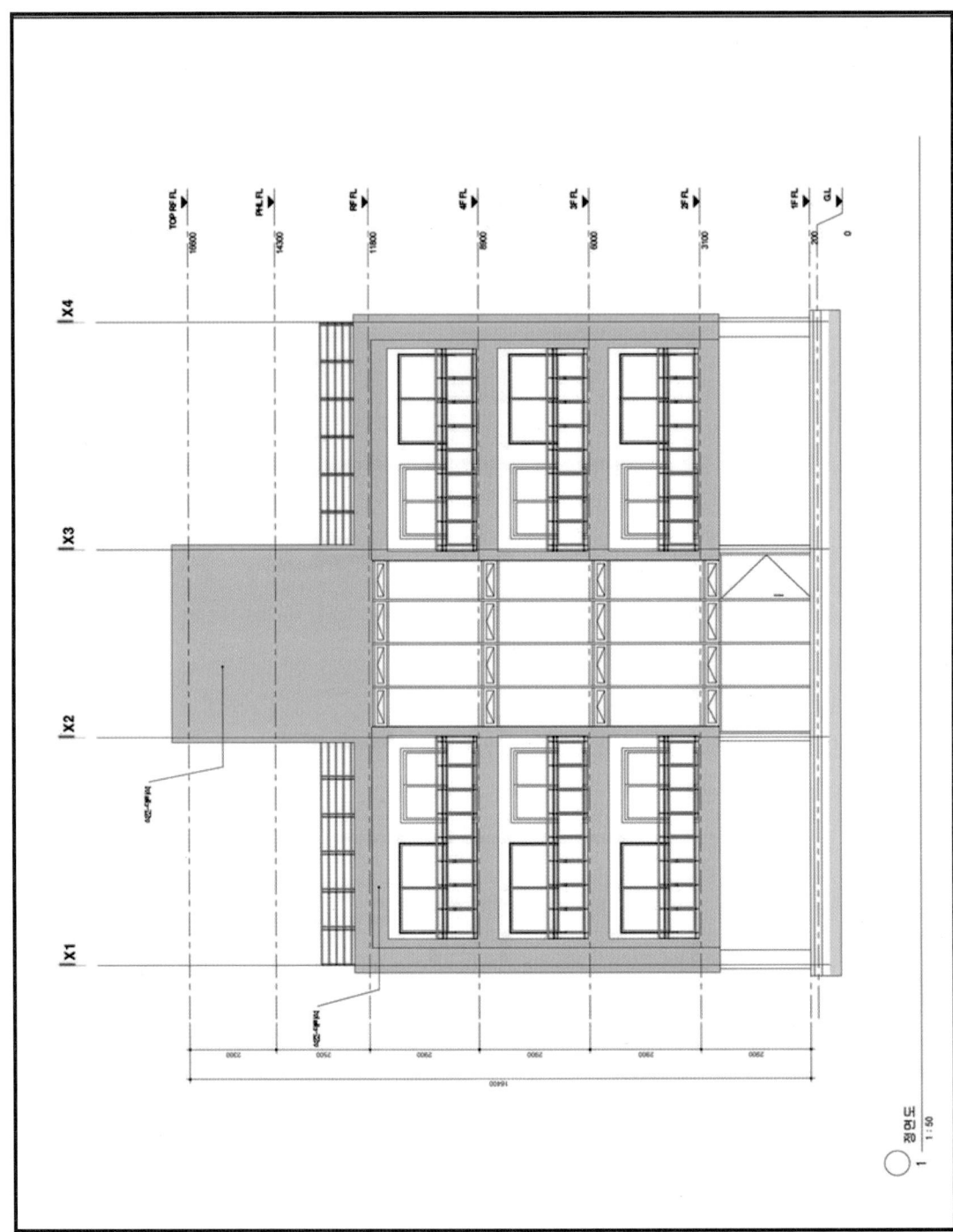

| 자격종목 및 분야 | BIM운용전문가(건축) | 도면명 | 2층 평면도 |

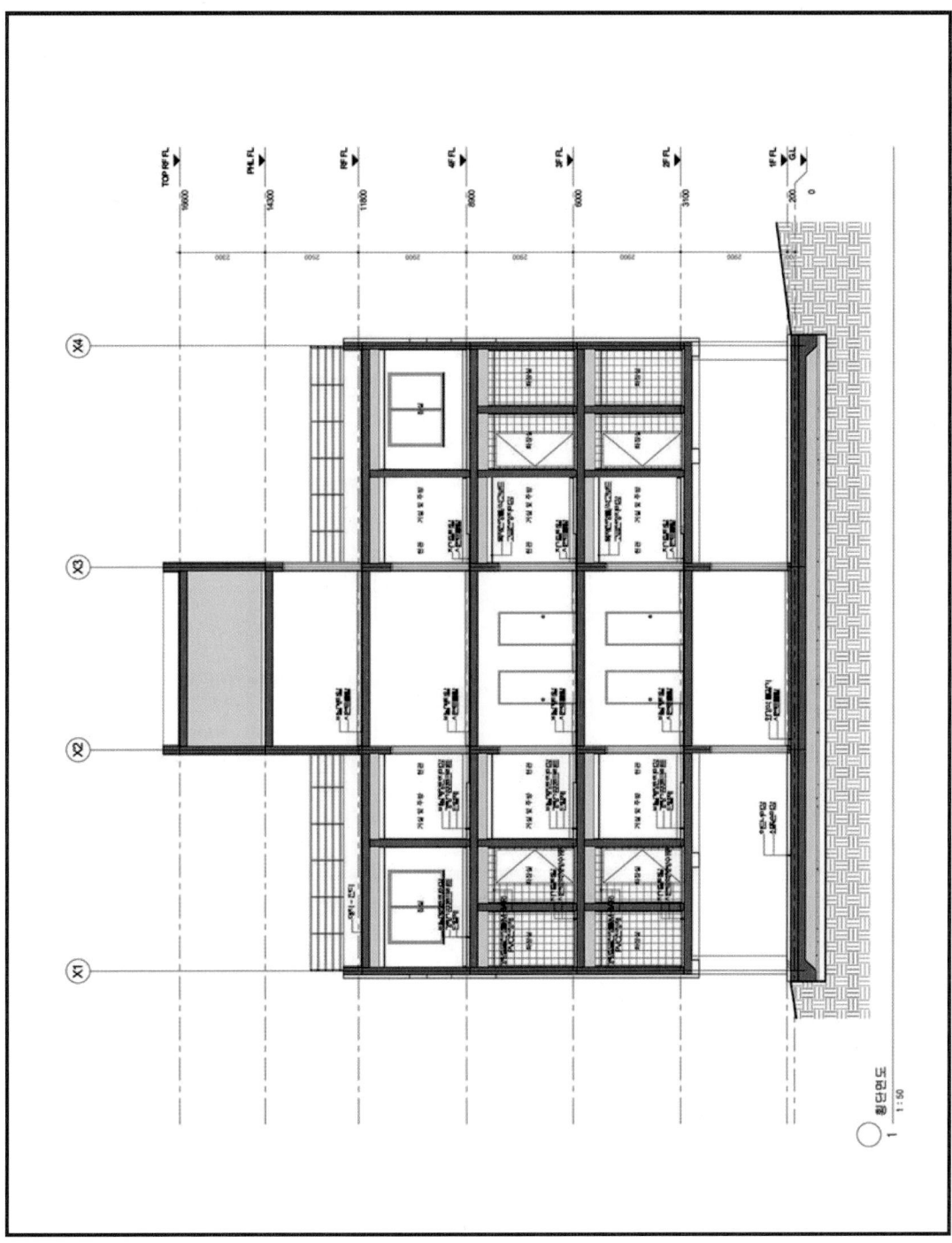

| 자격종목 및 분야 | BIM운용전문가(건축) | 도면명 | 2층 평면도 |

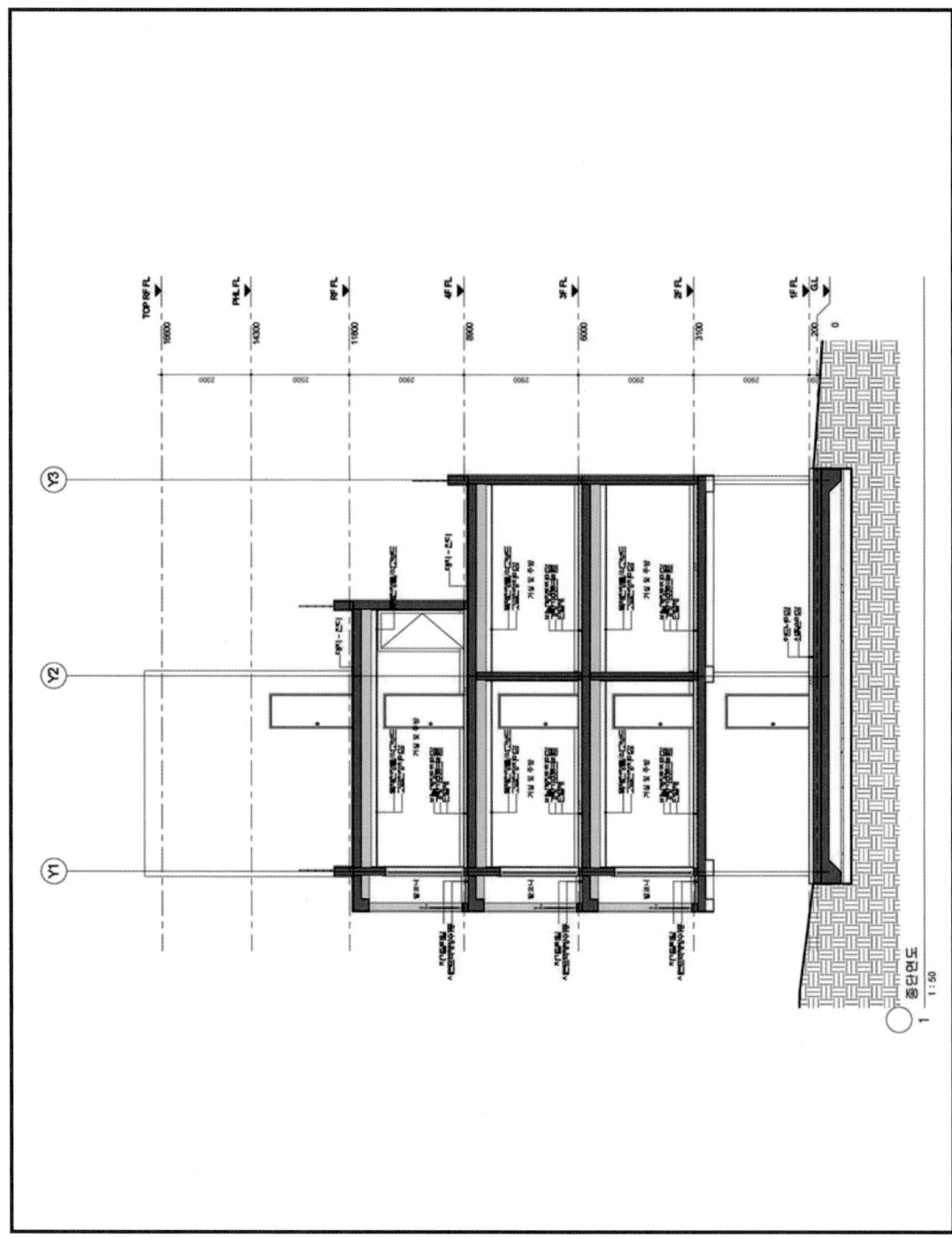

5.3 BIM 활용 사례

BIM은 4차 산업혁명 시대의 건설분야 핵심기술로 주목받고 있지만, 일부 회사, 전문가, 그룹에 집중되어 발전하는 추세를 보이고 있습니다. BIM의 목적이 많은 비용과 노력, 시간, 인력을 투입하여 더 큰 효과를 얻으려는 접근 방법보다는 작은 분야라 하더라도 기존 설계, 시공의 프로세스 개선으로 활용되어야 할 것입니다. 기본적인 BIM의 기능일지라도 적재적소에 활용된다면 그 효과가 매우 높을 것이기 때문입니다.

여기에 소개되는 사례는 저자가 직접 실무에서 BIM을 활용했던 사례입니다. 발주청 소속의 건축공학 기술자로 건축설계 용역이 진행되는 단계에서 발주청에 소속된 건축 감독(설계, 시공)의 입장에서 어떻게 BIM을 활용해 볼까하는 고민에서 시작되었던 업무였습니다.

회사에 소속된 기술직원의 입장에서 일반직원들의 이해도 향상을 위해 BIM 기반 컨텐츠를 활용하고자 하는 목적과 최종 결과물을 통해 BIM, VR, AR을 활용하여 건설 품질 향상 및 관계자 이해도 향상 및 교육을 목적으로 하였습니다.

적용했던 방향은 크게 3가지였습니다.
- 2D CAD 방식에서 3D BIM 설계로 전환
- 2D 도면 기반 현장에서 3D data 기반 현장 관리로 전환
- 비전공자의 이해가 어려운 2D 도면을 대체할 AR, AR 콘텐츠 구축

이러한 방향에 따라 3가지의 사례를 업무에 적용해 보았습니다.

CASE-1 변전소 시공단계 BIM 활용 및 AR 컨텐츠 구축

업무수행 범위 : 시공감독, BIM 모델링(Revit), AR 컨텐츠 제작(Augment)

- BIM 모델러(Revit)를 이용한 3차원 BIM data를 구축하여 설계 검토 진행
- 수량 산출 기준 검토 및 구조·건축 도면의 차이에 의한 설계 오류 사전 점검
- 비표준형 변전소의 철골 부재 오류 사항을 사전 검토하여 시공 오류 최소화
- 태블릿 PC를 이용한 3D data 기반 현장 관리(Autodesk A360)
- 프로젝트 관계자(비전문가)의 이해도를 향상시키기 위한 AR 컨텐츠 구축
  - 도면에 대한 이해도가 부족한 비전문가의 프로젝트 이해도 증진을 목적으로 함

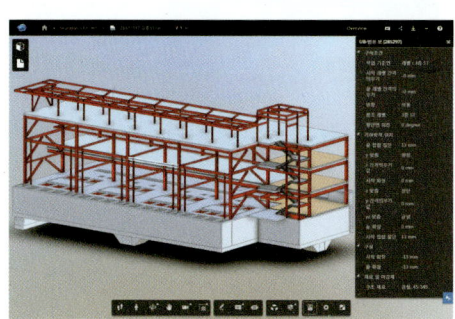 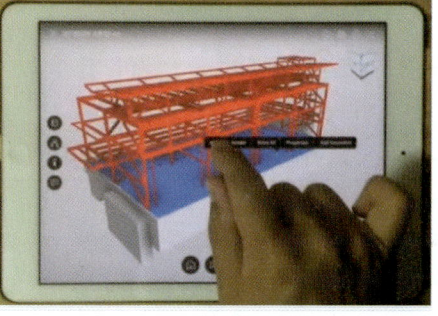

CASE-2 교육용 변환소 VR 컨텐츠 구축

업무수행 범위 : VR 컨텐츠 구축(Revit Live)

- BIM 모델러(Revit)를 이용하여 구축해놓은 3차원 BIM data를 활용(전문용역사 외주 결과물)
- 시공이 완료된 프로젝트를 기반으로 관계자의 교육용 VR 컨텐츠 구축
  - 기존의 시설 직접 방문 견학을 통한 학습의 시간적, 공간적 제한 문제 해결
- 기존 BIM data를 활용한 VR기기 연동으로 프로젝트 가상체험을 통한 이해도 증진

CASE-3 전력지사 설계단계 BIM 활용 및 AR 컨텐츠 구축

업무수행 범위 : 설계감독, BIM 모델링(Revit), AR 컨텐츠 제작(Augment)

- 설계진행단계에 맞춰 품질검토용 BIM 모델 제작
  - 건축, 구조 사이의 간섭 오류 사전 검토 수행 및 도면 오류 검토
  - 적용 S/W : Autodesk Revit
  - 표현 수준 : 시설사업 BIM적용 기본지침서 (조달청) BIL 30~40
        Level of Development Specification (BIM FORUM) LOD 300~350
- 3차원 통합 설계 데이터를 활용한 AR 컨텐츠 제작
  - 도면에 대한 이해도가 부족한 비전문가의 프로젝트 이해도 증진을 목적으로 함

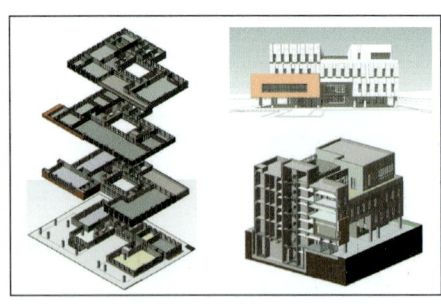
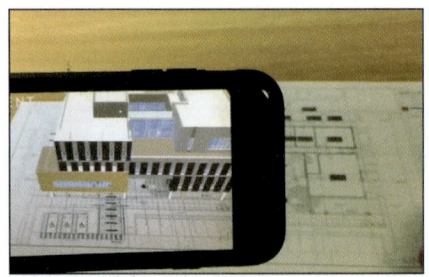

해당 사례는 대한건축학회 주최하고 국토교통부가 후원한 2019 디지털건축대전(Competition in Digital Architecutre / DA2019)에 출품해 당해연도 최고상인 최우수상을 수상한바 있습니다. 디지털건축대전

은 2000년부터 새로운 건축정보화 분야의 개척, 건축정보 인프라 구축의 촉진 및 건축정보화 마인드 확산을 위하여 개최하고 있습니다.

DA2019 Digital Design & Fabrication – 전력설비 BIM VR,AR

1. 배경 및 제언
- BIM은 4차산업혁명시대의 건설분야 핵심기술로 주목받고 있지만 일부 회사, 전문가, 그룹에 집중되어 발전하고 있는 추세임
- BIM의 목적이 많은 비용과 노력, 시간, 인력을 투입하여 더 큰 효과를 얻는 것은 아님
- 작은 분야라 하더라도 기존 설계, 시공의 프로세스 개선을 목적으로 BIM이 활용되어야 할 것임
- 기본적인 BIM의 기능일지라도 적재적소에 활용된다면 그 효과가 매우 높을 것임

2. 목적
- 발주청에 소속된 건축 감독(설계, 시공)의 입장에서 BIM을 현업에 적용함
- 회사에 소속된 기술직원의 입장에서 일반직원들의 이해도 향상을 위해 BIM 기반 컨텐츠를 활용함
- BIM, VR, AR을 활용하여 건설 품질 향상 및 관계자 이해도 향상, 교육을 목적으로 함

3. 구현

"BIM 기반 3D 통합 설계, 시공 환경 구축 + 참여자의 이해도 향상을 위한 VR, AR 컨텐츠 구축"		
2D CAD 방식에서 3D BIM 설계로 전환	2D 도면 기반 현장에서 3D data 기반 현장 관리로 전환	비전공자의 이해가 어려운 2D 도면을 대체할 AR, AR 콘텐츠 구축

[CASE-1] 변전소 시공단계 BIM 활용 및 AR 컨텐츠 구축

업무수행 범위 : 시공감독, BIM 모델링(Revit), AR 컨텐츠 제작(Augment)

- BIM 모델러(Revit)를 이용한 3차원 BIM data를 구축하여 설계 검토 진행
- 수량 산출 기준 검토 및 구조·건축 도면의 차이에 의한 설계 오류 사전 점검
- 비표준형 변전소의 철골 부재 오류 사항을 사전 검토하여 시공 오류 최소화
- 태블릿 PC를 이용한 3D data 기반 현장 관리 (Autodesk A360)
- 프로젝트 관계자(비전문가)의 이해도를 향상시키기 위한 AR 컨텐츠 구축
  - 도면에 대한 이해도가 부족한 비전문가의 프로젝트 이해도 증진을 목적으로 함

[CASE-2] 교육용 변환소 VR 컨텐츠 구축

업무수행 범위 : VR 컨텐츠 구축(Revit Live) (용역사의 BIM 모델 활용)

- BIM 모델러(Revit)를 이용하여 구축해놓은 3차원 BIM data를 활용 (전문용역사 외주 결과물)
- 시공이 완료된 프로젝트를 기반으로 관계자의 교육용 VR 컨텐츠 구축
  - 기존의 시설 직접 방문 견학을 통한 학습의 시간적, 공간적 제한 문제 해결
- 기존 BIM data를 활용한 VR기기 연동으로 프로젝트 가상체험을 통한 이해도 증진

[CASE-3] 전력지사 설계단계 BIM 활용 및 AR 컨텐츠 구축

업무수행 범위 : 설계감독, BIM 모델링(Revit), AR 컨텐츠 제작(Augment)

- 설계진행단계에 맞춰 품질검토용 BIM 모델 제작
  - 건축, 구조 사이의 간섭 오류 사전 검토 수행 및 도면 오류 검토
  - 적용 S/W : Autodesk Revit
  - 표현 수준 : 시설사업 BIM적용 기본지침서 (조달청) BIL 30~40
    LEVEL OF DEVELOPMENT SPECIFICATION (BIM FORUM) LOD 300~350
- 3차원 통합 설계 데이터를 활용한 AR 컨텐츠 제작
  - 도면에 대한 이해도가 부족한 비전문가의 프로젝트 이해도 증진을 목적으로 함

▲ BIM 활용 사례 – 2019 디지털건축대전 출품작

좋은 책을 만드는 길, 독자님과 함께 하겠습니다.

건축 BIM 입문 Revit 가이드북

개정1판1쇄 발행	2025년 02월 10일 (인쇄 2024년 12월 31일)
초 판 발 행	2022년 07월 05일 (인쇄 2022년 05월 13일)
발 행 인	박영일
책 임 편 집	이해욱
저　　　자	양승규
편 집 진 행	박종옥 · 유형곤
표지디자인	김도연
편집디자인	조은아 · 장성복
발 행 처	(주)시대고시기획
출 판 등 록	제10-1521호
주　　　소	서울시 마포구 큰우물로 75 [도화동 538 성지 B/D] 9F
전　　　화	1600-3600
팩　　　스	02-701-8823
홈 페 이 지	www.sdedu.co.kr
I S B N	979-11-383-8598-5 (13000)
정　　　가	25,000원

※ 이 책은 저작권법의 보호를 받는 저작물이므로 동영상 제작 및 무단전재와 배포를 금합니다.
※ 잘못된 책은 구입하신 서점에서 바꾸어 드립니다.

시대에듀가 준비한
건축관련 자격증 총집합

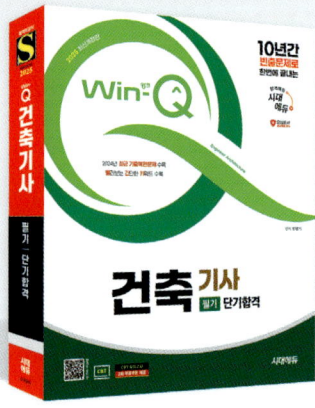

김성곤의 건축전기설비기술사
핵심 길라잡이

건축기사
필기 PROJECT

Win-Q 건축기사
필기 단기합격

시대에듀가 합격을 준비하는 당신에게 제안합니다.

성공의 기회! 시대에듀를 잡으십시오.
성공의 Next Step!

Win-Q 건축산업기사
필기 단기합격

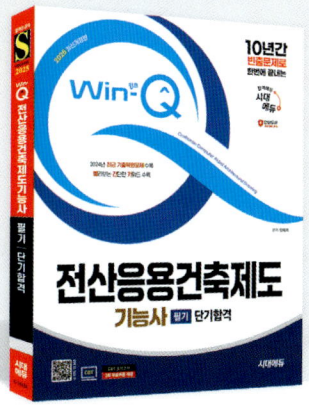

Win-Q 전산응용건축제도기능사
필기 단기합격

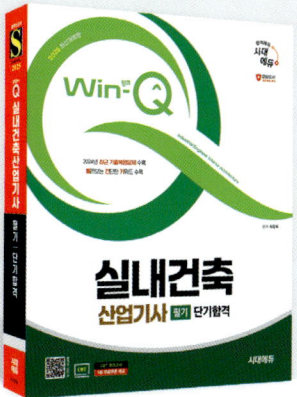

Win-Q 실내건축산업기사
필기 단기합격

※ 본 도서의 세부구성 및 이미지는 변경될 수 있습니다.

나는 이렇게 합격했다

자격명: 위험물산업기사
구분: 합격수기
작성자: 배*상

나는 할 수 있다

69년생 50중반 직장인 입니다. 요즘 자격증을 2개 정도는 가지고 입사하는 젊은 친구들에게 일을 시키고 지시하는 역할이지만 정작 제자신에게 부족한 점이 많다는 것을 느꼈기 때문에 자격증을 따야겠다고 결심했습니다. 처음 시작할 때는 과연 되겠냐? 하는 의문과 걱정이 한가득이었지만 시대에듀 인강을 우연히 접하게 되었고 잘 차려진 밥상과 같은 커리큘럼은 뒤늦게 시작한 늦깎이 수험생이었던 저를 합격의 길로 인도해주었습니다. 직장생활을 하면서 취득했기에 더욱 기뻤습니다.

감사합니다!

합격은 시대에듀

당신의 합격 스토리를 들려주세요.
추첨을 통해 선물을 드립니다.

QR코드 스캔하고 ▷▷▶
이벤트 참여해 푸짐한 경품받자!

베스트 리뷰	상/하반기 추천 리뷰	인터뷰 참여
갤럭시탭/ 버즈 2	상품권/ 스벅커피	백화점 상품권

합격의 공식
시대에듀